石油石化职业技能培训教程

# 无机反应工

## （上册）

中国石油天然气集团有限公司人力资源部　编

U0274538

石油工业出版社

## 内 容 提 要

本书是由中国石油天然气集团有限公司人力资源部统一组织编写的《石油石化职业技能培训教程》中的一本。本书包括无机反应工应掌握的基础知识、初级工操作技能及相关知识、中级工操作技能及相关知识，并配套了相应等级的理论知识练习题，以便于员工对知识点的理解和掌握。

本书既可用于职业技能鉴定前培训，也可用于员工岗位技术培训和自学提高。

## 图书在版编目(CIP)数据

无机反应工.上册/中国石油天然气集团有限公司
人力资源部编. —北京:石油工业出版社,2022.4
石油石化职业技能培训教程
ISBN 978-7-5183-4796-4

Ⅰ.①无… Ⅱ.①中… Ⅲ.①无机化工-化学反应工
程-技术培训-教材 Ⅳ.①TQ110.3

中国版本图书馆 CIP 数据核字(2021)第 156393 号

出版发行:石油工业出版社
　　　　(北京市安定门外安华里2区1号　100011)
　　　网　址:www.petropub.com
　　　编辑部:(010)64256770
　　　图书营销中心:(010)64523633
经　　销:全国新华书店
印　　刷:北京中石油彩色印刷有限责任公司

2022 年 4 月第 1 版　2022 年 4 月第 1 次印刷
787 毫米×1092 毫米　开本:1/16　　印张:32.75
字数:840 千字

定价:95.00 元

# 《石油石化职业技能培训教程》

# 编 委 会

# 《无机反应工》

# 编 审 组

主　　编：霍其雷

**参编人员**(按姓氏笔画排序)：

　　　于洪宇　马洪卓　王玉民　王伟民　王　健

　　　尹　昊　白永刚　许青华　李振超　张　超

　　　邵泽伟　姜永志　翁　强　谭文斌

**参审人员**(按姓氏笔画排序)：

　　　于洪雨　马加姗　马美英　兰鲁钰　刘　禹

　　　刘林朋　苏浩洋　胡育嘉　鲁帅天　孟佳禹

　　　蔡　煜

　　随着企业产业升级、装备技术更新改造步伐不断加快,对从业人员的素质和技能提出了新的更高要求。为适应经济发展方式转变和"四新"技术变化要求,提高石油石化企业员工队伍素质,满足职工鉴定、培训、学习需要,中国石油天然气集团有限公司人力资源部根据《中华人民共和国职业分类大典(2015年版)》对工种目录的调整情况,修订了石油石化职业技能等级标准。在新标准的指导下,组织对"十五""十一五""十二五"期间编写的职业技能鉴定试题库和职业技能培训教程进行了全面修订,并新开发了炼油、化工专业部分工种的试题库和教程。

　　教程的开发修订坚持以职业活动为导向,以职业技能提升为核心,以统一规范、充实完善为原则,注重内容的先进性与通用性。教程编写紧扣职业技能等级标准和鉴定要素细目表,采取理实一体化编写模式,基础知识统一编写,操作技能及相关知识按等级编写,内容范围与鉴定试题库基本保持一致。特别需要说明的是,本套教程同时配套了相应等级的理论知识练习题,以便于员工对知识点的理解和掌握,加强了学习的针对性。本套教程既可用于职业技能鉴定前培训,也可用于员工岗位技术培训和自学提高。

　　无机反应工教程分上、下两册,上册为基础知识、初级工操作技能及相关知识、中级工操作技能及相关知识,下册为高级工操作技能及相关知识、技师与高级技师操作技能及相关知识。

　　本工种教程由吉林石化分公司任主编单位,参与审核的单位为大庆炼化分公司。在此表示衷心感谢。

　　由于编者水平有限,书中错误、疏漏之处请广大读者提出宝贵意见。

编　者

CONTENTS 目录

# 第一部分　基础知识

# 第二部分　初级工操作技能及相关知识

## 第三部分　中级工操作技能及相关知识

## 理论知识练习题

## 附　录

# 第一部分

## 基础知识

# 模块一　化学基础知识

## 项目一　化学基本量的概念

### 一、物质

化学研究的对象是物质,物质是作用于感觉器官而引起人们感觉的东西,它占有一定的空间和具有质量。

**(一)物质的组成**

1. 原子

原子是构成物质的粒子,是物质在化学变化中的最小粒子,化学变化中它不再改变。原子不同的组合可以构成不同的分子从而形成不同的物质。

原子由原子中心带正电的原子核和核外带负电的电子组成,原子核由质子和中子组成,并非任何原子都有中子,如氢原子中气就没有中子。质子、中子和电子等统称为物质的基本粒子,这些粒子这间的关系如下:

质子核电荷数=原子核内质子数=原子核外电子数。

原子的质量数=原子核内的质子数+原子核内的中子数。

2. 元素

元素是具有相同核电荷数的同一类原子的总称,在原子中质子数决定元素的种类,质子数相同的原子属于同种元素。由于元素是从宏观描述物质组成的概念,因此不讲个数,只讲种类。如水是由氢元素和氧元素所组成。

3. 分子和相对分子质量

分子是保持某物质一切化学性质的最小粒子,分子是由原子构成的。如一个二氧化硫分子由一个硫原子和二个氧原子组成;空气中含有氧分子、氮分子和其他一些气体分子。

相对分子质量等于组成分子的所有原子的质量总和,所以相对分子质量也是一个相对质量。在无机化合物中,大多数无机物的实验式就是其分子式,知道物质的相对分子质量和实验式,就可以确定物质的分子式。混合气体的平均相对分子质量和平均摩尔质量在数值上相同,但相对分子质量没有单位,如某种混合气体由氧气和氢气组成,其体积比为 $1:4$,则该混合气体的平均相对分子质量约为 8(相对原子质量:H 为 1,O 为 16)。

**(二)物质的状态**

物质在一般情况下都有三态,即气态、液态和固态。如冰、水、水蒸气分别为水的固态、液态和气态三种形态。当然物质除了气态、液态和固态形式存在以外,物质还可以以等离子态、超固态等形式存在。物质形态之间的变化属于物理过程变化。物质从结构上说也可分为以游离态或化合态形式存在。

物质由一种状态转变成另一种状态的条件是临界点。临界点对应的温度是气体可以加压液化的最高温度，在临界温度下，使气体液化所需的最低压力称为临界压力，临界温度和临界压力恒定，如 $CO_2$ 的临界压力为 7.404MPa。1mol 物质在临界温度、临界压力时的体积称为临界摩尔体积，饱和液体和饱和蒸气的摩尔体积相等。

能够以加压方法使气体液化的最高温度称为临界温度。每种物质都有一个特定的温度，在这个温度以上，无论怎样增大压强，气态物质都不会液化，或者说一种物质能以气态存在的最低温度称为临界温度。气体只有在临界温度以下，才能被液化。临界温度是表示纯物质能保持气、液相平衡的最高温度。

## 二、物质的质量与物质的量

### （一）质量的概念

质量是物体的一种物理属性，它是物理学中的七个基本量纲之一，符号 $m$。在国际单位制中，质量的基本单位是千克，符号 kg。物体的质量不随位置、形状的改变而改变，如同一物体在地球上和月球上的质量是相同的；一定量的水变成蒸汽后其质量不变，密度变小。

### （二）物质的量的概念

物质的量是表示组成物质基本单元数目多少的物理量，符号为 $n$。物质的量的单位是摩尔，简称摩，符号为 mol。它是把一定数目的微观粒子与可称量的宏观物质联系起来的一种物理量。在使用摩尔时，基本单元可以是分子、原子、离子、电子及其他粒子，或这些粒子的特定组合。物质的量是表示物质多少的一个物理量，它与物质的质量不同，如相同质量的硫酸和氢氧化钠的物质的量不相等，它们所含的分子数也不相等。

### （三）摩尔质量与摩尔体积

1. 摩尔质量

1mol 物质的质量，称为摩尔质量，单位是 g/mol 或 kg/mol。

$$物质的量=\frac{物质的质量}{物质的摩尔质量} \tag{1-1-1}$$

或

$$物质的质量=物质的摩尔质量×物质的量 \tag{1-1-2}$$

2. 摩尔体积

气体标准摩尔体积的单位是 L/mol，在标准状况下，1mol 理想气体所占的体积都约为 22.4L（气体的标准状态是指 0℃ 和 1atm）。因此，在标准状态下，气体的物质的量越多，体积就越大，例如在标准状况下，2g 氢气的体积比 16g 氧气的体积大（相对原子质量：H 为 1，O 为 16）。

## 三、理想气体

### （一）理想气体的概念

从微观角度来讲，气体分子本身的体积和气体分子间的作用力都可以忽略不计，不计分子势能的气体是理想气体，它的假定条件之一就是忽略分子间的引力。一定质量的理想气体，当压力不变时，体积随温度的升高而增大；同样一定质量的理想气体，在温度一定时，体积增大，压力一定会减小，该定律称为波义尔定律。

理想气体状态方程：

$$pV = nRT \tag{1-1-3}$$

在工程计算中,一般引入压缩系数来修正理想气体状态方程。

**(二)气体分压定律**

分压定律是指理想气体混合物总压强等于各组分的分压强之和。混合气体中任一组分气体的分压强等于该气体在混合气体中的摩尔分数乘以混合气体的总压强。在混合气体中任一组分气体的分压强除以混合气体的总压强的商,等于该气体在混合气体中的摩尔分数。

例如:设混合气体中有三种组分,它们的分压强分别是 $p_1$、$p_2$、$p_3$,则混合气体的总压强 $p$ 为:

$$p = p_1 + p_2 + p_3 \tag{1-1-4}$$

或

$$p = \sum p_i \tag{1-1-5}$$

例题:设某气体混合物由氮气、氧气组成,氮气质量分数为 84%,氧气质量分数为 16%,该混合气体的总压强为 100000Pa,求氮气的分压为多少帕?

解:

$$n_{N_2} = m_{N_2} / M_{N_2} = 84 \div 28 = 3 (\text{mol})$$
$$n_{O_2} = m_{O_2} / M_{O_2} = 16 \div 32 = 0.5 (\text{mol})$$

总物质的量:

$$n = 3 + 0.5 = 3.5 (\text{mol})$$

氮气的摩尔分数:

$$y_{N_2} = 3 \div 3.5 = 0.857$$

氮气的分压:

$$p_{N_2} = y_{N_2} \times p = 0.857 \times 100000 = 85700 (\text{Pa})$$

答:氮气的分压为 85700Pa。

# 项目二　化学反应

## 一、基础知识

### (一)物质化学结构

#### 1. 化合价

原子参加反应时,失去或得到的电子数称为元素的化合价。元素的化合价与原子的电子结构有密切关系,原子在化学反应中得到电子,则化合价降低。在单质中,元素的化合价为零。

#### 2. 化学键

分子是由原子组成的,原子与原子之间存在相互吸引力。相邻原子之间的相互作用称为化学键。化学键主要有离子键、共价键和金属键。

(1)离子键。原子失去电子后,带有正电荷的称为阳离子;原子得到电子后,带有负电荷的称为阴离子。阳离子和阴离子之间通过静电作用而形成的化学键称为离子键。

（2）共价键。原子间通过共用电子对（即电子云重叠）形成的化学键称为共价键。共价键的特性包括共价键的饱和性、共价键的方向性和共价键的极性。

根据共价键的极性可将共价键分为非极性共价键和极性共价键。共用电子对没有偏向的共价键称为非极性共价键；共用电子对有偏向的共价键称为极性共价键。整个分子中电荷分布不均匀、正负电荷重心不重合的分子称为极性分子（如 $NH_3$ 和 $H_2O$）。但在由极性键结合而成的多原子分子中，就既可能是极性分子，也可能是非极性分子，如果键在空间排布均匀、对称的或正、负电荷中心重合的即为含极性键的非极性分子。另外，单质分子都是非极性分子（如 $H_2$）。由于水是极性分子，所以用带电的玻璃棒接近线状下流动的水，可使水流动方向发生偏转。而在实际生产中如果用萃取法从溴水中分离溴，就需要选用不溶于水、不和溴或水起化学反应的非极性萃取剂。

（3）金属键。金属晶体内部存在着一部分自由电子，它们在金属晶体内部无规则地运动着，同时金属晶体内部的原子和离子也不停地进行着电子的交换。这种在金属晶体内部由电子交换作用而引起的作用力称为金属键。

3. 化合物

由化学键构成的物质统称为化合物。除含碳和氢化合物以外的化合物均属于无机化合物，像酸、碱、盐和氧化物等都属于无机化合物。少数简单的碳氧化物，如一氧化碳、二氧化碳等也属于无机化合物的研究范畴。

## （二）热化学方程式

能表明热量变化的化学方程式称为热化学方程，它不仅表明了一个反应中的反应物和生成物，还表明了一定量的物质在反应中所放出或吸收的热量。化学反应过程中不管放出还是吸收的热量，都属于反应热。

化学反应过程中放出热量的反应称为放热反应。在化学方程式的右边用"＋"表示放热。在放热反应进行过程中，温度升高，平衡向逆反应方向进行。移走反应热，有利于放热反应的进行。

化学反应过程中吸收热量的反应称为吸热反应。在化学方程式的右边用"－"表示吸热。对于吸热反应，温度升高，有利于化学平衡向正反应方向进行。一般说来，在化学反应方程式中，A＋B＝C＋D－$Q$ 表示反应为吸热反应。

## （三）氧化还原反应的概念

物质失去电子的反应是氧化反应；物质得到电子的反应是还原反应。氧化、还原反应总是同时发生的，氧化反应过程中得到的电子等于还原反应过程中失去的电子。

在氧化还原反应中，得到电子、化合价降低的物质称为氧化剂。常见的氧化剂包括活泼的非金属单质，如氧、氯、溴、碘等；含有高价金属离子化合物，如二氧化锰、三价铁离子化合物等；含有最高价元素的含氧酸和盐，如硝酸、浓硫酸等为强氧化剂。

在氧化还原反应中，失去电子、化合价升高的物质称为还原剂。常见的还原剂包括活泼金属，如钠、镁、铝等；含有低价金属离子的化合物，如 $FeCl_2$ 等；含有低价元素的酸和盐，如 $HCl$、$H_2S$ 等。氢气是化工生产中常用的还原剂。

另外，有些物质在不同的化学反应中既可以作为氧化剂，有时也可以作为还原剂。

## 二、化学反应速率和化学平衡

### (一)化学反应速率

#### 1. 化学反应速率的表示方法

化学反应速率可用单位时间内反应物浓度的减少或生成物浓度的增加来表示,是用来衡量化学反应进行快慢的物理量。化学反应速率的单位是 mol/(L·s)。在化学反应过程中随着反应的进行,各物质的浓度在不断地变化着,反应速率也随之变化,化学反应速率可以表示为任意反应物和生成物浓度变化所需要的时间。

#### 2. 影响化学反应速率的因素

影响化学反应速率的因素有活化能、反应物性质、反应物浓度、压强、温度和催化剂以及系统压力等。

1)浓度对化学反应速率的影响

其他条件不变时,增加反应物浓度可加快反应速率;减少反应物的浓度可降低反应速率;提高反应物浓度,有利于加快化学反应速率。

化学反应速率快慢首先取决于反应物本身的性质,通常无机物的离子反应比有机物的分子反应快得多。

对于反应 A+B=C 来说,若以 $v$ 表示正反应速度,[A][B]分别表示反应物 A 和 B 的浓度,则:

$$v = K_C[A][B] \tag{1-1-6}$$

如果反应物 A 和 B 是多分子的反应,即 $m$A+$n$B=C,则:

$$v = K_C[A]^m[B]^n \tag{1-1-7}$$

式中的 $K_C$ 为化学反应速率常数,对一定的反应,一定的温度条件下,$K_C$ 是一个常数。它表示该反应进行的快慢,$K_C$ 值越大,反应速率越快,且 $K_C$ 值与反应物浓度无关。

反应级数是反应速率对浓度敏感的标志,反映了浓度对反应速率的影响程度,级数越高,影响越大。如果 A 气体和 B 气体发生基元反应,把 A 的浓度增加 1 倍,反应速率增加到原来的 4 倍,若把 B 的浓度增加一倍,反应速率增加到原来的 2 倍,则此反应的级数是三级。

对于反应物为气体的化学反应,增加压强也能加快反应速率。因为压强加大,气体体积缩小,即气体浓度增加,所以反应速率也增大。

2)温度对化学反应速率的影响

温度对化学反应速率有较大影响。其他条件不变时,升高温度可加快反应速率,降低温度可降低反应速率。升温对于吸热和放热反应都可加快化学反应速率,只是对于吸热反应来说,化学反应速率加快得大一些。对一定的反应,温度的影响在低温时比高温时更大。一般温度每升高 10℃ 时,化学反应速率可增加 2~4 倍。在浓度一定时,温度与反应速率成正比,它们之间的关系式可用阿累尼乌斯公式表示。

温度升高能加快反应速率的原因是当温度升高时,反应物分子的能量普遍增加,有些非活化分子获得能量,变成了活化分子,增加了活化分子的百分率。而且温度升高,加快了分子运动速率,也使分子间有效碰撞次数增多了,所以加快了反应速率。

3）催化剂对化学反应速率的影响

催化剂是一种能改变化学反应速率，而本身的组成、质量和化学性质在反应前后保持不变的物质。如果催化剂能加快反应速率，称为正催化剂，反之则称为负催化剂。

4）活化能

物质之间发生化学反应，前提是这些物质的分子必须相互接触，也就是分子之间要互相碰撞。但不是每一次碰撞都能引起化学反应，只有那些具有较高能量的分子，相互碰撞后化学键断裂，并重新建立化学键，分子之间的碰撞达到一定能量时才能引起化学反应。这种具有较高能量的分子称为活化分子。分子的活化能就是使分子由平均能量状态变成活化分子所需的最小能量。活化能是决定反应速率的主要因素，它不仅体现反应的难易程度，而且是反应速率对温度敏感程度的标志。活化能越高，反应越快；活化能越高，反应越慢。

### （二）化学平衡

#### 1. 可逆反应

在同一条件下，既能向正反应方向进行，同时又能向逆反应方向进行的反应，称为可逆反应。通常在反应方程式中用符号"⇌"表示。可逆反应中，正、逆反应是相对的，不是绝对的。它的特点是反应不能进行到底，可逆反应无论进行多长时间，反应物都不可能全部转化为生成物。

例如在可逆反应式 $N_2O_4 \rightleftharpoons 2NO_2$ 中，"⇌"表示可逆反应；其中"⟶"为 $N_2O_4$ 分解生成 $NO_2$，"⟵"表示 2 分子 $NO_2$ 结合生成 $N_2O_4$ 的逆反应。

#### 2. 化学平衡

在一定温度下，可逆反应中，正、逆反应速度相等，反应物和生成物浓度不随时间改变的状态称为化学平衡。

化学平衡所具有以下几个特征：

（1）化学平衡是一种动态平衡。当反应达到平衡时，正、逆反应仍在不停地进行着，只是这时 $v_正 = v_逆$。

（2）当可逆反应达到平衡时，物系中各物质的浓度保持不变。

（3）化学平衡是暂时的，有条件的。当外界条件改变时，原平衡就会被破坏，在新的条件下又重新建立起新的平衡。

#### 3. 化学平衡常数

在一定温度下，可逆反应达到化学平衡时，生成物浓度幂之积与反应物浓度幂之积的比值是一个常数，这个常数称为化学平衡常数。化学平衡常数数值的大小是反应完全程度的标志，它表示在一定条件下，可逆反应所能进行的极限，平衡常数 $K$ 越大，说明正反应进行得越彻底。如果平衡常数发生变化，化学平衡必定发生移动，达到新的平衡。平衡常数用 $K$ 来表示，一般是有单位的。

对于可逆反应 $aA+bB \rightleftharpoons cC+dD$，平衡常数表达式：

$$K = \frac{c^c(C) \cdot c^d(D)}{c^a(A) \cdot c^b(B)} \tag{1-1-8}$$

例如，$C(s) + H_2O(g) \rightleftharpoons CO(g) + H_2(g)$ 的平衡常数（$K$）书写形式：

$$K = \frac{[CO][H_2]}{[C][H_2O]} \tag{1-1-9}$$

化学平衡常数仅是温度的函数，随温度的变化而变化，只要温度不变，化学平衡常数就是一个定值。

例题：已知 373K 时 $N_2O_4 \rightleftharpoons 2NO_2$ 平衡，$[N_2O_4] = 0.072$、$[NO_2] = 0.160$，计算在 373K 下的平衡常数。

解：

$$K = [NO_2]^2 / [N_2O_4] = 0.160^2 \div 0.072 = 0.36$$

答：373K 时的平衡常数是 0.36。

4. 化学平衡的影响因素

化学平衡的标志之一是各组分的物质的量保持不变，影响化学平衡的外界因素主要有温度、浓度和压力等几项。

1）温度对化学平衡的影响

当反应系统温度升高时，系统化学反应的速率常数 $K$ 增大。在其他条件不变的情况下，升高温度会使化学平衡向吸热方向移动，降低温度会使化学平衡向放热方向移动。

如在密闭的容器中，$2NO_2$（棕红色）$\rightleftharpoons N_2O_4$（无色）$+Q$ 达到平衡状态后，若使容器升温，则容器内气体的颜色加深。

2）压力对化学平衡的影响

当其他条件不变的情况下，增加气体反应物的压力，分子碰撞机会增多，所以反应速率加快，平衡向气体分子数减少的方向移动。而对于反应物和生成物没有气体、反应前后气体体积不变的反应，改变压力不会引起平衡移动。

例如，一定温度下反应 $PCl_5(g) = PCl_3(g) + Cl_2(g)$ 达平衡时，此时已有 50% 的 $PCl_5$ 分解，则增大 $PCl_5$ 的分压可使 $PCl_5$ 分解程度增大。

3）浓度对化学平衡的影响

处于平衡状态下的反应，在其他条件不变的情况下，改变平衡体系中物质的浓度，会使平衡发生移动。增大反应物的浓度，体系中活化分子的体积分数不变，平衡向减弱反应物浓度的方向移动。

例如，在 $N_2 + 3H_2 = 2NH_3$ 中，要使平衡向右移动，需要增加 $N_2$ 或 $H_2$ 浓度。

在 $FeCl_3 + 3KSCN = Fe(SCN)_3$（红色）$+ 3KCl_3$ 中，当达到平衡后，加入 $FeCl_3$ 和 KSCN，可以看到溶液的红色颜色加深。

# 项目三 溶液

## 一、概述

自然界中纯净物质很少，绝大多数物质都是混合物，而混合物中最重要的一种是溶液。一种（或几种）物质分散到另一种物质里，形成均匀的、稳定的混合物称为溶液。被溶解的物质称为溶质,能溶解其他物质的物质称为溶剂。溶液可分为气态溶液、液态溶液、固态溶液。

## 二、饱和溶液

### (一)饱和溶液的概念

在一定温度下,不能再继续溶解某物质、达到溶解平衡的溶液称为该溶质的饱和溶液。饱和溶液与溶液的浓度无关,例如向一定温度下的硫酸铜饱和溶液中加入少量的白色硫酸铜粉末后,溶液的浓度肯定不变。

### (二)饱和蒸气压的概念

气液两相平衡时,液面上方蒸气产生的压力称为液体的饱和蒸气压。液体的饱和蒸气压与温度有关,饱和蒸气压越小的液体沸点越高。在 100℃ 时,水的饱和蒸气压为 $1.01×10^5 Pa$。理想溶液中两组分的相对挥发度是两组分饱和蒸气压之比。

## 三、电解质溶液

凡是在水溶液中或熔化状态下能够导电的化合物,称为电解质。在水溶液中或熔化状态下不能够导电的化合物,称为非电解质。酸、碱、盐(如食盐水)、水、活泼金属氧化物属于电解质;而蔗糖、酒精以及大部分有机物均属于非电解质。

## 四、溶液计算

### (一)浓度计算

在化工生产中,为了准确掌握溶质、溶剂之间量的关系,在一定量的溶液里所含溶质的量称为溶液的浓度。

1. 质量分数

溶质的质量占全部溶液质量的百分比来表示的溶液浓度称为质量分数。

$$溶液的质量分数(\%) = \frac{溶质质量}{溶液质量} × 100\% \tag{1-1-10}$$

$$= \frac{溶质质量}{溶质质量 + 溶剂质量} × 100\%$$

2. 摩尔分数

用溶液中任一物质的量与该溶液中所有物质的量之和的比来表示溶液组成的方法,称为溶液摩尔分数。

由 A、B 两种物质组成的混合物中,A 物质的摩尔分数表达式为 $x_A = n_A / n_s$,B 物质的摩尔分数表达式为 $x_B = n_B / n_s$。

3. 物质的量浓度

以 1L 溶液中所含溶质的物质的量来表示的溶液浓度称为物质的量浓度,单位是 mol/L。

$$C = \frac{n_g}{V}$$

4. 质量原子浓度

以 1000g 溶剂中所溶解的溶质的物质的量所表示的浓度,称为质量摩尔浓度,单位是 mol/kg,物质的量数学表达式为:

$$b = \frac{n_B}{m_A} \qquad (1-1-11)$$

### (二)溶解度的计算

1. 溶解

溶解是指溶质均匀地扩散到溶剂各部分的过程。溶解过程是一种复杂物理和化学过程,它可以是吸热过程,也可以是放热过程。根据溶解度的大小,可以把气体分为易溶、可溶、微溶、难溶等。

溶解在溶剂中的溶质微粒由于不断运动,被溶质表面吸引而重新回到溶质表面上来,这个过程称为结晶。结晶是与固体溶解相反的过程。在结晶的过程中,搅拌会减少晶簇的形成,结晶速率越高,对结晶过程越不利。结晶中的溶液,只有达到饱和状态,才能析出晶体。

2. 溶解度

在一定温度下,某固态物质在 100g 溶剂中达到饱和状态时所溶解的溶质的质量,称为这种物质在这种溶剂中的溶解度,符号为 $S$。

$$\frac{溶质的溶解度}{100} = \frac{饱和溶液中溶质的质量}{饱和溶液中溶剂的质量} \qquad (1-1-12)$$

$$\frac{溶质的溶解度}{溶质的溶解度+100} = \frac{饱和溶液中溶质的质量}{饱和溶液的质量} \qquad (1-1-13)$$

物质的溶解度必须是在一定温度下才有意义,例如在 20℃ 时,某物质在 50g 水中溶解 20g 时达到饱和,则该物质的溶解度为 40g。

例题:20℃ 时食盐的溶解度为 36g,20℃ 时将 20g 食盐放入 50g 水中,充分搅拌后得到饱和食盐溶液的质量为多少?

解:

设 50g 水中能溶解食盐为 X,则:

$$100 : 36 = 50 : X$$

解得

$$X = (36×50) ÷ 100 = 18(g)$$

所得饱和食盐溶液的质量:50+18=68g。

答:所得饱和食盐溶液的质量为 68g。

3. 溶解度的影响因素

气体的溶解度一般随着温度的升高而减小,当温度不变时,随着压强的增大,气体的溶解度增大。固体物质的溶解度随压力变化不大,绝大多数随温度升高而增大。

图 1-1-1 中表示的是 x、y 两种物质的溶解度随温度、压强而变化的曲线,则 x、y 两种物质的状态是 x 是固体,y 是气体。

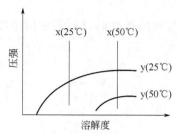

图 1-1-1　物质 x、y 溶解度随温度、压强的变化

# 项目四　常见无机物的性质

## 一、常见的气体无机物

### (一)氢气

氢气是一种无色、无味并且密度比空气小的气体(在各种气体中,氢气的密度最小,标准状况下,1L 氢气的质量是 0.0899g,相同体积比空气轻得多,约为空气质量的 1/14,是最轻的气体)。氢气难溶于水,但微溶于有机溶剂,所以可以用排水集气法收集氢气。在压力为 101kPa、温度为-252.87℃时,氢气可转变成淡蓝色的液体;在-259.1℃时,变成雪状固体。在化学反应中,氢气具有还原性和可燃性。

### (二)氧气

通常状况下,氧气是一种无色、无味的气体,密度比空气略大,不易溶于水,在一定条件下,可变为淡蓝色液体或雪花状固体。通常情况下,氧气的化学性质非常活泼,氧气本身不可以燃烧,但是在可燃物和点火源存在下,它可以非常活泼地帮助燃烧甚至引起爆炸,因此,工业液氧中严禁乙炔等物质窜入。

### (三)氮气

氮气,化学式为 $N_2$,通常状况下是一种无色无味的气体,而且一般氮气比空气密度小。化工生产中所采用的工业氮气的纯度要不低于 99.5%(体积分数),氮气中的氧含量要不高于 0.5%(体积分数)。氮气分子是在氮原子之间以三键相连接,是以共价键形成的气体分子,所以氮气的化学性质不活泼,但在高温、高能量条件下可与某些物质发生化学变化,如合成氨($NH_3$)分子中,氮为-3 价,具有还原性,在氨和氧化铜反应时,可以生成铜、氮气和水。高纯度的工业氮气一旦被人吸入,很容易造成人员窒息死亡。

### (四)硫化氢

硫化氢是无色、有臭鸡蛋味的气体,且有剧毒,在化学反应中既可以体现还原性又可以体现氧化性。硫化氢在空气中完全燃烧生成二氧化硫和水。硫化氢的水溶液称为氢硫酸,是一种弱酸,具有酸的通性。

### (五)二氧化硫

二氧化硫是一种无色、有刺激性气味的有毒气体,是一种酸性氧化物。二氧化硫既可作为氧化剂,也可作为还原剂,在反应中能失去电子,也能得到电子。二氧化硫溶于水后生成亚硫酸,不能直接生成硫酸,工业上制取硫酸需要将二氧化硫转化成三氧化硫再经过吸收制得。二氧化硫可用于漂白,能使某些有色的有机物褪色,可以用来漂白毛丝、纸张等,它的漂白原理是与色素结合生成一种不稳定的无色化合物,经久又重新分解恢复原来的颜色。

### (六)氨气

氨气是无色、有强烈刺激性气味的气体,密度比空气小,易液化,极易溶于水。氨的水溶液呈弱碱性。

## 二、酸碱无机物

### (一)pH 值的概念

pH 值是表示溶液酸性或碱性程度的数值,即所含氢离子浓度的常用对数的负值。pH = 1,则氢离子浓度为 $0.1mol/L$。若水溶液中 $C(H^+) > C(OH^-)$,则溶液的 pH<7。在室温条件下,水的离子积常数为 $1.0 \times 10^{-14}$。

### (二)硫酸

稀硫酸能与金属活动顺序表中氢之前的所有金属反应,生成氢气。

浓硫酸具有强烈的吸水性、脱水性、氧化性和腐蚀性。浓硫酸的吸水性是物理性质,脱水性是化学性质。由于硫酸吸水性很强,常用作气体干燥剂,但硫化氢气体会被浓硫酸氧化生成水,因此不能用浓硫酸进行干燥。

### (三)氢氧化钠

氢氧化钠是白色固体,密度小,熔点、沸点、硬度低,暴露在空气中易潮解。氢氧化钠可以与二氧化碳或一氧化碳作用,如果氢氧化钠长期放置在空气中,因吸收空气中的二氧化碳,经常会生成碳酸钠和碳酸氢钠。氢氧化钠能与酸反应生成盐和水;与硅化物作用生成硅酸钠;与金属作用生成盐和氢气。工业品氢氧化钠因含微量铁、镍、铜、锰以及其他重金属杂质而带有黄、棕、绿、蓝等颜色。

## 三、其他常见无机物

### (一)水

纯净的水是无色、无味的透明液体,常压下冰点是 0℃,沸点是 100℃。水的密度在4℃时最大,为 1kg/L。水的比热容比一般液体大,所以工业上利用这一性质将其作为冷却剂。

硬水是指水中所含钙和镁离子较多的水。硬水和软水中都含有钙离子、镁离子,但软水中含量低。硬水的软化通常是将硬水中的离子脱去,主要有药剂软化法和离子交换法两种。

### (二)过氧化氢

过氧化氢是一种无色黏稠液体,具有氧化性,它的水溶液呈弱酸性。医疗上广泛使用质量分数为 3%的过氧化氢溶液作为消毒杀菌剂。过氧化氢易分解,实验室常利用 $MnO_2$ 为催化剂通过过氧化氢来制取 $O_2$。过氧化氢工业上也可作漂白剂。

# 项目五　有机化学基础知识

## 一、有机化合物的分类

有机化合物都是含有碳元素的化合物，多数含氢。碳氢化合物及其衍生物总称为有机物，但并不是所有含碳化合物都是有机物，一般来说，有机化合物具有热稳定性小、熔点较低、易于燃烧、难溶于水及反应比较复杂、反应速率较慢的特殊性质。有机化合物按碳链结合方式的不同，可分为链状化合物、环状化合物，环状化合物又分为碳环化合物和杂环化合物两类。

## 二、烃

烃类是有机化合物中的基本化合物，可分为开链烃和闭链烃。开链烃又分为烷烃、烯烃和炔烃等。烷烃的碳原子都是以单键相结合，称为饱和烃。烯烃和炔烃分子分别有双键和三键，都是不饱和烃。

### （一）烷烃

烷烃是无色的气体、液体或固体，有一定的气味，烷烃的相对密度一般都小于1，其物理性质，如物态、熔点、沸点、密度等，均随相对分子质量的增加呈现出规律性的变化。直链烷烃的熔点、沸点随着相对分子质量的减少而降低。相同压力时，相同碳原子数的直链烷烃的沸点比带支链烷烃的沸点高。烷烃是一类不活泼的有机化合物，常温下与强酸、强碱、强氧化剂都不反应，但在一定条件下，例如高温、高压、光照或催化剂的影响下也能发生一些化学反应。

### （二）烯烃

烯烃是具有碳碳双键结构的不饱和烃，化学通式为 $C_nH_{2n}(n \geq 2)$。烯烃的物理性质随相对分子质量的增加呈规律性的变化，沸点、熔点、密度随相对分子质量的增加而升高，难溶于水，易溶于有机溶剂。烯烃的化学性质比烷烃的化学性质活泼。烯烃的大部分反应都发生在碳碳双键上。

### （三）炔烃

炔烃是含有三键的不饱和烃，化学通式是 $C_nH_{2n-2}$。炔烃的沸点、熔点都随着相对分子质量的增加而升高。炔烃三键的位置不同，影响它的沸点，末端炔烃的沸点比三键位于中间的异构体高。乙炔是最简单、也是最重要的炔烃，俗名电石气，纯的乙炔是没有颜色、具有醚味的气体。

# 模块二 化工基础知识

## 项目一 流体流动

流体是指没有固定形状且具有流动性的物质,气体和液体都具有流动性,通常总称为流体。流体的压缩性是指流体的体积随压力变化而变化的关系,如果流体的体积不随压力而变化,该流体就是不可压缩流体,反之则为可压缩流体。实际上流体都是可压缩的,但液体的体积受压强的影响较小,所以可将液体看成为不可压缩性流体。当流体流动时,流体内部存在着内摩擦力,这种内摩擦力会阻碍流体的流动,流体的这种特性称为黏性。流体黏度是衡量流体黏性大小的一个物理量。流体黏度随温度的变化而变化,温度升高,液体黏度降低,而气体的黏度增大。

### 一、流体静力学

流体静力学主要研究流体在静止状态时的有关平衡规律,其实质是研究静止流体内部压力与位置高低的关系,它在流体测量、液位测量和设备液封等方面有广泛应用。

#### (一)静止流体内静压力特性

静止流体单位面积所受到的压力称为静压力,其特性一是流体压力与作用面垂直且指向该作用面;二是静压力的大小与其作用面在空间的方位无关,而仅与其所处的位置有关,即静止流体中任一点不同方向的静压力在数值上均相等。

#### (二)流体静力学方程的应用

对静止流体做力的平衡,可得到静力学方程式:

$$\frac{p}{\rho} + gz = 常数 \tag{1-2-1}$$

式中 $\dfrac{p}{\rho}$——单位质量流体所具有的静压能,J/kg;

$gz$——单位质量流体所具有的位能,J/kg。

式(1-2-1)为流体静力学基本方程,适用于连续、均质且不可压缩的流体。

对于静止流体中任意两点 1 和 2,则有:

$$p_2 = p_1 + \rho g(z_1 - z_2) \tag{1-2-2}$$

将式(1-2-2)两边同除以 $\rho g$,得:

$$\frac{p_2}{\rho g} = \frac{p_1}{\rho g} + (z_1 - z_2) \tag{1-2-3}$$

式中 $z_1, z_2$——液柱的上、下端面与基准水平面的垂直距离,m;

$p_1, p_2$——高度 $z_1$ 及 $z_2$ 处的压力,kPa;

$\rho$——流体的密度,kg/m³。

式(1-2-3)中，$\dfrac{p_1}{\rho g}$、$\dfrac{p_2}{\rho g}$具有高度单位，称为静压头，相应的$z_1$、$z_2$称为位压头。

由静力学基本方程可得出如下结论：

(1)当液面上方压力一定时，静止液体内部任一点的压力与其密度和该点深度有关，即在静止的、连续的同一流体内，位于同一水平面上的各点压力均相等或者说等高面就是等压面。

(2)若某一平面上压力有任何变化，必将引起流体内部各点发生同样大小的变化，即压力可传递。

(3)改写式(1-2-3)得：

$$\Delta z = z_1 - z_2 = \frac{p_2 - p_2}{\rho g} = \frac{\Delta p}{\rho g} \tag{1-2-4}$$

即压力与压差可用液柱的高度来表示，但需注明液体的种类，如 760mmHg、10.33mH$_2$O 等。

静力学原理在工程实际中应用得相当广泛，可以测量流体的压力、容器的液位及液封高度等，例如万吨水压机、油压千斤顶、虹吸管取水等都是流体静力学方程在生产中的应用。

## 二、流体动力学

### (一)流体的运动参数

**1. 流量**

单位时间内流经管道任意截面流体的量称为流量，通常根据流体量以体积计或质量计而分为体积流量和质量流量。体积流量用$V_s$表示，单位为 m³/s；质量流量用$m$表示，单位为 kg/s。体积流量与质量流量的关系：

$$m = \rho V_s \tag{1-2-5}$$

式中　$\rho$——流体密度，kg/m³。

　　　$V_s$——体积流量，m³/s。

**2. 流速**

流体沿流动方向在单位时间内通过的距离称为流速，常用$u$表示，单位为 m/s。

流体在流通截面上各点的速度并不相等，而会形成一定的分布，因此，工程上为简便起见，常采用平均流速的概念来表征流体在某截面的速度。

流体的体积流量$V_s$与流通截面积$A$的比值称为平均流速，用$u$表示，单位为 m/s，表示如下：

$$u = \frac{V_s}{A} \tag{1-2-6}$$

式中　$u$——平均流速，m/s；

　　　$A$——流通截面积，m²。

对于圆管，$A = \dfrac{\pi d^2}{4}$，$d$ 为直径，于是在体积流量一定时，均质不可压缩流体在圆形管路中的任意截面的流速与管内径的平方成反比。

**（二）稳定流动与非稳定流动**

**1. 稳定流动**

在流体流动体系中,流体在任一位置的流动参数(如压力、流速等)不随时间而变化,就称这种流动为稳定流动(或稳态流动、定常流动),如图 1-2-1 所示。

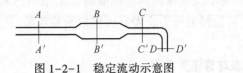

图 1-2-1　稳定流动示意图

流体在该管道中作稳定流动时,在 $A$-$A'$、$B$-$B'$、$C$-$C'$、$D$-$D'$ 截面处的流速、流量和压强等均不随时间变化而变化。

**2. 非稳定流动**

在流体流动体系中,流体在任一位置的流动参数(如压力、流速等)随时间而变化,且只要有一个流动参数随时间而变化,就属于非稳定流动(或非稳态流动、非定常流动),其流速、压力等参数变化都和时间有关。如果在一个水槽中,上面不进行补水,从槽的底部放水,这种流动就属于非稳定流动,自然界中山体滑坡的泥石流的流动也属于非稳定流动。在化工生产过程中,开停车过程的流体流动属于非稳定流动过程,正常生产时属于稳定流动。

**（三）能量衡算和伯努利方程**

运动的流体除了遵循质量守恒定律外,也遵循能量守恒定律。对于稳定流动系统,对选取的空间控制体中的流体进行总能量衡算,则:输入控制体的能量－输出控制体的能量＝0。

运动着的流体涉及多种能量形式,有内能、动能、位能和静压能。

**1. 内能**

内能是物质内部能量的总和,是原子与分子运动及相互运动的结果。它取决于流体的温度,压力的影响一般可忽略。

**2. 动能**

动能是指流体因宏观运动而具有的能量。流体以一定速度流动时,就会具有一定的动能,其大小等于流体从静止加速到流速为 $u$ 时所需要的功。

**3. 位能**

位能是指流体处在重力场中而具有的能量。位能是一个相对值,由所取基准水平面的位置而定,在基准水平面之上位能为正,在基准水平面之下则位能为负。

**4. 静压能**

与静止流体相同,流动着的流体内部任意位置上都存在一定的静压力。将流体压入划定体积需对抗压力做功,所做的功便成为流体的静压能输入划定体积。同样,流体流出划定体积时,流体的静压能从划定体积输出。

若流体为理想流体(即流动中没有阻力的流体),流动时不产生流动阻力,不具有黏性,流体流动的能量损失 $h_f=0$,则在没有外功加入的情况下可导出伯努利方程:

$$z_1+\frac{u_1^2}{2g}+\frac{p_1}{\rho g}=z_2+\frac{u_2^2}{2g}+\frac{p_2}{\rho g} \tag{1-2-7}$$

式(1-2-7)中 $z$、$\dfrac{u^2}{2g}$ 与 $\dfrac{p}{\rho g}$ 分别称为位压头、动压头与静压头，三项之和为总压头。

伯努利方程式可用来表征流体稳定流动时能量的变化规律，流体静力学方程是伯努利方程的一个特例。在伯努利方程中，流体具有位能、动能、静压能的能量形式，理想流体的伯努利方程中各项能量均为单位质量流体的机械能。采用伯努利方程进行计算时，应选取一个水平面作为基准面，再选择另外一个考察面组成衡算系统，流体流动中的能量转换服从伯努利方程。

**（四）流体流动形态与雷诺数意义**

流体在管路中流动，当流速较低时，流体质点做直线运动，层次分明，彼此不混杂的流动称为层流，层流又称为滞流；将流速逐渐调大，流体质点开始出现波浪形运动，但轮廓仍很清晰，没有相互混合，称为过渡状态；流体除了沿流动方向上有运动速度外，在垂直于流动方向上，还有脉冲速度存在，使各层的流体质点相互碰撞、混合的流动，称为湍流。

流体的流型由层流向湍流的转变不仅与液体的流速($u$)有关，还与流体的密度 $\rho$、黏度($\mu$)以及流动管道的直径($d$)有关。将这些变量组成一个数群($du\rho/\mu$)，以其数值的大小作为判断流动类型的依据，这个数群称为雷诺准数，用 $Re$ 表示，即：

$$Re = du\rho/\mu \tag{1-2-8}$$

一般工程上认为，流体在直管内流动时，遵循以下雷诺判据：

当 $Re \leqslant 2000$ 时，流型为层流；

当 $Re \geqslant 4000$ 时，流型为湍流；

当 $2000 < Re < 4000$ 时，流动为一种过渡状态，可能是层流也可能是湍流，或是二者交替出现，一般称这一状态为过渡状态。

**（五）流体阻力**

1. 产生流体阻力的原因

对运动的流体进行受力分析，可以知道，流体在流动时，内部存在的黏性应力会阻碍流体的运动。这种阻碍流体运动的力，称为流动阻力。流体的黏度越大，表示流体在相同流动情况下内摩擦阻力越大，流体的流动性能越差。流体紧贴管壁的流体层与管壁之间并没有相对滑动，所以流体的管路阻力和固体摩擦有根本的区别。

化工管路中的构件一般分为直管和管件(弯头、三通、阀门)两部分。流体经过直管产生的机械能损失称为直管阻力，直管阻力损失主要发生在流体的内部；流体经过管件造成的机械能损失称为局部阻力，当化工管路内的流体进行节流或膨胀时都会产生局部阻力损失。管路总阻力是这两种阻力之和。

2. 稳定流动管路阻力的计算方法

流体在管内流动时，由于流体层之间的分子动量传递而产生内摩擦阻力，使部分机械能转化为热能，这部分能量称为能量损失。流体湍流流动时，局部阻力所引起的能量损失，可以采用阻力系数法或当量长度法计算。当量长度法就是将流体流过管件、阀门所产生的局部阻力，折合成流体流过长度为 $l_0$ 的同一直管的管道时所产生的阻力，这样所折合的管道长度 $l_0$ 称为当量长度。计算管路总阻力时，对同一管件，可用任一种计算方法。

当管路直径相同时,总阻力为:

阻力系数法:

$$\sum w_f = w_f + w_f' = \left( \lambda \frac{l}{d} + \sum \zeta \right) \frac{u^2}{z} \tag{1-2-9}$$

当量长度法:

$$\sum w_f = w_f + w_f' = \lambda \frac{l + \sum l_e}{d} \frac{u^2}{z} \tag{1-2-10}$$

式中　$\sum w_f$——管路总阻力,J/kg;

$w_f$——管路直管阻力,J/kg;

$w_f'$——管路局部阻力,J/kg;

$\sum \zeta$——管路中所有局部阻力系数和;

$\sum l_e$——管路中所有管件或阀门的当量长度和,m(其值由实验确定)。

# 项目二　传热与传质

## 一、传热

### (一)概述

热是能量的一种形式,热量是对能量在传递过程中的量度,它是过程变量而非状态变量。根据热力学第二定律,只要有温度差的存在就必然发生热量传递,这一过程称为热量传递,简称传热。在没有外界机械功输入的情况下,热量总是从高温处向低温处传递。当物体处于热平衡状态时,具有相同的温度值。能量不能凭空产生或消失,只能由一种形式以当量关系转换为另一种形式,敞开系统与环境之间,既有能量交换,又有物质交换。

热力学第一定律的本质是能量守恒原理,即隔离系统无论经历何种变化,其能量守恒。在热力学第一定律确定之前,有人幻想制造一种不消耗能量而能不断对外做功的机器,这就是第一类永动机。第一类永动机显然违背能量守恒原理,故热力学第一定律也可以表述为"第一类永动机是不可能制成的"。

化工生产中的化学反应过程,通常都要求在一定的温度下进行,这就要求必须适时地向反应器输入或输出热量,建立适宜的温度条件。许多化工单元操作,如蒸发、精馏、吸收、干燥、萃取等,也都是直接或间接与传热过程有关。因此,传热是化学工业中最常见的单元操作之一。

#### 1.传热基本方式

传热过程的基本方式有3种,分别是热传导、对流和辐射。

热传导指物体各部分间不发生相对运动而依靠其基本粒子的微观运动来实现的热量传递过程,简称导热。固体内部发生的传热就是导热。

对流传热是流体中各部分质点发生相对位移而引起的热量传递过程。若流体的对流传热是泵、风机或搅拌机等机械能输入造成的,则称为强制对流传热;流体中各处温度不同导致密度差引起的对流传热称为自然对流传热。通常强制对流的传热速率高于自然对流。在列管式换热器中,热量的传递主要是以对流传热为主。

辐射是一种通过电磁波传递热量的过程。辐射传热不需要任何物质做媒介就可以传递热量。

2. 过热蒸气

在同一压力下，对饱和蒸气再加热，则蒸气温度开始上升，超过饱和温度，这时的蒸气称为过热蒸气，也就是指在某一个压力时，蒸气的实际温度高于饱和温度状态。如果对饱和蒸气继续加热，使蒸气温度升高并超过沸点温度，此时得到的蒸气称为过热蒸气。

过热蒸气的温度与饱和蒸气的温度之差称为蒸气的过热度。过热度越大，则表示蒸气所储存的热能越多、对外做功的能力越强。

饱和蒸气的温度一般不超过 120℃，而过热蒸气的温度通常都在 200℃ 以上。

3. 工业上的换热方法

工业上采用的换热方法是很多的，按其工作原理和设备类型可分为直接混合式、间壁式和蓄热式 3 种。

直接混合式换热是冷、热流体直接接触，在混合过程中传热，例如工业上使用的喷洒式冷却塔的换热方式就属于直接混合式换热。

蓄热式换热是冷、热流体交替通过具有填充物的蓄热器，由填充物交替吸入和放出热量实现热交换，例如蓄热式原油裂解炉。

间壁式换热器是冷、热流体分别在间壁两侧流动，通过间壁进行热交换，例如列管式换热器。间壁式换热是化工生产中应用最广的一种换热方式。

需要冷却的物料一般选走壳程，便于放热。具有腐蚀性的物料宜于通过管程，以防止壳体和管束同时被腐蚀。饱和蒸气宜走壳程，以便于排出冷凝液。不洁净的物料应当流过易于清洗的管程。需提高流速以增大其对流传热系数的流体应走管程。压力高的物料应选走管程。多程换热器常用于管内流体流量较小，而所需传热面积较大的场合。

### （二）间壁式换热器的传热

1. 传热速率方程式

热量总是自发地由温度高的物体向温度低的物体传递，这种现象称为热量传递。流体在进行热量传递时，其热量传递的推动力是传热的平均温差。平壁导热在进行热量传递时，热量传递的推动力是平壁两侧的温度差。用 $T$ 表示热流体温度，$t$ 表示冷流体温度，则冷、热流体的温度差 $\Delta t = T - t$。间壁两侧流体在单位时间内传递的热量，即传热速率与冷、热流体的温度差 $\Delta t$ 成正比，且与传热面积成正比，引入比例常数 $K$，得传热速率方程的表达式为：

$$Q = KA\Delta t \qquad\qquad (1-2-11)$$

式中　$Q$——间壁式换热器的传热速率，W；

$K$——总传热系数，W/（m$^2$·K）；

$A$——间壁的传热面积，m$^2$；

$\Delta t$——冷、热流体的温度差，K。

2. 传热量的计算

热负荷是生产上为完成工艺传热要求换热器在单位时间里所具有的换热能力。根据能量守恒的原则，冷、热流体在间壁两侧进行稳定传热时，单位时间内热流体放出的热量

（$q_热$），等于冷流体吸收的热量（$q_冷$）和损失的热量（$q_损$）之和，即：

$$q_热 = q_冷 + q_损 \tag{1-2-12}$$

如果换热器的保温良好，热量损失可以忽略不计，则：

$$q_热 = q_冷 \tag{1-2-13}$$

$q_热$ 和 $q_冷$ 可以用以下两种方法进行计算。

1）温差法

在传热过程中，冷、热流体只发生温度变化，无相变时吸收或放出的热量：

$$q_热 = G_热 C_热 (T_1 - T_2) \tag{1-2-14}$$

$$q_冷 = G_冷 C_冷 (t_2 - t_1) \tag{1-2-15}$$

式中    $G_热$，$G_冷$——热、冷流体的质量流量，kg/s；

        $C_热$，$C_冷$——热、冷流体的比热容，$J/(kg \cdot K)$；

        $T_1$，$T_2$——热流体进、出口温度，K；

        $t_1$，$t_2$——冷流体进、出口温度，K。

2）潜热法

在传热过程中，冷、热流体发生相变而吸收或放出的热量称为潜热，用 $r$ 表示，单位为 J/kg。

$$q_热 = G_热 r_热 \tag{1-2-16}$$

$$q_冷 = G_冷 r_冷 \tag{1-2-17}$$

式中    $r_热$，$r_冷$——热、冷流体的汽化（或冷凝）潜热，J/kg。

3）混合计算法

若冷、热流体在传热过程中既发生温度变化，又有相变，则传递的热量可以将上述两种方法结合起来进行计算。

一般条件下，换热器的传热速率应不小于热负荷。对特定的换热器来说，影响其热负荷的因素是该流体参与传热的质量流量和焓差的大小。提高换热器的传热速率，多采用逆流操作，目的是提高冷热流体间的平均温度差。

3. 传热温差的计算

1）恒温传热时温度差 $\Delta t$ 的计算

恒温传热是指两流体在换热器内温度始终保持不变的传热，此时的传热温度差可用热流体温度 $T$ 与冷流体温度 $t$ 的差值表示，即 $\Delta t = T - t$。

2）变温传热时温度差 $\Delta t_均$ 的计算

参与传热的冷、热两种流体或其中一种流体的温度在换热器内不断发生变化的传热，称为变温传热。在变温传热过程中，流体的流动方向对传热温度差影响较大，对于逆流（或并流）流动，常取冷、热流体在进出口处的温度差的对数平均值作为冷、热流体在换热器内的平均温度差，即：

$$\Delta t_均 = \frac{\Delta t_进 - \Delta t_出}{\ln \dfrac{\Delta t_进}{\Delta t_出}} \tag{1-2-18}$$

式中    $\Delta t_进$，$\Delta t_出$——热、冷流体在换热器进、出口的温度差，K。

在进行平均温度差计算要注意以下几点：

（1）逆流时 $\Delta t_进 = T_1 - t_2$；$\Delta t_出 = T_2 - t_1$。

并流时 $\Delta t_进 = T_1 - t_1$；$\Delta t_出 = T_2 - t_2$。

（2）如果 $\Delta t_大 / \Delta t_小 \leqslant 2$ 时，工程上可以近似地用算术平均温度差计算，即：

$$\Delta t_均 = \frac{\Delta t_大 + \Delta t_小}{2} \tag{1-2-19}$$

4. 传热过程的计算

例1：某列管式换热器，其换热面积为 20m$^2$，冷流体的流量为 0.7kg/s，进口温度为 308K，出口温度为358K，查得冷流体的平均比热容为 4.18kJ/（kg·K），试计算换热器的传热系数（设冷热流体为逆流传热）

解：

$$q = W_冷 C(t_2 - t_1) = 0.7 \times 4.18 \times (348 - 308) = 117.04 (kJ/s)$$

因为是逆流，则：

热流体　383K→358K

冷流体　348K←308K

$$\Delta t_均 = (\Delta t_大 - \Delta t_小)/\ln(\Delta t_大/\Delta t_小) = (50 - 35) \div \ln(50 \div 35) = 41.6(K)$$

$$Q = KA\Delta t$$

$$K = Q/(A\Delta t) = 117.04 \div (20 \times 41.6) = 140 [W/(m^2 \cdot K)]$$

答：换热器的传热系数为140W/（m$^2$·K）。

例2：某换热器内，用热水来加热某溶液，已知热水的进口温度为 360K，出口温度为340K，冷溶液则从 290K 被加热到330K，试分别计算并流和逆流的平均温度差。

解：

并流：

热流体　360K→340K

冷流体　290K→330K

$\Delta t_大 = 70K$，$\Delta t_小 = 10K$，则：

$$\Delta t = (\Delta t_大 - \Delta t_小)/\ln(\Delta t_大/\Delta t_小) = (70 - 10) \div \ln(70 \div 10) = 30.8(K)$$

逆流：

热流体　360K→340K

冷流体　330K←290K

$\Delta t_小 = 30K$，$\Delta t_大 = 50K$，则：

$$\Delta t = (\Delta t_大 - \Delta t_小) \div \ln(\Delta t_大/\Delta t_小) = (50 - 30) \div \ln(50 \div 30) = 39.2(K)$$

答：并流的平均温度差是 30.8K，逆流的平均温度差是 39.2K。

例3：在逆流操作的套管换热器中，用 15℃ 的冷水冷却某溶液。已知溶液的流量为 1800kg/h，平均比热容为 4.18kJ/（kg·℃），其进口温度为 80℃，出口温度为50℃，冷却水出口温度为 35℃，该换热器尺寸为外管 φ105mm×4mm，内管 φ57mm×4.5mm，长 6m，则基于内表面积的总传热系数为多少？（假设换热器的热损失可忽略）

解：

$$Q = W_h C_{ph}(T_1 - T_2) = \frac{1800}{3600} \times 4.18 \times 10^3 \times (80-50) = 6.27 \times 10^4 (\text{W})$$

$$\Delta t_{均} = \frac{\Delta t_2 - \Delta t_1}{\ln \frac{\Delta t_2}{\Delta t_1}} = \frac{(80-35)-(50-15)}{\ln \frac{80-35}{50-15}} = 39.79(\text{℃})$$

$$d_i = 57 - 2 \times 4.5 = 48\text{mm} = 0.048(\text{m})$$

$$A_i = \pi d_i L = \pi \times 0.048 \times 6 = 0.9(\text{m}^2)$$

故

$$K_i = \frac{Q}{A_i \Delta t_{均}} = \frac{6.27 \times 10^4}{0.9 \times 39.79} = 1751[\text{W}/(\text{m}^2 \cdot \text{℃})]$$

答：内表面积的总传热系数为 $1751\text{W}/(\text{m}^2 \cdot \text{℃})$

例4：有一列管式换热器，换热面积为 $10\text{m}^2$，实测得冷流体的流量为 0.72kg/s，进口温度为 308K，出口温度为 348K；热流体的进口温度为 383K，出口温度为 348K，并查得冷流体的平均比热容为 $4.18\text{kJ}/(\text{kg}\cdot\text{K})$，试计算该换热器的传热系数（设冷热流体为逆流流动）。

解：

依据冷流体的数据计算其热负荷：

$$Q = W_{冷} C_p (t_2 - t_1)$$

已知 $W_{冷} = 0.72\text{kg/s}, C_p = 4.18\text{kJ}/(\text{kg}\cdot\text{K}), t_2 = 348\text{K}, t_1 = 308\text{K}$，则：

$$Q = 0.72 \times 4.81 \times (348-308) = 120.4(\text{kW})$$

求两流体的平均温度差：

$$\text{热流体} \quad 383 \rightarrow 348\text{K}$$
$$\text{冷流体} \quad 348 \leftarrow 308\text{K}$$

则 $\Delta t_{大} = 40\text{K}, \Delta t_{小} = 35\text{K}$，由于 $\frac{\Delta t_{大}}{\Delta t_{小}} < 2$，所以：

$$\Delta t_{均} = \frac{\Delta t_{大} + \Delta t_{小}}{2} = \frac{40+35}{2} = 37.5(\text{K})$$

根据传热速率：

$$K = \frac{Q}{A_{均} \Delta t_{均}} = \frac{120.4 \times 10^3}{10 \times 37.5} = 321[\text{W}/(\text{m}^2 \cdot \text{K})]$$

答：换热器的传热系数 $321\text{W}/(\text{m}^2 \cdot \text{K})$。

对间壁式两侧流体的传热过程而言，若 $\alpha_1$ 与 $\alpha_2$ 值相差较大（$\alpha_1$ 远远小于 $\alpha_2$），则总传热系数 K 值总是接近 $\alpha_1$ 那侧的。

**5. 提高换热器传热速率的途径**

从传热方程式 $Q = KA\Delta t$ 可以看出，提高传热速率的途径有以下3个：

**1）增大传热面积**

传热面积越大越有利于提高传热效率，但也要符合经济合理的原则。因此，应从设备结构上设法增加单位体积内的传热面积，如工业上常采用翅片的暖气管代替圆管，另外尽可能选用一些传热效果较好的换热器。

2）增大传热温度差

冷、热流体的进出口温度一般由生产工艺决定，不能随意变动。当两种流体的进出口温度一定时，采用逆流操作可以得到较大的平均温度差。

用水蒸气作加热剂时，增大蒸汽压力可以提高热流体的温度。用水作冷却剂时，降低水温或增加水的流量，也可以增大传热温度差。

3）提高传热系数

强化传热最有效的途径是提高传热系数 $K$ 值，提高 $K$ 值的方法是提高对流传热系数和减少垢层热阻。

## 二、传质

物质以扩散的形式从一相转移到另一相的过程，即为传质的过程，包括相内传质和相间传质两类，前者发生在同一个相内，而后者是物质从一相转移到另一相。常见的传质过程：吸收的传质过程是气相转向液相；萃取属于液—液传质；结晶的传质过程是溶质由液相趋附于溶质晶体的表面，转为固体，使晶核长大；蒸馏的传质过程是气相转向液相和液相转向气相同时进行；气体减湿操作是热质传递过程。

# 项目三　蒸发与制冷

## 一、蒸发

### （一）概述

#### 1.蒸发的基本概念

蒸发过程是将非挥发性的或难挥发性的溶质和挥发性的溶剂分离的过程。在化工生产中，通常需要将含有固体溶质的溶液进行浓缩，以获得固体产品、制取溶剂或回收溶剂等。工业上常用的浓缩方法是将稀溶液加热沸腾，使部分溶剂汽化并不断移除，从而使溶液浓度提高，用来实现蒸发过程的设备称为蒸发器。

#### 2.蒸发操作的特点和目的

蒸发操作的特点：有相变化的恒温传热；溶液沸点升高；热能的利用。

蒸发操作的目的是将稀溶液增浓直接制取液体产品；纯净溶剂的制取；制备浓溶液和回收溶剂。

蒸发操作的条件是需要不断地供给热能使溶剂沸腾汽化；将汽化的溶剂不断地移除。

#### 3.蒸发操作的分类

蒸发操作常以饱和水蒸气作加热介质，如果蒸发的溶液是水溶液，则溶剂蒸发产生的气体也是水蒸气，为了区别，常称前者为加热蒸汽（在单效蒸发操作中，通常将来自锅炉作热源用的蒸汽又称生蒸汽），后者称为二次蒸汽。根据二次蒸汽的利用情况将蒸发操作分为单效蒸发和多效蒸发。溶剂汽化产生的二次蒸汽不利用，冷凝后直接排放掉，这种操作称为单效蒸发。在蒸发操作中，如果把二次蒸汽引到另一个蒸发器内作为加热蒸汽，并将多个这样的蒸发器串联起来，这样的操作称为多效蒸发。

### 4. 沸点

当液体汽化的速率与其产生的气体液化的液化速率相同时的气压,称为饱和蒸气压,液体的饱和蒸气压与外界压强相等时的温度称为沸点。一定物质的沸点与外压有关,饱和蒸气压较小的液体沸点较高,外压越高,沸点越高。

几种物质常压下的沸点:水为100℃,采用水蒸气蒸馏,则混合液的沸点应小于100℃;松节油沸点为185℃。

### (二)蒸发设备

工业上蒸发器有多种结构形式,主要由加热室、流动管路、蒸发室和除沫器等构成。

#### 1. 蒸发器的种类

目前常用的蒸发器,按溶液在蒸发器中的运动情况,可以分为循环型和单程型两大类。

循环型蒸发器的特点是溶液在蒸发器内做循环流动,根据引起溶液循环的原因,可分为自然循环和强制循环。常见的循环型蒸发器有中央循环管式蒸发器、外热式蒸发器和强制循环蒸发器。

单程型蒸发器的特点是溶液只通过加热室一次,不做循环流动即可达到所需浓度。溶液沿加热管内壁呈膜状流动,受热汽化,因此又称为液膜式蒸发器。根据物料在蒸发器内的流动方向和成膜原因的不同,液膜式蒸发器可以分为升膜式蒸发器、降膜式蒸发器和刮板式蒸发器。

#### 2. 蒸发装置附属设备——除沫器

除沫器是指在蒸发操作时,二次蒸汽中夹带大量的液体,虽然在分离室中进行了分离,但是为了防止损失有用的产品或污染冷凝液体,还需设法减少夹带的液沫,因此在蒸汽出口附近设置除沫器。当带雾沫的气体以一定的速度上升时,雾沫靠惯性作用被附着在除沫器的丝网上,逐渐形成较大液滴,聚集雾沫的液滴自身重力大于气体的上升力与液体的表面张力的合力时,液滴就会下落,实现气液分离的目的。

除沫器的特点有空隙率大、接触面积大、压力降小等。

## 二、压缩制冷

### (一)压缩制冷工作过程

理想的压缩蒸气冷冻机的工作过程是一个逆行的卡诺循环过程,它由绝热压缩的等熵过程、等温放热过程、绝热膨胀的等熵过程、等温吸热过程4个过程组成。

### (二)节流膨胀的原理

节流膨胀是指较高压力下的流体(气体或液体)经多孔塞(或节流阀)向较低压力方向绝热膨胀过程。

高压流体通过节流装置(如节流阀),在不传热、不做功的情况下,瞬间降压的过程称为节流。节流时压力下降,体积膨胀,使物料的温度发生变化。流体在通过节流阀后的压力比节流阀前的压力要低得多,是因为流体在通过节流阀时要克服旋涡、碰撞、摩擦等阻力。影响节流降温的效果的因素有节流前的温度、节流前后的压差。

# 项目四 吸收

## 一、概述

吸收是化工生产中分离气体混合物的重要方法之一,是用适当的液体与气体混合物相接触,利用气体混合物中各组分在某一液体吸收剂中的溶解度不同,使气体混合物中的一个组分或几个组分溶解到液体中,使易溶解的组分与难溶解的组分分开,从而达到各组分分离的目的。吸收是气相组分转入到液相的传质过程,属于传质过程的单元操作之一。气体吸收在化工生产上的应用主要是分离混合气体、回收所需组分、净化或精制气体、制备液相产品等。

### (一) 吸收过程的分类

吸收按气液相组分间是否发生化学反应可分为物理吸收和化学吸收。

物理吸收是指溶质与液体溶剂之间不发生化学反应,可当作单纯的气体溶解于液相中的物理过程。例如水洗法脱除 $CO_2$、油吸收法分离裂解气等。

化学吸收是指吸收过程中发生明显化学反应,例如石油裂解气预处理时,利用 NaOH 溶液作为吸收剂脱除酸性气体中的 $H_2S$ 和 $CO_2$ 时的反应。对于化学吸收过程,不仅要考虑气体溶于吸收剂的速度,还要考虑化学反应速度。因此,化学吸收过程远比物理吸收过程复杂。

### (二) 影响气体吸收的主要因素

对吸收过程,在一定温度下气液两相充分接触后,两相达到平衡,此时溶质组分在气液两相中的浓度服从某种确定的关系,即相平衡关系。气液两相处于平衡状态时,溶质在液相中的含量称为溶解度,它与温度、压力和溶质在气相中的分压有关,它们之间的关系:

(1)温度升高,气体的溶解度降低。

(2)在一定温度下,气体的溶解度随该气体的气相分压增大而增大。

(3)在同样温度和分压下,不同气体的溶解度相差很大。

因此,对吸收操作来讲,加压和降温是有利的;反之,升温和减压有利于解吸操作。

生产中可以通过增加吸收过程推动力和减小吸收过程阻力两方面来强化吸收操作,增加液气比 $L/V$,可以使吸收推动力增大。

## 二、气体吸收溶剂的选择

### (一) 气体吸收溶剂的选择条件

吸收操作是气、液两相之间的接触传质过程,气体吸收操作所用的溶剂称为吸收剂。吸收操作的成功与否在很大程度上取决于溶剂的性质。在选择适合的溶剂时应主要考虑以下几点:

(1)溶剂应对混合气中被分离组分(溶质)有较大的溶解度,或者说在一定的温度与浓度下,溶质的平衡分压要低。

(2)溶剂应具有较高的选择性,即溶剂对混合气体中其他组分的溶解度要小。

(3)溶质在溶剂中的溶解度应对温度的变化比较敏感,即不仅在低温下溶解度要大、平衡分压要小,而且随着温度升高,溶解度应迅速下降,平衡分压应迅速上升。

（4）溶剂的蒸气压要低，以减少吸收和再生过程中溶剂的挥发损失。

（5）物理吸收过程中溶剂应具有较好的化学稳定性，以免在使用过程中发生变质；化学吸收过程中，当吸收剂与溶质组分间有化学反应发生时，若要循环使用吸收剂，则化学反应必须是可逆的。

（6）溶剂应具有较低的黏度且在吸收过程中不易产生泡沫，以利于气液两相良好接触和塔顶的气、液分离及溶剂的输送。

（7）溶剂应尽可能满足价廉、易得、无毒、无腐蚀性、不易燃烧等经济和安全条件。

实际上很难找到一种能够满足所有这些要求的理想溶剂，因此，应对可供选用的溶剂作全面的评价，以便作出经济、合理的选择。

**（二）吸收剂用量的确定**

1. 全塔物料衡算

对稳态操作的逆流吸收塔全塔做溶质 A 的物料衡算：

$$VY_1 + LX_2 = VY_2 + LX_1 \tag{1-2-20}$$

或

$$V(Y_1 - Y_2) = L(X_1 - X_2) \tag{1-2-21}$$

式中　$V$——塔底混合气中惰性气体摩尔流量，kmol/s；

　　　$L$——塔顶吸收剂的摩尔流量，kmol/s；

　　　$Y_1$——塔底气相中溶质比摩尔分数；

　　　$Y_2$——塔顶气相中溶质比摩尔分数；

　　　$X_1$——塔底液相中溶质比摩尔分数；

　　　$X_2$——塔顶液相中溶质比摩尔分数。

为确定吸收塔内任一截面上相互接触的气、液组成之间的关系，对塔内任一截面与塔顶之间作溶质 A 的物料衡算，得：

$$Y = \frac{L}{V}X + \left(Y_2 - \frac{L}{V}X_2\right) \tag{1-2-22}$$

同理，对塔内任一截面与塔底之间作溶质 A 的物料衡算：

$$Y = \frac{L}{V}X + \left(Y_1 - \frac{L}{V}X_1\right) \tag{1-2-23}$$

式（1-2-22）和式（1-2-23）称为逆流吸收塔的操作线方程，它代表逆流操作时塔内任一截面上气、液两相的组成 $Y$ 和 $X$ 之间的关系，以 $L/V$（称为吸收操作的液气比）作为操作线的斜率。

2. 吸收剂用量计算

吸收剂的用量 $L$ 或液气比 $L/V$ 在吸收塔的设计计算和操作调节中是一个很重要的参数。将全塔物料衡算式改写为：

$$X_1 = X_2 + \frac{V}{L}(Y_1 - Y_2) \tag{1-2-24}$$

显然，吸收剂的用量 $L$ 或液气比 $L/V$ 越大，吸收剂的出塔比摩尔分数 $X_1$ 越低。

例题：在一吸收填料塔，用净油吸收混合气体中的苯，已知混合气体总量为 $1000\text{m}^3/\text{h}$，其中苯的体积分数为4%，操作压强为101.3kPa，温度为293K，吸收剂用量为103kmol/h，要求吸收率为80%，求塔底溶液出口浓度。

解：

塔底液相浓度：

$$X_1 = V/L(Y_1 - Y_2) + X_2$$

$$Y_1 = y_1/(1-y_1) = 0.04 \div (1-0.04) = 0.0417[\text{kmol/kmol（苯/载体）}]$$

$$Y_2 = Y_1(1-\eta) = 0.0417 \times (1-0.8) = 0.00834[\text{kmol/kmol（苯/载体）}]$$

$X_2 = 0$，则：

$$V = 1000 \times (1-0.04) = 960(\text{m}^3/\text{h})（混合气体中的惰性气体量）$$

惰性气体的量：

$$V = (960 \div 22.4) \times (273 \div 293) = 39.93(\text{kmol/h})$$

吸收剂用量：

$$L = 103(\text{kmol/h})$$

$X_1 = V/L(Y_1 - Y_2) + X_2 = 39.93 \div 103 \times (0.0417 - 0.00834) + 0 = 0.013[\text{kmol/kmol（苯/油）}]$

答：塔底溶液出口浓度为0.013kmol/kmol（苯/油）。

## 三、填料吸收塔

### （一）填料的主要性能参数

填料是用于填充填料塔的材料，其主要作用是增加气、液两相的接触面积，加大液体的湍动程度以利于传质、传热的进行。填料性能的评价主要用传质速率、通量、填料层压降3个参数的综合指标来表达。

1. 比表面积

填料的表面积是填料塔内传质表面的基础。显然，填料应具有尽可能大的表面积，填料所能提供的表面积，通常以比表面积来表示，即单位体积填料层所具有的填料表面积，用 $a$ 表示，其单位是 $\text{m}^2/\text{m}^3$。

2. 空隙率

单位体积填料层的空隙体积称为空隙率，单位为 $\text{m}^3/\text{m}^3$。为减少气体的流动阻力，提高填料塔的允许气速（处理能力），填料层应有尽可能大的空隙率。

3. 填料因子

填料因子代表实际操作时湿填料的流体力学特性，用 $\phi$ 表示，单位为 $1/\text{m}$，其值由实验确定，该值越小表明流动阻力小，液泛速度较高。

选择填料时，一般要求比表面积及空隙率值大，填料的润湿性能好，并有足够的力学强度。

### （二）常用填料

常用的填料可以分为两大类：个体填料和规整填料。

个体填料有实心的固体块填料、中空的环形填料和表面开口的鞍形填料等。工业上常用的一些个体填料有拉西环、鲍尔环、阶梯环等环形填料，另外还有弧鞍形填料、矩鞍形填料、阶梯环填料、网体填料等。与个体填料相比，规整填料在工业中应用较多，其中以波纹填料应用最为广泛。

**（三）填料塔壁流的危害**

当液体经过填料层向下流动时,有逐渐向塔壁集中的趋势,这种现象称为壁流。壁流会造成气液两相在填料层分布不均匀的现象。填料塔壁流现象会使传质效率下降。当填料层较高时一般填料需要分段,中间设置再分布装置以避免壁流的现象。

**（四）吸收塔填料层高度**

1. 填料层高度的影响因素

吸收过程的推动力为实际浓度与平衡浓度之差,吸收塔的操作线是直线,主要基于低浓度物理吸收。

为达到指定的分离要求,填料层高度影响因素包括:

（1）两流体的流向;

（2）吸收剂进口含量及其最高允许含量;

（3）吸收剂用量;

（4）塔内返混;

（5）吸收剂是否再循环。

2. 填料层高度的计算

填料的有效比表面积 $a$ 与填料的形状、尺寸及填充方式有关,其数值很难直接测定。为了避开难以测得的有效比表面积 $a$,常将它与传质系数的乘积视为一体,这个乘积称为体积传质系数,如 $K_y a$ 和 $K_x a$ 分别称为气相总体积传质系数和液相总体积传质系数,其单位为 $kmol/(m^3 \cdot s)$。

填料吸收塔的塔高可以表示成传质单元高度和传质单元数的乘积:

$$H = H_{OL} N_{OL} \tag{1-2-25}$$

式中　$H_{OL}$——气相总传质单元高度,m;

　　　$N_{OL}$——气相总传质单元数,量纲为1。

其中,传质单元高度:

$$H_{OL} = \frac{L}{K_x a \Omega} \tag{1-2-26}$$

对数平均推动力法求传质单元数:

$$N_{OL} = \frac{(x_1 - x_2)}{(x^* - x)_m} \tag{1-2-27}$$

$$\Delta x_m = \frac{(x_1^* - x_1) - (x_2^* - x_2)}{\ln\left(\dfrac{x_1^* - x_1}{x_2^* - x_2}\right)} \tag{1-2-28}$$

式中　$\Delta x_m$——液相对数平均推动力;

　　　$x_1, x_2$——吸收剂进料组成;

　　　$x_1^*, x_2^*$——吸收液组成。

例题:在一内径为1.33m的填料吸收塔中,用清水吸收温度为20℃、绝对压强为1atm的二氧化碳-空气混合气体,其中 $CO_2$ 含量为0.13(摩尔分数),余下为空气,逆流操作。惰性气体流量为 36.2kmol/h，要求 $CO_2$ 吸收率为 90%，出塔溶液浓度为 0.2g $CO_2$/1000g $H_2O$，气液平衡关系为 $Y=1420X$（$Y$，$X$ 为摩尔比），液相体积总吸收系数 $K_xa$ 为 10695kmol/（$m^3$·h），二氧化碳相对分子质量为 44。

问：(1)吸收剂用量为多少（单位取 kg/h）？

(2)该塔所需填料层高度为多少？

解：

(1)已知 $y_1=0.13$，$\varphi=0.9$，$M_{CO_2}=44$，$M_{H_2O}=18$，$V=36.2$kmol/h，则：

$$Y_1=\frac{y_1}{1-y_1}=\frac{0.13}{1-0.13}=0.149$$

$$Y_2=Y_1(1-\varphi)=0.149(1-0.9)=0.0149$$

$X_1=\frac{0.2\div44}{1000\div18}=8.18\times10^{-5}$，$X_2=0$，则：

$$L=V\frac{Y_1-Y_2}{X_1-X_2}=36.2\times\frac{0.149-0.0149}{8.18\times10^{-5}-0}=59345（kmol/h）=1.07\times10^6（kg/h）$$

(2)已知 $K_xa=10695$kmol/（$m^3$·h），$D=1.33$m，$y=1420x$，则：

$$H_{OL}=\frac{L}{K_xa\Omega}=\frac{59345}{10695\times\pi\div4\times1.33^2}=4（m）$$

$$X_{1,e}=Y_1/m=0.149\div1420=1.05\times10^{-4}$$

$$X_{2,e}=Y_2/m=0.0149/1420=1.05\times10^{-5}$$

$$\Delta X_m=\frac{\Delta X_1-\Delta X_2}{\ln\dfrac{\Delta X_1}{\Delta X_2}}=\frac{(1.05\times10^{-4}-8.18\times10^{-5})-1.05\times10^{-5}}{\ln\dfrac{1.05\times10^{-4}-8.18\times10^{-5}}{1.05\times10^{-5}}}=1.6\times10^{-5}$$

$$N_{OL}=\frac{X_1-X_2}{\Delta X_m}=\frac{8.18\times10^{-5}-0}{1.6\times10^{-5}}=5.113$$

$$H=H_{OL}N_{OL}=4\times5.113=20.5（m）$$

答：(1)吸收剂用量为 $1.07\times10^6$kg/h。

(2)该塔所需填料层高度为 20.5m。

# 项目五　沉降与过滤

## 一、概述

### (一)均相物系与非均相物系概念

在化工生产过程中，所遇到的混合物通常分为均相混合物和非均相混合物两类。均相混合物是指混合物内部各处均匀且不存在相界面的物系，如溶液（水和乙醇混合溶液、石油、苯和甲苯混合溶液）与混合气体（空气混合物）。

有一种以上相态同时存在的混合物，在连续相和分散相之间存在明显相界面的称为非均相混合物或非均相物系(如含有悬浮物的烟道气、悬浮液、泡沫液)。在非均相物系中,处于分散状态的物质称为分散相,处于连续状态的物质称为连续相。

### (二)非均相物系分离方法

非均相物系在工业上一般采用机械分离,即利用不同相之间物理性质的差异,在外力作用下进行分离。根据分离原理和作用力不同,非均相物系的分离方法主要有沉降、过滤及在电场力作用下的分离。

## 二、沉降

### (一)沉降的分类

根据实现沉降分离操作所依据的作用力不同,沉降过程有重力沉降和离心沉降两种方式。

#### 1. 重力沉降

分散相颗粒在重力场中受重力的作用,与周围流体发生相对运动而实现的分离过程称为重力沉降。它既可以用于分离气态非均相混合物,也可以用于分离液态非均相混合物,同时也可使大小、密度不同的颗粒分开。

单个颗粒在流体中沉降,或者颗粒含量少且在流体分散中不受周围颗粒和器壁干扰的沉降,称为自由沉降。

#### 2. 离心沉降

离心沉降利用设备旋转产生的离心力使颗粒从悬浮的体系中分离,如旋风分离器、旋液分离器、沉降式离心机等。

离心沉降与重力沉降比较的优点是分离的颗粒更小,而且所需设备的体积也要小得多。

### (二)沉降的受力原理

当含有泥沙的水静止一段时间后,泥沙沉积到容器底部,这个过程称为重力沉降过程。固体颗粒在静止的流体中降落不但受重力作用,还受流体的阻力和浮力作用。当流体中固体颗粒大小一定时,则颗粒在沉降时的重力和浮力的大小也一定,阻力随着粒子与流体的相对运动速度而变,粒子的降落速度越大,则流体对颗粒的摩擦阻力也越大。

## 三、过滤

过滤主要用来分离液固非均相物系,是使含固体颗粒的非均相物系通过布、网等多孔性材料,分离出固体颗粒,从而实现固、液分离的操作。悬浮液的过滤操作中,所用的多孔物料称为过滤介质,留在过滤介质上的固体颗粒称为滤饼或滤渣,通过多孔介质的物料称为滤液。

# 项目六　干燥与吸附

## 一、干燥

### (一)概述

#### 1. 干燥的概念

干燥是利用热能除去固体物料中湿分(水分或其他液体)的单元操作,这种操作是采用某种加热方式将热量传给湿物料,此热量作为潜热使湿物料中湿分汽化而被分离,从而获得含湿分较少的固体干物料。按热能传给湿物料的方式,干燥可分为传导干燥、对流干燥、辐射干燥、介电加热干燥。化工生产中最常用的是对流干燥。

**2. 干燥器的分类**

工业生产上使用的干燥器形式很多,按干燥压力的不同,可分为常压干燥器和减压干燥器,按操作方式可分为间歇式和连续式干燥器,也可按干燥介质的不同来分类,但最通常是按加热方式来分类,分类情况如下:(1)传导干燥器,如滚筒干燥器;(2)对流干燥器,如气流干燥器、沸腾干燥器、喷雾干燥器等;(3)辐射干燥器,如红外线干燥器;(4)介电加热干燥器,如微波干燥器。

**3. 分子筛在干燥系统的应用**

分子筛是具有均匀的晶穴,并具有选择筛分分子作用的物质,因为这种特殊的筛分作用,故将其命名为分子筛。它是一种具有网状晶体结构的硅铝酸盐,通常也被称为沸石。这些网状的晶体结构互相连接,形成孔道和晶穴,其大小约几埃($1Å = 1×10^{-10}$ m),它们的大小与形状相同,可以将不同的大小或极性的分子筛分出来。不同类型的分子筛的晶穴直径或形状各不相同,可以用来分离各种各样不同的分子,湿物料型分子筛与水的亲和力极高,所以分子筛常被用作效果极佳的干燥剂。例如只能用来吸收水分子的 3A 型分子筛,它比硅胶干燥剂、氧化铝干燥剂及其他任何类型的黏土干燥剂在干燥能力与深度方面都高出几十倍。

**（二）干燥器的物料衡算**

物料含水量的表示方法有两种,即湿基含水量和干基含水量。湿基含水量是以湿物料为计算基准的物料中水分的质量分数。干基含水量是以湿物料中绝对物料的质量为基准,不包括湿物料中水分的质量。通过物料衡算可确定将湿物料干燥到规定的含水量所需蒸发的水分量、空气消耗量。在干燥器物料衡算时,以干燥前后的物料中的绝干物料质量不变为依据列出衡算方程。

**1. 绝对湿度**

绝对湿度简称湿度,是湿空气中水汽的质量与绝干空气的质量之比,即:

$$H = \frac{湿空气中水汽的质量}{湿空气中绝干空气的质量} = \frac{n_w M_w}{n_g M_g} \approx \frac{18 n_w}{29 n_g} = 0.622 \frac{n_w}{n_g} \qquad (1-2-29)$$

式中　$H$——湿空气的绝对湿度,kg/kg(水汽/绝干空气);

　　　$M_w$、$M_g$——水蒸气、绝干空气的摩尔质量,kg/kmol;

　　　$n_w$、$n_g$——水蒸气、绝干空气的物质的量,kmol。

在系统总压 $p$ 不大的情况下,湿空气可视为理想气体,因此:

$$\frac{n_w}{n_g} = \frac{p_w}{p - p_w} \qquad (1-2-30)$$

$$H = \frac{18 p_w}{29(p - p_w)} = 0.622 \frac{p_w}{p - p_w} \qquad (1-2-31)$$

式中　$p_w$——水蒸气分压,Pa;

　　　$p$——湿空气的总压,Pa。

当湿空气中水蒸气分压 $p_w$ 等于该温度下水的饱和蒸气压 $p_s$ 时,则湿空气呈饱和状态,其湿度称为饱和湿度 $H_s$:

$$H_s = 0.622 \frac{p_s}{p-p_s} \qquad (1-2-32)$$

水的饱和蒸气压只和温度有关,因此空气的饱和湿度是湿空气的总压及温度的函数。

**2. 相对湿度**

在一定总压下,湿空气中水汽分压 $p_w$ 与同温度下水的饱和蒸气压 $p_s$ 之比的百分数称为相对湿度分数,简称相对湿度,以 $\varphi$ 表示,即:

$$\varphi = \frac{p_w}{p_s} \times 100\% \qquad (1-2-33)$$

相对湿度反映了湿空气的不饱和程度,$p_w$ 值越低,表示该空气偏离饱和程度越远,干燥过程的传质推动力越大。$\varphi = 1$ 的饱和湿空气不能作为干燥介质。可见空气的湿度 $H$ 表示其中水蒸气的绝对量,而相对湿度 $\varphi$ 却可反映湿空气吸收水分的能力。

因

$$p_w = \varphi p_s \qquad (1-2-34)$$

则

$$H = 0.622 \frac{p_w}{p-p_w}$$

例题:已知湿空气的总压力为 101.3kPa,相对湿度为 50%,干球温度为 20℃,求此空气的湿度(已知水在 20℃饱和蒸气压为 $p_饱 = 2.34kPa$)。

解:

$$H = 0.622 \times \varphi p_s / (p - \varphi p_s)$$
$$= 0.622 \times 0.5 \times 2.34 \div (101.3 - 0.5 \times 2.34)$$
$$= 0.00727 [kg/kg(水/干空气)]$$

答:此空气的湿度为 0.00727kg/kg(水/干空气)。

## 二、吸附

### (一)概述

**1. 吸附的概念**

当流体与多孔的固体表面接触时,由于流体分子与固体表面分子之间的相互作用,流体分子会停留在固体表面上,导致流体分子在固体表面上的浓度增大,这种现象称为固体表面的吸附现象。如固体和气体之间的分子引力大于气体内部分子之间的引力,气体就会凝结在固体表面上。具有一定吸附能力的固体材料称为吸附剂,被吸附的物质称为吸附质。在吸附分离过程中,主要是物理吸附。

与吸附相反,组分脱离固体吸附剂表面的现象称为脱附。吸附剂的再生,即吸附剂脱附,对吸附过程是非常重要的,通常采用的方法是降低吸附质在气相中的分压、提高温度,吸附质将以原来的形态从吸附剂上回到气相或液相。

2. 物理吸附的特点

物理吸附又称范德华吸附,吸附力为分子间力,即范德华力,由于它是吸附剂分子与吸附质分子间吸引力作用的结果,其分子间结合力较弱,故容易脱附。物理吸附过程是可逆的,吸附分离过程正是利用物理吸附的这种可逆性来实现混合物的分离。

3. 吸附平衡

当流体与吸附剂接触足够长时间,吸附质在两相中的含量达到一定值不再变化时,称为吸附平衡。吸附过程达到平衡时,吸附在吸附剂上的吸附质的蒸气压等于其在气相中的分压。

# 项目七　无机化工反应过程

## 一、无机化学反应基础知识

### (一)无机化学反应的基本类型
无机化学反应可分为以下几种。

1. 化合反应

化合反应是由两种或两种以上的物质生成一种新物质的反应,例如氢和氧燃烧生成水。

2. 分解反应

分解反应是一种物质分解成两种或者两种以上物质的反应称为分解反应,例如电解水反应。

3. 置换反应

由一种单质和化合物作用生成另一种单质和化合物的反应称为置换反应,例如:$2CuO+C \stackrel{\qquad}{=\!=\!=} 2Cu+CO_2\uparrow$。

4. 复分解反应

复分解反应两种化合物互相交换成分,生成两种新的化合物的反应,例如:$CuCl_2+2NaOH \stackrel{\qquad}{\longrightarrow} Cu(OH)_2\downarrow +2NaCl$。

5. 氧化还原反应

与氧结合的反应称为氧化反应,失去氧的反应称为还原反应,例如:$2CuO+C \stackrel{\qquad}{=\!=\!=} 2Cu+CO_2\uparrow$,碳被氧化生成二氧化碳发生了氧化反应,而氧化铜被还原成铜发生了还原反应。

### (二)化学反应的热效应
在化学反应中,除了有物质的变化外,还有以热量的形式表现出来的能量变化,利用热力学第一定律(即能量守恒定律),解决化学反应中的能量变化问题,即化学反应的热效应。

化学反应过程中不管放出还是吸收的热量,都属于反应热。放出热量的化学反应称为放热反应;吸收热量的化学反应称为吸热反应,对于吸热反应,温度升高,有利于化学平衡向正反应方向进行。

## 二、化学反应过程

### (一)概述

化学反应过程是一种不仅包含化学现象,同时也包含物理现象的传递现象,包括动量、热量和质量传递,再加上化学反应,这就是通常所说的"三传一反"。

用化学方法将原料加工成产品,不仅是化学工业而且也是其他过程工业(如冶金、石油炼制、能源及轻工等)所采用的手段。无论是哪一个工业部门,还是哪一种产品的生产,采用化学方法加工时,都可概括为三个组成部分,即原料的预处理、化学反应、反应产物的分离与提纯。

### (二)化学反应过程原料的预处理

按化学反应的要求,在反应进行前,将参加化学反应的各种原料进行配料混合,称为化学反应过程原料的预处理。这一过程一般属于物理过程,主要包括提纯原料除去有害杂质、加热原料使其达到反应温度、原料预混合以适应反应浓度要求等。

1. 影响搅拌的物理因素

液体搅拌的目的:一是被搅拌物料各处达到均质状态;二是强化传热过程;三是强化传质过程;四是促进化学反应。

决定搅拌槽内速度分布的因素:一是搅拌槽的几何条件;二是操作条件;三是物质的性质。搅拌器的混合机理:一是总体对流扩散;二是涡流(湍流)扩散;三是扰动扩散。

工程设计中,搅拌类型可基本分为:一是均相液液调和;二是非均相液液分散;三是气液分散和混合;四是固液悬浮搅拌。在气-液搅拌槽中,由于气相被破碎而形成的气泡,其直径要比自由鼓泡通气的气泡直径小。

2. 液体搅拌的作用和强化搅拌的措施

液体搅拌的作用有三个方面:(1)强化物质的传递,增加化学反应速率;(2)强化传热过程,防止局部过热或过冷现象的产生;(3)有效制备混合物。

强化搅拌的措施有两种:装设挡板和导流筒。

3. 搅拌功率

搅拌功率是槽内液体流动状态和搅拌强度的度量,又是选配电动机的依据。当消耗相同功率时,如采用低转速、大叶轮直径可产生大循环流、小剪切作用,有利于宏观混合或强化传热。搅拌功率的大小取决于流型、循环速度、湍动程度。

4. 影响搅拌功率的因素

(1)搅拌器的因素:桨叶形状、叶轮直径及宽度、叶片数目、转速、在槽内安装高度等。

(2)搅拌槽的因素:槽形、槽内径、液深、挡板数目和宽度、导流筒尺寸等。

(3)物性因素:密度和黏度。

此外,在出现打旋时还需考虑重力加速度。

5. 最佳搅拌效果

要想合理分配能量,获得最佳搅拌效果,主要做好以下几个方面:

(1)如果为获得较大尺度的混合或强化传热,则希望有较大的流量,对压头的要求并不高,此时加大直径降低转速是适宜的,功率主要消耗在总体流动方面。

(2)如果要求快速分散或小尺度的混合均匀,则应减少 $q_V/H$($q_V$ 为流量,$H$ 为压头),使功率主要消耗于增加流体的湍动或加大剪切作用。

（3）生产工艺过程对 $q_V/H$ 比值要求依次减少（即剪切作用依次加大）的顺序是均匀混合、传热、固体颗粒悬浮和溶解、气体分散、不互溶液体分散等。一些常用叶轮 $q_V/H$ 依次减小的顺序是平桨、涡轮和螺旋桨。

（4）若输入流体的能量大部分用于总体流动，此时应选用循环型叶轮（如平桨叶轮）；反之，若主要用于剪切上，则此时应选用剪切型叶轮（如涡轮、旋桨叶轮）。

6. 调匀度

样品浓度与平均浓度之比称为调匀度。调匀度的数值不可能大于1。若对全部样品的调匀度取平均值，则得到平均调匀度。表示溶液混合效果的指标有调匀度、混合尺度。混合尺度用以说明所得的调匀度是在何种尺度上测得的。

### （三）化学反应过程的热稳定性

1. 热稳定性的概念

稳定性是指对系统外加一个干扰，使过程失去平衡，当外扰消失后，若过程有能力恢复到原来的状态，则过程具有稳定性，否则为不稳定状态。热稳定性是指当反应过程的放热或除热速率发生变化时，反应过程的温度等因素特产生一系列的波动，当外扰消除后，过程能恢复到原来的操作状态，说明此过程具有自衡能力热稳定性或自衡能力。

2. 影响热稳定性条件的因素

热稳定性条件与反应器的结构因素和操作因素有关，必须在反应器设计时予以认真考虑，否则会使所设计的反应器不能正常操作，导致温度失控（飞温），造成冲料、爆炸等事故。如聚合过程中的暴聚，特别对于那些放热量大、初始反应物浓度高、反应速度快的反应过程，更应充分注意热稳定性问题。

### （四）催化剂

1. 催化剂的作用

催化剂对化学反应所产生的效应称为催化作用。催化作用不改变化学平衡，只能加速一个热力学上允许的化学反应达到化学平衡状态。

催化剂只能加速特定反应的性能，称为催化剂的选择性。化学反应中催化剂可以加快正反应的速度，也可以加快逆反应的速度，缩短到达平衡的时间。催化剂加快化学反应速度的原因是降低了化学反应的活化能。催化剂在化学反应前后质量不变。

2. 工业催化剂的种类

按物质聚集状态，工业催化剂可分为均相与多相催化剂两大类。按活性组分，工业催化剂可分为金属催化剂、金属氧化物催化剂、金属硫化物催化剂、络合催化剂和酸碱类催化剂五大类。其中硫化物催化剂的特点是具有较高的抗毒性和抗结焦性能，能在高温高压下进行催化作用，如将具有催化活性的金属与另一类金属制成合金或双金属、多金属催化剂，可以显著改善催化剂的活性、选择性和稳定性。按工艺特点，催化剂可分为氧化催化剂、脱氢催化剂、加氢催化剂、烷基化催化剂、异构化催化剂、歧化催化剂和聚合催化剂。

3. 催化剂的组成

催化剂可能是单组分物系，也可能是多组分物系。前者为纯物质，后者包含着几种物质。化学工业中常见的催化剂是固体催化剂和液体催化剂。

（1）固体催化剂，用于氨氧化制硝酸或甲烷与氨氧化制氰酸的铂网催化剂、用于甲醇氧化制甲醛的银网催化剂，都属于单组分催化剂。但化学工业所用的固体催化剂绝大多数都是多组分的。从设计催化剂的角度看，固体催化剂按各组分的功能分为活性组分、助催化剂和载体三类。

（2）液体催化剂，可以是本身为液态的物质，但有些场合也可以是以固体、液体或气体催化活性物质作为溶质与液态分散介质形成的催化液。从催化活性组分的数目来看，有些是单组分系统，如 $H_2SO_4$ 或其水溶液，有些系统则为多组分系统，如 $AlCl_3$ 和 $HCl$ 是重要的酸碱催化系统。液体催化剂按各组分的功能大致可分为溶剂、活性组分、助催化剂和其他添加剂四类。

### 4. 对工业催化剂的要求

具有工业生产实际意义，可以用于大规模生产过程的催化剂称为工业催化剂。一种好的工业催化剂应具有适宜的活性、高选择性、长寿命。影响催化剂的活性、选择性和寿命的因素主要有催化剂的组成结构、原料的纯度以及操作温度和压力。工业催化剂应具有高选择性，这样不仅降低原料消耗，而且可以简化反应产物的后处理。如果催化剂稳定性差，就会缩短使用时间，催化剂寿命就短。

### 5. 催化剂的活性

催化剂的活性，又称催化活性，是指催化剂对化学反应速度影响的程度。催化剂使用前必须进行还原，使主催化剂具有活性。催化剂还原反应是强烈的放热反应，必须用惰性气体作载气，来稀释还原介质，并将大量的反应热带走。温度对还原的质量有重要的影响，还原时应按催化剂的升温还原曲线控制还原升温的速度。催化剂还原的最高温度应低于正常操作的最高温度。催化剂还原时的升温介质有烟气、空气、氮气、过热蒸汽。

### 6. 催化剂的中毒

催化剂的中毒现象本质上是催化剂表面的活性中心吸附了毒物，使催化剂不能正常地参与对反应物的吸附及发挥原有的催化作用，因而降低了活性及选择性，甚至完全丧失了活性。

一般使催化剂中毒的物质是随反应原料带来的外来杂质，也有些生成的反应产物中含有对催化剂有毒的物质。催化剂的毒物随催化剂的品种而异，那些能与催化剂活性表面形成共价键的分子是一些毒性很强的毒物。

如果某些毒物与催化剂的活性组分之间的化学反应是可逆的，或者并不发生化学反应而只是吸附在活性位上而降低活性，当反应气体净化程度增高，催化剂可以恢复其活性时称为暂时性中毒，否则为永久性中毒。毒物与催化剂的载体作用，使其粉化也属永久性中毒。

### 7. 失活催化剂的再生

再生是指除去存留于催化剂上的毒质、覆盖于催化剂表面上的尘灰和由于副反应而生成于催化剂外表或孔隙内部的沉积物等，力图恢复催化剂的固有组成和构造。在有机催化反应中，由脱氢-聚合副反应生成高碳氢比的固体沉积物覆盖催化剂表面，是常见的失活原因之一，可采用通入空气或贫氧空气的方法烧去碳沉积物，使催化剂再生；有些场合可用溶剂洗涤的方法使之再生。有些催化剂的再生作业可在原来的反应器中进行；有些催化剂的再生作业条件（如温度）与生产作业条件相差悬殊，必须在专门设计的再生器中再生。有些催化剂的再生过程较为复杂，非贵金属催化剂上积炭时，烧去碳沉积物后，多数尚需还原。铂重整催化剂再生时，在烧去碳沉积物后尚需氯化更新，以提高活性金属组分的分散度。可再生的催化剂经再生处理后，实际上其组成和结构并非能完全恢复原状，故再生催化剂的效能一般均低于新催化剂，经多次再生后，使用特性劣化到不能维持正常作业或催化过程的经济效益低于规定的指标，即表明催化剂寿命终止。

8. 催化剂的装填

催化剂在装填前应确认催化剂的用途、型号和用量。催化剂装填时绝对不允许集中倾倒后扒平，应分散堆放，装满后用木板轻轻刮平。装填催化剂时，严禁用脚踩踏催化剂；催化剂颗粒自由落下的高度不得高于 0.5m；装填前酌情过筛，除去粉末和碎粒。催化剂装填完毕后必须进行反应器的气密性试验。

对催化剂的粒度和床层高度有以下要求：装填催化剂时，要求催化剂的粒度和床层各部分的高度、密度一定要均匀，以保证气流均匀分布，阻力小，接触好。

## 三、反应过程在工业生产上的应用

反应器是一种实现反应过程的设备，用于实现液相单相反应过程和液液、气液、液固、气液固等多相反应过程。

### （一）反应器的分类

1. 按操作方法分类

反应器按操作方法可分为间歇反应器和连续釜式反应器。

1）间歇反应器

间歇反应器的操作是非连续的，反应物料按配比一次加入反应器内，待反应达到一定要求后，一次卸出物料，当操作达到定态时，反应器内任意位置上物料的组成、温度等状态参数不随时间而变化。通常这种反应器配有夹套、搅拌装置，可以移走热量，操作具有周期性，适用于反应时间较长、小批量、多品种等精细化工产品的生产。

间歇反应器的优点：操作灵活，易于适应不同操作条件和产品品种，适用于小批量、多品种、反应时间较长的产品生产。缺点：需有装料和卸料等辅助操作，产品质量不稳定。有些反应过程，如一些发酵反应和聚合反应，实现连续生产尚有困难，至今还采用间歇釜。

2）连续反应器

连续反应器的操作是定态的，在化工生产中广泛应用。反应过程中反应器各处温度是相同的，各处压力、流量不随时间的变化而变化。连续反应器的优点是产品质量稳定，易于操作控制，其缺点是连续反应器中都存在程度不同的返混。

2. 按反应过程中的换热状况分类

按反应过程中的换热状况，反应器可分为等温反应器、绝热反应器和非等温非绝热反应器。绝热反应器是一种和环境没有热交换的理想反应器。绝热反应器通过催化剂床的流动应是在床层内任何一点反应物流的线速度都是相同的。很多工业上的固定床气固相反应器都设计成绝热反应器，通常反应器周围良好的保温能提供完全的隔离和绝热。

3. 按反应器内物系状态分类

反应器按反应器内物系状态分为平推流反应器和全混流反应器。

1）平推流反应器

当管式反应器的管长远大于管径且物系处于湍流状态时接近于平推流流动,习惯称为平推流反应器。平推流反应器是一种理想化的连续流动反应器,它代表了返混量为零的极限情况。在平推流反应器内,径向的速度分布是均匀的,因此物料的浓度和反应速率在径向也是均匀的,仅沿轴向逐渐变化。在连续定态条件下操作时,平推流反应器的径向截面上物料的各种参数,如浓度、温度等只随物流流动方向变化,不随时间而变化。平推流反应器的特征是物料流动处于连续定态过程,反应速率随空间位置而变化将仅限于轴向。

2）全混流反应器

全混流反应器也称为理想连续搅拌釜式反应器,是一种返混为无穷大的理想化的流动反应器。物料进入全混流反应器的瞬间即与反应器内的原有物料完全混合,所有空间位置的物系性质都是均匀的,即反应器内物料的温度、浓度均一。在全混流状态下,反应器内反应物料的浓度、反应速度不随时间和位置的变化而变化。连续搅拌釜式反应器内的流型最接近全混流。

**（二）空速与停留时间分布的关系**

1. 平均停留时间的概念

通常所说的停留时间是指流体从系统的进口至出口所耗费的时间。流体在系统中的停留时间有长有短,造成的原因有速度分布、系统中存在壁流、系统中存在死角。化学反应进行的完全程度与反应物料在反应器内停留时间的长短有关,时间越长,反应得越完全。

2. 空速

每小时进入反应器的原料量与反应器藏量之比称为空间速度,简称空速。如果进料量和藏量都以质量单位计算,称为质量空速;如果进料量和藏量都以体积单位计算,称为体积空速。

3. 空速与停留时间分布的关系

空速是反应器时空产率的重要参数。空速过大,会造成停留时间减少,反应时间减少,使得反应物的转化率下降。降低空速,停留时间增加,接触时间与反应时间增加,会增加副反应的进行。适当降低空速,可使反应器内物料的停留时间、接触时间和反应时间适当增加。

# 模块三　化工机械与设备知识

## 项目一　流体输送机械

流体输送机械是指为流体提供机械能以完成输送任务的机械设备，通常把输送液体的机械称为泵，而输送气体的机械称为通风机、压缩机和真空泵。

在化工生产中，通常要求流体输送机械满足以下基本要求：能适应被输送流体的特性要求，能满足生产工艺对流量和压头的基本要求，结构简单、操作可靠且高效、投资及操作费用低等。

### 一、离心泵

#### （一）基本结构及类型

1. 基本结构

离心泵主体分为旋转部分和静止部分，旋转部分包括叶轮和泵轴，静止部分包括泵壳、轴封装置及轴承。

（1）叶轮。叶轮是泵最重要的部件之一，由若干弯曲的叶片组成，离心泵启动时叶轮在轴的带动下与叶轮间的液体一同旋转，产生离心力，将液体甩出叶轮外缘。叶轮按机械结构可分为闭式、开式和半闭式3种。闭式叶轮是指叶片两侧带有盖板的叶轮，适用于输送清洁液体且泵效率高，使用广泛。开式叶轮两侧都没有盖板，制造简单，清洗方便，适用于输送含杂质的悬浮液。

（2）泵壳。泵壳通常制造成蜗壳形，又称为蜗壳。泵壳装载液体的同时，也实现能量转换，使液体在叶轮的带动下旋转后产生的动能转化为静压能，使液体以较高的压力从出口送出。

（3）轴封装置。离心泵常用的轴封装置有两种形式，即填料密封和机械密封，轴封的主要作用是防止高压液体从泵壳内沿轴向外泄漏和外界气体进入泵内。

2. 类型

离心泵的种类很多，相应的分类方法也多种多样，化工厂中常用的离心泵主要类型有：

（1）清水泵，最常用的离心泵，在化工厂中用于输送各种不含固体颗粒、物理化学性质类似于水的清洁液体。最简单的是单级单吸式离心清水泵，系列代号为"IS"，IS型单级单吸离心泵由泵体、泵盖、叶轮、叶轮螺母、轴、轴套、轴承悬架、密封环、填料环、填料盖等组成；若需要压头较高且流量并不大时，则可选"D"系列多级离心泵，从电动机方向看，D型多级离心泵的旋转方向为顺时针方向，DA型泵和其他分段式多级离心泵叶轮的吸入口都朝着一个方向；若需要流量大而压头并不高时，可选用双吸式离心泵，系列代号为"Sh"。

（2）耐腐蚀泵。在输送腐蚀性化工材料时多采用耐腐蚀泵，其系列代号为"F"。耐腐蚀泵与液体接触部分是用耐腐蚀材料制成的，且其密封要求高，多采用机械密封装置。

另外,还有多用于输送石油及油类产品,系列代号为"Y"的油泵,用于输送悬浮液和浆液等,系列代号为"P"的杂质泵等。同一型号的泵,级数越多,轴向推力就越大。

### (二)工作原理

在离心泵启动前,泵壳内灌满被输送的液体,离心泵启动后,叶轮由泵轴带动高速转动,叶片间的液体也随着转动。在离心力的作用下,液体由叶轮中心被甩向叶轮外缘并获得能量,液体由于流道的逐渐扩大,流速降低,又将部分动能转化为静压能,最后以较高的压强压出,送至需要的场所。液体由叶轮中心流向外缘时,在叶轮中心形成了一定的真空,在压差的作用下,液体便被连续不断压入叶轮中心,实现液体连续的输送。

### (三)主要性能参数

离心泵的主要性能参数有流量、转速、扬程、功率和效率等。

#### 1. 流量

泵在单位时间内所输出的液体量称为流量,用 $Q$ 表示,单位是 $m^3/s$。流量的大小与泵的结构、尺寸、转速及所送液体的性质有关,由于离心泵总是和特定的管路相连,泵的流量还与管路特性有关。

#### 2. 扬程

在水力学中,把单位重量液体的能量称为水头,常由动压头、位压头、静压头三部分组成。单位重量液体通过泵后所获得的能量称为离心泵的扬程,用 $H$ 表示,单位是 $m$ 或 $J/N$,扬程的大小与泵的结构、转速及流量有关。扬程包含静压头、动压头和压头损失等几个方面的能量,而升扬高度只是其中的一部分,因此,不能简单地认为升扬高度就是扬程,如扬程为 $34.5m$ 的离心泵,不能认为该泵的升扬高度是 $34.5m$,因为离心泵输送黏度大的液体时,达到的扬程低。

例题:已知在二氧化碳水洗塔的供水系统中,塔内绝对压强为 $210kPa$,储槽水面绝对压强为 $100kPa$,塔内水管入口处高于储槽水面 $18.5m$,管道内径为 $52mm$,送水量为 $15m^3/h$,塔内水管出口处的绝对压强为 $225kPa$,设系统中全部能量损失为 $5mH_2O$,求输水泵所需的外加压头。

解:

取水槽液面为 1-1 截面,塔内水管出口为 2-2 截面,基准面与 1-1 截面重合,列出该系统的伯努利方程:

$$z_1 + u_1^2/2g + p_1/\rho g + H = z_2 + u_2^2/2g + p_2/\rho g + h_{损}$$

$$H = (z_2 - z_1) + (u_2^2 - u_1^2)/2g + (p_2 - p_1)/\rho g + h_{损}$$

已知 $u_1 \approx 0, z_1 = 0$,则:

$$u_2 = Q/A = Q/(\pi d^2 \div 4 \times 3600) = \frac{15}{0.7875 \times (0.052)^2 \times 3600} = 1.96(m/s)$$

$$H = 18.5 + 1.96^2 \div (2 \times 9.81) + (225 - 100) \times 10^3 \div (1 \times 10^3 \times 9.81) + 5$$

$$= 18.5 + 0.196 + 12.74 + 5 = 36.44(m)$$

答:输水泵所需的外加压头为 $36.44m$。

#### 3. 转速

离心泵的转速是指泵轴每分钟的转数。如改变离心泵的转速,会造成泵的扬程、流量、轴功率和效率的改变,当液体黏度不大且转速变化小于20%时,可以认为转速改变前后离心泵效率相同,从而得到表达转速对离心泵影响的比例定律:

$$\frac{Q'}{Q} = \frac{n'}{n} \qquad (1-3-1)$$

$$\frac{H'}{H} = \left(\frac{n'}{n}\right)^2 \qquad (1-3-2)$$

$$\frac{N'}{N} = \left(\frac{n'}{n}\right)^3 \qquad (1-3-3)$$

式中　　$Q, Q'$——转速分别为 $n$、$n'$ 时泵的流量,$m^3/s$;

　　　　$H, H'$——转速分别为 $n$、$n'$ 时泵的扬程,m;

　　　　$N, N'$——转速分别为 $n$、$n'$ 时泵的轴功率,kW。

　　4. 效率

　　效率指离心泵的有效功率与轴功率之比,反映离心泵能量损失的大小,用 $\eta$ 表示。

　　5. 轴功率

　　功率是指单位时间内所做的功。离心泵的轴功率是指泵轴所需的功率,也是由电动机输入离心泵泵轴的功率,用 $N$ 表示,单位为 W 或 kW。离心泵的有效功率 $N_e$ 是指液体叶轮获得的实际功率,它们的关系是:

$$N_{轴} = \frac{N_e}{\eta} \qquad (1-3-4)$$

$$N_e = \rho g Q H \qquad (1-3-5)$$

式中　　$N_{轴}$——轴功率,W;

　　　　$N_e$——有效功率,W;

　　　　$\rho$——液体的密度,$kg/m^3$;

　　　　$g$——重力加速度,$m^2/s$;

　　　　$Q$——泵的流量,$m^3/s$;

　　　　$H$——泵的压头,m;

　　　　$\eta$——效率,量纲为1。

　　电动机传给泵的功率总是要大于泵的有效功率 $N_e$。离心泵制造厂配备的电机是按 $1.1 \sim 1.2 N_{轴}$ 来配备的。

　　例题:有一台泵当转速为 $n_3$ 时,轴功率为1.5kW,输液量为20$m^3$/h,当转速调到 $n_2$ 时,排液量降为18$m^3$/h,若泵的效率不变,此时泵的轴功率是多少?

　　解:

$$Q_2/Q_3 = n_2/n_3$$

因为 $\eta$ 不变,所以

$$N_2/N_3 = (n_2/n_3)^3$$

$$N_2 = N_3(Q_2/Q_3)^3$$

故

$$N_2 = 1.5 \times (18 \div 20)^3 = 1.09(kW)$$

### (四)汽蚀

由离心泵工作原理可知,液体是凭借离心泵入口的静压力低于外界压力而进入泵内的。当叶轮入口处的静压力下降到被输送液体在工作温度下的饱和蒸气压时,液体将部分汽化而生成大量的气泡,含气泡的液体进入叶轮后,随着静压力的增加,气泡将急剧凝结,气泡的消失会产生局部真空,使周围液体高速涌向原气泡处,产生很大的冲击压力,同时对叶轮与泵壳冲击使其振动并发出很大的噪声。通常把泵内气泡形成和破裂及叶轮受到损坏的过程称为汽蚀现象。

泵体受汽蚀的影响和冲击,会造成振动、产生噪声、导致泵的性能下降,严重时甚至无法工作。离心泵汽蚀现象的发生与吸液高度有关,工程上避免汽蚀现象的方法是限制泵的安装高度。避免离心泵汽蚀现象发生的最大安装高度,称为离心泵的允许安装高度,也称为允许吸上真空高度。允许吸上真空高度是为了避免泵在汽蚀情况下工作规定的一个距离。为安全起见,泵的实际安装高度通常比允许安装高度低 $0.5\sim1\mathrm{m}$,工业生产中,计算离心泵的允许安装高度常用允许汽蚀余量法,泵刚刚发生汽蚀时的汽蚀余量为泵的最小汽蚀余量。

### (五)选用

选择离心泵时主要是依据离心泵的流量、扬程、功率等性能参数,选用时通常按照以下原则进行:

(1)根据被输送液体的性质和操作条件确定离心泵的类型;

(2)根据具体流量及扬程的要求确定泵的可用型号;

(3)校核和最终选型;

(4)核算泵的轴功率。

例题:某离心泵的总效率为70%,实测的流量为 $70.37\mathrm{m}^3/\mathrm{h}$,扬程为50.5m,介质的密度为 $998.2\mathrm{kg/m}^3$,试确定电动机的功率($g=9.81\mathrm{m/s}^2$,按1.2倍轴功率配备)。

解:

已知 $Q=70.37\mathrm{m}^3/\mathrm{h}=0.0196\mathrm{m}^3/\mathrm{s}$,$H=50.5\mathrm{m}$ $\rho=998.2\mathrm{kg/m}^3$。

① 由 $N_{效}=QH\rho g$ 得:

$$N_{效}=0.0196\times50.5\times998.2\times9.81\div1000$$
$$=9.69(\mathrm{kW})$$

② 又知泵的总效率 $\eta=0.7$,根据 $\eta=N_e/N_{轴}\times100\%$,则:

$$N_{轴}=N_e/\eta=9.69\div0.7=13.84(\mathrm{kW})$$

则电动机的功率:

$$N_{电}=1.2\times13.84=16.6(\mathrm{kW})$$

答:电动机的功率为16.6kW。

## 二、离心式压缩机

离心式压缩机应具备完整的性能曲线并在其上标注出喘振线。生产中如必须要减少压缩机的流量,可在压缩机出口设旁通回路。在小流量下运转时,可降低压缩机的转速,使得流量减少时压缩机不致进入喘振状态。

在压缩机的进口安装温度、流量监视仪表，出口安装压力监视仪表，一旦喘振及时报警。在前级或各级中设置叶片传动机构，以调节叶片角度，使流量减小时防止冲角系数过大，从而使叶道中不出现太大的分离区，以避免喘振的出现。

多级离心式压缩机一般设有段间冷却器，目的是避免气体温度过高。叶轮是离心式压缩机对气体做功的元件之一。离心式压缩机蜗壳的主要作用是把扩压器或叶轮后面的气体汇集起来，并把它们引出压缩机；此外，还起到了一定的降速扩压作用。

### 三、流体输送设备的密封

化工机械的常用密封种类有填料密封、皮碗密封、涨圈密封、迷宫密封和机械密封等。

液体输送机械的轴封装置有填料密封和机械密封两种；离心式压缩机的轴端密封主要有迷宫密封、浮环密封、机械接触式密封和干气密封四大类，另外近几年又出现了几种新型的磁流体密封。

#### （一）轴封装置

1. 填料密封

填料密封指依靠填料和轴或轴套的外圆表面接触来实现密封的，它的密封性可用调节填料压盖的松紧程度加以控制。为了避免工作时填料与泵轴摩擦过于剧烈，填料的压紧度不宜过大。

2. 机械密封

机械密封是一种依靠动环和静环的端面相互贴合并做相对运动而构成的密封装置，由静环、动环、润滑液三部分组成。机械密封的动环和静环之间通过弹簧力使两环压紧在一起做平面摩擦运动，它是一种旋转轴动密封。机械密封在使用前，应进行静压试验，试验压力为 $0.2 \sim 0.3$MPa。

清洗冷却机械密封装置常用的方式有冲洗冷却、静环背部引入冷却水和密封腔外的冷却水套。利用密封液体或其他低温液体冲洗机械密封端面，带走摩擦热，并防止杂质颗粒积聚的方法称为机械密封冲洗法，当被输送液体温度不高，杂质较少的情况下，由泵的出口将液体引入密封腔冲洗密封端面，然后再流回泵体内，使密封腔内液体不断更新，带走摩擦热；当被输送液体温度较高，杂质较多的情况下，可以从外部引入压力相当的常温密封液。

#### （二）离心压缩机密封系统

1. 迷宫密封

迷宫密封为梳齿状结构，又称梳状密封，梳齿齿数一般为 4~35 片，梳齿的材料应比转子相应部分软，以防密封与转子发生接触时损坏转子。迷宫密封是通过梳齿间隙对气体产生节流效应而起到密封作用的。

2. 浮环密封

浮环密封主要用于离心式压缩机的轴封处，以防止机内气体逸出或空气吸入机内。如果运转良好，可以做到气体绝对不泄漏到大气中，特别适用于高压、高速、密封各种贵重的气体以及各种易燃易爆和有毒气体。浮环密封由几个浮环组成，工作时浮环能浮动，但受销钉限制不能转动。

3. 干气密封

干气密封主要由动环和静环两部分组成。与传统的机械接触式密封和浮环密封相比,干气密封可以省去密封油系统以及排除一些相关的常见问题,具有泄漏少、磨损小、使用寿命长、能耗低和操作简单、可靠等优点,因此,干气密封正逐渐替代浮环密封、迷宫密封和机械密封。

### 四、流体输送设备的轴承与润滑系统

#### (一)滚动轴承

滚动轴承按承受载荷形式不同可以分为径向轴承、止推轴承、径向止推轴承三类。正确使用滚动轴承的关键问题是如何恰当地选择轴承与轴、轴承座的配合。滚动轴承内环与轴是基孔制配合。装配轴承时要查径向间隙,其值均为原始间隙的70%。

滚动轴承与滑动轴承的区别,在于用滚动摩擦代替了滑动摩擦。

#### (二)常用润滑剂的种类

良好的润滑对于保障机器的安全、可靠使用及长周期运行具有十分重要的意义。

常用润滑剂可分为液体润滑剂、半固体润滑剂、固体润滑剂3类,半固体润滑剂又称为润滑脂或甘油、黄油,由矿物质或合成油与稠化剂、添加剂在高温下混合而成,由于润滑脂的摩擦阻力大,润滑效果不如润滑油好。润滑油的主要性能参数是黏性。选择润滑剂时应主要考虑载荷的大小、润滑表面相对速度的大小、轴承的工作温度等因素。

# 项目二 化工压力容器与压力管道

## 一、压力容器

### (一)压力容器的种类

压力容器是指盛装气体或者液体,承载一定压力的密闭设备。为了便于安全监察和管理,按容器的压力等级、容积、介质的危害程度及生产过程中的作用和用途,压力容器可分为三类:一类容器、二类容器、三类容器。毒性程度为极度和高度危害介质,且 $pV$ 乘积大于 $0.2MPa \cdot m^3$ 的低压容器属于第三类压力容器。

压力容器的其他分类方法还有很多,如按工艺作用可分为分离容器、换热容器、反应容器和储运容器;按安装方式可分为固定式容器和移动式容器。

### (二)压力容器定期检验

压力容器全面检验的内容主要包括内外部检验、耐压试验和对主要焊缝进行无损探伤抽查或全部焊缝检查。检验人员对容器外部检查每年至少进行1次,外部检查通常在运动中进行,检查表面有无裂纹变形、局部过热等不正常现象,当发现有危及安全的现象及缺陷(如受压元件开裂、变形、严重泄漏)等时应予停车。

对压力容器进行射线检验主要是为了检查焊缝、螺栓、封头或应力集中区有否裂纹;对高压、超高压容器的主要紧固螺栓,应进行外形宏观检查并用磁粉和着色探伤检查有无裂纹。对于压力很低,无腐蚀性介质的容器,若没有发现缺陷,取得一定应用经验后可不作无损探伤检查。

**（三）压力试验的作用**

压力容器经制造或检修后，在交付使用前，必须进行检验。压力试验的目的是验收超过工作压力条件下密封结构的严密性、焊缝的致密性以及容器的宏观强度。

液压试验时压力表的量程是试验压力 2 倍、但是不低于 1.5 倍且不高于 4 倍的试验压力。气压试验经肥皂液或其他检漏液检查无漏气、无可见异常变形即为合格。

## 二、压力管道

**（一）压力容器管路的分类**

压力管道是指利用一定的压力，用于输送气体或者液体的管状设备，其范围规定为最高工作压力不小于 0.1MPa（表压），介质为气体、液化气体、蒸汽或者可燃、易爆、有毒、有腐蚀性、最高工作温度不低于标准沸点的液体，且公称直径不小于 25mm 的管道，是一种在生产、生活中适用的可能引起燃爆或中毒等危险性较大的特种设备。

**（二）压力管道定期检验**

压力管道定期检验包括表面有无裂纹、变形、局部过热等不正常现象，以及管道密封垫等有无泄漏。另外，压力管道定期检验还包括超声波检查或射线检测焊接接头的内部质量。

压力管道定期检验的主要内容是测厚，管道壁厚要符合要求，管托也必须检查。

在线检验每年一次，检验的主要内容有管道振动情况、泄漏、法兰连接处密封情况、管托是否牢固、不需要保温的管线要测量管表面裂纹、变形情况，冬季还要对疏水器进行检查。

## 三、安全附件的种类

安全附件是为了使压力容器安全运行而安装在设备上的一种安全装置，压力容器安全附件包括安全阀、爆破片、液位计、紧急放空阀、压力表、单向阀、限流阀、温度计、喷淋冷却装置、紧急切断装置等。在压力容器安全附件中，最常用而且最关键的就是安全泄压装置，如安全阀、爆破片等。

安全阀的类型很多，其中脉冲式安全阀适用于大型锅炉上，杠杆式安全阀适用于温度较高的场所，弹簧式安全阀适用于移动式的压力容器上。防爆片又称防爆膜、防爆板，分为爆破式防爆片和折断式防爆片。

# 项目三　塔设备

塔设备是石油、化工、医药、轻工等生产中的重要设备之一，在塔设备内可进行气液或液液两相间的充分接触，实施相间传质，因此在生产过程中常用塔设备进行精馏、吸收、解吸、萃取、气体的增湿及冷却等单元操作。

按照塔设备的内件进行分类，塔设备可分为板式塔和填料塔等，板式塔按塔盘结构可分为泡罩塔、筛板塔、浮阀塔等，填料塔所用填料可分为实体填料和网体填料两大类；按照塔在工艺操作过程中的作用进行分类，可分为精馏塔、萃取塔、吸收塔等；按照塔设备内部的压力进行分类，可分为加压塔、常压塔、减压塔等。

## 一、塔设备的结构和特点

### （一）板式塔的特点

板式塔发展至今已有百余年的历史,最早出现的形式是泡罩塔(1813年),之后是筛板塔(1832年)。板式塔的形式已有一百多种,在化工生产中最广泛应用的是泡罩塔、浮阀塔、筛板塔。

与其他类型塔相比,板式塔的特点是气液接触充分、操作弹性大,即气液比变化范围较大。板式塔的另一特点是有较高的生产能力,适用于大型生产。板式塔适用于易堵塞、传热面积较大的介质。

### （二）填料塔的结构

塔内件和填料及塔体共同构成了一个完整的填料塔,塔内件是填料塔的组成部分。塔内件主要包括液体分布装置,填料压紧装置、填料支撑装置、液体收集再分布及进出料装置,气体进料及分布装置、除沫装置。塔体是由钢、陶瓷或塑料等材料制成的圆筒;由内件组合成第二部分,包括填料、支撑装置、液体分布器。填料塔的附件是由人孔、手孔、连接法兰、接管、扶梯、平台和保温层等部分组成。填料塔造价低、阻力小,具有良好的耐磨性能。

### （三）浮阀塔的主要结构

工业生产中使用的大型浮阀塔直径可达10m,塔高达83m,塔板数多达数百块之多。浮阀在塔板上的布置一般按正三角形排列,也有采用等腰三角形排列。浮阀在塔板上的布置中心距有75mm、100mm、125mm、150mm等。

浮阀塔塔板结构与泡罩塔相似。在正常条件下,浮阀开度随塔内的气相负荷大小而自动调节。

### （四）筛板塔的主要结构

筛板塔塔盘上分为筛孔区、无孔区、溢流堰及降液管等几部分。它的结构和浮阀塔相似,不同之处是塔板上不是开设装置浮阀的阀孔,而是在塔板上开设许多直径3~8mm的筛孔,并作正三角形排列。筛板中间部分开有筛孔鼓泡区,塔内上升蒸汽在此通过而分散成许多细股气流,从液层中鼓泡而出,起传质传热作用。塔板左右两边的方形面积不开孔,一边用来装设溢流堰和降液管,称为降液面积,另一边接受从上层塔板流下的液体,称为受液盘。

## 二、塔设备的要求

塔设备主要用于传质过程,总的要求:

(1)气液两相在塔内能充分接触,以获得较高的传质效率;

(2)处理量高,操作稳定,弹性大;

(3)塔盘的压力降小,不易堵塞;

(4)结构简单,节省材料,制造和安装容易,使用方便,易于操作、调节和检修。

# 项目四　搅拌设备与反应器

## 一、搅拌式反应器

### （一）搅拌器的类型

搅拌器是使液体、气体介质强制对流并均匀混合的器件。搅拌器的类型很多，通常是以形状命名的，常用的有涡轮式搅拌器、桨式搅拌器、锚式搅拌器、框式搅拌器、螺带式搅拌器、推进式搅拌器、折叶式搅拌器等。

#### 1. 桨式搅拌器

桨式搅拌器分为平直叶式和折叶式两种形式，结构简单，常用于低黏度液体的混合以及固体微粒的溶解和悬浮，不适用于流动性小、黏度大的液体物料。

#### 2. 螺带式搅拌器

螺带式搅拌器搅拌时液体呈复杂的螺旋运动至上部再沿轴而下，能不断地将设备壁上的沉积物刮下来。螺带式搅拌器常用于高分子化合物的聚合反应器内，也可用于高黏度物料的搅拌。

#### 3. 推进式搅拌器

推进式搅拌器的结构如船舶推进器，叶数通常是 3 个，广泛用于脱硫、除硝以及各种大型储罐或储槽的搅拌。

#### 4. 锚式搅拌器

锚式搅拌器的桨叶形状类似船的锚，桨叶外缘形状与搅拌槽内壁要一致，其间仅有很小的间隙，可清除附在槽壁上的黏性反应产物或堆积于槽底的固体物，保持较好的传热效果。框和锚式搅拌器适用于搅拌物料量大的操作。

#### 5. 涡轮式搅拌器

涡轮式搅拌器能量消耗小、效率较高，适用于乳浊液、悬浮液的搅拌，常用的有开启式和带圆盘式两种，桨叶可分为平直叶、弯叶、折叶式，当涡轮搅拌器旋转后，液体由轮心吸附，同时借离心力由桨叶通道沿切线方向抛出，从而造成流体剧烈的搅拌，这种搅拌器的直径一般在 700mm 以下。

### （二）搅拌式反应器的结构

搅拌式反应器通常由釜体、罐体、搅拌器、轴封、内部物件和传动部件等组成。搅拌器能强化罐内物料的传质和传热效果，可将搅拌式反应器内放热反应放出的热量通过夹套的冷却剂带走，促进化学反应，改善操作情况。

当搅拌式反应器里的液体含有悬浮的固体时，如不进行搅拌，这些悬浮的固体就会沉淀下来，给生产造成困难。搅拌式反应器中的反应还会产生一些黏稠的物料，这些物料会黏附在筒壁上，称为挂料，挂料对器壁的传热会造成影响。

### （三）搅拌釜式反应器内强化混合的措施

为了强化搅拌釜式反应器内的混合效果，可采用在搅拌式反应器内加导流筒、挡板的措施。导流筒一般安装在叶轮的外面，以使推进式搅拌器所产生的轴向流进一步加强，但一般在搅拌釜式反应器流动状态处于层流时可以不设导流筒。挡板可以把切线流转变为轴向流和径向流,提高了搅拌釜内的宏观的混合速率和剪切性能,从而改善了混合效果。

## 二、反应器的验收

反应器检修后,必须按照规定进行试压、试漏和气密试验。凡需要进行试验的内件、仪表和连接附件都应该试验合格。所有和其相关的安全联锁都应该进行实际联校,以确保反应器开车生产的安全。

反应器检修结束后,检修和生产双方应严格交接手续,检修后的反应器要通过质量验收,安全防护设备复位并检验合格后,由检修所在单位组织对反应器进行验收,达到开工条件时方可验收。

# 项目五　换热器和加热炉

## 一、换热器

### (一)间壁式换热器的类型

间壁式换热器是化工生产中应用最广泛的一种热交换设备,该换热器中参加换热的流体不会混合在一起。间壁式换热器根据传热面和传热元件的不同可分为列管式换热器和板式换热器两大类。

列管式换热器是以换热管为传热面和传热元件的换热设备;板式换热器按其结构可分为螺旋板式换热器、板壳式换热器、板翅式换热器等多种形式。

### (二)管壳式(列管式)换热器的结构形式

管壳式换热器根据结构特点可分为固定管板式、浮头式、U形管式和填料函式。固定管板式换热器有单管程与多管程两种结构形式。

管壳式换热器中固定管板式带膨胀节,当壳程换热器的管壁与壳壁的温差大于50℃时,应在换热器上设置温度补偿装置——膨胀节。浮头密封部分的结构有多种形式,国内较常用的是卡紧式钩圈结构。

## 二、加热炉使用

加热炉主要是以辐射传热方式进行热量交换的设备,其核心部分是辐射室,加热炉辐射室的热负荷约占全炉的70%~80%。加热炉进炉空气量的多少可以通过风门和烟道挡板来调节。加热炉在燃烧过程中,火焰发白、硬,火焰跳起,主要原因是蒸汽量、空气量大。

加热炉"三门一板"的操作调节方法:

(1)调节油门和雾化蒸汽阀门可以确保各个燃烧器火焰长短均匀,雾化良好。

(2)燃烧器风门和烟囱挡板的调节要互相配合,烟囱挡板开得过大,燃烧器风门或风道蝶阀关得过小,会使炉内负压过大,漏入空气量过多。烟道挡板关得过小,风门或风道蝶阀开得过大,会使炉内形成局部正压,使高温烟气漏出炉外。

# 项目六 阀门及管件

## 一、阀门

### （一）常用阀门的种类

阀门是在流体系统中用来控制流体的方向、压力、流量的装置，按作用和用途可分为截断阀、止回阀、安全阀、调节阀、分流阀等，其中截断阀又包括闸阀、截止阀、旋塞阀、球阀、蝶阀和隔膜阀等。截止阀适用于调节流量，但截止阀和闸阀不适宜对输送含颗粒物料流体流量调节；隔膜阀适用于调节具有腐蚀性的流体；旋塞阀适用于输送含有沉淀和结晶体的物料；止回阀只允许流体向一个方向流动。

### （二）常用阀门型号的含义

阀门型号的组成有阀门类型、传动方式、连接形式、结构形式、阀座密封面、衬里材料、阀体材料 7 个单元。常用的阀门代号如下：

类型代号：Z（闸阀）、J（截止阀）、L（节流阀）、H（止回阀和底阀）、Q（球阀）、X（旋塞阀）、D（蝶阀）、A（安全阀）、S（蒸汽疏水阀）、Y（减压阀）、G（隔膜阀）。

传动方式代号：0（电磁动）、1（电磁-液动）、2（电-液动）、3［蜗轮（蜗杆）］、4（正齿轮）、5（锥齿轮）、6（气动）、7（液动）、8（气-液动）、9（电动）。

连接方式代号：1（内螺纹）、2（外螺纹）、4（法兰式）、6（焊接式）、7（对夹式）、8（卡箍）、9（卡套）。

阀体材质代号：T（铜及铜合金）、C（碳素钢）、P（18-8 系不锈钢）、H（Cr13 系不锈钢）、Q（球墨铸铁）、Z（灰铸铁）、K（可断铸铁）、L（铝合金）。

## 二、管件

管件是管道系统中起连接、控制、变向、分流、密封、支撑等作用的零部件的统称。管件的种类很多，不同的分类方法：

（1）按连接可分为焊接管件、螺纹管件、卡套管件等。

（2）按材料可分为铸钢管件、铸铁管件、不锈钢管件、塑料管件等。

（3）按用途分为改变管子方向的管件弯头、弯管等；增加管路分支的管件三通、四通等；用于管路密封的管件垫片、盲板、封头等；用于管子互相连接的管件法兰、活接等。

### （一）常用法兰的分类

在化工生产中，管子与阀门连接一般都采用法兰连接。法兰按其本身结构形式可分为整体法兰、螺纹法兰、活套法兰。螺纹法兰与接管采用螺纹连接，由于造价较高，使用逐渐减少，目前只用在高压管道和小直径的接管上；而活套法兰是将法兰套在设备接口管和接管的边缘或卷边上，并不是将法兰焊接在接管上。常用法兰密封面的形式有平面型、凹凸型、槽型三种。

### （二）垫片的种类

垫片是一种密封元件，要具备耐温、耐腐蚀能力以及适宜的变形和回弹能力，它的作用是防止泄漏。常用的垫片按材料可分为金属、非金属和金属与非金属共同结合垫片;按结构的不同可分为板材裁制垫片、金属包垫片、缠绕式垫片和金属垫片 4 种。

**(三)螺栓的种类**

常用螺栓可分为六角螺栓、双头螺栓、全螺纹螺栓,六角螺栓使用的管法兰压力 PN ≤ 1.60MPa,全螺纹螺柱使用的管法兰压力 PN ≤ 25.0MPa。压力不大的管法兰(PN ≤ 2.45MPa);压力较高的管法兰应采用双头螺栓和六角螺母。

**(四)管路连接方法**

管路的连接包括管子与管子、管子与各种管件、管子与阀门及设备接口等处的连接。目前采用比较普遍的有承插式连接、螺纹连接、法兰连接及焊接连接。为了工艺操作的需要,化工生产设备和管道往往采用可拆卸连接。法兰连接由于有较好的强度和紧密性,适用的尺寸范围宽,在设备和管道上都能应用,所以应用最普遍。法兰连接是将垫片放入一对固定在两个管口上的法兰的中间,用螺栓拉紧使其紧密结合起来的一种可拆卸的接头。法兰按其整体性程度分为整体法兰、松式法兰、任意式法兰。整体法兰适用于压力和温度较高、直径较大的设备。松式法兰与管道连接,承受同样的载荷其厚度比整体式法兰大,法兰刚度小,所以大多用于压力较低的场合。在实际生产过程中泄漏是法兰连接的主要失效形式,故法兰连接的设计中主要解决的问题是防止介质泄漏。

# 项目七　化工设备选材及防腐

## 一、化工设备选材

### (一)化工设备的选材原则

化工设备选材的一般原则:首先必须了解所处理的是什么介质和介质的性质,其次考虑材料的物理机械性能和与系统中其他材料的适应性,另外还要考虑材料的价格和来源。在化工机械设计中尽管有些材料的耐腐蚀性能很好,但强度不够,则可以选作衬里式喷镀用的材料。还有像医药、食品等工业设备选材,为了防止金属离子污染,一般常选用不锈钢、搪瓷、非金属材料。

### (二)常见金属材料的种类

常用的金属材料有碳钢、合金钢、铸铁、有色金属及其合金。生产中常用的金属管有有缝钢管、无缝钢管和铸铁管,一般输送高压蒸汽的管线都是无缝钢管。耐酸设备的衬里一般采用合金钢,输送硫酸的管材则可用铅管。

### (三)设备可靠性的概念

可靠性是表示一个系统、一台设备在规定的时间内、在规定的使用条件下、无故障地发挥规定技能的程度。

设备可靠性可通过式(1-3-6)计算:

$$R(t) = e^{\lambda t} \tag{1-3-6}$$

式中　$R(t)$——设备千小时可靠性;

　　　$t$——设备正常工作的时间,h;

　　　$\lambda$——设备故障率,$h^{-1}$。

例题：已知某盐水泵的故障率 $\lambda = 10^{-4}/h$，其故障服从指数分布，求其工作 2000h 的可靠度。

解：

已知故障率 $\lambda = 10^{-4}/h$，$t = 2000h$，则：

$$R(2000) = e^{-10^{4} \times 2000} = e^{-0.2} = 0.8187$$

答：此盐水泵运行 2000h，其可靠度为 81.9%。

## 二、化工设备防腐

### （一）金属材料的腐蚀种类

腐蚀按腐蚀机理分类可分为化学腐蚀、电化学腐蚀、物理腐蚀；按腐蚀破坏的形貌特征分类可分为全面腐蚀和局部腐蚀两大类。局部腐蚀的类型很多，主要有斑点腐蚀、缝隙腐蚀、晶间腐蚀和应力腐蚀开裂、氢侵蚀。

化学腐蚀是金属表面与周围介质直接发生化学反应而引起的破坏。电化学腐蚀是金属表面与周围介质发生电化学作用而产生的破坏，腐蚀过程中有电流产生。而物理腐蚀是金属由于单纯的物理作用所引起的破坏。

### （二）管线的防腐措施

#### 1. 选用耐腐蚀性好的管材

使用抗腐蚀合金管材的防腐蚀效果好、管线寿命长，但合金钢管材的价格高，而油气管线长、覆盖面广，由此一来将大大增加成本，因此耐腐蚀性管材应选择性使用，可在腐蚀环境恶劣的管线区段重点使用。

#### 2. 添加缓蚀剂

在腐蚀环境中加入少量缓蚀剂，能和金属表面发生物理化学作用，形成保护层，从而显著降低金属的腐蚀。添加缓蚀剂不需要改变金属挂件的性质，具有经济、适应性强和效率高等优点。对于油管内表面腐蚀，可在不更换现有管材的情况下使用专用缓蚀剂来控制腐蚀。

#### 3. 涂层保护

通过相应的工艺处理，在金属表面形成抑制腐蚀的覆盖层，可直接将金属与腐蚀介质分离开，从而达到防腐的效果。

# 模块四　仪表基础知识

## 项目一　计量基础知识

### 一、计量单位

#### (一)国际单位制中的基本单位

国际单位制简称国际制,缩写为 SI。国际单位制共有 7 个基本单位,分别是长度(m)、时间(s)、质量(kg)、热力学温度(K)、电流(A)、光强度(cd)、物质的量(mol);2 个辅助单位,分别是平面角弧度(rad)、立体角球面度(sr)。

#### (二)国际单位制中的基本导出单位

国际单位制导出单位是国际单位制的一部分,从 7 个国际单位制基本单位导出,例如国际单位制中的导出单位有压强单位帕(Pa),黏度单位帕·秒(Pa·s),功、热、能 3 个物理量的单位焦耳(J)等。

### 二、石化企业计量设备的种类

计量器具是指能用以直接或间接测出被测对象量值的装置、仪器仪表、量具和用于统一量值的标准物质,包括计量基准、计量标准、工作计量器具。

计量器具分级管理的原则是根据计量器具的技术特性、使用条件,在生产、科研和经营管理中的作用以及国家对计量器具的管理要求,划分为 A、B、C 三级进行管理。

#### (一)A 级计量器具

A 级计量器具范围:(1)最高计量标准器具;(2)用于贸易结算、安全防护、环境监测、医疗卫生、资源保护、法制评价方面的计量器具,属于强制检定的计量器具;(3)生产工艺过程中关键工艺控制和质量控制的计量器具及仪器仪表。

#### (二)B 级计量器具

B 级计量器具范围:(1)用于精密测试工作中的计量器具;(2)要求计量数据准确度高的在线仪表;(3)计量数据的 B 级管理范围包括按日累计计量的一级能源计量器具计量数据、按日累计计量的二级能源计量器具计量数据。

B 级管理范围的计量器具,检定周期执行国家计量检定规程,对使用频次高和需要确保使用精度的计量器具,应缩短检定周期。

#### (三)C 级计量器具

C 级管理范围的计量器具:(1)检定周期一般规定不超过 2 年;(2)要求计量数据不高,使用频次低且性能稳定的计量器具;(3)作为工具使用的计量器具、工艺过程中非关键检测项目的低值易损的计量器具;(4)用于工艺过程中非关键部位、对准确度要求不高仅起指示作用的计量器具。

# 项目二　仪表测量相关知识

## 一、测量的概念

测量就是用实验的方法，借助一定的仪器或设备把被测量与作为标准测量单位的已知量进行比较，求出两者的比值，从而得到被测量数值大小的过程。测量结果即测量值，包括被测量的大小、符号（正或负）及测量单位。

实际上，所有参数的测量过程，都是将被测参数与其相应的测量单位进行比较的过程，而测量仪表就是实现这种比较的工具。

## 二、仪表的测量误差

由仪表读得的测量值与被测参数的真实值之间，总是存在一定的偏差，这种偏差就称为测量误差。误差按数值表示的方法可分为绝对误差、相对误差和引用误差。绝对误差是指测量结果与真值之差，相对误差是指测量的绝对误差与被测变量的真实值之比，引用误差是指测量值的绝对误差与测量仪表的量程之比的百分数。按误差出现的规律，误差可分为系统误差、随机误差和疏忽误差。

## 三、测量仪表的品质指标

### （一）测量仪表的精度

测量仪表的准确度也称为精确度，其形式用最大引用误差去掉百分号表示。

工业上应用仪表对准确度的要求应根据生产操作的实际情况和该参数对整个工艺过程的影响程度所提供的误差允许范围来确定。仪表的精度等级是根据引用误差来划分的，也就是以最大相对百分误差来表示的。按照规定，标准表允许误差应不超过被校表的 $1/3$，例如，某台仪表的引用百分误差 $\delta = 0.8\%$，这台仪表的精度为 $0.1$ 级。仪表 $\delta_{允}$ 越大，准确度越低。工艺上选表要求：测量范围为 $0 \sim 300℃$，最大绝对误差不能大于 $4℃$，则该温度仪表应选用 $1.0$ 级。

### （二）测量仪表的灵敏度

灵敏度用于表征仪表对被测参数变化的灵敏程度，它是指仪表在达到稳定状态以后，仪表输出信号变化与引起此输出信号变化的被测参数变化量之比。在数字式仪表中，往往用分辨率来表示仪表灵敏度的大小。分辨率又称为灵敏限，是灵敏度的一种反映。灵敏限的数值应不大于仪表允许误差绝对值的 $1/2$。

### （三）变差

仪表回差又称为变差，是当输入量上升和下降时，同一输入的两相与输出值间的最大差值。

造成变差的原因很多，例如传动机构的间隙、运动部件的摩擦、弹性元件的弹性滞后的影响等。变差的大小反映了仪表的稳定性，仪表的变差不能超过精度等级所限定的允许误差。

# 项目三　常用测量仪表

在石油化工生产中使用的测量仪表种类很多,分类方法也不尽相同,下面介绍几种常见的分类方法。

(1)按所测参数的不同,测量仪表可分为压力测量仪表、流量测量仪表、液位测量仪表、温度测量仪表和成分分析仪表等。

(2)按仪表示数方式的不同,测量仪表可分为指示型仪表、记录型仪表、远传型仪表等。

(3)按仪表能源的不同,测量仪表可分为电动仪表、气动仪表、自力式仪表等。

## 一、压力测量仪表

压力测量仪表又称为压力表或压力计。压力表可以指示、记录压力值,并可附加报警或控制装置。

压力测量仪表的类型很多,按照其转换原理的不同,大致可分为液柱式压力计、弹性式压力计、电气式压力计和活塞式压力计。

### (一)液柱式压力计

液柱式压力计包括 U 形管式压力计、斜管差压计、单管压力计等。单管压力计、浮力式压力计、U 形管差压计工作时都会受到重力加速度的影响。

对液柱式压力计读数,为了减少视差,需正确读取液面位置,如用浸润液体(如水)需读其凹面的最低点。当工作液为水时,可在水中加一点红墨水或其他颜色,以便于读数。

### (二)弹簧管式压力表

弹簧压力表的测量元件——弹簧管,是一根弯成 270° 圆弧的椭圆形截面的空心金属管。管子的自由端封闭,管子的另一端固定在接头上。通入被测压力后,由于椭圆形截面在压力的作用下将趋向圆形,弯成圆弧形的弹簧管随之产生向外挺直的扩张变形,从而使弹簧管的自由端产生位移。输入的压力越大,产生的变形也越大。由于输入压力与弹簧管自由端的位移成正比,所以只要测得位移量,就能确定压力的大小,这就是弹簧管压力表的基本测量原理。弹性式压力计测压力时,压力表示值是指容器的表压,如果在大气中它的指示为 $p$,那么把它移到真空中,则仪表指示变大。

为保证压力表的连接处严密不漏,安装时,应根据被测压力的特点和介质性质加装适当的密封垫片,在实际生产过程中应当注意测氧气压力时,不得使用浸油、有机化合物垫片。

### (三)电气式压力计

电气式压力计是一种能将压力转换成电信号进行传输及显示的仪表。这种仪表的测量范围较广,分别可测 $7×10^{-5}$ Pa 至 $5×10^2$ MPa 的压力,允许误差可至 0.2%。由于可以远距离传送信号,所以在工业生产过程中可以实现压力自动控制和报警,并可与工业控制机联用。电气式压力计一般由压力传感器、测量电路和信号处理装置所组成。常用的信号处理装置有指示仪、记录仪以及控制器、微处理机等。压力传感器的作用是把压力信号检测出来,并转换成电信号进行输出,当输出的电信号能够被进一步变换为标准信号时,压力传感器又称为压力变送器。

### （四）压力计的选用

压力检测仪表类型的选择是指在满足工艺生产要求的条件下对压力表的种类、型号和材质的选择。压力计的量程范围是根据需要测量的压力大小来确定的，对于弹性式压力计，在被测压力较稳定的情况下，压力表的使用范围一般在它量程的 1/3 ~ 2/3 处，正常操作压力值应不超过压力表满量程的 2/3，如果超过 2/3，则时间长了精度要下降。

## 二、温度测量仪表

### （一）热电偶温度计

热电偶是温度测量仪表中常用的测温元件，它直接测量温度，并把温度信号转换成热电动势信号，通过电气仪表（二次仪表）转换成被测介质的温度。

在热电偶中，焊接的一端插入被测介质中，来感受被测温度，称为工作端，俗称热端；另一端称为冷端，也称为补偿端。把两种不同的金属导体组成一个回路，如果将两个接点分别置于温度为 $T$ 的热端和温度为 $T_0$ 的冷端，回路中将产生一个电动势，这种现象称为热电效应，热电偶的测温原理就是基于热电效应实现的。热电偶的输出电压与热电偶两端温度和电极材料有关。

用热电偶和动圈仪表组成的温度指示仪在连接导线断路时会发生指示机械零位。如果热电偶温度变送器的误差较大，可以输入 0MV 信号进行零点调整。

### （二）热电阻温度计

热电阻温度计是把温度的变化通过测温元件（热电阻）转换为电阻值的变化来测量温度的，是借金属丝的电阻随温度变化的原理工作的。目前使用的金属热电阻材料有铜、铂、镍、铁等，实际应用最多的是铂、铜两种材料，通常不采用金丝。

如果热电阻所测温度偏低，可能是引出线接触不良。热电阻一旦发生断路，则显示仪表指示会无穷大。

## 三、流量测量仪表

流量测量仪表按流量测量原理分为速度式流量计、容积式流量计和质量式流量计。

### （一）速度式流量计

速度式流量计主要是以测量流体在管道内的流动速度作为测量依据，根据 $q_v = vA$ 原理测量流量，其中 $q_v$ 为单位时间内流体流经管内任一截面的体积，$v$ 为流体在管路中的速度（平均速度），$A$ 为管路的截面积，差压式流量计、转子流量计、靶式流量计、电磁流量计、涡轮流量计等均属此类。超声波流量计也是速度式仪表，它利用超声波检测流体的流速，当流体的管道面积为 $A$，流速为 $v$，流体的体积流量为 $vA$。叶轮式水表属于速度式流量仪表在日常生活中比较广泛的应用。

#### 1. 转子流量计

转子流量计是利用流体流动的节流原理为基础工作的流量测量仪表。转子流量计基本上由两部分组成，一个是一根自下而上逐渐扩大的垂直锥形管；另一个是由一只放在锥形管内随流体流量大小可以上、下移动的转子。被测流体由锥形管下部进入自下而上流动，从锥形管上部流出。一定流量的流体稳定地流过转子与锥形管之间的环隙，当转子所受到的浮力与流体向上冲击力之和恰好等于转子重力时,转子会稳定在锥管中某一高度,处于平衡状态。此时转子的高度对应锥形管上的刻度就可以读出流量的大小。转子流量计的输出与流量成线性刻度关系。转子流量计中转子上下的压差由转子的重量决定。

转子流量计在实际测量气体流量时要进行修正计算,当被测介质气体的组分、工作温度与空气不同时需进行刻度换算。

转子流量计使用较为广泛,特别适合测量管径 50mm 以下管道的流量,一般有玻璃转子流量计、金属转子流量计几种类型。

### 2. 差压式流量计

差压式流量计又称为节流式流量计,是利用测量流体流经节流装置所产生的静压差来显示流量大小的一种流量计。差压式流量计由节流装置、引压管路和差压计三部分组成。

节流装置的节流元件前端静压力大于后端静压力,节流元件前后产生了静压差,此压差的大小与流量有关。流量越大,流束的收缩和动、静压能的转换也越显著,则产生的压差也越大,只要测得节流元件前后的静压差大小,即可确定流量,这就是节流装置测量流量的基本原理。在工艺管道上安装孔板时,如果将方向装反,则会造成差压计指示变小。

一般差压仪表均可作为差压式流量计中的差压计使用。目前工业生产中大多数采用差压变送器,其主要功能是对被测介质进行测量转换,将压差转换为标准信号。当差压变送器正负压室通以工作压力,变送器的零位与正负压室通大气时的零位输出不一致,差值称为静压误差。差压变送器的测量范围是起点和终点,而量程是终点与起点之差。

### 3. 电磁流量计

电磁流量计是根据电磁感应定律工作的,主要用来测量管道中具有一定导电性的液体(如工业水、污水,各种酸、碱、盐等腐蚀性介质)、液固混合介质的体积流量。电磁流量计由传感器和转换器两大部分组成。电磁流量计中的磁场产生方法有直流激磁、交流激磁、恒定电流方波激磁。

根据电磁感应定律,当一导体在磁场中做切割磁力线运动时,就会在导体两端产生一感应电动势。与此相仿,在均匀磁场中,垂直于磁场方向放一个不导磁绝缘管道,并在垂直于磁场的管道两边安装一对电极,当导电液体在管道中流动时,导电流体切割磁力线,同样能产生感应电动势,并在经过两电极时传出。体积流量与感应电动势、管道内径、磁场的磁感应强度有关,当磁场强度与两电极间距离一定时,感应电动势与体积流量的大小成正比关系。感应电动势经信号电缆传送到转换器,经放大、处理转换成标准电流信号或频率信号输出,最终经显示仪表显示为流体的瞬时流量或经积分后显示累计流量。

感应电压信号与流体平均流速成正比关系,不受液体的物理性质和状态(如密度、黏度、温度、压力等)变化的影响,因此,电磁流量计选型时,可不考虑介质密度的影响。电磁流量计的安装要避免强电磁场的场所。

### 4. 涡街流量计

涡街流量计是利用流体自然振荡原理制成的一种旋涡分离型流量计。涡街流量计的测量原理:在流体流动的方向上放置一个非流线型物体时,在某一雷诺数范围内,当流体以足够大的流速流过垂直于流体流向的物体时,若该物体的几何尺寸适当,则在物体的后面,沿两条平行直线上产生整齐排列、转向相反的涡列。涡列的个数即涡街频率,与流体的流速成正比,因而通过测量涡街频率,就可知道流体的流速,从而测出流体流量。

涡街流量计的非流线型物体后面产生旋涡的频率 $f$ 与物体的形状及被测介质的流速 $v$ 有关。涡街流量计的漩涡频率 $(f)$ 信号的检测方法很多，有热学法检测、差压法检测。

涡街流量计安装时遇有调节阀、半开阀门，应装在它们的上游。

### （二）容积式流量计

容积式流量计是利用标准容积累计法测量原理的一类流量计，包括腰轮流量计、椭圆齿轮流量计、刮板流量计、旋转活塞流量计等。它们主要是用于流体累计流量，即总量的计量。下面以椭圆齿轮流量计为例进行简要介绍。

椭圆齿轮流量计的测量部分由两个装在轴上相互啮合的椭圆形齿轮及壳体构成，椭圆齿轮与壳体之间形成月牙形体积的计量室。

椭圆齿轮是依靠流量计进、出口流体的压力差来推动旋转的。上、下两个椭圆齿轮交替地承受力矩作用而连续转动，椭圆齿轮每转一周，流量计输出 4 倍计量室体积的流体；被测流体的流量与椭圆齿轮转数成正比，转子的转数通过磁性密封联轴装置及减速机构传递到积算指示计数器，从而显示在某段时间内输出的累计体积流量。

椭圆齿轮流量计的特点是测量精度高，与流体的黏度及流动状态无关，可做标准表或精密测量表使用。椭圆齿轮流量计特别适用于测量不含固体杂质的高黏度流体（如油类、液态食品），甚至可测量糊状流体。

安装椭圆齿轮流量计可以不需要直管段。当椭圆齿轮流量计的进出口差压增大时，泄漏量增大；流体介质的黏度增大，泄漏量减小。

椭圆齿轮流量计的椭圆齿轮不转主要有以下原因：

（1）杂物进入表内，椭圆齿轮卡住；

（2）轴承磨损，椭圆齿轮碰撞计量箱内腔，造成卡住现象；

（3）过滤器的过滤筒长期未清洗，过滤网堵塞流体通不过。

### （三）质量式流量计

质量流量是指在单位时间内流经封闭管道截面处流体的质量。质量流量计主要用于测量介质的质量流量及总量、密度，同时，它还可以测量体积流量及总量、介质温度、含水率、酒精的酒精度、混合较均匀的两种液体的浓度、工艺流程中的原料配比等。在工业生产过程中，有时需要测量流体的质量流量，如化学反应的物料平衡、热量平衡、配料等，都需要测量流体的质量流量。

质量流量计由传感器、变送器及数字指示累计器等三部分组成。传感器由传感管、电磁驱动器和电磁检测器三部分组成。电磁驱动器使传感器以其固有频率振动，而流量的导入使 U 形传感器的作用下产生一种扭曲，在它的左右两侧产生一个相位差，该相位差与质量流量成正比。电磁监测器把该相位差转变为相应的电平信号送入变送器，经滤波、积分、放大等电量处理后，转变成与质量成正比的 4~20mA 模拟信号和一定范围的频率信号两种形式输出。

## 四、液位测量仪表

由于工业生产中对液位测量的要求不一，物位仪表多种多样，按基本工作原理主要有直读式液位计、浮力式液位计、静压式液位计、电气式物位计、辐射式物位计、反应射式物位计等。

**（一）静压式液位计**

静压式液位计是利用容器内的液位改变时流体静压平衡原理工作的，可分为压力式和差压式两大类。

用差压变送器测量密闭容器的液位，在已经校验安装好的情况下，由于维护需要，需要对仪表的安装位置进行下调，那么仪表的测量范围、迁移量会发生变化。当差压式液位计低于取压点且导压管内有隔离液或冷凝液时，零点需进行负迁移。

**（二）浮筒式液位计**

浮筒式液位计是变浮力式液位计的典型仪表，其基本原理是当浮筒被液体浸没的高度不同时，浮筒上的浮力也不同，因此通过检测浮筒所受的浮力便可以确定液位。浮筒式液位计按结构可分为位移平衡式、力平衡式和带差动变压器的浮筒式液位计三种类型。

浮筒界面变送器在现场调节零位时，应采取在浮筒内充满轻质介质的措施。用一浮筒式液位计测量密度比水轻的介质液位，用水校法校验该浮筒液位计的量程点时，充水高度要比浮筒长度低。当进行浮筒式液位计的校验时，浮筒所受浮力越大，扭角越小；浮筒所受浮力越小，扭角越大。

**（三）超声波物位计**

1. 测量原理

超声波物位计是应用回声测距法的原理制成的一种物位仪表。超声波物位计的输出与物位之间呈线性关系，声波从发射至接收到反射回波的时间间隔与物位高度成正比。

超声波物位计的探头工作方式有单探头工作方式和双探头工作方式。超声波物位计安装时，探头与容器壁距离不能太近。

2. 特点

超声波物位计的特点：

（1）超声波物位计无可动部件，超声探头虽然有振动，但振幅很小，仪表结构简单。

（2）不受光线、粉尘、湿度、黏度的影响，并与介质的介电常数、电导率、热导率等参数无关。

（3）可测范围广，液体、粉末、固体颗粒等的物位都可测量。

（4）超声波物位计为不可接触测量仪表，因此适用于腐蚀性、高黏度、有毒或无毒介质的液位测量。

（5）超声波物位计的缺点是检测元件不耐高温，声速受介质的温度和压力的影响，因此在测量过程中必须保持介质的温度恒定，否则仪表应具有温度补偿装置。另外超声波物位计的电路较复杂，造价较高。

**（四）常用液位计的读取方式**

化工装置常用液位计多种多样，不同液位计的读取方式也不同，例如：

（1）水银式液面计，如单管式水银液面计、U形管水银液面计，应按液面的凸面读取数据；

（2）水柱式液面计，如单管式水柱液面计、U形管水柱液面计，应按液面的凹面读取数据；

（3）刻度呈弧度的液面指示仪表，如动圈式液面计，读取数据时应视线与刻度盘垂直；

（4）数值式液面计可直接读出液面数据，如无笔记录仪显示的液面数据；

（5）差压变送器显示的液面数据如果是工程单位的数据,可直接读取,如果是百分比刻度数据,乘以仪表的液面量程才是指示的液面数据。

# 项目四  仪表自动化控制

## 一、自动控制系统概述

自动控制一般是指对系统的工业生产过程或是具体的某一工艺生产流程及设备的自动控制,就是用一些自动装置与仪表等技术工具来代替人的操作,自动完成某些有规律的生产。

### （一）自动控制系统的组成

一个自动控制系统主要由两大部分所组成:一部分是起控制作用的仪表及装置,称为自动化装置,包括变送器、调节器、执行器等;另一部分是自动化装置所控制的生产设备,称为被控对象,简称对象。

一个自动控制系统,以上几部分是必不可少的,除此之外,还有一些附属（辅助）装置,如给定装置、转换装置、显示仪表等。

在自动控制系统中,将工艺希望保持的被控变量的数值称为给定值。系统的输出参数是被控变量,它经测量元件和变送器后,又返回到系统的输入端,与给定值进行比较。这种把系统的输出信号重新送回到输入端的做法称为反馈。如果反馈的信号使原来的信号加强,就称为正反馈;反之,则称为负反馈。自动控制系统是具有负反馈的闭环系统,与自动测量、自动操纵等开环系统比较,最本质的差别就在于控制系统有负反馈。

### （二）自动控制系统的分类

自动控制系统有多种分类方法,可按被控变量来分类,如温度控制系统、流量控制系统、压力控制系统、液位控制系统;也可以按控制规律来分类,如比例控制系统、比例积分控制系统、比例微分控制系统、比例积分微分控制系统。在分析自动控制系统特性时,一般是按照控制的参数值（即给定值）是否变化来分类,即定值控制系统、随动控制系统和程序控制系统。

#### 1. 定值控制系统

工艺生产中,如果要求控制系统使被控制的工艺参数保持在某一固定值上不变,或者说工艺参数的给定值不变,那么这样的给定值固定不变的控制系统就是定值控制系统。

#### 2. 随动控制系统

随动控制系统也是需要设定值的,只不过设定值在控制系统中随着某一参数的改变而变化。随动控制系统的目的就是使所控制的工艺参数准确而快速地跟随给定值的变化而变化。

#### 3. 程序控制系统

这类系统的给定值也是变化的,但它是一个已知的时间函数,即生产技术指标需按一定的时间程序变化。这类系统在间歇生产过程中应用比较普遍。为保证生产的稳定和安全,在控制系统的分析、设计中引入反馈控制。

**（三）基本控制调节规律**

自动调节器装置是能克服偏差，使被控制参数回到给定值的装置，它总是按照人们事先规定好的某种规律来动作的，在工业自动控制系统中最基本的控制规律有位式控制、比例控制、积分控制和微分控制四种。

**1. 比例调节**

调节器的输出变化量与输入偏差信号变化量之间呈线性关系的调节规律称为比例调节规律。比例调节的特点是调节及时、有余差。由于比例控制有余差，因此不适于负荷变化频繁的场合。

比例度增大对调节过程的影响：调节作用变弱，过渡曲线变化缓慢，振荡周期长，衰减比大，但余差也越大。减小比例度，会使系统过渡过程的稳定性变差，因此只有在对象的滞后较小、时间常数较大、放大系数较小时比例度可选小一些。

**2. 积分调节**

比例控制总是存在余差，控制精度也不高，当对控制质量有更高要求时，必须在比例控制的基础上，再加上能消除余差的积分控制作用。

积分调节规律中，调节器输出信号的变化量与调节器输入偏差信号的变化量的积分成正比。由于积分控制作用比较慢，在偏差出现的瞬间，被控变量长时间偏离给定值、过渡时间比较长，因此，积分作用通常不单独使用。

在比例积分作用中，积分时间越小，表示积分速度越大，积分作用越强；反之，积分时间越大，表示积分作用越弱。若积分时间增加到非常大的情况下，则表示没有积分作用，可以看作纯比例作用。

采用积分调节器时，积分时间对过渡过程的影响具有两重性。在同样的比例度下，积分时间过大，积分作用不明显，余差消除很慢；积分时间过小，过渡过程振荡太剧烈，稳定程度降低。在比例积分控制规律中，如果过渡过程振荡比较剧烈，可以适当增加比例度和增加积分时间。

**3. 微分调节**

微分调节规律是指调节器的输出变化量与输入偏差的变化速度成正比。微分调节规律只与输入偏差的变化速度有关，与输入偏差的大小无关。微分调节规律中，在输入偏差信号较大且保持不变的情况下，输出信号保持不变，这是微分作用的特点。在微分控制的理想情况下，计算变化速度的时间无穷小。

由于微分控制作用对恒定不变的偏差没有克服能力，因此不能作为单独的调节器使用。在实际中，对于滞后较大的对象，根据要求通常可以采用比例积分、比例微分和比例积分微分同时使用。

**4. 比例积分微分调节**

比例积分微分控制又称 PID 控制，PID 控制作用就是比例、积分、微分 3 种控制作用的综合。

在 PID 控制中，有 3 个控制参数，即比例度（$\delta$）、积分时间（$T_I$）和微分时间（$T_D$），改变这些参数便可适应生产过程的不同要求。调节器的比例度越大，输出变化越小，比例作用就越弱；积分时间越小，积分作用越强，消除余差越快；微分时间越大，微分作用越强。适当选取这3个参数值，采用比例积分微分控制规律可以达到克服对象的滞后、提高系统稳定性、消除余差的目的。

## 二、自动调节仪表与执行器

### （一）自动调节仪表

按照结构不同，调节仪表可分为基地仪表、单元组合式仪表以及数字式调节器。

1. 基地式仪表

基地式仪表是以指示、记录仪表为主体，附加调节机构而组成，它不仅能对某参数进行指示或记录，还具有调节功能。

2. 单元组合式仪表

单元组合式仪表是根据控制系统中各个组成环节的不同功能和使用要求，将整套仪表划分成能独立实现某种功能的若干单元，各单元之间用统一的标准信号来联系。将这些单元进行不同的组合，可构成多种多样的、复杂程度各异的自动检测和控制系统。单元组合式仪表又分为气动单元组合仪表和电动单元组合仪表。气动单元组合仪表用 QDZ 表示，电动单元组合仪表用 DDZ 表示。

DDZ-Ⅲ型电动单元调节器是模拟式调节器中较为常见的一种，它以来自变送器的 1~5V DC 测量信号作为输入信号，与给定信号比较得到偏差信号，然后对此信号进行 PID 运算后，输出 4~20mA DC 直流控制信号，以实现对工艺变量的控制。

3. 数字式调节器

20 世纪 70 年代中期，随着微电子技术和通信技术的发展，以微处理器为核心的数字式调节器开始出现，并迅速得到了普及应用。数字调节器大体上可分为普通数字调节器和可编程数字调节器。

### （二）执行器

执行器是自动控制系统中必不可少的组成部分，它接收来自调节器的控制信号，由执行机构将其转换成相应的角位移或直线位移，去操纵调节机构（阀），改变控制量，使被控参数达到预定值。

1. 执行器的组成和分类

执行器由执行机构和调节机构两部分组成，执行机构是根据调节器控制信号产生推力或位移的装置，而调节机构是根据执行机构输出信号去改变能量或物料输送量的装置，通常简称为调节阀。调节机构根据阀芯结构可分为单芯阀和双芯阀，直行程阀芯是阀芯的运行方向与执行机构推杆运行方向一致的阀芯。直行程调节阀包括直通单座调节阀、笼式阀等。

执行器按使用能源分为气动执行器、液动执行器和电动执行器。

气动执行机构有薄膜式和活塞式两种，调节阀一般情况下应选用薄膜式执行机构。气动薄膜执行机构中，当信号压力增加时推杆向下移动的是正作用执行机构；当信号压力增加时推杆向上移动的是反作用执行机构。改变气动薄膜调节阀的气开、气关形式，可通过改变调节阀的正反装或执行机构的正反作用来实现。

**2. 气动执行器气开和气关形式的选择**

调节阀的气开、气关与调节阀的正反作用是不一样的概念,调节阀作用方式选择主要是气开、气关的选择,主要从工艺生产的安全角度、介质的特性、保证产品质量以及经济损失最小的角度考虑。不同的设备根据自身的使用要求选用不同的调节阀,例如:

(1)在化工装置中应选用气开式调节阀的:加热炉的燃料油系统、蒸馏塔的馏出线、储罐液位调节系统调节阀装在出口线时以及调节阀故障状态下处于全关的位置,此为气开阀。

(2)在化工装置中应选用气关式调节阀的:加热炉的进料系统、压缩机入口调节阀,还有汽包蒸汽出口调节阀应选风关调节阀,风关调节阀在气源风发生故障断风时,调节阀处于全开状态,才能保证汽包出口畅通,保证汽包不超压。

## 三、简单控制系统

### (一)组成

所谓简单控制系统,通常是指由一个测量元件、一个变送器、一个控制器、一个控制阀和一个控制对象所构成的单闭环控制系统,都是单参数、只有一条反馈控制回路的控制系统,所以也称单回路控制系统。

简单控制系统被控变量的选择方法有两种:一种是直接选择工艺生产需要控制的指标(如温度、压力、流量、液位等),称为直接指标控制;二是在工艺生产按质量指标进行操作时,以质量指标为直接控制指标有困难,就只好采用间接指标控制。

### (二)调节器的控制

**1. 调节器的形式**

目前工业上常用的调节器主要由 P、I、D 三种控制规律组合而成,调节器应根据控制系统的特性的工艺要求选型。

经验证明,相同的调节系统用于不同的生产过程时,其调节质量往往是有差异的。所以,必须对调节对象、测量元件、变送器和调节阀的特性进行分析,根据对象和测量元件时间常数和纯滞后大小、干扰幅度的大小及频繁程度、对象有无自衡作用等条件来选择合适的调节器。在选择调节器时,除了考虑调节质量这一重要因素外,还应考虑节约投资和操作方便两个因素。目前常用的调节器形式主要有位式、比例式、比例积分式和比例积分微分式。

**2. 调节器参数的工程整定**

一旦控制方案确定之后,控制对象的特性也就确定了,这时控制系统的控制质量就主要取决于调节器参数的整定。所谓调节器参数的整定,就是求得最佳控制质量时的调节器参数值,具体讲就是确定最佳的比例度($\delta$)、积分时间($T_I$)和微分时间($T_D$)。

PID 参数整定的工程方法主要有临界比例度法、衰减曲线法、反应曲线法和经验法。

临界比例度法是目前使用较广的一种方法。此法是先求出临界比例度和临界周期,然后根据经验公式求出各参数。依据 PID 参数整定的临界比例度法,在采用比例积分控制时,得出的比例度应是临界比例度的 2.2 倍。

经验试凑法是先将调节器参数放在一个数值上,通过改变给定值办法施加干扰,在记录纸上看过渡过程曲线,运用 $\delta$、$T_I$、$T_D$ 对过渡过程的影响为指导,按照规定顺序,对各参数逐个整定,直到获得满意的过渡为止。用经验凑试法整定 PID 参数,在整定中观察到曲线振荡很频繁,需要把比例度增大以减小振荡;在整定中观察到曲线最大偏差大且趋于非周期过程,需要把比例度减小。

一般情况下,如果 PID 参数整定不合理就会产生周期性的激烈振荡。必须指出,如果工艺条件改变及负荷有很大变化时,被控对象的特性就改变了,因此,调节器的参数就必须重新整定。

## 三、复杂控制系统

复杂控制系统,是相对于简单控制系统而言的,是指具有多个参数,由 2 个以上变送器、调节器或 2 个以上调节阀组成的多回路自动控制系统。

复杂控制系统种类繁多。根据系统的结构和所担负的任务不同,常见的复杂控制系统有串级、均匀、比值、前馈、分程等控制系统。

### (一)串级控制

串级控制系统是复杂控制系统中应用最多的一种控制形式,它是在简单控制系统的基础上发展起来的。串级控制系统是 2 只调节器串联起来工作的,其中一个调节器的输出作为另一个调节器的给定值的系统。

串级控制系统典型方块图如图 1-4-1 所示。

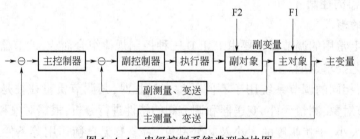

图 1-4-1  串级控制系统典型方块图

串级控制系统方框图由主调节器(主控制器)、副调节器(副控制器)、调节阀(执行器)、被调对象、测量变送 1、测量变送 2 组成。

串级控制系统的特点:一是在系统结构上,串级控制回路是主、副调节器串接工作,主调节器的输出作为副调节器的给定值,系统通过副调节器的输出直接操纵调节阀,实现对主变量的定值控制,所以在串级控制系统中,主回路是个定值控制系统,而副回路是一个随动系统,由于增加了副回路作用,故具有一定的自适应能力。二是在串级控制系统中,主变量是反映产品质量或生产过程运行情况的主要工艺变量,主对象为主变量表征其特性的工艺生产设备。

串级控制系统调节器的形式主要是依据工艺要求、对象特性、干扰性质而定。依据串级控制系统的特点,当对象的滞后和时间常数很大、干扰作用强且频繁、负荷变化大、简单控制系统满足不了控制质量的要求时,可以采用串级控制系统。

## （二）分程控制

一台调节器的输出可以同时送往两个或者更多的调节阀，而调节器的输出信号被分割成若干个信号范围段，由每一段信号去控制一台调节阀，这样的控制系统是分程控制系统。

根据调节阀的开、关形式，可以将分程控制系统划分为两类：一类是两个调节阀同向动作，即随着调节器输出信号（即阀压）的增大或减小，两调节阀都开大或关小；另一类是两个调节阀异向动作，即随着调节器输出信号的增大或减小，一个调节阀开大，另一个调节阀则关小。分程控制回路就控制阀的开、关形式可以划分为第二类。

分程控制的应用场合：

（1）可用于扩大调节阀的可调范围，改善调节品质；

（2）用于需要控制两种不同的介质的场合，以满足工艺生产的要求；

（3）还作为生产安全的防护措施。

## （三）比值控制

在生产过程中通常需要将两种或两种以上的物料保持一定的比例关系，比例一旦失调就会影响产品的质量，甚至造成事故。在需要保持比值关系的两种物料中，必有一种物料处于主导地位，这种物料称为主物料。而另一种物料按主物料进行配比，在控制过程中随主物料而变化，因此称为从物料。比值控制系统就是要实现副流量与主流量成一定比值关系。

比值控制系统的类型包括开环比值控制系统和简单比值控制系统。简单比值控制系统有单闭环和双闭环比值控制系统两种。单闭环比值控制系统中，当主流量不变而副流量由于受干扰发生变化时，副流量闭环系统相当于定值控制系统。

## （四）前馈控制

大多数控制系统属于反馈控制，反馈控制是测量偏差、纠正偏差的过程。考虑到产生偏差的直接原因是干扰，如果想办法直接按照干扰的情况进行控制，而不是按照偏差进行控制，那么在理论上就不会有偏差的产生。由于是在干扰发生后，被控参数还未明显变化前，调节器就进行控制，所以这种控制思想称为前馈控制。

前馈控制的应用场合：

（1）干扰幅值大而频繁，对被控变量影响剧烈，仅采用反馈控制达不到的对象；

（2）主要干扰是可测而不可控的信号；

（3）当对象的控制通道滞后大，反馈控制不及时，控制质量差，可采用前馈或前馈反馈控制系统。

## 四、安全仪表系统

安全仪表系统（Safety Interlocking System）简称 SIS，又称安全联锁系统，也称紧急停车系统（Emergency Shutdown System），或仪表保护系统（IPS），主要为生产过程进行自动监测并实现安全控制，当由于某些因素使某些工艺变量超限或运行状态发生异常状况时，实施报警或调节动作或自动停车，从而保障生产安全，避免造成重大人身伤害及财产损失的控制系统。

### （一）联锁的概念

早期的安全仪表系统是利用继电器控制系统来实现紧急停车的联锁逻辑的。20 世纪 80 年代以来，有许多厂家的 PLC 产品成功地应用于安全仪表系统。目前所应用的安全仪表是以微处理器为基础的计算机控制系统。

早期的联锁保护系统通常由发信元件、逻辑元件和执行元件三部分组成。其中用来实现信号联锁控制电路的常用控制元件有继电器、接触器、按钮、开关、指示灯等。继电器常开触点就是指继电器失电状态下断开的触点。

油泵的联锁控制停止按钮在 PKC 的梯形图中表示为常闭接点。

检查、维修信号联锁仪表和联锁系统时，必须解除联锁后方可进行。

### （二）PLC 系统的基本概念

PLC 实质是一种专用于工业控制的计算机。PLC 的主要编程语言有梯形图、语句表和功能块图，其硬件结构基本上与微型计算机相同。PLC 硬件结构中，与工业现场设备直接相连的部分是输入/输出接口，内部继电器实际上是各种功能不同的寄存器，用于内部数据的存储和处理。

PLC 的用户程序一般会固化在 EPROM 或 EEPROM，当 PLC 投入运行后，其工作过程的一个扫描周期包括输入采样阶段、程序执行阶段、输出采样阶段。

### （三）ESD 系统的基本概念

ESD 系统是 Emergency Shutdown System 的简称，属于安全仪表系统，也称紧急停车系统。ESD 紧急停车系统按照安全独立原则要求，独立于 DCS 系统，在正常情况下是处于静态的，不需要人为干预。当生产出现紧急情况时，不需要经过 DCS 系统而直接有 ESD 发出保护联锁信号，对现场设备实施安全保护。ESD 紧急停车系统是专用的安全保护系统，以其可靠性高和灵活性强而著称。

安全仪表系统对检测元件(传感器)的设计要求中，传感器的冗余系统是指并行地使用多个系统部件，以提供错误检测和错误校正能力。表决是指冗余系统中用多数原则将每个支路的数据进行比较和修正的一种机理。

安全仪表系统故障有显性故障(安全故障)和隐性故障(危险故障)两种。故障安全是指 ESD 系统发生故障时，不会影响装置的安全运行，但会影响系统的可用性。当系统出现隐性故障时，只能通过自动测试程序检测出来，系统不能产生动作进入安全状态。隐性故障影响系统的安全性，但不影响系统的可用性。

## 五、先进控制

### （一）先进控制的概念

一般说来先进控制系统都不是一次投用成功，都经历了一个反复运算的过程。自适应控制、预测控制、神经元网络控制都属于先进控制方案。

### （二）先进控制策略的控制类型

先进控制策略的控制类型：(1)双重控制；(2)阀位控制；(3)纯滞后补偿控制；(4)解耦控制；(5)自适应控制；(6)差拍控制；(7)状态反馈控制；(8)多变量预测控制；(9)推理控制；(10)软测量技术、智能控制(专家控制、模糊控制和神经元网络控制)。

　　预测控制系统实质上是指预测控制算法在工业过程控制上的成功应用。预测控制算法是一类特定的计算机控制算法的总称。最有代表性的预测控制算法,是一种基于模型的预测控制算法,这种算法的基本思想是先预测后控制,即首先利用模型预测对象未来的输出状态,然后据此以某种优化指标来计算出当前应施加于过程的控制作用。

　　模糊控制的特点:一是被控变量可以不是唯一的;二是适用于滞后、非线性的对象;三是适用于不易获得精确数学模型的对象;四是将精确的输入数据转换为人们通常描述过程的自然语言。

# 模块五　安全环保基础知识

## 项目一　清洁生产的相关知识

### 一、清洁生产

清洁生产是指在生产过程、产品寿命和服务领域持续地应用整体预防的环境保护战略，增加生态效率，减少对人类和环境的危害。清洁生产的核心是源头治理。清洁生产体现了污染预防为主的方针，实现经济、环境效益统一，对产品生产过程采用预防污染、减少废物产生。

清洁生产有深厚的理论基础，但其实质是最优化理论。目前清洁生产审计中应用的理论主要是物料平衡和能量守恒原理。清洁生产从本质上来说，就是对生产过程与产品采取整体预防的环境策略，减少或者消除它们对人类及环境的可能危害，同时充分满足人类需要，使社会经济效益最大化的一种生产模式。清洁生产谋求达到的目标之一是通过资源的综合利用、短缺资源的代用、二次能源的利用，以及节能、降耗、节水，合理利用自然资源，减缓资源的耗竭。

清洁生产的内容包括清洁的能源、清洁的生产过程、清洁的产品、清洁的服务。清洁生产的目的是提高资源利用效率，减少和避免污染物的产生，保护和改善环境，保障人体健康。清洁生产的重点环节是节能降耗减污。

### 二、清洁生产的审核

清洁生产审核的目的：通过清洁生产审计判定生产过程中不合理的废物流和物耗、能耗部位，进而分析其原因，提出削减它的可行方案并组织实施，从而减少废弃物的产生和排放，达到实现清洁生产的目标。核实清洁生产主要技术经济指标的完成情况及其影响因素是清洁生产审计人员主要工作内容之一。

清洁生产审计有一套完整的程序，是企业实行清洁生产的核心。一般清洁生产审计分为筹划与组织、预评估、评估、方案产生和筛选、可行性分析、方案实施、持续清洁生产这几个阶段。在清洁生产审计程序中持续清洁生产是制定计划、措施在企业中持续推行清洁生产，最后编制企业清洁生产审计报告的阶段。在清洁生产审计程序中评估是建立审计重点的物料平衡，并进行废弃物产生原因分析的阶段。

### 三、清洁生产的实施措施

清洁生产审核的对象是企业（组织），农业、工业、餐饮业、娱乐业都适用于清洁生产审核。企业在开发长期的清洁生产战略计划时，要有步骤地实施清洁生产方案以实现清洁生产的目标;对职工进行清洁生产的教育和培训;进行产品全生命周期分析;进行产品生态设计;研究清洁生产的替代技术。进行企业清洁生产审核是推行企业清洁生产的关键和核心。编制清洁生产方案时,企业应针对废弃物产生原因,产生相应的方案并进行筛选。

化工企业清洁生产采取的措施一般有采用无毒、无害或者低毒、低害的原料,替代毒性大、危害严重的原料,如某炼油厂通过技术改造和工艺改良,能耗较往年降低10%,加热炉使用新型高效燃烧器喷嘴。从事易燃易爆作业的人员应穿含金属纤维的棉布工作服,以防静电危害。易燃易爆场所及重要仓库的照明配线均应采用金属管配线。

### 四、清洁生产中"三废"的治理

改革生产工艺是控制化工污染的主要方法,包括改革工艺、改变流程、选用新型催化剂等。

#### (一)废气的治理常识

石化生产过程中排出的废气的控制方法包括吸收法、吸附法、静电法、燃烧法等。

炼化企业气态污染物治理的主要对象包括甲苯、硫化氢、二氧化硫、有机废气等。苯、甲醇、乙醚可以作为吸收剂用于吸收有机气体,可直接用碱液吸收处理的废气是二氧化硫。一般粉尘粒径在20μm以上可选用离心集尘装置。

#### (二)废水的治理常识

工业废水在厂内处理,使水质达到排放水体或接入城市雨水管道或灌溉农田的要求后直接排放。一般废水治理的方法有物理法、化学法和生物化学法等。工业废水处理中最常用的物理法是活性炭和树脂吸附剂;工业废水化学处理法有中和、化学沉淀、氧化还原;工业废水的生物处理法包括好氧法、厌氧法。

#### (三)废渣的治理常识

废渣处理首先考虑综合利用的途径。废渣的处理大致采用焚烧、固化、陆地填筑等方法。废渣固化是利用物理或化学法将有害废物固定或包容在惰性质材料中,使其呈现化学稳定性或密封性的一种无害化处理方法,固化后的产物应具有良好的机械性能、抗渗透、抗浸出、抗干、抗湿与冻、抗融等特性。一般含烷烃的废渣通常采用陆地填筑法。

# 项目二 化工企业的火灾预防及扑救方法

## 一、灭火的机理

燃烧三要素是点火源、可燃性物质、助燃性物质。常用的气体测爆仪测定的是可燃气体的浓度。

根据燃烧三要素,可采取除掉可燃物、隔绝氧气(助燃物)、将可燃物冷却至燃点以下等措施灭火。通常将1m² 可燃液体表面着火视为初期灭火范围。液体有机物的燃烧可以采用泡沫灭火,而电气火灾可以采用干粉灭火。着火点较大时,可以利用抑制反应量、减少可燃物浓度、减少氧气浓度等方法来进行灭火。

### 二、常见危险化学品的火灾扑救方法

根据《中华人民共和国消防法》，生产易燃易爆危险物品的单位，对产品应当附有燃点、闪点、爆炸极限等数据的说明书，并且注明防火防爆注意事项。对独立包装的易燃易爆危险物品应当贴附危险品标签。对于化工装置中用于易燃、易爆气体的安全放空管，必须将其导出管置于密闭排放回收，易燃物品必须储放危险品仓库内。

从事化学品生产、使用、储存、运输的人员和消防救护人员平时应熟悉和掌握化学品的主要危险特性及其相应的灭火措施，并进行防火演习，加强紧急事态时的应变能力。

在扑救放射性物品火灾时，首先派出精干人员携带放射性测试仪器，测试辐射（剂）量和范围。对燃烧现场包装没有损坏的放射性物品，可在水枪的掩护下佩戴防护装备，设法疏散。无法疏散时，应就地冷却保护，防止造成新的破损，增加辐射（剂）量。对燃烧现场已破损的容器切忌搬动或用水流冲击，以防止放射性沾染范围扩大。在现场施救的人员必须采取防护措施。

在扑救腐蚀品火灾时，首先灭火人员必须穿防护服，佩戴防护面具。扑救时应尽量使用低压水流或雾状水，避免腐蚀品溅出。遇腐蚀品容器泄漏，在扑灭火势后应立即采取堵漏措施。遇酸碱类腐蚀品最好调制相应的中和剂稀释中和。

在扑救爆炸物品火灾时，如果有疏散可能，人身安全确有可靠保障，应迅速组织力量及时疏散着火区域周围的爆炸物品，使周围形成一个隔离带。在扑救爆炸物品堆垛时，水流应采取吊射。灭火人员应尽量利用现场的掩蔽体或采取卧式等低姿射水，注意自我保护措施。

在扑救易燃液体火灾时，扑救毒害性、腐蚀性或燃烧产物毒害较强的易燃液体火灾，扑救人员必须携带防护面具，采取防护措施。遇易燃液体管道或储罐泄漏着火，在切断蔓延把火势限制在一定范围内的同时，对输送管道应设法找到进出阀门并关闭，以切断火势蔓延的途径，冷却和疏散受火势威胁的压力及密闭容器和可燃物，控制燃烧范围。

# 项目三    各种检修作业的安全知识

### 一、动火作业的安全知识

化工设备动火检修时，可直接用氮气进行置换可燃气体。置换完毕后，应进行可燃气体分析，做动火分析时，取样与动火的间隔超过 30min，或动火作业中间停止作业时间超过 30min，必须重新取样分析。动火前动火作业人将动火安全作业证（票）交给动火现场负责人检查，确认证（票）所列安全措施已经落实无误后，方可按规定的时间、地点、内容进行动火作业。砂轮、电、气焊、敲击除锈都属于动火作业的范围。在禁火区进行动火作业时，氧气瓶与乙炔气瓶的间距至少是 5m。

动火分析的取样要有代表性，特殊动火的分析样品要保留到动火作业结束。若有两种以上的混合可燃气体，应以爆炸下限低者为准。在进入设备内动火，同时还需分析测定空气中有毒有害气体和氧含量，有毒有害气体含量不得超过 GBZ 1—2010《工业企业设计卫生标准》中规定的最高容许浓度，氧含量应为 18%~22%。

动火安全作业证制度：

(1)在禁火区进行动火作业应办理动火安全作业证,严格履行申请、审核和批准手续。

(2)动火作业人员在接到动火证后,要详细核对各项内容,如发现不符合动火安全规定,有权拒绝动火,并向单位防火部门报告。

(3)高处进行动火作业和设备内动火作业时,除办理动火安全作业证外,还必须办理高处安全作业证和设备内安全作业证。

(4)石化企业设备检修时,禁火区进行动火、设备内作业需要事先办理安全作业许可证。

## 二、放射性作业的安全知识

放射性是指元素从不稳定的原子核自发地放出射线,在 α 射线、β 射线、γ 射线 3 种射线中,贯穿能力最强的是 γ 射线。在放射性作业场所,应安排监护人、设置警戒区、作业前告知。一般用屏蔽防护、距离防护、时间防护来进行外照射的防护。如果发现或怀疑可能是放射源时,尽可能立即保护好现场,防止任何人靠近或擅自动作。同时给环保举报热线打电话,报告自己的怀疑和看法。当有关监管人员到达现场后,向他们介绍自己知道的情况和看法,并尽可能协助监管人员处理问题。

## 三、高处作业的安全知识

在坠落基准面 2m 及以上,有坠落危险的作业即为高处作业。高处作业的等级：

(1)高处作业高度在 2~5m 时,称为一级高处作业。

(2)高处作业高度在 5~15m 时,称为二级高处作业。

(3)高处作业高度在 15~30m 时,称为三级高处作业。

(4)高处作业高度在 30m 以上时,称为四级高处作业。

遇到 6 级以上的风天和雷暴雨天时,不能从事高处作业。

高处作业的防护措施：

(1)从事高处作业应制定应急预案,现场人员应熟知应急预案的内容。

(2)高处作业人员应系与作业内容相适应的安全带,安全带应高挂低用,应系挂在施工作业处上方的牢固挂件上,不得系挂在有尖锐的棱角部位。

(3)高处作业不可以上下投掷工具和材料,所用材料应堆放平稳,必要时应设安全警戒区,并设专人监护。

(4)高处作业人员不得站在不牢固的结构物上进行作业,不可以高处休息。

(5)高处作业人员在作业前应充分了解作业内容、地点(位号)、时间、要求,熟知作业中的危害因素和高处作业许可证中的安全措施。

进行高空作业时,现场作业人在作业过程中,发现情况异常应立即发出讯号并迅速离开现场。作业内容发生变化,发现有可能造成人身伤害的违章行为、事故状态、作业环境和条件变化的情况下,现场监护人有权取消高空作业。在坠落防护措施中,最优先的选择是设置固定的楼梯、护栏和限制系统,高处作业防坠落的最后措施是安全网。进行高空作业,作业监护人应核实安全措施落实情况;制止作业人员的违章行为;发生紧急情况,启动应急预案;熟悉作业区的环境、工艺情况,处理异常情况。

### 四、临时用电作业的安全知识

建设工程临时用电，按照三级配电两级漏电保护的规定，合理布置临时用电系统；临时用电涉及的工程竣工后，电气施工人员必须立即拆除临时用电设施；进行临时用电作业时，在开关上接引、拆除临时用电线路时，其上级开关应断电上锁；安装、维修、拆除临时用电线路的作业，应由电气专业人员进行；各类移动电源及外部自备电源，不得接入电网；使用周期在 1 个月以上的临时用电线路应采用架空方式安装，并满足临时架空线最大弧垂与地面距离在施工现场不低于 2.5m、穿越机动车道不低于 5m 的要求；临时照明应遵循在特别潮湿场所、导电良好的地面、锅炉或金属容器内的照明电源电压不得大于 12V 的要求；现场照明应满足所在区域安全作业亮度、防爆、防水等要求；临时用电作业批准人应清楚作业过程中可能存在的危害和风险，清楚安全控制措施，同时要确认安全措施落实情况，包括检查气体取样和检测结果的安全职责。

### 五、起重作业的安全知识

起重作业吊运前的准备包括正确佩戴个人防护用品、检查清理作业场地、室外作业要了解当天的天气预报以及编制作业方案等。起重机作业时遇到信号不清、重物捆绑不牢及起吊后不稳等情况时，不能起吊。起重机司机无法联系起重作业指挥人时，应停止所有操作。为满足施工要求，在采取足够的安全防范措施的情况下，人员不可以随同货物或起重机械升降。

起重机安装或拆卸吊臂时，应将吊臂垫实或固定牢靠，严禁人员在吊臂上下方停留或通过；同时手、脚、衣服应远离齿轮、绳索、绳鼓和滑轮组；在 2m 以上的高处维修作业，应采取防坠落措施等安全预防措施。

移动式起重机吊装前需办理吊装作业许可证。起重机吊臂回转范围内应采用警戒带或其他方式隔离，无关人员不得进入该区域内；起重作业时要求起重司机有合格的资质；在起重机司机或其他指定人员知晓的情况下，加油工也可进入驾驶室从事职责范围内的作业；学习满半年以上的实习起重机司机可以在有资质的司机直接监督下作业；吊装作业许可证申请前应准备风险评估结果、吊装作业计划、安全培训记录、起重机外观检查结果、钢丝绳和吊钩检查结果等资料。

### 六、受限空间作业的安全知识

生产区域内，下水道、容器、管道都属于受限空间。在受限空间作业时可能发生缺氧、窒息、中毒、火灾、爆炸等危害，所以进入受限空间作业时，必须办理受限空间作业证；凡是受限空间有可能存在缺氧、富氧、有毒有害气体、易燃易爆气体、粉尘等，事前应进行气体检测，注明检测时间和结果；受限空间内气体检测 30min 后，仍未开始作业，应重新进行检测；进入受限空间作业，对照明及电气的要求是使用超过安全电压的手持电动工具作业或进行电焊作业时，应配备漏电保护器；进入受限空间前应事先编制隔离核查清单，隔离相关能源和物料的外部来源，与其相连的附属管道应拆除一段管线或盲板隔离并挂牌。

受限空间作业监护人的安全职责：

(1)清楚可能存在的危害和对作业人员的影响；

(2)在入口处监护，防止未经授权人员进入；

(3)掌握作业人员情况并与其保持沟通；

(4)负责作业人员进入和出来时的清点并登记名字。

### 七、施工作业的安全知识

重大施工作业前，应制定落实施工安全措施和应急处理措施；重大危险的施工作业，应有区域管理单位、施工单位同时派出安全监护人；作业前的技术、安全交底应包括的内容有作业程序、作业内容、安全措施、应急措施；施工作业前，应重点对作业环境、作业对象、作业过程、作业时机进行危害辨识。

# 项目四　化工企业尘毒噪声危害的防治

## 一、尘毒危害的防治

### (一)尘毒的危害

尘毒是造成职业性尘肺病和化学中毒的物质的统称。职业性尘肺病是指职业活动中长期接触矿物性粉尘而引起的双肺弥漫性纤维化改变，包括硅肺、煤工尘肺、滑石尘肺、云母尘肺、石墨尘肺、炭黑尘肺、石棉肺、陶工尘肺、铸工尘肺、铝尘肺、水泥尘肺和电焊工尘肺，一旦发生，病情便不断加重且不可逆转。化学中毒是指在生产过程中使用的有毒物质或有毒产品以及生产中产生的有毒废气、废液、废渣引起的中毒，包括化学性皮肤灼伤、眼部灼伤、牙酸蚀病、氯气中毒、氨中毒、硫化氢中毒、汽油中毒等，可以引起组织坏死、眼组织的腐蚀破坏性损伤、牙龈炎、牙髓病变、呼吸系统损伤、昏迷，甚至死亡。

### (二)尘毒的防护方法

在化工企业中，预防和控制尘毒危害措施的基本原则是减少毒源、降低空气中尘毒含量、减少人体接触尘毒机会。

在尘毒区域作业时，应使用过滤式防毒面具，携带有毒有害气体报警仪，要求作业现场空气中的氧含量不低于18%。

如果出现急性中毒，现场抢救的第一步是迅速将患者转移到空气新鲜处，呼吸困难时应立即吸氧；停止呼吸时，立即做人工呼吸，气管内插管给氧，维持呼吸通畅并使用兴奋剂药物；发生心搏骤停应立即做胸外挤压术，同时做人工呼吸、输氧等工作。发生酸烧伤时，应用5%碳酸氢钠溶液冲洗；碱烧伤时，应用2%硼酸溶液冲洗。

尘毒作业场所应当设置红色区域警示线、警示标识和中文警示说明，并设置通信报警设备。如果职业中毒危害防护设备、应急救援设施和通信报警装置处于不正常状态，用人单位应当停止使用有毒物品作业。

### (三)尘毒防护的技术和管理措施

我国石化工业多年来治理尘毒的实践证明，在大多数情况下，靠单一的方法防尘治毒是行不通的，必须采取综合治理措施，即首先改革工艺设备和工艺操作方法，从根本上杜绝和减少有害物质的产生，在此基础上采取合理的通风措施，当尘毒物质浓度超过国家卫生标准时，可采用通风净化的方法使尘毒物质尽快排出。建立严格的检查管理制度，这样才能有效防止石化行业尘毒的危害。在生产中防尘防毒技术措施有改革生产工艺、采用新材料新设备、车间内通风净化、湿法除尘。

生产中，严格执行安全生产责任制、安全技术教育制度，防尘防毒治理设施要与主体工程同时设计、同时施工、同时投产；对于因"跑、冒、滴、漏"而散落地面的粉尘、固、液体有害物质要加强管理，及时清扫、冲洗地面，实现文明生产，消除二次尘毒源。

## 二、噪声危害的防治

### （一）噪声的危害

高强度的噪声，不仅损害人的听觉，而且对神经系统、心血管系统、内分泌系统、消化系统以及视觉、智力等都有不同程度的影响。噪声令人肾上腺分泌物增多、心跳加快、血压上升，容易导致心脏病发作，噪声对心血管系统的影响要比消化系统的大。

### （二）噪声的防护方法

防止噪声危害的措施通常有控制和消除噪声源、控制噪声的传播、个人卫生保健，但防治噪声污染的最根本的措施是从声源上降低噪声。噪声治理的 3 个优先级顺序是降低声源本身的噪声、控制传播途径、个人防护。

### （三）噪声的管理措施

在城市市区范围内，建筑施工过程中使用机械设备可能产生环境噪声污染的，施工单位必须在工程开工 15 日以前向工程所在地县级以上地方人民政府环境保护行政主管部门申报相关材料。建设项目的环境噪声污染防治设施必须与主体工程同时设计、同时施工、同时投入使用。受到环境噪声污染危害的单位和个人，有权要求加害人排除危害，造成损失的，依法赔偿损失。

第二部分

# 初级工操作技能及相关知识

# 模块一 工艺操作

## 项目一 相关知识

### 一、开车准备

#### (一)化工生产概述

##### 1. 化工单元操作

在不同的生产过程中的同一种化工单元操作所遵循的原理相同、所使用的设备相似,如流体的输送与压缩、沉降、过滤、传热、蒸发、结晶、干燥、蒸馏、吸收、萃取、冷冻、粉碎等,这些基本的加工过程称为化工单元操作。一个化工生产过程由若干个化工单元操作构成。

##### 2. 化工过程的基本规律

化工生产过程是物质转换和能量转换的过程,化工生产过程的完整表现形式是单元操作和单元反应组合。

化工生产过程的物质转换遵循物料衡算基本规律,即根据物质守恒定律,在一个稳定的化工生产过程中向系统或设备所投入的物料量必等于所得产品量及过程损失量之和。

化工生产过程的能量转换遵循能量衡算基本规律,即根据能量守恒定律,对于一个稳定的化工生产过程,向系统和设备内输入的能量应等于输出的能量加上损失的能量。

#### (二)常用的无机化工生产介质

无机化学工业,是以天然资源和工业副产物为原料生产硫酸、硝酸、盐酸、磷酸等无机酸,碳酸钠、氢氧化钠、合成氨、化肥以及无机盐等化工产品的工业,包括硫酸工业、碳酸钠工业、氯碱工业、合成氨工业、化肥工业和无机盐工业。

无机化工原料主要有单质、工业气体、无机碱、无机酸、无机盐、氧化物、非金属矿产、其他未分类无机化工原料以及含硫、钠、磷、钾、钙等化学矿物和煤、石油、天然气以及空气、水等。

##### 1. 无机酸

无机酸,又称矿酸,是无机化合物中酸类的总称,一般来说就是能解离出氢离子($H^+$)的无机化合物。

按照解离程度,无机酸可以分为强酸和弱酸。在溶液中完全离解的酸是强酸,易溶的强酸能够完全离解,溶液中只存在离子,不存在分子。强酸具有氧化性,能与 Fe 发生化学反应。高氯酸、氢碘酸、氢溴酸、盐酸、硫酸、硝酸合称为六大无机强酸,它们都有强烈的刺激和腐蚀作用,人体接触会造成严重的烧伤,一旦接触后宜立即用清水冲洗或苏打水冲洗。

弱酸是指在溶液中不完全离解的酸,是和强酸相对的酸,酸性较弱。常见的弱酸有碳酸、氢氰酸、氢氟酸、醋酸、次氯酸、亚硝酸等。

### 2. 无机碱

碱是指在水溶液中离解出的阴离子全部都是 $OH^-$ 的物质,按离解能力分为强碱和弱碱,如 $KOH$、$NaOH$、$Ba(OH)_2$ 等都是强碱,$NH_3 \cdot H_2O$ 属于弱碱。氢氧化钠是一种具有强腐蚀性的强碱,它溶于乙醇和甘油,因此在水处理中可作为碱性清洗剂去除油污。碱和酸可发生中和反应,如氢氧化铁和盐酸溶液混合发生的反应。工业输送碱液的管线经常发生腐蚀,是碱液与管线金属发生原电池反应导致的。

### 3. 水蒸气

水蒸气是水的气体状态,在一定压力下,必须用足够的能量才能把水温升到沸点,之后再增加的能量只能把水转化为蒸汽,并不能升高水温。蒸汽是一种高效、易控制的加热介质,具有压力越高,温度越高的特点,常用于将能量从一个集中点(锅炉)输送到工厂的各个地方,去加热空气、水或工艺介质。

## (三)装置开车前准备

### 1. 开车准备的内容

装置开车前需拆除加堵的盲板,要按照加堵盲板图逐块进行拆除;装置开车前、氮气置换后,必须进行氮气含氧量的分析检测并确认合格;开车前如未对消防水系统确认,装置已投料开车,应继续进行开车,同时启动应急预案操作。

### 2. 开车前装置流程的确认要点

装置开车前,机械设备及仪表、电气必须经联动试车,并确认其处于完好状态;装置开车前要确认盲板拆除、设备完成气密试验及清洗和置换;开车前拆除封堵盲板时,必须由加装盲板人员按照盲板拆装逐一确认;开车前需要用 $N_2$ 置换的,必须保证 $N_2$ 中含 $O_2$ 量小于 0.5%。

### 3. 开车前机泵电动机的试验要点

异步电动机做空载试验时,时间不少于 1min,试验时应测量绕组是否过热或发热不均匀,并要检查轴承温升是否正常、电流是否来回波动;确保电动机外壳接地电阻不大于 $10\Omega$;高压异步电动机开车之前应检查是否挂有接地线、警告牌和柜内各种控制元器件状态是否完好。

### 4. 装置开车前设备管线的检查与吹扫

1) 设备管线检查的内容和目的

设备管线要通过气密性试验检查是否泄漏,通过氮气吹扫试验确认系统流程是否畅通,检查运转设备是否符合设计要求,打开人孔检查关键设备的吹扫质量。

设备管线安装完成后,除了进行水压试验和气密性试验外,还要检查设备管线是否有渗漏现象。对于甲类、乙类火灾危险介质和剧毒介质的中、低压管道系统,在投用前要进行渗漏量试验。剧毒等危险化学品的设备管线泄漏量试验应按设计压力进行,试验时间为 24h。

压力容器和管线一般至少每年检查一次。

2) 设备管线试压吹扫的安全要点和目的

设备管道的试压可检验设备管道是否具有安全承受设计压力的能力。装置开车前,要对设备管线进行吹扫试压,主要目的是防止堵塞,损坏仪表、设备及影响产品质量。设备管线试压、吹扫通常采用的介质是空气。

因为空气与一氧化碳、氢气等可燃性气体会形成爆炸性混合物,所以在化工投料试车前,应用惰性气体,一般用氮气,将系统中的空气或工艺气置换干净。氮气置换的合格标准是氮气含量不低于95%。

### (四)公用工程的确认

#### 1. 引蒸汽前的注意事项

引蒸汽前,应确认蒸汽管线上的疏水器前、后切断阀和副线均已打开,确认蒸汽管线上疏水器投用、疏水器副线打开、安全阀就位、低点导淋阀打开。引蒸汽时要确认蒸汽用户切断,先建立管网压力,再逐渐投用换热器及其他用户,要检查确认流程,检查各蒸汽管线是否已具备引汽条件,要通知调度人员。使用低压蒸汽时,首先要进行放空泄水操作,向装置输送低压蒸汽,开阀时要先拆除盲板,低压蒸汽停后,要泄净管线内冷凝水。

开蒸汽前要确保流程是通的,凝液线也要一起投用,一般先打开蒸汽线及凝液线上的所有现场导淋阀排水,小开蒸汽阀,缓慢进汽暖管,以防止水锤的产生,从前至后直到无水蒸气排出,关现场导淋,然后逐渐升压。送蒸汽的原则是先送主干线,后送分支管线,以达到安全送汽的目的。

#### 2. 仪表风的检查确认

仪表风的作用是给仪表提供能源,给气动仪表提供一个信号载体。供风方式一般可分为集中供风和分散供风两种,控制室一般采用集中供风,由大功率空气过滤器、减压阀组成供风系统向负载供风,仪表供风压力应控制在300~700kPa。在炼油化工生产中,气动仪表对供风的要求相当严格,一旦供风质量达不到使用要求,仪表设备将无法正常工作。仪表施工规范对供风中含尘、含油、含水等指标都有明确规定,要求净化后的气体中,含尘粒直径不大于3μm。仪表总供风罐下部放空阀主要是用来排除供风中所含的水及杂质,一般要求每月至少排放一次,并根据供风品质的变化情况适当增加排放次数。加热炉的进料系统,应选用气关式调节阀。

仪表联校在开车前水联运阶段进行,要和电气系统校验同时进行。

#### 3. 循环水的确认

预膜处理是在系统清洗之后、正常运行之前化学处理的必要步骤。循环水系统的预膜是为了提高缓蚀剂的成膜效果,即在循环水开车初期投加较高的缓蚀剂量,待成膜后,再降低药剂浓度维持补膜,即所谓的预膜处理,目的是在清洗后的金属表面上快速形成一层保护膜,防止产生腐蚀速度很大的初腐蚀。实践证明,在同一个系统中,经过预膜和未经预膜的设备,在用同样的缓蚀剂情况下,其缓蚀效果相差很大。因此,循环水开车初期的预膜工作必须要予以高度重视。

循环水系统除了在开车时必须要进行预膜外,在发生以下情况时也需进行重新预膜:
(1)年度大检修系统停水后;(2)系统进行酸洗之后;(3)停水40h或换热设备暴露在空气中12h;(4)循环水系统 pH<4 达2h。

检查整个水池卫生,所有机泵均已调试合格,对循环水系统进行清洗预膜合格后投用。补水和循环水质作为日常分析项目,用于检测水质。送水启动水泵时,出口阀要先关闭,电动机启动后,再逐渐打开出口阀。

## 二、开车操作

### (一)开车时各项操作的目的

**1. 离心泵排气**

离心泵开车前排气的目的是防止气缚现象的发生,若离心泵启动前泵体内存有空气,会导致泵抽空。

**2. 开路循环**

开路循环冷却水一般用于暴露于大气中的喷淋式冷却系统,喷淋水落在下面的水槽中,由地沟流入循环水池,进行自然冷却或喷淋冷却,过滤后用泵再打向冷却设备。开路循环的目的是降低冷却成本。

**3. 设备热紧**

设备热紧后的紧固部位热胀冷缩会相应减小,紧固程度会加强。设备热紧适用于膨胀系数大的金属。

设备热紧应采用对角紧固方式进行,热紧加热温度必须达到设备使用温度,热紧的操作顺序是先加热后紧固。

**4. 投用疏水罐**

疏水罐回收的冷凝水可以送回热力锅炉重复使用,疏水罐的使用能减少蒸汽的排放。

**5. 水联运试车**

水联动试车包括电气、仪表和所有工艺系统,以便进行运行状况观察。水联运试车所用的介质是水,联动水试车时,系统要升压到正常运行压力。

**6. 反应床层升温**

在其他温度不变时,升高反应床温度可提高设备处理能力,提高催化剂活性。

**7. 加热炉烘炉**

加热炉砌筑后,进行烘炉的目的是烘出炉墙内水分。为了达到烘炉效果,保证以后正常生产,加热喷嘴烘炉的点火方向应对角点火。检修后,加热炉不烘炉或烘炉效果不好会造成砖墙裂缝。

**8. 分子筛切换**

在吸附效率下降情况下,需要切换分子筛,提高分子筛的吸附效率。分子筛切换后,再生后还可使用。

### (二)机泵开车注意事项

(1)机泵送电前必须检查绝缘是否完好,接线是否正确;机泵送电时,要注意检查电动机的转动部分的防护罩是否完好,联锁、电流、电压和机泵的工艺指标是否符合要求。

(2)机泵冷却水系统主要冷却的部位是轴封。机泵冷却水送水时,具体操作是先开回水阀,后开上水阀;机泵停机后,应关闭机泵出入口阀及电源停送后,最后关闭投用的冷却水。冬季机泵冷却送水后,应将冷却水停掉并排净,防止密封被冻胀。

**1. 离心泵开车的注意事项**

离心泵开车时首先要使泵内和吸入管内充满液体物料,若出口压力偏低,应及时关小泵出口阀门开度;离心泵启动后,当流量为零时,其扬程近乎最大;离心泵紧急停泵时,可以先关闭电源。

2. 往复泵开车的注意事项

往复泵开泵前,需打开入口阀、出口阀,检查活塞有无卡住、是否灵活,填料是否严密,变速箱内机油是否适量等,检查完毕后,启动电动机。

3. 螺杆泵开车的注意事项

螺杆泵开车时,应检查泵的运转方向及各部位连接,并打开排出管路上的所有阀门。螺杆泵的流量一般采用回流管调节,也可改变泵的运转速度进行调节。螺杆泵首次启动前应向注油孔注入少量油料。螺杆泵适于输送黏度大的溶液。

4. 齿轮泵开车的注意事项

为了安全起见,在齿轮泵泵管组上安装回流管,启动时打开回流管上的阀门,以减少电动机的负荷;齿轮泵出口管路必须设有安全阀,启动时禁止关出口阀操作;必须保证油液清洁,因此要在泵入口安装过滤器。

5. 离心风机开车的注意事项

离心风机开车时,要注意检查油温、油压,特别是冬季要用油箱底部的蒸汽盘管进行加热,使油温上升到24℃以上后启动注油泵;离心风机开车前,首先接通各种外部能源(电、空气、冷却水、蒸汽)等,然后启动润滑油泵和油封的油泵;离心风机开车过程中,从低速 500 ~ 1000r/min 到正常运行转速的升速过程中,要快速通过临界转速区,以防转子产生较大振动,造成密封破坏。启动可燃气体的风机时,要用惰性气体置换风机系统内的空气,使含氧量 0.5%(含)以下后方可启动。

**(三)开车进料方法**

1. 气体物料的进料

不同的气体加入同一反应器时,一般在反应器前要有一个气体混合器,将两种或两种以上的气体混合后再按照工艺条件加入反应器。在有氧气参加的氧化反应器中,一般通过入口加入的氧气的流量来控制反应器的温度,当气体物料加入反应器时,首先要将气体物料预热到反应器所要求的温度条件。当原料是液体时,反应器要求气相反应,首先要将液体原料进行汽化,然后再按照工艺条件加入反应器。当气体物料加入反应器时,气体的压力要高于反应器内部的反应压力。

2. 液体物料的进料

在液体物料加入反应器时,要严格控制物料的温度、压力、加料速度、物料配比和加料顺序。

当液体物料加入反应器时,首先要控制好原料的配比。加料前需要用氮气进行置换的,在液体物料加入反应器之前,反应器必须用氮气置换。液体原料进料方式按照操作压力可分为加压进料和负压进料。

3. 固体物料的进料

在加入固体物料时,不能将金属或其他杂质带入到反应器内。在向反应器内加入固体物料时,不但要控制好原料配比,其他工艺指标也要严格控制。固体物料一般采用皮带输送、气力输送和重力输送等方法,先将某种固体原料制粉,然后用鼓风机送到反应器的方式属于气力输送,料斗靠振动往反应器中加入物料的方式属于重力输送。

**4. 换热设备的投用**

换热设备送入热物料时，要缓缓通入，以免由于温差大，流体急速通入而产生热冲击。换热设备投用前，应打开放空阀，排放换热器中积存的不凝气体。换热器投用物料的顺序是先通冷物料，后通热物料。

### （四）阀门调节方法

**1. 手动阀门开关要点**

一般情况下，阀门开启方向为手轮顺时针方向为闭、逆时针方向为开。手动启动阀门时，应动作不要太快；手动阀门关闭时，应在关闭到位后回松一两次，以便让流体将可能存在的污物冲走，然后适当关紧。高温物料的阀门关闭采取关闭后待降温后再关闭一次的操作。对长时间不动的阀门，可以采取擦拭阀杆并松动填料压盖、喷些松动剂或加一些润滑油的办法，但严禁用锤子去击打扳手。

**2. 气动调节阀的调节**

在气源故障情况下根据开启、关闭的不同，调节阀可分为气开和气关。

气开调节阀在气源中断时，阀位应处于全关位置。气开调节阀在带控制点流程图中一般用符号 FC 表示。加热炉的燃料油系统，应选用气开式调节阀。

气关调节阀在气源中断时，阀位应处于全开位置。当信号减小时，阀芯与阀座之间的流通面积增大，当信号增加时，阀芯与阀座之间的流通面积减小。气关调节阀在带控制点流程图中一般用符号 FO 表示。

### （五）公用工程开车及化工采样注意事项

正常情况下，本岗位的工作由当班操作人员处理完成，并且岗位员工要牢固树立"搞好本工序、帮助上工序、服务下工序"的质量意识。

**1. 公用工程开车投用**

机泵冷却水送水时，先开回水阀，再开上水阀。水冷器开车投用应先送冷却水，后进物料。水冷器通水前，须打开放空阀门，目的是排放水冷器内不凝性气体。水冷器冬季投用停车时，需要泄净余水，以防止冬季冻堵设备。

在向管线内送蒸汽时，先打开蒸汽阀门暖管，然后缓慢开启进装置的阀门，向管线及设备送汽。检修工业水管线时，管道内没有蒸汽也需打开放空阀操作。蒸汽带水多会导致管线"水击"，管线内出现水击时压力急剧上升。

**2. 化工采样**

化工采样要有代表性，要依据工艺特点制定操作规程，应依据反应物料的物化性质进行采样。化工采样时间间隔应视生产情况而定。

## 三、正常操作

### （一）反应过程中物料的投入方法

**1. 液—液反应过程中物料的投入方法**

当液—液反应釜内超温或超压时，可以打开反应釜放空阀或停止搅拌器使反应速度下降。在液—液反应过程中，在物料开始反应前，要微开反应釜的放空阀。液—液反应过程中，投料时要准确对液体进行计量，按照工艺条件进行投料。当反应进行完全后，要关闭反应釜放空阀,开始投入联锁控制。液—液反应过程常在搅拌釜式反应器中进行,也可采用多个釜式反应器串联操作。对于间歇式液—液反应,如果物料之间反应剧烈,应缓慢投入物料,防止喷溅、超压等事故发生。

2. 液—固反应过程中物料的投入方法

液—固反应中所用的催化剂床层可分为固定床、流化床和连续床等。液—固反应过程中,一般液体物料应从反应器顶部投入,要注意观察送料泵的压力和流量的变化,以保证物料连续地按工艺指标供给,要保证固定床或流化床的固态催化剂按照工艺条件加入或补入,以保证反应处于最佳状态。在使用搅拌釜式反应器时,反应物料都投入后才能开启搅拌器。液—固反应过程中物料的投入量依据液固相中参加反应物的比例确定。

3. 气—液反应过程中物料的投入方法

气—液反应过程是反应物系中存在气相和液相的一种多相反应过程,通常是液相反应物汽化后,再与气相中另外的反应物进行反应,如何使气、液两相部分接触是增加气—液反应速度的关键因素之一。气—液相反应是一个非均相反应过程,反应速度的快慢在很大程度上取决于气相和液相界面上各组分分子的扩散速度。气—液反应主要用于直接制取产品和化学吸收。

4. 气—固反应过程中物料的投入方法

在气—固反应过程中,一般在固定床中传质和传热要经过外扩散过程、内扩散过程、吸附过程、表面反应过程、脱附过程、内扩散过程和外扩散过程。在化工生产过程中,气—固相反应一般都在较低流速下操作。在气—固反应过程前,首先将固体催化剂进行升温、还原或活化,反应器内达到气—固反应的工艺条件,方可投入原料气。

5. 混合料比例的调节方法

温度控制也是混合物料比例调节的措施之一。在调节混合料配比时,要严格控制各物料的计量准确性,此外,还要控制好各种物料的加料顺序。周围空气湿度也会给混合料比例调节造成一定的影响。原料配比的选择应根据反应物的性能、反应的热力学和动力学特征、催化剂性能、反应效果及经济核算等综合分析后予以确定。

**（二）正常操作过程中的控制要素**

1. 工艺指标的作用

工艺指标是工艺操作控制的基本要求,操作人员必须将工艺指标调整在最佳状态,工艺指标是装置基本操作的依据,严格执行工艺指标能够保证生产操作安全平稳地进行,化工生产中各项指标的控制,对整个企业的节能降耗、环境保护及安全生产等方面也有重要影响。工艺管理人员要收集、整理、统计原始记录,并对波动较大的工艺指标及时进行分析,查找原因,并提出改进措施。

工艺指标是否控制在要求范围之内,对产品质量影响很大,装置工艺指标变化可能造成产品质量不合格,化工生产中温度、压力、流量、液位等重要指标的控制效果都会影响产品的产率和收率。

2. 反应器参数控制基本要素

高压间歇式反应釜正常操作的压力控制是通过控制入口气体物料量来实现的,停车操作中,应首先进行降温操作。

常压放热由反应器放出的热量通过反应器间壁换热有效移走。聚合釜反应器移走热量的方式有夹套循环水方式、气相采出外循环换热方式、液相采出外循环方式。

通常冷冻盐水的温度控制在比系统中的液氨蒸发温度低的范围内。冷冻盐水温度过低，可采用减少冷冻剂制冷时间、通过自动控制系统减少冷冻压缩机的电动机转速、增加被冷冻物料负荷的方法调节。

### （三）中和池的中和原则

中和池是中和酸性或碱性废水的水处理构筑物，用于酸含量低于 3%～4% 和碱含量低于 2% 的低浓度含酸（或含碱）废水处理，其中发生的反应是酸碱中和反应。过滤中和法是在中和池中添加具有中和性能的滤料（石灰石、白云石、大理石等），使酸性废水通过滤料时起到中和作用。投药中和法是在废水进入中和池前投加碱性或酸性药剂，使酸性废水或碱性废水与药剂在池中匀质混合后进行中和反应。

工艺水中硝态氮或氨态氮的含量会影响化学需氧量（COD）。氧化 1L 工艺废水中还原性物质所消耗的氧化剂的量，用氧的 mg/L 表示，即该工艺废水的 COD 值，国家标准规定测定 COD 值应采用重铬酸钾法测定，H、S、C、O、P 等都会影响工艺水中的 COD 值。COD 值高意味着水中含有大量还原性物质，其中主要是有机污染物。

### （四）水封和火炬的作用

#### 1. 水封

设备、管道上的水封是为了放空残存气体而设置的。装置和管道设置的水封管（槽、罐）属于安全设施。当气相物料压力超标时，水封会自动开始放空。水封存水量损失越多，水封强度越小，抵抗管内压力波动的能力越弱，所以需要在水封上设置液位计，好随时观察液位，及时补充水量。

#### 2. 火炬

火炬系统是用来处理炼油厂、化工厂及其他工厂或装置无法回收和再加工的可燃和可燃有毒气体及蒸气的特殊燃烧设施，是保证工厂安全生产、减少环境污染的一项重要措施。根据火炬系统的设计处理量、工厂所在地的地理条件以及环境保护要求等因素，来决定采用何种形式的火炬。每根火炬排放气总管都应设分离罐，用以分离气体夹带的液滴或可能发生的两相流中的液相。

### （五）机泵的正常操作控制方法

#### 1. 离心风机正常操作

离心风机正常运行时，应定期清洗油过滤器、冷却器，润滑油应实行三级过滤，保持油的质量合格；需进行连续的监视并作记录以记载设备的运行状况，日常喘振和振动、密封系统的异常诊断，轴承温度与润滑油、密封油的压力、温度和油质状态属于离心风机的正常监视项目；运行过程中，随着出口压力的升高，机器的转速可能升高，此时要进行调节，使其在额定转速下运行；试车时人数应不少于 2 人，1 人控制电源，1 人观察风机运转情况，发现异常现象立即停机检查；运行过程中突然发生强烈振动，应紧急停机；达到正常转速时，应观察风机电流是否正常，若运行电流超过其额定电流，应及时联系电工检查处理。

2. 离心式压缩机正常操作

离心式压缩机可以通过出口阀来实现气量调节,提高离压缩机输送气量的方法是增加入口阀门开度。

润滑油冷却系统的运行好坏,直接影响轴瓦温度。润滑油带走摩擦产生的热量,使风机轴瓦温度控制在设备要求范围内。轴瓦温度的控制受诸多因素的影响,出口介质温度不影响轴瓦温度。

系统真空的控制只有通过真空设备的入口流量调节阀来保持稳定,实现均衡生产。真空系统压力可通过水环泵实现。化工装置中,真空系统压力控制采用调节真空设备的入口流量方式。真空泵大修后或完全放水后启动要先点动(启动后马上停泵再启动),其目的是防止倒转和给真空泵注水(利用转动时产生的负压)。真空系统是由真空容器和真空泵获得真空、测量真空、控制真空等组件组成。

3. 离心泵的控制方法

离心泵流量的控制主要通过调节出口阀门的开度完成,增加出口阀门开度,离心泵的流量提高,减小入口阀门的开度,流量减少。安装变速装置的离心泵也可以通过降低转速达到减小流量的目的。通过改变泵的转速调节流量不仅需要变速装置或价格昂贵的变速原动机,且难以做到流量连续调节,因此至今化工生产中较少采用。离心泵压力控制的常用方法是改变出口管路阀门开度。

**(六)其他操作过程控制方法**

1. 过滤单元常规的调节方法

调节过滤单元通常采取增加过滤推动力(一般是指过滤介质与滤饼构成的过滤层两边的压差)和补加助滤剂等方法,其目的是保证滤液合格的情况下提高过滤速度。一个过滤操作周期中,最适宜的过滤时间指的是此时过滤机生产能力最小。

2. 废热锅炉液位的控制方法

小型废热锅炉的液位通常采用双冲量汽包水位控制方式,控制调节的原则是根据给水量调节。废热锅炉的紧急放水阀是为处理事故满水而设置的,正常操作时不可以用此阀来调节水位。

3. 三级防控雨季操作的方法

正常情况下,三级防控各切换井阀门必须处于关闭状态,当下大雨、暴雨时,初期的污染物经雨水冲刷后排入污水管线,下大、暴雨 10min 后,待污染物冲洗干净后马上将切换井切换到清净下水管线,避免大量雨水排入污水厂而增加污水厂的处理负荷。岗位操作人员应及时清除围堰内杂物,防止下雨时围堰内下水口堵塞造成雨水漫出。如果雨量不大,下雨 10min 后确认围堰内设备没有泄漏方可打开围堰通往雨排水管线的阀门,保证罐区正常雨排水的排放。

**(七)正常操作过程注意事项**

1. 固体催化剂使用的注意事项

催化剂使用初期活性较高,操作温度尽量低些,当活性衰退以后,可逐步提高温度;应防止已还原或已活化好的催化剂与空气接触;开、停车过程中升温、升压操作应缓慢进行,否则易造成固体催化剂的粉碎;为减少固体催化剂中毒,尽量避免毒物与催化剂接触,原料应进行净化除尘,设备管线必须吹扫干净;严格保持催化剂使用所允许的温度范围,防止催化剂床层局部过热,导致烧坏催化剂;装填固体催化剂时,应均匀地将颗粒填入反应器;在采用硫酸等酸性液相催化剂时,要注意调节好反应器中的 pH 值(无机化学反应过程中,许多液—液相反应采用酸性或碱性液相催化剂);采用液相催化剂时,要严格控制好催化剂和物料的混合程度;采用含 45%NaOH 的液碱作催化剂时,要时刻注意管线、阀门和填料是否泄漏,万一泄漏容易灼伤人的皮肤和眼睛。

2. 现场仪表识读的注意事项

在识读现场温度计时,要检查温度计是否完好,一般在温度计上标示的单位是摄氏度,但也有少数温度计用华氏度表示的,使用时要注意它们之间的换算关系。读取温度计时,眼睛要平视温度计,注意温度计上标示的单位和倍数关系;数值式液面计可直接读出液面数据,水银式液面计(如单管式水银液面计、U 形管水银液面计)应按液面的凸面读取数据,水柱式液面计(如单管式水柱液面计、U 形管水柱液面计)应按液面的凹面读取数据,刻度呈弧度的液面指示仪表(如动圈式液面计)读取数据时应视线与刻度盘垂直;使用磁性翻柱液位计测量容器中的液位,当液位上升时,翻柱由白色转为红色,当液位下降时,翻柱由红色转为白色,指示器的红、白界位处为容器内介质液位的实际高度,从而实现液位的指示。

在识读现场压力表时,要检查压力表是否已按照国家规定校验;识读压力表时,眼睛要平视压力表的正面,注意表盘上标示的单位和倍数关系;在现场准确识读压力表后,要用小本或纸张记下,然后回到操作间再利用仿宋体抄录到操作记录纸上,切勿凭记忆填写记录;测量稳定的压力时,正常操作压力值应在仪表测量范围上限值的 1/3 ~ 2/3;测量中、高压力时,正常操作压力值不应超过仪表测量范围上限值的 1/2。

3. 导淋排放的注意事项

蒸汽管道的泄水倒淋阀应在送汽前开启并排净冷凝水;日常装置运行的管道导淋,按生产负荷定时进行排水操作;为防止冬季导淋排凝管冻堵,可采取及时排放导淋管内冷凝水的措施;在处理导淋堵塞前先要搞清楚被堵导淋内的介质、温度、压力,佩戴好防护面罩和相关防护用品,作业人员站在上风口作业,对于高凝点介质因不流通凝住的导淋,可稍开导淋阀,用蒸汽逐渐加热解凝的方法来疏通导淋阀;在生产检修过程中,需要及时排除设备、管线内残留的介质,确保导淋畅通,不能发生堵塞情况,防止影响安全生产。

4. 压缩机段间冷却器的操作注意事项

压缩机一段出口压力、温度高,段间冷却器将一部分重组分冷凝下来通过凝液泵回收,冷却后相对轻的组分进二段再压缩,可以极大提高机组的效率,节约能源。段间冷却器要在压缩机启动前投入使用,在压缩机停车后停止运行;正常操作时注意控制进、出口冷却水温度;要注意液面控制,一旦二段入口带凝液进机组,就会打坏压缩机的叶轮,造成严重事故。

5. 沉降操作的注意事项

重力沉降和最终液固分离的操作顺序是先沉降、后分离;旋液分离时,进入旋液分离器的液固混合物需要加压送入;粗盐水中含大量沉淀物 $CaCO_3$ 和 $Mg(OH)_2$,分离操作时应选用沉降器。

6. 临氢操作的注意事项

在氢气压缩机开车时要密切注意压缩机出口的温度情况;连续操作的氢气压缩机备机的管路和缓冲罐在切换开启投用前必须用氮气置换并确认合格;连续输送氢气的管路的最低点要有两道排液阀,并且阀门出口排出的液体要进入密闭系统;在临氢操作的条件下,氢气系统严禁氧气窜入;装置或系统引氢、充氢前,须用氮气等惰性气体或注水排气法进行吹扫置换,直至系统采样分析合格为止。

7. 巡回检查的主要内容

(1)内操正常巡检时重点查看 DCS 或控制室仪表主要工艺指标控制情况、不正常现象处理情况、仪表运行情况。

(2)外操正常巡检要检查关键机组和重要机泵运转情况(包括运行参数、润滑、泄漏等情况)、防冻保温、安全设施、环保设施运行情况、重点生产部位(如罐区放空设施等)和安全隐患部位运行情况。

(3)巡检中查出的安全生产问题要及时汇报、处理,及早消除隐患,同时应有记录;岗位监盘操作人员如遇有其他事情需要离开,需要找班长或备员替代才可离开控制室。

(4)巡检过程中要认真对设备运行情况、工艺参数控制、关键部位进行全面检查,关键参数必须记录真实,保证巡检工作的质量。

## 四、停车操作

### (一)装置停车要求

1. 装置停工前应具备的条件

装置停工必须进行降温、降压操作,运行要平稳,前后工序要相互协调;装置停工前要按停工计划逐步降低生产负荷,直至全停;装置停工前要提前切断与系统正在运行的设备、管线相关联的阀门,停车后还要加堵盲板与其有效隔离。

2. 停工设备管线处理的一般要求

必须按隔离方案完成交检装置与公共系统及其他装置彻底隔离;隔离方案中盲板表与现场一致,加盲板部位必须设有"盲板禁动"标识,指定专人负责盲板管理;装置停车后,如退净物料操作没有完成,不能对管线及设备进行处理。

3. 管路清洗的注意事项

化工管路清洗包括水冲洗、酸洗钝化、油清洗和脱脂等。冲洗奥氏体不锈钢管路时,为防止氯离子积聚,通常采用去离子水进行冲洗。对于蒸汽透平、离心压缩机等高速、重载设备的润滑及控制油管道系统,应在设备管路吹洗合格后再进行油清洗。

4. 系统置换的注意事项

对于临氢或可燃气体的设备管线,动火前要确认置换合格,标准是可燃气体含量要符合规定,同时要把置换后的设备进行隔离。在系统进行置换前,要编制落实置换过程中的风险评价、制定安全技术措施和应急计划。如果置换后要进行检修的设备,利用氮气置换合格后,还要用空气置换,待氧含量、有毒有害气体和可燃气体分析合格后方可。

5. 工艺向检修交出的原则

在工艺向检修交出前,操作人员要在车间统一安排下对存有易燃、易爆、有毒有害、腐蚀性物料的设备、容器、管道进行蒸汽吹扫、热水洗煮、中和、氮气置换或空气置换,使其内部不再含有残存物料;除可燃气体、有毒有害气体和氧含量分析合格外,要特别注意应加盲板与系统隔离;可燃液体物料要退出装置区或送到装置的储罐区进行存放。在工艺向检修交出时,可燃固体物料要运出装置区,开工后继续使用的应包装好,存放在不妨碍检修作业的区域。

## （二）机泵停车要求

### 1. 离心泵的停车要求

离心泵停车前首先应关闭排液阀；北方地区离心泵停车后，为防止泵体冻裂，应将泵内的液体排净；对于热油泵，停车后每半小时应进行盘车一次，直到泵体温度降到 80℃ 以下；若要打开泵进行检查，则关闭出口阀，打开放气阀和各种排液阀。

### 2. 离心机的停车要求

离心机停车后，要打开设备的洗涤水阀门，清洗转鼓和筛网上的物料。

### 3. 离心风机停车注意事项

离心风机停车后，应使油系统继续运行一段时间，一般每隔 15min 盘车一次；如输送有毒介质的离心风机机组长时间停车，关闭进、出口阀门后，应使机内卸压，然后停油系统；离心风机停车过程中，为防止发生喘振和止推轴承损坏，应缓慢打开回流阀和放空阀；离心风机如果输送的是有毒、有害介质，停车后应继续向密封系统注油，以确保易燃、易爆或有毒有害物质不漏到机外；离心风机停车后，当润滑油温度降到 30℃ 左右时再停辅助油泵，以保护转子、轴承和密封系统。

## （三）公用工程停车要点

### 1. 蒸汽停用的要点

蒸汽停用时，要及时关闭蒸汽供给阀门并加盲板；蒸汽停用后，要注意供给蒸汽入口阀门的上游管线积水现象，要及时将冷凝水排出或回收再利用；蒸汽停用后，也要不间断巡检蒸汽管线和阀门。

### 2. 氮气停用的要点

氮气停用后在阀门出入口加盲板；当罐区保压氮气突然停止时，操作人员要立即向班长和生产调度报告，请求指示；临时停用氮气要注意保持系统压力，勿将其他气体窜入氮气系统；如果是长期停用氮气，要把装置的设备用装置风吹净分析并确认合格后封存。

### 3. 循环水停用的要点

循环水泵临时中断的原因可能是泵内进气管或吸入管堵塞、填料漏气等。在循环水停用后，操作人员要立即打开各使用循环水设备的排污导淋；如果循环水临时中断，要注意保护好使用循环水设备的水位；冬季循环水停用要做好防冻措施。

## （四）停车后"三废"的处理

### 1. 化工生产中常见的毒性气体物质及防护

1）常见毒性气体物质

（1）刺激性气体，对眼和呼吸道黏膜有刺激作用，是化学工业常遇到的有毒气体，常见的有氯、氨、氮氧化物、光气、氟化氢、二氧化硫、三氧化硫和硫酸二甲酯等。

（2）窒息性气体，能造成机体缺氧，可分为单纯窒息性气体、血液窒息性气体和细胞窒息性气体，如氮气、甲烷、乙烷、乙烯、一氧化碳、硝基苯的蒸气、氰化氢和硫化氢等。

2）空气呼吸器的使用方法

在有可能接触到毒性气体物质的操作过程中，要做好个体防护，佩戴空气呼吸器是最有效的方法之一。

空气呼吸器使用前，首先将面罩呼吸阀旁的复位杆复位，打开气瓶开关，检查气压表压力,正常值应在 20~30MPa,佩戴空气呼吸器面罩以密闭不透气为良好。空气呼吸器使用完毕,摘下面罩,将气瓶开关置于开启位置,释放出呼吸器内残留的气体,然后拨出快速插头,严禁带压快速拔插头。使用空气呼吸器时,如气瓶压力下降至 5~6MPa 时,要撤离现场。

### 2.“三废”的含义

三废是指废气、废水、固体废物。固体废物通常称为废物,是指人类在生产、加工、流通、消费及生活等过程中所丢弃的固态和泥浆状的物质。

### 3. 停车时废水的排放要求

岗位操作人员要尽可能节约用水、合理用水、一水多用、循环用水,提高水的循环利用率,减少污水排放量。工业污水不可以排入生活污水管线。停车时排放废水都要实行清污分流,分别排放,分别处理,不许乱排乱放和清污混流。停车时,禁止采用渗井、渗坑等方式排放废液和高浓度污水,以防污染地下水。

### 4. 工业废气的排放要求

在厂区内建筑施工和房屋维修熔化沥青时,必须采用带消烟措施的专用设备熔化,不得用露天设灶敞锅熬沥青;对各种工业炉窑和生产装置排放的烟尘、粉尘、酸雾和各种工艺废气,其排放口必须设置监测分析设施或取样口,进行定期或不定期监测分析;对于排放的工艺废气、压料排气、储罐排出气等,要因地制宜地采取处理措施,消除或减少污染;进入厂区的各种机动车辆(包括汽油车、柴油车)一律要安装消烟净化装置。

### 5. 停车后固体废物的处理原则

固体废物“资源化”的基本任务是采取工艺措施从固体废物中回收有用的物质和能源。固体废物的处理原则是无害化、资源化及减量化,实施固体废物减量化的最佳途径是清洁生产。

### 6. 尾气处理的注意事项

液体、低热值的可燃气体、空气、惰性气、酸性气及其他腐蚀性气体,可以排入火炬系统,放空点要在装置的边缘或以外合理的距离,且位于可燃气体、液化烃、甲类可燃液体的全年最小频率风向的下风侧。如果装置有火炬放空的话,要注意火炬的位置离居民区不小于 120m。在装置需要放空的操作过程中,除了用装置投用的联锁开启放空阀进行放空外,还要注意检查手动放空是否打开。

# 项目二　循环水引入操作

## 一、准备工作

(1)设备:对讲机 2 台(主控、现场各 1 台)、便携式有毒有害报警器 1 台(外操配带)。

(2)工具材料:F 形扳手 1 个、安全帽 1 个、防护手套 1 副、防护眼镜 1 个。

(3)人员:外操 1 名。

## 二、操作规程

(1)外操检查管道和阀门气密性。

（2）外操对循环水系统进行预膜处理。

（3）外操打开循环水管道的最高处的排空阀进行管道气体排放。

（4）外操检查循环水系统的泵机、补水系统、旁滤器、风扇和加药系统。

（5）外操打开冷却器前管线阀门，打开导淋排水至澄清后，关闭冷却器前管线导淋。

（6）外操打开循环水上水阀及打开回水导淋排气，充分排气至连续有清水流出后，外操关闭回水导淋，并打开回水阀。

（7）外操稍开旁路阀并全面检查循环水投用情况。

### 三、注意事项

（1）循环水投用后，随着温度压力的变化可能会出现泄漏现象，应及时进行检查。

（2）投用时先投冷流，后投热流。这是因为先进热流会造成各部件热胀，之后进冷流会使各部件急剧收缩，这种温差会立刻促使静密封点产生泄漏。反之，换热器停运时要先停热流后停冷流。

# 项目三　氮气引入操作

### 一、准备工作

（1）设备：对讲机 2 台（主控、现场各 1 台），便携式有毒有害气体报警器 1 台（外操配带）。

（2）工具材料：F 形扳手 1 个、安全帽 1 个、防护手套 1 副、防护眼镜 1 个。

（3）人员：外操 1 名、内操 1 名。

### 二、操作规程

（1）外操确认公用工程具备开车条件，仪表调试完好，阀门灵活好用。

（2）外操确认系统气密性试验合格，联动试车合格。

（3）内操确认空分装置能提供置换用合格氮气。

（4）外操和内操确认系统阀门全部关闭。

（5）外操联系分析人员分析氮气纯度是否合格。

（6）外操根据管线压力等级选择相应压力氮气对管线进行冲压。

（7）内操在主控观察当压力达到置换要求时，联系现场人员开放空或排污进行泄压。

（8）外操采用反复充泄压的方式对管线进行置换直到分析合格。

### 三、注意事项

（1）氮气为窒息性气体，在进行置换作业时，应加强联系，做好监护工作，同时备好空气呼吸器，防止发生氮气窒息事故。

（2）防止憋压，超压损坏设备。

# 项目四　蒸汽引入操作(上岗要求)

## 一、准备工作

(1)设备:对讲机 2 台(主控、现场各 1 台),便携式有毒有害气体报警器 1 台(外操配带)。

(2)工具材料:F 形扳手 1 个、安全帽 1 个、防护手套 1 副、防护眼镜 1 个。

(3)人员:外操 1 名、内操 1 名。

## 二、操作规程

(1)外操对蒸汽系统管道试压、试漏。

(2)外操用蒸汽缓慢对管道暖管、吹扫,注意缓慢,脱水管路注意锈渣清洗。

(3)外操确认蒸汽管线流程畅通。

(4)外操打开所有排凝导淋。

(5)外操缓慢打开蒸汽注气阀,保持与主控的联系,先升温再慢慢提压。

## 三、注意事项

(1)在引蒸汽前一定全开排凝导淋,再开蒸汽阀门。

(2)开车前一定先暖管,首先应采取泄水—开蒸汽阀—暖管的操作。

# 项目五　仪表空气引入操作

## 一、准备工作

(1)设备:对讲机 2 台(主控、现场各 1 台),便携式有毒有害气体报警器 1 台(外操配带)。

(2)工具材料:F 形扳手 1 个、安全帽 1 个、防护手套 1 副、防护眼镜 1 个。

(3)人员:外操 1 名、内操 1 名、值班长 1 名、仪表人员 1 名。

## 二、操作规程

(1)外操对仪表空气所属管道试压、试漏并确认合格。

(2)内操确认仪表空气压缩机开启,外操接到班长指令开启仪表空气压缩机,确认仪表空气压缩机运行正常。

(3)打通仪表空气流程,外操将引入各工号的仪表空气手阀缓慢打开,值班长通知仪表人员送仪表空气,仪表人员到现场确认仪表空气缓冲罐压力上涨,确认仪表空气已送,然后将仪表空气通向各自动调节阀的手阀打开。

(4)确认仪表空气引入,仪表人员观察各自动调节阀压力表指示并确认正常,确认仪表空气流打通。

### 三、注意事项

（1）引仪表空气时仪表人员要与外操保持联系。
（2）引仪表空气时要缓慢。

# 项目六　试压过程中系统查漏

## 一、准备工作

（1）设备：对讲机 2 台（主控、现场各 1 台），便携式有毒有害气体报警器 1 台（外操配带）。
（2）工具材料：安全帽 1 个、防护手套 1 副、防护眼镜 1 个、F 形扳手 1 个、喷壶 1 个（内有泡沫水）。
（3）人员：外操 1 名、内操 1 名。

## 二、操作规程

（1）内操确认系统管线已达到气密压力。
（2）外操将充气阀门关闭。
（3）外操记录好气密压力、开始时间及实时温度。
（4）外操用喷壶对动过的管线法兰口进行气密性试验（喷壶喷泡沫水看气泡）。
（5）进行保压试验。

## 三、注意事项

（1）注意控制好充压速率，一般在 0.1MPa/min。
（2）充压时对所有导淋进行排查关闭。

# 项目七　配合分析工分析采样

## 一、准备工作

（1）设备：便携式有毒有害气体报警器 1 台（外操配带）。
（2）工具材料：安全帽 1 个、防护手套 1 副、防护眼镜 1 个、F 形扳手 1 个。
（3）人员：外操 1 名、值班长 1 名。

## 二、操作规程

（1）由值班长通知分析人员进行取样分析。
（2）值班长告知分析人员进入现场注意事项。
（3）外操带领分析人员到需要分析采样现场。
（4）外操确认现场取样点，告知分析人员可以进行取样。

## 三、注意事项

在进行有毒有害物质取样时,要佩戴好有效防护用具。

# 项目八 伴热管线投用

## 一、准备工作

(1)设备:对讲机 2 台(主控、现场各 1 台),便携式有毒有害气体报警器 1 台(外操配带)。

(2)工具材料:安全帽 1 个、防护手套 1 副、防护眼镜 1 个、F 形扳手 1 个。

(3)人员:外操 1 名、值班长 1 名。

## 二、操作规程

(1)外操确认进装置低压采暖蒸汽盲板抽出,引蒸汽前,应确认蒸汽管线上的疏水器前后切断阀和副线均已打开。蒸汽管网引蒸汽时,要确认蒸汽用户已切断,再建立管网压力,然后逐渐投用换热器及其他用户。

(2)值班长通知调度引蒸汽进装置。

(3)外操将蒸汽伴热管线低点放空打开,排除管内存水,防止发生水击。

(4)外操将装置的主干线蒸汽导淋阀打开,排除管内存水,防止发生水击。

(5)外操首先缓慢开启界区进装置蒸汽阀的副线阀门,对管线进行暖管,防止冷热不均导致管线震动。

(6)外操缓慢开启界区进装置蒸汽截止阀。

(7)外操确认检查各蒸汽放空排污点见汽。

(8)外操经常检查各管线保温伴管的回水盒是否在正常运行,如有堵塞,应及时处理。

## 三、注意事项

(1)防止引蒸汽时烫伤,且凝液要排放干净防止水击。

(2)各疏水器都要见汽。

(3)管线蒸汽吹扫之前所有的管线须完成水压试验。

(4)管线蒸汽吹扫时,应注意管线先升温疏水,待水排净后,逐渐提高蒸汽量。

(5)蒸汽吹扫因危险大,作业时必须监护。

(6)蒸汽吹扫时要穿戴好劳动保护用品。

# 项目九 导淋排放

## 一、准备工作

(1)设备:对讲机 2 台(主控、现场各 1 台),便携式有毒有害气体报警器 1 台(外操配带)。

（2）工具材料：安全帽 1 个、防护手套 1 副、防护眼镜 1 个、F 形扳手 1 个。

（3）人员：外操 1 名、内操 1 名。

## 二、操作规程

（1）内操在浏览 DCS 画面时发现塔（罐）液位上涨并超过工艺指标上限。

（2）内操用对讲机联系外操进行导淋排放操作。

（3）外操接到指令后，佩带好安全帽、防护手套、防护眼镜和便携式报警器到现场。

（4）外操用对讲机联系内操后，用 F 形扳手打开现场阀门进行排液操作。

（5）内操观察 DCS 画面塔（罐）液位已降到正常值，用对讲机联系外操，停止排液并将阀门关闭，确认排液完毕。

## 三、注意事项

（1）排液时一定要缓慢，严禁将阀门全开。

（2）排液时外操要站在上风口。

# 项目十　离心泵开车操作

## 一、准备工作

（1）设备：对讲机 2 台（主控、现场各 1 台），便携式有毒有害气体报警器 1 台（外操配带）。

（2）工具材料：安全帽 1 个、防护手套 1 副、防护眼镜 1 个、F 形扳手 1 个。

（3）人员：外操 1 名。

## 二、操作规程

（1）外操开机前检查离心泵连接件有无松动，联轴器护罩、电动机风叶罩是否完好，以保证设备安全与人身安全。

（2）外操手动盘车，泵的转动部分旋转应轻滑均匀，每次启动泵前都应重复此步骤，发现卡死现象应及时维修。

（3）外操检查入口阀门是否打开，尽可能全部打开；检查出口阀门是否关闭，打开排气阀进行排气直至无空气，关闭排气阀；在有底阀的管路中要将泵腔内灌满上游液体。

（4）外操启动离心泵，待转速达到正常转速后，缓慢打开出口阀门，同时观察电流表，将电流控制在电动机额定电流范围内运行。

（5）运行中观察离心泵是否运行平稳、有无异常噪声、有无压力大幅度波动，发现异常情况要及时停机。

（6）泵出口压力稳定后，逐渐开大出口阀门，调整流量至正常。

（7）停机前要先逐渐关闭出口阀门，然后关闭电源。

（8）带有止回阀的管路，在确保止回阀完好情况下无须关闭出口阀门，检查泵腔无空气便可直接启机。

### 三、注意事项

(1)在操作时,外操应佩戴好劳动保护用品。

(2)启泵前要盘车,检查泵是否灵活,检查机油含量、固定螺栓有无松动等。

(3)离心泵开车前要进行排气。

(4)按启动按钮后缓慢打开出口,合理调节流量或压力。

(5)人要站在侧面开阀。

(6)操作中要避免机械碰伤、撞伤。

(7)机泵一定要清理干净。

# 项目十一  离心风机开车操作

### 一、准备工作

(1)设备:对讲机 2 台(主控、现场各 1 台),便携式有毒有害气体报警器 1 台(外操配带)。

(2)工具材料:安全帽 1 个、防护手套 1 副、防护眼镜 1 个、F 形扳手 1 个。

(3)人员:外操 1 名、内操 1 名。

### 二、操作规程

(1)外操检查确认风机轴承润滑良好、机内无异物、地脚螺栓紧固、传动机构良好、安全防护装置完好。

(2)外操确认阀门动作灵活。

(3)确保该设备能正常运行,润滑油位、冷却水、联轴器正常。

(4)外操接到开机的通知后,先将风机入口阀门关闭,启动风机,待风机运行平稳后,逐渐开大入口阀门达到风量要求。

(5)外操应根据风机运行参数,正确操作设备,使风机转速控制在规定范围内。

(6)经常检查风机冷却水是否正常,若有异常应及时处理或反馈,并作好记录。

(7)风机转速要求在能满足生产的情况下尽量降低转速,以利节能。

### 三、注意事项

(1)离心风机开车,要注意检查油温、油压,特别是冬季要用油箱底部的蒸汽盘管进行加热,使油温上升到允许范围后启动注油泵。

(2)离心风机开车过程中,从低速到正常运行转速的升速过程中,要快速通过临界转速区,以防转子产生较大振动,造成密封破坏。

# 项目十二  往复泵开车操作

### 一、准备工作

(1)设备:对讲机 2 台(主控、现场各 1 台),便携式有毒有害气体报警器 1 台(外操配带)。

（2）工具材料：安全帽 1 个、防护手套 1 副、防护眼镜 1 个、F 形扳手 1 个。

（3）人员：外操 1 名。

## 二、操作规程

（1）外操打开出口放气阀将泵体内的空气排尽，关闭放气阀。

（2）初次启动往复泵时，外操要进行手动盘车，给液压油排气直至无气泡产生。

（3）在排出压力为零的情况下，外操打开泵的进口阀，灌泵，保证液体充满泵体，必要时关闭出口阀、打开放空阀排出管线及泵体内的气体。

（4）外操打开泵的入口阀、出口阀。

（5）外操用冲程调节手柄把冲程调到"0"的位置。

（6）外操检查柱塞冲程是否与调量表的指示相符。

（7）外操启动电动机，注意检查压力、噪声和振动情况。

（8）调节计量旋钮，使泵达到正常流量，旋转调量表时不得过快过猛，应按照从小流量往大流量的方向调节，若需要从大流量往小流量方向调节时应把调量表旋过数格，再向大流量方向旋至刻度。调节完毕后，用锁紧螺栓锁紧。

（9）如有必要，泵机运转正常后，可以进行流量校验，若经多次测定证明流量与冲程保持线性关系且容积效率变化不大，则可投入正常运行。

## 三、注意事项

（1）开车前要灌满液体，以排除泵内存留的空气，缩短启动时间。

（2）开车前要严格检查往复泵进出口管线及阀门、盲板等，如有异物堵塞管路的情况，一定要予以清除。

（3）清洁泵体，绝不允许机体内有杂质或其他任何脏物。

（4）运转中应无冲击声，否则应立即停车，找出原因，进行修理或调整。

（5）在严寒冬季，水套内的冷却水停车时必须放尽，以免水在静止时结冰冻裂液缸。

# 项目十三　过滤机开车操作

## 一、准备工作

（1）设备：对讲机 2 台（主控、现场各 1 台），便携式有毒有害气体报警器 1 台（外操配带）。

（2）工具材料：F 形扳手 1 个、安全帽 1 个、防护手套 1 副、防护眼镜 1 个。

（3）人员：外操 1 名。

## 二、操作规程

（1）外操检查液压泵站油位（油位过低及时补油）和各种压力表、液压元件及管路系统有无损坏、泄漏、堵塞。

（2）外操检查滤板无破裂、橡胶隔膜无撕裂、滤布干净无破损、滤布密封面有无残渣、中心入料孔是否畅通。

（3）外操检查电控柜的仪表、指示灯、元器件以及各管道阀门,以保证运行安全,若有异常情况应及时更换和排除,并经常保持电控柜的清洁。

（4）外操检查机器的各连接部件是否完好,链轮传动系统和卸料机构（如轴承、链轮、链条等）润滑应良好。

（5）外操检查压滤机操作系统有无故障。

（6）外操检查高压风阀是否打开、管路上滤油器是否干净、空压机各指示仪表是否完好。

（7）外操确认空压机油位加至油窗的 1/2 处。

（8）外操检查入料管路闸阀是否打开、气动阀是否处于要求的开闭状态。

（9）外操用手转动皮带轮,查看有无妨碍运转的现象。

（10）外操打开压滤机电源,启动油泵,油缸压紧滤板,待压力表指针达到上限时,指示灯亮,油泵电动机自动停止,打开入料阀,启动入料泵,开始入料,根据物料情况入料完毕,关闭入料泵,停止入料。

（11）外操关闭入料阀,打开反吹阀,将中心入料管中的料液吹空后,关闭反吹阀,打开进气阀,排气阀同时关闭,进行二次压榨,待滤板排水管不再排水时,二次压榨结束,关闭进气阀（排气阀同时打开）,打开反吹阀,将中心入料管中的残料及过滤水吹空后,关闭反吹阀。

（12）外操启动油泵电动机,松开油缸,启动卸料机构。

## 三、注意事项

（1）设备运行过程中应随时注意观察,发现问题及时处理;检查压力表显示是否正常,指示灯指示是否正常,入料时有喷料发生,应立即停止入料泵,停车处理。

（2）每班应清洗一次滤布,确保滤布干净,入料过程中发现滤液排黑水时,应检查滤布是否损坏,发现损坏及时更换。

（3）应注意入料时间,防止入料时间过长而使中心入料孔堵塞,造成滤板的损坏,发现堵塞后及时疏通;在卸料时粘料应处理干净,防止夹煤饼,损坏滤板。

（4）严禁空腔压榨,防止隔膜损坏,过滤板和压榨板是间隔布置的,不得随意颠倒顺序和减少滤板使用,且两种滤板的安装方向不能颠倒;应对设备进行定期维护保养,对各链轮、链条、轴承及滚动轮定期加油,注意各部件的松动情况,处理存在问题。

# 项目十四  离心机开车操作

## 一、准备工作

（1）设备:对讲机 2 台（主控、现场各 1 台）,便携式有毒有害气体报警器 1 台（外操配带）。

（2）工具材料:安全帽 1 个、防护手套 1 副、防护眼镜 1 个、F 形扳手 1 个。

（3）人员:外操 1 名。

## 二、操作规程

（1）外操检查离心机电源是否正常，离心机操作管路压力及离心机密封、离心机地脚螺钉是否紧固无松动，离心机筛框是否清洁无堵塞、无杂物，箱内的润滑油的油位、油质是否正常，管路是否畅通。

（2）外操启动离心机主电源。

（3）外操启动离心机油泵电动机。

（4）外操启动离心机主电动机，在此期间确认电动机转向、设备振动和噪声，如有异常立即停机检查。

（5）外操缓缓打开离心机进料阀门，进行离心机料液分离操作，根据筛框上料层厚度调节离心机分离加料阀门开度，确保离心机进入正常分离状态。

## 三、注意事项

（1）旋转方向必须正确。

（2）加料必须均匀。

（3）不得超载运转。

（4）操作时机壳应当关闭，不允许在机壳边缘上放置任何物料或工具，更不允许人靠在正在运转的离心机的机壳上。

# 项目十五　　搅拌器投用

## 一、准备工作

（1）设备：对讲机 2 台（主控、现场各 1 台），便携式有毒有害气体报警器 1 台（外操配带）。

（2）工具材料：安全帽 1 个、防护手套 1 副、防护眼镜 1 个、F 形扳手 1 个。

（3）人员：外操 1 名、班长 1 名。

## 二、操作规程

（1）班长首先联系电工进行电动机单体试车，检查是否运转正常、方向是否准确。

（2）外操检查传动、搅拌、润滑系统是否完善，并按规定加油润滑，检查各部位是否紧固。

（3）外操按工艺要求的转动方向摇动手动装置，手动盘车，检查搅拌轴转动有无异常；确认无卡死时，退出手动盘车装置。

（4）外操检查密封系统是否正常，冷却水是否正常，确认正常后投用。

（5）外操检查隔离液液位是否正常，现场隔离液罐液位控制在指标范围内。

（6）外操检查搅拌器氮封压力是否合格。

（7）外操检查电动机连接搅拌器点动是否正常。

（8）外操启动辅助油泵并检查运转是否正常。

（9）外操启动搅拌器电动机,检查电动机电流、电压及电动机有无异声,振动搅拌器运转情况、轴承温度变化、密封等情况是否正常。

（10）设备运转过程中,经常检查紧固件是否有松动、密封件是否有渗漏,发现问题要及时处理。

### 三、注意事项

（1）检查搅拌转向是否正确,以叶片转动时形成下压为准(站在电动机端时针转)。

（2）外操要加强搅拌器机封检查,注意维护和保养,延长搅拌器的使用周期。

# 项目十六　疏水器投用

### 一、准备工作

（1）设备:对讲机 2 台(主控、现场各 1 台),便携式有毒有害气体报警器 1 台(外操配带)。

（2）工具材料:安全帽 1 个、防护手套 1 副、防护眼镜 1 个、F 形扳手 1 个、红外线温度测量仪。

（3）人员:外操 1 名。

### 二、操作规程

（1）外操检查确认疏水器型号选择正常。

（2）外操检查确认管线、疏水器法兰、阀门连接正常。

（3）外操投用前对设备、管线进行吹扫,使异物排到管线之外。

（4）外操投用时要缓慢地输送蒸汽,打开疏水器前导淋进行排凝。

（5）外操确认疏水器副线阀关闭,稍开疏水器前后截止阀,对疏水器及管线进行预热。

（6）外操全开疏水器前后截止阀,正常投用疏水器,确认疏水器运行工况正常。

（7）外操要定期排除疏水器内部运转初期产生的凝结水和空气。

### 三、注意事项

（1）适时地清洗过滤网。

（2）必须适当地检查凝结水的水质。

（3）定期对疏水器进行测温,发现运行异常,应及时打开副线阀,将疏水器切出检查处理。

# 项目十七　水冷器投用

### 一、准备工作

（1）设备:对讲机 2 台(主控、现场各 1 台),便携式有毒有害气体报警器 1 台(外操配带)。

(2)工具材料：安全帽 1 个、防护手套 1 副、防护眼镜 1 个、F 形扳手 1 个。

(3)人员：外操 1 名。

## 二、操作规程

(1)冷却器打压试验合格后方可投用，在启用前，外操应先排净冷却器内的存水。

(2)外操检查各导淋、放空阀是否灵活好用，各个阀门的开关位置，压力表、温度计是否全部装好，基础支座是否牢固、各部螺栓是否紧固。

(3)如长期停车后投用，外操打开冷却器前管线阀门，打开导淋排水至澄清后，关闭冷却器前管线导淋。

(4)外操稍开冷却器上水阀，打开排气阀进行排气，充分排气至连续有清水流出后关闭排气阀。

(5)缓慢打开水冷器出口阀，同时全开上水阀。

(6)外操稍开旁路阀并全面检查冷却器投用情况。

## 三、注意事项

(1)循环水投用后，随着温度、压力的变化，可能会出现泄漏现象，应及时进行检查。

(2)投用时先投冷流后投热流。

(3)向水冷器送水时，应先开回水阀，再开上水阀。

(4)在向管线内送蒸汽时，先打开蒸汽阀门暖管，然后缓慢开启进装置的阀门向管线及设备送汽。

(5)防止出现水锤现象。

# 项目十八  柱塞泵开车操作

## 一、准备工作

(1)设备：对讲机 2 台(主控、现场各 1 台)，便携式有毒有害气体报警器 1 台(外操配带)。

(2)工具材料：安全帽 1 个、防护手套 1 副、防护眼镜 1 个、F 形扳手 1 个。

(3)人员：外操 1 名。

## 二、操作规程

(1)外操检查柱塞泵机油油位是否符合规定高度要求。

(2)外操检查皮带松紧程度、电动机风扇旋转方向。

(3)外操盘动柱塞泵皮带轮观察方卡子是否撞击密封填料压盘。

(4)外操打开柱塞泵低压端排气阀门。

(5)外操打开柱塞泵低压进液阀门和高压出液阀门，检查井组管线流程以防止管线憋压。

(6)外操打开柱塞泵低压端放气阀门。

（7）外操将启动旋钮调整至"停止"位,戴绝缘手套,合对应柱塞泵电动机空气开关,合变频柜总空气开关。

（8）外操按照预冷流程,开、关管路上阀门,缓慢地对泵进行冷却。

（9）预冷完毕后,按照加气流程,外操开启管路上的阀门。

（10）接通电源,外操启动泵空转。

（11）注意泵的响声及运转情况。

（12）外操慢开出口阀,同时慢关溢流阀。

（13）泵经空运转无问题后方可逐渐加负荷,每级负荷运转 15min 后方可再加下级负荷。

（14）检查泵的启动是否正常,正常的启动工作有以下现象:

① 有一泵的排出管路开始结霜;

② 可听到轻微的震动声,证明泵的进出阀正在工作;

③ 排出管路上的压力表显示的压力逐渐增加。

### 三、注意事项

（1）为避免泵壳内和管路内的混入空气引起振动,打开输出管路处排气阀排气。

（2）检查柱塞填料密封处的漏损和各转动处温升。

（3）泵开车后,运行应平稳,不得有异常噪声,否则应停车检查原因,并消除产生噪声的根源后再投入运行。

（4）在第一次启动前,通过加油口将清洁的工作油液注至正常油位,防止启动时的气堵现象,调节液压回路使泵输出的油直接回油箱,或用换向阀使执行元件在空载情况下运行。

# 项目十九　离心泵切换操作

## 一、准备工作

（1）设备:对讲机 2 台（主控、现场各 1 台）,便携式有毒有害气体报警器 1 台（外操配带）。

（2）工具材料:安全帽 1 个、防护手套 1 副、防护眼镜 1 个、F 形扳手 1 个。

（3）人员:外操 1 名。

## 二、操作规程

（1）外操确认在用泵状态:泵入口阀全开,泵出口阀开,单向阀的旁路阀关闭,放空阀关闭,泵出口压力在正常稳定状态。

（2）外操全开备用泵入口阀,关闭泵出口阀,确认辅助系统冷却水投用正常,电动机送电。

（3）外操与相关岗位操作员联系准备启泵,备用泵盘车,启动备用泵电动机。

（4）备用泵如果出现异常泄漏、振动异常、异味、火花、异常声响、烟气、电流持续超高等情况,应立即停止启动泵。

（5）外操确认备用泵出口达到启动压力且稳定。

（6）外操缓慢打开备用泵出口阀，逐渐关小运转泵的出口阀，确认运转泵出口阀全关，备用泵出口阀开至合适位置。

（7）外操停运转泵电动机，确认备用泵压力、电动机电流在正常范围内，调整泵的流量。

### 三、注意事项

（1）启泵前要盘车，检查泵是否灵活，检查机油含量、固定螺栓有无松动等。

（2）离心泵开车前要进行排气。

（3）切换过程要密切配合，协调一致，尽量减小出口流量和压力的波动。

（4）在操作时，外操应佩戴好劳动保护用品。

（5）按启动按钮后，缓慢打开出口阀，合理调节流量或压力。

（6）人要站在侧面开阀。

# 项目二十　离心风机切换操作

### 一、准备工作

（1）设备：对讲机 2 台（主控、现场各 1 台），便携式有毒有害气体报警器 1 台（外操配带）。

（2）工具材料：安全帽 1 个、防护手套 1 副、防护眼镜 1 个、F 形扳手 1 个。

（3）人员：外操 1 名。

### 二、操作规程

（1）外操关闭运行风机入口阀门，运转 10~15s 后停车，然后关闭运行风机出口阀门。

（2）外操打开备用风机出口阀门，启动备用风机。

（3）外操打开备用风机入口阀门，调节阀门开度，让备用风机在所需要的工作点上正常运转。

### 三、注意事项

（1）风机只能在各部件完好的情况下运行。

（2）风机启动前，要全面检查各部件是否完好，主轴、轴承、轴承箱、叶轮平衡状态等部件有无异常。

（3）定期检查风机内部是否有积灰、污垢等情况，旋转部件与静止部件之间应有无摩擦或碰撞声音。

# 项目二十一　调节阀改旁路操作

### 一、准备工作

（1）设备：对讲机 2 台（主控、现场各 1 台），便携式有毒有害气体报警器 1 台（外操配带）。

(2)工具材料:安全帽 1 个、防护手套 1 副、防护眼镜 1 个、F 形扳手 1 个。

(3)人员:外操 1 名、内操 1 名。

## 二、操作规程

(1)外操检查副线阀填料是否泄漏、填料压盖是否松动、螺栓是否压紧、副线阀手轮是否完好、阀杆传动是否好用。

(2)确认控制人员与外操联系好,外操缓慢打开副线阀。

(3)内操手动缓慢关闭调节阀并保证流量平稳。

(4)外操关闭调节阀前后截止阀,打开调节阀导淋泄压。

## 三、注意事项

(1)调节副线阀门时要缓慢,减少波动。

(2)泄压时要对物料进行回收,防止污染环境。

# 项目二十二　机泵巡检操作

## 一、准备工作

(1)设备:对讲机 2 台(主控、现场各 1 台),便携式有毒有害气体报警器 1 台(外操配带)。

(2)工具材料:安全帽 1 个、防护手套 1 副、防护眼镜 1 个、F 形扳手 1 个。

(3)人员:外操 1 名。

## 二、操作规程

(1)巡检时应及时补充轴承内的润滑油(脂),保证油位正常,并定期检查油质变化的情况和按规定周期换用新油。

(2)根据运行情况,应随时调整填料压盖的松紧度,填料密封滴水每分钟滴数应符合使用说明书要求,不滴水或者滴水成线都是不允许的。

(3)根据填料磨损情况及时更换新填料,更换新填料时,每根相邻的填料接口应错开且大于 90°;水封管孔应对应水封环进水孔,填料最外圈开口应向下。

(4)应注意观察机泵振动情况,异常时应检查固定螺栓和与管道连接的螺栓有无松动,不能排除时应立即停机,启用备用泵,并上报管理部门。

(5)应检查、调整、更换阀门填料,做到不漏水、无油污、无锈迹。

(6)应注意压力表、流量计、电流表、温度计有无异常情况,发现仪表指针有误或损坏时应更换。

(7)设备外部零件应做到防腐有效、铜铁分明、无锈蚀、不漏油、不漏水、不漏电及管道不漏气。

## 三、注意事项

(1)发现问题不能排除时应立即停机,启用备用泵。

(2)在巡检时,外操应佩戴好劳动保护用品。

# 项目二十三　岗位记录填写

## 一、准备工作

工具材料：钢笔 1 个，记录纸 1 张。

## 二、操作规程

（1）字迹必须清晰工整，笔画粗细均匀，大小整齐划一，严禁潦草连笔；内容真实、准确；须按操作顺序填写，不得提前或延后。

（2）记录另有要求的除外，其他一律用黑色钢笔、碳素笔填写。

（3）记录填写应完整，不得有空缺，如无内容填写，须用"/"表示（"备注"除外）。

（4）内容与上项相同时，应重复抄写，不得用"……"或"同上"表示。

（5）记录不得任意涂改，如确定需要更改时应用删除线划去原内容，在旁边填写正确内容并签名，并使原数据仍可辨认；单页记录不允许更改超过两次，若需要更改第三次，应重新填写；整本装订的记录重新填写时，应在原填写记录醒目位置标注"作废"字样。

（6）记录日期一律按年、月、日顺序横写，年份必须按四位数填写，不能简写，如 2014 年 8 月 18 日；记录时间的小时、分一律使用 24 小时制，并以两位数字填写，用"："分开。如 20：00。

（7）记录要求页面整洁无污渍，以专用文件夹存取；散页记录应检查是否完整，然后将完整无缺的记录按月装订，封装标准参照成本成套记录的装订要求执行，保证色调样式的规整，在封面注明名称、起止日期，并妥善保管。

## 三、注意事项

（1）本班的生产、设备安全等情况必须全面、真实地反应在记录上，各记录内容必须相吻合。

（2）运行部内部记录（如抄量记录），必须记录详细、全面，不能遗漏。

（3）班组运行技术员必须对当班的生产技术进行分析，分析记录包括以下内容：

① 装置加工计划完成情况及分析。

② 装置馏出口质量指标完成情况及分析。

③ 装置工艺方案执行情况，操作调整情况，操作变动确认情况。

# 项目二十四　现场液位计检查核对

## 一、准备工作

（1）设备：对讲机 2 台（主控、现场各 1 台），便携式有毒有害气体报警器 1 台（外操配带）。

(2)工具材料:安全帽 1 个、防护手套 1 副、防护眼镜 1 个、F 形扳手 1 个、10in 扳手 1 个。

(3)人员:外操 1 名。

## 二、操作规程

(1)外操检查现场液位计保温是否完好,现场液位计规格尺寸是否符合要求,浮筒浮子的磁性及翻板的灵活性,浮筒法兰螺栓、垫片是否完好。

(2)外操确认仪表液位计指示正确无误。

(3)外操关闭现场液位计气相阀,打开液位计导淋排放,检查是否有连续液体排出、液相是否畅通。

(4)外操检查液位计是否符合要求,然后用对讲机联系内操,将主控液位与现场液位计进行对比校验。

(5)校验合格后,外操贴上年检标识和液位计的警戒线。

## 三、注意事项

(1)为了保证自动密封作用,容器内的介质应保持一定压力。

(2)翻板式液位计一般用红色代表有液位。

# 项目二十五　现场压力表检查核对

## 一、准备工作

(1)设备:对讲机 2 台(主控、现场各 1 台),便携式有毒有害气体报警器 1 台(外操配带)。

(2)工具材料:安全帽 1 个、防护手套 1 副、防护眼镜 1 个、F 形扳手 1 个、10in 扳手 1 个。

(3)人员:外操 1 名。

## 二、操作规程

(1)外操检查压力表是否校验、完好,型号是否正确,压力表接头是否正确。

(2)外操确认设备仪表、压力表读数正确无误。

(3)外操关闭现场压力表的根部阀门。

(4)外操拧紧相应的接头,加相应的垫片,确定压力表的上下限。

(5)外操拧上压力表后进行紧固,然后打开压力表根部阀门。

(6)外操检查压力表是否符合要求,符合要求后,贴上年检标识和压力表警戒线。

## 三、注意事项

(1)识读现场压力表时,要检查压力表是否已按照国家规定校验。

(2)识读压力表时,眼睛要平视压力表的正面,注意表盘上标示的单位和倍数关系。

# 项目二十六　离心泵出口流量调节

## 一、准备工作

(1)设备:对讲机 2 台(主控、现场各 1 台),便携式有毒有害气体报警器 1 台(外操配带)。
(2)工具材料:安全帽 1 个、防护手套 1 副、防护眼镜 1 个、F 形扳手 1 个。
(3)人员:外操 1 名。

## 二、操作规程

(1)外操缓慢打开离心泵出口阀门,出口流量逐渐增加。
(2)外操缓慢调节出口阀门的开度,使出口流量增大或减少。
(3)外操调节回流阀开度,改变泵输出的实际流量。
(4)内操通过仪表调节阀远程对离心泵出口流量调节。

## 三、注意事项

(1)泵的实际安装高度一定要高于理论最大安装高度。
(2)防止发生汽蚀和气缚现象。

# 项目二十七　离心泵出口压力调节

## 一、准备工作

(1)设备:对讲机 2 台(主控、现场各 1 台),便携式有毒有害气体报警器 1 台(外操配带)。
(2)工具材料:安全帽 1 个、防护手套 1 副、防护眼镜 1 个、F 形扳手 1 个。
(3)人员:外操 1 名。

## 二、操作规程

(1)外操缓慢打开离心泵出口阀门,出口压力逐渐减小。
(2)外操缓慢调节出口阀门的开度,使出口压力增大或减少。
(3)外操调节回流阀开度,改变泵输出的实际压力。
(4)内操可通过仪表调节阀远程对离心泵出口压力调节。

## 三、注意事项

(1)泵的实际安装高度一定要高于理论最大安装高度。
(2)防止发生汽蚀和气缚现象。

# 项目二十八　过滤机进料调节

## 一、准备工作

(1)设备:对讲机2台(主控、现场各1台),便携式有毒有害气体报警器1台(外操配带)。

(2)工具材料:安全帽1个、防护手套1副、防护眼镜1个、F形扳手1个。

(3)人员:外操1名。

## 二、操作规程

(1)外操按下压滤机启动按钮启动压滤机。

(2)外操打开压滤机进料阀门。

(3)外操启动压滤机给料泵,压滤机开始进料。

## 三、注意事项

压滤机压紧时,当压紧力达到压力表的上限时,电源切断,油泵停止供电,油路系统可能产生的内漏和外漏造成压紧力下降,当降到压力表下限指针时,电源接通,油泵开始供油,压力达到上限时,电源切断,油泵停止供油,这样循环以达到过滤物料的过程中保证压紧力的效果。

# 项目二十九　结晶器温度调节

## 一、准备工作

(1)设备:对讲机2台(主控、现场各1台),便携式有毒有害气体报警器1台(外操配带)。

(2)工具材料:安全帽1个、防护手套1副、防护眼镜1个、F形扳手1个、10in扳手1个。

(3)人员:外操1名。

## 二、操作规程

(1)外操开启结晶机搅拌器。

(2)外操打结晶机进料阀,将溶液放入结晶机中。

(3)外操打开冷却水阀门对结晶物料进行降温。

(4)当结晶物料温度达到工艺要求时,关闭结晶机冷却水阀门。

(5)通知分离岗位进行加料操作。

## 三、注意事项

温度的不同,生成的晶形和结晶水会发生改变,一般将温度控制在较小的温度范围内。

# 项目三十　真空系统真空度调节

## 一、准备工作

(1)设备:对讲机 2 台(主控、现场各 1 台),便携式有毒有害气体报警器 1 台(外操配带)。

(2)工具材料:安全帽 1 个、防护手套 1 副、防护眼镜 1 个、F 形扳手 1 个、10in 扳手 1 个。

(3)人员:外操 1 名。

## 二、操作规程

(1)外操观察真空系统压力仪表,确认真空系统压力正常。

(2)当真空系统真空度较小时,外操开大真空设备的入口流量阀门,加大真空度。

(3)当真空系统真空度较大时,外操关小真空设备的入口流量阀门,降低真空度。

## 三、注意事项

(1)及时检查真空系统有无泄漏。

(2)注意进料温度的变化。

(3)注意给水量及水温的变化。

(4)注意气相温度的变化。

# 项目三十一　离心泵停车操作

## 一、准备工作

(1)设备:对讲机 2 台(主控、现场各 1 台),便携式有毒有害气体报警器 1 台(外操配带)。

(2)工具材料:安全帽 1 个、防护手套 1 副、防护眼镜 1 个、F 形扳手 1 个。

(3)人员:外操 1 名。

## 二、操作规程

(1)外操接到停车通知后,应与相关岗位做好联系工作。

(2)外操关闭泵的出口阀,立即停止电动机,切断电源,关闭压力表进口阀,压力表指针回到零位。

(3)外操关闭泵的入口阀门,打开泵体密闭排放阀,将泵内液体送到废液槽内。

(4)外操停用辅助系统冷却水,降低泵隔离液系统压力,根据实际情况判断是否排净隔离液。

(5)外操进行全面检查,并做好停车记录,排料完毕后,交付检修。

### 三、注意事项

(1)停泵排料时应注意 45℃以上介质,防止烫伤。

(2)停泵排料时应注意腐蚀性介质,防止灼伤。

(3)停泵排料时应注意有毒性介质,防止中毒。

(4)停机前要先关闭出口阀门,然后关闭电源。

(5)带有止逆阀的管路,在确保止逆阀完好情况下无须关闭出口阀门,检查泵腔无空气后可以直接开机。

# 项目三十二　水冷器停用操作

## 一、准备工作

(1)设备:对讲机 2 台(主控、现场各 1 台),便携式有毒有害气体报警器 1 台(外操配带)。

(2)工具材料:安全帽 1 个、防护手套 1 副、防护眼镜 1 个、F 形扳手 1 个。

(3)人员:外操 1 名。

## 二、操作规程

(1)停热物料:先开热物料的副线阀,后关闭热物料进、出口阀和副线阀。

(2)停冷物料:先开冷却水的副线阀,后关闭冷却水进、出口阀和副线阀。

(3)打开出入口连通阀。

(4)若长期停车或切除进行检修,需对冷却水管线进行气体吹扫。

## 三、注意事项

(1)换热器停运时要先停热流后停冷流。

(2)及时检查静密封点有无泄漏。

(3)停运水冷器要进行排空处理,开连通阀。

(4)停运水冷器排空后,确保其低点导淋常开。

# 项目三十三　离心风机停车操作

## 一、准备工作

(1)设备:对讲机 2 台(主控、现场各 1 台),便携式有毒有害气体报警器 1 台(外操配带)。

(2)工具材料:安全帽 1 个、防护手套 1 副、防护眼镜 1 个、F 形扳手 1 个。

(3)人员:外操 1 名。

## 二、操作规程

（1）逐步打开放空阀或出口旁通阀，同时逐步封闭排气阀。

（2）逐步关小进气节流阀。

（3）按停车按钮，并留意停机过程中有无异常现象。

（4）机组停止 5~10min 后，或者轴承温度降到 45℃ 以下时可停止供油，对于具有浮环密封的机组，密封油泵必须继续供油，直至机体温度低于 80℃。

## 三、注意事项

（1）离心风机停车后，应使油系统继续运行一段时间，一般每隔 15min 盘车一次。

（2）如输送有毒介质的离心机机组长时间停车，关闭进、出口阀门后，应使机内泄压，然后停油系统。

（3）离心风机停车过程中，为防止发生喘振和止推轴承损坏，应缓慢打开回流阀和放空阀。

# 项目三十四　往复泵停车操作

## 一、准备工作

（1）设备：对讲机 2 台（主控、现场各 1 台），便携式有毒有害气体报警器 1 台（外操配带）。

（2）工具材料：安全帽 1 个、防护手套 1 副、防护眼镜 1 个、F 形扳手 1 个。

（3）人员：外操 1 名。

## 二、操作规程

（1）冲程调零。

（2）停泵后切断电源。

（3）关闭进口阀。

（4）排出泵内液体。

## 三、注意事项

（1）定期清洗进出口阀，以免堵塞，影响计量精度。

（2）检查润滑油液位及其质量，常保持纯净的指定油量，并注意适时换油。

（3）在严寒冬季，停车时必须放尽水套内的冷却水，以免水在静止时结冰冻裂液缸。

# 项目三十五　过滤机停车操作

## 一、准备工作

（1）设备：对讲机 2 台（主控、现场各 1 台），便携式有毒有害气体报警器 1 台（外操配带）。

（2）工具材料：安全帽 1 个、防护手套 1 副、防护眼镜 1 个、F 形扳手 1 个。

（3）人员：外操 1 名。

## 二、操作规程

（1）停车时，滑块应处于下降位置，油缸处于松开状态，关闭油泵电动机，按下紧停钮。

（2）停机后应放空压滤机及管道内的剩余料浆，并用清水清洗过滤腔室、滤布及滤板，以免堵塞管道、滤板、滤布影响以后正常生产。

（3）检查滤板，如有破损和老化，应及时汇报处理。

（4）检查滤布，如有破损要及时汇报处理，如需更换滤布，为保证安全需穿戴好防护眼镜、防护口罩、防护手套、防护工作服。

（5）检查液压系统用油，定期清洗滤油器，以保证液压系统正常工作。

（6）检查控制柜内外各器件，特别是外部器件如接近开关、压力继电器等，如有异常情况要及时处理。

## 三、注意事项

（1）停车后，为板框式过滤机做好全身的设备检查工作，并定期做保养。

（2）注意清洁卫生，有助于延长板框式过滤机的使用寿命。

# 项目三十六　离心机停车操作

## 一、准备工作

（1）设备：对讲机 2 台（主控、现场各 1 台），便携式有毒有害气体报警器 1 台（外操配带）。

（2）工具材料：安全帽 1 个、防护手套 1 副、防护眼镜 1 个、F 形扳手 1 个。

（3）人员：外操 1 名。

## 二、操作规程

（1）接到停车的通知后，按"程序停止"按钮，这时离心机开始进入停车冲洗工段。

（2）打开冲洗管路前的手阀，这时离心机转鼓内壁还残有物料，离心机开始延时停车且冲洗阀打开，停车冲洗后，冲洗阀关闭，离心机停车。

（3）离心机进入二次冲洗。

（4）冲洗后，切断控制箱内的各个电气开关。

## 三、注意事项

（1）定期清洁机腔。

（2）停车后，做好全面的设备检查工作，并定期做保养。

（3）操作时机壳应当关闭，不允许在机壳边缘上放置任何物料或工具，更不允许人靠在正在运转的离心机的机壳上。

（4）停车时,应首先切断电源,然后平稳地加以制动,制动过猛,会造成制动装置的损坏及其他的机器事故。

# 项目三十七　搅拌器停用操作

## 一、准备工作

（1）设备:对讲机 2 台（主控、现场各 1 台）,便携式有毒有害气体报警器 1 台（外操配带）。
（2）工具材料:安全帽 1 个、防护手套 1 副、防护眼镜 1 个、F 形扳手 1 个。
（3）人员:外操 1 名。

## 二、操作规程

（1）外操检查确认设备内溶液全部送出。
（2）外操按下搅拌器停车按钮,停止搅拌器运转。
（3）外操检查确认搅拌器停车后状态完好。

## 三、注意事项

（1）停车时机械密封及循环保护系统应先停止搅拌轴的转动,待釜内温度、压力降到常温常压后再关闭密封液系统及冷却水。
（2）必须保持电气设备的清洁整齐,电动机、配电箱、开关等无尘埃,且配电箱门、接线盒紧闭。
（3）每年定期解体检查各易损件的磨损情况、轴承间隙及润滑情况,排除各处的隐患,并作好检修记录。

# 项目三十八　气体物料放空操作

## 一、准备工作

（1）设备:对讲机 2 台（主控、现场各 1 台）,便携式有毒有害气体报警器 1 台（外操配带）。
（2）工具材料:安全帽 1 个、防护手套 1 副、防护眼镜 1 个、F 形扳手 1 个、10in 扳手 1 个。
（3）人员:外操 1 名。

## 二、操作规程

（1）设备检修或发生异常需要放空前,应根据相应的设备切换或停运操作规程切断需要放空设备的进、出口阀门。
（2）放空时,缓慢打开节流截止放空阀,控制适当的放空流量。
（3）观察压力表基本落零后或在工艺要求范围内,放空结束。

（4）关闭节流截止放空阀。

（5）操作完毕后向生产调度汇报，并做好值班记录。

### 三、注意事项

（1）放空时缓慢操作放空阀控制流量，阀门开关不宜过猛。

（2）放空气体一般进高压火炬系统点火燃烧，若因特殊原因没有点火作业进行放空时，应根据放空时间长短、放空气量多少，适当安排警戒人员，200m 范围内不得有行人和明火。

# 项目三十九　空气呼吸器使用

### 一、准备工作

（1）工具材料：安全帽 1 个、防护手套 1 副、防护眼镜 1 个、空气呼吸器 1 个。

### 二、操作规程

（1）使用前，打开供气阀，观察气瓶压力表，指示值应在 25MPa 以上。

（2）报警性能检查：关闭供气阀，用左手的手心将供气阀的出口堵住，留一小缝，右手轻压供气阀的排气按钮慢慢排气，观察压力表的变化，报警哨应在（5.5±0.5）MPa 发出声响。

（3）检查好报警性能后，打开气瓶阀至少 2 圈。

（4）将空气呼吸器气瓶阀头朝下背上，拉下肩带使呼吸器处于合适的高度，也不需要调得过高，只要感觉舒服即可；插好胸带，插好腰带，向前收紧调整松紧至合适。

（5）佩戴面罩并检查佩戴气密性：

① 拿出面罩，将面罩的头带放松。

② 将面罩的颈带挂在脖子上。

③ 套上面罩，使下颌放入面罩的下颌承口中。

④ 拉上头带，使头带的中心处于头顶中心位置。

⑤ 拉紧下面两根头带至合适松紧，拉紧方向应向后。

⑥ 拉紧中间两根头带至合适松紧。

⑦ 拉紧上部一根头带至合适松紧。

⑧ 检查佩戴的气密性：用手心将面罩的进气口堵住，深吸一口气，如感到面罩有向脸部吸紧的现象，且面罩内无任何气流流动，说明面罩和脸部是密封的。

（6）连接供气阀，进入工作现场：

① 将供气阀的出气口对准面罩的进气口插入面罩中，听到轻轻一声卡响，表示供气阀和面罩已连接好。

② 深吸一口气将供气阀打开。

③ 呼吸几次，未感觉不适就可以进入工作场所。

④ 工作时注意压力表的变化，如压力下降至报警哨发出声响，必须立即撤回到安全场所。

（7）脱卸呼吸器：

① 工作完后回到安全场所。

② 脱开供气阀：吸一口气并屏住呼吸，按供气阀的红色按钮关闭供气阀，右手握住供气阀并使阀体在手心中，大拇指、食指和中指握住供气瓶的手轮使其转动一角度，拉动供气阀脱离面罩。

③ 卸下面罩：用食指向外拨动面罩头带上的不锈钢带扣使头带松开，抓住面罩上的进气口向外拉脱开面罩，取下并放好面罩。

④ 卸下呼吸器：大拇指插入腰带扣里面向外拨插头的舌头脱开腰带扣，脱开胸带扣，向外拨动肩带上的带扣脱开肩带，抓住肩带卸下呼吸器。

⑤ 关闭气瓶阀。

⑥ 按供气阀上保护罩绿色按钮，将系统内的余气排尽，否则不能脱开气瓶和减压器。

## 三、注意事项

（1）正确佩戴面具，检查合格即可使用，面罩必须保证密封，面罩与皮肤之间应无头发或胡须等，确保面罩密封。

（2）供气阀要与面罩按口黏合牢固。

（3）使用过程中要注意报警器发出的报警信号，听到报警信号后应立即撤离现场。

# 模块二　磺酸盐工艺操作

## 项目一　相关知识

### 一、磺酸盐开车准备

#### (一)空气干燥及磺化中和系统开工准备工作

磺酸盐装置开工前,为保证空气干燥及磺化中和系统顺利运行,需对各控制阀进行开关调节试验,如有控制阀失灵或卡滞现象,应及时配合仪表人员进行处理,以防开车时控制失灵。

主风机为系统提供的空气经空气冷却器组冷却,再经空气干燥器吸附脱水后产生露点低于-50℃的工艺风。空气干燥系统有很多开关阀,通过自控系统的控制实现空气干燥器再生及空气干燥操作,只有干燥后露点低于-50℃的工艺风才能生产符合工艺要求的气相三氧化硫,从而保证磺化反应质量。磺化反应器投用前必须进行油密和气密检查,反应器夹套水温度控制在60~70℃。磺化中和系统引料建立循环,作为开工前准备工作,生产过程中,中和系统所用液碱浓度为35%。

空气干燥器内含有干燥剂,利用再生风机、再生空气加热器、再生空气冷却器,按照DCS系统程序,实现两台空气干燥器定时切换。其中再生空气冷却器采用循环水和乙二醇溶液二级冷却,乙二醇溶液的温度由制冷机组持续降温控制在3~10℃,干燥器内的干燥剂经过8h吸附饱和后需要再生。再生空气冷却器为翅片式换热器,管程设计压力为0.4MPa,循环水的入口温度应低于30℃,乙二醇入口温度为3~10℃。在开工前使用蒸汽提供热源,对干燥剂进行再生加热,再生顺序为先加热5h,再冷却3h,如此自控循环。循环水的主要作用是冷却工艺介质,其工艺指标包括压力、温度、浊度等,循环水需加入阻垢剂与杀菌剂防止设备腐蚀及管线结垢。

磺化中和系统由磺化器、气液分离器、磺酸出料泵、中和泵、中和循环泵、中和冷却器、应急罐等设备组成,反应器气相及液相进料量通过控制阀来调节。磺化反应放出大量的热,反应热通过磺化冷却循环水取走,从而保持磺化温度在60~70℃。

### 二、磺酸盐开车操作

磺酸盐装置开工时,需依次运行熔硫系统、原料配制系统、空气干燥系统、尾气处理系统、酸吸收系统、三氧化硫制备系统、磺化中和系统、产品调制系统。

#### (一)熔硫操作

磺酸盐装置所需的蒸汽来自蒸汽管网,蒸汽入口压力为0.8MPa,进入熔硫间经过减压阀调节后压力降为0.4MPa,用于对熔硫罐熔硫、恒位槽、硫黄泵及液硫管线进行加热或伴热保温。在向熔硫罐内加硫黄时，为避免大块杂质落入罐内，熔硫罐入口必须加隔栅，熔硫时，可以通过控制熔硫蒸汽阀门开度来调节液硫温度，熔硫罐内液硫温度应保持在 135~155℃。熔硫罐的蒸汽伴热为夹套式，为防止罐内杂质过多影响产品质量，熔硫罐需要定期清理。液硫恒位槽内蒸汽伴热为内盘管式，内部被隔板分成三部分，不完全互通。液硫恒位槽上方装有进料斗，用来观察液位情况和应急加硫黄口。熔硫罐及恒位槽均配有消防蒸汽，并配有远传液位及温度计，可在 DCS 上实时监测。

### （二）二氧化硫转化过程控制

由空气干燥系统制备露点合格的工艺风，作为燃烧风进入燃硫炉，液硫在炉内燃烧生成 $SO_2$，经过冷却器冷却进入转化塔，$SO_3$ 是由 $SO_2$ 在转化塔内反应生成的，转化塔内装填钒催化剂，催化剂分为四段，利用冷却器及冷激风控制在钒基催化剂的适宜温度，保证催化剂活性，提高 $SO_2$ 转化率。转化最佳参数指标：燃硫炉出口温度控制在 550~645℃，转化塔一段入口温度控制在 420~460℃，转化塔一段的出口温度控制在 520~580℃。开工时通过空气电加热器加热使燃硫炉出口温度达到 300℃，启动液硫输送泵运输液硫至燃硫炉进行点硫操作，为保持燃硫炉出口 $SO_2$ 气体浓度稳定，操作时应微调燃烧风及液硫流量。

### （三）磺化系统操作

在膜式磺化器中，磺化反应放热都集中在磺化器的上 1/3 处，第一次进原料时，应打开原料油分布盘上的放空口进行放空。膜式磺化器具有反应投料比、气体浓度和反应温度稳定，物料停留时间短，反应热排出及时的优点。投料生产时应先进原料油，再进 $SO_3$ 气体，$SO_3$ 与液相的原料油顺流而下进行反应。反应温度控制在 65℃左右，温度过高会造成磺化器结焦加快，降低反应器使用周期。磺化是放热反应，因此原料的进料温度要严格控制，如超温会在反应过程中产生许多副产物。原料的进料温度是通过原料换热器来控制的，实际生产中原料的进料温度控制在（65±5）℃。磺酸盐装置中调节原料温度的换热器有 1 台，通过调节原料换热器的循环水量及热水温度来达到调节原料温度的目的。原料生成的磺酸由磺酸输出泵输送，磺酸输出泵采用机械密封形式。

磺化冷却循环水温度需控制在（65±5）℃内，当磺化冷却循环水温度偏低时，可开大循环水管线处的蒸汽阀，对循环水加热，反之则关小或关闭蒸汽阀，也可通过 DCS 调节自动补水量来控制磺化冷却循环水温度。

反应器原料线配有应急吹扫设施，吹扫风使用应急罐内存有的仪表风。磺酸盐装置仪表风压通常为 0.6MPa 左右。仪表风压力应不低于 0.4MPa，仪表风的压力过低会影响气动调节阀的操作。

### （四）尾气处理系统操作

磺酸盐装置尾气处理系统主要由酸吸收、静电除雾器、尾气洗涤塔及相关机泵管线组成。在确认尾气处理系统运行正常后，再进行开工操作，静电除雾器启动前必须投用保护风，同时调节保护风温度，保护其内瓷瓶不受酸性尾气的侵蚀。当静电除雾器报警自动停车时，应按复位键解除报警。尾气洗涤塔操作过程中，洗涤液循环泵的出口压力控制在 0.2~0.25MPa 时，液体的喷淋效果较好。塔中液位应控制在下视镜的 1/3 处，且碱洗塔内溶液需要加热至 34℃左右，以避免塔内亚硫酸盐结晶，碱洗涤塔中填料高度主要影响洗涤液对 $SO_2$ 的吸收效果。

### (五)pH 值的测定

磺酸盐装置制冷机组是空气干燥系统中的重要设备,对再生冷却介质乙二醇溶液进行冷却。在制冷机使用过程中,应对乙二醇溶液的 pH 值进行监测,避免呈酸性腐蚀设备。检测 pH 值方法通常为 pH 试纸检测、酸碱滴定检测及工业 pH 计检测。工业 pH 计一般由 pH 发送器、记录仪、清洗装置组成,有测量显示功能、报警功能和控制功能,考虑到了安装、清洗、抗干扰等等问题,用于工业流程的连续测量。一套工业在线 pH 测量系统通常由 pH 电极、pH 变送器、电极护套及电缆等四部分构成,在用 pH 计测定 pH 值时,事先用标准 pH 溶液对仪器进行校正,可消除不对称电位的影响。

## 三、磺酸盐正常操作

### (一)制冷系统操作

制冷系统由制冷机、乙二醇储罐、冷却器、乙二醇循环泵及其附属管线组成,正常操作过程中,设定制冷机处乙二醇出口温度,用来控制其启停操作。制冷机中使用的制冷剂是氟里昂,载冷剂为乙二醇溶液,运行时用循环水冷却制冷机冷凝器内氟里昂。空气冷却器组属于翅片式换热器,由冷却器和乙二醇储罐组成,乙二醇储罐装有磁翻板液位计。乙二醇由乙二醇循环泵提供循环,空气冷却器及再生冷却器内循环的乙二醇溶液由制冷机降温,将空气冷却器出口工艺风温度控制在 $3\sim20℃$,冷却器底部设有排水阀,生产时应保持适当开度且常开状态以排出冷却产生的水。

### (二)液硫流量调节操作

液硫供料泵采用 0.4MPa 蒸汽夹套伴热形式,手动盘泵无障碍后才能启泵。启泵过程中,手动逐级调节该泵变频至所需流量后投自动控制。液硫供料泵的泵体和阀门使用夹套蒸汽伴热,以防硫黄凝固。燃硫炉点火前,确认液硫管线伴热正常后方能进行投硫操作,液硫流量可通过机泵变频器调节,正常生产过程中,可将液硫流量切换至自动控制。

### (三)转化塔温度调节

磺酸盐装置 $SO_3$ 制备系统中,最重要的操作是转化塔温度调节。其中一、二段的温度由冷却器控制,主控人员在 DCS 系统上调节阀门的开度控制冷却风;三、四段的温度由冷激风控制,主控人员通过 DCS 调节阀门的开度控制冷激风量,从而控制转化塔内气相温度。

### (四)$SO_3$ 冷却器的操作

$SO_3$ 制备系统中,液硫燃烧生成的 $SO_2$ 经过转化塔后生成的 $SO_3$ 气体温度接近 $400℃$,而磺化过程所需 $SO_3$ 气体温度为 $60\sim70℃$,磺酸盐装置利用 1 号、2 号 $SO_3$ 冷却器达到该工艺要求。$SO_3$ 冷却器通过冷却风机提供的冷却风把转化生成的 $SO_3$ 气体冷却下来,在 2 号 $SO_3$ 冷却器处能将 $SO_3$ 冷却至 $70\sim110℃$,冷却风量可通过冷却风管路上的气动阀来调整。在 $SO_3$ 气体冷却过程中,因 2 号 $SO_3$ 冷却器处温度较低,会产生少量烟酸,应定期排放至烟酸收集罐内。在排放 $SO_3$ 冷却器中烟酸时,必须穿戴防酸碱面罩、防酸碱服等,各阀门应缓慢开关,避免直接面对阀门时发生法兰、阀门泄漏喷溅伤人事故。

### (五)原料配制操作

在磺酸盐生产过程中,原料配制占据重要地位。原料配制过程中,原料油按照配比经静态混合器进入原料配制罐,经搅拌、原料油循环操作,混合均匀后供磺化使用。建立原料罐内循环操作过程中,需打开原料罐出口阀门、原料油循环泵进出口阀门、循环线阀门,保证管路循环通畅。

### （六）磺化反应工艺特点

磺酸输出泵属于磺化中和系统,磺化工艺就是要优化反应温度和反应时间,以得到副产物较少、色泽浅的产品。磺化过程中主要有两种副反应,一种生成酐,另一种生成砜,反应温度过高易生成砜副产物。磺化过程主要是原料油与气相三氧化硫反应生成磺酸,进入磺化器的原料油量通过质量流量计来计量,且原料油必须经过原料过滤器,除去其中夹带的杂质。为防止 $SO_3$ 气体含有杂质,其进入磺化器前也要经过过滤。磺酸盐装置采用降膜式磺化反应器,用 $SO_3$ 气体作为磺化剂,在磺化器中 $SO_3$ 气体与原料油流动的方向相同。当磺化器出现结焦情况时,需要对磺化器进行清洗。磺化清洗系统中,清洗液循环泵为离心泵,通过调节出口阀开度来控制清洗液循环量,控制清洗效果。磺化器清洗的步骤:(1)配制碱性清洗液;(2)倒通内循环流程启动磺酸输出泵;(3)清洗后吹干磺化器。其中吹干磺化器的风源为仪表风,引自磺化中和系统的应急罐。

### （七）中和反应

中和反应是酸和碱互相交换成分、生成盐和水的反应。磺酸盐装置采用泵式中和方式,即磺酸与 35% 浓度的 NaOH 溶液在中和泵中发生反应,生成磺酸盐,反应瞬时完成,并伴有强放热效应,通过中和冷却器将中和反应温度控制在 $70 \sim 85℃$。

### （八）尾气处理系统组成与操作

尾气处理系统由酸吸收、静电除雾和碱吸收组成,静电除雾过程需要保护风机来提供保护风。磺化时尾气的流程为沉降分离器—酸吸收—静电除雾器—碱吸收—排入大气,吸收之后的碱洗塔废水通过废水池收集,统一处理排放。

酸吸收系统由硫酸储罐、硫酸循环泵、硫酸冷却器、酸吸收塔及各附属管线组成。酸吸收系统主要依靠硫酸循环泵提供动力,使浓硫酸在整个系统内循环。硫酸吸收 $SO_3$ 的工艺原理: $SO_3$ 与浓硫酸中的少量水反应生成硫酸,随着吸收的进行,硫酸浓度升高,需要定量补新鲜水稀释浓硫酸将控制浓度在 98%～99.3%(放热过程),其中酸吸收塔中的硫酸来自硫酸储罐。酸吸收过程会持续造酸,使硫酸储罐液位持续升高,当储罐液位达到 70% 以上时应将硫酸排出。

## 四、磺酸盐停车操作

### （一）停车操作流程简述

磺酸盐装置停工时,应先将磺化器处原料气( $SO_3$ )切入酸吸收系统,液硫切循环,主风机继续运行吹扫系统,原料油及磺化中和系统切自循环,系统吹扫合格后停运尾气处理系统及主风机。

### （二）硫黄粉尘防爆及灭火器使用

为防止粉尘爆炸,清理熔硫间卫生过程中要注意硫黄粉尘,熔硫间应始终维持清洁和通风,同时应注意操作细心。硫黄粉尘爆炸为可燃粉尘爆炸,属于化学爆炸,爆炸极限为 $3.5g/m^3$ ,因此在生产中输送和处理固体硫黄的设备应采取防爆措施。熔硫罐及液硫恒位槽出口都装有过滤器,需要定期清理。

操作人员要熟练掌握灭火器的使用方法,使用灭火器时应站在上风口,推车式干粉灭火器一般由 2 个人操作,手提式泡沫灭火器适用于扑救一般 B 类火灾,碳酸氢钠干粉灭火器适用于易燃、可燃液体、气体及带电设备的初起火灾。

**(三)硫酸操作安全防护及应急处理**

磺酸盐装置酸吸收系统会持续产生硫酸,随着硫酸储罐液位的升高,需要定期进行排酸操作。为了确保员工人身安全,酸吸收区域装有洗眼器喷淋设施,排酸要穿戴防酸碱服、防酸碱手套及防酸碱面罩,若有酸液溅到皮肤上,应立即先用大量清水冲洗再用硼酸溶液冲洗进行保护,若溅入眼内,应立即用大量清水冲洗 5min 以上再就医,生产中应避免硫酸废酸泄漏,以防污染环境及造成人身伤害。

**(四)装置废气、废液、废渣的组成及排放要求**

磺化系统排出的废气中含有 $SO_2$、$SO_3$、有机酸雾等成分,应经过酸吸收及尾气吸收系统处理合格后排放至大气。磺化反应采用 $SO_3$ 作为磺化剂,过程中遇水产生无机酸,而磺化反应的主产物为磺酸,无机酸是磺化反应的废液。尾气洗涤塔内洗涤液经吸收使用后排放,该废液中含有硫酸钠、亚硫酸钠等成分。磺酸盐生产过程中,装置需定期小修清理气液分离器、沉降分离器及尾气管路内的残渣,并统一收集存放外委处理。

# 项目二　配合仪表工调校控制阀的操作

## 一、准备工作

(1)员工穿好工服、工鞋,戴好安全帽和工作手套。

(2)选择合适的 F 形扳手、对讲机。

## 二、操作规程

(1)控制阀调校:现场操作人员对仪表控制阀校对部位进行检查,主控人员将仪表控制阀打到手动状态;现场操作人员与主控人员按照要求阀位对控制阀进行调校。

(2)控制阀检查:仪表控制阀校对结束后,现场操作人员必须对控制阀阀位进行检查,确认控制阀阀位调校合格。

## 三、注意事项

现场操作人员与主控人员配合调校控制阀过程中,控制阀阀位必须按照操作规程要求进行检查和确认。

# 项目三　投用再生空气加热器

## 一、准备工作

(1)员工穿好工服、工鞋,戴好安全帽和工作手套。

(2)选择合适的 F 形扳手、活动扳手。

### 二、操作规程

（1）排冷凝水：将蒸汽伴热回水疏水阀后的排水阀门打开一半开度，进行排水。

（2）投用蒸汽：缓慢打开蒸汽阀门，先开半圈，过 2~3min 后再开半圈，照此速度将阀门打开 2~3 圈；确认再生加热器内冷凝水已排净后，关闭冷凝水排水阀。

（3）导通流程：主控人员确认 DCS 再生流程阀位正确后，现场人员打开再生风机入口阀。

（4）启动再生风机：启动再生风机前必须检查静电接地是否良好，风机进口、出口软连接是否完好；检查确认合格后投用风机出口压力表；电工给风机送电后，现场按操作柱上的启动按钮启动风机。

（5）调整温度：调整蒸汽阀门开度和室外风链阀开度，将再生风机出口温度调整至 130~145℃。

### 三、注意事项

投用再生空气加热器时要缓慢打开蒸汽阀门，避免产生水击损坏设备。

# 项目四　投用熔硫间蒸汽

## 一、准备工作

（1）员工穿好工服、工鞋，戴好安全帽和工作手套。
（2）选择合适的 F 形扳手。

## 二、操作规程

（1）导通蒸汽流程：导通蒸汽流程前，操作人员必须到现场检查蒸汽压力，确认蒸汽压力不低于 0.8MPa、蒸汽分水器上部安全阀已经处于使用状态、消防蒸汽处于备用状态，对上述内容进行检查确认后，操作人员在现场导通熔硫间全部蒸汽伴热流程，并全开蒸汽冷凝水回水总线上疏水阀组的放净阀，排空积水；熔硫间全部蒸汽伴热流程导通后，现场人员打开蒸汽分水器后的气动阀组的前后阀门，确认气动阀组的副线阀门关闭后，准备投用蒸汽。

（2）投用蒸汽：主控人员在 DCS 系统上将蒸汽压力设定为 0.4MPa，投用气动阀；现场操作人员缓慢打开蒸汽分水器后去熔硫槽和恒位槽的两个蒸汽阀门至 1/4 开度，观察到熔硫间冷凝水总线疏水阀组排凝阀有蒸汽排出时，关闭排凝阀并全开去熔硫槽和恒位槽的两个蒸汽阀门，确认现场蒸汽压力达到 0.4MPa。

### 三、注意事项

熔硫槽和恒位槽引入蒸汽伴热时，要缓慢打开蒸汽阀门，避免产生水击损坏设备。

# 项目五　启动制冷机

## 一、准备工作

(1)员工穿好工服、工鞋，戴好安全帽和工作手套。

(2)选择合适的活动扳手。

## 二、操作规程

(1)制冷机启动前的检查：操作人员在现场打开制冷机循环水进出口阀门，检查并确认循环水进入到制冷机；启动乙二醇循环泵，检查并确认设备工作正常；检查并确认制冷机电气系统正常、供电正常；检查并确认制冷机仪表系统正常，可正常投用；检查并确认制冷机组自动保护装置的设定值已设定完毕；检查并确认油位在下视镜 1/2 至上视镜 1/2 之间。

(2)启动制冷机：确认加热器运行并已加热 5h 以上，现场操作人员按制冷机控制面板上的"启动"键，启动压缩机组。

(3)启动制冷机后的调整和确认：检查机组系统润滑油和制冷剂是否泄漏；检查并确认冷冻液出口温度正常(设定值)；检查并确认过低卸载蒸发压力正常(压力≥175kPa)；检查并确认停止加载排气压力(压力≤1030kPa)；检查并确认冷冻出水温度正常(设定值)；检查并确认机组运行状态为自动状态；检查并确认机组联锁投用正常。

## 三、注意事项

启动制冷机前必须进行预热，即加热器需要运行 5h 以上，保证制冷机顺利启动。

# 项目六　引蒸汽进装置的操作

## 一、准备工作

(1)员工穿好工服、工鞋，戴好安全帽和工作手套。

(2)选择合适的 F 形扳手。

## 二、操作规程

(1)引蒸汽前需要对引入的蒸汽系统进行检查，主要检查有无"跑、冒、滴、漏"现象。

(2)引入蒸汽前需要对蒸汽管线进行排凝，排净积水后按照顺序将蒸汽总阀门、调节阀前后阀门缓慢打开，并在排凝后关闭蒸汽放净阀门。

(3)蒸汽引入装置后，必须对蒸汽管线上各阀门的状态进行检查，确保蒸汽正常投用，尤其对蒸汽管线上的放净阀进行检查确认，确保关严、关紧。

### 三、注意事项

装置引入蒸汽时要缓慢打开蒸汽阀门，避免产生水击损坏设备。

# 项目七　调节转化塔一、二段温度

### 一、准备工作

（1）员工穿好工服、工鞋，戴好安全帽和工作手套。

（2）选择测温设备（红外测温仪）。

### 二、操作规程

（1）检查转化塔各段温度：转化塔一、二段入口温度的控制范围是 440～450℃，操作人员现场使用红外测温仪检查转化塔一、二段入口温度，并与 DCS 上显示的温度进行比对，若温度超出工艺指标要求，需要对温度进行调整。

（2）调节温度：调节转化塔一、二段入口温度时，首先检查冷却风机运行状态是否正常。具体检查内容包括检查冷却风机出口风压（不超过 5kPa）、风机皮带松紧度是否适中、油位是否在油杯的 1/2～2/3 处；确认冷却风机运行正常后可以调节转化塔一、二段入口温度，如入口温度高于工艺指标则逐渐开大阀门，如入口温度低于工艺指标则逐渐关小阀门，将温度控制在工艺指标范围内，待转化塔一、二段温度无明显波动后，在 DCS 上将转化塔一、二段配风阀门调整为自动控制。

### 三、注意事项

调节转化塔一、二段入口温度时，要逐渐调整阀开度，避免一次调整阀门开度过大造成温度出现较大范围波动。

# 项目八　原料罐内循环的操作

### 一、准备工作

（1）员工穿好工服、工鞋，戴好安全帽和工作手套。

（2）选择听棒、盘车链扳、测温仪、F 形扳手。

### 二、操作规程

（1）导通流程：操作人员现场全开原料罐罐底阀、原料循环泵入口阀、原料循环泵出口阀、原料罐顶循环阀。

（2）启动原料循环泵：启泵前，操作人员首先打开泵出口压力表根部阀，投用压力表，并打开泵出口导淋阀门进行灌泵检查，观察到物料从导淋处流出后关闭泵出口导淋阀门；灌泵结束后检查机泵地脚螺栓紧固情况,并对泵进行盘车检查,确认无卡阻后给泵送电,按下操作柱上启动按钮,启动原料循环泵。

(3)检查原料循环泵运行情况:启动原料循环泵后,操作人员需要检查泵出口压力、泵运转声音、电动机温度、电动机电流,现场有无泄漏情况,确认上述内容均正常后才能离开现场。

### 三、注意事项

启泵前必须进行盘车操作,避免启泵造成设备损坏。

# 项目九　离心泵流量的调节

### 一、准备工作

(1)员工穿好工服、工鞋,戴好安全帽和工作手套。
(2)选择活动扳手、F 形扳手。

### 二、操作规程

(1)调节离心泵流量:离心泵运行后缓慢开大泵出口阀门,并使泵出口压力保持在操作压力范围之内,增大流量;离心泵运行后缓慢关小泵出口阀门,并使泵出口压力低于操作压力上限,降低流量。

(2)流量调节结果检查:调节离心泵流量操作完成后,需要重新对工艺流程进行检查,对流量进行检查对比,确认调节后流量达到生产要求。

### 三、注意事项

调节离心泵流量时必须缓慢开大或关小泵出口阀门,避免开、关阀门过快造成泵出口压力不正常或流量波动较大。

# 项目十　控制阀改副线操作

### 一、准备工作

(1)员工穿好工服、工鞋,戴好安全帽和工作手套。
(2)选择活动扳手、F 形扳手。

### 二、操作规程

(1)控制阀改副线操作:操作人员首先打开控制阀副线阀门,然后再关闭控制阀前后手阀将控制阀进行隔离;根据流量要求现场调节副线阀开度,将流量调到规定范围内并保持稳定。

（2）操作结束后检查：控制阀改副线操作后必须对流量进行检查，检查流量是否在规定范围内且保持稳定，检查现场有无"跑、冒、滴、漏"等异常情况，如有及时处理。

### 三、注意事项

使用副线阀调节流量时必须缓慢调节阀门开度，避免开、关阀门过快造成流量波动较大，影响生产。

# 项目十一　磺酸输出泵的启动

### 一、准备工作

（1）员工穿好工服、工鞋，戴好安全帽和工作手套。
（2）选择活动扳手、F形扳手。

### 二、操作规程

（1）导通流程：操作人员现场确认气液分离器液位高于30%；操作人员现场打开气液分离器出口阀、磺酸输出泵入口阀、磺酸输出泵出口阀、关闭磺酸输出泵入口副线阀；操作人员现场检查并确认磺酸输出泵至中和系统设备上的导淋全部关闭。

（2）启动磺酸输出泵：主控人员在DCS上检查并确认磺酸输出泵变频为手动控制，将变频设置为"0"，操作人员在现场通过操作柱上的启动按钮启动磺酸输出泵。

（3）调节磺酸输出泵输出流量：主控人员在DCS上将磺酸输出泵变频设定为30%，观察气液分离器液位变化情况，通过手动提高或降低磺酸输出泵变频，使气液分离器液位稳定在35%，然后将气液分离器液位设定为自动控制。

### 三、注意事项

启泵前必须检查并确认磺酸输出泵至中和系统设备上的导淋全部关闭，避免启泵后造成物料泄漏。

# 项目十二　硫酸循环泵的启动

### 一、准备工作

（1）员工穿好工服、工鞋，戴好安全帽和工作手套。
（2）选择活动扳手、F形扳手。

### 二、操作规程

（1）导通流程：操作人员现场确认硫酸循环槽液位在50%~60%；打开硫酸循环槽底部出口阀门、酸吸收换热器进酸阀，检查并确认酸吸收换热器至酸吸收塔管线法兰处无渗漏；

确认泵出口至硫酸储罐阀门关闭、流程中所有导淋已关闭；打开酸吸收换热器循环水回水阀和来水阀。

（2）启动硫酸循环泵：操作人员现场全开泵进、出口阀，通过操作柱上的启动按钮启动磺酸输出泵。

### 三、注意事项

导通流程过程中必须检查、确认酸吸收换热器至酸吸收塔管线法兰处无渗漏、泵出口至硫酸储罐阀门关闭、流程中所有导淋已关闭，避免造成硫酸泄漏。

# 项目十三　液硫供料泵的启动

## 一、准备工作

（1）员工穿好工服、工鞋，戴好安全帽和工作手套。

（2）选择对讲机、F形扳手。

## 二、操作规程

（1）确认蒸汽投用情况：操作人员现场检查确认恒位槽蒸汽已投用，查看现场温度计确认恒位槽的温度在140～150℃；检查确认液硫流量计蒸汽已投用；检查确认燃硫炉硫黄入口蒸汽已投用。

（2）确认液硫供料泵投用情况：操作人员现场检查确认液硫供料泵已经投用；与中控联络，确认使用的液硫供料泵位号。

（3）确认所需工艺流量：操作人员在现场联系运行工程师，问清楚所需的工艺流量；投用液硫供料泵出口流量计，并确认其伴热正常。

（4）启动液硫计量泵：操作人员联系电岗人员给液硫供料泵送电后启泵；主控人员在DCS上调整所需的工艺流量。

## 三、注意事项

启动液硫供料泵前必须确认工艺流程中蒸汽伴热投用正常、温度达到要求范围，避免蒸汽投用异常、在硫黄未达熔融状态时启泵，造成设备损坏。

# 项目十四　制冷机油泵的启动

## 一、准备工作

（1）员工穿好工服、工鞋，戴好安全帽和工作手套。

（2）选择活动扳手。

### 二、操作规程

（1）检查紧固件情况：操作人员现场检查确认地脚紧固螺栓、防护罩紧固螺栓、静电接地紧固螺栓、油泵出口法兰及管线的紧固螺栓紧固正常。

（2）盘车：操作人员现场按泵转动方向盘车540°。

（3）启动油泵：操作人员现场打开油泵出、入口阀，启动油泵。

### 三、注意事项

操作人员现场点动电动机，启动油泵过程中必须保证手套或手干燥，避免湿手启泵造成触电。

# 项目十五　　烟酸罐排酸操作

### 一、准备工作

（1）员工穿戴好防酸碱服、安全帽、工鞋和防酸碱手套。

（2）选择F形扳手、对讲机、面屏。

### 二、操作规程

（1）操作人员现场检查确认烟酸罐出口阀门、入口阀门、$SO_3$过滤器、冷却器下部视镜阀门、仪表风阀门处于关闭状态。

（2）操作人员联系主控确认仪表风风压在0.5~0.6MPa。

（3）操作人员现场缓慢打开烟酸罐出口阀门，缓慢打开仪表风阀门，开度为30°，开始排酸。

（4）操作人员现场通过观察烟酸罐视镜确认罐内无积酸，排酸结束。

（5）操作人员先关闭仪表风阀门，然后关闭烟酸罐出口阀门。

### 三、注意事项

（1）操作人员排酸前必须检查确认已经穿戴好防酸碱服、防酸碱手套和面屏，避免酸液腐蚀伤人。

（2）操作人员排酸时要缓慢打开烟酸罐出口阀门和仪表风阀门，避免酸液喷溅伤人。

# 项目十六　　清理液硫框式过滤器

### 一、准备工作

（1）员工穿好工服、工鞋，戴好安全帽和工作手套。

（2）选择扳手、加力套管、便携式测温仪。

## 二、操作规程

（1）操作人员通过主操确认液硫恒位槽液位已到0m。

（2）操作人员现场检查并确认过滤器伴热蒸汽投用正常,用测温仪测管线温度达到140~150℃。

（3）操作人员用扳手和加力套筒打开过滤器上部压盖,螺栓要按对角交叉的方式打开。

（4）操作人员取出过滤器滤网,将滤网用蒸汽冲净,检查滤网上没有残余污物且滤网完好后开始回装过滤器。

（5）操作人员将滤网放回过滤器内部,用扳手和加力套筒关闭过滤器上部压盖,螺栓要按对角交叉的方式拧紧。

## 三、注意事项

操作人员使用蒸汽冲洗滤网时,蒸汽阀门要缓慢打开,避免烫伤。

# 项目十七　空气冷却器排水

## 一、准备工作

（1）员工穿好工服、工鞋,戴好安全帽和工作手套。

（2）选择F形扳手、活动扳手、钳子、胶管、铁丝。

## 二、操作规程

（1）连接胶管:操作人员将胶管连接到循环水导淋和冷凝水导淋处,并用铁丝紧固,然后将胶管引入排水井。

（2）循环水排水:操作人员现场关闭循环水来水阀门、回水阀门、来水跨线阀门;全开空气冷却器循环水进口阀门,缓慢打开循环水排水导淋,开始排水;通过观察循环水压力逐渐降低至"0",确认循环水排净。

（3）冷凝水排水:操作人员现场缓慢打开冷凝水排水阀门,至全开;打开冷凝水排水导淋阀门,开始排水;检查冷凝水排水导淋阀门处基本无水流出,确认冷凝水已排净。

（4）关闭阀门:操作人员现场关闭空气冷却器循环水进水阀门、循环水排水导淋阀门、冷凝水排水阀门、关闭冷凝水排水导淋阀门。

## 三、注意事项

操作人员排水前必须检查排水导淋处胶管已紧固,排水时要缓慢打开排水导淋阀门,避免排水时胶管脱落或胶管甩动伤人。

# 模块三　设备使用与维护

## 项目一　相关知识

### 一、设备使用

#### （一）机泵的使用

##### 1. 离心泵的使用要求

离心泵启动前必须先进行盘车，应手动盘车，严禁送电盘车和用棍、棒帮助盘车。手动盘车一般是在开车前盘动转子，主要是检查泵转子是否正常、轴承是否有问题，泵放置一段时间后可能会有介质凝聚或者泵壳与转子之间有锈蚀、发生粘连等。如果直接启动泵，可能会导致瞬间电动机电流过大。

离心泵启动前为了防止发生气缚现象的发生，首先要进行灌泵操作。若在启动离心泵之前不向泵内灌满液体，由于空气密度低，叶轮旋转后产生的离心力小，叶轮中心区不足以形成吸入储槽内液体的低压，因而虽启动离心泵也不能输送液体，即发生气缚。因此，在启动之前，必须向泵内灌满被输送的液体，即灌泵。

机泵输送高温物料时需对机泵进行提前预热操作，机泵的预热应在灌泵后、启动前进行操作。

生产过程中，离心泵运转时一旦发生故障，例如离心泵电动机电流持续超过警戒电流，必须进行切换泵操作。切换时，应先开备用泵，再停运行泵，备用泵处于入口阀打开、出口阀关闭、电动机已送电状态方可进行切换操作。

正常情况下机泵是严禁反转的，这样不但使泵产生磨损，同时大大地增加了启动泵的功率和装置能耗。离心泵"反转"主要从工艺管道和电气操作上查找原因，如离心泵检修后试车时发现出现反转，原因应该是电动机电源反相；停泵时出现反转，则是因为泵出口没安装止逆阀而向泵内返料。

##### 2. 计量泵、旋转泵和旋涡泵的特点

计量泵是带有行程或往复次数调节的、可以满足各种严格的工艺流程需要、用来输送液体（特别是腐蚀性液体）的一种特殊容积泵，也称定量泵、比例泵或可控流量泵。计量泵主要由动力驱动、流体输送和调节控制三部分组成，动力驱动装置经由机械连杆系统带动流体输送隔膜实现往复运动。计量泵一般可分为柱塞计量泵和隔膜计量泵两种。

旋转泵具有的特点是流量不随扬程而变，与其他泵相比，其显著特性为流量小、扬程高、效率高，本身有自吸能力，无须灌泵操作。

旋涡泵适用于高扬程、小流量流体输送，一般旋涡泵的扬程比离心泵在相等叶轮直径下大 2~5 倍，而离心旋涡泵的抗汽蚀性能较好，扬程较一般的旋涡泵还要高，例如 W 型旋涡

泵供输送不含固体颗粒、温度 $-20\sim80℃$、黏度小于 $37.4mm^3/s$ 的无腐蚀性液体,扬程范围可达 $16\sim132m$。

3. 机泵的铭牌标识

单级离心油泵的型式代号是 Y,单级单吸离心泵的型式代号是 IS,单级双吸离心泵的型式代号是 S、SH,分段式多级离心泵的型式代号是 D。

压缩机型号以 P-3/285-320 的氮氢气循环压缩机为例,其中"3"代表公称容积流量为 $3m^3/min$,"285"代表公称吸气表压力,"320"代表公称排气表压力,"P"代表机型代号为卧式直列式活塞式压缩机。

三相异步电动机的铭牌一般包含型号、额定功率、额定速度、额定电压、额定电流、防护等级、额定频率、接法等内容,如一台三相交流异步电动机的型号是 YB-132M2-6,其中"Y"表示异步电动机,"B"代表隔爆型,"132"表示中心高为 132mm,"M"表示电动机座类型,"2"表示 2 号铁芯长度,"6"表示极数。

**(二) 阀门的使用**

1. 阀门型号的代号含义

阀门的型号代号由七部分组成,即阀门类别代号、传动方式代号、连接形式代号、结构形式代号、阀门密封面或衬里材料代号、公称压力数值、阀体材料代号,例如闸阀的类别代号是"Z"、阀门连接方式是法兰连接的类别代号是"4"、电动阀门传动方式代号为"9"、气动阀门传动方式代号为"6"。

2. 各类阀门的结构

阀门按结构原理主要可分为闸阀、截止阀、蝶阀、球阀、旋塞阀、柱塞阀、止回阀、安全阀、减压阀、疏水阀、隔膜阀、节流阀、调节阀、多用阀等。另外,在化工装置中,通常大口径的阀门还设有旁通阀,主要是为了在开启前对阀门进行泄压。

调节阀一般由执行机构和阀门组成,可分为气动、电动、液动三种,通过调节阀阀芯的开关动作,实现工艺管道内介质流量的调节。为了防止阀芯被介质腐蚀,调节阀阀芯和阀座通道一般制作成非金属或金属衬里。气动调节阀结构中,起感应并传递信号作用的是膜片。电动调节阀是工业自动化过程控制中的重要执行单元仪表,它的执行机构是伺服电动机。与传统的气动调节阀相比,电动调节阀具有节能(只在工作时才消耗电能)、环保(无碳排放)、安装快捷方便(无须复杂的气动管路和气泵工作站)的优点,随着工业领域的自动化程度越来越高,正被越来越多地应用于自来水厂、热力站、电厂、非防爆场所、无气源的中小型企业等各种工业生产领域中。在使用过程中如果没有辅助条件,电动调节阀在断电时处于原位置不动。

截止阀是一种截断类阀门,它利用阀杆升降带动与之相连的圆形盘,改变阀盘与阀座间的距离达到控制阀门的启闭和开度的目的。截止阀根据阀体结构形式不同可分为标准式、流线式、直线式及角式,不同结构形式的截止阀对流体的阻力不同,流线式对流体的阻力最小,应用最为广泛。

隔膜阀是依靠在阀体与阀盖之间柔软的橡胶膜或塑料膜来控制流体运动的。常用的隔膜阀有衬胶隔膜阀、衬氟隔膜阀、无衬里隔膜阀、塑料隔膜阀等。

旋塞阀是指关闭件(塞子)绕阀体中心线旋转来实现开启和关闭的一种阀门,主要有启闭、分配、改向的功能，主要用于输送 150℃ 和 1.6MPa 以下的含悬浮物和结晶颗粒液体、黏度较大的物料、压缩空气或废蒸汽与空气混合的管道，DN<20mm。

球阀是由旋塞阀演变而来的，它的启闭件是一个带通孔的球体，利用球体绕阀体中心线旋转达到开启和关闭的目的，主要用于低温、高压或黏度较大的流体输送管路或设备上。

蝶阀利用一可绕轴旋转的圆盘来控制管道的通断，转角的大小反映阀门的开启程度。根据传动方式不同，蝶阀分为手动、气动、电动三种，蝶阀安装时应使介质流向与阀体上所示箭头方向一致，这样介质的压力有助于提高关闭的密封性。

节流阀是通过改变节流截面或节流长度以控制流体流量的阀门，将节流阀和单向阀并联则可组合成单向节流阀，由于节流阀密封性较差，因此不宜作隔断阀。

减压阀依靠电敏感应元件（膜片、弹簧）改变阀瓣的位置将介质压力降低以达到减压的目的。

止回阀是利用阀前后介质的压力差而自动启闭控制介质单向流动的阀门，又称止逆阀或单向阀，按结构不同可分为升降式和旋启式两种，可用于泵和压缩机的管道上，也可用于疏水器的排水管道上。

疏水阀的基本作用是将蒸汽系统中的凝结水尽快排出，同时最大限度地自动防止蒸汽的泄漏。疏水阀的品种很多，各有不同的性能，按照排除冷凝水的方式可分为间歇排出式和连续排出式；按照结构形式可分为浮球式、脉冲式、双金属片式、热动力式及钟帽浮子式。选用疏水阀时，首先应选特性能满足蒸汽加热设备的最佳运行条件的阀门，然后才考虑其他客观条件，这样选择所需要的疏水阀才是正确和有效的。

电磁阀是用电磁控制的工业设备，是用来控制流体的自动化基础元件，属于执行器，用在工业控制系统中调整介质的方向、流量、速度和其他的参数，其主要特点是安全、方便、型号多、用途广。电磁阀只有全关、全开两种位置，并可以用在两位式的控制上，但不可以进行连续调节。另外，电磁阀一般不用在较大口径切断控制的管线进行物料控制。电磁阀常用的电压是 220V AC、24V DC。

安全阀操作人员应根据国家有关规程和标准的要求，正确地进行安全阀的安装和使用，定期进行校验和修理，并应做好平时的维修和保养工作。现场安全阀最好直接安装在压力容器本体的最高位置，应与容器直接连接并垂直安装。安全阀安装的正确与否，不但关系到安全阀能否正常工作并发挥其作用，而且同时也将直接影响到安全阀的动作性能、密封性能、排量性能。运行中的安全阀要经常检查铅封是否完好，杠杆安全阀还要检查重锤是否有松动或位移以及另挂重物。

生产过程中需要定期对储罐呼吸阀进行检查，当气温低于 0℃ 时，应增加检查的频次。检查时发现呼吸阀阀盘出现锈蚀和磨损时，应及时拆卸阀盘，如果测量其减重大于原重的 5% 时，停止使用。

### （三）仪表的使用

1. 流量计

测量流体流量的仪表统称为流量计或流量表。随着工业生产的发展，对流量测量的准确度和范围的要求越来越高，在使用和安装过程中，针对不同的流量计要求也不相同，如使用转子流量计时，流量计的正常流量最好选在仪表上限的 $1/3 \sim 1/2$。

文丘里流量计原理与孔板流量计相同,只是将测速管径先做成逐渐缩小然后又做成逐渐扩大,以减小流体流过时的机械能损失。

### 2. 温度计

温度是表示物体冷热程度的物理量,而温度计是判断和测量温度的仪器。常用的温度计有膨胀式、电阻式、热电式等接触式温度计,液柱式温度计和双金属温度计都是膨胀式温度计。双金属温度计是利用金属的热膨胀系数不同而制成的温度计;热电偶温度计是根据构成热电偶的两种导体或半导体的材质不同,在冷、热端温度不同时,在热电偶的检测回路中产生电动势,电动势的大小与热电偶两端温度有关而制成的;而利用金属阻值随温度变化的特点而制成的温度计是热电阻温度计。

### 3. 压力表

压力表在正常使用时需要在压力表表面刻度盘画上警戒线,它的依据是容器允许的最高压力。各种压力表安装好后,需注明位号、被测介质名称等,以便于记录和操作,禁止用普通压力表代替特殊压力表进行使用。为保证测量的准确度,在使用过程中应加强维护、定期清洗、及时更换压力表机芯。压力容器上使用的压力表应定期校验,合格的压力表应铅封。

### 4. 液位计

生产过程中的储罐、塔类等容器内所存的液体高度或表面位置称为液位,液位计是用来观察和测量设备内液面变化情况的测量仪表。液位计有音叉振动式、磁浮式、压力式、超声波、声呐波、磁翻板、雷达等类型。选用液位计应根据被测流体介质的物理性质和化学性质来决定,使液位计的通径、流量范围、衬里材料、电极材料和输出电流等,都能适应被测流体的性质和流量测量的要求。在高压和耐腐蚀场合应使用碳钢制玻璃板液位计;寒冷地区室外应选用夹套型或保温型液位计。在石化罐区不同储罐和不同介质中选用适合的液位计,可以获得更加准确的测量结果,保证装置的正常和安全生产。

液位计安装完毕并经调校后,应在刻度盘上的最高和最低安全液位作出明显标记。此外,还应加装报警装置,当达到或超过警戒线时能做到自动报警。使用前应进行压力试验操作,使用过程中,要保持完好、清洗以防止读假液位。当发现液位计超过检验周期,玻璃板有裂纹、破碎,阀件固死,经常出现假液位等情形时应停止使用。

### 5. 可燃气体报警器

可燃气体报警器又称气体泄漏检测报警仪器。当工业环境中可燃气体泄漏时,气体报警器检测到气体浓度达到爆炸报警器设置的临界点,报警器就会发出报警信号,以提醒应采取安全措施,并驱动排风、切断、喷淋系统,防止发生爆炸、火灾、中毒事故,从而保障安全生产。可燃气体报警器所用单位名称为%LEL,LEL 意思是爆炸下限。报警仪在使用时,首先应调整报警仪的量程和零点,设定报警仪的设定值时应根据设计要求进行。

### (四)设备管理的内容

#### 1. 设备管理"四懂三会"的内容

化工装置设备管理要求操作人员对设备做到正确使用,精心维护,用严肃的态度和科学方法来维护、检修设备。设备操作人员对岗位范围的设备必须做到懂构造、懂性能、懂原理、懂事故原因及排除方法;并且会操作、会维护保养、会一般性事故排除,严格执行岗位责任制和安全操作规程。在日常生产过程中,要加强对设备的巡回检查,对在运的离心泵等转动设备,操作人员应经常检查轴承温度、各连接螺栓有无松动现象以及有无异常声响和强烈震动等。

### 2. 填料的填装

在化工生产中,填料通常指装于填料塔内的惰性固体物料,其主要作用是提供气-液传质接触界面,使其相互强烈混合。填料的主要性能参数有堆积密度及个数、填料因子、比表面积及空隙率等,其优劣主要体现为传质效率、气体通量、床层压降。因此,在相同操作条件下,填料的比表面积大,空隙率越大,结构越敞开,则通量越大,压降越低,填料的性能也就越好。

填料的装填方式可分为乱堆填装与规整填装两种。散装填料是一粒粒具有一定几何形状和尺寸的颗粒体,一般以散装方式堆在塔内,又称为乱堆填料或颗粒填料。散装填料根据结构特点的不同,可分为环形填料、鞍形填料、环鞍形填料及球形填料,典型的散装填料主要有拉西环、鲍尔环、阶梯环填料等。规整填料是一种在塔内按均匀几何形状排列、整齐堆砌的填料。规整填料种类很多,根据几何形状可分为栅格填料、波纹填料、脉冲填料等。

### 3. 加热设备的使用方法

化工生产中常用的加热设备有换热器、加热炉、电加热器等,应根据生产需求的不同选择不同的加热设备和使用方法。如蒸馏塔底加热器,在使用中应先缓慢向塔内加入物料,再启用加热器;而加热器在加热罐内物料时,物料液面控制应为液位在加热器之上。

## 二、设备维护

### (一)设备的操作要求

机泵的"五字操作法"是指看、听、摸、比、闻。操作工可经常利用"五字操作法"检查运行中机泵各连接管口和压盖有无渗漏现象,如生产中用"听、摸"的方法检查压缩机运行声音和振动情况,发现异常可即时进行解决。机泵检修前要将机泵内物料泄尽并进行中和置换和清洗,特别是输送易燃、易爆介质时。

### (二)压力表和温度计的维护保养

温度计在使用过程中如出现破损或刻度指示不清、指示波动较大超出或小于指示范围、现场使用温度计超过校验期,都应该进行更换。

现场压力表使用中除了仪表自身确实存在的质量问题之外,由于其工作状态中存在比较严重的震动、介质震动以及载荷的瞬间冲击等情况,就会出现过压、机芯损坏等问题,从而造成紧固位置松动、指针松动、严重磨损等情况的出现。一旦在用的压力表出现玻璃破碎或指针模糊、指针不回零,并且超过压力表允许误差、表内漏气或指针剧烈跳动的情况,应即时进行压力表的更换。现场使用的压力表即使没有损坏,超期也必须更换,对换下的表进行校验。只有严格执行压力表使用及检定规程规范要求,正确查找和分析压力表使用故障,并有效地排除问题,才能确保压力表使用中其量值准确。

### (三)阀门的维护保养

阀门的有效密封取决于各个部件的整体状况。特别应该注意,在进行密封填料安装前,确保需要更换密封填料的阀门已经和系统进行有效的隔离。如在正常生产时密封填料失去弹性情况下,需更换阀门填料,首先关闭出口阀,将另一端泄压,然后将阀门压盖拆开,取出旧填料,更换新填料。在更换截止阀填料时,只有在阀门安装方向操作,才能使填料与介质不接触。

**(四)设备的防冻保温要求**

化工生产保温是指为减少设备、管道及其附件向周围环境散热,减少管道热损耗,在其外表面采取的增设保温层(包覆绝热保温材料)的措施。保温材料的导热系数要越小越好,另外耐热性要好,允许的最高使用温度应高于管道内流体温度,有一定机械强度,可燃性和水分含量要小。常用的保温材料有岩棉、聚氨酯泡沫塑料等。

冬季输送物料的机泵应考虑防冻措施。冬季为了防止冻坏露天机泵应采取放净冷却水、水管线阀门小开、保持水流动等措施。机泵冬季输送凝点较低、黏度较大的物料后,要及时联系用蒸汽或风清扫机泵和管线。

在冬季,化工生产装置各设备、管线、阀门的伴热线,任何时候均要通汽通水,并保证畅通;为防止冻凝,蒸汽线的排凝阀或放空阀要采取微量排汽、排水法;冬季一旦发生停汽停水时,应将所有蒸汽线、水线彻底吹扫干净,并与装置外总线隔绝,或在适当地方排出;冬季停用的设备和管线必须吹扫干净,不能用风扫的设备和管线,必须把低处排凝阀打开把存水放掉。

**(五)润滑油的使用**

1.润滑油的种类及用途

润滑油是用在各种类型机械上用以减少摩擦、保护机械及加工件的液体润滑剂,主要起润滑、冷却、防锈、清洁、密封和缓冲等作用。工业润滑油主要有液压油、齿轮油、汽轮机油、压缩机油、冷冻机油、变压器油、真空泵油、轴承油、金属加工油(液)、防锈油脂、气缸油、热处理油和导热油等。其中机械油主要用于离心机、大型水泵、蒸汽机、中小型电动机;车辆齿轮油主要用于汽车手动变速箱等;真空泵油主要用于真空泵的密封与润滑。

2.润滑油三级过滤的注意要点

润滑油三级过滤是为了减少油液中的杂质含量,防止尘屑等杂质随油进入设备而采取的净化措施,概括为入库过滤(油箱)、发放过滤(油壶)和加油过滤(注油点)。

(1)入库过滤:油液经过输入库泵入油罐储存时,必须经过严格过滤,从领油大桶到储油箱是一级,滤网是60目。

(2)发放过滤:油液注入润滑容器时要过滤,从储油桶到油壶是二级,滤网是80目。

(3)加油过滤:油液加入设备储油部位时也必须先过滤,从加油壶到注油点是三级,滤网是100目。润滑油滤网通常采用不锈钢材质,过滤润滑油后要及时清洗滤网上的残渣,保证滤网畅通。

3.润滑油的指标

酸值用来衡量润滑油的酸度,用中和1g试样油中的酸所消耗的KOH毫克数来表示,即mgKOH/g。它是一项控制润滑油精制深度和评定油品中有机酸含量的重要指标,润滑油的酸值越大,表明润滑油质量越差。润滑油在使用过程中,会逐渐发生氧化变质,其酸值一般会增加,也就是说润滑油的酸值是因润滑油精制酸度效果差而产生的。

机械杂质是指以悬浮或沉淀状态存在于润滑油中、不溶于汽油或苯、可以过滤出来的物质,通常是在油品加工时处理不净或在储运、使用中,从外界掉入的灰尘、泥沙、金属等。这些物质不但影响油品的使用性能,如堵塞输油管线、油嘴、滤油器等,而且还会增大设备的腐蚀,破坏油膜而增加磨损和积炭等。因此,轻质油品绝对不允许有机械杂质存在,而对于重质油品则要求不那么严格,一般限制在 0.005%~0.1%。

抗乳化性是工业润滑油的一项很重要的理化性能,它是以抗氧化度为指标的,抗乳化性差的油品,其氧化稳定性也差。若润滑油中的机械杂质较多,或含有皂类、酸类及生成的油泥等,在有水存在的情况下,润滑油就容易乳化而生成乳化液。如果润滑油的抗乳化性不好,不仅会妨碍润滑效果,而且能腐蚀设备,因此如汽轮机等重要机组就需要使用抗乳化性能高的润滑油。

润滑油的抗氧化性是指润滑油在高温时抵抗空气氧化作用的能力,抗氧化性低主要表现为浑浊、有沉淀物、颜色深等。

# 项目二　干粉灭火器使用

## 一、准备工作

工具材料:安全帽 1 个、防护手套 1 副、防护眼镜 1 个、干粉灭火器。

## 二、操作规程

(1)操作人员灭火前穿戴好安全帽、手套、防护眼镜等个人劳动保护用品。

(2)操作人员手提灭火器的提把迅速赶到着火处,在距离起火点 5m 左右处放下灭火器。

(3)在室外使用时,应占据上风方向,使用前,先把灭火器上下颠倒几次,使筒内干粉松动。

(4)拔下保险销,一只手握住喷嘴,对准火焰根部。

(5)另一只手用力压下压把使干粉喷出进行灭火。

(6)应始终使灭火器保持直立状态,不得横卧或颠倒使用。

## 三、注意事项

干粉灭火器扑救易燃液体火灾时,不能将喷嘴直接对准液面喷射,应对准火焰根部扫射,直至把火焰全部扑灭。

# 项目三　阀门开关操作

## 一、准备工作

(1)设备:对讲机 2 台(主控、现场各 1 台),便携式有毒有害气体报警器 1 台(外操配带)。

(2)工具材料:安全帽 1 个、防护手套 1 副、防护眼镜 1 个、F 形扳手 1 个。

(3)人员:外操 1 名、内操 1 名。

## 二、操作规程

（1）外操接到内操人员或班长开关阀门通知后，明确开关阀门的阀位、开关量、开关阀门的目的。

（2）外操到现场检查阀门开关状态、有无泄漏。

（3）外操缓慢进行开关阀门操作，如开关较紧，可借助 F 形扳手缓慢操作。

（4）外操完成开关阀门操作后，及时检查现场压力、温度等参数的变化情况，如波动较大应及时联系内操或班长并进行调节。

（5）外操确认开关阀门操作无误后，将开关阀门情况向内操人员和班长进行报告。

（6）外操得到内操人员或班长认可操作后方可离开操作现场。

## 三、注意事项

（1）如果阀门开关不动，严禁用 F 形扳手强行操作。

（2）开关阀门操作后要及时确认现场阀门开关操作正确无误，各项工艺控制指标在规定范围内。

# 项目四 液位计的投用

## 一、准备工作

（1）设备：对讲机 2 台（主控、现场各 1 台），便携式有毒有害气体报警器 1 台（外操配带）。

（2）工具材料：安全帽 1 个、防护手套 1 副、防护眼镜 1 个、F 形扳手 1 个。

（3）人员：外操 1 名。

## 二、操作规程

（1）外操检查新更换的液位计流程安装是否正确、液位计是否完好无损。

（2）外操打开液位计上下导管切断阀及面板角阀。

（3）外操打开导淋，将液位计积液排净后关闭导淋，观察液位计实际液位情况。

（4）现场液位计投用后，若液位观察不明显，外操可打开液位计导淋确认实际液位。

（5）液位计投用后，联系控制室进行液位计校对，同时检查液位计是否有泄漏情况。

## 三、注意事项

（1）要考虑被测介质的物理和化学性质以及工作压力、温度、安装条件、液位变化的速度等。

（2）测量高温介质液位计的投用方法是微开投用阀，预热一段时间后再全开投用。

（3）磁翻板液位计本体周围不允许有导磁物质接近，禁用铁丝固定，否则会影响磁翻板液位计的正常工作。

# 项目五　安全阀的投用

## 一、准备工作

（1）设备：对讲机 2 台（主控、现场各 1 台），便携式有毒有害气体报警器 1 台（外操配带）。

（2）工具材料：安全帽 1 个、防护手套 1 副、防护眼镜 1 个、F 形扳手 1 个。

（3）人员：外操 1 名。

## 二、操作规程

（1）外操在安全阀投用前要检查安全阀是否有校验标识且在有效期内、阀体铅封是否完好。

（2）检查安全阀入口、出口法兰上的螺栓有无规格不统一、长度不统一、以低代高的现象，垫片有无规格型号用错现象。

（3）在开车前单元试漏过程中，检查安全阀是否存在内漏，如内漏应联系检修重新对安全阀修理校验。

（4）外操检查完毕后打开安全阀的前后端阀投用。

（5）安全阀投用后外操要检查安全阀法兰口、阀体丝堵等处有无物料外漏现象，以及安全阀结霜等内漏现象。

（6）检查安全阀的前、后手阀是否处于全开状态，且手轮已经上铅封，禁止关闭。

## 三、注意事项

（1）禁止用加大载荷的方法（如过分拧紧弹簧式安全阀的调节螺钉或在杠杆式安全阀的杠杆上加挂重物等）来消除泄漏。

（2）注意安全阀的前、后手阀是否处于全开状态，且手轮已经上铅封，禁止关闭。

（3）要经常保持安全阀的清洁，防止阀体弹簧等被油垢脏物堵满或被腐蚀，防止燃气安全阀排放管被油污或其他异物堵塞；经常检查铅封是否完好，防止杠杆式安全阀的重锤松动或被移动，防止弹簧式安全阀的调节螺钉被随意拧动。

（4）定期检查运行中的安全阀是否有泄漏、卡阻及弹簧锈蚀等不正常现象，并注意观察调节螺套及调节圈紧定螺钉的锁紧螺母是否有松动，若发现问题应及时采取适当措施。

# 项目六　压力表的投用

## 一、准备工作

（1）设备：对讲机 2 台（主控、现场各 1 台），便携式有毒有害气体报警器 1 台（外操配带）。

（2）工具材料：安全帽 1 个、防护手套 1 副、防护眼镜 1 个、F 形扳手 1 个。

（3）人员：外操 1 名。

## 二、操作规程

(1)外操根据容器的压力等级、工作介质、观察点距离选择适宜的压力表;安装压力表时,应保证压力表的量程大于系统压力,且是被测压力的1.5~2倍。

(2)安装压力表前,检查压力表是否经过检验合格并有铅封。

(3)压力表应安装在最醒目的地方,并应避免装在受热辐射、震动等影响的地方。

(4)高处压力表应稍向前倾斜一定的角度,压力表与容器间应安装三通,便于卸换和校验压力表。

(5)外操在压力表安装时,要加四氟垫片和要缠绕四氟带,稍开一次阀门进行排气,然后安装并拧紧螺纹,把根部阀缓慢打开投用压力表。

(6)安装后,外操在刻度盘上粘贴好年检标识和警戒线。

## 三、注意事项

(1)避免震动。

(2)使用环境温度如偏离过大时,须考虑温度附加误差。

(3)被测压力应保持在仪表的满量程的$\frac{2}{3}$左右。

(4)仪表储藏环境周围空气中不能含有能引起其腐蚀的有害杂质,而且空气相对湿度不能太大。

(5)仪表使用前后应妥善保管,切忌碰撞和强烈震动。

# 项目七　过滤器的投用

## 一、准备工作

(1)设备:对讲机2台(主控、现场各1台),便携式有毒有害气体报警器1台(外操配带)。

(2)工具材料:安全帽1个、防护手套1副、防护眼镜1个、F形扳手1个、10in扳手1个。

(3)人员:外操1名。

## 二、操作规程

(1)外操检查过滤器出入口压力表、阀门是否好用,螺栓有无松动。

(2)外操在输进介质之前打开排放阀门排除污垢,打开排气阀后,缓慢打开介质入口阀门。

(3)在投用油过滤器时,备用油过滤器排气时,现场排出的油排向油桶或回收到油箱内。

(4)过滤器投用后,外操检查有无渗漏、异响、震动,并查看过滤器出入口压力表数值是否正常。

### 三、注意事项

（1）进出口阀门在过滤器投用时打开，反冲洗进出口阀门在反冲洗时使用，气体排空阀在过滤器投用时排气用（打开进口阀、排空阀，待排空阀出液后，慢慢打开出口阀），正洗排放阀在正洗时使用。

（2）当过滤器压差大堵塞时，关闭进出口阀，再打开反冲洗进出口阀，进行反冲洗。

（3）泵的过滤器应该安装在泵的入口处；管线必须进行严格地吹扫，吹扫前应拆下过滤网，以免堵塞。

（4）运行中的机组切换过滤器时应该对备用过滤器缓慢进油排气，排气后关闭排气阀缓慢切换至备用过滤器，避免油压波动。

# 项目八　过滤器的切换

### 一、准备工作

（1）设备：对讲机 2 台（主控、现场各 1 台），便携式有毒有害气体报警器 1 台（外操配带）。

（2）工具材料：安全帽 1 个、防护手套 1 副、防护眼镜 1 个、F 形扳手 1 个、10in 扳手 1 个。

（3）人员：外操 1 名。

### 二、操作规程

（1）外操检查备用过滤器进出口压力表阀门是否好用、螺栓有无松动。

（2）过滤器一般状况下有个平衡阀，外操先打开平衡阀，让两个过滤器压力一致，然后旋转切换阀到指定位置（一般过滤器上有指示）。

（3）外操关闭平衡阀，打开停用的过滤器，把滤芯取出，更换新滤芯。

（4）更换完滤芯后，外操再次打开平衡阀，并排放刚换过滤芯过滤器的空气，排净。

（5）等压力一致时，外操旋转切换阀，让物料通过新滤芯，更换另一个过滤器滤芯。

（6）备用过滤器投用后，检查有无渗漏、异响、震动，并查看过滤器进出口压力表数值是否正常。

### 三、注意事项

（1）进出口阀门在过滤器投用时打开，反冲洗进出口阀门在反冲洗时使用，气体排空阀在过滤器投用时排气用（打开进口阀、排空阀，待排空阀出液后，慢慢打开出口阀），正洗排放阀在正洗时使用。

（2）当过滤器压差大堵塞时，关闭进出口阀，再打开反冲洗进出口阀，进行反冲洗。

（3）泵的过滤器应该安装在泵的入口处；管线必须进行严格地吹扫，吹扫前应拆下过滤网，以免堵塞。

（4）运行中的机组切换过滤器时，备用过滤器缓慢进油排气，排气后关闭排气阀缓慢切换至备用过滤器，避免油压波动。

# 项目九　换热器的投用

## 一、准备工作

（1）设备：对讲机 2 台（主控、现场各 1 台），便携式有毒有害气体报警器 1 台（外操配带）。

（2）工具材料：安全帽 1 个、防护手套 1 副、防护眼镜 1 个、F 形扳手 1 个。

（3）人员：外操 1 名。

## 二、操作规程

（1）换热器打压试验合格后方可投用，启用前排尽换热器内的存水。

（2）外操检查各导淋、放空阀是否灵活好用及开关位置是否正确，压力表、温度计是否全部装好。

（3）外操检查基础支座是否牢固，各部分螺栓是否加满紧固。

（4）外操投用时先投冷流后投热流，先进热流会造成各部件热胀之后进冷流会使各部件急剧收缩，这种温差应立刻促使静密封点产生泄漏；反之，换热器停运时要先停热流后停冷流。

（5）外操在投用冷介质或热介质时，首先要保证副线畅通，在缓慢开出口阀并检查无问题后再开入口阀，一定要缓慢，防止憋压，投用过程要注意观察设备的变化。

（6）外操换热器投用后，随着温度压力的变化可能会出现泄漏现象，应及时进行检查。

## 三、注意事项

（1）先引入被加热解介质（冷介质），后引加热介质（热介质）。

（2）若加热介质是蒸汽，则引蒸汽之前先要脱净设备内的冷凝水，然后缓慢引入加热介质，防止水击。

（3）换热器投用时，高温流体应缓慢流入，以免温差过大而产生热冲击；介质投用顺序是先投冷媒，再投热媒，并充分排气；换热器停用时，应该先停热媒后停冷媒。

# 项目十　现场压力表的更换

## 一、准备工作

（1）设备：对讲机 2 台（主控、现场各 1 台），便携式有毒有害气体报警器 1 台（外操配带）。

（2）工具材料：安全帽 1 个、防护手套 1 副、防护眼镜 1 个、F 扳手 1 个、10in 扳手 1 个。

（3）人员：外操 1 名。

## 二、操作规程

（1）先关闭阀门，将旧表取下，用平口螺丝刀将压力表安装表壳内的杂物取出，操作中要按照螺纹的方向慢慢清理，以防损坏螺纹，并用少量黄油进行保养。

（2）用密封圈正确缠绕在压力表的螺纹上，使用扳手将压力表安装在正确的位置。

（3）安装时要让表盘面向外，便于观察。

（4）安装后保证不渗漏，耐震压力表要旋松充油孔螺钉。

（5）更换好压力表后将周围的物品清理干净，然后用工具缓慢打开压力表阀门直至起压，压力表阀门不宜开太大。

（6）压力表的指针示的范围是其量程的 $1/2 \sim 2/3$，并粘贴上检测标示及警戒线。

### 三、注意事项

（1）查看压力表有无渗漏时，压力表阀门开度不宜过大，以防震动损坏压力表。

（2）清理现场，收拾擦拭工具、用具，并摆放整齐。

（3）压力表投用后要贴上检测标识和警戒线。

# 项目十一　现场液位计的更换

### 一、准备工作

（1）设备：对讲机 2 台（主控、现场各 1 台），便携式有毒有害气体报警器 1 台（外操配带）。

（2）工具材料：安全帽 1 个、防护手套 1 副、防护眼镜 1 个、F 扳手 1 个、10in 扳手 1 个。

（3）人员：外操 1 名。

### 二、操作规程

（1）检查现用液位计是否损坏，是否需要更换。

（2）根据容器的介质性质、测量范围、安装要求等条件选择适宜的液位计。

（3）确定液位计的拆除和安装方法。

（4）联系相关岗位做好现场的工艺处理。

（5）停用现场已损坏的液位计。

（6）将旧的液位计拆除。

（7）将新液位计安装到位。

（8）投用新液位计并确认好用。

### 三、注意事项

（1）安装液位计时必须做好现场防泄漏工艺处理，避免造成伤害。

（2）所选液位计的规格必须符合工艺要求。

# 项目十二　备用机泵维护

### 一、准备工作

（1）设备：对讲机 2 台（主控、现场各 1 台），便携式有毒有害气体报警器 1 台（外操配带）。

（2）工具材料：安全帽 1 个、防护手套 1 副、防护眼镜 1 个、F 扳手 1 个、10in 扳手 1 个。
（3）人员：外操 1 名。

## 二、操作规程

（1）外操检查联轴器中的弹性垫是否完整正确。
（2）外操检查电动机轴和泵的旋转是否同心。
（3）外操用手盘车（包括电动机），泵不应有紧涩和摩擦现象。
（4）外操检查轴承箱轴承油是否加到油标指示位置。
（5）渣浆泵启动前要先开通轴封水（机械密封为冷却水），同时要打开泵进口阀，关闭泵出口阀。
（6）外操检查冷却水系统是否正常。
（7）检查地脚螺栓、法兰密封垫及螺栓，以及管路系统等是否安装正确、牢固可靠。
（8）外操检查无误后，对备用泵进行手动盘车，将联轴器旋转 180°。
（9）外操检查盘车是否有卡涩的现象，盘车发现问题及时联系检修处理。

## 三、注意事项

（1）盘车时，要佩戴好防护手套。
（2）盘车时，要确认备用泵是否在静止状态。

# 项目十三　机泵防冻、防凝操作

## 一、准备工作

（1）设备：对讲机 2 台（主控、现场各 1 台），便携式有毒有害气体报警器 1 台（外操配带）。
（2）工具材料：安全帽 1 个、防护手套 1 副、防护眼镜 1 个、F 扳手 1 个、10in 扳手 1 个。
（3）人员：外操 1 名。

## 二、操作规程

（1）外操检查管线保温是否完好、疏水器是否畅通好用。
（2）外操检查密封水、冲洗水是否畅通。
（3）外操确认出口副线阀保持微开。
（4）外操打开密封水、冲洗水阀，确保有少量水流动。
（5）外操手动盘车数圈，确认无卡涩。

## 三、注意事项

（1）操作人员冬季应定期对备用机泵进行盘车，并对冷却水系统及防冻措施进行检查，确保开车正常。
（2）检查时要佩戴好劳动保护用品。

# 项目十四　离心泵加油操作

## 一、准备工作

(1)设备：对讲机 2 台(主控、现场各 1 台)、油枪 1 个。

(2)工具材料：安全帽 1 个、防护手套 1 副、防护眼镜 1 个、润滑油加油漏斗 1 个、机油壶 1 个。

(3)人员：外操 1 名。

## 二、操作规程

(1)根据设备性能、适用环境选用机油。

(2)更换前对机油油位、油质及机油室密封情况进行检查。

(3)打开放油丝堵，放净机油室内机油，回收旧机油。

(4)用清洗液清洗干净机油室，检查机油室无残留废机油。

(5)用漏斗加入新机油冲洗一次，把缠好密封带的放油丝堵安到放油孔上并上紧，用机油壶把适量的机油加注到机油室。

(6)检查机油室的油位是否在看窗的 1/3～1/2。

(7)检查放油丝堵是否渗油。

(8)检查无问题时，盖上机油室油盖。

(9)按要求做好保养记录。

(10)清理现场，回收工具、用具。

## 三、注意事项

(1)操作中避免机械碰伤、撞伤。

(2)加油时，要避免发生溢流。

(3)检查新换的机油是否变质。

(4)机油室一定要清理干净。

(5)加注机油时，油位保持在看窗的 1/3～1/2。

# 项目十五　备用泵盘车操作

## 一、准备工作

(1)设备：对讲机 2 台(主控、现场各 1 台)，便携式有毒有害气体报警器 1 台(外操配带)。

(2)工具材料：安全帽 1 个、防护手套 1 副、防护眼镜 1 个、F 形扳手 1 个。

(3)人员：外操 1 名。

## 二、操作规程

(1)需盘车的动设备要在联轴器外露部分用两色油漆(如红色和白色)作好标识色条,两色油漆的间距相隔180°。

(2)每次盘车之前确认设备处于停用静止状态,此间不允许任何形式的倒车操作,以确保安全,如确因生产需要进行设备倒车操作的,此时间段可不予盘车。

(3)备用机泵盘车每天进行一次,由本岗位机泵操作人员于每天规定时间内完成。

(4)每次盘车时从某一盘车标记开始,盘车数圈后将与日期相对应的规定色标置于最上面位置为完成一次盘车。

(5)每次盘车后应及时填写设备盘车记录,记录的内容包括设备位号、设备名称、盘车标记、盘车时间、盘车人、盘车情况等。

(6)设备盘车发现异常情况(如泄漏、卡阻、摩擦、响声等)时应及时报告车间管理人员。

(7)对于大型机组,可根据机组设计及说明书要求的盘车周期及方式进行盘车操作。

## 三、注意事项

(1)盘车时,要佩戴好防护手套。

(2)盘车时,要确认备用泵是否在静止状态。

# 项目十六　机泵检修监护操作

## 一、准备工作

(1)设备:对讲机2台(主控、现场各1台),便携式有毒有害气体报警器1台(外操配带)。

(2)工具材料:安全帽1个、防护手套1副、防护眼镜1个、F形扳手1个。

(3)人员:外操1名。

## 二、操作规程

(1)监护人明确机泵检修内容及监护职责。

(2)监护人掌握机泵检修监护方法。

(3)监护人检查确认检修任务书无误后签字。

(4)监护人检查确认现场工艺处理合格,检修机泵已隔断。

(5)监护人认真检查检修安全措施是否落实。

(6)监护人确认检修工作可以开始。

(7)检修过程中出现异常情况或违反操作规定时,监护人有权停止检修作业。

（8）检修结束后，监护人确认检修安全措施落实无遗漏，检修现场无污染，方可结束监护工作。

### 三、注意事项

（1）监护人监护期间不得做与监护无关的事，监护期间不得擅自离开检修现场。

（2）机泵检修作业监护人在作业前应重点检查安全防护措施、设备清洗置换、断电验电等的落实情况。

# 模块四　事故判断与处理

## 项目一　相关知识

### 一、事故判断

#### (一)机泵故障的原因

**1. 离心泵密封泄漏严重**

离心泵密封泄漏,直接影响着设备运行的安全性和稳定性,当离心泵在安装和运行过程中,出现泵轴与原动机轴对中不良或轴弯曲、轴承或密封环磨损过多,导致转子偏心、机械密封损坏或安装不当、密封液压力不当、填料过松、操作波动大等时,都有可能造成泵的泄漏。如因机械密封损坏造成离心泵密封泄漏严重,应对其进行更换处理。

**2. 泵内有噪声**

泵在运转时,会出现一种不正常的声响,即产生所谓的噪声现象。其实噪声一般都源于声源,不锈钢多级泵运转时的噪声是泵内的各部分零部件或者流动的介质形成的,如运行中的离心泵吸水管阻力太大,就会使泵内有噪声且不上水,还有当泵吸水侧有空气渗入或流量过大都可能造成泵内有噪声。

**3. 机泵抽空**

输送液体的设备(如离心泵)开车前吸入高度过高、灌泵不足、吸液管浸入液体深度不够、阻力过大、吸液管或仪表漏气,都会造成泵抽空的现象。此外,像鼓风机运行中出口管道阻力过大也会发生抽空现象。运行中的机泵发生抽空时,会有机泵出口压力表读数大幅度变化、电流表读数波动、泵体及管线内有噼啪作响的声音、泵出口流量减小许多及大幅度变化等现象。

**4. 离心泵打量不足**

离心泵运行过程中易造成离心泵打量不足的因素有口环磨损使口环与叶轮间隙过大、出口阀门开度不够、排水管路漏水、底阀太小等,如离心泵吸水部分的漏水网淤塞,也有可能造成离心泵流量不够。

**5. 机泵抱轴**

运行中的机泵如出现机泵噪声异常、振动剧烈等现象,即发生抱轴。机泵轴承本身质量差、运转时间过长造成疲劳老化,或机泵润滑油中含有金属碎屑,都有可能会发生抱轴现象。电动机运行过程如发生抱轴,会出现电流增加、电动机跳闸、轴承箱温度高、润滑油中含金属碎屑等现象。

**6. 搅拌机停止运转**

搅拌机停止运转可能是断电造成的,也有可能是机械原因,如搅拌桨腐蚀脱落使运行中的搅拌机发生停转。另外,搅拌器中掉入异物或者搅拌器负荷过大也有可能造成搅拌机停止运转。

### 7. 鼓风机排气量下降

鼓风机气体输送过程中排气量下降的主要原因:(1)气体温度过低,密度增加;(2)进出口管道过长、过细、转弯过多;(3)风机转向相反、导向器装反;(4)管道和阀门被灰尘和杂物堵塞;(5)鼓风机的叶轮与入口间隙过大,或叶片严重磨损,增大了泄漏量;(6)出口阀门开度过小会造成鼓风机排气量降低。

### 8. 压缩机故障

离心式压缩机油温高的原因主要有冷却器堵塞、换热不好、油压下降、油冷却水系统不畅、油箱液位过低,而在运行过程中一旦油温升高,很有可能会影响生产的安全稳定,甚至造成非计划停车。因此,应定期对离心压缩机进行检查以及维护,通过对离心式压缩机油温升高的原因进行分析,及时地发现问题、解决问题,实现压缩机安全及稳定的运行。

电动机驱动的离心式压缩机,如果在启动加速过程中开启吸入阀,会造成电动机超负荷,因此为了防止离心式风机启动电动机超负荷,要全开旁通阀。

压缩机活塞润滑油质量差或注入量不够,会使气缸内温度过高,形成咬死现象,造成排气量减低。另外,压缩机运行过程中,如排气管路阻力大也导致排气量降低。

### (二)阀门故障原因

#### 1. 填料泄漏

控制阀在现场实际使用中发生填料泄漏的原因多种多样,在现场维护时应针对阀门的实际使用情况进行具体分析、判断,进而从根本上消除泄漏产生的原因,解决安全隐患。运行使用中的阀门出现填料泄漏,可能是阀门开关频繁,填料磨损、阀杆被介质腐蚀,出现麻坑、填料加量不足,压不紧、填料加量太多,部分填料外露造成的。高温条件下填料被烧损,老化变硬,失去弹性,孔隙增大,同样会造成填料泄漏。如果是因为阀门填料磨损较大,维修时将阀门关闭紧一紧填料压盖即可。

#### 2. 阀门启闭失效

阀门有时突然关闭不严,可能阀门密封面间有杂质卡住,此时不能用力强行关闭,应先将其开大些,再关闭。对于通常在开启状态的阀门,偶然关闭时,由于阀杆螺纹生锈,阀门也会关闭不严。对于试验多次开关仍然关不紧的情况,应怀疑是磨损、介质中的颗粒划伤等原因破坏了密封面,造成阀门关闭不严。

### (三)公用工程

在装置正常使用蒸汽过程中,系统蒸汽压力突然下降的原因可能是相关联使用蒸汽装置用汽量增加。

总管循环水压力下降的原因主要有用水单位提高使用量、循环水场送出系统故障、循环水管道漏水等。

## 二、事故处理

### (一)机泵设备故障处理方法

#### 1. 轴承温度高

轴承是机械设备中的一种重要零部件,主要功能是支撑机械旋转体,降低其运动过程中的摩擦系数并保证其回转精度。运行过程中轴承过热原因分析及应对措施:(1)离心泵轴承过热,要检查平衡管是否堵塞,检查平衡盘及平衡环,两者应相互平行使其分别与泵轴垂直。如果轴的中心线偏离,应调整轴承位置;如果轴承缺油,应及时补充;如果轴承磨损严重,进行更换。(2)往复泵轴承温度高,应检查供油系统是否堵塞、清水管是否清理干净,保证冷却水量;如轴发生弯曲,校验轴的直度。(3)运行中通风机轴承与轴承箱孔之间有间隙而松动,造成轴承过热,应调整螺栓。

### 2. 离心泵抽空

现场运行离心泵出现泵不吸液、真空表显示高度真空现象时,应检查底阀或清洗滤网部分。但检修底阀的方法,并不能解决离心泵抽空的问题,即表现为压力表虽有压力,但排液管不出液的异常情况。要想解决离心泵抽空的问题,可采用清洗排液管、打开排液阀门及清洗叶轮等方法。当离心泵抽空时,真空表和压力表的指针剧烈跳动,若分析原因为开车前泵内灌液不足,应停车灌足液体;若为吸液系统管子或仪表漏气,检查消除并堵住漏气处;若为吸液管浸入深度不够,降低吸液管,使之降到一定深度;若为离心泵的扬程不够,应重新装配扬程满足条件的离心泵。

### 3. 机械密封进料时发生泄漏

为延长机械密封的使用周期,机械密封启动前首先要进行盘车,以防突然启动造成密封环碎裂。机械密封启动时还要保持密封腔内充满液体,要尽量避免机泵发生抽空现象,以免造成密封面的干摩擦,破坏密封发生泄漏。如果机械密封进料时发生泄漏,应立即查找原因进行处理,检查入口过滤网是否完好,封油量如果不足应及时进行补加,机械密封磨损严重时应及时更换机械密封或对机械密封研磨。

### 4. 往复式压缩机故障

往复式压缩机如果活塞环装入气缸中的开口间隙过小,受热膨胀卡住或者活塞环损坏、气缸内吸排气阀故障等原因都会造成往复式压缩机运行过程中出现打气量不足的现象,因此在往复式压缩机运行过程中应检查活塞环装入气缸中的开口间隙和活塞环磨损情况,如果有问题需要重新装配或更换,同时添加润滑油。此外,增加入口压力可以解决往复式压缩机运行过程中出现打气量不足的问题。

运行中的活塞式往复泵填料函漏气,应检查弹簧是否有折断,并对弹力小、不合格的弹簧进行更换;对磨损拉伤的活塞杆,部分磨偏不圆,要进行检查修理或更换;如果金属密封环磨损严重也需要进行更换,还要重新装配填料函中的金属密封盘,使金属密封盘在填料中能自由窜动。同时,要保证填料函中有适量的润滑油,可以防止因润滑油不足,填料函部分气密性恶化,形成填料函漏气。

### (二)管线、阀门、仪表故障处理方法

#### 1. 管线故障

(1)物料管线泄漏时,应采取迅速、有效的应急处理方法,及时找出泄漏点,控制危险源,可根据生产实际情况采取停车清洗置换管道后动火焊接漏点、制作卡具堵漏或者带压堵漏等方法进行处理。为保证生产安全,严禁管线未经清洗置换直接动火焊接或用木塞堵上漏点、塑料布缠裹、铁锤将铆钉打入漏点等方式进行堵漏。

(2)使用气体的工序突然减量,如果是气体管线憋压导致的,应通知产气工序减量并缓慢减负荷,及时处理管线堵塞,清除堵塞物,对于人为操作管道阀门失误的,应立即纠正误操

作。冬季气体管线冻堵造成憋压,可采取管线外用蒸汽加热冻堵部位,打开泄水阀及时排净冷凝液,并对易冻部位加伴热的保温措施。

(3)检修水管线后,给设备送水,为防止水击,通常采取打开管道及设备的上部放空阀的措施。送蒸汽时,如果出现管道水击,应立即关闭送汽阀门,打开管道放空阀进行放空。

(4)冬季装置的各处蒸汽伴热线,任何时候均要通汽通水,并保证畅通,通向大气的冷凝液水管及排水阀要采取微量排汽、排水法,防止冻凝。对临时不用的机泵,在冬季也应保证回水或蒸汽微量流通,以防冻坏设备或管线。

### 2. 阀门故障

非易燃易爆介质的控制阀失灵应采取的应对方法是立即开启控制阀的副线阀门并手动调节。若是进反应器的物料调节阀失灵造成进料量归零,应切断所有物料进入反应器,进行紧急停车置换。

### 3. 液位计失灵

当储罐液位计失灵时,应及时切换备用储罐来计量物料,如果有自控液位测量仪表,要采用自控测量。同时,判断查找液位计失灵的原因,清堵或关闭液位计阀门或更换处理,保证液位计在好用状态下才能投用。

### (三)公用工程故障处理方法

(1)蒸发系统在蒸汽中断的情况下,操作人员应停止继续向蒸发器内加入热物料,停止蒸发操作。

(2)对循环水的水质应加强管理,避免塑料布、石头、木棍、泥沙等杂物进入循环水系统而使冷却器断水或供水量下降。当操作人员发现循环水进水压力下降时,要及时报告班长(值班长),请求及时处理。当多级冷却器发生气阻现象时,被冷却的气体温度上升,说明循环水量不足,应及时将进气切断。另外,循环水回水压力升高,也会造成使用循环水的设备内水位上升,从而影响安全生产。所以,为保证生产安全运行,发生循环水中断后,应立即启用备用或替代水源。同样对一套化工装置,在停供新鲜水事故发生后,如影响安全生产,也应紧急停车,以保证设备及生产安全的原则进行处理。

(3)装置正常生产时,突然瞬间停电造成动设备转速下降,在保证安全生产的前提下,应解除动设备的停车联锁,重新启动设备送电运转,减少停车造成生产损失。

(4)化工装置仪表风停送时,装置操作人员应紧急事故停车,保证装置安全。

### (四)现场安全应急处理方法

#### 1. 现场发生火灾应急处理

化工装置生产过程具有易燃易爆的特点,一旦现场设备漏油着火,首先应立即联系报警,同时装置要立即进入退守状态,在确认事故发生原因后,设法切断泄漏点或火源,要避免容器或塔等密闭设备形成负压,避免因火灾而导致爆炸事故发生。

发生火灾时,千万不要惊慌,应迅速拨打火警电话"119"报警,电话接通后,情绪要镇静,要讲清起火地点、起火部位、何种物质起火、火灾程度、报警人姓名及电话号码等,派人到路口迎候消防车。另一方面组织力量扑救,火灾的初起阶段火势较弱,因此先要迅速控制火情,使用干粉灭火器、干粉车、二氧化碳灭火器、消火栓、水炮等设施对起火部位进行扑救。

干粉灭火器主要适用于易燃、可燃液体、气体及带电设备的初起火灾,按操作方式可分为手提式干粉灭火器和推车式干粉灭火器。手提式二氧化碳灭火器使用方法:拉下铅封,拔出保险销,一只手握住喇叭筒根部的手柄,然后另一只手按下压把即可喷出二氧化碳灭火,使用时不能直接用手抓住喇叭筒外壁或金属连接管,防止手被冻伤。一般化工装置使用的手提式二氧化碳灭火器为 MTZ2 型。使用推车式干粉灭火器时,将灭火器推到起火地点,松开胶管使其伸直,一手握住喷粉胶管,对准火源,当压力表指针达到 0.4MPa 时,拉断铅封,打开喷枪开关,干粉即可喷出,当干粉喷出后,要左右摇摆喷管,快速推进,防止复燃。推车式干粉灭火器应放置在通风干燥的地方,不可以存放在暴晒和高温场所。

二氧化碳灭火剂是一种价格低廉,获取、制备容易的灭火剂,主要依靠窒息作用和部分冷却作用灭火。二氧化碳具有较高的密度,在常压下,液态的二氧化碳会立即汽化,灭火时,二氧化碳气体可以排除空气而包围在燃烧物体的表面或分布于较密闭的空间中,降低可燃物周围或防护空间内的氧浓度,产生窒息作用而灭火。另外,二氧化碳从储存容器中喷出时,会由液体迅速汽化成气体而从周围吸收部分热量,起到冷却的作用。因此,二氧化碳灭火器应放置在干燥、无腐蚀气体的场所,不得火烤、暴晒或碰撞。

2. 现场发生中毒应急处理

现场一旦发生急性中毒,现场施救人员应戴好防毒面具,首先使中毒人员迅速撤离有毒环境,采取急救措施,如毒物经口引起人体急性中毒,可用催吐和洗胃法。其次尽快切断毒物来源,采取有效措施防止毒物继续进入人体,并设法排除已注入人体内的毒物,消除和中和进入体内的毒物作用。

硫化氢是一种神经毒剂,也是一种窒息性和刺激性气体,其毒作用的主要靶器是中枢神经系统和呼吸系统,又伴有心脏等多器官损害,对毒作用最敏感的组织是脑和黏膜接触部位。生产作业场所万一发生硫化氢中毒,应迅速将患者撤离现场移至空气新鲜处,松解患者的衣扣和头巾,清除口腔异物,维持呼吸道通畅,注意保暖。中毒者如有眼部损伤应尽快用清水反复冲洗。对于呼吸困难或面色青紫者,要立即给予氧气吸入,现场抢救人员应有自救互救知识,在施行人工呼吸时应防止中毒患者的呼出气或衣服内逸出硫化氢,以免发生二次中毒。

当伤者不能自主呼吸时,需要他人对其进行人工呼吸,以恢复自主呼吸。人工呼吸抢救前,要迅速清理病人口鼻内的污物、呕吐物,有假牙的也应取出,以保持呼吸道通畅;同时,要松开其衣领、裤带、紧裹的内衣、乳罩等,以免妨碍胸部的呼吸运动。抢救时使病人呈仰卧位状态,头部后仰,以保持呼吸道通畅。救护人跪在一侧,一手托起其下颌,然后深吸一口气,再贴紧病人的嘴,严丝合缝地将气吹入,使伤者吸气。为避免吹进的气从病人鼻孔逸出,可用另一只手捏住病人的鼻孔,吹完气后,救护人的嘴离开,将捏鼻的手也松开,并用一手压其胸部,帮助病人将气体排出。如此一口一口有节奏地反复吹气,每分钟 16~20 次,直到伤病员恢复自主呼吸或确诊死亡为止,必要时口对口吹气和体外心脏按压可交替进行。另外当患者牙关紧闭不能张口,或者有严重的损伤,无法进行口对口人工呼吸时,应采用口对鼻人工呼吸方法进行抢救。

# 项目二　离心泵汽蚀判断

## 一、准备工作

(1)设备：对讲机 2 台(主控、现场各 1 台)，便携式有毒有害气体报警器 1 台(外操配带)。

(2)工具材料：安全帽 1 个、防护手套 1 副、防护眼镜 1 个、F 形扳手 1 个。

(3)人员：外操 1 名。

## 二、操作规程

(1)外操观察发现离心泵运转时发生剧烈振动。

(2)外操发现离心泵噪声很大。

(3)外操发现离心泵流量、扬程等性能参数下降。

(4)外操停止离心泵运转，报检维修人员处理。

(5)检维修人员在离心泵解体检修时，发现在叶片入口边靠近前盖板处和叶片入口边缘附近有许多麻点和蜂窝状凹坑或其他严重破坏原有结构的现象，甚至有叶片和盖板被穿透的现象，据此可判定水泵发生了汽蚀现象。

## 三、注意事项

(1)要正确分析离心泵的汽蚀原因，避免发生判断失误。

(2)发现汽蚀现象要及时处理，避免进一步损坏离心泵。

# 项目三　离心泵打量不足原因分析

## 一、准备工作

(1)设备：对讲机 2 台(主控、现场各 1 台)，便携式有毒有害气体报警器 1 台(外操配带)。

(2)工具材料：安全帽 1 个、防护手套 1 副、防护眼镜 1 个、F 形扳手 1 个。

(3)人员：外操 1 名。

## 二、操作规程

(1)离心泵不上量，外操先切换至备用泵。

(2)外操检查离心泵入口过滤器是否有堵塞现象。

(3)外操检查离心泵是否有带气现象。

(4)外操检查吸入槽液位是否过低。

(5)外操检查离心泵口环及叶轮磨损的情况。

(6)外操检查离心泵回流量是否过大。

(7)外操检查出口阀管线是否有堵塞情况。

### 三、注意事项

(1)要正确分析离心泵的不上量原因,避免发生判断失误。

(2)发现离心泵不上量的现象要及时处理,避免进一步损坏离心泵。

# 项目四 调节阀卡堵故障判断

### 一、准备工作

(1)设备:对讲机 2 台(主控、现场各 1 台),便携式有毒有害气体报警器 1 台(外操配带)。

(2)工具材料:安全帽 1 个、防护手套 1 副、防护眼镜 1 个、F 形扳手 1 个。

(3)人员:外操 1 名。

### 二、操作规程

(1)外操输入控制信号后,调节阀不动作。

(2)外操发现调节阀工作时不稳定,呈周期性波动。

(3)外操巡检发现阀轴杆振荡并伴有噪声。

(4)外操发现阀动作迟缓跳跃。

(5)外操发现阀杆动作但工艺参量不变。

(6)外操发现阀达不到全关位置。

### 三、注意事项

(1)调节阀安装后,在生产过程开车前应进行调节阀的现场调试,调试正常才能投入使用,同时发现存在的问题,以便尽快解决。

(2)调节阀调试投用前必须对管道进行清扫,防止残渣造成调节阀卡堵。

# 项目五 过滤器堵塞判断

### 一、准备工作

(1)设备:对讲机 2 台(主控、现场各 1 台),便携式有毒有害气体报警器 1 台(外操配带)。

(2)工具材料:安全帽 1 个、防护手套 1 副、防护眼镜 1 个、F 形扳手 1 个。

(3)人员:外操 1 名、内操 1 名。

### 二、操作规程

(1)内操监盘时检查工艺系统是否有异常现象发生。

(2)检查过滤器压差表前后压差是否增大,温度表是否在正常范围。

(3)压差超过正常范围,确认过滤器堵塞,应马上切换至备用过滤器。

（4）切换后,将过滤器排料处理,打开过滤器,检查内部是否有杂物,检查内部是否有凝结现象发生。

### 三、注意事项

（1）处理过滤器前,要将过滤器内的物料排放干净。

（2）处理过滤器时,要佩戴好相应的劳动保护用品。

# 项目六  离心泵汽蚀处理

## 一、准备工作

（1）设备:对讲机 2 台（主控、现场各 1 台）,便携式有毒有害气体报警器 1 台（外操配带）。

（2）工具材料:安全帽 1 个、防护手套 1 副、防护眼镜 1 个、F 形扳手 1 个。

（3）人员:外操 1 名。

## 二、操作规程

（1）外操检查离心泵打量是否不足、出口压力是否有异常波动、是否有异常震动。

（2）外操发现汽蚀应马上启动备用泵运转,停止发生汽蚀的泵的运转。

（3）外操检查离心泵的汽蚀原因,是入口液体温度过高,还是泵内有气体进入。

（4）外操对汽蚀的泵进行处理,降低入口液体温度,充分排尽泵内的气体。

（5）外操处理完后,启动汽蚀泵的运转。

（6）外操发现正常后,停止备用泵的运转。

## 三、注意事项

（1）要对汽蚀泵的原因做出正确的判断。

（2）处理汽蚀泵时,要佩戴好相应的劳动保护用品。

# 项目七  离心泵打量不足处理

## 一、准备工作

（1）设备:对讲机 2 台（主控、现场各 1 台）,便携式有毒有害气体报警器 1 台（外操配带）。

（2）工具材料:安全帽 1 个、防护手套 1 副、防护眼镜 1 个、F 形扳手 1 个。

（3）人员:外操 1 名。

## 二、操作规程

（1）外操检查离心泵进、出口阀门是否被关闭,打开被关闭的阀门,检查进出口管道及泵腔叶轮是否被杂物堵塞并清除杂物,重新调整阀门大小。

（2）外操联系电气人员确认电压是否偏低、电动机的运转方向是否正确、电动机是否缺相。

（3）联系检修人员确认离心泵叶轮是否有磨损,若有磨损应更换新叶轮。

（4）外操检查离心泵进口管道是否有漏气,导致离心泵一直处于吸空气的状态,检查进口管道漏气点,修复漏气孔,拧紧各密封面,排除空气。

（5）外操检查离心泵有没有灌满液体,泵腔内是否有空气,若有空气应拧开离心泵的上盖或者打开排气阀,排出空气。

（6）检查离心泵是否吸程过高、进口管道导淋阀密封好不好,若存在问题应停泵检查调整缩短吸程距离,消除进口管道漏气处。

（7）检查是否离心泵出口管道阻力过大、泵选型不当或者所选泵扬程是否达到,若存在问题应减少管路弯道,弯头太多可以装上自动排气阀,排除管道弯道处凝集的空气,或者重新选泵。

## 三、注意事项

（1）要正确分析离心泵不上量的原因,避免发生判断失误。

（2）发现离心泵不上量的现象要及时处理,避免进一步损坏离心泵。

# 项目八　调节阀卡堵故障处理

## 一、准备工作

（1）设备:对讲机 2 台(主控、现场各 1 台),便携式有毒有害气体报警器 1 台(外操配带)。

（2）工具材料:安全帽 1 个、防护手套 1 副、防护眼镜 1 个、F 形扳手 1 个。

（3）人员:外操 1 名。

## 二、操作规程

（1）发现调节阀卡堵,现场操作人员切至副线阀运行。

（2）现场操作人员将调节阀前后端阀关闭隔离,并排放管线内的物料。

（3）仪表检修人员将调节阀解体,检查阀腔内是否有堵塞物。

（4）仪表检修人员检查阀杆、阀头是否有损坏的情况。

（5）仪表检修人员将阀腔内堵塞物清除干净,更换好阀杆、阀头。

（6）调节阀卡堵处理完后,外操投用调节阀,打开调节阀的前后端阀,关闭副线阀门。

## 三、注意事项

（1）处理调节阀前,要将调节阀内的物料排放干净。

（2）处理调节阀时,要佩戴好相应的劳动保护用品。

# 项目九　初期火灾紧急扑救

## 一、准备工作

(1)设备：对讲机1台，便携式有毒有害气体报警器1台，干粉灭火器1台，水炮1台。

(2)工具材料：安全帽1个、防护手套1副、防护眼镜1个、F形扳手1个、消防水带1条。

(3)人员：外操1名、班长。

## 二、操作规程

(1)立即报火警，拨打火警电话(119)，说清着火单位、着火部位、着火介质。

(2)报告当班班长，并向调度室报告。

(3)外操立即切断易燃物来源，进行应急工艺处理。

(4)在消防队没来之前，值班工和班长要立即组织岗位人员进行灭火，控制火势。

(5)灭火人员要利用现场消防设施进行灭火及降温。

(6)灭火人员灭火时，要注意风向，要站在火源的上风头进行灭火。

(7)当专业消防队到来之后，班长或值班长要立即向专业消防队队长汇报现场情况，并协同专业消防队进行灭火。

(8)当火势进一步扩大难以控制时，要及时通知现场灭火人员及时撤出，避免造成人员的伤亡。

(9)当火灾扑灭后，清理现场，组织生产，并立即进行火灾调查，事故处理。

## 三、注意事项

报警要及时、沉着、冷静、口齿清楚，迅速说清着火单位和详细地点，包括车间、工段、岗位、楼层、方位、设备名称及序号等，着火物的主要性质、火势和着火范围、报警电话号码、报警地点和报警人姓名，以便于联系，同时派人员到消防车可能来到的路口接应，并主动、及时地介绍燃烧物的性质和火场内部情况，以便迅速组织扑救。

# 项目十　隔离和动火条件确认

## 一、准备工作

(1)设备：对讲机2台(主控、现场各1台)，便携式有毒有害气体报警器1台(外操配带)。

(2)工具材料：安全帽1个、防护手套1副、防护眼镜1个、F形扳手1个。

(3)人员：外操1名。

## 二、操作规程

(1)外操检查动火处物料是否吹扫、冲洗干净。

(2)外操检查与动火处相连的管线是否断开,加盲板隔离。

(3)外操检查动火处周围易燃物是否清理干净。

(4)外操检查高处作业防火花飞溅措施是否落实。

(5)外操检查动火处周围地沟、下水井易燃物是否清理干净。

(6)外操检查现场乙炔气瓶、氧气瓶与火源距离是否在 10m 以上。

(7)外操检查现场备用灭火器是否排放就位。

(8)分析人员对动火点进行可燃气体分析,有限空间作业要进行氧含量分析。

(9)根据动火等级办理相应的工业用火证,有限空间内作业要办理有限空间作业证。

## 三、注意事项

(1)隔离与动火作业必须执行现场逐级确认制度。

(2)隔离与动火作业条件达不到要求严禁作业。

# 模块五　绘图与计算

## 项目一　相关知识

### 一、绘图

工艺流程图是用图示的方法,表示化工生产工艺流程和所需的全部设备、管道、附件和仪表,是化工生产的技术核心,包含了物料平衡、设备、仪表、阀门、管路等信息。工艺流程图绘制程序:首先选择图纸图幅、标题栏等;其次,绘制主要设备;再次,绘制管线;然后,添加阀门、仪表、管件等,添加标注信息;最后,核查图纸正确性。

物料流程图是以图形与表格相结合的方式,反映物料与能量衡算的结果的图样,描述界区内主要工艺物料种类、流向、流量以及主要设备特性数据等。

### 二、计算

#### （一）压力单位的换算

1 巴（bar）= 0.1 兆帕（MPa）= 100 千帕（kPa）= 1.0197 千克/平方厘米（kg/cm$^2$）。

1 标准大气压（atm）= 0.101325 兆帕（MPa）= 760 毫米汞柱（mmHg）。

1 毫米汞柱（mmHg）= 133.322 帕（Pa）= 1 毫米水柱（mmH$_2$O）= 9.80665 帕（Pa）。

#### （二）温度单位的换算

在一个标准大气压下,把冰水混合物的温度定为零度,把沸水的温度定为 100 度,它们之间分成 100 等份,每一等份是摄氏度的一个单位,称为 1 摄氏度,用符号"℃"表示。

温度的国际单位是开尔文,用符号"K"表示。开尔文温标（热力学温度）是用一种理想气体来确立的,它的零点被称为零开。根据动力学理论,当温度在零开时,气体分子的动能为零。为了方便起见。开氏温度计的刻度单位与摄氏温度计上的刻度单位相一致,也就是说,开氏温度计上的一度等于摄氏温度计上的一度,水的冰点摄氏温度计为 0℃,开氏温度计为 273.15K。

华氏度,温度的一种度量单位,符号为℉。华氏度的定义:在标准大气压下,冰的熔点为 32℉,水的沸点为 212℉,中间有 180 等份,每等份为 1 华氏度。

摄氏温度（℃）和华氏温度（℉）之间的换算关系:

$$华氏温度（℉）= 32 + 摄氏温度（℃）×1.8$$

$$摄氏温度（℃）= \frac{华氏温度（℉）-32}{1.8}$$

物理学中摄氏温度表示为 $t$,热力学温度（单位:开尔文）表示为 $T$,摄氏温度与热力学温度的关系:$t = T - 273.15$。

**(三)体积单位的换算**

1 立方米($m^3$) = 1000 升(L) = 1000 立方分米($dm^3$) = $1×10^6$ 毫升(mL)

　　　　　　　 = $1×10^6$ 立方厘米($cm^3$) = $1×10^9$ 立方毫米($mm^3$)。

**(四)质量单位的换算**

在物理学中,质量表示物质的多少,是一个不变的定值,也就是说,同一个物质,在月球,还是在其他星球,其质量是不变的。

国际单位制中质量的单位换算:1 吨(t) = 1000 千克(kg),1 千克(kg) = 1000 克(g),1 克(g) = 1000 毫克(mg)。

# 项目二　单一物料工艺流程图绘制

## 一、准备工作

(1)设备:绘图纸若干。

(2)工具材料:铅笔 1 支、绘图专用尺 1 把、橡皮 1 块。

(3)人员:绘图员 1 名。

## 二、操作规程

(1)绘图人员掌握绘图基本要领。

(2)绘图人员掌握绘图标注方法。

(3)绘图人员确认好要绘制的流程。

(4)绘图人员确认图幅大小。

(5)绘图人员确认设备管线位置合理。

(6)绘图人员标注物料走向。

(7)绘图人员标注出控制点仪表、控制阀门、相应的设备文字。

## 三、注意事项

(1)绘制的物料流程图符合画图要求,图面整洁,布置合理,标注清晰。

(2)正确使用绘图工具,绘图后放回原位。

# 第三部分

## 中级工操作技能及相关知识

# 模块一 工艺操作

## 项目一 相关知识

### 一、开车准备

#### (一)开工前系统设备的准备

##### 1. 开工前塔器检查

在塔器开车前,必须进行设备与管线的吹扫、置换、干燥和查漏;必须与调度联系水、电、气或其他原料。如果塔器是原始开车,需要用一定量的空气对系统进行吹扫,直至干净、干燥并保证无泄漏。在塔器开工前,要检查试压后的盲板是否已经拆除,组织开车人员全面检查本系统工艺、设备、仪表、管线、阀门是否正常且安装正确,是否已吹扫。

##### 2. 调节阀位确认

(1)调节阀是自控系统中的终端现场调节设备,它安装在工艺管道上,调节被调介质的流量,按设定要求控制工艺参数。调节阀直接接触高温、高压、深冷、强腐蚀、高黏度、易结晶、有毒等工艺流体介质,因而是最容易被腐蚀、冲蚀、汽蚀、老化、损坏的仪表,同时故障会给生产过程的控制造成影响,因此流程控制系统的可靠性与调节阀的稳定性息息相关。由于介质在流经控制阀时对阀内件有着很强的冲刷和腐蚀作用,为了延长控制阀的使用寿命,除了对阀内件的材质有一定的要求外,还要对阀内件进行一定程度的表面硬化处理,以防止强腐蚀介质及颗粒状介质对阀内件的冲刷和腐蚀。

(2)调节阀调校时由总控制室输入信号,一定要确认调节阀的总控指示与现场阀位一致,且调节阀连杆动作自如,没有卡塞现象。装置调节阀所使用的的气源均为仪表风,调节阀调校时,至少有2人和必要的通信设施(可移动便携式对讲机等)。

(3)调节阀安装前要对管道进行清洁,要正确地安装,要考虑到管道应力和调节阀的支撑。

##### 3. 开车前仪表联校

(1)对没有条件在现场检测端介入信号发生器的,可采取替代法接入信号源。孔板差压法检测流量是将负压侧通大气,向正压侧送等效气压作为信号源。为防止影响生产正常运行,调节系统联校通常在离线状态下运行。

(2)对有危险性的生产关键部位、关键设备、影响产品质量和产量等关键环节,通常设置仪表联锁系统。

(3)紧急停车按钮需要安装防护罩以防止误操作。

##### 4. 取样点确认

取样点是指从源流体中提取样品流的地方。分析取样主要是定点取样,定点取样分为固体取样和液体取样。

在系统开车前需要对取样点管线流程做一次详细的检查。开车投料前，应该打开取样点的前切断阀及后切断阀。开车前若在现场巡检过程中发现采样阀滴料，应该立即处理并反映给车间技术专业、分析专业等有关人员，及时对泄漏阀门进行消漏处理，以免影响开车的进度。

5. 设备隔离

(1)设备在检修前除了进行置换、吹扫、加盲板和隔离等措施外，还必须进行采样分析。化工生产中，为了施工的安全，盲板必须是标准、一定厚度的钢板，严禁用铁皮或石棉板材质代替。

(2)存在可燃物料的设备在检修前首先要进行原料的退料操作并切断各种可燃物料的来源，进行彻底吹扫、清洗置换。

(3)存有可燃物料的设备在检修前必须将与之相连的各部位加好标准盲板，无法加盲板的部位应采取其他可靠的隔离措施。

6. 水压试验

水压试验的检查重点是焊缝有无泄漏、连接处有无泄漏、有无局部塑性变形，大容积的容器还要检查基础下沉情况。

对奥氏不锈钢容器和管道系统进行水压试验时，应严格控制水的氯离子含量，防止发生晶间腐蚀。水压试验前容器和管道上的安全装置、压力表、液面计等附件全部内构件均应装配齐全并检查合格。

7. 系统充压

(1)装置开车或停车过程中，用氮气置换时，系统压力不能超过系统设计压力，以免造成管线和设备发生爆裂。

(2)装置在进行气密试验之前，应将拆卸的阀门、法兰口、压力表、控制阀、孔板流量计等全部安装好。装置用于气密试验的气源介质可以是空气、氮气等，但是在系统中存在可燃或易燃的气体、蒸气、化学品、催化剂以及能与氧气起反应的物质时，不能采用空气进行气密试验。

(3)在设备管线的停车检修过程中，设备、管道是打开的，设备、管道里面会进入氧气。正式投料前需要用氮气将设备、管道里的氧气置换至合格，防止可燃物遇见氧气会引起着火、爆炸事故的发生。工艺管道、设备内的氧气含量小于 0.2% 才算合格。

8. 系统泄压

系统泄压要缓慢进行，泄压阀门开度不可过大，应由高压降至低压，系统泄压速度以每秒 0.1MPa 为宜。停车时，氮气置换系统应先泄压再充氮气，系统泄压时压力不得降至零，更不能造成负压(一般来说，系统压力保持 0.1MPa 为宜)，在泄压未完成前，不得拆动与系统相连的管线与设备。

**(二)开车前公用工程准备**

1. 引入蒸汽的检查内容

(1)蒸汽管网引蒸汽时，要先建立管网压力，再确认蒸汽用户已接通，然后逐渐投用换热器及其他用户。

(2)引蒸汽前，应确认蒸汽管线上的疏水器前、后切断阀和副线均已打开。

（3）装置引入蒸汽前，一定要联系工厂调度，不可以私自引入。

（4）引入蒸汽前，应检查蒸汽管线上疏水器是否投用、疏水器副线是否打开、安全阀是否就位、低点导淋阀是否打开，确认正常后，方可引入蒸汽。

**2. 仪表空气的使用要求**

仪表空气是化工装置仪表调节控制系统的工作风源，仪表空气露点温度应小于−40℃，以防止冬季因水分的凝聚和冻结造成供气中断。

仪表空气露点的高低，是保证各类气动仪表调节系统正常工作的主要控制指标。

在化工生产中仪表空气应连续稳定供应，同时应严格控制仪表空气中的露点温度、尘埃、油量等质量指标。

**3. 净化风、非净化风在装置的作用**

净化风，也称为仪表风，就是去除了空气中的杂质（油、尘、水分）并且经过干燥的仪表用风，非净化风在催化装置中主要用在反应岗位反吹、松动以及烧焦补充风。化工装置停风一般是指停净化风。净化风多用于仪表控制系统和物料的输送。非净化风一般用于装置其他辅助需要。

**4. 引入循环水的检查内容**

循环水是指冷却水系统中，冷却水通过换热设备后，不直接排放掉，而是通过冷却装置再冷却后进行回收循环再用。装置要根据实际运行负荷适当调整循环水量，如无特殊要求，装置停车后需及时停用循环水。

在装置引入循环水前，打开入口阀门前，应确认管线高点导淋阀打开及系统冷换设备高点放空打开，以便将管线内积存的气体排放干净。循环水系统启动时的核心操作是进行系统管线的清洗处理和系统管线的预膜处理。

循环水浊度高会造成设备腐蚀和结垢，因此必须进行监测。一般要求板式换热器循环水浊度不高于20mg/L，循环水浊度高易造成冷换设备和系统管道堵塞等，特别是在低流速部位，会因流速改变而沉积在冷换设备和工艺管道表面，影响换热效果。

## 二、开车操作

### （一）机泵、管线设备开车

**1. 压缩机组油泵的开车方法**

确认放空阀关闭，润滑油路各阀门正常，仪表、联锁自保系统微机显示正常，机体内介质符合启机条件，压缩机出口阀门、入口阀门，排液前手阀、排液后手阀打开，补液阀、循环喷液阀关闭，各点压力表、温度计指示正常，冷却系统正常，启动油泵，检查各注油点油压正常。

**2. 离心式压缩机的开车程序**

离心式压缩机的工作原理：当叶轮高速旋转时，随着旋转，在离心力作用下，气体被甩到后面的扩压器中去，而在叶轮处形成真空地带，这时外界的新鲜气体进入叶轮，叶轮不断旋转，气体不断地吸入并甩出，从而保持了气体的连续流动。

离心式压缩机开车前油箱液位应在正常位置，通入冷却水或加热剂把油温保持在规定值。压缩机无负荷运转前，应将进气管路上阀门开启 30%，为了防止在启动离心式压缩机时电动机负荷过大，应关闭吸入阀门进行启动。

3. 往复式压缩机的开车程序

目前往复式压缩机主要是活塞式空压机。往复活塞压缩机是各类压缩机中发展最早的一种，曲轴带动连杆，连杆带动活塞，活塞做上下运动，活塞运动使气缸内的容积发生变化，当活塞向下运动的时候，气缸容积增大，进气阀打开，排气阀关闭，空气被吸进来，完成进气过程；当活塞向上运动的时候，气缸容积减小，出气阀打开，进气阀关闭，完成压缩过程。

往复式压缩机开车时要开动气缸润滑系统，应启动注油器，检查电动机、注油器和减速器运转情况，各注油点油压油量要达到规定值，必须检查盘车系统，检查传动部件无故障后，盘车系统脱开；有回流液中间储槽的强制回流，可以暂时加大回流量以提高凝液量，增大回流比，但不得将回流储槽抽空。

4. 蒸汽暖管的注意事项

主蒸汽管道投用之前温度很低，同时管道长，而且形状复杂，管子与其附件（阀门、法兰、螺栓等）间的厚度差别也很大，如果突然将大量高温高压蒸汽通入管内，管道和附件上会产生很大的热应力，这时若膨胀又受阻的话将造成管道破坏。蒸汽进入太冷的管道还会产生凝结水，如果凝结水不能及时通畅地排出，将会造成强烈的水击现象而使管道落架或者损坏。因此，在主蒸汽管道投运前，应进行暖管，即少量的低压、低温的蒸汽通入管道使其逐渐提高温度并同时从管道低位点疏出凝结水的一种操作过程。蒸汽管道暖管主要目的为了减少管道热应力，防止水击，保护设备。

暖管时应注意防止蒸汽漏入工业汽轮机内，防止上下气缸温差过大和转子热弯曲；要把冷凝水及时疏出，防止管道出现水击。机组启动前，新蒸汽温度要高于饱和蒸汽温度 50℃以上。采用低压力、小流量蒸汽暖管比高压力、大流量蒸汽使金属受热更为均匀，对管道较为安全。

5. 仪表风干燥器的投用要点

仪表风干燥器是通过加热使空气中的水分汽化逸出，以获得干燥空气的机械设备。

当干燥器停止使用时间较长时，需要对吸附剂进行干燥，接上气源和电源，不输送成品气，启动干燥器，把吸附剂的粉尘吹净。吸附剂干燥时通常将干燥器出气阀门关闭，打开进气阀门，送进压缩空气。

6. 真空装置的投用要点

（1）检查水封罐各连接部位是否连接好，水封罐各附件是否齐全好用。

（2）启动水封罐油、水位控制系统。

（3）打开水封罐倒 U 形管顶阀门，水封罐给水封。

（4）改通水封罐瓦斯往塔顶放空流程，塔顶放空给蒸汽掩护。

（5）蒸汽排净冷凝水，引蒸汽入抽真空蒸汽系统。

（6）缓慢打开三级抽真空蒸汽阀启动三级抽真空。

7. 控制阀正线改副线的注意事项

控制阀正线改副线时，应先开副线阀门，后关调节阀，再关闭现场前后切断阀门。

**（二）化工分离、换热单元操作**

1. 吸收过程的开车方法

（1）开动风机,用原料气向填料塔内充压至操作压力。

（2）启动吸收剂循环泵,使循环液按生产流程运转。

（3）调节塔顶各喷头的喷淋量至生产要求。

（4）启动填料塔的液面调节器,使塔釜液面保持规定的高度。

（5）系统运转稳定后即可连续导入原料混合气,并用放空阀调节系统压力。

（6）塔内的原料气成分符合生产要求时,即可投入正常生产。

2. 影响蒸发器生产强度的因素

蒸发是指利用加热的方法,将含有不挥发性溶质的溶液加热至沸腾状况,使部分溶剂汽化并被移除,从而提高溶剂中溶质浓度的单元操作。蒸发器是制冷四大件中很重要的一个部件,低温的冷凝液体通过蒸发器,与外界的空气进行热交换,汽化吸热,达到制冷的效果。

蒸发器主要由加热室和蒸发室两部分组成,加热室向液体提供蒸发所需要的热量,促使液体沸腾汽化;蒸发室使气液两相完全分离。加热室中产生的蒸气带有大量液沫,到了较大空间的蒸发室后,这些液体借自身凝聚或除沫器等的作用得以与蒸气分离。

对于一定的蒸发量,蒸发强度越大,则所需的传热面积越小,蒸发设备投资越小。要提高蒸发器的生产强度,必须设法提高蒸发器的传热系数或提高蒸发器的传热温差。传热温差的大小取决于加热蒸气的压力和冷凝器的操作压力。蒸发操作中,为了减少污垢热阻,必须定期清洗更换加热管。

3. 颗粒沉降分离

沉降分离是指利用物质重力的不同将其与流体加以分离,如空气的尘粒在重力的作用下,会逐渐落到地面,从空气中分离出来;水或液体中的固体颗粒也会在重力的作用下逐渐沉降到池底,与水或液体分离。实现沉降分离的条件是分散相和连续相之间存在密度差,并且有外力场的作用。

4. 干燥过程

化学工业中常采用连续操作的对流干燥,以不饱和热空气为干燥介质,湿物料中的湿分多为水分,在对流干燥过程中,热空气将热量传给湿物料,物料表面水分汽化,并通过表面外的气膜向气流主体扩散。同时,由于物料表面水分的汽化,物料内部与表面间存在水分浓度的差别,内部水分向表面扩散,汽化的水汽由空气带走,所以干燥介质既是载热体又是载湿体,它将热量传给物料的同时把由物料中汽化出来的水分带走,因此,干燥是传热和传质相结合的操作,干燥速率由传热速率和传质速率共同控制。

5. 氨蒸发器液位调节

氨蒸发器液位过高时,需减少节流阀的开度;液位波动时,可以通过节流阀的开度调整,向蒸发器补加或减少液氨量;液位过低时,应及时增大节流阀的开度进行补加液氨的操作。

6. 加热炉点火的条件

加热炉每次点火前必须置换燃料管线内的空气,氧含量降至规定工艺范围为合格。

### （三）催化剂

#### 1. 催化剂升温要求

每一种催化剂都有特定的还原温度，对于吸热反应，提高温度有利于催化剂还原。催化剂的升温还原除了控制温度以外，还应注意还原气组成及空气速度。

催化剂升温注意事项：开始升温时，床层温差小于50℃为宜，气量要尽可能加大，尽量避免温差过大，整个升温过程，压力越低越好；防止过高提高催化剂层上段温度，当进入还原阶段时，避免因还原反应剧烈造成催化剂温度猛升。当第一床层温度上升至200℃时，应减缓升温速度，控制在12℃为宜。

催化剂还原时必须同时加入蒸汽，必须维持大量蒸汽操作，防止被氢过度还原成金属。

#### 2. 分子筛再生

分子筛是指具有均匀的微孔，其孔径与一般分子大小相当的一类物质。分子筛的应用非常广泛，可以用作高效干燥剂、选择性吸附剂、催化剂、离子交换剂等。常用分子筛为结晶态的硅酸盐或硅铝酸盐，是由硅氧四面体或铝氧四面体通过氧桥键相连而形成分子尺寸大小（通常为0.3~2nm）的孔道和空腔体系，因吸附分子大小和形状不同而具有筛分大小不同的流体分子的能力。

为了取得较好的操作性能和尽可能长的寿命，分子筛使用一定时间后必须再生，分子筛再生的基本方法有变温和变压。再生后的分子筛与新鲜的不一样，其吸附性能和机械性能的衰减和老化是非常低的。

#### 3. 分子筛吸附

吸附是一种把气态和液态物质（吸附质）固定在固体表面（吸附剂）上的物理现象，这种固体（吸附剂）具有大量微孔的活性表面，吸附质的分子受到吸附剂表面引力的作用，从而固定在上面。引力的大小取决于吸附剂表面的构造（微孔率）、吸附质的分压和温度。

吸附伴随着放热，是一种可逆的现象，类似于凝结，如果增加压力或降低温度，吸附能力增强。因此，在吸附时，要使压力升到最高，温度降到最低；解吸时，则要使压力降到最低，温度升到最高。

### （四）反应过程开车

#### 1. 反应原料的准备

在使用化学方程式对原料配比时，首先要将化学方程式配平，然后再对每一种原料与产品的物质的量比例进行计算。原料配比时，必须要掌握反应方程式，计算出每一种原料的理论用量。在原料配比期间，为了提高反应收率，通常使某一种原料过量加入。

原料在进入反应器之前必须具备一定的纯度以保证反应的正常进行并能得到一定的产率。化工操作中，吸附分离、过滤、溶液吸收属于净化原料的操作，渣油过滤单元操作、旋风分离单元操作、烟气脱硫单元操作等都具有净化效果。

#### 2. 流化床开车

（1）先用被间接加热的空气加热反应器，以便赶走反应器内的湿气，使反应器趋于热稳定状态。

（2）当反应器达到热稳定状态后，用热空气将催化剂由储罐输送到反应器内，直至反应器内的催化剂量足以封住一级旋风分离器料腿，开始向反应器内送入速度超过临界流化速度不太多的热风,直至催化剂量加到规定量的 $1/2 \sim 1/3$,停止输送催化剂,适当加大流态化热风。对于热风的量,应随着床温的升高予以调节,以不大于正常操作气速为度。

(3)当床温达到可以投料反应的温度时,开始投料,如果是放热反应,随着反应的进行,逐步降低进气温度,直至切断热源,送入常温气体。如果有过剩的热能,可以提高进气温度,以便回收高值热能的余热。

(4)当反应和换热系统都调整到正常的操作状态后,再逐步将未加入的 $1/2 \sim 1/3$ 催化剂送入床内,并逐渐把反应操作调整到要求的工艺状况。

### 三、正常操作

#### (一)机泵的调节方法

1. 离心式压缩机

离心式压缩机不可以无限制地增加流量,当转速一定时,若离心式压缩机流量增大到某一值时,压比和效率不再垂直升高;流量减小、进口压力一定,则出口压力增加,流量进一步减小,压缩机出现不稳定,气流出现脉动,机器振动加剧并伴随着噪声。

可在压缩机排气管中装一阀门,利用阀门开度大小来调节流量,当需要减小流量时,可关小出口阀门,但压力比增大,功率消耗增加,很不经济。因此,利用出口节流阀调节流量,不能在大型鼓风机中普遍应用。对于转速改变的压缩机,出口节流是一种简便而又广泛应用的调节方法。

在压缩机进气管前安装调节阀,改变阀门开度,即可改变压缩机性能曲线,达到调节目的。进口节流后的喘振流量向小流量方向移动,因此压缩机可以在更小的流量下工作。进口节流调节比出口节流调节的经济性好。

离心式压缩机各零部件必须齐全完整,指示仪表灵敏可靠;应定期检查、清洗油过滤器,保证油压的稳定;长期停车时,每 24h 盘动转子 180°一次;岗位人员应认真负责地填写机器运转记录,搞好机房安全卫生工作,并保持压缩机的清洁。

2. 往复式压缩机

当往复式压缩机气缸工作容积增大时,气缸中压强降低,低压气体从缸外经吸气阀被吸进气缸,当气缸工作容积减少时,气缸中压强逐渐升高,高压气体从缸内经排气阀排出气缸。

压缩机排气量可通过调节转速以及进气阀、旁通阀的开度的方法来调节。

3. 活塞式压缩机

活塞式压缩机的排气量与转速成正比,改变活塞式压缩机转速的方法有连续转速调节和间断停转调节两种方法。活塞式压缩机连续转速调节的特点:气量调节连续,调节工况的功率消耗小,压缩机各级压力比保持不变。

在管路上增加适当的机构,利用适当程度的堵塞或旁通可以对活塞式压缩机排气量进行调节。在压缩机进气管路上装有节流阀,调节时逐渐关闭,压力降低,排气量减小。停止进气调节是隔断进气管路,使压缩机进入空转而排气量等于 0。

4. 旋涡泵

旋涡泵启动时,泵的出口阀门必须打开。当旋涡泵中的液体被压出后,叶片间通道内形成局部真空,液体就不断从吸入口进入叶轮。旋涡泵由于连续运动,边吸入液体边排出液体，从而不断地输送液体。旋涡泵适合在稳定情况下工作，不宜采用改变出口阀开度的方法来调节流量，一般用调节旁通回路阀门来调节流量。

5. 往复泵

实际生产中，往复泵主要采用旁路调节阀进行调节。流量调节也可以用改变往复次数方法进行。蒸汽往复泵流量调节通过改变进气管道阀门的开度，从而改变进入气缸的蒸汽压力，改变泵的往复次数。

### （二）反应器的调节

1. 聚合反应温度的控制要点

聚合操作最重要的就是及时移出聚合热，控制聚合温度的稳定。聚合反应的速率随温度升高而急剧升高，通过降低聚合温度、停进催化剂和加大溶剂加入量，能够有效处理环管反应器聚合系统飞温。

2. 连续搅拌反应釜的控制参数

一般来说停留时间长，进料流量小，则反应的转化率高，即为了使出口混合液中产物的浓度提高，必须减少进料和出料流量。反应温度过高时，反应压力增大，易发生事故；而反应温度过低，影响采出流量，因此，需要控制反应温度在合理范围内。

3. 间歇搅拌反应釜的控制参数

间歇搅拌反应釜料位应该严格控制，过低时聚合产率低，过高时造成聚合液进入换热器、风机等导致设备事故；控制聚合浆液浓度非常重要，浆液浓度过高，造成搅拌器电动机电流过高，引起超负荷跳闸、停转；发生聚合温度失控时，应立即停进催化剂、聚合单体，增加溶剂进料量、加大循环量、加入阻聚剂，紧急放火炬泄压。

4. 催化剂的活性组分

活性组分是使催化剂具备活性所必需的成分，例如催化加氢用的镍–硅藻土催化剂中的镍、氨合成用的 $Fe-K_2O-Al_2O_3$ 催化剂中的铁。为了提高活性组分的分散度和利用率，并使催化剂具有一定的形状，许多固体催化剂中的活性组分是载于载体上的。催化剂的性能不仅取决于其活性组分，而且是各种成分的性质及其相互影响的总和，此外还必须考虑其对反应装置、反应工艺的适应性。

### （三）单元操作要点

1. 吸收操作

吸收塔液位要维持在某一高度上，若液位在工艺规定的下限，部分气体可能进入液体出口管，造成事故或污染环境。吸收塔液位可用液体出口阀来调节，液位过高，应开大阀门。气体流速大小、吸收剂流量大小、出口控制阀门变化、塔内压力降都会直接影响吸收塔液位。

对吸收系统而言，提高温度可以有效加大吸收系数，通常在保持足够吸收推动力的前提下，应尽量将吸收温度提高到与解吸温度接近，以节省再生耗热量。

对于已设计定型的吸收系统来讲，操作过程中气体流量的选择是以杜绝液泛发生为原则。吸收操作通常以不发生严重液沫夹带为原则，给出气体流量的上限，再根据实际操作情况决定具体的气体操作流量。对于两段吸收、两段再生的系统，通常再生较为彻底、尚未吸收气体组成的溶液量为总溶液量的 20%~50%，液体流量过低，吸收剂不能将气体组分完全吸收，难以平稳操作，液体流量过高时易发生液泛现象。

由于操作不当发生液泛时,应及时通过调整负荷、加热等手段恢复正常。塔顶冷凝液不可全送入塔内作回流,以免发生液泛,可加大采出来维持液面。当夹带液泛和溢流液泛同时存在,通常采取同时降低处理量和塔底蒸气量的方法。

2.蒸发操作

(1)不同物料、不同蒸发器对蒸气压力等级要求各不相同。蒸气压力随蒸发过程不稳定因素而波动,在生产中必须把蒸气压力作为控制值,然后调节蒸气流量。外沸式蒸气器蒸气压力过高,会使加热管内溶液滞留层上升,造成管内沸腾,从而缩短洗罐周期;蒸气压力过低,蒸发器内不能保持良好的沸腾状态,导致传热温差低,影响蒸发量,使整个装置生产能力降低。反应器内压力一旦超压,会对安全稳定生产造成威胁,应及时打开放空阀门,进行系统的泄压。

(2)减压蒸发时,溶液的沸点降低,增大了加热蒸汽与溶液之间的传热推动力——温度差 $\Delta T$。为了保证产品质量,热敏性物料在较低温度下蒸发浓缩时,需要真空操作以降低溶液的沸点。蒸发器液温真空度控制要点:在冷凝器出口到末段喷射器蒸气出口之间的管线上安装调节阀,用补充蒸气的方法稳定真空度;在吸气管的补充管线上安装调节阀,通过吸入部分空气来加以调节;调节阀安装在吸气管线上调节吸气管的阻力以稳定真空度。

(3)进入蒸发器的物料浓度偏高,有利于蒸发操作,蒸发物料的浓度越高,对蒸发越有利。若蒸发溶液浓度太低,则需要蒸发出的溶剂越多,不仅增加蒸气用量,而且影响装置生产能力;蒸发物料浓度过高,容易发生沉淀现象。

(4)保持蒸发器液面正常和稳定,对控制蒸发操作并达到各项技术指标十分重要。蒸发器液面过高会使蒸发室汽液分离空间缩小,导致雾沫夹带严重,也会导致帽罩上吸。

3.结晶操作

结晶器可分为非增长型和增长型结晶器两种。结晶和重结晶主要操作步骤:将需要纯化的化学试剂溶解于沸腾或接进沸腾的适宜溶剂中;将热溶液趁热抽滤,以除去不溶的杂质;将滤液冷却,使结晶析出;滤出结晶,必要时用适宜的溶剂洗涤结晶。结晶器清液循环靠循环泵来完成,循环泵也是结晶器正常运行的关键设备之一。在流化床中晶体的沉降速度主要取决于自身的粒径和密度。

通常情况下,随温度的改变,化合物的晶体形状也随着改变。对于真空结晶器,操作温度越低,真空度越高。固体物质的溶解度随温度的下降而减小,因此,降低温度可以使过饱和溶液中溶质以晶体形式析出。真空式结晶器操作温度一般都要低于大气温度或者是接近气温。

4.干燥过程

影响干燥速率的主要因素包括干燥介质状态、干燥设备结构、物料流程。干燥介质流动方向与物料汽化表面垂直时,干燥速度最快。物料最初、最终以及临界含水量决定着干燥各阶段所需时间的长短,影响干燥速率的快慢。各种物料在干燥过程中,干燥介质温度的高低对干燥速率有直接影响,干燥器温度升高,可使水分从物料内部迁移到物料表面的扩散速度提高。

5.冷冻操作

冷冻,又称制冷,是人为地将物料的温度降低到比周围空气和水的温度还要低的操作。

制冷剂的性质直接关系到制冷装置的制冷效果、经济性、安全性及运行管理,因此选择合适的制冷剂非常重要。

在蒸发时,制冷剂的汽化潜热要尽可能大,蒸发压强应相近或稍高于大气压强,以免空气渗入到蒸发器等低压部分而降低冷冻能力。冷冻系数是制冷剂自被冷物体中所吸取的热量与消耗的外界功或能量之比,在给定的条件下,冷冻系数越大,则冷冻循环的经济性越好。

### 6. 控制分离器液位操作

为了防止分离器出口气液夹带现象,操作中要严格控制分离器的液位。

### (四)装置运行控制

#### 1. 装置运行检查要点

合理的管理制度、平时认真巡检、及时发现问题并妥善处理是装置稳定运行的关键。

(1)要严格按照操作规定按时、按班巡回检查重要工艺指标;对重要机组设备状态进行监测;认真观察反应器的操作温度、压力,防止超温、超压。

(2)对于转动设备,要检查运转状态;检查是否有异常响声、润滑油状况;对重要控制点重点监测;检查工艺指标的执行情况。

(4)冬季装置运行时要检查重要机组设备、重要工艺参数、重点防冻部位、反应器的运行状态。

#### 2. 产品质量控制

产品质量是指产品能够满足使用要求所具备的特性,一般包括性能、寿命、可靠性、安全性、经济性以及外观质量等。

(1)性能,即根据产品使用目的所提出的各项功能要求,包括正常性能、特殊性能、效率等。

(2)寿命,即产品能够正常使用的期限,包括使用寿命和储存寿命两种。使用寿命是产品在规定条件下满足规定功能要求的工作总时间,储存寿命是指产品在规定条件下功能不失效的储存总时间,医药产品对这方面规定较为严格。

(3)可靠性,即产品在规定时间内和规定条件下,完成规定功能的能力,特别对于机电产品,可靠性是使用过程中主要的质量指标之一。

(4)安全性,即产品在流通和使用过程中保证安全的程度,一般要求极其严格,视为关键特性而需要绝对保障。

(5)经济性,即产品寿命周期的总费用,包括生产成本与使用成本两个方面。

(6)外观质量,泛指产品的外形、美学、造型、装潢、款式、色彩、包装等。

产品质量控制是企业为生产合格产品、提供顾客满意的服务和减少无效劳动而进行的控制工作。

#### 3. 循环水 pH 值的控制方法

pH 值,又称氢离子浓度指数,是溶液中氢离子活度的一种标度,也就是通常意义上溶液酸碱程度的衡量标准。通常情况下,pH 值是一个介于 0 和 14 之间的数,当 pH<7 的时候,溶液呈酸性,当 pH>7 的时候,溶液呈碱性,当 pH=7 的时候,溶液呈中性。

pH 值是循环水系统运行过程中主要控制指标。循环水 pH 值过低加碱处理时,排放速度要快,防止污垢沉积。循环水加酸过量时要迅速处理,首先应立即加入水处理剂、切断酸源,同时打开离加酸点最近的排放口进行排放。加氯会使循环水 pH 值下降,因此一般在加氯前注意使 pH 值靠近指标上限。当循环水 pH 值大于 4.5 时,通过补水或排放控制。

### 4. 废热锅炉水质的控制要点

废热锅炉水质量标准包括 $SiO_2$ 浓度、pH 值及总碱度。废热锅炉水 pH 值过低会使炉管发生腐蚀。适当控制炉水的 pH 值,可以减少硅酸在蒸汽中的携带量,以提高蒸汽的质量。

### 5. 真假液位的判断方法

化工生产常用的液位计有侧装式磁翻板液位计、捆绑式远传液位计、电容式液位计、单法兰液位计、双室平衡容器液位计、双法兰液位计和雷达液位计。生产中液位指示在一段时间内稳定不变、短时间内剧烈波动、突然显示满液位或空液位,需要进行检查并判断其指示的真假性。

### 6. 水封操作注意事项

水封是利用水将要隔离的气体隔离开来的一种分隔方式。冬季需要投用生产水封的伴热系统。水封液位过高,会产生溢流、系统压力超高,应及时排出积水,保证溢流口畅通;水封液位过低时,气体溢出,起不到安全水封的作用,应及时补水。

### 7. 火炬操作注意事项

火炬系统是用来处理石油化工厂、炼油厂、化工厂及其他工厂或装置无法回收和再加工的可燃有毒气体及蒸气的特殊燃烧设施,是保证工厂安全生产、减少环境污染的一项重要措施。为了保持火炬系统内正压操作,可设氮气系统向系统内补充氮气,防止回火发生。

### 8. 浏览 DCS 画面注意事项

正常生产过程中,控制室 DCS 画面需要定时循环翻看;岗位外操不可以随意进入工程师站修改程序;控制室 DCS 监盘人员必须认真对各操作参数进行检查,发现问题及时通知关联岗位,同时做出正确的判断和调整;有报警信息必须先调看报警详细内容,再确认消除报警,同时在规定时间内确认并解除声光报警。

## 四、停车操作

### (一)机泵的停车

#### 1. 离心式压缩机的停车要点

离心式压缩机停车的要点:一是联系上下工序,做好准备;二是打开放空阀或回流阀;三是关闭工艺管路闸阀,与工艺系统脱开。由电动机驱动的离心式压缩机在电动机停车后,应运行几小时后停密封油和润滑油系统。

#### 2. 往复式压缩机的停车要点

往复式压缩机组正常停车操作的要点:一是切断与工艺系统的联系,打循环;二是按电气规程停电动机;三是关闭冷却水进、出口阀。

往复式压缩机组紧急停车的要点:一是首先切断电源;二是停止电动机运转;三是打开放空阀,泄掉压力。

#### 3. 活塞式压缩机停车的注意事项

活塞式压缩机正常停车的注意事项:一是与有关工序和岗位取得联系;二是停止进气和供气;三是放空泄去压力。紧急停车应首先切断电源,停止电动机运转,并通知有关工序,然后打开放空阀泄压,随后按正常停车步骤进行操作。

**4. 离心机停车的注意事项**

离心机停车的注意事项：一是确认离心机内物料放净；二是确认离心机加料管内无料；三是确认离心机加料管吹扫蒸汽好用。

离心机停工操作的注意事项：一是将加料管线处理干净后再关闭离心机加料阀门；二是关闭离心机后腔加水阀门，停止加水；三是按下主机停车按钮，停止主电动机运转。

### （二）反应器的停车

**1. 反应器停车的注意事项**

若反应器中有腐蚀性的气体参与反应，在停车后应立即通入氮气进行降温置换，以防腐蚀性气体冷凝后毁坏催化剂。对于聚合反应器，停车时应先停催化剂，再停进料。固定床反应器的停车过程中一般先停燃料气后停原料气。

**2. 冷却器停车的注意事项**

冷却器一般应用于放热的化学反应，停车过程中应先停热流体后停冷流体，停车后应将管程及壳程的液体放净，以免腐蚀换热器。

**3. 停车降温、降量的操作要求**

固定床反应器停车降温降量过程中，应注意温度、压力的控制，避免波动，停车降量过程中降量速度应根据具体情况确定；停车降温过程中应逐渐降温。

### （三）单元操作停车

**1. 蒸发系统停车的注意事项**

蒸发系统完全停车的注意事项：一是首先关闭蒸汽阀，然后关闭一些手动截止阀，以切断向装置内的能量供给；二是向下游输送料液，尽量排空管路；三是打开真空开关器打破真空，数分钟后停去冷凝器及去真空泵的水供给。

蒸发系统短期停车的注意事项：一是首先关闭蒸汽阀，然后关闭手动截止阀，切断向装置内的能量供给；二是当真空停止后，停真空泵并关闭所有阀门，以防止空气通过阀门进入装置内；三是停冷凝液泵和所有生产用泵。

蒸发系统紧急停车的注意事项：一是当事故发生时，首先立即用最快的方式切断蒸汽，以避免料液温度继续升高；二是考虑停止料液供给是否安全，如果安全，就要用最快方式停止进料；三是考虑破坏真空会发生什么情况，如果没有不利情况，应打开靠近末效真空器的开关打破真空状态，停止蒸发操作；四是处理热碱液时必须十分小心，避免造成伤亡事故。蒸发系统处于完全停车状态时，如需要内部检修，应用水冲洗，以去掉装置内残留液体。

**2. 冷冻系统停车的注意事项**

冷冻系统的停车一般包括制冷压缩机的停车、制冷压缩机附属设备的停车、低温载体输送设备的停车、制冷剂的中断。冷冻系统正常停车的注意事项：一是联系上下岗位，接到停车指示后，停制冷机组；二是待低温载体循环到工艺指标后停泵；三是将低温载体从系统中放至储槽中。冷冻系统中若使用空冷器冷凝制冷剂蒸气，停车时先停冷冻机组再停空冷器。冷冻系统制冷机停车后，如果设备需要进行检修，要将系统中的制冷剂退出并置换合格。

**3. 吸收塔停车的注意事项**

吸收塔临时停车的注意事项：一是通告系统前后工序或岗位；二是停止向系统送气，同时关闭系统的出口阀；三是关闭其他设备的进出口阀门。

吸收塔长期停车的要点:一是按短期停车操作要求停车,然后打开系统放空阀,泄掉压力;二是将系统中的溶液排放到溶液储槽;三是若原料气中含有易燃易爆气体,必须用惰性气体进行置换,置换气中易燃物含量低于2%LEL,含氧量低于0.2%时为合格。吸收塔紧急停车时应迅速关闭原料混合气阀门,关闭系统的出口阀。

### (四)停车处理原则

**1. 紧急停车的操作原则**

生产过程中突然发生停电、停水、停汽或发生重大事故时要全面紧急停车。

停车时,按以下原则进行操作:

(1)确认停车原因,紧急停车。

(2)快速关闭原料进入系统阀门,打开驰放气放空阀。

(3)调节蒸汽和氮气进入系统的压力、流量。

(4)由生产流程改为循环流程,等待系统恢复。

(5)主控与现场及其他岗位密切配合并及时联系将风险降到最低。

**2. 停工吹扫的方案**

吹扫时要根据检修方案制定的吹扫流程图、方法、步骤和所选吹扫介质,按管线号和设备位号逐一进行,并填写登记表,以确保所有设备、管线都吹扫干净,不遗漏或留死角。吹扫合格后,应先关闭物料阀,再停气,以防止系统介质倒回,同时及时加盲板与运行或有物料系统隔离。设备和管线内没有排净的可燃、有毒液体,一般采用蒸汽或惰性气体进行吹扫。

**3. 氮气置换的要求**

塔、槽等密闭空间使用氮气置换可燃气体合格后,当人体需要进入塔槽等工作时,需要分析塔、槽等密闭空间内的氧气含量,合格后方可进入。在装置引入易燃易爆物料前,必须使用符合要求的氮气对系统设备、管道中的空气予以置换,氮气对系统置换后要求氧含量为0.2%~0.5%为合格。化工装置进行氮气置换时,对氧、氮含量有严格要求,氮含量不小于99.5%(体积分数),氧含量小于0.2%(体积分数)。为了防止公用氮气串入系统设备,公用氮气与设备连接采用可拆卸软管接头方式,当工艺系统设备停用时,接头处于断开状。

**4. 废料的处理原则**

三废的排放应严格执行环保管理规定,不允许任意排放可燃、易爆、有毒有害、有腐蚀性的介质。塑料废渣处理不能造成二次污染的方法是再生处理法,对气态污染物的治理主要采用吸收或吸附,改革生产工艺,尽可能在生产中消除污染源,杜绝有毒有害废水的产生,是有效治理废水的原则之一。

# 项目二  氧气引入操作

## 一、准备工作

(1)设备:对讲机2台(现场1台、总控1台)、便携式有毒有害气体报警器1台(外操配带)。

（2）工具材料：F 形扳手 1 个、安全帽 1 个、防护手套 1 副、防护眼镜 1 个。

（3）人员：外操 1 名，值班长 1 名。

## 二、操作规程

（1）外操确认系统具备配氧条件。

（2）外操确认氧气管线脱脂、气密、置换合格。

（3）外操确认仪表、调节阀、安全阀调试合格。

（4）外操确认盲板加装完且工艺流程打通。

（5）外操将待脱脂管线及阀门通入蒸汽，连续吹扫 3~5h，用萘检查冷凝液是否有油脂存在，检查确认吹扫脱脂合格后，方可引入氧气。

（6）值班长联系上一工序做好供氧工作，联系调度室送氧气，氧气纯度应大于 98.5%。

（7）外操检查氧气系统压力、温度、流量是否符合条件。

（8）外操确认氧气送到入口总管，前、后电磁切断阀开启，放空切断电磁阀关闭。

（9）内操调节氧气压力调节器自动保压（其压力按要求维持一定值）。

（10）内操根据系统负荷确定加氧量，流量指示给定一定量，投自动。

（11）值班长确认氧气系统引入完毕。

## 三、注意事项

（1）外操对管道进行脱脂试验并确认合格。

（2）与管道相连接的仪表调节阀、自调阀门等阀门、法兰口必须脱脂合格。

（3）开关氧气阀门时应缓慢，每次调节都要微调，不可使调节阀开关过快。

# 项目三　循环水回路建立

## 一、准备工作

（1）设备：对讲机 2 台（现场 1 台、总控 1 台）、便携式有毒有害气体报警器 1 台（外操配带）。

（2）工具材料：F 形扳手 1 个、安全帽 1 个、防护手套 1 副、防护眼镜 1 个。

（3）人员：外操 1 名。

## 二、操作规程

（1）值班长通知工厂调度、供排水等有关单位准备引循环水进装置。

（2）外操携带对讲机、便携式有毒有害气体报警器、F 形扳手、安全帽、防护手套、防护眼镜到现场打开循环水入口阀。

（3）外操启动循环水循环泵，将循环水送到循环水循环回路中去。

（4）外操控制好循环水的液位，防止循环水循环泵抽空。

（5）外操打开整个循环水循环回路的低点导淋。

(6)外操待排放出干净的水后关闭低点导淋。

(7)外操将循环回路中的高点排放打开,待有水排出并稳定后关闭。

(8)外操将循环水送入装置大阀门前,缓慢打开循环水入装置的阀门。

(9)内操通过 DCS 画面检查循环水流量和压力是否在正常工艺指标范围内。

## 三、注意事项

开关循环水阀门时应缓慢,每次调节都要微调,调节阀开关不要过快。

# 项目四 控制阀位确认

## 一、准备工作

(1)设备:对讲机 1 台(现场 1 台、总控 1 台)、便携式有毒有害气体报警器 1 台(外操配带)。

(2)工具材料:F 形扳手 1 个、安全帽 1 个、防护手套 1 副、防护眼镜 1 个。

(3)人员:外操 1 名、仪表检修人员 1 名。

## 二、操作规程

(1)外操携带对讲机、便携式有毒有害气体报警器、F 形扳手、安全帽、防护手套、防护眼镜到现场将手操器全关,检查调节阀开度是否在全关的位置。

(2)调节控制阀使用前需要对每挡阀进行开关确认,确认现场就地阀的开度是否与主控室自动给定阀位一致。

(3)外操若发现开度不符,及时联系仪表检修人员处理。

(4)正常生产调节使用时,外操需要确认调节控制阀的调节是否灵敏,液位、压力等是否能够正常调节控制。

(5)仪表检修人员确认气路没有问题,阀门定位器的气路没有被堵塞。

(6)仪表检修人员检查是否由于安装等问题使阀门在开关过程中有卡涩现象。

(7)仪表检修人员检查智能定位器中设置的阀门参数是否正确无误。

(8)仪表检修人员与内操联系并到现场检查,手动调节调节阀,阀位由 0%→25%→50%→75%→100%变动,仪表检修人员现场确认调节阀阀位和控制室一致。

## 三、注意事项

(1)开关调试阀门时应缓慢,每次调节都要微调,不可使调节阀开关过快。

(2)调节阀调校时,至少有 2 人和必要的通信设施;在装置进行试车过程中,所有调节阀均需现场实际调试。

(3)调节阀校验阀位时,要切到副线操作,避免发生系统波动。

(4)调节阀发现问题时,应及时联系仪表检修人员处理。

# 项目五　系统置换充压操作

## 一、准备工作

（1）设备：对讲机 1 台(现场 1 台、总控 1 台)、便携式有毒有害气体报警器 1 台(外操配带)。

（2）工具材料：F 形扳手 1 个、安全帽 1 个、防护手套 1 副、防护眼镜 1 个。

（3）人员：外操 1 名。

## 二、操作规程

（1）外操携带对讲机、便携式有毒有害气体报警器、F 形扳手、安全帽、防护手套、防护眼镜检查确认每一个施工打开过的部位是否已经关闭。

（2）外操打开设备、管线低点导淋，系统排尽残存水。

（3）外操打开各设备的氮气阀和排放阀，氮气置换吹干系统。

（4）值班长通知工厂调度、供氮气等有关单位准备引氮气进装置，由供氮气单位将氮气送入装置大阀门前，缓慢打开氮气入装置阀门。

（5）外操打开入系统充氮阀门，缓慢进行充压，待系统达到一定的压力后，打开系统泄压阀门，将压力泄净，反复吹扫 2~3 遍后，联系分析人员对放空点进行取样分析，确保合格。

（6）外操对系统再一次充压至系统压力，确认打开的部位是否有泄漏点，一旦发现漏点及时处理。

## 三、注意事项

（1）系统充压过程应缓慢，充氮阀门开度不可过大，以防管网系统压力下降过快造成氮气管网系统波动。

（2）停车时，装置氮气置换工艺系统先泄压再充氮气；装置氮气置换，系统压力不应超过设计压力；装置氮气置换采用升降压的方法，升压时系统压力应低于正常工作压力。

# 项目六　系统置换泄压操作

## 一、准备工作

（1）设备：对讲机 1 台(现场 1 台、总控 1 台)、便携式有毒有害气体报警器 1 台(外操配带)。

（2）工具材料：F 形扳手 1 个、安全帽 1 个、防护手套 1 副、防护眼镜 1 个。

（3）人员：外操 1 名、分析人员 1 名、值班长 1 名。

## 二、操作规程

（1）值班长通知工厂调度、供氮气等有关单位准备引氮气进装置，由供氮气单位将氮气送入装置大阀门前，缓慢打开氮气入装置阀门。

（2）外操携带对讲机、便携式有毒有害气体报警器、F形扳手、安全帽、防护手套、防护眼镜去现场打开入系统充氮阀门，缓慢进行充压，待系统达到一定的压力后，打开系统泄压阀门将压力泄净，反复吹扫2～3遍后联系分析人员对放空点进行取样分析，确保合格。

（3）值班长联系分析人员对设备、管道可燃气进行分析，合格后外操将系统内的氮气泄压至0。

### 三、注意事项

系统泄压过程应缓慢，停车时，氮气置换系统应先泄压再充氮气，系统泄压应注意压力不得降至0，更不能造成负压（一般来说，系统压力保持在0.1MPa为宜）。

# 项目七　分析取样点确认

### 一、准备工作

（1）设备：对讲机1台（现场1台、总控1台）、便携式有毒有害气体报警器1台（外操配带）。

（2）工具材料：F形扳手1个、安全帽1个、防护手套1副、防护眼镜1个。

（3）人员：外操1名、分析人员1名。

### 二、操作规程

（1）分析人员置换两次一次阀（距离高压管线较近）和二次阀门（压力较小）。

（2）分析人员携带对讲机、便携式有毒有害气体报警器、F形扳手、安全帽、防护手套、防护眼镜打开一次阀门，关闭二次阀门。

（3）分析人员关闭一次阀门，打开二次阀门，从取样点处进行第一次置换。

（4）分析人员关闭二次阀门，打开一次阀门。

（5）分析人员关闭一次阀门，打开二次阀门，从取样点处进行第二次置换。

### 三、注意事项

每次取样时，分析人员需要彻底置换取样的仪器，防止物料相互污染，造成分析的样品不准确。

# 项目八　工艺联锁位置确认

### 一、准备工作

（1）设备：对讲机1台（现场1台、总控1台）、便携式有毒有害气体报警器1台（外操配带）。

（2）工具材料：F 形扳手 1 个、安全帽 1 个、防护手套 1 副、防护眼镜 1 个。

（3）人员：外操 1 名。

## 二、操作规程

（1）外操携带对讲机、便携式有毒有害气体报警器、F 形扳手、安全帽、防护手套、防护眼镜去现场关闭取压一次阀门，打开变送器排放阀和平衡阀，然后用气源将变送器内部吹扫干净，保证变送器内部没有杂物。

（2）外操关闭负压排放阀和平衡阀，然后将定值器的输出同时连到联锁和调节变送器的正压排放口处。

（3）实验前，校验现场变送器的零点和仪表量程。

（4）先加信号到正常值进行调试，再缓慢将信号调整到报警值，最后，缓慢将信号调整到联锁值，报警盘上发出声光报警，证明调试完毕。

## 三、注意事项

（1）要保证变送器内吹扫彻底，没有杂物。

（2）各个管件要连接紧密，防止漏气。

（3）联锁调试要缓慢进行，保证调试准确。

（4）工艺外操不要进入与操作无关的其他环境。

# 项目九　催化剂装填前质量检查

## 一、准备工作

（1）设备：对讲机 1 台（现场 1 台、总控 1 台）、便携式有毒有害气体报警器 1 台（外操配带）。

（2）工具材料：安全帽 1 个、防护手套 1 副、防护眼镜 1 个、F 形扳手 1 个。

（3）人员：外操 1 名。

## 二、操作规程

（1）外操携带对讲机、便携式有毒有害气体报警器、F 形扳手、安全帽、防护手套、防护眼镜去现场检查催化剂包装桶（袋）是否有破损。

（2）外操检查催化剂合格证书是否齐全。

（3）外操检查催化剂性能指标书是否合格。

（4）外操检查需要填装催化剂是否已经到齐。

（5）外操检查需要填装耐火球是否已经到齐。

（6）外操检查白钢网是否已经到齐。

（7）外操打开检查新催化剂质量是否合格。

## 三、注意事项

新催化剂运到现场必须用防水帆布盖好,防止雨淋、受潮。

# 项目十　填料装填前质量检查

## 一、准备工作

(1)设备:对讲机 1 台(现场 1 台、总控 1 台)、便携式有毒有害气体报警器 1 台(外操配带)。

(2)工具材料:安全帽 1 个、防护手套 1 副、防护眼镜 1 个、F 形扳手 1 个。

(3)人员:外操 1 名。

## 二、操作规程

(1)外操携带对讲机、便携式有毒有害气体报警器、F 形扳手、安全帽、防护手套、防护眼镜去现场检查需要填装的填料是否已经到齐。

(2)外操检查新填料外观是否规整、是否满足工艺要求。

(3)外操打开检查新填料的材质是否合格。

(4)外操确认新填料适合本装置生产需要。

## 三、注意事项

外操应检查新填料是否完整,新填料的硬度及强度是否满足工艺需求。

# 项目十一　压缩机油泵开车操作

## 一、准备工作

(1)设备:对讲机 1 台(现场 1 台、总控 1 台)、便携式有毒有害气体报警器 1 台(外操配带)。

(2)工具材料:安全帽 1 个、防护手套 1 副、防护眼镜 1 个、F 形扳手 1 个。

(3)人员:外操 1 名。

## 二、操作规程

(1)外操携带对讲机、便携式有毒有害气体报警器、F 形扳手、安全帽、防护手套、防护眼镜去现场检查油箱油位是否在规定的指标范围内。

(2)外操启动辅助油泵。

(3)外操启动主油泵,停辅助油泵。

(4)外操将油冷器调至工艺指标控制的范围内。

（5）外操检查油系统各部分油压。

（6）班长确认油系统正常投运完毕。

### 三、注意事项

真空泵启动后,真空度应调节至一定的压力范围内。

# 项目十二　蒸汽暖管操作

## 一、准备工作

（1）设备:对讲机1台(现场1台、总控1台)、便携式有毒有害气体报警器1台(外操配带)。

（2）工具材料:安全帽1个、防护手套1副、防护眼镜1个、F形扳手1个。

（3）人员:外操1名、班长1名。

## 二、操作规程

（1）外操携带对讲机、便携式有毒有害气体报警器、F形扳手、安全帽、防护手套、防护眼镜去现场确认检修项目全部完成且符合工艺要求。

（2）外操对本岗位的阀门、管线、法兰、盲板、安全阀、压力表、液面计、仪表、蒸汽伴热线、上下水管道进行全面检查,有问题及时解决。

（3）外操确认盲板是否按照要求拆除或装好(包括停工检修盲板和气密时所加盲板)。

（4）班长确认全部工艺阀门处于停车状态。

（5）班长联系引水、电、气、汽等公用工程。

（6）班长确认安全、通信、消防器材齐全、完好、已就位。

（7）班长做好对外联系,通知生产科、检验、仪表、动力、维修等单位做好相应准备工作。

（8）班长确认水、电、汽、气随时可进入装置。

（9）班长确认装置平台和护栏完好。

（10）班长联系生产科准备引低压蒸汽。

（11）外操在引低压蒸汽到入总阀前在排凝处排放冷凝水。

（12）外操打开分管支路的蒸汽系统排凝阀,对管道进行预热,排放管道内冷凝水。

（13）外操缓慢打开低压蒸汽分配盘入口阀,将低压蒸汽引入分配盘。

（14）外操打开分配盘排凝阀。

（15）外操确认冷凝水排净。

（16）外操关闭所有排凝阀。

（17）外操打开预热器设备蒸汽阀门。

（18）外操打开待预热管线及过滤器伴管蒸汽阀门。

（19）外操打开蒸汽吸引蒸汽阀门。

### 三、注意事项

(1)蒸汽暖管时,应减少蒸汽管道及其附件的受热不均匀现象,避免产生过大的应力,因此暖管的温升不要太快。

(2)暖管时必须严格控制管道的温升速率,尤其在暖管初期管壁温度较低的情况下,只能微开进汽阀(暖管阀)缓慢对管道充压,管道壁温超过管道内蒸汽的饱和温度方可提高升压速度;暖管中应加强管道疏水,防止疏水积累。

# 项目十三　换热器投用操作

### 一、准备工作

(1)设备:对讲机 1 台(现场 1 台、总控 1 台)、便携式有毒有害气体报警器 1 台(外操配带)。

(2)工具材料:安全帽 1 个、防护手套 1 副、防护眼镜 1 个、F 形扳手 1 个。

(3)人员:外操 1 名。

### 二、操作规程

(1)外操携带对讲机、便携式有毒有害气体报警器、F 形扳手、安全帽、防护手套、防护眼镜去现场检查确认换热器内凝结水排净、出入口盲板已经拆除、放空阀全部关闭。

(2)外操确认压力表、温度计、热电偶已投用,换热器接地完好,地脚螺栓无松动。

(3)设备专业人员检查确认法兰及筒体螺栓配套螺母安装齐全,螺栓满扣且紧固。

(4)外操先开出口放空阀,缓慢开冷介质入口阀至全开,待放空阀有油气味时关小放空阀,至放空阀见油后完全关闭,待换热器内充满介质后全开出口阀,关闭副线阀。

(5)外操开入口放空阀,缓慢开热介质出口阀至全开,待放空阀有油气味时关小放空阀,至放空阀见油后完全关闭,待换热器内充满介质后全开入口阀,关闭副线阀。

(6)外操检查温度、压力是否正常,静密封点是否有泄漏,流量是否正常。

### 三、注意事项

(1)换热器必须进行打压试验,确认合格后方可投用。

(2)换热器投用时,一定先投冷流介质,防止裂管。

(3)换热器引入介质时,开阀门要缓慢,以防介质流速过快产生静电而引起闪爆。

# 项目十四　离心式压缩机开车操作

### 一、准备工作

(1)设备:对讲机 1 台(现场 1 台、总控 1 台)、便携式有毒有害气体报警器 1 台(外操配带)。

（2）工具材料：安全帽 1 个、防护手套 1 副、防护眼镜 1 个、F 形扳手 1 个。

（3）人员：外操 1 名。

## 二、操作规程

（1）外操携带对讲机、便携式有毒有害气体报警器、F 形扳手、安全帽、防护手套、防护眼镜去现场检查地脚螺栓、对轮螺栓、电动机接地线是否紧固。

（2）外操检查压缩机的运转部件，盘车，要求灵活、无卡磨等现象。

（3）外操检查压缩机的出入口阀门和各测量仪表是否完好。

（4）外操检查润滑情况，油面保持在油箱的 1/3 ~ 2/3。

（5）外操开启离心式压缩机系统润滑油泵，确认润滑油油压、油温正常。

（6）外操盘车数圈。

（7）外操确认离心式压缩机系统进气阀全关、旁通阀全开、控制压缩机处于恒压状态。

（8）外操缓慢打开系统阀门，关闭疏水阀门。

（9）启动离心式压缩机系统电动机。

（10）调节离心式压缩机出口流量和出口压力。

## 三、注意事项

避免压缩机出现喘振现象。

# 项目十五　往复式压缩机开车操作

## 一、准备工作

（1）设备：对讲机 1 台（现场 1 台、总控 1 台）、便携式有毒有害气体报警器 1 台（外操配带）。

（2）工具材料：安全帽 1 个、防护手套 1 副、防护眼镜 1 个、F 形扳手 1 个。

（3）人员：外操 1 名。

## 二、操作规程

（1）开机前的检查与准备：

① 外操携带对讲机、便携式有毒有害气体报警器、F 形扳手、安全帽、防护手套、防护眼镜去现场检查压缩机系统管线、阀门、法兰是否连接完好，地脚螺栓、管卡是否有松动现象。

② 检查压力表、温度计、液位计、流量计等是否安装完好，量程是否符合要求，是否检验合格。

③ 检查缓冲罐、分液罐是否排尽液体。

④ 打开冷却水入口总线及各分支入口阀，打开各回水阀，检查供水压力是否正常，检查氮气系统是否畅通。

⑤ 小开各氮气封阀门,检查氮气封系统是否畅通。

⑥ 检查曲轴箱是否加足清洁的 N68 号或 100 号机械油。

⑦ 检查各级安全阀是否校验合格、铅封是否完好,并打开各安全阀前后手阀。

⑧ 启动润滑油辅助油泵,如冬季油温低,启动油泵前应启动电加热器加热。

⑨ 润滑油泵启动后,通知仪表工启动润滑油压力调节器;油压控制在 0.25~0.35MPa,并调试油压联锁,检查开机允许信号及联锁油压是否正常。

(2)开机步骤:

① 外操首先投用压缩机的冷却水系统、油系统、密封系统。

② 压缩机盘车。

③ 打开压缩机进、出口阀门,打开出口返回入口的阀门使压缩机无负荷启动。

④ 检查回路是否达到启动条件。

⑤ 消除机组一切阻止启动的条件(比如有的联锁需要旁路)。

⑥ 按下启动按钮,启动压缩机,逐渐关小返回阀,使机组带负荷,直到达到所需工艺条件,期间注意机组运行情况,检查轴承温度、进口和出口温度是否正常。

## 三、注意事项

密切注意报警信号,及时联系有关人员采取措施予以处理。

# 项目十六　氨蒸发器液位建立操作

## 一、准备工作

(1)设备:对讲机 1 台(现场 1 台、总控 1 台)、便携式有毒有害气体报警器 1 台(外操配带)。

(2)工具材料:安全帽 1 个、防护手套 1 副、防护眼镜 1 个,F 形扳手 1 个。

(3)人员:外操 1 名。

## 二、操作规程

(1)外操携带对讲机、便携式有毒有害气体报警器、F 形扳手、安全帽、防护手套、防护眼镜去现场确认是否具备正常进料条件、联锁是否正常好用、调节阀是否正常好用。

(2)外操启动进料泵,缓慢提升液位。

(3)外操打开再沸器蒸汽阀,加热升温。

(4)外操确认系统调节平稳,调节无滞后现象。

(5)内操通过 DCS 画面对氨蒸发器液位、温度、压力等参数进行调控,保持在工艺指标控制范围内。

## 三、注意事项

(1)开启进料泵,缓慢打开进料泵的出口阀门。

(2)氨蒸发器升温必须缓慢进行。

# 项目十七　吸收塔液位建立

## 一、准备工作

（1）设备：对讲机 1 台（现场 1 台、总控 1 台）、便携式有毒有害气体报警器 1 台（外操配带）。

（2）工具材料：安全帽 1 个、防护手套 1 副、防护眼镜 1 个、F 形扳手 1 个。

（3）人员：外操 1 名。

## 二、操作规程

（1）外操携带对讲机、便携式有毒有害气体报警器、F 形扳手、安全帽、防护手套、防护眼镜去现场按照指令启动吸收剂泵。

（2）外操缓慢打开泵出口阀门向吸收塔内灌液。

（3）待吸收塔液位达到控制液位时（60%～80%），内操打开吸收塔的自动调节出口阀门，保持吸收塔的液位稳定。

## 三、注意事项

吸收塔灌液时，物料泵出口阀门应缓慢开启，避免泵出口流量过大导致循环槽内出现液体抽空现象。

# 项目十八　结晶器开车操作

## 一、准备工作

（1）设备：对讲机 1 台（现场 1 台、总控 1 台）、便携式有毒有害气体报警器 1 台（外操配带）。

（2）工具材料：安全帽 1 个、防护手套 1 副、防护眼镜 1 个、F 形扳手 1 个。

（3）人员：外操 1 名。

## 二、操作规程

（1）外操携带对讲机、便携式有毒有害气体报警器、F 形扳手、安全帽、防护手套、防护眼镜去现场将轴承盘车数圈，看转动是否灵活。

（2）外操启动主机使其运转。

（3）外操待各设备试车正常后将结晶器中注满母液，然后开启盐析轴流泵。

（4）外操打开出口阀门向外冷器内供液氨。

（5）外操启动 1～2 台冷析轴流泵及外冷器，降低结晶器内母液温度。

（6）当冷析结晶器温度降低至 5～10℃ 时，外操通知岗位人员送至冷析结晶器中，并根据需要考虑是否开启板式换热器循环水。

（7）待冷却且盐析固液比达到工艺指标后，外操进行取出操作。

### 三、注意事项

（1）开启母液泵向结晶釜加母液时一定要适量。

（2）结晶操作完毕，放完物料后，需要及时清洗结晶釜。

# 项目十九　搅拌式反应器开车操作

### 一、准备工作

（1）设备：对讲机 1 台（现场 1 台、总控 1 台）、便携式有毒有害气体报警器 1 台（外操配带）。

（2）工具材料：安全帽 1 个、防护手套 1 副、防护眼镜 1 个、F 形扳手 1 个。

（3）人员：外操 1 名。

### 二、操作规程

（1）外操携带对讲机、便携式有毒有害气体报警器、F 形扳手、安全帽、防护手套、防护眼镜去现场打开搅拌器，将反应原料加到反应器内。

（2）外操投料完毕后，开始对反应器进行升温。

（3）温度达到一定值时，外操关闭加热阀门，保温过程做好记录。

（4）反应结束后，进行冷却，冷却结束后，外操进行放料操作。

### 三、注意事项

投料完毕升温的过程不可过快或过慢，一定要在规定的时间内缓慢升温至物料反应的合适温度。

# 项目二十　冷凝器开车操作

### 一、准备工作

（1）设备：对讲机 1 台（现场 1 台、总控 1 台）、便携式有毒有害气体报警器 1 台（外操配带）。

（2）工具材料：安全帽 1 个、防护手套 1 副、防护眼镜 1 个、F 形扳手 1 个。

（3）人员：外操 1 名。

### 二、操作规程

（1）外操携带对讲机、便携式有毒有害气体报警器、F 形扳手、安全帽、防护手套、防护眼镜去现场检查冷凝器上各连接螺栓是否拧紧,各法兰、阀门螺栓是否拧紧,仪表阀门是否齐全好用。

（2）冷凝器打压试验合格后方可投用,在启用前,外操先排净冷却器内的存水。

（3）外操打开冷凝器前管线阀门,打开导淋排水至澄清后,关闭冷凝器前管线导淋。

（4）外操打开冷凝器上水阀及打开回水导淋排气,充分排气至连续有清水流出后,外操关闭回水导淋,并打开回水阀。

### 三、注意事项

（1）投用时先投冷流后投热流。

（2）冷却器投用后,随着温度、压力的变化,可能会出现泄漏现象,应及时进行检查。

# 项目二十一　压缩机出口气量调节

### 一、准备工作

（1）设备:对讲机 1 台（现场 1 台、总控 1 台）、便携式有毒有害气体报警器 1 台（外操配带）。

（2）工具材料:安全帽 1 个、防护手套 1 副、防护眼镜 1 个、F 形扳手 1 个。

（3）人员:外操 1 名、内操 1 名。

### 二、操作规程

（1）内操确认当前压缩机出口流量实际值。

（2）内操通知外操需要的气体流量大小。

（3）外操携带对讲机、便携式有毒有害气体报警器、F 形扳手、安全帽、防护手套、防护眼镜去现场缓慢开启出口阀门,根据下一道工序的需要流量大小进行调节。

### 三、注意事项

压力调节时,应缓慢开启出口阀门,避免超压。

# 项目二十二　往复泵出口流量调节

### 一、准备工作

（1）设备:对讲机 1 台（现场 1 台、总控 1 台）、便携式有毒有害气体报警器 1 台（外操配带）。

（2）工具材料:安全帽 1 个、防护手套 1 副、防护眼镜 1 个、F 形扳手 1 个。

（3）人员:外操 1 名、内操 1 名。

## 二、操作规程

(1)内操确认当前往复泵出口流量实际值。

(2)内操通知外操需要的气体流量大小。

(3)外操携带对讲机、便携式有毒有害气体报警器、F形扳手、安全帽、防护手套、防护眼镜去现场缓慢开启出口阀门,根据下一道工序的需要流量大小进行调节。

## 三、注意事项

压力调节时,应缓慢开启出口阀门,避免超压。

# 项目二十三　压缩机巡检操作

## 一、准备工作

(1)设备:对讲机1台(现场1台、总控1台)、便携式有毒有害气体报警器1台(外操配带)。

(2)工具材料:安全帽1个、防护手套1副、防护眼镜1个、F形扳手1个。

(3)人员:外操1名。

## 二、操作规程

(1)外操携带对讲机、便携式有毒有害气体报警器、F形扳手、安全帽、防护手套、防护眼镜去现场检查润滑油压力,应在正常工作范围内。

(2)外操确定冷却水排水温度在一定控制范围。

(3)外操检查机身油池内的润滑油温度,应不超过一定温度。

(4)外操检查主机轴瓦温度,应不超过设定值。

(5)外操检查排气压力,应不超过设定值。

(6)外操检查自动控制部分的仪器、仪表是否工作正常,电流表读数是否正常。

(7)外操检查吸气阀盖是否发热、阀的声音是否正常。

(8)外操注意倾听各机件运行时是否有异常声音和冲击。

## 三、注意事项

检查及清洁设备时注意不要触碰振动开关,以免造成意外停机。

# 项目二十四　反应器压力调节

## 一、准备工作

(1)设备:对讲机1台(现场1台、总控1台)、便携式有毒有害气体报警器1台(外操配带)。

（2）工具材料：安全帽 1 个、防护手套 1 副、防护眼镜 1 个、F 形扳手 1 个。

（3）人员：外操 1 名、内操 1 名。

### 二、操作规程

（1）内操发现系统压力超压时，及时联系外操，外操携带对讲机、便携式有毒有害气体报警器、F 形扳手、安全帽、防护手套、防护眼镜去现场打开放空阀门，迅速将系统压力降至工艺控制的范围内。

（2）内操发现系统压力降低时，及时联系外操，外操关闭放空阀门，打开气体入口阀门，迅速将系统压力升至工艺控制的范围内。

### 三、注意事项

系统调节压力时，务必要缓慢调整，避免波动过大影响生产或引起系统超压。

# 项目二十五　反应器温度调节

### 一、准备工作

（1）设备：对讲机 1 台（现场 1 台、总控 1 台）、便携式有毒有害气体报警器 1 台（外操配带）。

（2）工具材料：安全帽 1 个、防护手套 1 副、防护眼镜 1 个、F 形扳手 1 个。

（3）人员：外操 1 名、内操 1 名。

### 二、操作规程

（1）内操发现系统超温时，及时联系外操，外操携带对讲机、便携式有毒有害气体报警器、F 形扳手、安全帽、防护手套、防护眼镜去现场打开冷却水阀门，迅速将系统温度降至工艺控制的范围内。

（2）内操发现系统温度降低时，及时联系外操，外操关小冷却水阀门，迅速将系统温度升至工艺控制的范围内。

### 三、注意事项

系统调节温度时，务必要缓慢调整，避免波动过大影响生产或引起系统严重超温。

# 项目二十六　反应器负荷调节

### 一、准备工作

（1）设备：对讲机 1 台（现场 1 台、总控 1 台）、便携式有毒有害气体报警器 1 台（外操配带）。

(2)工具材料:安全帽1个、防护手套1副、防护眼镜1个、F形扳手1个。

(3)人员:外操1名、内操1名。

## 二、操作规程

(1)内操发现系统投料负荷过大,达到工艺指标上限,外操携带对讲机、便携式有毒有害气体报警器、F形扳手、安全帽、防护手套、防护眼镜去现场及时关小控制阀门,迅速将系统负荷降至工艺控制的范围内。

(2)内操发现系统投料负荷过小,达到工艺指标下限,内操及时开大自动控制阀门,迅速将系统负荷升至工艺控制的范围内。

## 三、注意事项

投料负荷调整时,务必要缓慢调整,避免波动过大影响稳定生产。

# 项目二十七　填料吸收塔正常操作

## 一、准备工作

(1)设备:对讲机1台(现场1台、总控1台)、便携式有毒有害气体报警器1台(外操配带)。

(2)工具材料:安全帽1个、防护手套1副、防护眼镜1个、F形扳手1个。

(3)人员:外操1名、内操1名。

## 二、操作规程

(1)填料吸收塔液位过高,外操配合内操及时调大吸收塔底部出口阀门,降低液位。

(2)填料吸收塔液位过低,外操配合内操及时调小吸收塔底部出口阀门,提高液位。

(3)填料吸收塔压力过高,外操配合内操及时打开吸收塔放空阀门,降低塔内压力。

(4)填料吸收塔溶液温度过高,外操配合内操及时开大溶液冷却水阀门,降低塔内溶液温度。

(5)填料吸收塔溶液温度过低,外操配合内操及时关小溶液冷却水阀门,提高塔内溶液温度。

## 三、注意事项

内操及外操开关阀门调节时要缓慢,避免引起大的生产波动。

# 项目二十八　换热器温度调节

## 一、准备工作

(1)设备:对讲机1台(现场1台、总控1台)、便携式有毒有害气体报警器1台(外操配带)。

（2）工具材料：安全帽 1 个、防护手套 1 副、防护眼镜 1 个、F 形扳手 1 个。

（3）人员：外操 1 名。

## 二、操作规程

（1）换热器温度出口冷流体温度过高，外操携带对讲机、便携式有毒有害气体报警器、F 形扳手、安全帽、防护手套、防护眼镜去现场关小热流体阀门减少热流体流量，或开大冷流体阀门，增大冷流体流量。

（2）换热器温度出口冷流体温度过低，外操开大热流体阀门增大热流体流量，或开小冷流体阀门，降低冷流体流量。

## 三、注意事项

外操开关阀门时要缓慢，避免引起大的生产波动。

# 项目二十九　过滤机压力调节

## 一、准备工作

（1）设备：对讲机 1 台（现场 1 台、总控 1 台）、便携式有毒有害气体报警器 1 台（外操配带）。

（2）工具材料：安全帽 1 个、防护手套 1 副、防护眼镜 1 个。

（3）人员：外操 1 名。

## 二、操作规程

（1）外操调整转鼓过滤机入口阀至合适开度。

（2）外操确认转鼓过滤机真空度合乎要求。

（3）外操确认滤液桶液位正常。

（4）外操确认滤液桶出口阀打开、滤液泵开启、转鼓过滤机空气压力合乎要求。

## 三、注意事项

操作必须要保证真空度在规定的指标范围之内。

# 项目三十　结晶器正常操作

## 一、准备工作

（1）设备：对讲机 1 台（现场 1 台、总控 1 台）、便携式有毒有害气体报警器 1 台（外操配带）。

（2）工具材料：安全帽 1 个、防护手套 1 副、防护眼镜 1 个、F 形扳手 1 个。

（3）人员：外操 1 名。

## 二、操作规程

（1）蒸发物料达到工艺要求后，准备将物料放入结晶机中。

（2）外操携带对讲机、便携式有毒有害气体报警器、F 形扳手、安全帽、防护手套、防护眼镜到达现场，关闭结晶机放料阀。

（3）外操启动结晶机电动机带动结晶机搅拌桨运转。

（4）外操打开蒸发器放料阀，将蒸发好的物料放入结晶机中。

（5）外操打开结晶机冷却夹套循环水上、下回水阀门。

（6）外操根据结晶机内物料温度情况调节循环水阀门开度。

（7）当结晶温度达到工艺要求后，外操关闭结晶机冷却夹套循环水上、下回水阀门。

（8）结晶操作结束，外操通知分离岗位进行加料操作。

## 三、注意事项

（1）结晶机温度达到工艺要求后，要及时关闭冷却水阀门。

（2）结晶机进料前必须先开启搅拌器。

# 项目三十一　干燥器正常操作

## 一、准备工作

（1）设备：对讲机 1 台（现场 1 台、总控 1 台）、便携式有毒有害气体报警器 1 台（外操配带）。

（2）工具材料：安全帽 1 个、防护手套 1 副、防护眼镜 1 个、F 形扳手 1 个。

（3）人员：外操 1 名、值班长 1 名、分析人员 1 名。

## 二、操作规程

（1）外操携带对讲机、便携式有毒有害气体报警器、F 形扳手、安全帽、防护手套、防护眼镜到达现场，缓慢打开干燥器入口阀门，干燥器压力应缓慢上升。

（2）待干燥器压力升至正常工作压力后，外操打开干燥器出口阀门，将干燥后的气体外送。

（3）值班长联系分析人员对外送气体露点进行取样分析，若不合格应及时切换干燥器。

## 三、注意事项

（1）外操要定期对干燥器进行排水。

（2）干燥器充压时要缓慢，以免引起系统波动。

# 项目三十二　蒸发器正常操作

## 一、准备工作

(1)设备：对讲机 1 台(现场 1 台、总控 1 台)、便携式有毒有害气体报警器 1 台(外操配带)。

(2)工具材料：安全帽 1 个、防护手套 1 副、防护眼镜 1 个、F 形扳手 1 个。

(3)人员：外操 1 名、内操 1 名、班长 1 名。

## 二、操作规程

(1)班长通知机械、电气、仪表人员，进行开车前检查，确认具备开车条件。

(2)外操携带对讲机、便携式有毒有害气体报警器、F 形扳手、安全帽、防护手套、防护眼镜到达现场，检查流程，确认公用工程具备开车条件。

(3)仪表人员调试并确认联锁、调节阀好用。

(4)班长确认装置氮气置换、气密合格。

(5)外操向热水系统内加脱盐水，充氮气保压。

(6)外操启动热水泵，并将现场冷却器的冷却水和加热器的蒸汽送上。

(7)内操将高压、低压蒸发器充氮至正常压力，打开调节阀进行高压、低压蒸发器热水循环。

(8)反应器开车正常后，内操调整去高低压蒸发器的进料量，并调节系统的操作温度到控制目标。

(9)内操调整高低压蒸发系统操作压力，控制在正常范围内，各工艺指标进行调优。

## 三、注意事项

(1)加强现场巡检并佩戴气体检测仪，发现漏点及时消除。

(2)认真监盘，调整好原料配比控制好反应温度和含有催化剂的液面。

(3)岗位人员要持卡操作，并戴好防护用品。

(4)加强岗位人员的培训，严格执行多级确认制。

# 项目三十三　DCS 系统基本操作

## 一、准备工作

(1)设备：对讲机 1 台(现场 1 台、总控 1 台)、便携式有毒有害气体报警器 1 台(外操配带)。

(2)工具材料：安全帽 1 个、防护手套 1 副、防护眼镜 1 个。

(3)人员：内操 1 名。

## 二、操作规程

(1)内操通过 DCS 系统画面将流量加大。

(2)内操通过 DCS 系统画面将流量调小。

(3)内操通过 DCS 系统画面将压力调高。

(4)内操通过 DCS 系统画面进行压力放空。

(5)内操通过 DCS 系统画面将温度调低。

(6)内操通过 DCS 系统画面将温度调高。

## 三、注意事项

内操操作 DCS 画面时要缓慢,避免引起大的生产波动。

# 项目三十四　　离心式压缩机停车操作

## 一、准备工作

(1)设备:对讲机 1 台(现场 1 台、总控 1 台)、便携式有毒有害气体报警器 1 台(外操配带)。

(2)工具材料:安全帽 1 个、防护手套 1 副、防护眼镜 1 个、F 形扳手 1 个。

(3)人员:外操 1 名。

## 二、操作规程

(1)外操携带对讲机、便携式有毒有害气体报警器、F 形扳手、安全帽、防护手套、防护眼镜到达现场,按停机按钮,停下电动机。

(2)外操关闭出口阀门。

(3)停车半小时后,外操关闭冷凝水给水阀门,打开冷凝排污阀门进行排液。

## 三、注意事项

压缩机停车时,要及时泄压,不能憋压。

# 项目三十五　　往复式压缩机停车操作

## 一、准备工作

(1)设备:对讲机 1 台(现场 1 台、总控 1 台)、便携式有毒有害气体报警器 1 台(外操配带)。

(2)工具材料:安全帽 1 个、防护手套 1 副、防护眼镜 1 个、F 形扳手 1 个。

(3)人员:外操 1 名。

## 二、操作规程

（1）外操携带对讲机、便携式有毒有害气体报警器、F形扳手、安全帽、防护手套、防护眼镜到达现场，按停机按钮，将往复式压缩机主机停下。

（2）外操打开往复式压缩机回流阀门。

（3）外操关闭往复式压缩机出口阀门。

（4）外操关闭往复式压缩机入口阀门。

## 三、注意事项

往复式压缩机停车时，要及时泄压，不能憋压。

# 项目三十六　交给设备检修时吹扫操作

## 一、准备工作

（1）设备：对讲机1台（现场1台、总控1台）、便携式有毒有害气体报警器1台（外操配带）。

（2）工具材料：安全帽1个、防护手套1副、防护眼镜1个、F形扳手1个。

（3）人员：外操1名、内操1名。

## 二、操作规程

（1）外操携带对讲机、便携式有毒有害气体报警器、F形扳手、安全帽、防护手套、防护眼镜到达现场，关闭各泵入口与出口阀门、与系统相连的各个分离器导淋阀门、气体外送阀门。

（2）在进行气密试验之前，外操确认控制阀、孔板等全部安装好，并关闭所有的放空阀及排放导淋阀。

（3）外操打开氮气入口阀门，向整个系统充入氮气。

（4）内操观察系统压力升至1.0MPa后关闭充氮气阀门。

（5）外操检查系统确无泄漏后，保持24h（计算合格）即可。

## 三、注意事项

（1）各泵的截止阀必须关死，防止泄漏。

（2）与别的系统连接处应加盲板隔离。

# 项目三十七　交出检修时置换操作

## 一、准备工作

（1）设备：对讲机1台（现场1台、总控1台）、便携式有毒有害气体报警器1台（外操配带）。

（2）工具材料：安全帽1个、防护手套1副、防护眼镜1个、F形扳手1个。

（3）人员：外操1名、内操1名。

### 二、操作规程

（1）外操携带对讲机、便携式有毒有害气体报警器、F形扳手、安全帽、防护手套、防护眼镜到达现场，关闭各泵入口与出口阀门、与系统相连的各个分离器导淋阀门、气体外送阀门。

（2）在进行气密试验之前，外操确认控制阀、孔板等全部安装好，并关闭所有的放空阀及排放导淋阀。

（3）外操打开氮气入口阀门，向整个系统充入氮气。

（4）内操观察系统压力升至1.0MPa后，系统在放空点进行放空、泄压。

（5）内操观察系统压力降至0.2MPa后，外操打开氮气入口阀门，向整个系统充入氮气。

（6）内操观察系统压力升至1.0MPa后，系统在放空点进行放空、泄压。

（7）内操、外操将系统反复充压、泄压多次后，取样分析系统中氧气含量是否合格。

### 三、注意事项

与系统相连的各个部位需要彻底打通流程，避免存在死角有置换不到的地方。

# 项目三十八　储罐置换操作

### 一、准备工作

（1）设备：对讲机1台（现场1台、总控1台）、便携式有毒有害气体报警器1台（外操配带）。

（2）工具材料：安全帽1个、防护手套1副、防护眼镜1个、F形扳手1个。

（3）人员：外操1名、班长1名、分析人员1名。

### 二、操作规程

（1）外操将待清理储罐停止进料，液位降至最低，待清理储罐进行氮气置换。

（2）外操携带对讲机、便携式有毒有害气体报警器、F形扳手、安全帽、防护手套、防护眼镜到达现场，观察储罐就地压力表，防止超压。

（3）外操采用加水、用隔膜泵抽装桶等方法抽净罐底物料。

（4）班长负责联系分析人员进行可燃气气体浓度分析，确认可燃气体浓度达到爆炸下限50%以下，联系检修工加装盲板隔离氮气系统，改为自然通风，并在储罐进、出口管线上加装盲板，将储罐与相连管线隔开。

（5）在储罐自然通风后，外操对罐内可燃气体浓度进行测试并记录，确认可燃气体浓度达到爆炸下限10%以下时，同时联系分析人员进行氧含量分析，在确认氧含量、可燃气体浓度分析合格后，向专业储罐清理施工单位交出施工，并派外操进行现场作业监护。

### 三、注意事项

置换时防止中毒、窒息等意外伤害。

# 模块二　磺酸盐装置工艺操作

## 项目一　相关知识

### 一、磺酸盐装置开车准备

#### （一）开工前仪表调节阀的检查确认

磺酸盐装置开工前,需先检查确认仪表调节阀是否好用,做完投用前安全检查工作后,再投用酸吸收及尾气处理系统,进行开工操作。调节阀主要对流体起流量调节作用,其气动执行器有气开和气关两种,有气压信号时调节阀开、无气压信号时调节阀关的为气开式,有气压信号时调节阀关、无气压信号时调节阀开的则为气关式。调节阀工作时,前后的切断阀应全开,旁路阀门全关。碱洗塔为尾气处理系统的主要吸收设备,由离心泵提供动力建立塔内洗涤液循环,生产时持续向其内补充新鲜水和液碱,依靠调节阀控制其补加流量,从而控制碱洗塔内洗涤液 pH 值在 7~10。

#### （二）换热器的投用

换热器按照传热面的结构和形式分为管式、板式、混合式等,用以实现热量在热流体和冷流体之间的交换,其主要腐蚀部位是管子、管子与管板连接处及壳体。换热器投用前,应打开管程、壳程导淋阀,将存液排净后关闭;投用换热器时,先投冷介质,再投热介质。

#### （三）蒸汽及循环水在磺酸盐装置应用

再生空气加热器通过 0.8MPa 蒸汽加热再生空气,用以加热再生干燥器内干燥剂。液硫管线的伴热形式为夹套管蒸汽伴热,液硫恒位槽及其附属管线使用 0.4MPa 蒸汽伴热,蒸汽回路管线都装有疏水器,能够排放出冷凝水而不会排放出蒸汽。装置正常生产时,余热回收系统可利用三氧化硫制备区域产生的余热来制造蒸汽,输入车间蒸汽管网,从而节约蒸汽。磺化反应是放热反应,需用循环水及时取走反应热,控制磺化温度为 60~70℃。

### 二、磺酸盐装置开车操作

磺酸盐装置开工时,应先运行再生系统将干燥器干燥备用,依次将尾气洗涤塔、酸吸收系统建循环,启动主风机低风量吹扫 2h 后启动静电除雾器,再进行燃硫炉及转化塔预热工作,依次启动各相关系统,点硫并转化成功后,投用磺化反应器,生产磺酸盐。

#### （一）熔硫罐熔硫及燃硫炉点火操作

供生产使用的液硫用熔硫罐将固体硫黄熔化后形成,再输送至液硫恒位槽中备用。蒸汽管网压力不低于 0.8MPa,进装置后经过调节阀控制减压后达到熔硫的最佳蒸汽压力（0.4MPa）。熔硫罐外带蒸汽夹套,通入 0.4MPa 蒸汽使罐内的硫黄升温熔化。熔硫罐的硫黄添加口处有一块箅子板,用来遮挡硫黄加入口,以防袋子等杂物落入罐内,同时保证人员安全,防止人员坠入。熔硫罐每次不能添加过多硫黄,否则固体硫黄熔化缓慢,影响装置正常使用。熔硫罐内上方有一圈蒸汽盘管,发生火灾时可通入蒸汽进行灭火。蒸汽通入液硫恒位槽槽内蒸汽盘管加热硫黄,保持液硫温度恒定。

燃硫炉点火采用热点火方式,通过空气电加热器将燃硫炉加热至出口温度达到 300℃以上,启动液硫输送泵向燃硫炉内供硫,待燃硫炉出口温度逐渐升高后确认点硫成功,停空气电加热器,待空气电加热器出口温度降至常温后,缓慢打开燃烧风调节阀,同时缓慢关闭进空气电加热器管线阀门,直至将燃烧风完全切出空气电加热器。燃烧风调节阀工作时,前后的切断阀应全开,旁路阀应全关;调节阀改副线时,应先打开副线阀,后关闭调节阀,防止管线憋压。硫黄燃烧生成二氧化硫后,需通过三氧化硫制备系统转化降温,冷却风由冷却风机提供,风量最高可达到 $14000\text{m}^3/\text{h}$,用于二氧化硫冷却器和三氧化硫冷却器冷吹。三氧化硫制备区域有二氧化硫泄漏的风险,当氧气浓度低于 18% 时,人员必须使用正压式空气呼吸器操作。

### (二)硅胶再生的注意事项

空气干燥系统有两个并联的空气干燥器,可以手动或自动切换,两个空气干燥器之间有连通管线保证干燥器切换时无脉冲。空气干燥器内干燥剂为蓝色硅胶、白色铝胶,可通过再生系统实现再生,硅胶在连续使用半年后应进行筛分,筛分时应选用专用型号的筛子,可以从蓝色硅胶变色程度来判断硅胶是否吸附饱和。

### (三)磺化系统流程

原料油与 $SO_3$ 气体在磺化反应管内并流而下,发生磺化反应,生成磺酸,并放出大量的热。生产过程中为避免磺化器结焦,应严格控制工艺参数,防止过磺化。从磺化反应管内出来的气液相进入气液分离器,气液分离器属于静设备,内有一液位计,其作用是使磺酸与未反应的气体最大限度分离,上部分离出的气体从切线方向进入旋风分离器,从切线进风使气体进入旋风分离器后自然旋转产生离心力,由于气体和液滴的质量不同,所产生的离心力也不同,轻组分上升,重组分下降,气体在旋风分离器内经过螺旋形路线流出,经酸吸收系统、静电除雾器、碱洗塔处理后,排入大气。

磺化温度过高会导致磺化器结焦加速,从磺酸出口温度可以判断出磺化器是否有结焦趋势。磺酸出口温度过高可能是磺化反应温度过高、磺化反应热没有及时取走、循环水温度过高等因素导致的。控制磺酸出口温度的主要方法是调节磺化器循环水量和循环水出口温度,如果磺酸出口温度过高应加大循环水量。

### (四)磺化反应过程中工艺参数的调整

$SO_3$ 气体与原料油发生磺化反应生成磺酸,再与液碱反应生成磺酸盐产品,$SO_3$ 气体浓度对磺化反应过程和磺酸质量都有很大影响,气体浓度过高会造成过磺化反应程度过深,副产物增多。$SO_3$ 气体浓度的影响因素是硫黄量和工艺风量,当 $SO_3$ 气体浓度偏高时可以通过降低硫黄量来调整,反之则需要提高硫黄量。工艺风量不足会使气体浓度偏高,影响磺化反应效果。

### (五)硫酸浓度对 $SO_3$ 吸收效果的影响

酸吸收系统采用浓硫酸吸收 $SO_3$ 的方式,该反应过程放热。浓硫酸能吸收 $SO_3$ 是因为

浓硫酸中的水与 $SO_3$ 反应。吸收 $SO_3$ 气体最适宜的硫酸浓度是 98.3%，因为此时浓硫酸液面上的 $SO_3$ 饱和蒸气压最低。发烟硫酸会因表面 $SO_3$ 饱和蒸气压过高导致吸收 $SO_3$ 效果不好。所以为保证硫酸的吸收效果，应根据工况进行补水。在补水过程中要随时注意硫酸换热器的出口温度，保持其在 60℃ 以下。酸吸收补水时酸浓度控制在 98%~99%，以保证最佳吸收效果。

### （六）静电除雾器的排酸操作

静电除雾器主要由保护风系统、筒体、变压器三部分组成。保护风主要用于保护绝缘瓷瓶，蒸汽加热器将保护风加热到 60~80℃，然后吹向绝缘瓷瓶，使酸滴不能聚集在瓷瓶上，从而避免了短路。静电除雾器运行过程中，需定时手动排废酸，废酸的主要成分是磺酸、硫酸等。排废酸时如果不顺畅，可能是发生了废酸结晶，堵塞排酸管线，下部排酸管线侧面支线上安装有快速接头，可以外接蒸汽、仪表风管线等吹除堵塞的结晶。

## 三、磺酸盐装置正常操作

### （一）液硫恒位槽的远传仪表监测

磺酸盐装置熔硫系统中，需要人工向熔硫槽内加固体硫黄，通过蒸汽加热使硫黄熔化，经液硫转料泵输送至液硫恒位槽中。恒位槽装有远传温度计和液位计，每次转料以液位不超过 75%、温度控制在 135℃ 为宜。温度计的种类很多，恒位槽选用的是热电阻温度计，具有灵敏度高、测温范围广、准确性高、稳定性好的特点。操作人员可通过液位计的数值变化对转料量进行控制，恒位槽选用的液位计为静压式。静压式液位计可分为压力式和差压式两大类，检测结果只与介质密度有关。磺酸盐装置中无机物罐体中液位计为直读式，有玻璃板式和磁翻板两种；有机物罐体选用的液位计则需要根据实际要求考虑，如气液分离器选用的为双法兰液位计，而磺酸盐产品罐选用的为超声波液位计。

### （二）工艺空气干燥过程

由主风机提供的工艺空气经空气冷却器组冷却脱水后，再经空气干燥器内干燥剂吸附去水，形成露点低于 -50℃ 的工艺空气。吸附饱和的干燥剂由再生系统实现再生。干燥器的热吹和冷吹通过蒸汽加热器和循环水冷却器对再生空气进行处理实现。工艺空气的露点要保证在 -50℃ 以下是因为高于此温度会造成产品中硫酸含量过多、磺酸质量下降。造成工艺空气露点超标的原因有很多，如空气冷却器组处乙二醇溶液温度控制不符合要求、乙二醇溶液及循环水管线堵塞、干燥器内干燥剂再生不合格、工艺空气管路内有水或蒸汽窜入等。工艺空气露点超标时，应及时根据上述超标原因制定具体措施，降低工艺空气湿度，满足生产要求。

### （三）制冷机组运行操作

制冷机组里装有制冷剂，按组成分为单一制冷剂和混合制冷剂两种，磺酸盐装置的制冷机组选用沸点为 -40.8℃ 的中温制冷剂氟里昂（R22）。制冷机组应定时检查，投自动后供液阀旋钮应关闭，正常运行时能量供油阀开 3 圈，油位应在上视镜的 1/2 到下视镜的 1/2 之间。为防止空气中的水分在换热器管路上结冰，制冷机组出水温度不得低于 -3℃。

### （四）催化剂使用注意事项

五氧化二钒催化剂在储存过程中不能接触空气，否则很容易受潮变质，在使用过程有可能中毒造成活性下降，因此生产过程中应严格监测硫黄质量。

### （五）原料油温度控制及其管线应急吹扫

原料油进料温度应控制在 60~70℃，该温度对磺化反应管内油成膜有很大影响，原料油温度上升，黏度下降，有利于反应管内原料成膜。调整原料油进料温度是为了调整原料反应活化能，可通过原料换热器实现原料温度的调整。

原料油管线连接有应急吹扫系统，当装置出现运行故障引起对应的联锁操作时，储存在应急罐内的压缩空气会及时将管路及反应管内原料油吹扫至气液分离器，防止反应管结焦。

### （六）磺化系统设备组成及磺化器结焦处理方法

磺化系统的主要设备为磺化器、气液分离器、酸雾分离器、磺化冷却水循环泵、磺酸输出泵等。为保证机泵长周期运行，磺酸输出泵设计为一开一备，定期切换使用。两台泵为并联齿轮泵，切换时停在用泵，主控室将串联信号改至备用泵，现场人员关闭在用泵的进出口阀门，打开备用泵的进出口阀门，然后启动备用泵，观察磺化系统运行稳定后切换磺酸输出泵操作完成。在切换磺酸输出泵的同时，要注意观察磺化器的运行状态，反应器内磺化剂（气体 $SO_3$）与原料进行磺化反应，生成磺酸，两者的流动方向是一致的。磺化器运行一段时间后会出现结焦现象，主要原因是反应过于剧烈，温度过高，放出的大量反应热没有被及时取走，使磺酸在反应管壁上部分碳化，如果结焦严重，生成的焦块会将反应管大部堵塞，影响生产，此时须用清洗液清洗磺化器，清洗之后再用热水冲洗。

### （七）装置运行时巡检工作要点

装置正常生产运行时，需安排员工按时做好巡检工作。各区域巡检工作重点略有不同，如三氧化硫制备区域巡检要点是检查是否存在 $SO_2$、$SO_3$ 泄漏情况，磺化中和区域巡检要点是检查各机泵管线是否存在泄漏。巡检时如出现漏检情况，需及时向工艺人员说明原因并按要求填写漏检记录。巡检时尤其要注意对尾气排放的观察，$SO_3$ 气体与原料油在磺化器内反应后，会产生尾气，尾气中主要包含 $SO_2$、$SO_3$、磺酸和无机酸等成分，经过酸吸收系统、尾气处理系统处理后排入大气。排放的尾气形成白雾上升，并很快扩散消失，说明白雾的主要成分是凝结的水汽；尾气呈现淡蓝色，并且很快下沉，悬浮在地表面，说明尾气中含有大量的 $SO_3$ 接触湿空气后形成的硫酸液滴，发现问题及时处理，防止出现环境污染事件。尾气中 $SO_2$、$SO_3$ 含量超标，说明磺化系统工作不正常，需及时进行工艺调整。

## 四、磺酸盐装置停车操作

### （一）熔硫间消防设施及过程产物危害应急处理

磺酸盐装置熔硫间属于防爆区域，其内硫黄粉尘具有爆炸的危险。熔硫间内的消防设施有灭火器、蒸汽灭火管道等，蒸汽灭火管道的开关阀要做好明显标志，在正常生产时严禁开启。硫黄燃烧会生成 $SO_2$，误将 $SO_2$ 气体吸入人体后会对呼吸系统产生损害，严重情况下会使人窒息。$SO_2$ 在钒催化剂的作用下会生成 $SO_3$，$SO_3$ 对皮肤、黏膜等组织有强烈的刺激和腐蚀作用。$SO_3$ 一旦泄漏应首先向车间值班人员及生产调度报告，然后按应急预案进行处理。生产过程中产生的硫酸具有强腐蚀性，因此在进行排酸等操作时要穿戴全面具、防酸服、防酸手套等防护用品。发生酸碱灼伤事故时，要马上用大量清水冲洗，涂抹专用药品，并尽快送往医院救治。

**（二）检修加盲板的注意事项**

检修过程中，根据检修计划，对设备管线放净物料吹扫后方可加装盲板，加装盲板需要制定抽堵盲板流程图，注明抽堵盲板的部位和规格，指定专人负责，原则上盲板厚度不得低于管壁的厚度，盲板两侧均应有垫片（靠物料侧须用新垫片），并用螺栓紧固，以保持其严密性，定期检查，损坏的垫片应定期更换。盲板应加在有物料来源的阀门后部法兰处，并留有手柄，以便于抽堵和检查，抽堵的盲板应分别逐一登记，并对照抽堵盲板流程图进行检查，确认无误后挂上盲板标识牌，以防止错堵、漏堵或漏抽。

**（三）装置吹扫注意事项**

装置设备管线的吹扫排空是确保检修顺利进行的重要条件。装置吹扫时，设备和管线内存有未排净的可燃、有毒液体，一般采用惰性气体或蒸汽进行吹扫，装有流量计的管线不能直接吹扫。冬季应多关注某些无法将水排净的露天设备的管线死角是否冻凝。

# 项目二　碱洗塔内洗涤液的循环操作

## 一、准备工作

（1）员工穿好工服、工鞋，戴好安全帽和工作手套。

（2）戴好防毒面具、防酸（碱）手套，带秒表1个。

## 二、操作规程

（1）补水：打开工艺进水阀门，调节补水流量为500kg/h，向塔内补水至溢流口流出。

（2）启动洗涤液循环泵：关闭泵出口阀门，按操作规程启动循环泵，调整出口压力为0.25MPa。

（3）设定pH值：全开pH计探头存储器两端连通阀门。

（4）导通流程：缓慢全开pH计探头存储器底部放空阀，流出液体后关闭。

（5）设定调节阀：pH值设定值为8.5，并投自动；确认自动调节阀跨线阀门关闭。

（6）供碱：按供碱泵操作规程启动供碱泵，通过调整回流量来控制泵出口压力不低于0.2MPa。

## 三、注意事项

选择工具要认真迅速，操作要熟练、全面、准确。

# 项目三　投用燃硫炉点火加热器

## 一、准备工作

（1）员工穿好工服、工鞋，戴好安全帽和工作手套。

（2）带好对讲机。

## 二、操作规程

(1)检查状态:检查转化塔一段换热器温度,确认达到预热要求工艺值(340℃);检查转化塔二段换热器温度,确认达到预热要求工艺值(290℃);确认熔硫间伴热情况正常;检查现场配电柜送电情况。

(2)投用燃硫炉点火器:使用对讲机联系中控,询问是否可以启动燃硫炉点火加热器;中控通知启动燃硫炉点火加热器后,启动燃硫炉点火加热器;向配电柜送电;将燃硫炉点火器开关调整至"开"的状态。

(3)检查电流:确认电流在允许工艺值内,等待5min,启动液硫计量泵。

(4)确认硫黄燃烧:在观火镜观察硫黄是否燃烧。

## 三、注意事项

选择工具要认真迅速,操作要熟练、全面、准确。

# 项目四　引循环水进装置操作

## 一、准备工作

(1)员工穿好工服、工鞋,戴好安全帽和工作手套。
(2)选择合适的 F 形扳手。

## 二、操作规程

(1)引循环水准备:引循环水入装置目的明确,引循环水的方法清楚。

(2)引循环水进装置:操作前对循环水系统进行检查;确保引循环水进装置操作符合操作规程要求;引循环水进装置操作;操作注意事项符合操作规程,遵守安全规定。

(3)循环水流程检查:引循环水进装置操作检查。

## 三、注意事项

选择工具要认真迅速,操作要熟练、全面、准确。

# 项目五　投用热水循环系统

## 一、准备工作

(1)员工穿好工服、工鞋,戴好安全帽和工作手套。
(2)选择合适的活动扳手、F 形扳手。

## 二、操作规程

（1）热水罐补水：全开工艺水补水阀。

（2）导通磺化工段流程：打开热水罐出口阀，打开热水罐回水阀确认磺化工段各用水点流程已导通。

（3）确认中和工段流程导通：确认中和各工段用水点流程已导通。

（4）启动热水循环泵：确认热水罐溢流口有溢流；检查地脚螺栓有无松动情况，静电接地是否良好；检查润滑油是否变质，油位是否在油窗 $1/2 \sim 2/3$；盘车，检查旋转是否均匀，有无卡位现象；打开压力表根部阀；全开泵入口阀，关闭泵出口阀，开启排气阀，待灌泵结束后关闭；确认泵出口压力表已投用；通知电仪人员给泵送电；接通电源，按下启动按钮；缓慢打开泵出口阀门。

（5）确定各热水伴热畅通：确认原料板式换热器、老化器、静电除雾器、不合格酸储罐伴热已畅通。

（6）调整热水罐：调整系统内热水循环量；缓慢打开蒸汽伴热阀门；调整热水温度达到工艺要求值。

## 三、注意事项

选择工具要认真迅速，操作要熟练、全面、准确。

# 项目六　转化塔三、四段温度较高情况下的调整操作

## 一、准备工作

（1）员工穿好工服、工鞋，戴好安全帽和工作手套。

（2）带好对讲机。

## 二、操作规程

（1）检查转化塔三、四段温度：检查转化塔三、四段温度，询问中控是否进行过临时调整导致转化塔三、四段温度高；检查发现转化塔三、四段温度与工艺值的差值较大，确定必须及时对转化塔三、四段温度进行调整。

（2）检查转化塔三、四段配风阀门开度：检查转化塔三、四段配风阀门开度，若开度过小，则增大阀门开度。

（3）调整总工艺风、稀释风风量：提升总工艺风稀释风量至 $300 \sim 400 \mathrm{kg/h}$。

（4）检查转化塔三、四段温度：再次检查转化塔三、四段温度，温度若没有下降，则继续提高工艺风稀释风量；若温度有明显下降，则应适当降低工艺风稀释风量。

（5）检查相关工艺指标变化：检查燃硫炉温度，若有大幅升高，要及时提高总风量；检查工艺空气露点，保证露点合格，以免毒害催化剂；检查 $SO_3$ 冷却器下部排酸量，若有积酸，要及时排入烟酸收集罐。

### 三、注意事项

选择工具要认真迅速,事故分析要熟练、全面、准确。

## 项目七　切换磺酸输出泵

### 一、准备工作

(1)员工穿好工服、工鞋,戴好安全帽和工作手套。
(2)选择合适的 F 形扳手。

### 二、操作规程

(1)导通备用泵流程:打开磺酸输出备用泵进、出口阀。
(2)启动备用泵:从配电柜向磺酸输出备用泵送电;检查地脚螺栓有无松动情况、静电接地是否良好;检查润滑油是否变质,油位是否在油窗 1/2~2/3,盘车,检查旋转是否均匀、有无卡位现象;确认出口压力表已投用;接通电源,按下启动按钮。
(3)DCS 设定输出:在 DCS 将磺酸输出泵设为手动;设定磺酸输出备用泵变频为 30%;手动调节磺酸输出备用泵变频,待气液分离器液位降至 0.3~0.4m 时投自动。
(4)停运磺酸输出泵:关闭磺酸输出泵电源;关闭磺酸输出泵进出口阀门。

### 三、注意事项

选择工具要认真迅速,操作要熟练、全面、准确。

## 项目八　向恒位槽输送硫黄

### 一、准备工作

(1)员工穿好工服、工鞋,戴好安全帽和工作手套。
(2)选择 12in 链扳手一个,带好对讲机。

### 二、操作规程

(1)确认流程:确认熔硫槽到液硫恒位槽各法兰连接无漏点;螺栓无松动。
(2)联络中控确认液位:使用对讲机联络中控观察恒位槽液位,等待中控答复,若恒位槽液位已经低于 50%,做好启动准备。
(3)启动液硫输送泵:检查熔硫槽内硫黄熔化情况,确认硫黄已经熔化;用链扳手给液硫输送泵盘车;点击液硫输送泵启动按钮;观察泵的运转有无异常。
(4)联络中控:使用对讲机联络中控,并告知液硫输送泵已启动,注意观察恒位槽液位;告知中控在液位达到 75% 时通知操作人员。
(5)停泵:等待中控通知操作人员液位已达到 75%,按停止按钮停泵。

### 三、注意事项

选择工具要认真迅速,操作要熟练、全面、准确。

# 项目九　　$SO_3$过滤器排酸

### 一、准备工作

(1)员工穿好防护服、工鞋,戴好安全帽和防酸手套。
(2)带好全面具和对讲机。

### 二、操作规程

(1)检查阀门状态:检查烟酸收集罐出口阀门、入口阀门、$SO_3$过滤器下部视镜阀门、$SO_3$冷却器下部视镜阀门是否处于关闭状态。
(2)检查视镜液位:检查$SO_3$过滤器下视镜,若液位达到1/2,做好排酸准备。
(3)排酸前的安全准备工作:穿戴好防护服、防酸手套、全面罩空气呼吸器,并在外面穿戴挂胶手套。
(4)排酸:缓慢打开$SO_3$过滤器出口阀门,视镜中酸液全部排净后关闭$SO_3$过滤器出口阀门。

### 三、注意事项

选择工具要认真迅速,操作要熟练、全面、准确。

# 项目十　　$SO_3$冷却器排酸

### 一、准备工作

(1)员工穿好防护服、工鞋,戴好安全帽和防酸手套。
(2)选择全面具、带好对讲机。

### 二、操作规程

(1)检查阀门状态:检查烟酸收集罐出口阀门、烟酸收集罐入口阀门、$SO_3$冷却器下部视镜阀门、$SO_3$冷却器下部视镜阀门是否处于关闭状态。
(2)检查液位:检查视镜下部积酸情况,若到视镜1/2处,要进行排酸操作。
(3)排酸前安全准备:穿戴好防护服、防酸手套、全面罩空气呼吸器,并在外面穿戴硅胶手套。
(4)排酸:缓慢打开$SO_3$冷却器下部排酸阀门,硫酸全部排净后,关闭排酸阀门。

### 三、注意事项

选择工具要认真迅速,操作要熟练、全面、准确。

# 项目十一　罗茨风机的启动

### 一、准备工作

(1)员工穿好工服、工鞋,戴好安全帽和工作手套。

(2)选择 12in 活动扳手 1 个、雷速便携式测温仪 1 台、12in 听棒 1 个、棉质抹布 2 块、对讲机 1 台。

### 二、操作规程

(1)导通工艺风流程:在中控导通工艺风流程。

(2)启动前检查:确认冷却水畅通;检查油位和油质,油位在刻度线处;盘车 2~3 圈并检查;全开风机出口放空阀。

(3)启机:联系供电;接通电源;按下启动按钮;通知中控已启机;逐渐关闭放空阀;调整到所需风量;测量各主要部位温度。

(4)检查运转情况:与电岗联系检查配电间显示电流情况;确认风机运转无杂音。

### 三、注意事项

选择工具要认真迅速,操作要熟练、全面、准确。

# 项目十二　原料泵的启动

### 一、准备工作

(1)员工穿好工服、工鞋,戴好安全帽和工作手套。

(2)选择活动扳手、F 形扳手。

### 二、操作规程

(1)导通磺化器流程:确认原料板式换热器原料进口阀门、原料过滤器进口阀门、磺化器原料入口阀全开。

(2)导通原料泵流程:确认原料罐底阀全开、泵入口原料过滤器已投用、泵进出口阀门全开。

(3)启动凸轮双转子泵:检查地脚螺栓有无松动情况、静电接地是否良好;检查润滑油是否变质,油位是否在油窗 1/2~2/3;盘车,检查旋转是否均匀,有无卡位现象;确认出口压力表已投用;接通电源,按下启动按钮。

（4）DCS 设定输出：设定原料泵输出为 10%，现场确认原料泵运转正常。

（5）调整原料值：在 DCS 上缓慢调节原料量；将原料量调整至工艺要求值；原料量稳定后，投自动。

### 三、注意事项

选择工具要认真迅速，操作要熟练、全面、准确。

## 项目十三　清洗筐式过滤器滤芯

### 一、准备工作

（1）员工穿好工服、工鞋，戴好安全帽和工作手套。

（2）40L 废液桶 2 只，40L 清水桶 2 只，刷子 2 把，200mm、250mm 活动扳手各 2 把，球阀扳手 2 把。

### 二、操作规程

（1）取出滤芯：关闭过滤器进出口阀；放净废液；拆下过滤器盲端法兰压盖螺栓。

（2）清洗：取出并清洗滤芯。

（3）检查：检查滤芯。

（4）安装：按原位置把滤芯放入过滤器内，对角上紧法兰压盖螺栓。

（5）投用过滤器：打开过滤器进出口阀门，检查有无渗漏。

### 三、注意事项

选择工具要认真迅速，事故分析要熟练、全面、准确。

## 项目十四　放空罗茨风机循环水

### 一、准备工作

（1）员工穿好工服、工鞋，戴好安全帽和工作手套。

（2）活动扳手 1 把、管钳 1 把、50kg 塑料桶 1 个。

### 二、操作规程

（1）停循环水：关闭总循环水管线来水阀门、回水阀门。

（2）总循环水管线放空：将塑料桶放在导淋口处，缓慢打开导淋阀门；观察压力表指示值；确认总管线水排净，保持阀门全开状态。

（3）导通支路循环水管线流程：全开油箱循环水管线阀门、风机中间冷却器循环水阀门。

(4)机体循环水放空:打开各油箱循环水管线低点丝堵,确认各油箱内冷却水已排净;拆卸中间冷却器循环水活接头,确认中间冷却器内水已排净;回装活接头,关闭各阀门。

## 三、注意事项

选择工具要认真迅速,操作要熟练、全面、准确。

# 模块三  设备使用与维护

## 项目一  相关知识

### 一、设备使用

#### （一）机泵

##### 1. 离心机

离心机主要分为过滤式离心机、沉降式离心机和分离机。过滤式离心机分为三足式过滤离心机、上悬式离心机、卧式刮刀卸料离心机、卧式活塞卸料离心机和离心惯性力卸料式离心机。卧式活塞卸料离心机主要由回转体、复合油罐、机壳机座和液压推料系统等部分组成。三足式离心机主要由转鼓、主轴、轴承、轴承座、底盘外壳三根支柱、带轮及电动机等部分组成。沉降式离心机主要由转鼓、螺旋输送器、变速器、进料管、带轮、外壳、过载保护装置和液位调节装置组成。管式分离机由管状转鼓、挠性主轴、上下轴承室、机壳、机座和制动装置组成。

##### 2. 离心式压缩机润滑系统

离心式压缩机辅助油泵密封油来自润滑总管，由增压泵增压，经过密封油过滤器过滤进入密封油总管，给轴的两端浮环油膜密封供油。机组运行所需润滑油由主油泵供给。离心式压缩机所配油泵流量一般为 200~350L/min，出口压力应小于 0.5MPa，以 0.08~0.15MPa 压力进入轴承。

离心式压缩机叶轮与主轴的配合一般都采用过盈配合，然后采用螺钉加以固定。安装人员采用紧圈和固定环配合固定，固定对由两个半圈组成，加工时按尺寸加工一个圈环，然后锯成两半，其间隙不大于 3mm，装配时，先把两个半圈的固定对装在轴槽内，随后将紧圈加热到大于固定环外径，并热套在固定环上，冷却后，即可牢固地固定在轴上。

##### 3. 活塞式压缩机润滑系统

活塞式压缩机润滑系统的主要作用是在所有做相对运动的表面注入润滑油，形成油膜，以减少摩擦，冷却运动部位的摩擦热，减少功能消耗，另一作用是防止温度过高和运动件卡住，提高活塞环填料的密封能力及防止零件生锈等。

##### 4. 大型机组润滑油泵切换的注意事项

对于大型机组，保证不间断地向轴承可靠供油是极为重要的，大型机组油系统中一般都设置了低油压跳闸机构，切换油泵必须要低油压报警开关动作，向外操发出报警信号，同时启动辅助油泵。

##### 5. 压缩机带负荷紧急停车的危害

压缩机带负荷紧急停车后入口管线压力增大，压缩机的运动部件和密封部件都存在带负荷状态,随时都有设备部件损坏的发生,同时也会造成正在生产的工艺系统的生产波动。

### 6. 离心泵特性曲线

通常把离心泵主要性能参数之间关系的曲线称为离心泵的性能曲线或特性曲线,实质上,离心泵性能曲线是液体在泵内运动规律的外部表现形式,通过实测求得。特性曲线包括流量-扬程曲线、流量-效率曲线、流量-功率曲线、流量-汽蚀余量曲线。性能曲线的作用是泵的任意的流量点都可以在曲线上找出一组与其相对的扬程、功率、效率和汽蚀余量值,这一组参数称为工作状态,简称工况或工况点,离心泵最高效率点的工况称为最佳工况点,最佳工况点一般为设计工况点。一般离心泵的额定参数即设计工况点和最佳工况点相重合或很接近。在最高效率区间运行,既节能,又能保证泵正常工作,因此了解泵的性能参数相当重要。泵的特性曲线是以 20℃水为介质测定的,当输送高于 20℃水时,则泵的安装高度应降低。

### 7. 电动机绝缘

三相异步电动机按绝缘等级分为 A 级、B 级、E 级、F 级、H 级等几种。电动机带负载运行时转速低于额定值的原因可能是电源电压过低。停用时间较长的电动机绝缘水平低的主要原因可能是电动机受潮、电源线与接地线弄错、电动机绕组受潮、绝缘老化或引出线与接线盒碰壳。

### (二)换热设备

#### 1. 间壁式换热器

在化工生产中冷热流体经常不能直接接触,冷热两流体间用一金属隔开,以便两种流体不相混合而进行热量传递,此类换热器称为间壁式换热器,主要包括以下类型:

(1)夹套式换热器,由容器外壁安装夹套制成,广泛用于反应过程的加热和冷却。夹套式换热器结构简单,但其加热面受容器壁面限制,传热系数也不高。

(2)蛇管式换热器,多以金属管弯绕成各种与容器相适应的形状,并沉浸在容器内的液体中,其优点是结构简单,能承受高压,可用耐腐蚀材料制造,缺点是容器内液体湍动程度低,管外给热系数小。

(3)套管式换热器,是由直径不同的直管制成的同心套管,并用 U 形弯头连接而成。套管式换热器因为管内管外流体流速较大,冷、热流体可以作纯逆流,故而其传热系数大,传热效果好。

(4)管壳式换热器,又称列管式换热器,是最典型的间壁式换热器,主要由壳体、管束、管板和封头等部分组成,壳体多呈圆形,内部装有平行管束,管束两端固定于管板上。在管壳换热器内进行换热的两种流体,一种在管内流动,其行程称为管程;一种在管外流动,其行程称为壳程。管束的壁面即为传热面。为提高管外流体给热系数,通常在壳体内安装一定数量的横向折流挡板,折流挡板不仅可防止流体短路,增加流体速度,还迫使流体按规定路径多次错流通过管束,使湍动程度大为增加。管壳式换热器的优点是结构简单、紧凑,能承受较高的压力,造价低,管程清洗方便,管子损坏时易于堵管或更换,缺点是不易清洗壳程,壳体和管束中可能产生较大的热应力,冷热流体温差不能太大。

(5)板式换热器,由一组长方形的薄金属传热板片构成,用框架将板片夹紧组装于支架上,两个相邻板片的边缘衬以垫片压紧,板片四角有圆孔,形成流体的通道。板式换热器和管壳式换热器的区别:传热系数高,对数平均温差大,末端温差小,占地面积小,重量轻,价格低,制作方便,容易清洗等。

管束在管板上常用的标准排列形式有四种,即正三角形排列、转角三角形排列、正方形排列、转角正方形排列。正三角形和转角三角形排列适用于壳程介质清洁及不需要进行机械清洗的场合,正方形和转角正方形排列适用于壳程流体浑浊、管外需要进行机械清洗的场合。

**2. 冷凝器**

冷凝器的作用是将气体冷凝成液体,分为水冷凝器、空气冷凝器、水和空气同时作为冷却介质的冷凝器。冷凝器的结构形式较多,其中直立列管式和喷淋式冷凝器的冷凝效率较高,直立列管式冷凝器最为常用。

**3. 空冷器**

空冷器的结构一般采用固定管板式,管子除少数白钢管外,大多采用铜管,而且是翅片管。翅片管多用于气体的加热和冷却,装于管外的翅片有轴向螺旋形、径向螺旋形,采用翅片管束来提高换热效率是比较经济有效的。

**4. 结晶机**

结晶器分为长槽搅拌连续结晶器和循环式蒸发结晶器、真空结晶器、釜式结晶器。按生产用途,结晶器又可分为非增长型和增长结晶器。

**5. 干燥器**

沸腾床干燥器利用热空气流使湿颗粒悬浮,流态化沸腾使物料进行热交换,通过热空气把蒸发的水分或有机溶媒带走,其采用热风流动对物料进行气-固二相悬浮接触的质热传递方式,达到湿颗粒干燥的目的。

**（三）反应器**

化学反应器的分类方式很多,按结构的不同可分为釜式反应器、管式反应器、塔式反应器、固定床反应器、流化床反应器;按照物料的聚集状态,可分为均相反应器和非均相反应器;按操作方法不同,可以分为间歇式、半连续式和连续式反应器。

**1. 搅拌反应釜**

**1）结构**

搅拌反应釜主要由釜体、搅拌器和夹套换热设备组成,釜体为圆筒形,其高与直径之比一般为1~3。搅拌反应釜的结构特点:加压操作时,上下盖多为半球形;常压操作时,上下盖可采用平盖;为了放料方便,下底可制成锥形。

**2）基本特征**

搅拌反应釜是液液相或液固相反应最常用的一种反应器,可以在较大压力和温度范围内使用,具有投资少、投产快、操作灵活性大的突出优点。

间歇式搅拌反应釜多采用手动、半自动控制,通常用于小批量、反应时间长的生产,具有设备利用率低、劳动强度大的特点。

**3）多釜串联连续搅拌反应器**

搅拌反应釜既可以单釜操作又可以多釜串联操作。多釜串联连续搅拌反应器能够强化反应器内物料的传质和传热效果,促进化学反应,改善操作情况,使参加反应的物料混合得更加均匀,使固体在液相中很好地分散,使固体粒子在液相中均匀悬浮。

4)搅拌器导流筒

设置搅拌器导流筒可抑制圆周运动的扩展,对增大湍动程度、提高混合效果有较好的效果,不仅可以严格控制流体的流动方向,而且可以消除釜内死区、短路现象,防止进口段流体诱发振动。

2. 固定床反应器

固定床反应器又称填充床反应器,是装填有固体催化剂或固体反应物用以实现多相反应过程的一种反应器。固体物通常呈颗粒状,粒径为 2~15mm,堆积成一定高度(或厚度)的床层,床层静止不动,流体通过床层进行反应。它与流化床反应器及移动床反应器的区别在于固体颗粒处于静止状态。固定床反应器主要用于实现气固相催化反应,如氨合成塔、二氧化硫接触氧化器、烃类蒸汽转化炉等,用于气固相或液固相非催化反应时,床层则填装固体反应物。涓流床反应器也可归属于固定床反应器,气液相并流向下通过床层,气液固相接触。

固定床反应器有三种基本形式:(1)轴向绝热式固定床反应器,流体沿轴向自上而下流经床层,床层同外界无热交换。(2)径向绝热式固定床反应器,流体沿径向流过床层,可采用离心流动或向心流动,床层同外界无热交换。与轴向反应器相比,径向反应器中流体流动的距离较短,流道截面积较大,流体的压力降较小,但结构较复杂。以上两种形式都属绝热反应器,适用于反应热效应不大,或反应系统能承受绝热条件下由反应热效应引起的温度变化的场合。(3)列管式固定床反应器,由多根反应管并联构成,管内或管间置催化剂,载热体流经管间或管内进行加热或冷却,管径通常为 25~50mm,管数可多达上万根,列管式固定床反应器适用于反应热效应较大的反应。此外,还有由上述基本形式串联组合而成的反应器,称为多段固定床反应器,例如当反应热效应大或需分段控制温度时,可将多个绝热反应器串联成多段绝热式固定床反应器,反应器之间设换热器或补充物料以调节温度,以便在接近于最佳温度条件下操作。

多段绝热式固定床反应器可用于吸热反应,也可以用于放热反应,反应器入口分布器实现气流均匀分布。多段绝热式固定床反应器取热方式可分为间接换热式、原料气冷激式和非原料气冷激式。

固定床反应器的优点:一是返混小,流体同催化剂可进行有效接触,反应伴有串联副反应时可得较高选择性;二是催化剂机械损耗小;三是结构简单。

固定床反应器的缺点:一是传热差,反应放热量很大时,即使是列管式反应器也可能出现飞温使反应温度失去控制;二是操作过程中催化剂不能更换,催化剂需要频繁再生的反应一般不宜使用,常代之以流化床反应器或移动床反应器。

3. 连续管式反应器

连续管式反应器是一种呈管状、长径比很大的连续操作反应器。连续管式反应器的反应温度较难控制,因此在反应器内多设有换热管。

4. 规整填料

规整填料是一种在塔内按均匀几何图形排布、整齐堆砌的填料,具有比表面积大、压降小、流体分布均匀、传质传热效率高等优点,根据其结构特点可以分为波纹型和非波纹型。前者又分为垂直波纹型和水平波纹型;后者又分为栅格型和板片型等。

### （四）压力容器、仪表、附件

1. 压力容器的使用条件

压力容器的检测必须符合特种设备安全监察方面的有关规定、TSG 21—2016《固定式压力容器安全技术监察规程》和 TSG R7001—2013《压力容器定期检验规则》的要求;压力容器投入使用一个月内进行使用登记,每年进行一次年度安全检查,每 3~6 年进行一次全面在用检验。压力容器的使用条件必须要符合生产工艺条件,质量证明书、产品合格证以及制造厂相应的图纸、安装验收合格证以及容器使用前的各项检验必须合格。

2. 工业管道常用压力等级分类

TSG D0001-2009《压力管道安全技术监察规程-工业管道》中规定:GA 类（长输管道）指产地、储存库、使用单位之间的用于输送商品介质的管道,可划分为 GA1 级和 GA2 级。

GB 类（公用管道）指城市或乡镇范围内的用于公用事业或民用的燃气管道和热力管道,可划分为 GB1 级和 GB2 级。GB1 级指燃气管道;GB2 级指热力管道。

GC 类（工业管道）指企业、事业单位所属的用于输送工艺介质的工艺管道、公用工程管道及其他辅助管道,可划分为 GC1 级、GC2 级、GC3 级。

GD 类（动力管道）指火力发电厂用于输送蒸汽、汽水两相介质的管道,可划分为 GD1 级、GD2 级。

3. 膨胀节

由于膨胀节比壳体挠性大、易于变形,可使壳体具有一定的伸缩量,因此在一定的温差范围内能很好地达到消除或减少温差应力的作用。常见的膨胀节形式有平板焊接式膨胀节、U 形膨胀节、夹壳式膨胀节。

4. 检测仪器的使用方法

1）测速仪

测速仪器在使用时不得以低速范围测量高转速;测轴与被测轴接触时,动作应缓慢,同时应使两轴保持在一条水平线上;测量时,测轴和被测轴不应顶得过紧,以两轴接触不相对滑动为原则。

2）测温仪

测温仪是温度计的一种,用红外线传输数字的原理来感应物体表面温度,操作比较方便,特别是高温物体的测量。测温仪应用广泛,如钢铸造、炉温、机器零件、玻璃及室温、体温等各种物体表面温度的测量,目前用得比较多的是红外测温仪。

勿跌落测温仪或猛烈振动测温仪;如果把测温仪从冷处快速移动到热处,聚焦镜会出现结露现象,应等待该现象散尽开始测量;勿向测温仪施加突然的温度变化,应等待测温仪返回稳定温度后再开始测量。

3）测振仪

测振仪在测振过程中需要考虑测子用力大小问题;在现场测各类风机叶轮振动时,测点应接近于叶轮的两侧面中心部位;测量轴承振动时,应测轴承压盖两侧面中心位置。

## 二、设备维护

### (一)机泵

#### 1. 离心式压缩机

离心机的维护检查内容应包括仪表指示情况、联锁保安系统部件工作情况及动作情况、电气系统及各信号装置运行情况;机组油系统各部分的压力、温度、油流、油位等,机组各设备动、静密封点泄漏情况,轴承温度以及设备管道振动、保温及疏排点的排放情况。

#### 2. 往复式压缩机

往复活塞压缩机是各类压缩机中发展最早的一种,曲轴带动连杆,连杆带动活塞,活塞做上下运动。活塞运动使气缸内的容积发生变化,当活塞向下运动的时候,气缸容积增大,进气阀打开,排气阀关闭,空气被吸进来,完成进气过程;当活塞向上运动的时候,气缸容积减小,出气阀打开,进气阀关闭,完成压缩排气过程。通常活塞上有活塞环来密封气缸和活塞之间的间隙,气缸内有润滑油润滑活塞环。

往复式压缩机润滑油箱内温度一般不高于45℃,曲轴箱内油温不高于60℃。冷却水进口温度以 15~20℃为宜,出口温度不应高于 40℃,其温差不大于 20℃。往复式压缩机的日常维护重点应放在检查压缩机有无漏气、有无漏油、有无漏水、有无漏电等现象上。

### (二)管道、阀门

#### 1. 管道

1)工业管道外部的检查要点

冬季检查工业管道外部时,应重点检查疏水器是否好用,一旦发现疏水器损坏、有故障,应及时维修,以免发生冻堵,同时也要检查管道振动、泄漏、管托保温以及光管处测温、冬季疏水等。

2)拆装盲板的操作要求

抽加盲板必须戴好各类安全防护用品,备好抽加盲板用的垫片和盲板螺栓工具等,办理好任务书、抽加盲板证,现场设监护人,联系岗位操作工确认切断阀门来源后开始检修。抽加盲板的关键要求是法兰口的清理检查,要平整光滑无缺陷,安装盲板后,对角螺栓锁紧力量要均匀适度,严禁泄漏。

#### 2. 阀门

1)阀门的维护要点

阀门在关闭过程中不能关到底,关闭程度以物料不漏为止;要不间断地检查转动部位润滑情况,发现问题及时处理;同时要经常检查填料部位是否有泄漏现象。

2)更换垫片的方法

首先要选用正确的垫片,法兰拆开后要清理法兰结合面,检查平行度以及表面有无凸痕;安装垫片前要检查法兰及螺栓孔对中情况;更换垫片时,垫片要准确地放在两密封面中间,然后装入螺栓,对称均匀紧固。

3)更换螺栓的方法

更换螺栓必须清理螺栓孔和检查对中情况,检查没有问题后才可以安装上螺栓并紧固;

选用或校对螺栓规格及垫片等附属件,检查螺栓与螺母旋合情况,涂固体润滑剂。

4)更换阀门密封填料的注意事项

依据阀门的压力、温度确定填料的种类和尺寸,确定阀门无压后,抠出旧填料,在加新填料时,各圈填料的切口应该互相错开0°或180°,不要使切口都向着一个方向。

### (三)化工材料

橡胶不仅耐磨又有很好的耐蚀性,可以作为金属设备的衬里,机械地隔开腐蚀性介质与金属表面。奥氏体不锈钢是化工最常用的铬镍不锈钢,铬含量达18%以上,镍含量达8%,不但耐蚀性、抗高温氧化性能好,而且冷加工性能及焊接性能较好。化工生产中最常用的铅合金是硬铅,即铅锑合金。在铅中加入10%左右的锑,能显著提高铅的硬度,可用于制造管件、泵壳、叶轮等。聚四氟乙烯可以用作-180~250℃的各种腐蚀性介质中工作的衬垫、密封和减磨零件。

# 项目二　离心式压缩机操作

## 一、准备工作

(1)设备:对讲机1台(现场1台、总控1台)、便携式有毒有害气体报警器1台(外操配带)。

(2)工具材料:安全帽1个、防护手套1副、防护眼镜1个、F形扳手1个。

(3)人员:外操1名。

## 二、操作规程

(1)外操携带对讲机、便携式有毒有害气体报警器、F形扳手、安全帽、防护手套、防护眼镜到达现场,检查并确保离心式压缩机在完好和待机状态。

(2)外操确保控制仪表气源供给到位。

(3)外操建立离心压缩机油箱负压。

(4)外操确认至离心压缩机放空阀的仪表控制气源管路阀门在打开位置。

(5)外操确认油过滤压差在绿色位置。

(6)外操确保冷却循环水压力正常。

(7)外操确认离心压缩机的一级、二级中间冷却器的后置冷却器及油冷却器的供水阀门在打开位置。

(8)外操检查并确认循环润滑油系统各处油路正常且油管无渗漏。

(9)外操检查并确认油箱负压正常。

(10)外操开机使其空载运行。

(11)外操监视加载过程是否正常。

### 三、注意事项

(1)外操每天需要检查离心式压缩机运行状况,具体包括清洁情况,紧固、调整、更换个别零件,检查润滑油情况,有没有异常声音、泄漏等。

(2)外操需要定期检查离心式压缩机的油泵转动情况,疏通油路,检查油质、油量,调节各个指示仪表与安全防护装置。

# 项目三　往复式压缩机操作

### 一、准备工作

(1)设备:对讲机 1 台(现场 1 台、总控 1 台)、便携式有毒有害气体报警器 1 台(外操配带)。

(2)工具材料:安全帽 1 个、防护手套 1 副、防护眼镜 1 个、F 形扳手 1 个。

(3)人员:外操 1 名、值班长 1 名、内操 1 名。

### 二、操作规程

(1)外操携带对讲机、便携式有毒有害气体报警器、F 形扳手、安全帽、防护手套、防护眼镜到达现场,确认冷却系统流程正确,打开油冷却器冷却水进、出口阀。

(2)冬季开车时应提前 1h 启动曲轴箱电加热器和油系统电伴热,或保持电加热器和电伴热始终在线。

(3)投用段间冷却器、气缸冷却水,通过各冷却水管路视镜确认冷却水系统畅通,确认循环水流量、入口压力、回水压力正常。

(4)确认润滑油路流程正确、机身润滑油液位正常;确认油温正常低于 70℃,且油加热器正常工作(润滑油温低于 10℃启动,高于 20℃停止);确认润滑油压力大于 0.8MPa、润滑油点回油正常、过滤器压差正常。

(5)机组按运行方向盘车 3 周,确认均匀灵活无异常响动。

(6)联系电气主机送电,确认电动机温度、入口压力正常,确认压缩机回路 DCS 画面各点指示与现场一致。

(7)投用自保联锁,确认无停机信号,按联锁复位按钮,确认开机条件满足,自保联锁投用,达到启动条件。

(8)值班长请示调度和变电所并得到开机命令。

(9)外操全开出口返入口控制阀,确认各段入口压力正常。

(10)外操按动主电动机启动电钮,确认空载电流正常,检查机组各运转部位无异常。

(11)确认吸、排气阀及压缩机主油泵工作正常,确认辅助油泵停运(主油泵运行 10s后)、油压正常。

(12)逐渐关闭出口返入口控制阀,确认带负荷后电流正常,机组各运转部位无异常。

### 三、注意事项

（1）开机过程中，待电流平稳后，全面检查压缩机空负荷运转情况。

（2）状态确认：确认进、出口阀全开，各段压缩比正常，各段排气压力、排气温度正常；确认润滑油压、油温在指标范围内，轴承温度、电动机定子温度正常；确认仪表、电气工作正常；确认系统无泄漏，冷却水系统正常。

# 项目四  测温仪使用

### 一、准备工作

（1）设备：对讲机 1 台（现场 1 台、总控 1 台）、便携式有毒有害气体报警器 1 台（外操配带）。

（2）工具材料：安全帽 1 个、防护手套 1 副、防护眼镜 1 个。

（3）人员：外操 1 名。

### 二、操作规程

（1）从测温仪箱内取出测温仪。

（2）外操右手握住测温仪手柄。

（3）将测温仪对准被测物体。

（4）扣动一下开关，将听到"哔哔"声，电源接通，屏幕将显示正对物体的温度（测量时要注意距离系数 $K$）。

### 三、注意事项

使用测温仪时，必须对准被测物体。

# 项目五  测振仪使用

### 一、准备工作

（1）设备：对讲机 1 台（现场 1 台、总控 1 台）、便携式有毒有害气体报警器 1 台（外操配带）。

（2）工具材料：安全帽 1 个、防护手套 1 副、防护眼镜 1 个、F 形扳手 1 个。

（3）人员：外操 1 名。

### 二、操作规程

（1）外操打开测振仪的开关按钮。

（2）外操将套头压在被测量的位置。

（3）外操读取示数并记录在记录本上。

### 三、注意事项

（1）外操应携带对讲机、便携式有毒有害气体报警器、F形扳手、安全帽、防护手套、防护眼镜到达现场，并确保测振仪外部表面的清洁与美观，不得有油污和灰尘，严禁乱刻乱画，用干净的湿抹布清洁设备，不能使用任何溶解剂来清洁设备。

（2）外操应确保测振仪内部的洁净，防止灰尘进入内部，影响使用寿命。

（3）在提拿设备时要检查保护箱盖子是否完全盖好。

（4）仪器严禁强冲击与振动。

（5）测振仪使用环境温度 0~40℃；使用湿度不得大于 80%；大气压力为 75~106kPa。

## 项目六 大型机组油泵操作

### 一、准备工作

（1）设备：对讲机 1 台（现场 1 台、总控 1 台）、便携式有毒有害气体报警器 1 台（外操配带）。

（2）工具材料：安全帽 1 个、防护手套 1 副、防护眼镜 1 个、F形扳手 1 个。

（3）人员：外操 1 名。

### 二、操作规程

（1）外操携带对讲机、便携式有毒有害报警器、F形扳手、安全帽、防护手套、防护眼镜到达现场，向油箱加入合格的汽轮油至最大油位。

（2）外操控制油蓄压器充氮气至规定工艺指标。

（3）外操关闭油系统所有的排放导淋。

（4）外操打开所有回油箱的排气阀门。

（5）外操打开所有的仪表根部阀门。

（6）外操投用油箱加热器。

（7）外操润滑主油泵。

（8）外操启动控制油泵。

### 三、注意事项

切换油泵必须要低油压报警开关动作。

## 项目七 冷换设备操作

### 一、准备工作

（1）设备：对讲机 1 台（现场 1 台、总控 1 台）、便携式有毒有害气体报警器 1 台（外操配带）。

（2）工具材料：安全帽 1 个、防护手套 1 副、防护眼镜 1 个、F形扳手 1 个。

（3）人员：外操 1 名。

## 二、操作规程

（1）外操携带对讲机、便携式有毒有害报警器、F形扳手、安全帽、防护手套、防护眼镜到达现场，将冷流体流程打通。

（2）外操将热流体流程打通。

（3）外操打开出口阀门。

（4）外操打开入口阀门。

（5）外操关闭副线阀门。

（6）外操将热源流程关闭。

（7）外操将冷流体流程关闭。

（8）外操打开副线阀门。

（9）外操关闭入口阀门。

（10）外操关闭出口阀门。

（11）外操放净设备内存留的水。

（12）外操用蒸汽将管程吹干。

## 三、注意事项

（1）防止憋压。

（2）防止泄漏。

# 项目八　阀门填料更换

## 一、准备工作

（1）设备：对讲机1台（现场1台、总控1台）、便携式有毒有害气体报警器1台（外操配带）。

（2）工具材料：安全帽1个、防护手套1副、防护眼镜1个、F形扳手1个。

（3）人员：外操1名、检修人员1名。

## 二、操作规程

（1）检修人员把执行机构推杆和阀杆的连接件拆开，把执行机构和阀体分开。

（2）外操携带对讲机、便携式有毒有害气体报警器、F形扳手、安全帽、防护手套、防护眼镜到达现场，拆开上阀盖并取出阀芯和阀杆，把一根比阀杆稍大的杆从填料函底部插入，并把旧的填料从阀盖顶部顶出。

（3）检修人员清洗填料函后，检查阀杆有无划痕或可能损坏新填料，检查阀芯、阀座等阀内件有无损坏。

（4）检修人员重新装配阀体，把上阀盖装回原处，把连接阀体和阀盖的螺栓拧紧。

（5）检修人员装上新填料，安装填料压盖。

(6)对于聚四氟乙烯 V 形环填料,检修人员在紧固螺母时尽量拧紧,而对于其他类型填料,只要保证不泄漏就可以。

(7)检修人员把执行机构和阀体重新安装并拧紧,把阀杆连接件的位置固定好,确保足够的阀芯行程。

### 三、注意事项

(1)切填料时,切口应整齐,无松散的石棉头,接口应成 30°~45°。

(2)每个填料圈应涂上润滑剂并单独压入填料函内;压装时,填料圈的切口必须互相错开,一般情况下相邻填料圈的接口应交错 120°。

(3)水封环应对准液封管,考虑到装上填料压盖后填料要继续压缩,可让它向外靠 3~5mm,这样,装上填料压盖后,水封环就可以基本对准液封管。

(4)装完填料后,必须均匀地拧紧填料压盖两侧的螺栓,不得使压盖偏斜,且不能一次压得太紧,以免使填料完全丧失弹性后无法调整,而且还会增加轴套(或轴、阀杆)和填料的磨损及动力消耗。

# 项目九　机泵日常检查

## 一、准备工作

(1)设备:对讲机 1 台(现场 1 台、总控 1 台)、便携式有毒有害气体报警器 1 台(外操配带)。

(2)工具材料:安全帽 1 个、防护手套 1 副、防护眼镜 1 个。

(3)人员:外操 1 名。

## 二、操作规程

(1)应及时补充轴承内的润滑脂,保证油位正常,定期检查油质变化的情况并按规定周期换用新油。

(2)根据运行情况,随时调整填料压盖的松紧度,填料密封滴水每分钟滴数应符合使用说明书要求,不滴水或者滴水成线都是不允许的。

(3)根据填料磨损情况及时更换新填料。更换新填料时,每根相邻的填料接口应错开且大于 90°;水封管孔应对应水封环进水孔,填料最外圈开口应向下。

(4)外操应注意观察水泵振动,异常时应检查固定螺栓和与管道连接的螺栓有无松动,不能排除时应立即停机,启用备用泵,并上报管理部门。

(5)外操应检查、调整、更换阀门填料,做到不漏水、无油污、无锈迹。

(6)外操应注意压力表、流量计、电流表、温度计有无异常情况,发现仪表指针有误或损坏时应更换。

(7)设备外部零件应做到防腐有效,铜铁分明,无锈蚀,不漏油、不漏水、不漏电及管道不漏气。

### 三、注意事项

（1）发现问题不能排除时应立即停机，启用备用泵。

（2）在巡检时，外操应佩戴好劳动保护用品。

# 项目十　呼吸阀维护

### 一、准备工作

（1）设备：对讲机1台（现场1台、总控1台）、便携式有毒有害气体报警器1台（外操配带）。

（2）工具材料：安全帽1个、防护手套1副、防护眼镜1个、F形扳手1个。

（3）人员：外操1名。

### 二、操作规程

（1）外操携带对讲机、便携式有毒有害气体报警器、F形扳手、安全帽、防护手套、防护眼镜到达现场，检查呼吸阀的外观、内部和通流部分的锈蚀情况。

（2）外操检查呼吸阀弹簧装置的磨损情况、弹簧是否失灵、弹簧的压缩量是否符合要求。

（3）外操检查呼吸阀盘和辅助系统的密封情况。

（4）外操检查储罐的压力、液位有无异常。

### 三、注意事项

（1）检查时要佩戴好相应的防护用具。

（2）要使用防爆工具。

# 项目十一　润滑油更换

### 一、准备工作

（1）设备：对讲机1台（现场1台、总控1台）、便携式有毒有害气体报警器1台（外操配带）。

（2）工具材料：安全帽1个、防护手套1副、防护眼镜1个、F形扳手1个。

（3）人员：外操1名。

### 二、操作规程

（1）外操携带对讲机、便携式有毒有害气体报警器、F形扳手、安全帽、防护手套、防护眼镜到达现场，打开加油孔，加注新油。

(2)外操旋转轴承箱放油孔丝堵,排放旧油,直至旧油放净,拧紧放油孔丝堵。

(3)当加注新油油位至油标 1/2~2/3,外操停止加油,拧紧加油孔丝堵。

(4)外操清理泵体及泵座油污。

### 三、注意事项

(1)操作时应谨慎,避免排油过快、加油过慢导致轴承缺油。

(2)添加润滑油时,要按照要求标号添加,不能滥用、混用润滑油。

# 项目十二  阀门正常维护

### 一、准备工作

(1)设备:对讲机 1 台(现场 1 台、总控 1 台)、便携式有毒有害气体报警器 1 台(外操配带)。

(2)工具材料:安全帽 1 个、防护手套 1 副、防护眼镜 1 个。

(3)人员:外操 1 名。

### 二、操作规程

(1)因阀杆螺纹经常与阀杆螺母摩擦,要涂一点黄干油、二硫化钼或石墨粉,起润滑作用。

(2)不经常启闭的阀门也要定期转动手轮,对阀杆螺纹添加润滑剂,以防咬住。

(3)室外阀门要对阀杆加保护套,以防雨、雪、尘土锈污。

(4)如阀门是机械带动,要按时对变速箱添加润滑油。

(5)要经常保持阀门的清洁。

(6)要经常检查并保持阀门零部件完整性,如手轮的固定螺母脱落,要配齐,不能勉强使用,否则会磨圆阀杆上部的四方,逐渐失去配合可靠性,乃至不能开动。

(7)不要依靠阀门支持其他重物,不要在阀门上站立。

(8)阀杆,特别是螺纹部分,要经常擦拭,已经被尘土弄脏的润滑剂要换成新的,因为尘土中含有硬杂物,容易磨损螺纹和阀杆表面,影响使用寿命。

### 三、注意事项

(1)阀门日常巡检时,要佩戴好劳动保护用品。

(2)日常巡检时,发现阀门损坏或泄漏后,及时上报处理。

# 模块四　事故判断与处理

## 项目一　相关知识

### 一、事故判断

#### （一）机泵故障判断

1. 泵故障判断

1）离心泵振动大

离心泵振动大的原因主要有轴承磨损严重，间隙过大；泵轴与原动机轴对中不良；地脚螺栓松动和泵抽空。

2）离心泵轴承超温的原因

离心泵轴承超温的原因主要有轴承箱内油过多或过少、轴承磨损或松动；轴承安装不正确；轴承箱内油变质等。

3）机泵电动机跳闸

机泵电动机跳闸的原因主要有泵装配不好，动静部分卡住；电流表出现故障；液体黏度过大；轴弯曲。

4）机泵冷却水压力下降

若系统内严重结垢，虽然水路无渗漏处，开足进、出口水阀门，冷却水压力会变化。当气缸部件的工作正常，而进、排气口的气体温度升高，说明冷却水流量小，压力下降。机泵冷却水压力下降，会使轴承温度上升。

2. 压缩机故障判断

1）压缩机烧瓦

瓦量大时，轴与瓦之间会产生振动，使瓦变形，发生压缩机烧瓦事故。压缩机运行中缺油或断油、润滑油油质差、安装时瓦量不合适或轴瓦质量不好也会造成压缩机烧瓦。

2）压缩机气缸内发生敲击声

（1）压缩机气缸内积聚水分，压缩机曲轴箱内一般会发生敲击声。

（2）气缸磨损，间隙超差太大，或气缸内掉入金属碎片或其他坚硬物体，压缩机气缸内会发生敲击声。

#### （二）设备、管线、仪表故障判断

1. 换热器内漏

正常生产中，应定期检查换热器有无渗漏、外壳有无变形或有无振动，冷热两种介质的进出口温度、压力有无变化，定期分析冷热两种介质成分有无变化，如有变化，则应判断换热器发生内漏。

### 2. 炉管结焦

进料量变化太大或突然中断时,炉管易发生结焦。发生炉管结焦事故时,火焰不均匀,炉管局部过热。

### 3. 管线故障判断

1) 管线设备冻凝

气温低、疏水阀内存水、冻裂阀体会导致管线设备的冻凝。管线发生冻凝事故时,会有物料从冻裂处泄漏。冬季临时停用的设备,必须保证回水或蒸汽微量流通,避免冻凝管线。

2) 工艺管道超压

工艺管道突然发生强烈振动,应立即对管道压力进行检查,应检查管道、管件、阀门和紧固件有无严重变形、移位和破裂,以判断是否超压。

### 4. 孔板流量计失真

造成孔板流量计失真的原因:一是孔板使用方法错误;二是导压管安装不正确。如孔板入口边缘磨损会造成仪表指示值偏低;在管道上安装孔板时,如果将方向安装反了,会造成差压计指示变小;如果被测流体的温度、压力、湿度以及相应的参数数值与设计计算时有所变动,则会造成测量误差。

### 5. 无纸记录仪无显示

无纸记录仪无显示的主要原因是电源不通。

### (三) 公用工程故障判断

### 1. 蒸汽系统故障判断

1) 系统蒸汽压力下降

系统蒸汽压力下降时,蒸汽温度下降,用蒸汽提供热源的反应器反应速度减慢。

2) 停蒸汽事故

当生产系统蒸汽中断时,蒸汽透平压缩机停止运转,蒸汽压力归零、流量为零,应立即报告班长,并联系生产调度。

### 2. 循环水系统故障判断

1) 循环水压力下降

当循环水压力下降时,各机泵温度上降,使用循环水冷却的压缩机油系统温度上升,会使得各带水冷却器后温度上升。

2) 停循环水事故

发生循环中断事故时,循环水压力指示降低,循环水流量回零,并有声光报警,各循环水换热器冷却后温度会突然升高。

### 3. 仪表风中断的现象

当发生仪表风中断时,控制阀不一定关闭,各调节阀处于安全状态,DCS 仪表风压力报警。

## 二、事故处理

### （一）机泵故障处理

1. 离心泵故障处理

1）离心泵振动大的处理方法

检查并紧固地脚螺栓，重新找正联轴器，重新调整中心，检查轴承安装是否存在问题，检查轴弯曲及转子测定；将叶轮作动平衡、静平衡试验。

2）离心泵轴承超温的处理方法

检查调节冷却水的温度、流量；检查调节润滑油量或更换润滑油；检查调节轴承装配间隙；检查消除泵体振动问题；检查调节使转子与轴承箱内孔、大盖同心；检查校直泵轴。

2. 压缩机故障处理

1）压缩机电动机着火的处理方法

立即切断电源，使用干粉灭火器扑灭着火点，对电动机进行解体检查，安装备用电动机。

2）压缩机辅助油泵轴承烧坏的处理方法

更换有缺陷的轴承，加强轴承密封措施，避免异物侵入；使用符合实际运行工况的润滑油，严格把控轴承圈与轴、端盖轴承室配合的松紧程度。

3）压缩机烧瓦的处理方法

拆解中间轴瓦，查看磨损情况，测量泵头侧轴瓦间隙；清理检查油路，双表复测轴跳动，检查轴瓦，刮瓦处理，去除高点；检查清理后回装轴瓦。

3. 电动机故障处理

1）电动机有不正常振动的处理方法

电动机有不正常振动时，加固基础、校正转子是较为有效的处理方法。

2）电动机内部冒火的处理方法

电动机冒出烧焦气味或火星时，应紧急停机处理。当电动机容量大、负载太大以至于发生失步事故时，应尽快切断电源，以避免因通过定子的电流很大而使电动机过热，以致烧坏。

3）机泵电机跳闸的处理方法

如果备用电动机未自动投入，应迅速合上备用电动机的开关；通知电气运行值班人员检查，电气运行人员接到通知后，应检查电动机保护动作情况，热继电器动作情况，电动机静子线圈及电缆是否有短路、接地、断线现象，保护定值是否过小，联锁回路是否正常，开关容量是否过小，所带机械是否卡涩，开关机构是否良好，并测量电动机（包括电缆）的绝缘电阻。

### （二）设备操作、仪表、管线、阀门故障处理

1. 加热炉故障处理

1）加热炉炉管结焦的处理方法

调节火焰，使火焰成形，不舔炉管，保持炉膛温度均匀，保持进料稳定，如果发生进料中断应及时熄火，可解决加热炉炉管结焦。

2）加热炉炉管破裂的处理方法

炉管破裂如果不大，按一般停车处理。如果炉管破裂严重，必须按照紧急停车处理。

2. 换热器内漏的处理方法

更换密封填料、堵死漏管或更换漏管、紧固螺栓或密封垫片可以有效处理换热器内漏。

3. 阀门内漏的处理方法

如果是阀门阀体漏,用4%硝酸溶液浸蚀漏处,可显示出全部裂纹,用砂轮磨光或铲去有裂纹和砂眼的金属层,进行补焊即可;如果是阀盖的结合面漏,则铲除旧垫片,对结合面擦伤处补焊后研磨;如果阀瓣、阀座有裂纹,则应更换新的阀门;如果填料盒泄漏,则紧固密封填料或更换新密封填料,检查填料室的粗糙度;改进密封结构,能够有效地防止阀门内漏。

4. 工艺管道超压的处理方法

发现工艺管道指示仪表出现异常,应妥善处理,必要时停机处理。

5. 记录仪记录不良的处理方法

用加压器把墨水挤出、补充墨水、清洗笔尖、更换墨水盒能够有效处理记录仪记录不良。

### (三) 公用工程故障处理

1. 仪表风中断的处理方法

当发生仪表风中断事故时,内操严密监视各调节阀的状态,熟练掌握调节阀正常操作时的状态,以便让外操准确调节,可用工厂风代替仪表风来控制调节阀的动作,各关键控制阀应该打手动控制,联系调度确认仪表风恢复时间,停所有产品出装置控制阀。

2. 停循环水的事故处理方法

在正常生产过程中,发生停循环水事故时,应立即联系调度,询问停循环水的原因,应降低加工负荷,根据供水是否能够恢复做进一步处理,如果不能马上恢复,通知各单元开始降量并做好停车准备,循环水恢复后组织转入开工程序操作。

3. 停蒸汽的事故处理方法

发生蒸汽中断事故时,应保持适当的物料存量以减少再次开车时间,生产系统应降温降量处理。当蒸汽系统恢复正常后,在引入蒸汽时,一定要做好暖管工作,避免发生水击。

### (四) 火灾与中毒事故处理

1. 界区内一般性着火事故的处理原则

任何人发现火灾时,都应当立即报警,严禁谎报火警。报警时要沉着镇静,拨通火警电话后,要讲清起火具体地点和单位、什么物质起火、火势如何、报警人姓名、报警用的电话号码等,并要到主要路口接应消防车。发生火灾单位必须立即组织力量扑救火灾,邻近单位应当给予支援。

2. 常见有毒有害物质中毒事故的处理原则

发生急性中毒事故时,救护者必须先做好个人防护,再快速进入毒区,以争取抢救时间。一氧化碳中毒应立即吸入氧气,以缓解机体缺氧并促进毒物排出。现场可测量血压时,如果血压过低,应将中毒者平卧,头低脚高,氧气吸入、输液。发生毒物泄漏事故时,应将中毒者迅速移至空气新鲜处,松开颈、胸部纽扣和腰带,让其头部侧偏以保持呼吸道通畅。救护人员进入事故现场后,除对中毒者进行抢救外,同时对扩散出来的有毒气体采取中和处理措施、采取果断措施切断毒物源,对已扩散出来的有毒气体应启动通风设备,为抢救工作创造有利条件。

# 项目二　往复泵打量不足原因分析

## 一、准备工作

(1)设备:对讲机 1 台(现场 1 台、总控 1 台)、便携式有毒有害气体报警器 1 台(外操配带)。

(2)工具材料:安全帽 1 个、防护手套 1 副、防护眼镜 1 个、F 形扳手 1 个。

(3)人员:外操 1 名。

## 二、操作规程

(1)外操携带对讲机、便携式有毒有害气体报警器、F 形扳手、安全帽、防护手套、防护眼镜到达现场,检查往复泵的温度、压力、填料是否正常。

(2)外操检查运行机泵的电流、振动、润滑是否正常。

(3)外操确认仪表指示的流量、温度、压力、液位正常,调节阀好用。

(4)外操检查入口物料流量是否过低,油系统是否正常。

(5)外操检查往复泵的出口单向阀是否泄漏、行程是否过小。

(6)外操检查轴承箱、齿轮箱是否有异常声音,保安片是否损坏或柱塞脱落。

(7)外操检查填料是否泄漏。

## 三、注意事项

(1)在检查过程中,不可用湿手来调整电气设备,严禁用湿布擦电气设备。

(2)定期将导向轴承盖表面的油膜清理掉。

(3)油如果通过了挡油板,挂到活塞杆上并进入填料箱时,应立即停车。

# 项目三　阀门内漏判断

## 一、准备工作

(1)设备:对讲机 1 台(现场 1 台、总控 1 台)、便携式有毒有害气体报警器 1 台(外操配带)。

(2)工具材料:安全帽 1 个、防护手套 1 副、防护眼镜 1 个、F 形扳手 1 个。

(3)人员:外操 1 名。

## 二、操作规程

(1)外操携带对讲机、便携式有毒有害气体报警器、F 形扳手、安全帽、防护手套、防护眼镜到达现场,检查。

(2)外操缓慢打开阀门排污阀将阀腔内气体放空。

(3)如阀腔气体无法排空,即认为该阀门内漏。

(4)如果具备条件,可使用超声波检测仪或红外线测温仪表辅助判断阀门是否内漏。

## 三、注意事项

(1)发现泄漏的阀门后,应马上上报处理。

(2)在检查时,要佩戴好劳动保护用品。

# 项目四　　液位测量失真判断

## 一、准备工作

(1)设备:对讲机1台(现场1台、总控1台)、便携式有毒有害气体报警器1台(外操配带)。

(2)工具材料:安全帽1个、防护手套1副、防护眼镜1个、F形扳手1把。

(3)人员:外操1名。

## 二、操作规程

(1)外操携带对讲机、便携式有毒有害气体报警器、F形扳手、安全帽、防护手套、防护眼镜到达现场,检查与液位有关的温度、压力、流量。

(2)外操检查运行机泵的电流、压力、润滑是否正常。

(3)外操确认仪表指示的流量、温度、压力正常,调节阀好用。

(4)外操确认现场翻板液位计正常、无泄漏。

(5)外操无论如何增加流量液位不变,而其他参数正常。

(6)外操检查液位计气相、液相是否畅通,变送器是否正常。

(7)外操检查液位计是否符合要求。

## 三、注意事项

(1)在检查过程中,要确定介质为液体。

(2)气体液化成液体有一定时间,切勿性急乱动、大幅度调节阀门。

(3)确定排污管的阀门关闭后,无液体流出。

# 项目五　　换热器内漏判断

## 一、准备工作

(1)设备:对讲机1台(现场1台、总控1台)、便携式有毒有害气体报警器1台(外操配带)。

(2)工具材料:安全帽1个、防护手套1副、防护眼镜1个、F形扳手1把。

(3)人员:外操1名、内操1名。

## 二、操作规程

（1）内操通过 DCS 画面监控检查换热器的操作温度是否正常。

（2）内操通过 DCS 画面监控检查换热器的压力是否正常。

（3）内操通过 DCS 画面监控检查换热器的压差是否正常。

（4）外操携带对讲机、便携式有毒有害报警器、F 形扳手、安全帽、防护手套、防护眼镜到达现场,检查换热器换热效果确认是否内漏。

（5）若介质压力高于冷却水,外操打开冷却水回水导淋排出介质,换热器出口介质流量减少,说明换热器发生泄漏。若介质压力低于冷却水,外操检查打开介质侧导淋排出介质,介质浓度变小,换热器出口流量变大,说明换热器发生泄漏。

## 三、注意事项

（1）外操、内操需要共同确认压力表、温度表、流量表正常好用,避免发生误判断。

（2）发现换热器内漏后,马上切除检修,避免发生事故。

（3）有毒有害气体在换热器内泄漏后,应马上通知相关单位,避免发生次生事故。

# 项目六 储罐冒料事故处理

## 一、准备工作

（1）设备:对讲机 1 台（现场 1 台、总控 1 台）、便携式有毒有害气体报警器 1 台（外操配带）。

（2）工具材料:安全帽 1 个、防护手套 1 副、防护眼镜 1 个、F 形扳手 1 把。

（3）人员:外操 1 名。

## 二、操作规程

（1）外操携带对讲机、便携式有毒有害报警器、F 形扳手、安全帽、防护手套、防护眼镜到达现场发现储罐冒料后,立即报告厂部、消防队、气防站、治保中心,并报告事故情况。

（2）外操立即佩戴好滤毒罐,进入罐区,切断储罐进料,关闭储罐附近阴井阀门。

（3）外操启动储罐外输料泵将物料送出。

（4）如罐内物料易着火,外操应配合消防队用消防水或罐体冷却水降低罐体温度。

（5）若储罐内泄漏物料,外操可用泡沫或者其他覆盖物进行覆盖,抑止其蒸发,并进行收集转移处理。

（6）安全专业人员对罐区发生区域及周边马路实行交通管制,设置警戒线,并对区域内及附近人员进行疏散。

### 三、注意事项

(1)向消防队报警,要讲清着火的地点、着火物、有无人员被困、有无化学品、本人姓名等。

(2)在救火时,要注意关好外排放阀门,防止发生环境污染。

# 项目七 机泵运行故障处理

## 一、准备工作

(1)设备:对讲机 1 台(现场 1 台、总控 1 台)、便携式有毒有害气体报警器 1 台(外操配带)。

(2)工具材料:安全帽 1 个、防护手套 1 副、防护眼镜 1 个、F 形扳手 1 把。

(3)人员:外操 1 名、班长 1 名。

## 二、操作规程

(1)外操携带对讲机、便携式有毒有害气体报警器、F 形扳手、安全帽、防护手套、防护眼镜到现场检查。

(2)在巡检时发现机泵进气温度高,立即联系班长对机泵进气温度进行降温处理。

(3)外操在巡检时发现机泵运行的现场环境温度高,立即联系班长开窗通风降低环境温度。

(4)外操在巡检时发现机泵冷却水温度高,立即联系班长降低冷却水温度。

(5)外操在巡检时发现机泵冷却水压力低,立即联系班长提高冷却水压力。

(6)外操在巡检时发现机泵进气压力低,立即联系班长提高机泵进气压力。

# 项目八 锅炉超压处理

## 一、准备工作

(1)设备:对讲机 1 台(现场 1 台、总控 1 台)、便携式有毒有害气体报警器 1 台(外操配带)。

(2)工具材料:安全帽 1 个、防护手套 1 副、防护眼镜 1 个、F 形扳手 1 把。

(3)人员:外操 1 名、内操 1 名。

## 二、操作规程

(1)外操迅速减弱燃烧,如果安全阀失灵而不能自动排汽,可以手动开启安全阀排汽,或打开锅炉上的放空阀,使锅炉逐渐降压(严禁降压速度过快)。

(2)外操携带对讲机、便携式有毒有害气体报警器、F 形扳手、安全帽、防护手套、防护眼镜到达现场,保持水位正常,同时加大给水和排污,以降低锅水温度。

（3）若全部压力表损坏，必须紧急停炉。

（4）检查锅炉超压原因和本体有无损坏后，再决定停炉还是恢复运行。

（5）外操发现锅炉严重超压消除后，应停炉对锅炉进行内、外部检验，消除超压造成的变形、渗漏等。

（6）内操手动关闭系统进料。

（7）外操到现场手动进行泄压操作。

（8）内操按超压的原因及时处理调整工艺参数。

（9）内操待一切正常后重新投料。

### 三、注意事项

（1）有毒有害气体发生泄漏时，应佩戴好空气呼吸器。

（2）如有火灾或人员中毒发生，应马上启动应急预案。

# 项目九　物料管线着火事故处理

### 一、准备工作

（1）设备：对讲机 1 台（现场 1 台、总控 1 台）、便携式有毒有害气体报警器 1 台（外操配带）。

（2）工具材料：安全帽 1 个、防护手套 1 副、防护眼镜 1 个、F 形扳手 1 把。

（3）人员：外操 1 名、内操 1 名、值班长 1 名。

### 二、操作规程

（1）事故发现者首先报告值班长，值班长应立即报告调度室，及时通知车间主任及各级干部，联系保运人员现场就位。

（2）立即启动火灾应急预案，值班长组织内操、外操进行现场工艺处理。

（3）外操携带对讲机、便携式有毒有害气体报警器、F 形扳手、安全帽、防护手套、防护眼镜到达现场确认泄漏的部位，关闭与泄漏部位最近的截止阀，如果泄漏部位压力没有降低的趋势，进一步关闭与泄漏部位有关的截止阀。

（4）积极组织岗位人员灭火，等待专业消防队的到来，如果火灾难以控制，及时撤出，避免造成人员伤害。

（5）联系检修人员对泄漏管线进行处理或停车处理后进行检维修处理。

（6）组织相关人员对泄漏区域进行隔离，组织专人进行交通管制。

（7）现场有关人员必须佩戴好防护器材，对泄漏点进行施工处理和监护的人员必须佩戴好空气呼吸器和使用防爆工具，防止发生安全事故。

（8）通知相关人员撤离泄漏区域，同时联系分析人员监测大气的有毒有害气体浓度。

### 三、注意事项

(1)合成气发生泄漏时,应佩戴好空气呼吸器,防止中毒事故的发生。

(2)如有火灾或人员中毒发生,应马上启动应急预案,避免事故进一步恶化。

# 项目十　反应器超温现象处理

## 一、准备工作

(1)设备:对讲机1台(现场1台、总控1台)、便携式有毒有害气体报警器1台(外操配带)。

(2)工具材料:安全帽1个、防护手套1副、防护眼镜1个。

(3)人员:外操1名。

## 二、操作规程

外操根据实际情况判断,如果温度太高,影响了设备的正常运转,应当紧急停车,安全退守;若生产可以继续,外操及时快速检查冷却水供应是否正常,检查供应蒸汽是否正常,调节其流量或温度使反应器温度降下来。

## 三、注意事项

若反应器超温无法控制,必须紧急停车,安全退守,确认人员、设备、装置的安全性。

# 项目十一　有毒气体泄漏局部隔离操作

## 一、准备工作

(1)设备:对讲机1台(现场1台、总控1台)、便携式有毒有害气体报警器1台(外操配带)。

(2)工具材料:安全帽1个、防护手套1副、防护眼镜1个、F形扳手1把。

(3)人员:外操1名。

## 二、操作规程

(1)外操携带对讲机、便携式有毒有害气体报警器、F形扳手、安全帽、防护手套、防护眼镜到达现场,若发现有毒气体发生泄漏,立即报告厂部、消防队、气防站、治保中心,并报告事故情况。

(2)外操根据事故情况,采取局部隔离。

(3)外操立即佩戴好空气呼吸器,进入事故现场,关闭容器或管线出入口阀,将泄漏点管线、容器与系统隔离,停止泄漏。

(4)外操配合消防队用消防水驱赶毒气,以降低毒气浓度。

### 三、注意事项

（1）及时对泄漏发生区域及周边马路实行交通管制，设置警戒线，并对区域内及附近人员进行疏散。

（2）在毒区不能摘防护用具讲话。

（3）若嗅到气味或身体不适应立即退出毒区。

# 模块五　绘图与计算

# 项目一　相关知识

## 一、绘图

化工工艺流程图是用来表达整个工厂或车间生产流程的图样。它既可用于设计开始时施工方案的讨论,也是进一步设计施工流程图的主要依据。它通过图解的方式体现出如何由原料变成化工产品的全部过程。

### (一)工艺流程图的绘制内容

工艺流程图包括图形、标注、图例、标题栏四部分,具体内容包括(1)图形,将全部工艺设备按简单形式展开在同一平面上,再配以连接的主辅管线及管件、阀门、仪表控制点等符号;(2)标注,主要注写设备位号及名称、管段编号、控制点代号、必要的尺寸数据等;(3)图例,为代号、符号及其他标注说明;(4)标题栏,注写图名、图号、设计阶段等。

### (二)物料流程图的绘制内容

物料流程图是在生产工艺流程草图的基础上,完成物料衡算和热量衡算后绘制的,一般包括物料流程图例图、生产工艺流程草图布局情况图、物料列表说明示意图。

物料流程图是以车间为单位,采用展开图形式,按工艺流程的顺序从左至右绘出一系列设备简图,并配以物料流程线和必要的标注,通常用 A1、加长 A2 或 A3 的长边幅面,图面过长也可分张绘制。图中一般只画出工艺物料的流程,物料线用粗实线,流动方向在流程线上以箭头表示。

## 二、相关计算

### (一)物料平衡的计算

物料平衡的表达式: $W_投 = W_产 + W_损$ 。

### (二)班组经济核算的计算

班组经济核算是在轮班、生产小组或流水线范围内,利用价值或实物指标,将其劳动耗费和劳动占用与劳动成果进行比较,以取得良好经济效果的一种管理方法,它是整个生产现场管理的基础,又是组织广大群众当家理财的好形式,也是现场成本控制不可缺少的重要环节。班组经济核算属于局部、群众核算。班组经济核算主要是对经济指标的核算,主要对产量指标、质量指标、劳动消耗指标、物资消耗指标等进行核算。

# 项目二　单元工艺流程图绘制

## 一、准备工作

（1）工具材料：铅笔 1 支、绘图专用尺 1 把、橡皮 1 块、绘图纸若干。
（2）人员：绘图员 1 名。

## 二、操作规程

（1）绘图人员要掌握绘图基本要领。
（2）绘图人员要掌握绘图标注方法。
（3）绘图人员确认好要绘制的流程。
（4）绘图人员确认图幅大小。
（5）绘图人员确认设备管线位置合理。
（6）绘图人员标注物料走向。
（7）绘图人员标注出管线所代表的物料的名称。
（8）绘图人员标注出控制点仪表、控制阀门、相应的设备文字。

## 三、注意事项

（1）绘制的物料流程图符合画图要求，图面整洁，布置合理，标注清晰。
（2）正确使用绘图工具，绘图后放回原位。

# 项目三　单元主要物料 PFD 图绘制

## 一、准备工作

（1）工具材料：铅笔 1 支、绘图专用尺 1 把、橡皮 1 块、绘图纸若干。
（2）人员：绘图员 1 名。

## 二、操作规程

（1）绘图人员要掌握绘图基本要领。
（2）绘图人员要掌握绘图标注方法。
（3）绘图人员确认好要绘制的流程。
（4）绘图人员确认图幅大小。
（5）绘图人员确认设备管线位置合理。
（6）绘图人员标注物料走向。

（7）绘图人员标注出管线所代表的物料的名称。

（8）绘图人员标注出控制点仪表、控制阀门、相应的设备文字。

## 三、注意事项

（1）绘制的物料流程图符合画图要求,图面整洁,布置合理,标注清晰。

（2）正确使用绘图工具,绘图后放回原位。

# 理论知识练习题

# 初级工理论知识练习题

**一、单项选择题**(每题有 4 个选项,只有 1 个是正确的,将正确的选项号填入括号内)

1. CAA001　关于质量的说法,下列表述错误的是(　　　)。

  A. 质量是物体的一种属性

  B. 质量的国际单位是 kg

  C. 质量可以用台秤称量

  D. 物体的质量不随位置、形状的改变而改变

2. CAA001　一定量的水变成蒸汽后(　　　)。

  A. 质量变大,密度变小　　　　　　　B. 质量不变,密度变小

  C. 质量不变,密度变大　　　　　　　D. 质量、密度都不变

3. CAA001　法定计量单位中克的符号是(　　　)。

  A. hg　　　　　　B. hgm　　　　　　C. kg　　　　　　D. g

4. CAA002　物质的量的单位是(　　　)。

  A. 摩尔　　　　　　B. 千克　　　　　　C. 立方米　　　　　　D. 克

5. CAA002　2mol $H_2SO_4$ 含有(　　　)原子。

  A. 7 个　　　　　　　　　　　　　B. 14 个

  C. $7×6.02×10^{23}$ 个　　　　　　　　D. $14×6.02×10^{23}$ 个

6. CAA002　物质的量是表示组成物质(　　　)多少的物理量。

  A. 单元数目　　　B. 基本单元数目　　　C. 所有单元数目　　　D. 阿伏伽德罗常数

7. CAA003　同种元素的原子具有相同的(　　　)。

  A. 质量数　　　　B. 中子数　　　　C. 核电荷数　　　　D. 原子核结构

8. CAA003　下列各物质中,含有氧分子的是(　　　)。

  A. $SO_2$ 气体　　　B. 空气　　　　C. 过氧化氢　　　　D. 纯水

9. CAA003　原子质量主要集中在原子核上,相对原子质量等于质子数加上(　　　)。

  A. 电子数　　　　B. 离子数　　　　C. 中子数　　　　D. 分子数

10. CAA004　由水、冰和水蒸气组成的物系是(　　　)混合物。

  A. 均相　　　　　B. 两相　　　　C. 三相　　　　D. 液相

11. CAA004　由 $N_2$、$H_2$、$CO_2$ 组成的混合物是(　　　)混合物。

  A. 均相　　　　　B. 两相　　　　C. 三相　　　　D. 主相

12. CAA004　通常情况下,下列物质属于液体的是(　　　)。

  A. 酒精　　　　　B. 冰　　　　C. 氧气　　　　D. 玻璃

13. CAA005　气体的标准状态是指(　　　)。

  A. 0℃和 1atm　　　B. 20℃和 1atm　　　C. 25℃和 1atm　　　D. 0℃和 1.0MPa

14. CAA005　关于理想气体状态,下列叙述正确的是(　　　)。

　　A. 一定质量的气体,当压力不变时,体积随温度的升高而减小

　　B. 一定质量的气体,当压力不变时,体积随温度的升高而增大

　　C. 一定质量的气体,当温度不变时,体积随压力的增加而增大

　　D. 一定质量的气体,当温度不变时,体积随压力的增加保持不变

15. CAA005　下列有关气体体积的叙述中,正确的是(　　　)。

　　A. 一定温度和压强下,各种气态物质体积的大小由气体分子的体积大小决定

　　B. 一定温度和压强下,各种气态物质体积的大小由气体分子的质量大小决定

　　C. 不同的气体,若体积不同,则它们所含的分子数也不同

　　D. 一定的温度和压强下,各种气体的物质的量决定它们的体积

16. CAA006　一定质量的理想气体,当压力不变时,体积随温度的升高而(　　　)。

　　A. 增大　　　　　　B. 减小　　　　　　C. 不变　　　　　　D. 不确定

17. CAA006　理想气体假定条件之一是忽略(　　　)间的引力。

　　A. 原子　　　　　　B. 中子　　　　　　C. 离子　　　　　　D. 分子

18. CAA006　理想气体并不存在,实际气体在(　　　)条件下,可以近似地当成理想气体来处理。

　　A. 高温低压　　　　B. 高温高压　　　　C. 低温低压　　　　D. 低温高压

19. CAA007　氢气(　　　)溶于水,但微溶于有机溶剂。

　　A. 难

　　C. 不能

　　B. 易

　　D. 以上选项均不正确

20. CAA007　在化学反应中,氢气具有(　　　)。

　　A. 氧化性　　　　　B. 还原性　　　　　C. 化合能力　　　　D. 分解能力

21. CAA007　液态氢是(　　　)液体。

　　A. 蓝色　　　　　　B. 黑色　　　　　　C. 无色　　　　　　D. 橙色

22. CAA008　氧气本身不可以燃烧,但是在可燃物和(　　　)存下,它可以非常活泼的帮助燃烧甚至引起爆炸。

　　A. 缓蚀剂　　　　　B. 氮气　　　　　　C. 空气　　　　　　D. 点火源

23. CAA008　氧气是一种无色、(　　　)的气体。

　　A. 无味　　　　　　B. 臭鸡蛋味　　　　C. 鱼腥味　　　　　D. 辣味

24. CAA008　工业液氧中严禁(　　　)等物质窜入。

　　A. 乙炔　　　　　　B. 蛋白质　　　　　C. 氮气　　　　　　D. 氩气

25. CAA009　化工生产中所采用的工业氮气的纯度要不小于(　　　)。

　　A. 99%(体积分数)　　　　　　　　B. 99.2%(体积分数)

　　C. 99.5%(体积分数)　　　　　　　D. 99.99%(体积分数)

26. CAA009　高纯度的工业氮气被人(　　　)后,很容易造成人员窒息死亡。

　　A. 隔离　　　　　　B. 吸入　　　　　　C. 封闭　　　　　　D. 加工

27. CAA009　氮气是一种(　　　)气体。

　　A. 可燃性　　　　　B. 窒息性　　　　　C. 挥发性　　　　　D. 有毒

28. CAA010 某种混合气体由氧气和氢气组成,其体积比为1:4,则该混合气体的平均相对分子质量约为(    )(相对原子质量:H——1,O——16)。

A. 32 　　　　　　 B. 8 　　　　　　 C. 9.6 　　　　　　 D. 40

29. CAA010 相对分子质量等于组成分子的所有(    )的质量总和。

A. 原子 　　　　　　 B. 质子 　　　　　　 C. 电子 　　　　　　 D. 中子

30. CAA010 相对分子质量最小的氧化物的化学式为(    )。

A. $CO_2$ 　　　　　　 B. CO 　　　　　　 C. $H_2O$ 　　　　　　 D. NO

31. CAA011 下列物质中,(    )是单质。

A. $H_2O$ 　　　　　　 B. $Cl_2$ 　　　　　　 C. HCl 　　　　　　 D. NaOH

32. CAA011 除含(    )化合物以外的化合物均属于无机化合物。

A. 硫 　　　　　　 B. 氧 　　　　　　 C. 氢 　　　　　　 D. 碳和氢

33. CAA011 化合物是由两种或两种以上的(    )组成的纯净物(区别于单质)。

A. 物质 　　　　　　 B. 元素 　　　　　　 C. 个体 　　　　　　 D. 物体

34. CAA012 原子参加反应时,失去或得到的电子数称为(    )。

A. 元素的化合价 　　　　　　 B. 元素的价电子

C. 元素的族元素 　　　　　　 D. 元素的化学价

35. CAA012 原子在化学反应中得到电子,则化合价(    )。

A. 升高 　　　　　　 B. 不变 　　　　　　 C. 降低 　　　　　　 D. 无法确定

36. CAA012 元素的化合价与原子的(    )有密切关系。

A. 电子结构 　　　　　　 B. 核电荷数

C. 原子数 　　　　　　 D. 相对原子质量

37. CAA013 各种气体都有一个特殊温度,在这个温度以上,无论怎样增大压力都不会使气体液化,这个温度称为(    )。

A. 超高温度 　　　　　　 B. 超低温度 　　　　　　 C. 临界温度 　　　　　　 D. 沸点

38. CAA013 一种物质能以(    )存在的最低温度称为临界温度。

A. 固态 　　　　　　 B. 液态 　　　　　　 C. 气态 　　　　　　 D. 等离子态

39. CAA013 临界温度越低,越难(    )。

A. 汽化 　　　　　　 B. 蒸发 　　　　　　 C. 升华 　　　　　　 D. 液化

40. CAA014 关于某物质临界点的描述,下列表述错误的是(    )。

A. 饱和液体和饱和蒸气的摩尔体积相等

B. 临界温度和临界压力恒定

C. 气体不能液化

D. 临界点对应的温度是气体可以加压液化的最高温度

41. CAA014 气体的临界压力是指(    )。

A. 在20℃时将气体变为液体所需的最低压力

B. 在0℃时将气体变为液体所需的最低压力

C. 在临界温度时,将其液化所需的最低压力

D. 在临界温度时,将其液化所需的最高压力

42. CAA014 如气体在某一温度时，加上一定的压力就能转化为液体，这种温度和压力即该气体的(　　)。

  A. 临界点     B. 冰点     C. 泡点     D. 露点

43. CAA015 对于放热反应,温度升高,下列表述正确的是(　　)。

  A. 平衡向正反应方向进行     B. 平衡向逆反应方向进行

  C. 平衡不发生移动     D. 正反应速度增大,逆反应速度减小

44. CAA015 在放热反应进行过程中,(　　),有利于反应进行。

  A. 提高反应热  B. 降低反应热  C. 移走反应热  D. 给反应器加热

45. CAA015 燃烧属于(　　)。

  A. 吸热反应       B. 放热反应

  C. 放热、吸热同时进行     D. 无法确定

46. CAA016 一般说来,在化学反应方程式中,$A+B=C+D-Q$ 表示反应为(　　)。

  A. 化合反应  B. 分解反应  C. 放热反应  D. 吸热反应

47. CAA016 以下可逆反应达到平衡时,增大压强,升高温度,对平衡移动影响一致的是(　　)。

  A. $2NO_2 \rightleftharpoons N_2O_4+Q$     B. $H_2+I_2 \rightleftharpoons 2HI+Q$

  C. $NH_4HCO_3 \rightleftharpoons NH_3+H_2O+CO_2-Q$  D. $Cl+H_2O \rightleftharpoons HCl+HClO-Q$

48. CAA016 在化学方程式的右边用(　　)表示吸热。

  A. +     B. <     C. -     D. >

49. CAA017 硬水是指水中所溶(　　)较多的水。

  A. 钙离子和钠离子     B. 镁离子和铁离子

  C. 钙离子和镁离子     D. 钙离子和铁离子

50. CAA017 在离子交换法净化硬水过程中,应该由阴床和(　　)组成。

  A. 离子床   B. 阳床   C. 正床   D. 负床

51. CAA017 水硬度越高,钙质沉淀(　　),造成水管、锅炉等设备堵塞。

  A. 越容易      B. 越不容易

  C. 几乎不变     D. 以上选项均不正确

52. CAA018 溶质均匀地扩散到溶剂各部分的过程是(　　)。

  A. 结晶   B. 溶解   C. 溶解度   D. 萃取

53. CAA018 与固体溶解相反的过程称为(　　)。

  A. 萃取   B. 过滤   C. 结晶   D. 溶解

54. CAA018 下列关于溶液的说法中,正确的是(　　)。

  A. 溶液都是无色透明的混合物

  B. 稀溶液一定是不饱和溶液

  C. 溶质的溶解度都随温度的升高而增大

  D. 溶质以分子或离子的形式均匀分散在溶剂中

55. CAA019 根据溶解度的大小,气体可以分为易溶、可溶、微溶、(　　)等。

  A. 难溶   B. 不溶   C. 轻溶   D. 重溶

56. CAA019 在结晶的过程中,( )会减少晶簇的形成。

A. 降温 B. 加压 C. 搅拌 D. 升温

57. CAA019 结晶中的溶液,只有达到( )状态,才能析出晶体。

A. 沸腾 B. 不饱和 C. 饱和 D. 过饱和

58. CAA020 液体的饱和蒸气压与( )有关。

A. 质量 B. 体积 C. 温度 D. 面积

59. CAA020 理想溶液中两组分的相对挥发度是( )。

A. 两组分饱和蒸气压之比 B. 两组分摩尔分数之比

C. 两组分气相分压之比 D. 两组分温度之比

60. CAA020 同一物质在不同温度下有不同的饱和蒸气压,并随着温度的升高而( )。

A. 增大 B. 减小 C. 不变 D. 无法确定

61. CAA021 在一定温度下,达到溶解平衡的溶液称为( )。

A. 饱和溶液 B. 平衡度 C. 不饱和溶液 D. 浓溶液

62. CAA021 关于饱和溶液,下列表述正确的是( )。

A. 饱和溶液一定是浓溶液 B. 饱和溶液一定是稀溶液

C. 溶液的饱和性与温度无关 D. 饱和溶液与溶液的浓度无关

63. CAA021 饱和溶液用水稀释变成不饱和溶液的过程中,保持不变的是( )。

A. 溶质的质量 B. 溶剂的质量

C. 溶液的质量 D. 溶质与溶剂的质量比

64. CAA022 20℃时,某物质在50g水中溶解20g时达到饱和,则该物质的溶解度为( )。

A. 20g B. 50g C. 40g D. 70g

65. CAA022 固体物质随温度的升高,溶解度( )。

A. 增大 B. 减小 C. 不变 D. 变化情况无法确定

66. CAA022 要增大硝酸钾的溶解度,可采用的措施是( )。

A. 增大溶剂量 B. 充分振荡 C. 降低温度 D. 升高温度

67. CAA023 常见的氧化剂是化合价容易( )的物质。

A. 升高 B. 降低 C. 不变 D. 变化

68. CAA023 氧气、氯气、( )、碘等都是氧化剂。

A. 溴 B. 氢气 C. 氮气 D. 钠

69. CAA023 判断一个化学反应是否是氧化还原反应的方法是( )。

A. 观察是否发生了化合反应

B. 观察是否有氧气参加了反应

C. 观察是否有单质参加了反应

D. 观察反应前后是否有元素的化合价发生了变化

70. CAA024 硝酸和( )等都是强氧化剂。

A. 浓硫酸 B. 碳 C. 氦 D. 盐酸

71. CAA024 同一个物质在不同的化学反应中有时为( ),有时为还原剂。

A. 螯合剂 B. 化合剂 C. 催化剂 D. 氧化剂

72. CAA024　氧化剂具有氧化性,在反应过程中化合价会(　　)。

　　A. 升高　　　　　　B. 降低　　　　　　C. 不变　　　　　　D. 变化

73. CAA025　在氧化还原反应中,(　　)。

　　A. 得到电子的物质称为还原剂　　　　　B. 失去电子的物质称为还原剂

　　C. 被还原的物质称为还原剂　　　　　　D. 化合价降低的称为还原剂

74. CAA025　钠、镁、铝、(　　)等都是还原剂。

　　A. 氧　　　　　　　B. 碳　　　　　　　C. 氯气　　　　　　D. 三价铁离子

75. CAA025　常见的还原剂是化合价容易(　　)的物质。

　　A. 升高　　　　　　B. 降低　　　　　　C. 不变　　　　　　D. 变化

76. CAA026　氢氧化钠的特点是密度小,熔点、沸点、(　　)低。

　　A. 强度　　　　　　B. 质量　　　　　　C. 硬度　　　　　　D. 冰点

77. CAA026　氢氧化钠长期放置空气中,因吸收空气中的(　　),经常会含有碳酸钠和碳
　　酸氢钠。

　　A. 二氧化碳　　　　B. 氧气　　　　　　C. 氮气　　　　　　D. 一氧化碳

78. CAA026　下列物质不能与氢氧化钠发生化学反应的是(　　)。

　　A. 盐酸　　　　　　B. 氯气　　　　　　C. 二氧化硅　　　　D. 氢氧化钾

79. CAA027　水溶液中,$C(H^+)>C(OH^-)$,溶液的 pH(　　)。

　　A. >7　　　　　　　B. <7　　　　　　　C. =7　　　　　　　D. ≈7

80. CAA027　在室温条件下,水的离子积常数为(　　)。

　　A. 14　　　　　　　B. 7　　　　　　　　C. $1.0×10^{-14}$　　D. $1.0×10^{-7}$

81. CAA027　下列溶液酸性最强的是(　　)。

　　A. pH=0　　　　　　B. pH=1　　　　　　C. pH=7　　　　　　D. pH=14

82. CAA028　硫化氢是无色(　　)的气体,且有剧毒。

　　A. 无味　　　　　　B. 有臭鸡蛋味　　　C. 有芳香味　　　　D. 有酸味

83. CAA028　硫化氢完全燃烧生成(　　)和水。

　　A. 二氧化硫　　　　B. 硫　　　　　　　C. 三氧化硫　　　　D. 一氧化硫

84. CAA028　硫化氢气体分子由(　　)组成。

　　A. 两个氢原子和两个硫原子　　　　　　B. 两个氢原子和一个硫原子

　　C. 一个氢原子和两个硫原子　　　　　　D. 一个氢原子和一个硫原子

85. CAA029　浓硫酸不具有(　　)。

　　A. 酸性　　　　　　B. 强还原性　　　　C. 吸水性和脱水性　D. 强腐蚀性

86. CAA029　浓硫酸与氢氧化钠反应,体现了它的(　　)。

　　A. 酸性　　　　　　B. 强氧化性　　　　C. 脱水性　　　　　D. 还原性

87. CAA029　下列关于浓硫酸的描述错误的是(　　)。

　　A. 溶于水时放出大量的热

　　B. 有强烈的腐蚀性

　　C. 稀释浓硫酸时,切不可将水倒进浓硫酸中

　　D. 可在量筒中用浓硫酸配制稀硫酸

88. CAA030 稀硫酸起氧化作用的是( )。

    A. 酸中的氢离子    B. 酸中的硫酸根    C. 水中的氢离子    D. 水中的氧离子

89. CAA030 下列物质中,能用铁桶盛放的是( )。

    A. 浓氨水    B. 硝酸银溶液    C. 浓硫酸    D. 稀硫酸

90. CAA030 下列关于硫酸性质叙述正确的是( )。

    A. 浓硫酸和稀硫酸都具有吸水性

    B. 浓硫酸和稀硫酸都具有脱水性

    C. 浓硫酸和稀硫酸都具有氧化性

    D. 稀硫酸具有和浓硫酸同样的一切所有性质

91. CAA031 关于二氧化硫性质,下列表述不正确的是( )。

    A. 可用于漂白    B. 红色有毒气体

    C. 在反应中能失去电子,也能得到电子    D. 是一种酸性氧化物

92. CAA031 下列气体中,能污染大气,但可以用碱溶液吸收的是( )。

    A. CO    B. $Cl_2$    C. $SO_2$    D. $N_2$

93. CAA031 下列关于二氧化硫的叙述正确的是( )。

    A. 只具有氧化性    B. 只具有还原性

    C. 既具有氧化性又具有还原性    D. 既无氧化性又无还原性

94. CAA032 过氧化氢是( )。

    A. 强氧化剂    B. 强还原剂    C. 弱氧化剂    D. 弱还原剂

95. CAA032 医疗上广泛使用质量分数为( )的稀过氧化氢作为消毒杀菌剂。

    A. 12%    B. 10%    C. 3%    D. 15%

96. CAA032 过氧化氢的分子式是( )。

    A. $H_2O_2$    B. $H_2O$    C. $HO_2$    D. $HO$

97. CAA033 合成氨在常温、常压下是一种( )、带有刺激味的气体。

    A. 有色    B. 微黄    C. 无色    D. 白色

98. CAA033 合成氨溶于水后呈( )。

    A. 酸性    B. 碱性    C. 弱碱性    D. 弱酸性

99. CAA033 氨( )溶于水。

    A. 极易    B. 不易    C. 无法    D. 以上选项均不正确

100. CAA034 有机化合物不具有的特点是( )。

    A. 一般热稳定性较差    B. 绝大多数是非电解质

    C. 绝大多数易于燃烧    D. 大部分易溶于水

101. CAA034 有机化合物一般具有( )、熔点较低、难溶于水及反应速率较慢的特性。

    A. 不易燃烧    B. 不燃烧    C. 易于燃烧    D. 阻燃性

102. CAA034 下述关于烃的说法中,正确的是( )。

    A. 烃是指仅含有碳和氢两种元素的有机物

    B. 烃是指分子里含碳元素的化合物

    C. 烃是指燃烧反应后生成二氧化碳和水的有机物

    D. 烃是指含有碳和氢元素的化合物

103. CAA035　烷烃的相对密度一般都( )。

    A. >1 　　　　　　　B. <1 　　　　　　　C. =1 　　　　　　　D. =0

104. CAA035　相同压力时,相同碳原子数的直链烷烃的沸点与带支链烷烃的沸点相比,( )。

    A. 二者相同 　　　B. 前者低 　　　　C. 前者高 　　　　D. 无法确定

105. CAA035　直链烷烃的熔点、沸点随着相对分子质量的减少而( )。

    A. 升高 　　　　　B. 降低 　　　　　C. 不变 　　　　　D. 以上选项均不正确

106. CAA036　烯烃的沸点、熔点都随着相对分子质量的增加而( )。

    A. 降低 　　　　　B. 升高 　　　　　C. 不变 　　　　　D. 以上选项均不正确

107. CAA036　烯烃比( )活泼。

    A. 烷烃 　　　　　B. 炔烃 　　　　　C. 二烯烃 　　　　D. 环烃

108. CAA036　烯烃的大部分反应都发生在( )上,所以它是烯烃的官能团。

    A. 碳氢键 　　　　B. 碳氧键 　　　　C. 碳碳双键 　　　D. 任意键

109. CAA037　炔烃的沸点、熔点都随着相对分子质量的增加而( )。

    A. 降低 　　　　　B. 升高 　　　　　C. 不变 　　　　　D. 以上选项均不正确

110. CAA037　炔烃三键的位置影响它的沸点,末端炔烃的沸点与三键位于中间的异构体相比,( )。

    A. 前者低 　　　　B. 前者高 　　　　C. 二者相同 　　　D. 以上选项均不正确

111. CAA037　下列关于炔烃的描述正确的是( )。

    A. 分子里含有碳碳三键的一类脂肪烃称为炔烃

    B. 炔烃分子里的所有碳原子都在同一直线上

    C. 炔烃易发生加成反应,也易发生取代反应

    D. 炔烃可以使溴的四氯化碳溶液褪色,不能使酸性高锰酸钾溶液褪色

112. CAB001　没有固定形状且可以流动的物质称为( )。

    A. 流体 　　　　　B. 刚体 　　　　　C. 液体 　　　　　D. 气体

113. CAB001　当温度升高时,水的密度将( )。

    A. 保持不变 　　　B. 增大 　　　　　C. 变小 　　　　　D. 不一定

114. CAB001　以下物质可压缩性较大的是( )。

    A. 气体 　　　　　B. 液体 　　　　　C. 固体 　　　　　D. 流体

115. CAB002　理想流体伯努利方程中各项能量之和称为单位质量流体的( )。

    A. 动能 　　　　　B. 势能 　　　　　C. 压强能 　　　　D. 机械能

116. CAB002　流体流动中的能量转换服从( )。

    A. 热力学第二定律 　　　　　　　B. 流体连续性方程

    C. 伯努利方程 　　　　　　　　　D. 黏性大小

117. CAB002　理想流体与实际流体的主要区别在于( )。

    A. 是否考虑黏滞性 　　　　　　　B. 是否考虑易流动性

    C. 是否考虑重力特性 　　　　　　D. 是否考虑惯性

118. CAB003　流体流动时流体分子之间产生内摩擦力的特性称为( )。

    A. 摩擦 　　　　　B. 黏性 　　　　　C. 阻力 　　　　　D. 能量

119. CAB003　单位质量流体在一定流速下而具有的能量称为(　　)。

A. 位能　　　　　　　B. 静压能　　　　　　C. 动能　　　　　　　D. 外加能

120. CAB003　流体的(　　)是判断其流动类型的依据。

A. 黏性　　　　　　　B. 流速　　　　　　　C. 伯努利方程　　　　D. 雷诺准数

121. CAB004　流体流动存在着(　　)截然不同的形态。

A. 2 种　　　　　　　B. 3 种　　　　　　　C. 4 种　　　　　　　D. 5 种

122. CAB004　流体质点做直线运动,层次分明,彼此不混杂的流型,称为(　　)。

A. 层流　　　　　　　B. 过渡流　　　　　　C. 高度湍流　　　　　D. 湍流

123. CAB004　表压与大气压、绝对压的正确关系是(　　)。

A. 表压=绝对压-大气压　　　　　　　　　B. 表压=大气压-绝对压

C. 表压=绝对压+真空度　　　　　　　　　D. 表压=真空度-绝对压

124. CAB005　当液体上方的压强发生变化时,必将引起内部各点压强(　　)。

A. 发生同样大小的变化　　　　　　　　　B. 发生不同的变化

C. 发生改变　　　　　　　　　　　　　　D. 不一定

125. CAB005　在静止的水中,任意点压强的大小与该点距液面的(　　)有关。

A. 密度　　　　　　　B. 黏度　　　　　　　C. 深度　　　　　　　D. 浓度

126. CAB005　流体处于一定压力所具有的能量称为(　　)。

A. 静压能　　　　　　B. 位能　　　　　　　C. 损失能量　　　　　D. 动能

127. CAB006　流体在流动过程中损失能量的内因是(　　)。

A. 管子太长　　　　　B. 管壁太粗糙　　　　C. 流体有黏度　　　　D. 管子弯头过多

128. CAB006　直管阻力损失发生在流体的(　　)。

A. 外部　　　　　　　B. 管壁处　　　　　　C. 管中心处　　　　　D. 内部

129. CAB006　当化工管路内的流体进行节流或膨胀时都会产生(　　)。

A. 应力　　　　　　　B. 速度增加　　　　　C. 速度减小　　　　　D. 局部阻力损失

130. CAB007　流体做稳定流动时,最准确的说法是(　　)。

A. 任一截面处的流速相等　　　　　　　　B. 任一截面处的流量相等

C. 同一截面处的密度随时间变化　　　　　D. 任一截面处的物理参数不随时间变化

131. CAB007　稳定流动系统中,流速(　　)。

A. 与管径成正比　　　　　　　　　　　　B. 与管径的平方成正比

C. 与管径的平方成反比　　　　　　　　　D. 与管径无关

132. CAB007　根据液流中运动参数是否随(　　)变化,可以把液流分为稳定流和非稳定流。

A. 位置坐标　　　　　B. 时间　　　　　　　C. 温度　　　　　　　D. 压力

133. CAB008　如果在一个水槽中,上面不进行补水,从槽的底部放水,这种流动属于(　　)。

A. 非定常流动　　　　B. 层流　　　　　　　C. 湍流　　　　　　　D. 滞流

134. CAB008　当液体处于非定常流动时,其流速、(　　)和时间有关。

A. 温度　　　　　　　B. 形状　　　　　　　C. 大小　　　　　　　D. 压力

135. CAB008　雷诺数是判别(　　)流态的重要无量纲数。

　　A. 急流和缓流　　　　　　　　　　B. 均匀流和非均匀流

　　C. 层流和湍流　　　　　　　　　　D. 恒定流和非恒定流

136. CAB009　液体在进行热量传递时,其热量传递的推动力是(　　)。

　　A. 传热的平均温差　　　　　　　　B. 传热的温差

　　C. 热液体的温度　　　　　　　　　D. 传热系数

137. CAB009　平壁导热过程中,传热的推动力是(　　)。

　　A. 物质的导热系数　　　　　　　　B. 平壁两侧的温度差

　　C. 导热速率　　　　　　　　　　　D. 温度变化

138. CAB009　传热速率公式 $Q = KA\Delta t_m$ 中,$\Delta t_m$ 的物理意义是(　　)。

　　A. 器壁内外壁面的温度差　　　　　B. 器壁两侧流体的对数平均温度差

　　C. 流体进出口的温度差　　　　　　D. 器壁与流体的温度差

139. CAB010　在列管式换热器中,热量的传递主要是以(　　)传热为主。

　　A. 传导　　　　　B. 对流　　　　　C. 辐射　　　　　D. 蓄热

140. CAB010　固体内部发生的传热是(　　)。

　　A. 辐射传热　　　B. 对流传热　　　C. 导热　　　　　D. 吸热

141. CAB010　太阳与地球间的热量传递属于(　　)传热方式。

　　A. 传导　　　　　B. 热对流　　　　C. 热辐射　　　　D. 以上几种都不是

142. CAB011　工业上使用的喷洒式冷却塔的换热方式属于(　　)。

　　A. 间壁式换热　　B. 蓄热式换热　　C. 热传导　　　　D. 直接混合式换热

143. CAB011　化工企业生产中应用最广的换热方式是(　　)。

　　A. 直接混合式换热　　　　　　　　B. 热对流

　　C. 蓄热式换热　　　　　　　　　　D. 间壁式换热

144. CAB011　下列不属于间壁式换热器的是(　　)。

　　A. U 形管换热器　B. 喷射冷凝器　　C. 列管式换热器　D. 板式换热器

145. CAB012　提高换热器的传热速率,多采用逆流操作,目的是(　　)。

　　A. 增大传热面积　　　　　　　　　B. 降低垢层厚度

　　C. 提高冷热流体间的平均温差　　　D. 降低冷热流体间的平均温差

146. CAB012　工业上采用翅式的暖气管代替圆管其目的之一是(　　)。

　　A. 增加热阻　　　B. 减少热量损失　C. 节省钢管　　　D. 增大传热面积

147. CAB012　换热器的热负荷是指换热器具有的(　　)。

　　A. 耐热能力　　　B. 换热能力　　　C. 内部结构　　　D. 材质特性

148. CAB013　蒸馏的传质过程是(　　)。

　　A. 气相传质于液相　　　　　　　　B. 液相传质于气相

　　C. 两相同时相互传质　　　　　　　D. 液相传质于液相

149. CAB013　吸收的传质过程是(　　)。

　　A. 气相传质于液相　　　　　　　　B. 液相传质于气相

　　C. 两相同时相互传质　　　　　　　D. 液相传质于液相

150. CAB013 下列操作单元中,属于液–液传质的是(　　)。

A. 精馏　　　　　　B. 干燥　　　　　　C. 吸收　　　　　　D. 萃取

151. CAB014 一定物质的沸点与外压有关,外压越高,沸点(　　)。

A. 越高　　　　　　B. 越低　　　　　　C. 波动　　　　　　D. 以上选项均不正确

152. CAB014 沸腾是在一定温度下液体(　　)同时发生的剧烈汽化现象。

A. 内部　　　　　　B. 表面　　　　　　C. 内部和表面　　　　D. 周围和表面

153. CAB014 不同液体在同一外界压强下,沸点(　　)。

A. 不同　　　　　　　　　　　　　　　B. 相同

C. 等于同一特定值　　　　　　　　　　D. 无法确定

154. CAB015 离心沉降与重力沉降比较的优点是(　　)。

A. 分离的颗粒更大　　　　　　　　　　B. 分离的颗粒更小

C. 设备简单　　　　　　　　　　　　　D. 操作简单

155. CAB015 旋风分离器是从气流中分离出颗粒的设备,利用的是(　　)的原理。

A. 重力沉降　　　　B. 自由沉降　　　　C. 离心沉降　　　　D. 都不是

156. CAB015 自由沉降的意思是(　　)。

A. 颗粒在沉降过程中受到的流体阻力可以忽略不计

B. 颗粒开始的降落速度为零,没有附加一个初始速度

C. 颗粒在降落的方向上只受重力作用,没有离心力等的作用

D. 颗粒间不发生碰撞或接触的情况下的沉降过程

157. CAB016 在流体中沉降的固体颗粒度一定时,(　　)随着粒子与流体的相对运动速度而变。

A. 重力　　　　　　B. 浮力　　　　　　C. 阻力　　　　　　D. 温度

158. CAB016 含有泥沙的水静止一段时间后,泥沙沉积到容器底部,这个过程称为(　　)。

A. 泥沙的凝聚过程　　　　　　　　　　B. 泥沙的析出过程

C. 重力沉降过程　　　　　　　　　　　D. 离心沉降过程

159. CAB016 旋风分离器主要是利用(　　)使颗粒沉降而达到分离。

A. 重力　　　　　　B. 惯性离心力　　　C. 静电场　　　　　D. 重力和惯性离心力

160. CAB017 悬浮液的过滤操作中,所用的多孔物料被称为(　　)。

A. 料浆　　　　　　B. 过滤介质　　　　C. 滤饼　　　　　　D. 滤液

161. CAB017 悬浮液的过滤操作中,留在过滤介质上的固体颗粒称为(　　)。

A. 料浆　　　　　　B. 过滤介质　　　　C. 滤饼　　　　　　D. 滤液

162. CAB017 悬浮液的过滤操作中,通过多孔介质的物料称为(　　)。

A. 料浆　　　　　　B. 过滤介质　　　　C. 滤饼　　　　　　D. 滤液

163. CAB018 通过加热的方法将稀溶液中的一部分溶剂汽化并除去,从而使溶液浓度提高的单元操作是(　　)。

A. 蒸馏　　　　　　B. 蒸发　　　　　　C. 萃取　　　　　　D. 吸收

164. CAB018 在单效蒸发操作中,通常将(　　)的蒸气称为生蒸气。

A. 作热源用　　　　B. 物料汽化出来　　C. 中压　　　　　　D. 低压

165. CAB018　蒸发操作中,从溶剂中汽化出来的蒸气通常称为(　　　)。

　　A. 一次蒸气　　　　B. 二次蒸气　　　　C. 再生蒸气　　　　D. 额外蒸气

166. CAB019　平推流反应器是一种理想化的(　　　),它代表了返混量为零的极限情况。

　　A. 间歇反应器　　　　　　　　　B. 连续流动反应器

　　C. 半连续反应器　　　　　　　　D. 全混流反应器

167. CAB019　平推流反应器一般是(　　　)反应器。

　　A. 管式连续流动　　　　　　　　B. 管式间歇流动

　　C. 板式连续流动　　　　　　　　D. 板式间歇流动

168. CAB019　平推流反应器属定常态操作,即反应器中任何位置上的物料各项物性参数不
　　　　　　随时间改变,但随(　　　)改变。

　　A. 管长　　　　　　B. 压力　　　　　　C. 温度　　　　　　D. 流速

169. CAB020　在全混流状态下,反应器内的反应物料的浓度、反应速度不随(　　　)和位置
　　　　　　的变化而变化。

　　A. 时间　　　　　　B. 空间　　　　　　C. 流量　　　　　　D. 流型

170. CAB020　全混流反应器又称为(　　　),是一种返混为无穷大的理想化的流动反应器。

　　A. 理想连续搅拌釜式反应器　　　　B. 连续流动反应器

　　C. 理想间歇式反应器　　　　　　　D. 活塞流反应器

171. CAB020　关于全混流反应器内的物料性质,下列描述正确的是(　　　)。

　　A. 反应器内物料的温度、浓度随时间而变化

　　B. 反应器内物料的温度、浓度不随时间而变化,没有返混现象

　　C. 反应器内物料的温度和浓度处处相同

　　D. 只有物料的浓度随时间而变化,温度则不变

172. CAB021　利用热力学第一定律可解决化学反应中的(　　　)变化问题,即化学反应的热
　　　　　　效应。

　　A. 质量　　　　　　B. 能量　　　　　　C. 动能　　　　　　D. 势能

173. CAB021　热力学(　　　)即能量守恒定律。

　　A. 第一定律　　　　B. 第二定律　　　　C. 第三定律　　　　D. 第四定律

174. CAB021　已知反应 X+Y=M+N 为吸热反应,对这个反应的下列说法中正确的是
　　　　　　(　　　)。

　　A. X 的能量一定低于 M 的能量,Y 的能量一定低于 N 的能量

　　B. 因为该反应为吸热反应,故一定要加热反应才能进行

　　C. 破坏反应物中的化学键所吸收的能量小于形成生成物中化学键所放出的能量

　　D. X 和 Y 的总能量一定低于 M 和 N 的总能量

175. CAB022　电解水反应属于(　　　)。

　　A. 化学反应　　　　B. 分解反应　　　　C. 中和反应　　　　D. 置换反应

176. CAB022　下列反应中,既属于置换反应又属于氧化还原反应的是(　　　)。

　　A. $CaCO_3 = CaO + CO_2 \uparrow$　　　　　　　　B. $2Cu + O_2 = 2CuO$

　　C. $2CuO + C = 2Cu + CO_2 \uparrow$　　　　　　D. $NaOH + HCl = NaCl + H_2O$

177. CAB022　按照反应物与生成物的类型,无机化学反应可分为四种基本类型,以下不属于四种基本反应类型的是(　　)。

A. 化合反应与分解反应　　　　　　　B. 氧化还原反应

C. 置换反应　　　　　　　　　　　　D. 复分解反应

178. CAB023　催化剂加快化学反应速度的原因是(　　)。

A. 改变反应温度　　　　　　　　　　B. 改变平衡浓度

C. 降低了化学反应的活化能　　　　　D. 参与化学反应

179. CAB023　催化剂在化学反应前后(　　)。

A. 质量减少　　　　B. 质量不变　　　　C. 质量增加　　　　D. 不确定

180. CAB023　下列有关催化剂的说法正确的是(　　)。

A. 在化学反应后其质量减少　　　　　B. 催化剂能改变化学反应速率

C. 在化学反应后其质量增加　　　　　D. 在化学反应后其化学性质发生了变化

181. CAB024　乙烯氧化成环氧乙烷的催化剂所含元素是(　　)。

A. Pd　　　　　　　B. Pt　　　　　　　C. Ag　　　　　　　D. Ni

182. CAB024　催化裂化、加氢裂化过程一般选用(　　)。

A. 金属催化剂　　　B. 氧化物催化剂　　C. 硫化物催化剂　　D. 双功能催化剂

183. CAB024　催化剂的组成中不包括(　　)。

A. 活性组分　　　　B. 载体　　　　　　C. 助催化剂　　　　D. 选择剂

184. CAB025　工业上按物质聚集状态,催化剂可分为(　　)两大类。

A. 金属催化剂和半导体催化剂　　　　B. 均相与多相催化剂

C. 氧化还原型催化剂和酸性催化剂　　D. 盐类催化剂和碱类催化剂

185. CAB025　工业上按活性组分,催化剂可分为金属催化剂、金属氧化物催化剂、金属硫化物催化剂、络合催化剂和(　　)五大类。

A. 绝缘体催化剂　　　　　　　　　　B. 酸碱类催化剂

C. 半导体催化剂　　　　　　　　　　D. 合金催化剂

186. CAB025　工业上按工艺特点,催化剂可分为氧化催化剂、脱氢催化剂、加氢催化剂、烷基化催化剂、异构化催化剂、歧化催化剂和(　　)。

A. 金属催化剂　　　B. 多相催化剂　　　C. 聚合催化剂　　　D. 酸碱类催化剂

187. CAB026　下列国际单位制的基本单位中,书写错误的是(　　)。

A. M　　　　　　　B. kg　　　　　　　C. K　　　　　　　D. mol

188. CAB026　下列国际单位制的基本单位中,书写错误的是(　　)。

A. KG　　　　　　　B. s　　　　　　　C. K　　　　　　　D. mol

189. CAB026　下列单位不属于国际单位制基本单位的是(　　)。

A. 千克　　　　　　B. 开尔文　　　　　C. 牛顿　　　　　　D. 安培

190. CAB027　国际单位制中压强的单位是(　　)。

A. bar　　　　　　　B. mmHg　　　　　C. kg　　　　　　　D. Pa

191. CAB027　国际单位制中体积比的单位是(　　)。

A. $mL/m^3$　　　　B. ppmv　　　　　　C. %v　　　　　　　D. ppbv

192. CAB027　下列单位是国际单位制中导出单位的是(　　)。
　　　A. 千克　　　　　　B. 米　　　　　　C. 牛顿　　　　　　D. 秒

193. CAC001　IS 型单级单吸离心泵由泵体、泵盖、(　　)、叶轮螺母、轴、轴套、轴承悬架、密封环、填料环、填料盖等组成。
　　　A. 滑阀　　　　　　B. 叶轮　　　　　　C. 划桨　　　　　　D. 电动机

194. CAC001　DA 型泵和其他分段式多级离心泵叶轮的吸入口都朝着(　　)方向。
　　　A. 相反　　　　　　B. 顺时针　　　　　C. 一个　　　　　　D. 逆时针

195. CAC001　同一型号的泵,级数(　　),轴向推力就越大。
　　　A. 越少　　　　　　B. 相等　　　　　　C. 变化时　　　　　D. 越多

196. CAC002　离心泵的叶轮在轴的带动下,与叶轮间的液体一同旋转,产生(　　),将液体甩出叶轮外缘。
　　　A. 离心力　　　　　B. 向心力　　　　　C. 重力　　　　　　D. 阻力

197. CAC002　泵壳装载液体的同时,使液体在叶轮的带动下旋转后产生的动能转化为(　　),使液体以较高的压力从出口送出。
　　　A. 位能　　　　　　B. 热能　　　　　　C. 静压能　　　　　D. 机械能

198. CAC002　离心泵蜗壳的作用是(　　)。
　　　A. 导向流体
　　　B. 使流体加速
　　　C. 使流体能量增加
　　　D. 收集流体,并使流体的部分动能转变为压能

199. CAC003　以下选项中不属于机械密封组成部分的是(　　)。
　　　A. 静环　　　　　　B. 动环　　　　　　C. 支架　　　　　　D. 润滑液

200. CAC003　机械密封是依靠动环和静环的端面相互贴合并做相对(　　)而构成的密封装置。
　　　A. 转动　　　　　　B. 碰撞　　　　　　C. 挤压　　　　　　D. 磨合

201. CAC003　机械密封的动环和静环之间通过(　　)使两环压紧在一起做平面摩擦运动。
　　　A. 弹簧力　　　　　B. 摩擦力　　　　　C. 分子力　　　　　D. 压力

202. CAC004　利用密封液体或其他(　　)冲洗机械密封端面,带走摩擦热,并防止杂质颗粒积聚的方法称为机械密封冲洗法。
　　　A. 低温液体　　　　B. 冷却水　　　　　C. 热水　　　　　　D. 冲洗水

203. CAC004　当被输送液体温度不高、杂质较少的情况下,由泵的(　　)将液体引入密封腔冲洗密封端面,然后再流回泵体内,使密封腔内液体不断更新,带走摩擦热。
　　　A. 入口　　　　　　B. 出口　　　　　　C. 泵壳　　　　　　D. 填料函

204. CAC004　机械密封冲洗分为自冲洗、循环冲洗和(　　)。
　　　A. 内冲洗　　　　　B. 反冲洗　　　　　C. 外冲洗　　　　　D. 人工冲洗

205. CAC005　适用于温度较高的场所的是(　　)安全阀。
　　　A. 杠杆式　　　　　B. 弹簧式　　　　　C. 脉冲式　　　　　D. 机械式

206. CAC005　适用于移动式的压力容器上的是(　　)安全阀。

　　A. 杠杆式　　　　　B. 脉冲　　　　　C. 弹簧式　　　　　D. 机械式

207. CAC005　安全阀定压原则为正常操作压力的(　　)。

　　A. 1.5 倍　　　　　B. 1 倍　　　　　C. 1.25 倍　　　　　D. 1.1 倍

208. CAC006　压力管路,按用途可分为 3 类,下列陈述错误的是(　　)。

　　A. 工业管路　　　B. 公用管路　　　C. 长输管路　　　D. 民用管路

209. CAC006　最高工作压力不小于(　　),输送介质为可燃、易爆、有毒、有腐蚀性的或最高工作温度高于或等于标准沸点的液体的管路按压力管道管理。

　　A. 0.01MPa　　　B. 0.1MPa　　　C. 0.3MPa　　　D. 1.0MPa

210. CAC006　根据管道承受内压情况分类,压力为 1.6MPa 的压力管道属于(　　)。

　　A. 低压管道　　　B. 中压管道　　　C. 高压管道　　　D. 常压管道

211. CAC007　按照塔设备的内件将塔设备进行分类,可将塔分为(　　)。

　　A. 泡罩塔和筛板塔　　　　　　　　　B. 板式塔和填料塔

　　C. 板式塔和浮阀塔　　　　　　　　　D. 填料塔和浮阀塔

212. CAC007　按照塔在工艺操作过程中的作用将塔设备进行分类,下列陈述错误的是(　　)。

　　A. 精馏塔　　　　　B. 萃取塔　　　　　C. 吸收塔　　　　　D. 填料塔

213. CAC007　按照塔设备内部的压力将塔设备进行分类,下列陈述错误的是(　　)。

　　A. 加压塔　　　　　B. 常压塔　　　　　C. 精馏塔　　　　　D. 减压塔

214. CAC008　管件的种类和规格很多,按照材质和用途可分为 3 种类型,下列陈述错误的是(　　)。

　　A. 水、煤气管件　　　　　　　　　　B. 电焊钢管、无缝钢管和有色金属管件

　　C. 铸铁管件　　　　　　　　　　　　D. 白钢管件

215. CAC008　关于铸铁管件的陈述,下列描述错误的是(　　)。

　　A. 法兰　　　　　B. 弯头　　　　　C. 三通、四通　　　　　D. 异径管

216. CAC008　关于电焊钢管、无缝钢管和有色金属管的陈述,下列描述错误的是(　　)。

　　A. 法兰　　　　　　　　　　　　　　B. 四通

　　C. 垫片和螺栓　　　　　　　　　　　D. 弯头

217. CAC009　在化工生产中,管子与阀门连接一般都采用(　　)连接。

　　A. 法兰　　　　　B. 焊接　　　　　C. 承插式　　　　　D. 螺纹

218. CAC009　法兰按其本身结构形式分类,下列所指错误的是(　　)。

　　A. 整体法兰　　　B. 螺纹法兰　　　C. 活套法兰　　　D. 平面法兰

219. CAC009　一对法兰不论规格大小,均算(　　)密封点。

　　A. 3 个　　　　　B. 2 个　　　　　C. 1 个　　　　　D. 4 个

220. CAC010　调节具有腐蚀性的流体,可选用(　　)。

　　A. 单座阀　　　　B. 双座阀　　　　C. 蝶阀　　　　D. 隔膜阀

221. CAC010　输送含有沉淀和结晶体的物料管线上,安装(　　)最为可靠。

　　A. 闸阀　　　　　B. 截止阀　　　　C. 止逆阀　　　　D. 旋塞阀

222. CAC010　依靠流体本身的力量自动启闭的阀门,阻止介质倒流的是(　　)。

　　A. 截止阀　　　　　　B. 闸阀　　　　　　C. 止回阀　　　　　　D. 球阀

223. CAC011　关于阀门型号的组成单元,下列内容错误的是(　　)。

　　A. 阀门类型、传动方式　　　　　　　　B. 连接形式、结构形式

　　C. 公称直径　　　　　　　　　　　　　D. 阀座密封面、衬里材料、阀体材料

224. CAC011　截止阀的代号是(　　)。

　　A. Q　　　　　　　　B. J　　　　　　　　C. L　　　　　　　　D. S

225. CAC011　止回阀代号是(　　)。

　　A. H　　　　　　　　B. J　　　　　　　　C. L　　　　　　　　D. Z

226. CAC012　垫片的作用是(　　)。

　　A. 增加强度　　　　　B. 延长使用寿命　　C. 防止泄漏　　　　　D. 增加美观

227. CAC012　常用垫片按结构不同可分为 4 种,下列叙述不正确的是(　　)。

　　A. 板材裁制垫片　　　　　　　　　　　B. 金属包垫片

　　C. 缠绕式垫片和金属垫片　　　　　　　D. 塑料垫片

228. CAC012　适用于浓酸、碱、溶剂、油类介质的垫片是(　　)。

　　A. 皮垫片　　　　　　B. 纸垫片　　　　　C. 聚四氟乙烯垫片　　D. 夹布橡胶垫片

229. CAC013　以下不属于常用螺栓类型的是(　　)。

　　A. 六角螺栓　　　　　B. 双头螺栓　　　　C. 全螺纹螺栓　　　　D. 单头螺栓

230. CAC013　六角螺柱使用的管法兰压力(　　)。

　　A. PN≤10.0MPa　　B. PN≤25.0MPa　　C. PN≤4.0MPa　　　D. PN≤1.60MPa

231. CAC013　钢结构连接用螺栓性能等级分(　　)等级。

　　A. 2 个　　　　　　　B. 5 个　　　　　　　C. 8 个　　　　　　　D. 10 个

232. CAC014　常用润滑剂可分为 3 类,下列选项中不属于常用润滑剂的是(　　)。

　　A. 润滑油　　　　　　B. 液体润滑剂　　　C. 半固体润滑剂　　　D. 固体润滑剂

233. CAC014　关于润滑剂选择应考虑的因素,下列叙述错误的是(　　)。

　　A. 载荷的大小　　　　　　　　　　　　B. 润滑表面相对速度的大小

　　C. 轴承的工作温度　　　　　　　　　　D. 物料的黏度

234. CAC014　矿物润滑油、合成润滑油、动植物油和水基液体等属于(　　)。

　　A. 气体润滑油　　　　B. 液体润滑油　　　C. 固体润滑油　　　　D. 半固体润滑油

235. CAC015　一般输送高压蒸汽的管线都是(　　)。

　　A. 无缝钢管　　　　　B. 铸钢管　　　　　C. 有缝钢管　　　　　D. 铸铁管

236. CAC015　以下可用于输送硫酸的管材是(　　)。

　　A. 铸铁管　　　　　　B. 无缝钢管　　　　C. 铅管　　　　　　　D. 铜管

237. CAC015　耐酸设备的衬里一般采用(　　)。

　　A. 铸铁　　　　　　　B. 碳钢　　　　　　C. 有色金属　　　　　D. 合金钢

238. CAC016　浆式搅拌器不适用于(　　)的液体物料。

　　A. 流动性大、黏度小　　　　　　　　　B. 流动性小、黏度大

　　C. 纤维状溶解液　　　　　　　　　　　D. 结晶状溶解液

239. CAC016 在搅拌时,能不断地将设备壁上的沉积物刮下来的是(　　)搅拌器。
　　A. 浆式　　　　　　B. 推进式　　　　　　C. 螺带式　　　　　　D. 行星

240. CAC016 (　　)搅拌器一般适用于气、液相混合的反应,搅拌器转数一般应选择300r/min 以上。
　　A. 浆式　　　　　　B. 折叶涡轮式　　　　C. 涡轮式　　　　　　D. 锚式

241. CAD001 为保证生产的稳定和安全,在控制系统的分析、设计中引入(　　)。
　　A. 检测仪表　　　　B. 反馈控制　　　　　C. 简单控制　　　　　D. 经验控制

242. CAD001 自动调节器装置是能克服(　　),使被控制参数回到给定值的装置。
　　A. 偏差　　　　　　B. 误差　　　　　　　C. 干扰　　　　　　　D. 测量

243. CAD001 定值控制系统是(　　)固定不变的控制系统。
　　A. 输出值　　　　　B. 测量值　　　　　　C. 偏差值　　　　　　D. 给定值

244. CAD002 以下选项属于按数值划分的误差是(　　)。
　　A. 绝对误差、相对误差、引用误差　　　　B. 系统误差、随机误差、疏忽误差
　　C. 基本误差、附加误差　　　　　　　　　D. 静态误差、动态误差

245. CAD002 仪表的精度等级是根据(　　)来划分的。
　　A. 绝对误差　　　　B. 引用误差　　　　　C. 相对误差　　　　　D. 仪表量程的大小

246. CAD002 下列选项属于按误差出现的规律划分的误差是(　　)。
　　A. 系统误差　　　　B. 随机误差　　　　　C. 疏忽误差　　　　　D. 以上都是

247. CAD003 控制室内的控制仪表是(　　)。
　　A. 记录仪　　　　　B. 闪光报警器　　　　C. 调节器　　　　　　D. 指示仪表

248. CAD003 控制室内的报警仪表是(　　)。
　　A. 记录仪　　　　　B. 闪光报警器　　　　C. 调节器　　　　　　D. 指示仪表

249. CAD003 按照结构不同划分,下列选项中不属于调节仪表的是(　　)。
　　A. 基地仪表　　　　　　　　　　　　　　B. 控制仪表
　　C. 单元组合式仪表　　　　　　　　　　　D. 数字式调节器

250. CAD004 以下属于执行器按使用能源分类的是(　　)。
　　A. 气动执行器、液动执行器和电动执行器　B. 薄膜式、活塞式和长行程式
　　C. 直行程和角行程　　　　　　　　　　　D. 故障开和故障关

251. CAD004 调节机构根据阀芯结构可分为(　　)。
　　A. 风开式和风关式　　　　　　　　　　　B. 快开、直线、抛物线和对数(等百分比)
　　C. 单芯阀和双芯阀　　　　　　　　　　　D. 直行程和角行程

252. CAD004 控制阀的类型很多,按动作规律可分为开关型、积分型和(　　)。
　　A. 比例型　　　　　B. 全开型　　　　　　C. 半开型　　　　　　D. 双开型

253. CAD005 控制阀的风开风关选用原则是(　　)。
　　A. 使调节回路构成闭环负反馈　　　　　　B. 保证工艺生产的安全性
　　C. 停车时保证调节阀关闭　　　　　　　　D. 出现异常时保证调节阀关闭

254. CAD005 蒸馏塔的馏出线应选用(　　)式调节阀。
　　A. 风开　　　　　　B. 风关　　　　　　　C. 全开　　　　　　　D. 全关

255. CAD005　加热炉燃料油系统的调节阀应选用(　　)。

  A. 风开式　　　　　B. 风关式　　　　　C. 电开式　　　　　D. 电关式

256. CAD006　工业上所用的计量仪表一般可分为 3 类,下列仪表属于容积式流量仪表的是(　　)。

  A. 叶轮式水表　　　B. 质量流量计　　　C. 椭圆齿轮流量计　D. 差压式孔板流量计

257. CAD006　工业上所用的计量仪表一般可分为 3 类,属于速度式流量仪表的是(　　)。

  A. 叶轮式水表　　　　　　　　　　B. 质量流量计

  C. 椭圆齿轮流量计　　　　　　　　D. 差压式孔板流量计

258. CAD006　下列流量计中属于容积式流量计的是(　　)。

  A. 标准孔板　　　　B. 标准喷嘴　　　　C. 文丘里管　　　　D. 以上 3 项

259. CAD007　水柱式液面计读取数据应(　　),如单管式水柱液面计、U 形管水柱液面计。

  A. 按液面的凸面为准　　　　　　　B. 按液面的凹面为准

  C. 视线与刻度盘垂直　　　　　　　D. 直接读出数据

260. CAD007　刻度呈弧度的液面指示仪表读取数据时应(　　),例如动圈式液面计。

  A. 对齐液面的凸面　　　　　　　　B. 对齐液面的凹面

  C. 视线与刻度盘保持垂直　　　　　D. 直接读出数据

261. CAD007　水银式液面计读取数据(　　),如单管式水银液面计、U 形管水银液面计。

  A. 按液面的凸面为准　　　　　　　B. 按液面的凹面为准

  C. 视线与刻度盘垂直　　　　　　　D. 应直接读出数据

262. CAE001　以下不属于有毒气体的是(　　)。

  A. 氯气　　　　　　B. 硫化氢　　　　　C. 二氧化碳　　　　D. 一氧化碳

263. CAE001　盐酸、浓硫酸等挥发出来的气体遇空气中的水分而生成悬浮在空气中的微小液滴称为(　　)。

  A. 有毒气体　　　　B. 有毒蒸汽　　　　C. 有毒烟尘　　　　D. 有毒雾滴

264. CAE001　以下属于气体物质的是(　　)。

  A. 氯气　　　　　　B. 烟气　　　　　　C. 盐酸雾滴　　　　D. 粉尘

265. CAE002　引起慢性中毒的毒物绝大部分具有(　　)。

  A. 蓄积作用　　　　B. 强毒性　　　　　C. 弱毒性　　　　　D. 中强毒性

266. CAE003　急性中毒现场抢救的第一步是(　　)。

  A. 迅速报警　　　　　　　　　　　B. 迅速拨打 120 急救

  C. 迅速将患者转移到空气新鲜处　　D. 迅速做人工呼吸

267. CAE003　酸烧伤时,应用(　　)溶液冲洗。

  A. 5%碳酸钠　　　　B. 5%碳酸氢钠　　　C. 清水　　　　　　D. 5%硼酸

268. CAE003　碱烧伤时,应用(　　)溶液冲洗。

  A. 2%硼酸　　　　　B. 硼砂　　　　　　C. 2%碳酸　　　　　D. 2%碳酸氢钠

269. CAE004　高处作业是指在坠落高度基准面(　　)(含)以上、有坠落可能的位置进行的作业。

  A. 2m　　　　　　　B. 2.5m　　　　　　C. 3m　　　　　　　D. 5m

270. CAE004　进行(　　)(含)以上高处作业,应办理高处作业许可证。

　　A. 10m　　　　　　B. 15m　　　　　　C. 20m　　　　　　D. 30m

271. CAE005　清洁生产是作为环境保护战略,可以增加(　　),减少对人类和环境的危害。

　　A. 生态效率　　　B. 生产效率　　　　C. 生活效率　　　　D. 管理效率

272. CAE005　在生产过程、(　　)和服务领域持续地应用整体预防的环境保护战略,增加生态效率,减少对人类和环境的危害,称为清洁生产。

　　A. 能源　　　　　B. 产品寿命　　　　C. 资源　　　　　　D. 管理

273. CAE006　清洁生产的内容包括清洁的能源、(　　)、清洁的产品、清洁的服务。

　　A. 清洁的原材料　B. 清洁的资源　　　C. 清洁的工艺　　　D. 清洁的生产过程

274. CAE006　清洁生产的内容包括清洁的能源、清洁的生产过程、清洁的产品、(　　)。

　　A. 清洁的原材料　B. 清洁的资源　　　C. 清洁的服务　　　D. 清洁的工艺

275. CAE006　清洁生产的措施不包括(　　)。

　　A. 采用无毒、无害或者低毒、低害的原料,替代毒性大、危害严重的原料

　　B. 通过技术改造和工艺改良,能耗较往年降低

　　C. 加热炉使用新型高效燃烧器喷嘴

　　D. 换热器更换泄漏的管束

276. CAE007　以下不属于燃烧三要素的是(　　)。

　　A. 点火源　　　　B. 可燃性物质　　　C. 阻燃性物质　　　D. 助燃性物质

277. CAE007　气体测爆仪测定的是可燃气体的(　　)。

　　A. 爆炸下限　　　B. 爆炸上限　　　　C. 爆炸极限范围　　D. 浓度

278. CAE008　下列选项中,不属于工业生产中的毒物对人体侵害主要途径的是(　　)。

　　A. 呼吸道　　　　B. 眼睛　　　　　　C. 皮肤　　　　　　D. 消化道

279. CAE008　噪声对人体的危害不包括(　　)。

　　A. 影响休息和工作　B. 肌肉组织损伤　C. 伤害听觉器官　　D. 影响神经系统

280. CAE009　化工设备动火检修时,不可直接用于置换可燃气体的介质是(　　)。

　　A. 氦气　　　　　B. 氮气　　　　　　C. 氩气　　　　　　D. 空气

281. CAE009　做动火分析时,取样与动火的间隔超过(　　),或动火作业中间停止作业时间超过(　　),必须重新取样分析。

　　A. 30min;30min　B. 30min;60min　　C. 60min;30min　　D. 60min;60min

282. CAE009　以下不属于动火作业范围的是(　　)。

　　A. 用砂轮　　　　B. 电、气焊　　　　C. 敲击除锈　　　　D. 安装盲板

283. CAE010　在放射性作业场所,不应(　　)。

　　A. 安排监护人　　B. 饮食和逗留　　　C. 设置警戒区　　　D. 作业前告知

284. CAE010　发现或怀疑可能是放射源时,不正确的做法是(　　)。

　　A. 尽可能立即保护好现场,防止任何人靠近或擅自动作

　　B. 寻找铅制或水泥制容器盛装该物质

　　C. 给环保举报热线打电话,报告自己的怀疑和看法

　　D. 当有关监管人员到达现场后,向他们介绍自己知道的情况和看法,并尽可能协助监管人员处理问题

285. CAE010  不属于外照射防护的基本方法是(　　)。

    A. 屏蔽防护 　　　 B. 距离防护 　　　 C. 时间防护 　　　 D. 药物防护

286. CAE011  以下不属于防坠落护具的是(　　)。

    A. 安全带 　　　 B. 安全网 　　　 C. 安全帽 　　　 D. 安全绳

287. CAE011  高处作业高度在(　　)时,称为二级高处作业。

    A. 2~10m 　　　 B. 5~10m 　　　 C. 5~15m 　　　 D. 10~15m

288. CAE011  在坠落基准面(　　)及以上,有坠落危险的作业即为高处作业。

    A. 1m 　　　 B. 2m 　　　 C. 3m 　　　 D. 2.5m

289. CAE012  建设工程临时用电,按照三级配电(　　)的规定,合理布置临时用电系统。

    A. 两级漏电保护 　　　　　　　　　　 B. 按图布置

    C. 用电措施 　　　　　　　　　　 D. 两级管理

290. CAE012  关于临时用电的要求,以下叙述不正确的是(　　)。

    A. 在开关上接引、拆除临时用电线路时,其上级开关应断电上锁

    B. 安装、维修、拆除临时用电线路的作业,应由电气专业人员进行

    C. 各类移动电源及外部自备电源,不得接入电网

    D. 动力和照明线路可以合用

291. CAE012  使用周期在1个月以上的临时用电线路应采用架空方式安装,并满足(　　)的要求。

    A. 临时架空线最大弧垂与地面距离,在施工现场不低于2.5m,穿越机动车道不低于5m

    B. 架空线路通过有起重机等大型设备进出的区域必须满足现场的施工安全要求

    C. 在架空线路上不可以进行接头连接,以杜绝接头挣脱出现触电等事故

    D. 架空线路应架设在电杆、支架、树木等固定物上面

292. CAE013  起重机处于停机维护时应采取的安全预防措施不正确的是(　　)。

    A. 安装或拆卸吊臂时,应将吊臂垫实或固定牢靠,严禁人员在吊臂上下方停留或通过

    B. 手、脚、衣服应远离齿轮、绳索、绳鼓和滑轮组

    C. 可以用手穿钢丝绳或排绳

    D. 2m以上的高处维修作业,应采取防坠落措施

293. CAE014  生产区域内,以下不属于受限空间的是(　　)。

    A. 下水道 　　　 B. 容器 　　　 C. 管道 　　　 D. 中央控制室

294. CAE014  凡是有可能存在缺氧、富氧、有毒有害气体、易燃易爆气体、粉尘等,事前应进行气体检测,注明检测时间和结果;受限空间内气体检测(　　)后,仍未开始作业,应重新进行检测。

    A. 20min 　　　 B. 30min 　　　 C. 60min 　　　 D. 120min

295. CAE014  进入受限空间作业,对照明及电气的要求是(　　)。

    A. 照明电压应不大于24V

    B. 在潮湿容器、狭小容器内作业电压应不大于24V

    C. 使用超过安全电压的手持电动工具作业或进行电焊作业时,应配备漏电保护器

    D. 应有足够的作业空间

296. CBA001 强酸不具有( )性质。

    A. 氧化性      B. 还原性      C. 酸性      D. 难电离

297. CBA001 稀硫酸溶液中不存在的微粒是( )。

    A. $H^+$      B. $SO_4^{2-}$      C. $OH^-$      D. $H_2SO_4$

298. CBA001 下列各酸中,不属于强酸的是( )。

    A. $H_2SO_4$      B. $H_3PO_4$      C. HCl      D. $HNO_3$

299. CBA002 足量镁和一定量的盐酸反应,为减慢反应速率,但又不影响生成 $H_2$ 的总量,可向盐酸中加入( )。

    A. MgO                     B. $H_2O$

    C. $K_2CO_3$             D. $CH_3COOH$

300. CBA002 浓度和体积都相同的盐酸和醋酸,在相同条件下分别与足量 $CaCO_3$ 固体(颗粒大小均相同)反应,下列说法正确的是( )。

    A. 盐酸的反应速率大于醋酸的反应速率

    B. 盐酸的反应速率等于醋酸的反应速率

    C. 盐酸产生的二氧化碳比醋酸更多

    D. 醋酸产生的二氧化碳比盐酸更多

301. CBA002 下列酸属于弱酸的是( )。

    A. 碳酸      B. 硫酸      C. 盐酸      D. 硝酸

302. CBA003 NaOH 溶液所不具有的性质是( )。

    A. 碱性      B. 腐蚀性      C. 与铁反应      D. 去油污

303. CBA003 下列属于弱碱的是( )。

    A. $NH_3 \cdot H_2O$            B. KOH

    C. NaOH                 D. $Ba(OH)_2$

304. CBA003 下列碱属于强碱的是( )。

    A. $Al(OH)_3$      B. $Cu(OH)_2$      C. $Fe(OH)_2$      D. NaOH

305. CBA004 仪表联校应该在( )进行。

    A. 装置开车正常运行后      B. 开车前水联运阶段

    C. 装置停车置换、清洗过程中      D. 装置气密性试验的同时

306. CBA004 调节系统联校通常在( )状态下运行,主要是为了避免影响生产正常运行。

    A. 在线      B. 离线      C. 串级      D. 手动

307. CBA004 对没有条件在现场检测端介入信号发生器者,可采取( )接入信号源。

    A. 替代法      B. 交换法      C. 直接法      D. 间接法

308. CBA005 蒸汽引入装置时正确的操作方法是( )。

    A. 打开蒸汽管道泄水阀,排净管道冷凝水,再开蒸汽阀门

    B. 直接缓慢开启送汽阀,送入蒸汽管道

    C. 为争取时间,可快速开启送汽阀,送入装置

    D. 在管道泄水阀打不开,开启蒸汽连接的设备放空阀送蒸汽

309. CBA005　蒸汽管道引入蒸汽时,正确的做法是(　　)。

A. 直接打开蒸汽阀门即可

B. 先进行暖管,待管道温度上升,管道内的冷凝水全部排净后,再引入大量蒸汽

C. 只要将管道中的水排净即可

D. 与锅炉联系同时打开阀门

310. CBA005　暖管时要把(　　)及时疏出,防止管道出现水击。

A. 冷凝水　　　　　　B. 蒸汽　　　　　　C. 仪表空气　　　　　　D. 氮气

311. CBA006　仪表风的作用是(　　)。

A. 给仪表提供能源

B. 给仪表提供能源、给气动仪表提供一个信号载体

C. 仪表风的质量要求较高

D. 仪表风不能含有杂质

312. CBA006　在炼油化工生产中,气动仪表对供风的要求相当严格,要求净化后的气体中,含尘粒直径控制不大于(　　)。

A. 2μm　　　　　　B. 3μm　　　　　　C. 4μm　　　　　　D. 5μm

313. CBA006　装置调节阀的气源均为(　　)。

A. 氮气　　　　　　B. 氧气　　　　　　C. 氢气　　　　　　D. 仪表风

314. CBA007　水蒸气在变成凝结水时(　　)。

A. 放出热量　　　　　　　　　　B. 吸收热量

C. 几乎没有放出热量　　　　　　D. 没有吸收和放出热量的过程

315. CBA007　下列有关水的性质中,属于化学性质的是(　　)。

A. 水受热变成水蒸气

B. 水能溶解多种物质

C. 水在直流电作用下能分解生成氢气和氧气

D. 水在4℃时密度最大

316. CBA007　用水蒸气作加热剂时,增大蒸汽压力可以(　　)热流体的温度。

A. 提高　　　　　　B. 降低　　　　　　C. 保持　　　　　　D. 无法确定

317. CBA008　装置开车前氮气置换后,必须进行(　　)并确保检测合格。

A. 氮气中含介质的分析　　　　　B. 氮气纯度的分析

C. 氮气含氧量的分析　　　　　　D. 氮气中含水量的分析

318. CBA008　开车前未对消防水系统确认,装置已投料开车,应(　　)。

A. 马上停车　　　　　　　　　　B. 继续开车

C. 继续开车,同时启动应急预案　　D. 继续开车,增加灭火器

319. CBA008　在塔器开工前,要检查试压后的(　　)是否已经拆除。

A. 塔器　　　　　　B. 管线　　　　　　C. 压力表　　　　　　D. 盲板

320. CBA009　装置开车前,机械设备及(　　)必须经联动试车,并确认其处于完好状态。

A. 阀门　　　　　　　　　　　　B. 仪表、电气

C. 管道　　　　　　　　　　　　D. 离心泵

321. CBA009　关于装置开车前流程确认的要点,下列叙述不正确的是(　　)。

　　A. 拆除盲板　　　　　　　　　　B. 设备气密试验

　　C. 标注设备、阀门型号　　　　　　D. 清洗、置换

322. CBA009　在开车前需要对取样点流程(　　)检查。

　　A. 进行全面　　　B. 选取几个进行　　　C. 进行部分　　　D. 进行随机

323. CBA010　使用低压蒸汽时,首先要进行(　　)操作。

　　A. 吹扫　　　　　B. 放空泄水　　　　　C. 试压　　　　　D. 置换

324. CBA010　向装置输送低压蒸汽,开阀时要(　　)。

　　A. 先拆除盲板　　　　　　　　　　B. 先快后慢开启送汽阀

　　C. 快速开启送汽阀　　　　　　　　D. 随意开启

325. CBA010　利用低压或负压的蒸汽以及热水加热时,采用(　　)操作是有利的。

　　A. 真空　　　　　B. 正压　　　　　　　C. 高压　　　　　D. 常压

326. CBA011　用作循环水预膜剂的是(　　)。

　　A. 稀酸溶剂　　　　　　　　　　　B. 稀碱溶剂

　　C. 缓蚀溶剂　　　　　　　　　　　D. 清净循环水水质的试剂

327. CBA011　新建装置完成后,循环水系统投用前,(　　)。

　　A. 对装置的设备管道冲洗干净即可送水投用

　　B. 对装置的设备管道先预膜,后冲洗干净即可送水投用

　　C. 对装置管道设备进行碱洗处理后,即可投用

　　D. 对装置管道设备进行蒸汽吹扫干净后,即可投用

328. CBA011　以下属于循环水系统启动时核心操作的是(　　)。

　　A. 降温　　　　　B. 预热　　　　　　　C. 加压　　　　　D. 清洗

329. CBA012　异步电动机做空载试验时,时间不小于(　　),试验时应测量绕组是否过热或发热不均匀,并要检查轴承温升是否正常。

　　A. 1min　　　　　B. 5min　　　　　　　C. 7min　　　　　D. 10min

330. CBA012　电动机外壳接地电阻应不大于(　　)。

　　A. 0.5Ω　　　　　B. 4Ω　　　　　　　C. 10Ω　　　　　D. 30Ω

331. CBA012　高压异步电动机开车之前主要检查是否挂有(　　)、警告牌和柜内各种控制元器件状态完好情况。

　　A. 接地线　　　　B. 警戒线　　　　　　C. 边界线　　　　D. 隔离线

332. CBA013　设备管线安装完成后,除了进行水压试验和气密试验外,还要检查设备管线是否有(　　)现象。

　　A. 弯曲　　　　　B. 开裂　　　　　　　C. 渗漏　　　　　D. 变形

333. CBA013　对于甲类和乙类火灾危险介质和(　　)介质的中、低压管道系统,在投用前要进行渗漏量试验。

　　A. 丙类　　　　　B. 酸性　　　　　　　C. 碱性　　　　　D. 剧毒

334. CBA013　剧毒等危险化学品的设备管线泄漏量试验应按设计压力进行,试验时间为(　　)。

　　A. 24h　　　　　B. 12h　　　　　　　C. 8h　　　　　　D. 4h

335. CBA014　对运转设备主要进行（　　）的检查。

    A. 是否正常运转　　　　　　　　　B. 是否符合设计要求

    C. 是否缺件　　　　　　　　　　　D. 与电动机是否匹配

336. CBA014　对关键设备的吹扫质量要进行（　　）检查。

    A. 打开人孔　　　　B. 放空空气质量　　　C. 多次吹扫　　　D. 通过视镜

337. CBA014　设备管线的泄漏检查,主要是通过（　　）进行。

    A. 水试　　　　　　B. 吹扫　　　　　　　C. 气密性　　　　D. 置换

338. CBA015　设备管线水压测试时要求按（　　）进行。

    A. 生产实际压力　　　　　　　　　B. 设计要求压力

    C. 压力大于 1.0MPa　　　　　　　　D. 压力大于 1.6MPa

339. CBA015　设备管线吹扫时,对运转设备应采取（　　）措施。

    A. 关闭设备出入口阀门　　　　　　B. 有效隔断设备出入口

    C. 送电运转起来　　　　　　　　　D. 与运转设备连通吹扫

340. CBA015　吹扫时要根据检修方案制定的（　　）、方法、步骤和所选吹扫介质,按管线号
和设备位号逐一进行,并填写登记表,以确保所有设备、管线都吹扫干净不遗
漏或留死角。

    A. 吹扫流程图　　　B. 操作规程　　　　　C. 操作卡　　　　D. 操作流程图

341. CBA016　装置开车前,设备、管线进行吹扫试压的主要目的是（　　）。

    A. 满足文明生产要求

    B. 防止污染环境

    C. 避免设备管线内杂质与物料发生反应

    D. 防止堵塞、损坏仪表、设备及影响产品质量

342. CBA016　设备、管线气密性试压,当在（　　）情况下不漏气,即为合格。

    A. 压力为 1MPa　　　　　　　　　B. 设备管道设计压力

    C. 压力不小于 10MPa　　　　　　　D. 设备管道的使用压力

343. CBA016　在管线设备开车投用以前,（　　）进行吹扫、置换、干燥和查漏。

    A. 必须　　　　　　B. 不用　　　　　　　C. 最好　　　　　D. 可以

344. CBA017　化工装置使用的公用工程是指（　　）。

    A. 水、电、汽　　　　　　　　　　B. 水蒸气、仪表风、动力电

    C. 水、电、汽、气、风　　　　　　　D. 工业水、2B 水、蒸汽

345. CBA017　化工装置的调节阀以（　　）作为气源。

    A. 氮气　　　　　　B. 氧气　　　　　　　C. 氢气　　　　　D. 仪表风

346. CBA017　蒸汽管网引蒸汽时,要确认蒸汽用户（　　）,再建立管网压力,然后逐渐投用
换热器及其他用户。

    A. 已切断　　　　　B. 已投用　　　　　　C. 已引入　　　　D. 已打开

347. CBA018　化工生产过程的完整表现形式是（　　）。

    A. 单元操作　　　　　　　　　　　B. 单元反应

    C. 单元操作和单元反应组合　　　　D. 以上都不是

348. CBA018 以下主要包括原料的预处理、化学反应、产品的净化几个过程的是(　　)。

 A. 化工生产过程　　B. 化工反应过程　　C. 化学反应过程　　D. 化工操作过程

349. CBA018 化工生产过程是经过(　　)将原料转变成产品的工艺过程。

 A. 化学反应　　　　B. 物理反应　　　　C. 生产加工　　　　D. 人工操作

350. CBA019 一个化工生产过程是由(　　)化工单元操作构成。

 A. 1个　　　　　　B. 2个　　　　　　C. 3个　　　　　　D. 若干个

351. CBA019 不属于化工单元操作的是(　　)。

 A. 吸收　　　　　　B. 炼钢　　　　　　C. 干燥　　　　　　D. 蒸馏

352. CBA019 下列操作不属于化工单元操作的是(　　)。

 A. 流体输送　　　　B. 传热　　　　　　C. 氧化还原反应　　D. 过滤

353. CBA020 装置开车前进行氮气置换,目的是(　　)。

 A. 防止系统腐蚀　　　　　　　　　B. 保证氮气参加系统反应

 C. 置换出系统内易燃、易爆及助燃成分　D. 以上都不是

354. CBA020 塔、槽等密闭空间使用氮气置换可燃气体合格后,当人体需要进入塔槽等工作时,要注意进行(　　)再置换,分析其中氧含量,以防发生人员窒息致死。

 A. 空气　　　　　　B. 氮气　　　　　　C. 蒸汽　　　　　　D. 二氧化碳

355. CBA020 装置在引入易燃易爆物料前,必须使用符合要求的(　　)对系统设备、管道中的空气予以置换。

 A. 氧气　　　　　　B. 氮气　　　　　　C. 氢气　　　　　　D. 二氧化碳

356. CBB001 开路循环适合于(　　)的环境条件。

 A. 水资源充足　　　B. 水资源缺乏　　　C. 电力资源充足　　D. 电力资源缺乏

357. CBB001 下列选项中关于开路循环的描述正确的是(　　)。

 A. 除去管道、设备中的积水　　　　　B. 使设备升温

 C. 可以不进行开路循环　　　　　　　D. 没有任何作用

358. CBB001 换热设备投用送入(　　)时,要缓缓通入,以免由于温差大,流体急速通入而产生热冲击。

 A. 热物料　　　　　B. 冷物料　　　　　C. 江水　　　　　　D. 循环水

359. CBB002 设备经过热紧能使(　　)。

 A. 紧固程度加强　　B. 紧固程度减弱　　C. 紧固程度不受影响D. 韧性更强

360. CBB002 设备热紧用于(　　)。

 A. 膨胀系数大的非金属　　　　　　　B. 膨胀系数小的非金属

 C. 膨胀系数大的金属　　　　　　　　D. 膨胀系数小的金属

361. CBB002 设备热紧的目的在于(　　)法兰的松弛,使密封面有足够的压比以保证静密封效果。

 A. 增加　　　　　　B. 消除　　　　　　C. 改变　　　　　　D. 保证

362. CBB003 设备热紧的先后操作顺序是(　　)。

 A. 先紧固,后加热　　　　　　　　　B. 先加热,后紧固

 C. 加热和紧固同时进行　　　　　　　D. 不分先后

363. CBB003　高温设备热紧的目的是消除因（　　）造成的螺栓松动和法兰泄漏。
　　　A. 高温膨胀　　　　B. 低温冻鼓　　　　C. 设备震动　　　　D. 物料腐蚀

364. CBB003　法兰热紧过程中,（　　）在热紧系统相关的设备、管线进行一切作业。
　　　A. 禁止　　　　　　　　　　　　　　B. 可以
　　　C. 避免　　　　　　　　　　　　　　D. 以上选项均不正确

365. CBB004　化工采样应掌握的原则是（　　）。
　　　A. 反应物料的物化性质　　　　　　　B. 反应物料的化学性质
　　　C. 反应物料纯度　　　　　　　　　　D. 反应物料物理性质

366. CBB004　化工采样时间间隔（　　）。
　　　A. 为间隔 1h　　　　　　　　　　　　B. 为间隔 2h
　　　C. 应视生产情况而定　　　　　　　　D. 不确定

367. CBB004　设备在检修前除了进行置换、吹扫和能量隔离等措施外,还必须进行（　　）。
　　　A. 采样分析　　　B. 进入确认　　　C. 现场确认　　　D. 观察确认

368. CBB005　气开调节阀在气源中断时,阀位应处于（　　）。
　　　A. 全关位置　　　B. 全开位置　　　C. 中间位置　　　D. 原位不动

369. CBB005　在气源故障情况下,根据开启、关闭的不同,调节阀可分为（　　）。
　　　A. 气动执行器、液动执行器和电动执行器　B. 薄膜式、活塞式和长行程式
　　　C. 直行程和角行程　　　　　　　　　　D. 气开和气关

370. CBB005　在故障状态下处于全关位置的调节阀,为（　　）。
　　　A. 气关阀　　　　B. 气开阀　　　　C. 流闭阀　　　　D. 流开阀

371. CBB006　气关调节阀在带控制点流程图中一般用符号（　　）表示。
　　　A. FO　　　　　　B. FC　　　　　　C. FL　　　　　　D. FI

372. CBB006　当信号增加,阀芯与阀座之间的流通面积减小的气动调节阀是（　　）。
　　　A. 全开阀　　　　B. 气关阀　　　　C. 截止阀　　　　D. 气开阀

373. CBB006　加热炉的进料系统选用调节阀时,应选用（　　）式调节阀。
　　　A. 气开　　　　　B. 气关　　　　　C. 流开　　　　　D. 流闭

374. CBB007　疏水罐的使用能（　　）大量的冷凝水。
　　　A. 排放　　　　　B. 回收　　　　　C. 浪费　　　　　D. 污染

375. CBB007　当冷凝水的水位达到设定高度时,自动打开疏水阀门排水,并防止新鲜蒸汽泄漏,水位低了自动关闭疏水阀门,同时防止新鲜蒸汽泄漏的是（　　）。
　　　A. 疏水罐　　　　B. 蒸汽盘　　　　C. 分离罐　　　　D. 疏水器

376. CBB007　冷热管道的每一疏水罐或疏水筒至少设有（　　）水位开关。
　　　A. 1个　　　　　B. 2个　　　　　C. 3个　　　　　D. 4个

377. CBB008　水联运试车所用的介质是（　　）。
　　　A. 热水　　　　　　　　　　　　　　B. 含洗涤剂的水
　　　C. 盐水　　　　　　　　　　　　　　D. 水

378. CBB008　水联运按水循环流程进行,应防止水窜入其他（　　）水联运的部位。
　　　A. 不参加　　　　B. 参加　　　　　C. 连接　　　　　D. 进行

379. CBB008　水联运结束后,应填写(　　)。

　　A. 水联运模拟试车报告　　　　　　　　B. 开车报告

　　C. 单体试车报告　　　　　　　　　　　D. 联合试车报告

380. CBB009　反应床要升到一定的温度范围运行的目的是(　　)。

　　A. 提高反应速度　　B. 提高反应床压力　　C. 提高产品收率　　D. 降低反应速度

381. CBB009　反应热在床层中按对流、传导、辐射的综合方式传至床层近壁处,再通过管壁处滞流边界层传向(　　)。

　　A. 容器内壁　　　　B. 容器外壁　　　　C. 外界大气　　　　D. 保温层

382. CBB009　流化床反应器中产生壁流现象会造成床层温度(　　),从而引起催化剂烧结,降低催化剂的寿命和效率。

　　A. 不均匀　　　　　B. 均匀　　　　　　C. 不相等　　　　　D. 相等

383. CBB010　为了达到烘炉效果,保证以后正常生产,加热喷嘴烘炉的点火方向应(　　)。

　　A. 平行点火　　　　B. 邻近点火　　　　C. 对角点火　　　　D. 相间点火

384. CBB010　检修后,加热炉不烘炉或烘炉效果不好,将造成(　　)。

　　A. 着火爆炸　　　　B. 砖墙裂缝　　　　C. 炉体泄漏　　　　D. 炉膛升温困难

385. CBB010　为了避免加热炉炉管结焦,需要保持炉膛温度(　　)。

　　A. 逐步升高　　　　B. 逐步降低　　　　C. 均匀　　　　　　D. 快速提高

386. CBB011　离心泵开车时首先要做到(　　)。

　　A. 将泵内和吸入管内充满液体物料

　　B. 将吸入管内充满液体物料

　　C. 直接盘车后开启电机运转

　　D. 泵出口安一单向阀,可直接开泵选液体物料

387. CBB011　离心泵开车时,出口压力偏低,原因是(　　)。

　　A. 泵入口阀门开度大,应及时关小　　　B. 泵出口阀门开度大,应及时关小

　　C. 泵入口压力偏高,应降入口压力　　　D. 泵出口阀门阻力太大,应减少出口阻力

388. CBB011　离心泵紧急停泵时,可以先关闭(　　)。

　　A. 入口阀　　　　　B. 出口阀　　　　　C. 电源　　　　　　D. 装置总电源

389. CBB012　往复泵在开泵前,须进行(　　)操作。

　　A. 打开出口阀,关闭入口阀　　　　　　B. 关闭出口阀,打开入口阀

　　C. 打开入口、出口阀　　　　　　　　　D. 关闭入口、出口阀

390. CBB012　开往复泵前应做好各项准备工作,以下不是准备内容的是(　　)。

　　A. 检查活塞有无卡住、不灵活　　　　　B. 填料势头严密封

　　C. 变速箱内机油是否适量　　　　　　　D. 液体是否充满吸入管线

391. CBB012　往复泵活塞行程长度调节大,其流量(　　)。

　　A. 减小　　　　　　B. 增大　　　　　　C. 不变　　　　　　D. 不确定

392. CBB013　螺杆泵首次启动前应进行(　　)操作。

　　A. 向泵内注水　　　　　　　　　　　　B. 向注油孔注入少量油料

　　C. 打开各阀门　　　　　　　　　　　　D. 检查密封

393. CBB013　螺杆泵适于输送的介质是(　　)。

　　A. 水　　　　　　　B. 黏度大的溶液　　C. 所有液体　　　　D. 汽油

394. CBB013　下列泵中额定扬程与转速无关的是(　　)。

　　A. 螺杆泵　　　　　B. 旋涡泵　　　　　C. 离心泵　　　　　D. 水环泵

395. CBB014　齿轮泵在启动时禁止(　　)操作。

　　A. 开出口阀　　　　B. 开入口阀　　　　C. 开回流阀　　　　D. 关出口阀

396. CBB014　齿轮泵必须保证油液清洁,因此在泵入口安装(　　)。

　　A. 阀门　　　　　　B. 过滤器　　　　　C. 节流阀　　　　　D. 放油阀

397. CBB014　齿轮泵开车时,下列正确的是(　　)。

　　A. 启动电动机,开入口阀　　　　　　B. 开出口阀,启动电动机,开入口阀

　　C. 启动电动机,开入口阀,开出口阀　　D. 启动电动机,开出口阀,开入口阀

398. CBB015　离心泵开车后,出口阀门打开后压力迅速下降,原因是(　　)。

　　A. 泵出口阻力大　　B. 排气不彻底　　　C. 电动机故障　　　D. 出口阀开度太小

399. CBB015　泵气缚产生的主要原因是管路泄漏、(　　)。

　　A. 灌泵不足　　　　B. 灌泵过满　　　　C. 储槽液面过高　　D. 泵安装高度不够

400. CBB015　离心泵启动前必须灌满泵并排气,吸入管端应装上(　　)。

　　A. 止逆阀　　　　　B. 排气阀　　　　　C. 安全阀　　　　　D. 放空阀

401. CBB016　离心风机开车前,首先要接通电、空气、冷却水、蒸汽等各种外部能源,然后再启动(　　)。

　　A. 润滑油泵和油封的油泵　　　　　　B. 油泵

　　C. 循环水泵　　　　　　　　　　　　D. 电动机

402. CBB016　离心风机开车过程中,从低速 500～1000r/min 到正常运行转速的升速过程中,要快速通过(　　),以防转子产生较大振动,造成密封破坏。

　　A. 喘振区　　　　　B. 低频区　　　　　C. 低转速区　　　　D. 临界转速区

403. CBB016　离心风机开车要注意检查(　　)。

　　A. 油温　　　　　　　　　　　　　　B. 油压

　　C. 加热底部的蒸汽盘管　　　　　　　D. 以上三项皆是

404. CBB017　在机泵送电前必须检查绝缘是否完好,(　　)是否正确。

　　A. 接线　　　　　　B. 管线　　　　　　C. 发电　　　　　　D. 电容

405. CBB017　在机泵送电时,要注意检查电动机的(　　)部分的防护罩是否完好。

　　A. 定子　　　　　　B. 基础　　　　　　C. 转动　　　　　　D. 地脚螺栓

406. CBB017　在机泵送电时,要注意检查(　　)、电流、电压和机泵的工艺指标是否符合要求。

　　A. 压力　　　　　　B. 温度　　　　　　C. 流量　　　　　　D. 联锁

407. CBB018　机泵冷却水系统主要冷却的部位是(　　)。

　　A. 泵壳　　　　　　B. 叶轮　　　　　　C. 轴封　　　　　　D. 电动机

408. CBB018　冬季机泵停止送水后,应将冷却水停掉并排净,原因是(　　)。

　　A. 防止密封被水胀　B. 防止腐蚀　　　　C. 以免冻结　　　　D. 防止冻裂管线

409. CBB018 当机泵冷却水压力下降时,有可能出现的现象是( )。

A. 轴承温度下降 　　　　　　　　B. 轴承温度上升

C. 压力温度上限报警 　　　　　　D. 冷却水压力归零

410. CBB019 手动启动阀门时,应( )。

A. 先慢后快 　　　　　　　　　　B. 快速完成

C. 不断停留,观察压力 　　　　　D. 动作不要太快

411. CBB019 手动阀门关闭时,应( ),以便让流体将可能存在的污物冲走,然后适当关紧。

A. 慢速旋转 　　　　　　　　　　B. 在关闭到位后回松一两次

C. 快速旋转 　　　　　　　　　　D. 尖端旋转,保持机泵稳定

412. CBB019 对长时间不动的阀门,下列操作不正确的是( )。

A. 擦拭阀杆,并松动填料压盖 　　B. 喷些松动剂

C. 加一些润滑油 　　　　　　　　D. 可用锤子去打扳手

413. CBB020 分子筛在( )情况下需要进行切换。

A. 吸附效率下降 　　　　　　　　B. 供气风机故障

C. 送出设备停车 　　　　　　　　D. 进料气体成分变化

414. CBB020 关于分子筛切换后能否使用,下列叙述正确的是( )。

A. 再生后还可使用 　　　　　　　B. 不能再使用

C. 停一段时间后可使用 　　　　　D. 根据进料性质决定能否使用

415. CBB020 分子筛是一种具有网状晶体结构的硅铝酸盐,它通常被称为( )。

A. 沸石 　　　　B. 干燥后物料 　　　　C. 半干物料 　　　　D. 无水分物料

416. CBB021 水冷器开车投用采用( )的原则。

A. 先进热物料,后进冷却水 　　　B. 物料和冷却水同时开阀进入

C. 先送冷却水,后进物料 　　　　D. 不分先后

417. CBB021 水冷器通水前,须打开放空阀门,目的是( )。

A. 放水 　　　　　　　　　　　　B. 排放水冷器内不凝性气体

C. 放空物料 　　　　　　　　　　D. 保持压力稳定

418. CBB021 水冷器冬季投用停车时,需要泄净余水,原因是( )。

A. 减少浪费 　　　　　　　　　　B. 防止冬季冻堵设备

C. 防止腐蚀设备 　　　　　　　　D. 防止一旦内管泄漏,水进入物料

419. CBB022 检修工业水管线时,( )。

A. 管道内没有蒸汽不用打开放空阀 　B. 管道内没有蒸汽也需打开放空阀

C. 可根据情况决定是否放空 　　　D. 可用水快速将残余空气送到设备内

420. CBB022 发生管线"水击"的原因是( )。

A. 蒸汽温度过高 　　　　　　　　B. 送汽阀门关不严

C. 蒸汽带水多 　　　　　　　　　D. 以上都不是

421. CBB022 暖管时,为防止管道出现水击,要把( )及时疏出。

A. 冷凝水 　　　　B. 蒸汽 　　　　C. 仪表空气 　　　　D. 氮气

422. CBB023　换热设备投用前,应进行(　　　)操作。

　　A. 开放空阀,排放换热器中的积存不凝气体

　　B. 只开热物料侧的放空阀,放出不凝气体

　　C. 只开冷物料侧的放空阀,放出不凝气体

　　D. 不开放空阀

423. CBB023　换热器投用物料的程序是(　　　)。

　　A. 先通热物料,后通冷物料　　　　　B. 先通冷物料,后通热物料

　　C. 两侧物料必须同时送　　　　　　　D. 没有先后顺序

424. CBB023　正常生产中,应(　　　)检查换热器有无渗漏、外壳有无变形及有无振动,若有应及时排除。

　　A. 定期　　　　　　B. 不定期　　　　　C. 偶尔　　　　　D. 不用

425. CBB024　当气体物料加入反应器时,首先要将气体物料(　　　)到反应器所要求的温度条件。

　　A. 预热　　　　　　B. 加压　　　　　　C. 溶解　　　　　D. 解吸

426. CBB024　当原料是液体时,反应器要求气相反应,首先要将液体原料进行(　　　),然后再按照工艺条件加入反应器。

　　A. 固化　　　　　　B. 汽化　　　　　　C. 雾化　　　　　D. 加压

427. CBB024　当气体通过固体颗粒床层时,随着气速的改变,分别经历(　　　)、流化床和气流输送三个阶段。

　　A. 固定床　　　　　B. 移动床　　　　　C. 浆态床　　　　D. 反应床

428. CBB025　当液体物料加入反应器时,首先要控制好原料的(　　　)。

　　A. 配比　　　　　　B. 密度　　　　　　C. 分子数　　　　D. 黏度

429. CBB025　在液体物料加入反应器之前,反应器必须用(　　　)置换。

　　A. 氢气　　　　　　B. 蒸汽　　　　　　C. 氮气　　　　　D. 空气

430. CBB025　下列方法输送液体物料最节省能量的是(　　　)。

　　A. 离心泵输送　　　　　　　　　　　　B. 重力输送

　　C. 真空泵输送　　　　　　　　　　　　D. 往复泵输送

431. CBB026　固体物料一般采用皮带输送、气力输送和(　　　)输送等方法。

　　A. 重力　　　　　　B. 牵引　　　　　　C. 流化　　　　　D. 强制

432. CBB026　将某种固体原料先进行制粉,然后用鼓风机送到反应器的方式属于(　　　)输送。

　　A. 重力　　　　　　B. 皮带　　　　　　C. 气力　　　　　D. 流态

433. CBB026　固体物料一般采用(　　　)。

　　A. 皮带输送　　　　　　　　　　　　　B. 气力输送

　　C. 重力输送　　　　　　　　　　　　　D. 以上三项皆是

434. CBB027　岗位员工要牢固树立"搞好本工序、帮助上工序、服务(　　　)工序"的质量意识。

　　A. 上　　　　　　　B. 下　　　　　　　C. 左　　　　　　D. 右

435. CBB027　关于生产合格产品的重要因素,下列叙述正确的是(　　)。

　　A. 只对重要工艺参数严格控制,忽略其他工艺参数

　　B. 每道工序严格控制和把关

　　C. 只对重要设备运转情况加强检查和维护,忽略其他设备

　　D. 只对核心工序严格控制,忽略辅助工序

436. CBB027　有中间储存设施的装置,一般当检验结果没出来时,该过程产品(　　)。

　　A. 不得转入下一工序　　　　　　　　B. 可以转入下一工序

　　C. 先转入下一工序再等结果　　　　　D. 如果急需可以转入下一工序

437. CBC001　在液-液反应过程中,在物料开始反应前,要(　　)开反应釜的放空阀。

　　A. 大　　　　　　B. 微　　　　　　C. 半　　　　　　D. 全

438. CBC001　液-液反应过程中,投料时要按照(　　)条件进行投料,对液体进行准确计量。

　　A. 工艺　　　　　　B. 设备　　　　　　C. 仪表　　　　　　D. 电气

439. CBC001　对于间歇式液液反应,如果物料之间反应剧烈,应(　　)投入物料,防止喷溅、超压等事故发生。

　　A. 一次全部　　　　　　　　　　　B. 同时缓慢

　　C. 先后快速　　　　　　　　　　　D. 同时快速

440. CBC002　液-固反应过程中,一般液体物料应从反应器(　　)投入。

　　A. 顶部　　　　　　B. 中部　　　　　　C. 下部　　　　　　D. 任何位置

441. CBC002　在液-固反应过程中,要注意观察送料泵的压力和(　　)的变化,以保证物料连续化按工艺指标供给。

　　A. 电流　　　　　　B. 电压　　　　　　C. 密封　　　　　　D. 流量

442. CBC002　液-固反应过程中,物料的投入量依据(　　)确定。

　　A. 任意比例　　　　　　　　　　　B. 经验判断

　　C. 液固相中参加反应物的比例　　　D. 反应器结构

443. CBC003　气-液反应过程中,气体物料一般从反应器的(　　)加入。

　　A. 顶部　　　　　　B. 中部　　　　　　C. 底部　　　　　　D. 任何位置

444. CBC003　气-液相反应是一个(　　)反应过程。

　　A. 均相　　　　　　B. 非均相　　　　　　C. 多相　　　　　　D. 化合

445. CBC003　在气-液相反应过程中,反应速度的快慢在很大程度上取决于气相和液相界面上各组分分子的(　　)速度。

　　A. 扩散　　　　　　B. 对流　　　　　　C. 传导　　　　　　D. 换热

446. CBC004　在气-固相反应过程前,首先将固体催化剂进行升温、还原或活化,当反应器内达到气固相反应的工艺条件时,方可投入(　　)。

　　A. 原料气　　　　　　B. 催化剂　　　　　　C. 燃料　　　　　　D. 提纯

447. CBC004　在气-固相反应过程中,气体在(　　)催化剂床层内既有传质过程又有传热过程。

　　A. 液体　　　　　　B. 固体　　　　　　C. 气体　　　　　　D. 等离子态

448. CBC004 化工生产中,气固反应通常在固定床反应器、(    )或移动床反应器中进行。
    A. 喷射反应器　　　　　　　　B. 塔式反应器
    C. 流化床反应器　　　　　　　D. 管式反应器

449. CBC005 关于外操正常巡检的内容,下列叙述不正确的是(    )。
    A. 检查关键机组和重要机泵运转情况(包括运行参数、润滑、泄漏等情况)
    B. 检查原料质量
    C. 防冻保温、安全设施、环保设施运行情况
    D. 重点生产部位(如罐区放空设施等)和安全隐患部位运行情况

450. CBC005 下列不属于巡检管理规定中包含内容的是(    )。
    A. 巡检路线　　　　B. 巡检内容　　　　C. 巡检时间　　　　D. 应急演练

451. CBC005 巡检中查出的安全生产问题要及时汇报、处理,及早消除隐患,同时应有(    )。
    A. 讲评　　　　　　B. 措施　　　　　　C. 考核　　　　　　D. 记录

452. CBC006 为减少固体催化剂中毒,下列操作不正确的是(    )。
    A. 尽量避免毒物与催化剂接触　　B. 原料进行净化除尘
    C. 开车前催化剂可露天堆放　　　D. 设备管线必须吹扫干净

453. CBC006 严格保持催化剂使用所允许的温度范围,防止(    ),以致烧坏催化剂。
    A. 催化剂钝化　　　　　　　　B. 催化剂失去活性
    C. 催化剂中毒　　　　　　　　D. 催化剂床层局部过热

454. CBC006 装填固体催化剂时,应(    )将颗粒填入反应器。
    A. 快速地　　　　　B. 紧实地　　　　　C. 分散地　　　　　D. 均匀地

455. CBC007 在无机化学反应过程中,有许多液–液相反应采用酸性或(    )液相催化剂。
    A. 油性　　　　　　B. 水性　　　　　　C. 碱性　　　　　　D. 碱式盐

456. CBC007 采用液相催化剂时,要严格控制好催化剂和(    )的混合程度。
    A. 产品　　　　　　B. 添加剂　　　　　C. 固体　　　　　　D. 物料

457. CBC007 采用含45%NaOH的液碱作催化剂时,要时刻注意管线、阀门和填料是否泄漏,万一泄漏时最容易灼伤的是人的皮肤和(    )。
    A. 眼睛　　　　　　B. 骨头　　　　　　C. 头部　　　　　　D. 背部

458. CBC008 入精馏塔物料流量工艺指标为$20\sim25m^3/h$的作用是(    )。
    A. 指导控制入塔流量操作范围　　B. 要求控制流量是$22.5m^3/h$
    C. 表明精馏塔的生产能力　　　　D. 表明精馏塔的物耗情况

459. CBC008 严格执行工业指标能够(    )。
    A. 提高装置经济效益　　　　　B. 完成工厂生产作业计划
    C. 保证生产操作安全平稳进行　　D. 减少装置停车次数

460. CBC008 要对原始记录收集、整理、统计,并对波动较大的工艺指标及时进行分析,查找原因,并提出改进措施的是(    )。
    A. 值班长　　　　　B. 车间主任　　　　C. 工艺管理人员　　D. 安全员

461. CBC009　装置工艺参数超标可能会造成产品质量(　　　)。

A. 合格　　　　　B. 不合格　　　　　C. 不受影响　　　　D. 不确定

462. CBC009　通过(　　　)可以解决合成釜的产品质量发生波动的问题。

A. 提高合成釜的负荷　　　　　　　　B. 降低合成釜的负荷

C. 变更质量分析指标　　　　　　　　D. 调整合成釜的工艺参数

463. CBC009　操作人员通过对(　　　)所规定工艺参数的正确操作控制,可生产出合格的产品。

A. 工艺规程　　　　B. 安全规程　　　　C. 临时操作方案　　　D. 应急预案

464. CBC010　重力沉降和最终液固分离的操作顺序是(　　　)。

A. 先沉降、后分离　　B. 先分离再沉降　　C. 同时进行　　　　D. 与先后顺序无关

465. CBC010　粗盐水中含大量 $CaCO_3$ 和 $Mg(OH)_2$ 沉淀物,分离操作时应选用(　　　)。

A. 压缩机　　　　　B. 离心机　　　　　C. 真空叶滤机　　　D. 沉降器

466. CBC010　在沉降室中,下列因素与颗粒的沉降速度无关的是(　　　)。

A. 颗粒的几何尺寸　　　　　　　　　B. 颗粒与流体的密度

C. 流体的水平流速　　　　　　　　　D. 颗粒的形状

467. CBC011　连续操作的氢气压缩机备机的管路和缓冲罐在切换开启投用前必须用(　　　)置换合格。

A. 氢气　　　　　　B. 氮气　　　　　　C. 空气　　　　　　D. 氧气

468. CBC011　在连续输送氢气的管路的最低点,要有两道(　　　),并且阀门出口排出的液体要进入密闭系统。

A. 排液阀　　　　　B. 排气阀　　　　　C. 泄压阀　　　　　D. 真空阀

469. CBC011　在临氢操作的条件下,氢气系统严禁(　　　)窜入。

A. 氮气　　　　　　B. 氦气　　　　　　C. 二氧化碳　　　　D. 氧气

470. CBC012　中和池的 pH 值应控制在(　　　)。

A. 6~7　　　　　　B. 6.5~7.5　　　　　C. 7.5~11.5　　　　D. 3.5~6.5

471. CBC012　中和池内发生反应的是(　　　)。

A. 酸碱中和反应　　B. 氧化还原反应　　C. 置换反应　　　　D. 分解反应

472. CBC012　在中和池中添加具有中和性能的滤料(石灰石、白云石、大理石等),使酸性废水通过滤料时起到中和作用的是(　　　)。

A. 酸、碱废水(或废渣)中和法　　　　B. 投药中和法

C. 过滤中和法　　　　　　　　　　　D. 净化中和法

473. CBC013　氧化 1L 工艺废水中(　　　)物质所消耗的氧化剂的量,用氧的 mg/L 表示,即该工艺废水的 COD 值。

A. 氧化性　　　　　B. 还原性　　　　　C. 酸性　　　　　　D. 碱性

474. CBC013　国家标准规定测定 COD 值应采用(　　　)。

A. 重铬酸钾法　　　B. 高锰酸钾法　　　C. EDTA 法　　　　D. 生化法

475. CBC013　化学需氧量高意味着水中含有大量还原性物质,其中主要是(　　　)。

A. 金属化合物　　　B. 有机污染物　　　C. 无机污染物　　　D. 酸性污染物

476. CBC014 真空系统压力可通过(　　)设备实现。

    A. 水环泵　　　　　　B. 离心泵　　　　　　C. 齿轮泵　　　　　　D. 柱塞泵

477. CBC014 真空系统由(　　)和获得真空、测量真空、控制真空等组件组成。

    A. 真空泵　　　　　　B. 真空容器　　　　　C. 真空元件　　　　　D. 真空机组

478. CBC014 当系统内真空压力高于或低于设定压力时,控制器内的(　　)立即动作,使控制器内的开关触点断开或接通,此时设备停止工作。

    A. 温度感应器　　　　B. 压力感应器　　　　C. 真空表　　　　　　D. 放空阀

479. CBC015 在高压间歇式反应釜停车操作过程中,首先要进行(　　)操作。

    A. 降温　　　　　　　B. 降压　　　　　　　C. 吸料　　　　　　　D. 松盖排气

480. CBC015 以下阀当出口载气阻力发生变化时保持出口压力稳定的是(　　)。

    A. 安全阀　　　　　　B. 泄压阀　　　　　　C. 稳压阀　　　　　　D. 放空阀

481. CBC015 以下可在管路或是设备容器压力不稳的状态下,保持反应器内有一恒定压力的是(　　)。

    A. 安全阀　　　　　　B. 泄压阀　　　　　　C. 稳压阀　　　　　　D. 背压阀

482. CBC016 常压放热反应器放出的热量通过(　　)有效移走。

    A. 反应器间壁换热　　　　　　　　　B. 强制搅拌

    C. 加强通风　　　　　　　　　　　　D. 控制反应温度

483. CBC016 关于聚合釜反应器移走热量的方式,下列叙述不正确的是(　　)。

    A. 夹套循环水方式　　　　　　　　　B. 气相采出外循环换热方式

    C. 液相采出外循环方式　　　　　　　D. 强制通风方式

484. CBC016 鼓泡塔反应器烃化温度的控制主要通过3种方式完成,下列操作中,不属于温度控制的是(　　)。

    A. 控制进料量　　　　　　　　　　　B. 向塔外夹套通入水蒸气或冷却水

    C. 通过回流液的温度进行控制　　　　D. 塔内压力控制

485. CBC017 加压过滤操作主要是调节提高过滤速度,通常采用(　　)方法。

    A. 冷却物料　　　　　　　　　　　　B. 选用细密过滤介质

    C. 提高过滤介质两侧压差　　　　　　D. 增加滤饼厚度

486. CBC017 真空过滤操作时,当过滤速度缓慢时,可以(　　)。

    A. 向物料内加水稀释　　　　　　　　B. 调节真空度

    C. 清除滤饼　　　　　　　　　　　　D. 增加入料压力

487. CBC017 过滤推动力一般是指(　　)。

    A. 过滤介质两边的压差

    B. 过滤介质与滤饼构成的过滤层两边的压差

    C. 滤饼两面的压差

    D. 液体进出过滤机的压差

488. CBC018 以下可带走摩擦产生的热量,使风机轴瓦温度控制在设备要求范围内的是(　　)。

    A. 冷却水　　　　　　B. 润滑油　　　　　　C. 介质　　　　　　　D. 自然降温

489. CBC018 轴瓦温度的控制受诸多因素的影响,但( )不影响轴瓦温度。

  A. 入口介质温度  B. 润滑油温度  C. 出口介质温度  D. 润滑油压力

490. CBC018 当转子停稳后,向轴瓦供油不得少于( ),待轴瓦的温度降到40℃以下停辅助油泵。

  A. 30min    B. 40min    C. 50min    D. 60min

491. CBC019 在压缩机启动过程中,段间冷却器在( )投入使用。

  A. 压缩机启动后  B. 压缩机启动前  C. 油系统启动前  D. 压缩机运行正常后

492. CBC019 压缩机段间冷却器正常操作的主要工艺控制指标是( )。

  A. 出口冷却水温度      B. 冷却水流量

  C. 冷却水压力       D. 进、出口冷却水温度

493. CBC019 压缩机停车过程中,停止段间冷却器运行是在( )。

  A. 开始阶段关闭  B. 最后阶段关闭  C. 油系统停车前  D. 任意时间

494. CBC020 提高气体压缩机输送气量的方法是( )。

  A. 增加出口阀门开度      B. 增加入口阀门开度

  C. 增加回流阀开度      D. 增加放空阀开度

495. CBC020 使往复式压缩机的生产能力低于理论值的是( )的存在。

  A. 流动阻力       B. 气体温度的升高

  C. 压缩机余隙       D. 各种泄漏

496. CBC020 压缩机每段出口管上都设置一个( ),用以调节输气量。

  A. 回气近路阀  B. 自动排气阀  C. 安全阀    D. 稳压调节阀

497. CBC021 水银式液面计,如单管式水银液面计、U形管水银液面计,应( )读取数据。

  A. 按液面的凸面      B. 按液面的凹面

  C. 视线与刻度盘垂直    D. 直接

498. CBC021 水柱式液面计,如单管式水柱液面计、U形管水柱液面计,应( )读取数据。

  A. 按液面的凸面      B. 按液面的凹面

  C. 视线与刻度盘垂直    D. 直接

499. CBC021 刻度呈弧度的液面指示仪表,例如动圈式液面计,读取数据时应( )。

  A. 按液面的凸面读取    B. 按液面的凹面读取

  C. 视线与刻度盘垂直    D. 直接读出数据

500. CBC022 在识读现场压力表时,要检查压力表是否已按照国家规定( )。

  A. 考试     B. 通过     C. 校验     D. 读取

501. CBC022 识读压力表时,眼睛要( )压力表的正面,注意表盘上标示的单位和倍数关系。

  A. 平视     B. 斜视     C. 俯视     D. 仰视

502. CBC022 在现场准确识读压力表后,要用小本或纸张记下,然后回到操作间再利用仿宋体抄录到( )记录纸上,切勿凭记忆填写记录。

  A. 工作     B. 操作     C. 学习     D. 安全

503. CBC023 在识读现场温度计时,要检查温度计是否(　　)。

A. 指示　　　　B. 通过校验　　　　C. 完好　　　　D. 达到量程

504. CBC023 一般温度计上标示的单位是摄氏度,但也有少数温度计用(　　)表示的,使用时要注意它们之间的换算关系。

A. 开氏度　　　　B. 里氏度　　　　C. 牛顿度　　　　D. 华氏度

505. CBC023 温度计读数时,要等到温度计液柱(　　)再读数。

A. 稳定后　　　　B. 上升时　　　　C. 开始变化时　　　　D. 变化慢时

506. CBC024 日常装置运行的管道导淋,(　　)进行排水操作。

A. 当管道阻力增加时　　　　B. 按生产负荷定时

C. 当管道堵塞时　　　　D. 当管道出现水击震动时

507. CBC024 冬季采取(　　)的措施,可防止导淋排凝管冻堵。

A. 导淋管设置水封并联锁放水　　　　B. 导淋管保温

C. 及时排放导淋管内冷凝水　　　　D. 以上操作都可以

508. CBC024 对高凝点介质因不流通凝住的导淋,可(　　)导淋阀,用蒸汽逐渐加热解凝的方法来疏通导淋阀。

A. 全开　　　　B. 大开　　　　C. 稍开　　　　D. 关闭

509. CBC025 装置和管道设置的水封管(槽、罐)属于(　　)设施。

A. 仪表　　　　B. 安全　　　　C. 环保　　　　D. 生产

510. CBC025 当气相物料(　　)超标时,水封会自动开始放空。

A. 温度　　　　B. 流量　　　　C. 液位　　　　D. 压力

511. CBC025 以下不属于水封的三种作用之一的是(　　)。

A. 防止气体外溢,起密封作用　　　　B. 防止气体倒流,起逆止作用

C. 防止设备超压,起泄压作用　　　　D. 防止设备起火,起防火作用

512. CBC026 火炬在炼化装置所起的作用是(　　)。

A. 夜间照明,节约能源　　　　B. 处理开、停工及事故状态下放空气体

C. 不污染环境　　　　D. 平衡生产的设施

513. CBC026 炼化厂的火炬是(　　)设施。

A. 生产　　　　B. 节能　　　　C. 安全　　　　D. 环保

514. CBC026 根据火炬系统的设计处理量、工厂所在地的地理条件以及(　　)等因素,决定采用何种形式的火炬。

A. 环境保护要求　　　　B. 排放介质性质

C. 安全生产要求　　　　D. 排放介质压力

515. CBC027 离心风机的运行过程中,随着出口压力的升高,机器的转速可能(　　),此时要进行调节,使其在额定转速下运行。

A. 降低　　　　B. 升高　　　　C. 不变　　　　D. 不确定

516. CBC027 离心风机运行过程中突然发生强烈振动,应(　　)。

A. 紧急停机　　　　B. 调整进气量

C. 调整排气量　　　　D. 联系检修紧固地角螺栓

517. CBC027　离心风机达到正常转速时,应观察风机(　　)是否正常,若运行电流超过其额定电流,应及时联系电工检查处理。

A. 电压　　　　　　B. 输出功率　　　　C. 电流　　　　　　D. 转速

518. CBC028　离心泵流量的控制,主要通过(　　)完成。

A. 调节出口阀门的开度　　　　　　　B. 改变叶轮的转速

C. 改变叶轮的直径　　　　　　　　　D. 改变排液阀开度

519. CBC028　安装变频装置的离心泵,可以通过(　　)转速,达到减小流量的目的。

A. 降低　　　　　　B. 升高　　　　　　C. 保持　　　　　　D. 改变

520. CBC028　泵内吸入空气可导致(　　)。

A. 泵体振动　　　　B. 出口压力增大　　C. 流量增加　　　　D. 流量不足

521. CBC029　离心泵操作中,导致泵出口压力过高的原因是(　　)。

A. 润滑油不足　　　B. 密封损坏　　　　C. 排出管路堵塞　　D. 冷却水不足

522. CBC029　离心泵压力控制常用的方法是(　　)。

A. 改变吸入管路阀门开度　　　　　　B. 改变出口管路阀门开度

C. 安装回流支路,改变循环量　　　　D. 减少叶轮长度

523. CBC029　一台离心泵开动不久,泵入口真空度正常,泵出口压力表逐渐降低为零,控制调节无效,故障的原因可能是(　　)。

A. 开泵时未灌泵　　B. 吸入管路堵塞　　C. 出口管路堵塞　　D. 吸入管路漏气

524. CBC030　通常冷冻盐水的温度控制在比系统中的液氨蒸发温度(　　)的范围内。

A. 低 10~13K　　　B. 高 10~13K　　　C. 低 15K　　　　　D. 高 15K

525. CBC030　冷冻盐水温度过低,可采用(　　)的方法调节。

A. 减少冷冻剂制冷时间

B. 通过自动控制系统减少冷冻压缩机的电动机转速

C. 增加被冷冻物料的负荷

D. 其他各项都对

526. CBC030　比热容大,即单位载冷剂负载的(　　)要大,它是衡量载冷剂性能优劣的重要指标之一。

A. 冷量　　　　　　B. 热量　　　　　　C. 密度　　　　　　D. 浓度

527. CBC031　在混合料配比时,要严格控制各物料的(　　)准确性。

A. 计量　　　　　　B. 密度　　　　　　C. 相对密度　　　　D. 体积

528. CBC031　混合物料配比时,除了准确计量外,还要控制好各种物料的加料(　　)。

A. 大小　　　　　　B. 速度　　　　　　C. 顺序　　　　　　D. 状态

529. CBC031　周围(　　)会给混合料比例调节造成一定的影响。

A. 设备　　　　　　B. 空气湿度　　　　C. 管线　　　　　　D. 运转设备

530. CBC032　正常情况下,三级防控各切换井阀门必须处于(　　)状态。

A. 打开　　　　　　B. 关闭　　　　　　C. 半开半闭　　　　D. 任意

531. CBC032　当下大雨、暴雨时,初期的污染物经雨水冲刷后排入(　　)。

A. 雨排水管线　　　B. 清净水管线　　　C. 污水管线　　　　D. 酸性下水管线

532. CBC032　下大雨、暴雨 10min 后,待污染物冲洗干净后马上将切换井切换到(　　　),避免大量雨水排入污水厂而增加污水厂的处理负荷。

　　A. 污水管线　　　　B. 酸性下水管线　　　C. 雨排水管线　　　D. 清净下水管线

533. CBC033　废热锅炉液位控制调节的原则是(　　　)。

　　A. 根据给水量调节　　　　　　　　B. 根据送气量调节

　　C. 根据送出蒸汽的温度调节　　　　D. 根据排污热水流量

534. CBC033　废热锅炉后部蒸汽用量突然增加时,瞬间会形成(　　　)。

　　A. 锅炉假"低"液面　　　　　　　　B. 锅炉假"高"液面

　　C. 液面不变　　　　　　　　　　　D. 液面大幅波动

535. CBC033　按压力容器在生产过程中作用原理分类,废热锅炉属于(　　　)。

　　A. 换热容器　　　　B. 分离容器　　　C. 反应容器　　　D. 加热容器

536. CBD001　蒸汽停用时,要及时关闭蒸汽供给阀门并加(　　　)。

　　A. 盲板　　　　　　B. 垫片　　　　　C. 石棉垫　　　　D. 导淋

537. CBD001　蒸汽管线下面导淋管上的(　　　)用于阻汽排水。

　　A. 闸阀　　　　　　B. 蝶阀　　　　　C. 止回阀　　　　D. 疏水器

538. CBD001　装置发生蒸汽中断事故时,正确的做法是生产系统应(　　　)处理。

　　A. 降温加量　　　　B. 降温降量　　　C. 升温降量　　　D. 升温加量

539. CBD002　在循环水停用后,操作人员要立即打开各用循环水设备的(　　　)导淋。

　　A. 排污　　　　　　B. 给水　　　　　C. 蒸汽　　　　　D. 连通

540. CBD002　当冷水池液位偏低时应采取的措施是(　　　)。

　　A. 关闭泵出口回流阀　　　　　　　B. 全开回水上塔阀

　　C. 减少或关闭排污　　　　　　　　D. 关闭泵入口阀

541. CBD002　循环水中铁的存在的形态是(　　　)。

　　A. 三价铁离子　　　B. 二价铁离子　　　C. 氧化铁　　　D. 氢氧化铁

542. CBD003　北方地区离心泵停车后,为防止泵体冻裂,应(　　　)。

　　A. 打开放气阀　　　　　　　　　　B. 关闭冷却水

　　C. 将泵内的液体排净　　　　　　　D. 关闭排液阀关闭液封装置的液封阀

543. CBD003　对于热油泵,停车后每半小时应(　　　),直到泵体温度降到 80℃ 以下。

　　A. 反复开启电动机　　　　　　　　B. 打开冷却水

　　C. 盘车一次　　　　　　　　　　　D. 打开预热阀门

544. CBD003　离心泵停车首先应关闭(　　　)。

　　A. 出口阀　　　　　B. 入口阀　　　　C. 排气阀　　　　D. 排液阀

545. CBD004　离心风机停车过程中,为防止发生喘振和损坏止推轴承,应(　　　)。

　　A. 缓慢打开回流阀和放空阀　　　　B. 快速打开回流阀和放空阀

　　C. 应先开低压后开高压　　　　　　D. 降到最低转速

546. CBD004　离心风机如果输送的是有毒、有害介质,停车后应继续(　　　),以确保易燃、易爆或有毒有害物质不漏到机外。

　　A. 盘车　　　　　　B. 开回流阀　　　　C. 开冷却水　　　D. 向密封系统注油

547. CBD004 离心风机停车后,当润滑油温度降到(　　)左右时再停辅助油泵,以保护转子、轴承和密封系统。

A. 60℃　　　　　　　B. 50℃　　　　　　　C. 40℃　　　　　　　D. 30℃

548. CBD005 放空点要在装置的边缘或以外合理的距离,且位于可燃气体、液化烃、甲类可燃液体的全年最小频率风向的(　　)风侧。

A. 上　　　　　　　　B. 下　　　　　　　　C. 西北　　　　　　　D. 东南

549. CBD005 在装置需要放空的操作过程中,除了用装置投用的联锁开启放空阀进行放空外,还要注意检查(　　)放空是否打开。

A. 自动　　　　　　　B. 微调　　　　　　　C. 手动　　　　　　　D. 呼吸阀

550. CBD005 化工装置引循环水操作时,应首先检查管线及冷换设备(　　)。

A. 高点放空是否打开　　　　　　　B. 高点放空是否关闭

C. 低点导淋是否打开　　　　　　　D. 高点放空和低点导淋阀是否都打开

551. CBD006 岗位操作人员要尽可能节约用水、合理用水、一水多用、循环用水,提高水的循环利用率,减少(　　)排放量。

A. 新鲜水　　　　　　B. 循环水　　　　　　C. 污水　　　　　　　D. 工艺水

552. CBD006 停车时排放废水都要实行清污(　　),分别排放,分别处理。

A. 分流　　　　　　　B. 合流　　　　　　　C. 混流　　　　　　　D. 同流

553. CBD006 停车时,禁止采用渗井、渗坑等方式排放废液和高浓度污水,以防污染(　　)。

A. 地上水　　　　　　B. 地下水　　　　　　C. 地表水　　　　　　D. 地壳水

554. CBD007 对各种工业炉窑和生产装置排放的烟尘、粉尘、酸雾和各种工艺废气,其排放口必须设置监测分析设施或取样口,进行定期或(　　)监测分析。

A. 不定期　　　　　　B. 定时　　　　　　　C. 定点　　　　　　　D. 专人

555. CBD007 对于排放的(　　)废气、压料排气、储罐排出气等,要因地制宜地采取处理措施,消除或减少污染。

A. 设备　　　　　　　B. 工艺　　　　　　　C. 电气　　　　　　　D. 仪表

556. CBD007 对无组织废气排放源,按规定设置若干个监控点,监测结果以(　　)评价。

A. 平均浓度值　　　　　　　　　　B. 最高浓度点的值

C. 最低浓度点的值　　　　　　　　D. 任选一点的值

557. CBD008 有种强烈的神经性毒气,对黏膜有明显的刺激作用,经呼吸道和消化道吸收,在血液中达一定浓度时,会引起全身中毒症状,这种毒物是(　　)。

A. $H_2S$　　　　　　B. $SO_2$　　　　　　C. $SO_3$　　　　　　D. $NH_3$

558. CBD008 化工生产常见的六种毒气有一氧化碳、氯气、氨气、光气、(　　)、二氧化氮。

A. 二氧化硫　　　　　B. 二氧化碳　　　　　C. 氮气　　　　　　　D. 氧气

559. CBD008 关于一氧化碳性质,下列表述错误的是(　　)。

A. 通常状况下是无色无味的气体,难溶于水

B. 有毒,有刺激性气味

C. 在空气中燃烧,发出蓝色火焰

D. 有还原性,可冶炼金属

560. CBD009　临时停用氮气要注意保持系统(　　　)，勿将其他气体窜入氮气系统。

　　A. 压力　　　　　B. 温度　　　　　C. 流量　　　　　D. 放空

561. CBD009　如果是长期停用氮气，要把装置的设备用装置风吹净(　　　)后，然后封存。

　　A. 置换　　　　　B. 分析　　　　　C. 分析合格　　　　D. 试压

562. CBD009　为了防止公用氮气串入系统设备，公用氮气与设备连接采用可拆卸软管接头方式，当工艺系统设备停用时，接头处于(　　　)。

　　A. 断开状态　　　B. 连接状态　　　C. 连接关闭状态　　D. 打开状态

563. CBD010　化工管路清洗包括水冲洗、(　　　)、油清洗和脱脂等。

　　A. 化合物冲洗　　B. 置换　　　　　C. 酸洗钝化　　　　D. 脱碳

564. CBD010　冲洗奥氏体不锈钢管路时，为防止(　　　)离子积聚，通常采用去离子水进行冲洗。

　　A. 铁　　　　　　B. 氯　　　　　　C. 负　　　　　　D. 正

565. CBD010　某管道酸洗前，如发现内壁有明显油斑，应将管道进行必要处理，方法为(　　　)。

　　A. 蒸汽吹扫　　　B. 油清洗　　　　C. 脱脂　　　　　D. 钝化

566. CBD011　在系统进行置换前，要编制落实置换过程中的风险评价、制定安全(　　　)措施和应急计划。

　　A. 技术　　　　　B. 设备　　　　　C. 仪表　　　　　D. 电气

567. CBD011　如果置换后要进行检修的设备，利用氮气置换合格后，还要用空气置换，待氧含量、有毒有害气体和(　　　)分析合格后方可。

　　A. 氮气　　　　　B. 空气　　　　　C. 可燃气体　　　　D. 氯气

568. CBD011　装置 $N_2$ 置换，系统压力不能超过系统(　　　)。

　　A. 设计压力　　　B. 工作压力　　　C. 最高压力　　　　D. 最低压力

569. CBD012　空气呼吸器使用前，首先将面罩呼吸阀旁的复位杆复位，打开气瓶开关，检查气压表压力，正常值应为(　　　)。

　　A. 10~20MPa　　B. 20~30MPa　　C. 25~35MPa　　　D. 30~40MPa

570. CBD012　下列关于正压式空气呼吸器日常检查的叙述正确的是(　　　)。

　　A. 报警器完好　　　　　　　　　　B. 报警压力准确

　　C. 低压供气管线完好　　　　　　　D. 以上三项皆是

571. CBD012　下列关于正压式空气呼吸器维护保养的叙述正确的是(　　　)。

　　A. 清洗擦干面罩　　　　　　　　　B. 检查中压软管

　　C. 供气阀是否完好　　　　　　　　D. 以上三项皆是

572. CBD013　"三废"是指(　　　)。

　　A. 废水、垃圾、废气　　　　　　　B. 垃圾、生活下水、废气

　　C. 废气、废水、固体废物　　　　　D. 噪声、辐射、土壤污染

573. CBD013　下列不属于危险废物处理"三化"原则的是(　　　)。

　　A. 资源化　　　　B. 减量化　　　　C. 无害化　　　　D. 增量化

574. CBD013　常用的酸性中和剂是(　　　)。

　　A. 电石渣　　　　B. 烟道气　　　　C. 废酸　　　　　D. 粗制酸

575. CBD014  关于化工装置停工的确认内容,下列叙述不正确的是(    )。

A. 退净工艺管道、塔、容器、加热炉、机泵等设备内物料

B. 完成吹扫、置换

C. 按隔离方案堵加盲板

D. 仪表是否处于工作状态

576. CBD014  装置停车后,如(    )操作没有完成,不能对管线及设备进行处理。

A. 热水蒸煮　　　　B. 酸碱中和　　　　C. 退净物料　　　　D. 氮气置换

577. CBD014  冬季临时停用的设备,必须保证回水或蒸汽(    ),避免冻凝管线。

A. 微量流通　　　　B. 停用　　　　　　C. 全开　　　　　　D. 放空

578. CBD015  装置停工前要按停工计划逐步降低(    ),直至全停。

A. 生产负荷　　　　B. 反应压力　　　　C. 反应温度　　　　D. 产品产量

579. CBD015  装置停工前与(    )的设备、管线相关联的阀门要提前切断,停车后还要加堵盲板与其有效隔离。

A. 外界所有　　　　B. 送出物料　　　　C. 公用工程　　　　D. 系统正在运行

580. CBD015  应先切断电源,停止电动机运转,并通知有关工序,然后打开放空阀泄压,随后按正常停车步骤进行操作的是(    )。

A. 紧急停车　　　　　　　　　　　B. 正常停车

C. 按计划停车　　　　　　　　　　D. 检修停车

581. CBD016  离心机停车后需要进行系统的清洗,其清洗的主要部位是(    )。

A. 转鼓和筛网　　　　　　　　　　B. 筛网和刮刀

C. 转鼓和刮刀　　　　　　　　　　D. 拦液板

582. CBD016  关于离心机停车的注意事项,下列说法错误的是(    )。

A. 离心机内物料放净　　　　　　　B. 筛框上的物料不用清洗

C. 离心机加料管内无物料　　　　　D. 离心机筛框清洗干净

583. CBD016  离心机停车后筛网(    )。

A. 可以留有物料　　　　　　　　　B. 用硬物将物料敲击下来

C. 用水冲洗干净　　　　　　　　　D. 用溶液冲洗

584. CBD017  在工艺向检修交出前,操作人员要在车间统一安排下对存有易燃、易爆、有毒有害、腐蚀性的物料设备、容器、管道进行蒸汽吹扫、热水洗煮、中和、(    )或空气置换,使其内部不再含有残存物料。

A. 氧气　　　　　　B. 氮气　　　　　　C. 工艺气　　　　　D. 仪表风

585. CBD017  在工艺向检修交出前,除可燃气体、有毒有害气体和氧含量分析合格外,要特别注意应(    )与系统隔离。

A. 加盲板　　　　　B. 关闭阀门　　　　C. 设围挡　　　　　D. 吹氮气

586. CBD017  在工艺向检修交出前,可燃气体、有毒有害气体和(    )含量要分析合格。

A. 氧　　　　　　　B. 氮气　　　　　　C. 装置风　　　　　D. 仪表风

587. CBD018  不属于固体废物无害化处理操作的是(    )。

A. 焚烧　　　　　　B. 热处理　　　　　C. 解毒处理　　　　D. 回收利用

588. CBD018  关于固体废物的处理原则,下列叙述不正确的是(　　　)。
  A. 无害化　　　　　B. 堆埋化　　　　　C. 资源化　　　　　D. 减量化

589. CBD018  国家对固体废物污染环境的防治采用的"三化"治理原则为(　　　)。
  A. 填埋化、覆盖化和无害化
  B. 全部减量化、全部资源利用化和全部处理无害化原则
  C. 减量化、资源化、无害化,即实行减少固体废物的产生、充分合理利用固定废物和无害化的处置固体废物的原则
  D. 减量化、资源化、无害化,即减少废渗滤液的产生、充分合理利用渗滤液和无害化处理渗滤液的原则

590. CBE001  磺化反应器投用前应进行(　　　)检查。
  A. 气密　　　　　B. 油密　　　　　C. 气密、油密　　　　　D. 以上选项均不正确

591. CBE001  磺化中和系统开工前可引(　　　)建立循环。
  A. 混合原料油　　　　　　　　　B. 磺酸盐
  C. 混合原料油或磺酸盐　　　　　D. 原料 A

592. CBE001  中和系统所用液碱浓度为(　　　)。
  A. 30%　　　　　B. 35%　　　　　C. 40%　　　　　D. 45%

593. CBE002  循环水的作用是(　　　)。
  A. 参加化学反应　　B. 冷却工艺介质　　C. 保温　　　　　D. 补充水

594. CBE002  循环水的工艺指标不包括(　　　)。
  A. 压力　　　　　B. 温度　　　　　C. 电导率　　　　　D. 浊度

595. CBE002  循环水在运行过程中为防止设备腐蚀及管线结垢,应(　　　)。
  A. 加阻垢剂与杀菌剂　　　　　B. 加热
  C. 加消泡剂　　　　　　　　　D. 加盐酸

596. CBE003  以下处理剂的再生顺序是先加热后冷却的是(　　　)。
  A. 添加剂　　　　　B. 干燥剂　　　　　C. 氧化剂　　　　　D. 还原剂

597. CBE003  干燥剂的(　　　)是有限的,因此它吸附的湿气必须经过再生被清除。
  A. 吸热能力　　　　B. 加热能力　　　　C. 吸湿能力　　　　D. 氧化能力

598. CBE003  干燥剂再生过程为加热后的空气通过干燥剂床,当干燥剂的温度上升时,释放出吸附的湿气,当(　　　)吸收水汽达到饱和后,就被排入大气。
  A. 热水　　　　　B. 蒸汽　　　　　C. 热空气　　　　　D. 电加热器

599. CBE004  磺化单元最主要的设备是(　　　)。
  A. 气液分离器　　B. 老化器　　　　C. 磺化器　　　　D. 水解器

600. CBE004  磺化单元中,冷却水系统的作用是将磺化反应的(　　　)带走。
  A. 烷基苯　　　　B. $SO_3$　　　　C. 尾气热　　　　D. 反应热

601. CBE004  磺酸冷却器属于(　　　)换热器。
  A. 板式　　　　　B. 列管式　　　　C. 插入式　　　　D. 套管式

602. CBF001  熔硫用蒸汽要先经过(　　　)处理。
  A. 减压　　　　　B. 增压　　　　　C. 干燥　　　　　D. 换热

603. CBF001 硫磺的熔点为114℃,所以要求熔硫时蒸汽的压力不低于(　　　)。
    A. 0.4MPa　　　　　B. 0.6MPa　　　　　C. 0.7MPa　　　　　D. 0.8MPa

604. CBF001 熔硫的蒸汽压力用(　　　)来调节。
    A. 电磁阀　　　　B. 手动旁路阀　　　C. 气动控制阀　　　D. A 和 B

605. CBF002 磺化车间的熔硫罐的温度应保持在(　　　)。
    A. 140~150℃　　　B. 140~160℃　　　C. 100~150℃　　　D. 150~160℃

606. CBF002 熔硫罐的伴热方式为(　　　)。
    A. 盘管　　　　　　B. 夹套　　　　　　C. 半管　　　　　　D. 列管

607. CBF002 熔硫罐应装有(　　　),以便灭火时使用。
    A. 灭火装置　　　B. 循环水　　　　　C. 自来水　　　　　D. 蒸汽盘管

608. CBF003 恒位槽的液位应保持在(　　　)。
    A. 0.5m 以下　　　B. 0.6~0.8m　　　　C. 1.0m 以上　　　D. 以上选项均不正确

609. CBF003 在 DCS 系统中可观测到恒位槽的(　　　)。
    A. 液位　　　　　　B. 温度　　　　　　C. A 和 B　　　　　D. 压力

610. CBF003 液硫恒位槽上的进料斗具有(　　　)。
    A. 急时加料用　　　B. 观察槽内液位　　C. 降低槽内温度　　D. A 和 B

611. CBF004 $SO_2$ 在(　　　)中转化成 $SO_3$。
    A. 转化塔　　　　　　　　　　　B. 燃硫炉
    C. 预热空气发生炉　　　　　　　D. $SO_3$ 冷却器

612. CBF004 为保证燃硫炉出口 $SO_2$ 气体的浓度稳定,应控制(　　　)。
    A. 冷却风风量　　　　　　　　　B. 原料的流量
    C. 硫黄计量的准确　　　　　　　D. 燃烧风的风量

613. CBF004 $SO_2$ 转化为 $SO_3$ 使用的催化剂为(　　　)。
    A. 铜　　　　　　　B. 氧化铁　　　　　C. 二氧化硫　　　　D. 五氧化二钒

614. CBF005 转化塔一段的入口温度应为(　　　)。
    A. 420~450℃　　　B. 480~550℃　　　C. 380~400℃　　　D. 0~200℃

615. CBF005 转化塔分为(　　　)。
    A. 二段　　　　　　B. 三段　　　　　　C. 四段　　　　　　D. 五段

616. CBF005 转化塔一段入口预热到(　　　)时,可以点硫黄。
    A. 300℃　　　　　B. 350℃　　　　　C. 420℃　　　　　D. 450℃

617. CBF006 原料的进料温度要严格控制,如超温会在反应过程中会产生许多(　　　)。
    A. 烷基苯　　　　　B. 副产物　　　　　C. 磺酸　　　　　　D. 磺酸盐

618. CBF006 原料的进料温度是通过(　　　)来控制的。
    A. 原料泵　　　　　B. 原料换热器　　　C. 原料储罐　　　　D. 环境温度

619. CBF006 调整原料温度的换热器有(　　　)。
    A. 1 台　　　　　　B. 2 台　　　　　　C. 3 台　　　　　　D. 4 台

620. CBF007 磺化冷却水循环泵的扬程为(　　　)。
    A. 18m　　　　　　B. 22m　　　　　　C. 30m　　　　　　D. 40m

621. CBF007　磺化器的冷却水循环属于(　　　)循环,无压回水。

  A. 闭式    B. 半开式    C. 开式    D. 半闭式

622. CBF007　磺化冷却水温度最方便的调节方式是(　　　)。

  A. 调节现场旁通阀      B. DCS 上调节自动补水阀

  C. 调节总来水阀      D. 调节现场蒸汽阀

623. CBF008　世界上通用的膜式磺化器分为两类,分别是列管式和(　　　)。

  A. 双膜式    B. 釜式    C. 罐组式    D. 喷射式

624. CBF008　反应投料比、气体浓度和反应温度稳定,物料停留时间短,反应热排出及时的
磺化器是(　　　)。

  A. 膜式磺化器  B. 釜式磺化器  C. 泵式磺化器  D. 罐式磺化器

625. CBF008　磺酸盐装置使用的磺化器类型是(　　　)。

  A. 罐组式磺化器      B. 冲击喷射式磺化器

  C. 泵式磺化器      D. 膜式磺化器

626. CBF009　pH 定义为氢离子浓度的(　　　)。

  A. 指数    B. 数值    C. 正对数    D. 负对数

627. CBF009　在用 pH 计测定 pH 值时,事先用标准 pH 溶液对仪器进行校正,可消除
(　　　)。

  A. 碱性偏差      B. 酸性偏差

  C. 不对称电位的影响    D. 错误读数

628. CBF009　自动清洗 pH 计电极的方法有(　　　)。

  A. 超声波清洗      B. 机械刷洗

  C. 溶液喷射清洗      D. 以上都是

629. CBF010　每次开车过程中,应定时从磺化器上管板处排出(　　　)。

  A. $SO_3$    B. $SO_2$    C. 磺酸    D. 硫酸

630. CBF010　在生产过程中,要定期检查下管板处(　　　),以判断烷基苯是否带水。

  A. 烟酸排放口  B. 放空口    C. 排污口    D. 取样口

631. CBF010　列管式磺化器在第一次进原料时,要打开管板上的(　　　),进行放空。

  A. 放空口    B. 烟酸排放口  C. 磺酸取样口  D. 检查口

632. CBF011　为了避免磺酸中的杂质堵塞磺酸输出泵,应在泵前加装(　　　)。

  A. 加热器    B. 冷却器    C. 干燥器    D. 过滤器

633. CBF011　磺酸输出泵采用的是(　　　)密封形式。

  A. 填料    B. 双端面机械  C. 机械    D. 迷宫

634. CBF011　磺酸输出泵的流量将直接影响(　　　)液位。

  A. 磺化器    B. 气液分离器  C. 旋风分离器  D. 老化罐

635. CBF012　仪表风压力应不低于(　　　)。

  A. 0.4MPa    B. 0.5MPa    C. 0.7MPa    D. 0.8MPa

636. CBF012　仪表风的露点不低于(　　　)。

  A. −30℃    B. −40℃    C. −50℃    D. −60℃

637. CBF012 当仪表风的压力过低时,可能会影响(　　)的操作。

A. 自动调节阀　　　B. 球阀　　　C. 闸阀　　　D. 气动调节阀

638. CBF013 静电除雾器的高压柜内部开关已闭合,启动高压静电除雾器的步骤是(　　)。

A. 按启动再按运行—主令开关指向通

B. 主令开关指向通—然后按启动—再按运行

C. 主令开关指向通—按运行—然后按启动

D. 按运行—然后按启动—主令开关指向通

639. CBF013 停静电除雾器的步骤是(　　)。

A. 停止—复位—开关指向断　　　B. 开关指向断—停止—复位

C. 停止—开关指向断—复位　　　D. 复位—停止—开关指向断

640. CBF013 静电除雾器启动前必须具备的条件是(　　)。

A. 保护风已投用　　B. 罗茨风机已启动　　C. 碱吸收已投用　　D. 底部酸已排净

641. CBF014 碱洗塔中的液位应在控制在(　　)。

A. 下视镜的 2/3 处　　　B. 下视镜的 1/3 处

C. 上视镜外　　　D. 下视镜以下

642. CBF014 碱洗塔需要加热,避免塔内亚硫酸盐(　　)。

A. 结晶　　　B. 分解　　　C. 吸附　　　D. 升华

643. CBF014 碱洗涤塔中填料高度将主要影响(　　)的吸收。

A. $SO_2$　　　B. $SO_3$　　　C. 空气　　　D. 水蒸气

644. CBG001 干燥剂再生顺序是(　　)。

A. 先冷却后加热　　　B. 先加热后冷却

C. 同时进行加热与冷却　　　D. 无固定顺序

645. CBG001 干燥剂再生加热(　　)。

A. 3h　　　B. 4h　　　C. 5h　　　D. 6h

646. CBG001 开工前使用(　　)对干燥剂进行再生加热。

A. 热水　　　B. 蒸汽　　　C. 热空气　　　D. 电加热器

647. CBG002 乙二醇冷却器出口空气温度为(　　)。

A. 5℃　　　B. 10℃　　　C. 0℃　　　D. 20℃

648. CBG002 乙二醇循环泵的扬程为(　　)。

A. 20m　　　B. 25m　　　C. 40m　　　D. 32m

649. CBG002 乙二醇冷却器放空阀组中,疏水器前的排水阀应(　　),以排出从空气中脱出的水分。

A. 半开　　　B. 全开　　　C. 关闭　　　D. 定时打开

650. CBG003 磺酸盐装置制冷机中使用的制冷剂是(　　)。

A. 氨　　　B. 氟里昂　　　C. 四氯化碳　　　D. 油

651. CBG003 制冷机运行时用(　　)冷却氟里昂,氟里昂冷却乙二醇。

A. 冷却循环水　　B. 氟里昂　　　C. 氨　　　D. 油

652. CBG003  制冷机使用的载冷剂为(　　)。

    A. 乙醇溶液　　　　B. 乙二醇溶液　　　C. 溴化锂溶液　　　D. 以上 3 种都不是

653. CBG004  乙二醇冷却器组由(　　)组成。

    A. 乙二醇循环泵　　B. 乙二醇冷却器　　C. 乙二醇储罐　　　D. B 和 C

654. CBG004  乙二醇冷却器属于(　　)换热器。

    A. 夹套式　　　　　B. 板式　　　　　　C. 列管式　　　　　D. 翅片式

655. CBG004  乙二醇储罐的液位计为(　　)。

    A. 玻璃板液位计　　B. 磁翻板液位计　　C. 浮球液位计　　　D. 压差式液位计

656. CBG005  再生空气冷却器的管程的介质为(　　)。

    A. 空气　　　　　　B. 乙二醇　　　　　C. 冷却水　　　　　D. 冷却风

657. CBG005  再生空气冷却器的壳程设计压力为(　　)。

    A. 1MPa　　　　　B. 1.5MPa　　　　　C. 0.05MPa　　　　D. 0.1MPa

658. CBG005  再生空气冷却器的管程设计压力为(　　)。

    A. 1MPa　　　　　B. 0.4MPa　　　　　C. 1.5MPa　　　　　D. 2MPa

659. CBG006  液硫计量泵的泵体和阀门具有(　　),以防硫黄凝固。

    A. 电加热装置　　　B. 夹套伴热　　　　C. 热水伴热　　　　D. 蒸汽盘管

660. CBG006  调节液硫计量泵的调量表调节了泵的(　　)的大小,以达到调节流量的目的。

    A. 活塞行程　　　　B. 手轮转数　　　　C. 电动机转速　　　D. 活塞直径

661. CBG006  液硫流量的调节通过调整(　　)来实现。

    A. 电动机的转速　　　　　　　　　　B. 电动机的输出频率

    C. 入口阀的开度　　　　　　　　　　D. 调量手轮

662. CBG007  $SO_3$ 冷却器通过冷却风把(　　)冷却下来。

    A. 转化后的 $SO_3$ 气体　　　　　　　B. 工艺空气

    C. 尾气　　　　　　　　　　　　　　D. $SO_2$

663. CBG007  经过两级冷却后 $SO_3$ 气体的温度降到(　　)。

    A. 40~50℃　　　　B. 50~60℃　　　　C. 60~70℃　　　　D. 70~80℃

664. CBG007  $SO_3$ 冷却器的温度通过(　　)来调整。

    A. 气动阀　　　　　B. 截止阀　　　　　C. 闸板阀　　　　　D. 入口链阀

665. CBG008  排酸时应先把 $SO_3$ 冷却器内的酸排到(　　)内。

    A. 硫酸储罐　　　　B. 碱塔　　　　　　C. $SO_3$ 过滤器　　　D. 烟酸收集罐

666. CBG008  排 1 号 $SO_3$ 冷却器内硫酸时,应(　　)。

    A. 打开酸蛋入口阀　　　　　　　　　B. 打开 2 号 $SO_3$ 冷却器排酸阀门

    C. 打开 $SO_3$ 过滤器排酸阀门　　　　D. 打开酸蛋排酸阀门

667. CBG008  在排 $SO_3$ 冷却器中硫酸时,各阀门应(　　)开关。

    A. 迅速　　　　　　B. 随便　　　　　　C. A 和 B　　　　　D. 缓慢

668. CBG009  磺化器出口磺酸温度应控制在(　　)以内。

    A. 30℃　　　　　　B. 40℃　　　　　　C. 55℃　　　　　　D. 80℃

669. CBG009　磺化工艺就是要优化(　　)，以得到副产物较少、色泽浅的产品。
　　A. 反应温度和反应压力　　　　　　　　B. 反应速度和反应时间
　　C. 反应温度和反应时间　　　　　　　　D. 反应压力与反应程度

670. CBG009　反应温度过高有利于生成(　　)副产物。
　　A. 焦磺酸　　　　　B. 磺酸酐　　　　　C. 砜　　　　　D. 磺酸

671. CBG010　磺化部分是将原料油与气体(　　)反应生成磺酸。
　　A. 二氧化硫　　　　B. 三氧化硫　　　　C. 硫化氢　　　　D. 氧气

672. CBG010　原料在进入磺化器之前，必须经过(　　)，除去其中夹带的杂质。
　　A. 原料过滤器　　　B. 磺酸过滤器　　　C. 原料换热器　　　D. 原料质量流量计

673. CBG010　原料进入磺化器的量是通过(　　)来计量的。
　　A. 原料泵　　　　　　　　　　　　　　B. 原料过滤器
　　C. 原料质量流量计　　　　　　　　　　D. 分布头

674. CBG011　膜式磺化器一般都用(　　)三氧化硫作为磺化剂。
　　A. 气体　　　　　　B. 液体　　　　　　C. 固体　　　　　D. 混合体

675. CBG011　磺化车间装置磺化工艺属于(　　)工艺。
　　A. 间歇釜式　　　　B. 连续罐式　　　　C. 连续降膜式　　　D. 均不属于

676. CBG011　在磺化器中 $SO_3$ 气体与烷基苯流动的方向(　　)。
　　A. 相交　　　　　　B. 相同　　　　　　C. 相反　　　　　D. 垂直

677. CBG012　中和反应的特点是生成(　　)。
　　A. 酸　　　　　　　B. 碱　　　　　　　C. 盐　　　　　D. 盐和水

678. CBG012　属于中和反应的是(　　)。
　　A. 食盐溶于水中　　　　　　　　　　　B. 一氧化碳的燃烧
　　C. 铁与盐酸反应　　　　　　　　　　　D. 盐酸与火碱反应

679. CBG012　磺酸与氢氧化钠之间的反应是瞬时完成的，并伴有(　　)。
　　A. 强放热　　　　　B. 强吸热　　　　　C. 副反应　　　　D. 发光现象

680. CBG013　在酸吸收过程中，吸收溶液为(　　)。
　　A. 碱液　　　　　　B. 浓硫酸　　　　　C. 稀硫酸　　　　D. 不合格酸

681. CBG013　浓硫酸加水稀释过程为(　　)过程。
　　A. 放热　　　　　　B. 吸热　　　　　　C. 中和　　　　　D. 溶解

682. CBG013　硫酸敞口放在空气中浓度会降低，表现了硫酸的(　　)。
　　A. 强酸性　　　　　B. 脱水性　　　　　C. 强氧化性　　　　D. 吸水性

683. CBG014　硫酸冷却器的材质为(　　)。
　　A. 碳钢　　　　　　B. 哈氏合金　　　　C. 不锈钢　　　　D. 低碳钢

684. CBG014　酸吸收塔的材质为(　　)。
　　A. 碳钢　　　　　　B. 哈氏合金　　　　C. 不锈钢　　　　D. 低碳钢

685. CBG014　硫酸管线采用(　　)材质。
　　A. 碳钢内衬聚四氟乙烯　　　　　　　　B. 不锈钢
　　C. 塑料　　　　　　　　　　　　　　　D. 陶瓷

686. CBG015　在烷基苯闭路循环中,气液分离器液位在(　　)时,停止原料泵,启动磺酸输出泵进行内循环。

　　A. 0.6m　　　　　B. 0.4m　　　　　C. 0.5m　　　　　D. 0.8m

687. CBG015　气液分离器的液位通过(　　)传送信号到 DCS。

　　A. 差压式液位计　　　　　　　　B. 玻璃管式液位计

　　C. 浮球式液位计　　　　　　　　D. 电容式液位计

688. CBG015　气液分离器的液位可通过调整(　　)的变频来实现自动调节。

　　A. 磺酸循环泵　　　B. 水解泵　　　　C. 磺酸输出泵　　　D. 冷却水循环泵

689. CBG016　清洗磺化器的步骤是(　　)。

　　A. 配浓度小于 2% 的碱液　　　　　　B. 倒通内循环流程,启动磺酸输出泵

　　C. 清洗后吹干磺化器　　　　　　　　D. 以上 3 项

690. CBG016　磺化器清洗后的吹干,使用(　　)。

　　A. 热风　　　　　　B. 干燥风　　　　C. 仪表风　　　　D. 自然风

691. CBG016　磺化器结焦严重时要(　　)。

　　A. 用碱溶液循环清洗　　　　　　　　B. 拆开上下封头用棉纱擦拭

　　C. 用酸溶液循环清洗　　　　　　　　D. 用热水循环清洗

692. CBG017　磺酸储罐出料泵适用型号是(　　)。

　　A. 齿轮泵　　　　　B. 离心泵　　　　C. 计量泵　　　　D. 喷射泵

693. CBG017　中和复配过程要进行搅拌和循环,使反应产物通过(　　)方式移走反应热。

　　A. 循环冷却水取热　　B. 喷淋　　　　C. 自然冷却　　　D. 冷冻

694. CBG017　中和车间的助剂加料泵为(　　)。

　　A. 齿轮泵　　　　　B. 凸轮双转子泵　　C. 柱塞计量泵　　D. NYP 型齿轮泵

695. CBG018　尾气处理单元由碱吸收、酸吸收和(　　)组成。

　　A. 旋风分离　　　　B. 静电除雾　　　C. 废水排放　　　D. 热风排空

696. CBG018　酸吸收系统中由(　　)等主要设备组成。

　　A. 酸吸收塔、硫酸储罐、硫酸循环泵、硫酸冷却器

　　B. 酸吸收塔、碱洗泵、硫酸储罐、硫酸冷却器

　　C. 尾气洗涤塔、硫酸循环泵、硫酸冷却器

　　D. 尾气洗涤塔、洗涤液循环泵、硫酸冷却器、硫酸储罐

697. CBG018　尾气洗涤系统由(　　)等主要设备组成。

　　A. 酸吸收塔、硫酸储罐、硫酸循环泵、硫酸冷却器

　　B. 酸吸收塔、洗涤液循环泵、供碱泵、碱储罐

　　C. 尾气洗涤塔、硫酸循环泵、供碱泵、碱储罐

　　D. 尾气洗涤塔、洗涤液循环泵、供碱泵、碱储罐

698. CBG019　启车时,尾气的流程为(　　)。

　　A. 静电除雾器—碱吸收—排入大气

　　B. 静电除雾器—酸吸收—碱吸收—排入大气

　　C. 旋风分离器—静电除雾器—酸吸收—排入大气

　　D. 旋风分离器—静电除雾器—碱吸收—排入大气

699. CBG019 磺化时,尾气的流程为( )。
    A. 静电除雾器—碱吸收—排入大气
    B. 静电除雾器—酸吸收--碱吸收—排入大气
    C. 旋风分离器—静电除雾器—酸吸收—排入大气
    D. 旋风分离器—静电除雾器—碱吸收—排入大气

700. CBG019 酸吸收塔中的硫酸来自( )。
    A. 不合格酸罐　　　B. 磺酸储罐　　　　C. 硫酸储罐　　　　D. 酸蛋

701. CBH001 从受力状态和节约用材来说,( )是压力容器最理想的外形。
    A. 圆筒形　　　　　B. 球形　　　　　　C. 锥形　　　　　　D. 组合形

702. CBH001 反应压力容器的代号是( )。
    A. B　　　　　　　B. R　　　　　　　C. S　　　　　　　D. C

703. CBH001 磺化装置中属于第一类压力容器的是( )。
    A. 蒸汽分水器　　　B. 磺化器　　　　　C. 静电除雾器　　　D. 气液分离器

704. CBH002 推车式干粉灭火器一般由( )人操作。
    A. 1个　　　　　　B. 2个　　　　　　C. 3个　　　　　　D. 4个

705. CBH002 碳酸氢钠干粉灭火器适用于易燃、可燃液体、气体及( )的初起火灾。
    A. 金属　　　　　　B. 档案　　　　　　C. 带电设备　　　　D. 精密仪器

706. CBH002 使用灭火器时应( )。
    A. 站在上风口　　　　　　　　　　B. 站在下风口
    C. 站在侧风口　　　　　　　　　　D. 无特殊要求

707. CBH003 磺化车间排放的废气组成为( )。
    A. 二氧化硫　　　B. 三氧化硫　　　C. 有机酸雾　　　D. A、B、C

708. CBH003 磺化车间排放的废液不包括( )。
    A. 硫酸　　　　　　B. 盐酸　　　　　　C. 硫酸钠　　　　　D. 亚硫酸钠

709. CBH003 从碱洗塔中流出的硫酸钠亚硫酸钠的浓度约为( )。
    A. 10%　　　　　　B. 5%　　　　　　C. 20%　　　　　　D. 15%

710. CBH004 按爆炸的性质分,硫黄粉尘爆炸属于( )。
    A. 物理爆炸　　　B. 轻爆炸　　　　C. 气体爆炸　　　D. 化学爆炸

711. CBH004 按爆炸反应物质分,硫黄粉尘爆炸属于( )。
    A. 可燃粉尘爆炸　　　　　　　　　B. 可燃气体混合物爆炸
    C. 压缩气体爆炸　　　　　　　　　D. 液体爆炸

712. CBH004 输送和处理固体硫黄的设备应采取( )措施。
    A. 防爆　　　　　　B. 防尘　　　　　　C. 防腐　　　　　　D. 防潮

713. CBH005 碱液溅到皮肤上时,立即用( )进行保护。
    A. 大量清水冲洗　　　　　　　　　B. 硼酸溶液冲洗
    C. 先大量清水冲洗再用硼酸溶液冲洗　D. 油脂擦涂

714. CBH005 氢氧化钠进入眼睛应用大量水冲洗( )以上。
    A. 5min　　　　　　B. 5s　　　　　　C. 15min　　　　　D. 15s

715. CBH005　硫酸与皮肤接触时,可用(　　)进行保护。

　　A. 大量清水冲洗　　B. 氢氧化钠中和　　C. 工作手套　　D. 油脂擦涂

716. CBI001　以下离心泵盘车操作正确的是(　　)。

　　A. 送电盘车　　　　　　　　　　B. 可用棍、棒帮助盘车

　　C. 采取手动盘车　　　　　　　　D. 以上选项均正确

717. CBI001　关于离心泵备机应检查的内容,下列叙述不正确的是(　　)。

　　A. 检查油位是否正常　　　　　　B. 检查手动盘车是否灵活

　　C. 检查轴封是否渗漏　　　　　　D. 检查阀门开关是否灵活

718. CBI001　备用离心泵应每(　　)进行一次盘车

　　A. 1 天　　　　　　B. 2 天　　　　　　C. 3 天　　　　　　D. 4 天

719. CBI002　切换离心泵时,备用泵处于(　　),方可进行切换操作。

　　A. 出口阀打开、入口阀关闭、电动机已送电

　　B. 入口阀打开、出口阀关闭、电动机已送电

　　C. 出、入口阀全部打开,电动机已送电

　　D. 出、入口阀全部关闭,电动机已送电

720. CBI002　离心泵切换前,备用泵入口应处于(　　)状态。

　　A. 全打开　　　　B. 关闭　　　　　　C. 打开一半　　　　D. 打开三分之一

721. CBI002　离心泵运转时,轴瓦温度超指标(　　)。

　　A. 应继续观察　　　　　　　　　　B. 应切换到备用泵,联系检修

　　C. 不用理睬　　　　　　　　　　　D. 应直接停泵

722. CBI003　塔设备中填料(　　)。

　　A. 主要起反应的催化作用　　　　B. 主要起到增加塔的容积的作用

　　C. 提供气液传质界面　　　　　　D. 主要进行操作控制

723. CBI003　下列关于填料主要性能参数的叙述不正确的是(　　)。

　　A. 堆积密度及个数　　B. 填料的质量　　C. 填料因子　　　　D. 比表面积及空隙率

724. CBI003　下列要素中不能反映填料优劣的是(　　)。

　　A. 床层温度　　　　B. 传质效率　　　　C. 气体通量　　　　D. 床层压降

725. CBI004　关于化工装置设备管理"三会",下列叙述不正确的是(　　)。

　　A. 会操作　　　　　　　　　　　　B. 会维护保养

　　C. 会一般性事故排除　　　　　　D. 会调节

726. CBI004　关于化工装置设备管理"四懂",下列叙述不正确的是(　　)。

　　A. 懂构造、懂性能　　　　　　　　B. 懂原理

　　C. 懂改造　　　　　　　　　　　　D. 懂事故原因及排除方法

727. CBI004　下列选项属于"四懂"内容的是(　　)。

　　A. 懂结构　　　　　B. 懂知识　　　　　C. 懂使用　　　　　D. 懂培训

728. CBI005　在离心泵检修后试车时,发现出现反转,原因是(　　)。

　　A. 离心泵叶轮安装错误　　　　　B. 电动机电源反相

　　C. 泵与电动机间联轴器安装错误　　D. 泵出口阀、入口阀未开

729. CBI005　离心泵停泵时出现反转,是因为(　　)。
　　A.电动机开关安装错误　　　　　　　B.泵的设计能力不够
　　C.电动机电源反相　　　　　　　　　D.泵出口没安装止逆阀向泵内返料

730. CBI005　运行中的离心泵晃电后,出口阀门未及时关闭会出现(　　)现象。
　　A.反转　　　　　　B.正常运转　　　　　C.电流偏大　　　　D.温度升高

731. CBI006　机泵的预热应在(　　)进行操作。
　　A.开车准备　　　　　　　　　　　　B.启动操作的第一步
　　C.灌泵后、启动前　　　　　　　　　D.电动机启动后

732. CBI006　输送(　　)需对机泵进行预热操作。
　　A.高温物料　　　　B.黏稠物料　　　　C.低温物料　　　D.悬浮物料

733. CBI006　机泵预热的作用是(　　)。
　　A.加热泵内介质　　　　　　　　　　B.排除泵内气体
　　C.方便泵的置换　　　　　　　　　　D.消除温差导致的膨胀不均

734. CBI007　离心泵启动前首先进行的操作是(　　)。
　　A.打开排液阀　　　　　　　　　　　B.打开冷却水系统
　　C.灌泵　　　　　　　　　　　　　　D.开出口阀

735. CBI007　离心泵启动前灌泵的作用(　　)。
　　A.防止气缚　　　　B.防止汽蚀　　　　C.防止烧坏电动机　　D.防止超温

736. CBI007　离心泵启动后出现气缚现象,原因是(　　)。
　　A.启动前未进行灌泵　　　　　　　　B.物料温度高
　　C.物料温度低　　　　　　　　　　　D.物料腐蚀性强

737. CBI008　电动调节阀的执行机构是(　　)。
　　A.气动薄膜执行机构　　　　　　　　B.液动执行机构
　　C.活塞式执行机构　　　　　　　　　D.伺服电动机

738. CBI008　如果没有辅助条件,电动调节阀在断电时处于(　　)。
　　A.原位置　　　　　B.全开位置　　　　C.全关位置　　　　　D.任意位置

739. CBI008　调节阀由(　　)组成。
　　A.执行机构与阀体　　　　　　　　　B.执行机构与定位器
　　C.阀体与转换器　　　　　　　　　　D.执行机构、阀体、定位器

740. CBI009　电磁阀(　　)。
　　A.可在多个位置进行调节　　　　　　B.可进行线型调节
　　C.只有全关、全开两种位置　　　　　D.不能用来直接切断物料

741. CBI009　电磁阀一般不用在(　　)的管线进行物料控制。
　　A.气源切断控制　　　　　　　　　　B.较大口径切断控制
　　C.气动信号切断控制　　　　　　　　D.多个小口径管线切换控制

742. CBI009　常用电磁阀使用的电压是(　　)。
　　A.220V AC、24V DC　　　　　　　　B.220V DC、24V AC
　　C.380V AC、220V DC　　　　　　　　D.380V DC、220V DC

743. CBI010　按装填方式的不同,填料可分为(　　)两种。
　　A.颗粒填装与随意填装　　　　　　　B.乱堆填装与规整填装
　　C.乱堆填装与颗粒填装　　　　　　　D.规整填装与随意填装

744. CBI010　散装填料在塔内的装填方法有(　　)和干装之分。
　　A.合装　　　　　　B.分装　　　　　　C.粉装　　　　　　D.湿装

745. CBI010　无论填料如何填装,保证填料层具有均匀的(　　)是最重要的。
　　A.分散率　　　　　B.空隙率　　　　　C.空间　　　　　　D.填装率

746. CBI011　现场安全阀最好直接安装在压力容器本体的(　　)位置。
　　A.最低　　　　　　B.最高　　　　　　C.中间　　　　　　D.任意

747. CBI011　安全阀必须保持(　　)安装。
　　A.水平　　　　　　B.倾斜　　　　　　C.垂直　　　　　　D.任意

748. CBI011　安全阀是一种可多次重复使用的安全(　　)装置。
　　A.泄压　　　　　　B.保压　　　　　　C.调节　　　　　　D.回收

749. CBI012　文丘里管的作用是将高速喷射气流转变成(　　)气流,便于输送到中压输气
　　　　系统中。
　　A.高压　　　　　　B.中压　　　　　　C.低压　　　　　　D.恒压

750. CBI012　气体加热后经主风道进入喷嘴,喷嘴喷出(　　)气流,将湿物料送入文丘里
　　　　管中。
　　A.高速低压　　　　B.高速高压　　　　C.低速高压　　　　D.低速低压

751. CBI012　文氏管是一种高压气流通过喷嘴,喷射产生的(　　)带动其他流体物质向前
　　　　运行的设备。
　　A.高压　　　　　　B.低压　　　　　　C.负压　　　　　　D.正压

752. CBI013　关于计量泵,下列说法不正确的是(　　)。
　　A.定量泵　　　　　B.比例泵　　　　　C.可控制流量泵　　D.速度泵

753. CBI013　计量泵一般可分为(　　)两种。
　　A.柱塞计量泵和隔膜计量泵　　　　　　B.比例泵和可控制流量泵
　　C.柱塞计量泵和可控制流量泵　　　　　D.容积泵和隔膜计量泵

754. CBI013　可以计量并输送液体的机械称为(　　)。
　　A.计量泵　　　　　B.容积泵　　　　　C.离心泵　　　　　D.螺杆泵

755. CBI014　止回阀按结构可分为(　　)。
　　A.降式和旋启式　　　　　　　　　　　B.弹簧式和旋启式
　　C.降式和弹簧式　　　　　　　　　　　D.弹簧式和重锤式

756. CBI014　止回阀又称(　　)。
　　A.截止阀　　　　　B.球阀　　　　　　C.逆止阀　　　　　D.闸阀

757. CBI014　当进口压力大于阀瓣重量及其流动阻力之和时,止回阀阀门被(　　)。
　　A.开启　　　　　　B.关闭　　　　　　C.破坏　　　　　　D.弹出

758. CBI015　安全阀安装在容器的最高位置,应与容器直接连接并(　　)安装。
　　A.垂直　　　　　　B.水平　　　　　　C.倾斜　　　　　　D.任意角度

759. CBI015　不属于安全阀使用过程中要注意的事项是(　　　)。
　　A. 防止腐蚀、安全排放　　　　　　　B. 铅封完好、定期试排
　　C. 消除泄漏、定期检验　　　　　　　D. 正常巡检、定时调节

760. CBI015　安全阀必须实行定期检验,每(　　　)至少校验一次。
　　A. 1 年　　　　　　B. 2 年　　　　　　C. 1. 5 年　　　　　　D. 0. 5 年

761. CBI016　利用金属阻值随温度变化的特点而制成的温度计是(　　　)。
　　A. 水银温度计　　B. 热电阻温度计　　C. 热电偶温度计　　D. 双金属温度计

762. CBI016　利用金属的热膨胀系数不同而制成的温度计是(　　　)。
　　A. 水银温度计　　B. 热电阻温度计　　C. 热电偶温度计　　D. 双金属温度计

763. CBI016　温度计按材质可分为液柱式温度计和(　　　)。
　　A. 水银温度计　　B. 热电阻温度计　　C. 热电偶温度计　　D. 双金属温度计

764. CBI017　加热器开工时(　　　)。
　　A. 先进冷物料　　　　　　　　　　　B. 先进热物料
　　C. 冷、热均可以先进　　　　　　　　D. 同时投冷、热物料

765. CBI017　化工装置中给易燃易爆物料加热一般热源采用(　　　)。
　　A. 电加热　　　　　B. 蒸汽　　　　　C. 热水　　　　　D. 红外线

766. CBI017　需要恒温加热的物料一般采用(　　　)方式加热。
　　A. 电加热　　　　　B. 低压蒸汽　　　C. 中压蒸汽　　　D. 热水

767. CBI018　热继电器的整定电流应为电动机的(　　　)。
　　A. 0. 95~1. 05 倍　　B. 1. 15~2. 25 倍　　C. 6~7 倍　　　　D. 10~20 倍

768. CBI018　一般大中型电动机空载电流占额定电流的(　　　)。
　　A. 20%~35%　　　B. 35%~50%　　　C. 50%~70%　　　D. 70%~90%

769. CBI018　以下属于异步电动机的空载电流出现较大的不平衡原因的是(　　　)。
　　A. 无控制电源　　　　　　　　　　　B. 匝间短路
　　C. 电机安装不合理　　　　　　　　　D. 机体振动

770. CBI019　一台三相异步电动机,其铭牌上标明额定电压为 220/380V,其接法应是
　　　　　　(　　　)。
　　A. Y/△　　　　　B. △/Y　　　　　C. △/△　　　　　D. Y/Y

771. CBI019　一台三相交流异步电动机的型号是 YB-160S-4,"B"代表(　　　)。
　　A. 防爆型　　　　　B. 隔爆型　　　　C. 密闭型　　　　D. 耐腐蚀型

772. CBI019　Y 系列电动机的额定电压都是(　　　)。
　　A. 24V　　　　　　B. 36V　　　　　　C. 6000V　　　　　D. 380V

773. CBI020　液位计是用来观察和测量设备内(　　　)情况的测量仪表。
　　A. 压力变化　　　　B. 温度变化　　　C. 液面变化　　　D. 容积变化

774. CBI020　室外使用的液位计的选用应考虑当地气候条件,寒冷地区应选用(　　　)液
　　　　　　位计。
　　A. 旋塞玻璃板式　　　　　　　　　　B. 带衬里的板式
　　C. 夹套型或保温型　　　　　　　　　D. 不锈钢

775. CBI020 以下是测量黏稠介质的最佳液位测量仪表的是( )。
    A. 磁翻板液位计　　　　　　　　　B. 内浮式磁性液位计
    C. 静压式液位计　　　　　　　　　D. 超声波式液位计

776. CBI021 气动调节阀结构中,起感应并传递信号作用的是( )。
    A. 推杆　　　　B. 膜片　　　　C. 阀芯　　　　D. 弹簧

777. CBI021 通过调节阀( )的开关动作,可实现工艺管道内介质流量的调节。
    A. 阀芯　　　　B. 阀座　　　　C. 阀体　　　　D. 弹簧

778. CBI021 调节阀分( )调节阀、气动调节阀和液动调节阀。
    A. 手动　　　　B. 自动　　　　C. 电动　　　　D. 半自动

779. CBI022 截止阀根据阀体结构形式不同可分为 4 种,下列选项不属于该分类的是
    ( )。
    A. 标准式　　　B. 流线式　　　C. 直线式及角式　　D. 升降式

780. CBI022 不同结构形式的截止阀对流体的阻力不同,( )对流体的阻力最小,应用
    最为广泛。
    A. 标准式　　　B. 流线式　　　C. 直线式　　　　D. 角式

781. CBI022 截止阀只许介质单向流动,安装时有( )。
    A. 方便性　　　B. 流动性　　　C. 密封性　　　　D. 方向性

782. CBI023 隔膜阀在阀体与阀盖之间的启闭件是( )隔膜。
    A. 橡胶　　　　B. 硬质塑料　　C. 填料　　　　D. 石棉

783. CBI023 隔膜阀隔膜与阀杆连接的方式是( )连接。
    A. 偏心　　　　B. 左右移动　　C. 上下移动　　D. 固定

784. CBI023 隔膜阀是在阀体和阀盖内装有一挠性隔膜或组合隔膜,其关闭件是与隔膜相
    连接的一种( )装置。
    A. 压缩　　　　B. 密封　　　　C. 调节　　　　D. 操作

785. CBI024 旋塞阀有 3 种作用,以下不是旋塞阀功能的是( )。
    A. 启闭　　　　B. 分配　　　　C. 改变压力　　D. 改向

786. CBI024 旋塞阀的阀芯是( )。
    A. 带孔的锥形柱塞　　　　　　　　B. 圆形盘头
    C. 闸板　　　　　　　　　　　　　D. 抛物线状盘头

787. CBI024 旋塞阀是使用( )的一种阀门,结构简单、开关迅速、流体阻力小。
    A. 最晚　　　　B. 最早　　　　C. 方便　　　　D. 普遍

788. CBI025 球阀的启闭件是( ),绕阀体中心线旋转达到启闭目的。
    A. 带孔的锥形柱塞　　　　　　　　B. 圆形盘头
    C. 带一通孔的球体　　　　　　　　D. 抛物线状盘头

789. CBI025 球阀具有旋转( )的动作,旋塞体为球体,有圆形通孔或通道通过其轴线。
    A. 30°　　　　B. 45°　　　　C. 60°　　　　D. 90°

790. CBI025 以下球体是固定的,受压后不产生移动的是( )。
    A. 截止阀　　　B. 旋塞阀　　　C. 闸阀　　　　D. 球阀

791. CBI026 蝶阀是利用一可绕轴旋转的( )来控制管道的通断,转角的大小反映阀门的开启程度。

A. 带一通孔的球体 　　　　　　　　B. 圆盘

C. 抛物线状盘头 　　　　　　　　　D. 带孔的锥形柱塞

792. CBI026 根据传动方式不同,蝶阀分为3种,以下不属于该分类的是( )。

A. 手动 　　　　B. 气动 　　　　C. 电动 　　　　D. 气-液动

793. CBI026 以下可以运送钻井液,在管道口积存液体最少,低压下,可以实现良好的密封,调节性能好的是( )。

A. 闸阀 　　　　B. 截止阀 　　　　C. 蝶阀 　　　　D. 球阀

794. CBI027 节流阀的阀芯为( )。

A. 锥状或抛物线状 B. 盘状 　　　　C. 球状 　　　　D. 圆盘

795. CBI027 通过改变节流截面或节流长度以控制流体流量的阀门是( )。

A. 截止阀 　　　　B. 闸阀 　　　　C. 球阀 　　　　D. 节流阀

796. CBI027 按启闭件的形状分,有针形、沟形和窗形3种的是( )。

A. 闸阀 　　　　B. 节流阀 　　　　C. 球阀 　　　　D. 截止阀

797. CBI028 减压阀依靠电敏感应元件(膜片、弹簧)改变( )的位置,将介质压力降低以达到减压的目的。

A. 椎管 　　　　B. 阀芯 　　　　C. 圆盘 　　　　D. 阀瓣

798. CBI028 通过调节将进口压力减至某一需要的出口压力,并依靠介质本身的能量,使出口压力自动保持稳定的阀门是( )。

A. 节流阀 　　　　B. 减压阀 　　　　C. 截止阀 　　　　D. 闸阀

799. CBI028 按结构形式可分为薄膜式、弹簧薄膜式、活塞式、杠杆式和波纹管式的阀门是( )。

A. 蝶阀 　　　　B. 截止阀 　　　　C. 球阀 　　　　D. 减压阀

800. CBI029 疏水器按照排除冷凝水的方式可分为( )。

A. 间歇排出式和压出式 　　　　　B. 自动排出式和压出式

C. 间歇排出式和自动排出式 　　　D. 间歇排出式和连续排出式

801. CBI029 疏水器按照结构形式可分为5种,以下不属于按结构形式分类的疏水器的是( )。

A. 浮球式 　　　　　　　　　　　B. 杠杆式

C. 脉冲式及双金属片式 　　　　　D. 热动力式及钟冒浮子式

802. CBI029 以下可将蒸汽系统中的凝结水、空气和二氧化碳气体尽快排出,同时最大限度地自动防止蒸汽泄漏的是( )。

A. 节流阀 　　　　B. 截止阀 　　　　C. 疏水阀 　　　　D. 球阀

803. CBI030 液位计使用前应进行( )操作。

A. 压力试验 　　B. 温度试验 　　C. 振动试验 　　D. 泄漏试验

804. CBI030 液位计使用过程中,要保持完好、清洁以防止( )。

A. 破碎 　　　　B. 腐蚀 　　　　C. 读假液位 　　　　D. 超压

805. CBI030 玻璃板液位计两端的针形阀不仅起(　　)的作用,当液位计发生意外破损泄漏时,钢球可在介质压力作用下自动关闭液体通道,防止液体大量外流起到安全保护作用。

A. 截止阀　　　　　　B. 球阀　　　　　　C. 闸阀　　　　　　D. 节流阀

806. CBI031 在压力表表面刻度盘画警戒线的依据是(　　)。

A. 表的量程　　　　　　　　　　B. 管道允许的最高压力

C. 容器允许的最高压力　　　　　D. 泵的工作压力

807. CBI031 按其所测介质不同,在压力表上应有规定的色标,并注明特殊介质的名称,氧气压力表必须标以(　　)"禁油"字样。

A. 白色　　　　　　B. 红色　　　　　　C. 绿色　　　　　　D. 黑色

808. CBI031 压力表按其测量精确度可分为精密压力表、(　　)压力表。

A. 一般　　　　　　B. 特殊　　　　　　C. 重要　　　　　　D. 普通

809. CBI032 涡轮流量计按要求应(　　)安装。

A. 水平　　　　　　B. 垂直　　　　　　C. 倾斜　　　　　　D. 任意角度

810. CBI032 流量计按介质分为(　　)和气体流量计。

A. 转子流量计　　　　B. 液体流量计　　　　C. 电磁流量计　　　　D. 容积流量计

811. CBI032 以下流量计是流量仪表中精度最高的一类的是(　　)。

A. 电磁　　　　　　B. 超声波　　　　　　C. 孔板　　　　　　D. 容积式

812. CBI033 可燃气体报警仪中"%LEL"表示(　　)。

A. 爆炸浓度上限　　　B. 爆炸浓度下限　　　C. 气体浓度　　　　D. 气体湿度

813. CBI033 报警仪在使用时,首先应调整报警仪的量程和(　　)。

A. 零点　　　　　　B. 气体浓度　　　　　C. 时钟　　　　　　D. 设定值

814. CBI033 可燃有毒气体报警仪(　　)进行一次检定。

A. 1 年　　　　　　B. 2 年　　　　　　C. 3 年　　　　　　D. 4 年

815. CBI034 闸阀的类别代号是(　　)。

A. Z　　　　　　　B. H　　　　　　　C. J　　　　　　　D. A

816. CBI034 阀门连接方式是法兰连接的类别代号是(　　)。

A. 1　　　　　　　B. 2　　　　　　　C. 4　　　　　　　D. 6

817. CBI034 气动阀门传动方式代号为(　　)。

A. 9　　　　　　　B. 8　　　　　　　C. 7　　　　　　　D. 6

818. CBI035 阀门安装旁通阀是为了在开启前对阀门进行(　　)。

A. 充气和预热　　　　B. 泄压　　　　　　C. 增压　　　　　　D. 充气

819. CBI035 在化工装置中,通常(　　)的阀门设有旁通阀。

A. 小口径　　　　　　B. 大口径　　　　　C. 热物料管线　　　　D. 冷物料管线

820. CBI035 通常减压阀、控制阀和蒸汽疏水阀会加装(　　)。

A. 截止阀　　　　　　B. 旁通阀　　　　　C. 蝶阀　　　　　　D. 闸阀

821. CBI036 定期对储罐呼吸阀进行检查,气温低于0℃时,可(　　)检查的频次。

A. 减少　　　　　　B. 增加　　　　　　C. 保持　　　　　　D. 以上选项均不正确

822. CBI036　呼吸阀是维护储罐气压（　　），减少介质挥发的安全节能产品。

　　A. 平衡　　　　　　　　　　　　　　B. 平稳上升

　　C. 稳定下降　　　　　　　　　　　　D. 以上选项均不正确

823. CBI036　当罐内介质的压力在呼吸阀的控制操作压力范围之内时，（　　）不工作，保持油罐的密闭性。

　　A. 球阀　　　　　　B. 截止阀　　　　　　C. 呼吸阀　　　　　　D. 闸阀

824. CBI037　与其他泵相比，旋转泵的显著特性为（　　）。

　　A. 流量小、扬程高、效率高　　　　　　B. 流量大、扬程高、效率高

　　C. 流量大、扬程低、效率高　　　　　　D. 流量小、扬程低、效率低

825. CBI037　旋转泵是靠泵内一个或一个以上的转子旋转来吸入与排出液体的，又称（　　）。

　　A. 转子泵　　　　　　B. 离心泵　　　　　　C. 往复泵　　　　　　D. 柱塞泵

826. CBI037　旋转泵的形式很多，但它们的操作原理都是相似的，化工厂中较为常用的有（　　）和螺杆泵。

　　A. 离心泵　　　　　　B. 柱塞泵　　　　　　C. 齿轮泵　　　　　　D. 潜水泵

827. CBI038　旋涡泵适用于（　　）流体输送。

　　A. 低扬程、小流量　　　　　　　　　　B. 高扬程、小流量

　　C. 高扬程、大流量　　　　　　　　　　D. 低扬程、大流量

828. CBI038　以下靠叶轮旋转时使液体产生旋涡运动的作用而吸入和排出液体的是（　　）。

　　A. 离心泵　　　　　　B. 螺杆泵　　　　　　C. 旋涡泵　　　　　　D. 潜水泵

829. CBI038　旋涡泵分为闭式旋涡泵、开式旋涡泵、（　　）旋涡泵三种。

　　A. 往复　　　　　　B. 离心　　　　　　C. 涡轮　　　　　　D. 透平

830. CBI039　单级单吸离心泵的型式代号是（　　）。

　　A. IS　　　　　　B. DQ　　　　　　C. R　　　　　　D. NW

831. CBI039　单级双吸离心泵的型式代号是（　　）。

　　A. D　　　　　　B. DK　　　　　　C. S、SH　　　　　　D. R

832. CBI039　单级离心油泵的型式代号是（　　）。

　　A. D　　　　　　B. DK　　　　　　C. S、SH　　　　　　D. Y

833. CBI040　压缩机型号为 P-3/285-320 的氮氢气循环压缩机，其中"3"代表（　　）。

　　A. 公称吸气表压力　　　　　　　　　　B. 公称排气表压力

　　C. 公称容积　　　　　　　　　　　　　D. 公称容积流量为 3m$^3$/min

834. CBI040　压缩机型号为 P-3/285-320 的氮氢气循环压缩机，其中"285"代表（　　）。

　　A. 公称吸气表压力　　　　　　　　　　B. 公称排气表压力

　　C. 公称容积流量　　　　　　　　　　　D. 气缸排列方式

835. CBI040　压缩机型号为 P-3/285-320 的氮氢气循环压缩机，其中"320"代表（　　）。

　　A. 公称吸气表压力　　　　　　　　　　B. 公称排气表压力

　　C. 公称容积流量　　　　　　　　　　　D. 气缸排列方式

836. CBJ001 机械油主要用于( )起润滑作用。

A. 离心机、大型水泵、蒸汽机、中小型电动机

B. 变压器

C. 汽车、拖拉机

D. 各种仪表

837. CBJ001 车辆齿轮油主要用于( )等起润滑作用。

A. 各种仪表 B. 离心机、大型水泵、蒸汽机、中小型电动机

C. 汽车手动变速箱 D. 压缩机

838. CBJ001 润滑油是一种技术密集型产品，是复杂的碳氢化合物的( )，而其真正使用性能又是复杂的物理或化学变化过程的综合效应。

A. 混合物 B. 纯净物 C. 化合物 D. 微生物

839. CBJ002 关于润滑油的作用，下列叙述错误的是( )。

A. 润滑作用 B. 冷却作用 C. 保温作用 D. 密封作用

840. CBJ002 将磨损下来的碎屑带走，减少摩擦是润滑油的( )。

A. 保护作用 B. 冲洗作用 C. 减振作用 D. 卸荷作用

841. CBJ002 以下是反映润滑油流动性的重要质量指标的是( )。

A. 润滑 B. 密封 C. 冷却 D. 黏度

842. CBJ003 润滑油的"三过滤"是指( )过程。

A. 油箱→油壶→注油点 B. 油壶→油箱→注油点

C. 注油点→油壶→油箱 D. 油箱→注油点→油壶

843. CBJ003 压缩机油的三级过滤( )。

A. 90目 B. 100目 C. 120目 D. 130目

844. CBJ003 齿轮油二级过滤( )。

A. 50目 B. 60目 C. 70目 D. 55目

845. CBJ004 常用的保温材料是( )。

A. 原棉 B. 塑料 C. 岩棉 D. 碎布

846. CBJ004 化工生产中，为减少管道热损耗，要在管道外包覆( )材料。

A. 绝热 B. 防腐 C. 非金属 D. 传热

847. CBJ004 保温材料按材料本身的构成成分可分为有机材料、无机材料、( )。

A. 复合材料 B. 隔热材料 C. 环保材料 D. 非金属材料

848. CBJ005 冬季露天机泵，为了防止冻坏设备，应采取( )的措施。

A. 关闭出、入口阀门

B. 放净冷却水，水管线阀门小开，保持水流动

C. 向泵内注入蒸汽保温

D. 将物料加热

849. CBJ005 机泵冬季输送凝点较低、黏度较大的物料后，要及时联系用( )清扫机泵和管线。

A. 氮气 B. 水 C. 热水 D. 蒸汽

850. CBJ005 遇( )停车,机泵要将物料全部放净,有条件的要将伴热投用。

    A. 春季          B. 夏季          C. 秋季          D. 冬季

851. CBJ006 备用机泵盘车应( )进行,由岗位操作工使用工具转动设备传动部分并检查。

    A. 定时          B. 间隔几天          C. 开机泵前          D. 根据现场情况

852. CBJ006 机泵检修前要做到( ),达到检修的要求。

    A. 泄尽物料                    B. 中和置换

    C. 清洗并进行可靠隔离          D. 以上选项均正确

853. CBJ006 输送易燃、易爆介质机泵在检修前要进行吹扫置换,吹扫介质应选用( )。

    A. 氮气          B. 仪表风          C. 空气          D. 蒸汽

854. CBJ006 机泵检修前,要将( )阀关闭,物料排净。

    A. 出入口          B. 放空          C. 导淋          D. 排液

855. CBJ007 润滑油酸值的表示方式是( )。

    A. mg/g          B. mL/g 油          C. mg KOH/g 油          D. mL/mg 油

856. CBJ007 润滑油的酸值是因( )而产生的。

    A. 润滑油精制酸度效果差          B. 润滑油含碱低

    C. 润滑油吸收空气中的 $CO_2$          D. 润滑油腐蚀金属

857. CBJ007 润滑油的( )是表示润滑油中有机酸总含量的质量指标。

    A. 黏度          B. 酸值          C. 品质          D. 效果

858. CBJ008 润滑油的机械杂质以( )状态存于润滑油中,而不溶于汽油或苯的可以过滤出来的物质。

    A. 絮状物                    B. 悬浮或沉淀物

    C. 乳状物                    D. 胶状物

859. CBJ008 润滑油中的机械杂质通常是( )。

    A. 棉线          B. 灰尘          C. 汽油          D. 金属或泥沙

860. CBJ008 润滑油中的机械杂质会破坏( ),增加磨损,堵塞油过滤器。

    A. 润滑          B. 油膜          C. 设备          D. 油离子

861. CBJ009 润滑油抗乳化性是以( )为指标的。

    A. 酸值          B. 抗氧化度          C. 油水百分比          D. 含水量

862. CBJ009 抗乳化性能高的润滑油通常用在( )中。

    A. 汽轮机          B. 空气压缩机          C. 透平压缩机          D. 氮气压缩机

863. CBJ009 润滑油的( )又称破乳化时间。

    A. 抗乳化          B. 抗氧化          C. 抗吸收性          D. 抗润滑性

864. CBJ010 润滑油的抗氧化性低表现为外观会有( )现象。

    A. 浑浊          B. 沉淀物          C. 颜色深          D. 以上3种都有

865. CBJ010 润滑油的抗氧化性是指润滑油( )的能力。

    A. 抵抗空气氧化作用          B. 抵抗有机酸氧化

    C. 抵抗金属氧化物氧化          D. 抵抗水分氧化

866. CBJ010 润滑油在一定外界条件下,抵抗氧化作用的能力,称为润滑油的(    )。

A. 抗乳化性　　　B. 抗摩擦性　　　C. 抗氧化性　　　D. 润滑性

867. CBJ011 以下情况下,应更换阀门密封填料的是(    )。

A. 填料加量不足　　　　　　　B. 密封填料磨损较大

C. 密封填料泄漏　　　　　　　D. 密封填料失去弹性

868. CBJ011 如在正常生产时需更换填料,首先(    ),然后将阀门压盖拆开,取出旧填料,更换新填料。

A. 机泵停电　　　　　　　　　B. 关闭出口阀

C. 关闭旁通阀　　　　　　　　D. 关闭入口阀

869. CBJ011 (    )压完,应开关阀使阀杆升降,检查密封填料压的松紧程度。

A. 螺栓　　　　　B. 密封填料　　　C. 手轮　　　　　D. 螺钉

870. CBJ012 冬季停用的设备和管线,必须首先用蒸汽扫净,不能用风扫的设备和管线,必须把(    ),把存水放掉。

A. 所有阀门关闭　　　　　　　B. 所有放空阀打开

C. 所有阀门打开　　　　　　　D. 低处排凝阀打开

871. CBJ012 冬季生产的化工装置,为防止冻凝蒸汽线的排凝阀或放空阀,要保持(    )。

A. 阀门关严　　　B. 阀门全开　　　C. 阀门微开　　　D. 温度

872. CBJ012 装置冬季生产,为防止出现冻堵现象,伴热管线疏水器的副线要保持(    )。

A. 全开　　　　　B. 一定开度　　　C. 关闭　　　　　D. 不用理会

873. CBJ013 润滑油滤网通常采用(    )材质。

A. 铜　　　　　　B. 锡　　　　　　C. 不锈钢　　　　D. 塑料

874. CBJ013 润滑油三级过滤网网孔规格通常采用(    )。

A. 60 目　　　　B. 100 目　　　　C. 50 目　　　　D. 40 目

875. CBJ013 对过滤润滑油后滤网上的残渣的处理方法是(    )。

A. 清洗网上残渣,保证滤网畅通

B. 更换新滤网

C. 改用在对润滑油油质要求不高处过滤润滑油

D. 不用处理,继续使用

876. CBJ014 机泵的"五字操作法"是指(    )。

A. 看、听、摸、比、闻　　　　B. 定点、定质、定量、定时、定人

C. 点、质、量、时、人　　　　D. 维护与保养

877. CBJ014 操作工经常利用"五字操作法"进行(    )操作。

A. 反应釜的工艺控制

B. 机泵的流量调节

C. 检查运行中机泵各连接管口和压盖有无渗漏现象

D. 塔设备升温

878. CBJ014 操作工巡检时用(    )方法检查机泵的压力。

A. 听　　　　　　B. 看　　　　　　C. 摸　　　　　　D. 闻

879. CBJ015 化工机泵操作"三件宝"是指( )。

A. 扳手、螺丝刀、抹布 B. F 形扳手、梅花扳手、活动扳手

C. 扳手、润滑油、松动剂 D. 扳手、安全帽、防护眼镜

880. CBJ015 化工巡检时发现机泵法兰螺栓松动可用"三件宝"中的( )进行紧固。

A. 扳手 B. 螺丝刀 C. 抹布 D. 钳子

881. CBJ015 化工巡检时机泵上有灰尘可用"三件宝"中的( )进行擦拭。

A. 螺丝刀 B. 扳手 C. 抹布 D. F 形扳手

882. CBJ016 现场使用的压力表出现( )的情况应进行更换。

A. 指针不回零且超过压力表允许误差 B. 表盘玻璃转动

C. 没有隔离液 D. 剧烈振动

883. CBJ016 现场压力表出现表内漏气或指针剧烈跳动情况,应( )。

A. 安装三通旋塞 B. 安装隔离装置 C. 进行更换 D. 进行校验

884. CBJ016 在卸压力表之前,截止阀一定要( ),若没有放空阀,卸表时一定要缓慢进行,同时做好防喷溅措施。

A. 打开 B. 关紧 C. 关闭一半 D. 卸掉

885. CBJ017 现场温度计出现指示波动较大,应( )。

A. 进行更换 B. 安装隔离装置 C. 重新安放 D. 进行校验

886. CBJ017 现场使用温度计超过校验期,应( )。

A. 继续使用 B. 指示准确,可继续使用

C. 进行更换 D. 视情况而定

887. CBJ017 现场使用量程为 200℃的温度计,测量温度为 200℃,则该温度计( )。

A. 参考使用 B. 指示准确 C. 继续使用 D. 必须更换

888. CBK001 属于容积式泵的设备是( )。

A. 齿轮泵和螺杆泵 B. 隔膜泵和离心泵

C. 往复泵和轴流泵 D. 柱塞泵和叶片泵

889. CBK001 齿轮泵不适合输送( )。

A. 沥青 B. 润滑油 C. 甘油 D. 固体颗粒

890. CBK001 属于叶片式泵的设备是( )。

A. 齿轮泵和螺杆泵 B. 轴流泵和离心泵

C. 往复泵和混流泵 D. 柱塞泵和旋涡泵

891. CBK002 关于50AYIII60 3A 型离心油泵,下列表达正确是( )。

A. 50 表示泵出口直径 50mm B. AY 表示经过改造后的 Y 型离心泵

C. 60 表示三级扬程(mm) D. 3 表示 3 类材质

892. CBK002 2QYR40-112/2.5 型泵属于( )。

A. 电动往复热油泵 B. 电动往复冷油泵

C. 蒸汽往复冷油泵 D. 蒸汽往复热油泵

893. CBK002 下列对 DL 型泵的表述正确的是( )。

A. 多级立式清水泵 B. 单级立式管道泵 C. 单级卧式清水泵 D. 潜水泵

894. CBK003 成型填料可以分为( )。

A. 挤压形和唇形　　B. O 形环和唇形　　C. O 形环和 V 形　　D. D 形和 Y 形

895. CBK003 填料函规格选用的原则是( )。

A. 先由轴运动形式和介质压力决定填料截面积,然后根据轴直径决定填料圈数

B. 先由轴直径决定填料截面积,然后根据轴运动形式和介质压力决定填料圈数

C. 先由轴直径和介质压力决定填料截面积,然后根据轴运动形式决定填料圈数

D. 先由轴直径决定填料圈数,然后根据轴运动形式和介质压力决定填料截面积

896. CBK003 下列关于密封填料特性的叙述不正确的是( )。

A. 有一定的弹性,在压紧力作用下能产生一定的切向力并紧密与轴接触

B. 有足够的化学稳定性,不污染介质,填料不被介质泡胀,填料中的浸渍剂不被介质溶解,填料本身不腐蚀密封面

C. 自润滑性能良好,耐磨、摩擦系数小

D. 轴存在少量偏心,填料应有足够的浮动弹性

897. CBK004 下列设备中,不属于容积式压缩机的是( )。

A. 往复式压缩机　　B. 螺杆式压缩机　　C. 罗茨鼓风机　　D. 离心式压缩机

898. CBK004 按结构形式分,属容积式压缩机的是( )。

A. 螺杆压缩机　　B. 烟道离心鼓风机　　C. 离心式压缩机　　D. 轴流压缩机

899. CBK004 按结构形式分,属于速度式压缩机的是( )。

A. 离心式压缩机　　B. 螺杆压缩机　　C. 罗茨风机　　D. 液环压缩机

900. CBK005 不属于通过管壁传热的是( )换热器。

A. 浮头式　　B. 固定管板式　　C. U 形管式　　D. 板式

901. CBK005 一般使用于高温高压下的是( )换热器。

A. 浮头式　　B. 固定管板式　　C. U 形管式　　D. 板式

902. CBK005 下列选项属于按照换热方式的特点分类的是( )。

A. 间壁式换热器、蓄热式换热器和混合式换热器

B. 辐射式换热器、蓄热式换热器和混合式换热器

C. 间壁式换热器、对流式换热器和混合式换热器

D. 间壁式换热器、蓄热式换热器和折流式换热器

903. CBK006 立式炉的炉膛为( ),辐射管排于炉内中间,对流管排在辐射室上部的对流室中。

A. 长方形　　B. 三角形　　C. 梯形　　D. 圆筒形

904. CBK006 圆筒炉的辐射室为( ),辐射管沿辐射室的圆周水平排成一圈。

A. 长方形　　B. 三角形　　C. 梯形　　D. 圆筒形

905. CBK006 在炼油化工厂,裂化炉与焦化炉属于( )。

A. 纯加热炉　　B. 加热-反应炉　　C. 反应炉　　D. 复合炉

906. CBK007 用于不会污染环境的气体的压力容器上,排出的气体一部分通过排气管,一部分从阀盖和阀杆之间的间隙中漏出的安全阀是( )。

A. 全封闭式安全阀　　B. 半封闭式安全阀　　C. 敞开式安全阀　　D. 杠杆式式安全阀

907. CBK007 排出的气体直接由阀瓣上方排入周围大气空间的安全阀是( )。
A. 全封闭式安全阀　　　　　　　　B. 半封闭式安全阀
C. 敞开式安全阀　　　　　　　　　D. 杠杆式安全阀

908. CBK007 在石化生产装置中广泛使用的安全阀是( )。
A. 杠杆式　　　　B. 弹簧式　　　　C. 脉冲式　　　　D. 重锤式

909. CBK008 动压密封按密封面的润滑状态可分为( )。
A. 流体润滑、湿润润滑、混合润滑　　　B. 边界润滑、间隙润滑、混合润滑
C. 边界润滑、间隙润滑、表面润滑　　　D. 边界润滑、流体润滑、混合润滑

910. CBK008 接触式密封是( )。
A. 填料密封和普通机械密封　　　　B. 迷宫密封和垫片密封
C. 浮环密封和机械密封　　　　　　D. 浮环密封和干气密封

911. CBK008 全封闭式密封的泵是( )。
A. 磁力耦合泵和屏蔽泵　　　　　　B. 离心泵和磁力耦合泵
C. 屏蔽泵和往复泵　　　　　　　　D. 柱塞泵和螺杆泵

912. CBK009 滚动轴承、齿轮传动的润滑主要属于( )。
A. 流体润滑　　　B. 边界润滑　　　C. 间隙润滑　　　D. 混合润滑

913. CBK009 滑动轴承的润滑主要属于( )。
A. 流体润滑　　　B. 边界润滑　　　C. 间隙润滑　　　D. 混合润滑

914. CBK009 应用某种物质或装置,在摩擦两承载面间供给润滑剂以减少摩擦和磨损的方法称为( )。
A. 注剂　　　　　B. 抗震　　　　　C. 润滑　　　　　D. 减损

915. CBK010 机械密封辅助密封的主要作用有( )。
A. 卸载和密封　　　　　　　　　　B. 密封和缓冲
C. 压紧和传动　　　　　　　　　　D. 缓冲和传动

916. CBK010 机械密封由( )组成。
A. 动环、静环、压紧弹簧和紧固件
B. 动环、静环、压紧弹簧、紧固件、填料
C. 主密封、辅助密封、补偿机构和传动机构
D. 动环、静环、压紧弹簧、紧固件、填料及传动销

917. CBK010 常用接触式机械密封的主要摩擦形式为( )。
A. 干摩擦　　　　B. 液体摩擦　　　C. 边界摩擦　　　D. 混合摩擦

918. CBK011 采用焊接方式与壳体连接固定两端管板的是( )。
A. 固定管板式换热器　　　　　　　B. 浮头式换热器
C. U 形管式换热器　　　　　　　　D. 填料函式换热器

919. CBK011 一端管板与壳体固定,而另一端的管板可以在壳体内自由浮动,这种换热器是( )。
A. 固定管板式换热器　　　　　　　B. 浮头式换热器
C. U 形管式换热器　　　　　　　　D. 填料函式换热器

920. CBK011　U 形管换热器在壳程内可按工艺要求安装(　　)。

A. 折流板、纵向隔板　　　　　　　　B. 钩圈

C. 加热管　　　　　　　　　　　　　D. 管箱

921. CBK012　输送可燃流体介质、有毒流体介质，设计压力不低于 4.0MPa，并且设计温度不低于 400℃的工业管道属于(　　)工业管道。

A. GC1 级　　　　B. GC2 级　　　　C. GC3 级　　　　D. GC4 级

922. CBK012　输送非可燃流体介质、无毒流体介质，设计压力低于 10.0MPa，并且设计温度不低于 400℃的工业管道属于(　　)工业管道。

A. GC1 级　　　　B. GC2 级　　　　C. GC3 级　　　　D. GC4 级

923. CBK012　输送可燃流体介质、有毒流体介质，设计压力低于 4.0MPa，并且设计温度不低于 400℃的工业管道属于(　　)工业管道。

A. GC1 级　　　　B. GC2 级　　　　C. GC3 级　　　　D. GC4 级

924. CBK013　$0.1MPa \leqslant p$(最高工作压力)$< 1.6MPa$ 的压力容器属于(　　)。

A. 低压容器　　　B. 中压容器　　　C. 高压容器　　　D. 超高压容器

925. CBK013　$10MPa \leqslant p$(最高工作压力)$< 100MPa$ 的压力容器属于(　　)。

A. 低压容器　　　B. 中压容器　　　C. 高压容器　　　D. 超高压容器

926. CBK013　夹套容器的最高工作压力是指压力容器在正常使用过程中，夹套顶部可能产生的(　　)。

A. 最低压力差值　　　　　　　　　　B. 最大压力差值

C. 最高绝对压力差值　　　　　　　　D. 最高压力差值

927. CBK014　耐压试验的主要目的是检验容器受压部件的结构强度，验证其是否具有在(　　)下安全运行所需的承载能力。

A. 操作压力　　　B. 操作温度　　　C. 设计压力　　　D. 设计温度

928. CBK014　钢制固定式压力容器的液压试验压力为设计压力的(　　)。

A. 1.0 倍　　　　B. 1.15 倍　　　　C. 1.25 倍　　　　D. 1.50 倍

929. CBK014　容器制成以后或经检修投入生产之前应进行压力试验，压力试验的目的是检查容器的宏观强度和(　　)。

A. 韧性　　　　　B. 致密性　　　　C. 微观强度　　　D. 强度

930. CBK015　对于储存剧毒介质和设计要求不允许有微量泄漏的容器必须做(　　)。

A. 耐压试验　　　B. 气压试验　　　C. 密封性试验　　　D. 水压试验

931. CBK015　下列试验中不属于密封性试验的是(　　)。

A. 气密试验　　　B. 氨气试验　　　C. 煤油试验　　　D. 气压试验

932. CBK015　对于剧毒介质、易燃介质和不允许有介质微量泄漏的容器，密封性试验包括(　　)和其他一些渗透检漏试验。

A. 耐压试验　　　　　　　　　　　　B. 气密试验

C. 密封性试验　　　　　　　　　　　D. 水压试验

933. CBL001　以下属于设备管理"四懂三会"中"四懂"的是(　　)。

A. 懂应用范围　　B. 懂维护方法　　C. 懂用途　　　　D. 懂调节

934. CBL001 以下属于设备管理"四懂三会"中"四懂"的是( )。
A. 懂维护方法 B. 懂应用范围 C. 懂结构 D. 懂调节

935. CBL001 以下属于设备管理"四懂三会"中"三会"的是( )。
A. 会调节 B. 会使用 C. 会应用范围 D. 会维修

936. CBL002 巡检中要运用听、摸、( )、比、看等方法,对机泵压力、流量、温度、电流、振动、泄漏、冷却、润滑、声音等进行全面检查。
A. 记 B. 敲 C. 闻 D. 查

937. CBL002 遵循机泵"五字操作法"内容巡检要体现出三细,即摸温度要细、( )、看运转要细。
A. 记录要详细 B. 听声音要细 C. 敲设备要细 D. 测压力要细

938. CBL002 遵循机泵"五字操作法"内容巡检要体现出三细,即:听声音要细、( )、看运转要细。
A. 记录要详细 B. 摸温度要细 C. 敲设备要细 D. 测压力要细

939. CBL003 对于炼油化工装置,由于原料性质复杂,介质黏度大、温度高,所用机泵都需要消耗大量的( )来降低机泵轴承、机座及机械密封等处的温度,以保证泵的正常运行。
A. 新鲜水 B. 冷冻盐水 C. 冷却水 D. 污水

940. CBL003 各种泵结构、材质的不同,冷却要求也不一样,比如说双吸泵,其一般在120℃以上需在轴承处加( )。
A. 冷却水 B. 冷却风 C. 冷却油 D. 冷却水套

941. CBL003 离心泵需要冷却降温的部位一般为( )。
A. 电机 B. 机械密封或轴承 C. 联轴器 D. 底座

942. CBL004 机泵冷却所用的冷却水应( )。
A. 是含油污水 B. 是不含油污水
C. 是机泵的输送液 D. 干净且无杂质

943. CBL004 机泵启动前应先( ),防止高温损坏轴及机械密封。
A. 开入口阀 B. 开冷却水阀 C. 开出口阀 D. 开压力表阀

944. CBL004 机泵冷却带走( )摩擦产生的热量。
A. 泵体 B. 叶轮 C. 密封面 D. 电动机

945. CBL005 机泵负荷过大会导致( )。
A. 电压不稳 B. 电流过大 C. 电流波动 D. 电流过小

946. CBL005 为降低对叶轮的损坏,叶轮上设置有( )。
A. 缓冲垫 B. 护套 C. 平衡环 D. 平衡孔

947. CBL005 启泵前发现盘不动车,这种情况应该( )。
A. 正常启动 B. 联系机修人员进行检查维修
C. 使用工频启动 D. 更换巨型管钳盘车

948. CBL006 备用泵经常盘车是为了防止机泵( )。
A. 抱轴 B. 电流过大 C. 轴承温度过热 D. 泵轴弯曲

949. CBL006　机泵盘不动车时,可能原因是(　　　)。

A. 叶轮脱落　　　　B. 机泵抱轴　　　　C. 泵里有水　　　　D. 电流过大

950. CBL006　关于泵盘不动车的原因,说法错误的是(　　　)。

A. 机泵部件损坏　　　　　　　　B. 轴弯曲严重

C. 冬季机泵结冰凝固　　　　　　D. 润滑不好

951. CBL007　离心泵开启的第一步骤为(　　　)。

A. 开入口阀　　　　B. 开出口阀　　　　C. 开出口调节阀　　　D. 启泵并调节压力

952. CBL007　离心泵引入密封水的作用是(　　　)。

A. 方便灌泵　　　　　　　　　　B. 防止液体漏出泵

C. 防止空气进入泵内　　　　　　D. 润滑冷却机械密封

953. CBL007　下列选项不是泵密封水的作用的是(　　　)。

A. 给机械密封降温　　　　　　　B. 润滑转动部件

C. 密封作用　　　　　　　　　　D. 给叶轮降温

954. CBM001　关于造成离心泵密封泄漏严重的原因,下列叙述正确的是(　　　)。

A. 密封液压力不当　　B. 填料过松　　C. 操作波动大　　D. 以上都是

955. CBM001　离心泵在运转中,因密封性不好,易产生(　　　)而降低排液量,甚至不出液。

A. 气栓　　　　　B. 汽蚀　　　　　C. 气缚　　　　　D. 以上无正确选项

956. CBM001　往复泵一般常用塑料及橡胶制作(　　　)密封圈,内外加压调节密封效果。

A. A 形　　　　　B. O 形　　　　　C. V 形　　　　　D. W 形

957. CBM002　电动往复泵盘车困难是因为(　　　)。

A. 没有合适的盘车工具

B. 往复泵活塞处在"死点"位置时,拉动活塞较为困难

C. 活塞杆拉动困难

D. 活塞与泵缸间隙过小

958. CBM002　电动往复泵通常是用曲柄连杆机构把电动机的(　　　)变为活塞的往复运动。

A. 往复运动　　　B. 旋转运动　　　C. 活塞运动　　　D. 定向运动

959. CBM002　往复压缩机开车前进行盘车的目的是(　　　)。

A. 防止启动时产生振动

B. 检查吸排气阀是否打开

C. 检查润滑系统是否好用

D. 检查轴瓦、连杆、十字头等传动系统是否正常

960. CBM003　运行中的离心泵内有异音,可能是(　　　)造成的。

A. 流量过大　　　B. 填料压得过紧　　C. 基础不坚固　　D. 填料磨损

961. CBM003　离心泵吸水侧有空气渗入会造成(　　　)。

A. 轴承过热　　　B. 振动　　　　　C. 噪声　　　　　D. 排水管不出水

962. CBM003　若泵内有异音的原因是叶轮与泵壳发生摩擦造成的,则应(　　　)。

A. 更换新叶轮　　B. 拆开调整　　　C. 调整轴瓦间隙　　D. 调直或更换泵轴

963. CBM004　电机驱动的离心式压缩机,如果在启动加速过程中进行(　　)的操作,可能会造成电动机超负荷。

A. 关闭吸入阀　　　B. 开启吸入阀　　　C. 开启出口阀　　　D. 关闭出口阀

964. CBM004　为了防止离心式风机启动电动机超负荷,要全开(　　)。

A. 循环阀　　　　　B. 吸入阀　　　　　C. 旁通阀　　　　　D. 出口阀

965. CBM004　电动机驱动的离心式压缩机,在启动加速过程中开启吸入阀操作,会造成电动机(　　)。

A. 超负荷　　　　　B. 震动　　　　　　C. 短路　　　　　　D. 断电

966. CBM005　压缩机活塞因润滑油质量差或注入量不够,使气缸内温度过高,形成咬死现象,会造成(　　)。

A. 轴承过热　　　B. 排气量减低　　　C. 活塞杆温度过高　D. 气缸振动

967. CBM005　压缩机运行过程中,如(　　)会发生排气量降低。

A. 排气管路阻力大　B. 入口阀失灵　　　C. 负荷过大　　　　D. 填料不严

968. CBM005　压缩机进气滤清器(　　)会导致压缩机排气量不足。

A. 畅通　　　　　　B. 吸气管太短　　　C. 堵塞　　　　　　D. 管径太大

969. CBM006　易造成离心泵打量不足的因素有(　　)。

A. 出口阀门开度不够　　　　　　　　B. 排水管路漏水

C. 底阀太小　　　　　　　　　　　　D. 以上都是

970. CBM006　离心泵吸水部分的漏水网淤塞,可能造成离心泵(　　)。

A. 振动　　　　　　B. 启动负荷过大　　C. 填料过热　　　　D. 流量不够

971. CBM006　启泵时(　　),容易引起离心泵抽空。

A. 介质组分太重　　　　　　　　　　B. 过滤器堵塞、阻力损失增大

C. 出口阀没有打开　　　　　　　　　D. 吸入罐液位过高

972. CBM007　在装置正常使用蒸汽过程中,系统蒸汽压力突然下降的原因可能是(　　)。

A. 供汽单位减少输出　　　　　　　　B. 供气单位增加输出

C. 系统蒸汽量突然增大　　　　　　　D. 装置发生生产波动

973. CBM007　蒸汽在喷嘴中膨胀,叙述错误的是(　　)。

A. 蒸汽压力逐渐升高　　　　　　　　B. 速度增加

C. 比体积增加　　　　　　　　　　　D. 焓值降低

974. CBM007　装置正常生产过程中,用汽量突然增加或者供汽量突然减少,会造成系统蒸汽压力(　　)。

A. 下降　　　　　　B. 上升　　　　　　C. 无变化　　　　　D. 先下降后上升

975. CBM008　总管循环水压力下降的原因主要是(　　)。

A. 用水单位提高使用量　　　　　　　B. 循环水场送出系统故障

C. 循环水管道漏水　　　　　　　　　D. 以上三种

976. CBM008　总管循环水压力下降的原因可能是(　　)。

A. 循环水供水系统增加输出量　　　　B. 循环水供水系统提高输出压力

C. 循环水用户减少使用量　　　　　　D. 循环水供水系统减少输出量

977. CBM008　下列情况会使循环水压力下降的是(　　)。

A. 吸入管弯头过少　　　　　　　　B. 管网严重漏水

C. 外界温度升高　　　　　　　　　D. 管壁壁厚较薄

978. CBM009　搅拌机停止运转可能是(　　)造成的。

A. 断电　　　　　B. 润滑不好　　　　C. 温度过高　　　　D. 液体量过大

979. CBM009　运行中的搅拌机发生停转,可能是(　　)造成的。

A. 轴承磨损　　　　B. 润滑故障　　　　C. 叶轮腐蚀脱落　　　D. 固定螺栓松动

980. CBM009　搅拌机停止运转的原因可能是(　　)。

A. 搅拌器内壁有腐蚀　　　　　　　B. 搅拌器负荷过大

C. 搅拌器负荷无变化　　　　　　　D. 搅拌器内物料密度降低

981. CBM010　造成鼓风机打气量下降的原因是(　　)。

A. 进出口管道过长、过细、转弯过多　B. 风机转向相反

C. 导向器装反　　　　　　　　　　D. 以上都是

982. CBM010　气体温度过低,密度增加,可能造成运行中的鼓风机(　　)。

A. 压力偏低,流量增加　　　　　　B. 压力偏高,流量降低

C. 噪音大　　　　　　　　　　　　D. 轴承过热

983. CBM010　运行中的鼓风机发生打气量下降,可能是(　　)造成的。

A. 进风管法兰不严　　　　　　　　B. 管道调节阀松动

C. 出口阀门开度过小　　　　　　　D. 出口阀门开度过大

984. CBM011　阀门有时突然关闭不严,可能是(　　),此时不能用力强行关闭,应先将其
开大些,再关闭。

A. 阀门密封面间有杂质卡住　　　　B. 填料磨损

C. 阀门填料不清洁　　　　　　　　D. 以上都有可能

985. CBM011　离心泵在额定转速下运行,为了避免启动电流过大,通常在(　　)。

A. 出口阀门稍稍开启的情况下启动　B. 出口阀门半开的情况下启动

C. 出口阀门全关的情况下启动　　　D. 出口阀门全开的情况下启动

986. CBM011　阀门有时突然关闭不严,可能阀门密封面间有杂质卡住,此时应(　　)。

A. 先将其开大些,再关闭　　　　　B. 先将阀门完全打开,再关闭

C. 加大力量关闭　　　　　　　　　D. 不用理会

987. CBM012　运行使用的阀门出现填料泄漏,可能是(　　)造成的。

A. 阀门密封面间有杂质卡住　　　　B. 阀杆螺纹生锈

C. 阀门填料不清洁　　　　　　　　D. 阀门开关频繁、填料磨损

988. CBM012　高温条件下填料被烧损,老化变硬,失去弹性,孔隙增大,会造成(　　)。

A. 阀门关闭不严　　　　　　　　　B. 腰垫泄漏

C. 填料泄漏　　　　　　　　　　　D. 阀门关闭不灵活

989. CBM012　阀门填料函泄漏的原因是(　　)。

A. 填料装的不严密　　　　　　　　B. 填料老化或规格不对

C. 压盖未压紧、阀杆磨损或腐蚀　　D. 以上原因都有

990. CBM013　离心泵抽空不吸液,真空表和压力表的指针剧烈跳动的原因是(　　)。
    A. 开车前灌泵不足　　　　　　　　B. 吸液管浸入液体深度不够
    C. 吸液管或仪表漏气　　　　　　　D. 以上都是

991. CBM013　以下会使运行中鼓风机发生抽空现象的是(　　)。
    A. 出口管道阻力过大　　　　　　　B. 出口管路泄漏
    C. 气体温度过高　　　　　　　　　D. 气体温度过低

992. CBM013　运行中的机泵发生抽空时,会有(　　)现象。
    A. 机泵出口压力表读数大幅度变化,电流表读数波动
    B. 泵体及管线内有噼啪作响的声音
    C. 泵出口流量减小许多,大幅度变化
    D. 以上都是

993. CBM014　运行中的机泵发生"抱轴"会出现(　　)现象。
    A. 机泵噪声异常,振动剧烈　　　　B. 流量不足
    C. 压力表达最高限　　　　　　　　D. 泵不吸液

994. CBM014　电机运行过程如发生"抱轴",会出现(　　)等现象。
    A. 电流增加,电动机跳闸　　　　　B. 轴承箱温度高
    C. 润滑油中含金属碎屑　　　　　　D. 以上都是

995. CBM014　润滑油变质、乳化或有杂质会使(　　)。
    A. 机泵内介质压力改变　　　　　　B. 机泵抱轴
    C. 机泵内介质污染　　　　　　　　D. 循环水中断

996. CBM015　离心式压缩机油温度高,可能是(　　)造成的。
    A. 油冷却水系统不畅,压力不够　　B. 轴瓦间隙小
    C. 设备运转速度过大　　　　　　　D. 轴承磨损

997. CBM015　油箱液位过低,低于2/3,易造成离心式压缩机(　　)。
    A. 油质不好　　　　　　　　　　　B. 油温过高
    C. 油温过低　　　　　　　　　　　D. 油压过高

998. CBM015　造成离心式压缩机油温高的原因主要是(　　)。
    A. 冷却器堵塞,换热不好　　　　　B. 油压下降、油冷却水系统不畅
    C. 油箱液位过低,低于2/3　　　　　D. 以上都对

999. CBN001　蒸发系统的蒸汽在中断的情况下,操作人员应本着(　　)进行处理。
    A. 继续进行料液循环、维持生产的原则　B. 避免伤亡事故的原则
    C. 避免生产损失的原则　　　　　　D. 停止进料、停止蒸发操作进行的原则

1000. CBN001　若蒸汽中断装置应(　　)。
    A. 增大蒸汽入口阀开度　　　　　　B. 提升蒸汽管网压力
    C. 降低负荷,必要时停车处理　　　　D. 维持正常生产负荷

1001. CBN001　若蒸发系统蒸汽中断应(　　)。
    A. 不通知调度　　　　　　　　　　B. 不对事故地点进行隔离
    C. 正确判断事件原因,准确处理　　　D. 不顾及人员安全强行处理

1002. CBN002　操作现场出现硫化氢中毒人员,进行抢救的措施首先是(　　)。

A. 将患者撤离现场　　　　　　　　B. 用水进行冲洗

C. 揭开衣扣,保持呼吸畅通　　　　D. 进行人工呼吸

1003. CBN002　硫化氢中毒有眼部损伤者应尽快用(　　)反复冲洗。

A. 弱碱液　　　　　　　　　　　　B. 清水

C. 眼药水　　　　　　　　　　　　D. 硼酸

1004. CBN002　硫化氢中毒患者移至空气新鲜处后,呼吸、心搏均已停止者应(　　)。

A. 及时正确地施行人工心肺复苏术　B. 给予吸氧

C. 人工呼吸　　　　　　　　　　　D. 保持呼吸道畅通

1005. CBN003　对一套化工装置,在停供新鲜水事故发生后,正确处理的原则是(　　)。

A. 紧急停车,保证设备及生产安全　B. 降低负荷,维持装置生产运行

C. 切断蒸汽热源,继续生产　　　　D. 等待领导决定后,再行处理

1006. CBN003　发生停水事故时应(　　)。

A. 不使事故扩大和有利于恢复生产　B. 操作人员不必熟练掌握自保系统

C. 必须以保证生产为第一目标　　　D. 不必考虑停水后防冻腐蚀等措施

1007. CBN003　若长时间停水应(　　)。

A. 停车处理,做防冻防腐处理　　　B. 不对水系统进行处理

C. 不通知调度　　　　　　　　　　D. 循环水泵不关闭入口、出口阀

1008. CBN004　循环水中断后化工装置应基于(　　)的处理原则进行操作。

A. 启用备用或替代水源,保证生产安全运行

B. 停水就紧急停车

C. 降低负荷,短期超工艺指标运行

D. 继续开车,等待循环水供水恢复

1009. CBN004　循环水中断会影响(　　)。

A. 压缩机油压　　　　　　　　　　B. 循环水换热器换热工艺气温度

C. 工艺介质液体物理性质　　　　　D. 机组电压

1010. CBN004　循环水多数用于(　　)。

A. 机泵降温及循环水换热器　　　　B. 催化剂

C. 制热　　　　　　　　　　　　　D. 高压水枪

1011. CBN005　离心泵轴承温度高,(　　)。

A. 如果轴的中心线偏离,应调整轴承位置

B. 如果轴承缺油应及时补充

C. 如果轴承磨损严重,应进行更换

D. 以上都是

1012. CBN005　运行中通风机出现轴承与轴承箱孔之间有间隙而松动,造成轴承过热应(　　)。

A. 调整螺栓　　　　　　　　　　　B. 调整两轴同心度

C. 找平　　　　　　　　　　　　　D. 处理摩擦

1013. CBN005　降低轴承温度的方法不包括(　　)。

A. 检查避免异物摩擦　　　　　　　B. 加润滑油

C. 调节冷却器负荷　　　　　　　　D. 增加运转设备负荷

1014. CBN006　做人工呼吸抢救前,首先必须保证在(　　)的情况下进行。

A. 呼吸道畅通　　　　　　　　　　B. 人取卧位

C. 头稍低　　　　　　　　　　　　D. 口盖纱布

1015. CBN006　当患者牙关紧闭不能张口,或者有严重的损伤,采用(　　)的方法进行抢救最为有效。

A. 口对口人工呼吸　　　　　　　　B. 口对鼻人工呼吸

C. 口咽管吹气　　　　　　　　　　D. 人工推压

1016. CBN006　人工呼吸时,单人急救每按压胸部(　　)后,吹气两口。

A. 15 次　　　　B. 5 次　　　　C. 2 次　　　　D. 20 次

1017. CBN007　火警电话是(　　)。

A. 119　　　　B. 110　　　　C. 120　　　　D. 114

1018. CBN007　火警电话接通后,情绪要镇静,要讲清(　　)。

A. 起火地点、起火部位　　　　　　B. 何种物质起火

C. 火灾程度　　　　　　　　　　　D. 以上都是

1019. CBN007　下列选项在报火警时无须说明的是(　　)。

A. 何种物质起火　　　　　　　　　B. 火灾程度

C. 报警人姓名及电话号码　　　　　D. 起火原因

1020. CBN008　循环水回水压力升高,会造成使用循环水的设备内水位(　　),从而影响安全生产。

A. 上升　　　　B. 下降　　　　C. 稳定　　　　D. 微降

1021. CBN008　当多级冷却器发生气阻现象时,被冷却的气体温度上升,说明循环水量(　　),应及时将进气切断。

A. 增加　　　　B. 充足　　　　C. 保持不变　　　　D. 不足

1022. CBN008　循环水中断需要考虑(　　)。

A. 循环水水温　　　　　　　　　　B. 循环水水压

C. 防冻防腐蚀处理　　　　　　　　D. 循环水 pH 值

1023. CBN009　装置正常生产时,突然出现瞬间停电,造成动设备转速下降,处理原则应是(　　)。

A. 为保证安全生产,立即停车

B. 为保证安全生产,切换备用设备,继续开车

C. 解除动设备的停车联锁、重新启动设备送电运转,减少停车造成生产损失

D. 改造供电系统,增加多处电源,有备无患

1024. CBN009　瞬间停电会造成(　　)。

A. 循环水 pH 值改变　　　　　　　B. 锅炉给水铁离子改变

C. 机泵停转　　　　　　　　　　　D. 换热器泄漏

1025. CBN009　停电需要遵循的原则是（　　）。

　　A. 消除事故根源并解除对人身和事故的威胁

　　B. 以生产为第一目标

　　C. 优先给用电量较大的机泵供电

　　D. 不通知调度

1026. CBN010　送蒸汽时，如果出现管道水击，不应采取（　　）的方法。

　　A. 立即打开管道泄水阀进行卸水　　　　B. 关闭送汽阀门

　　C. 打开用户送汽阀门，泄掉送汽管线压力　D. 打开管道泄压放空阀

1027. CBN010　检修水管线后，给设备送水，为防止水击，通常采取的措施为（　　）。

　　A. 打开回水阀门　　　　　　　　　　　B. 打开管道及设备的上部放空阀

　　C. 打开管道及设备的泄水阀　　　　　　D. 以上都不对

1028. CBN010　下列方法不能防止水击的是（　　）。

　　A. 发生事故时将液体倒入事故罐　　　　B. 实行高点保护

　　C. 不暖管直接开启阀门　　　　　　　　D. 安装安全阀

1029. CBN011　机械密封启动时必须（　　），防止发生干摩擦，损坏密封，发生泄漏。

　　A. 保持密封腔内充满液体　　　　　　　B. 开冷却水

　　C. 开旁通阀　　　　　　　　　　　　　D. 以上都不对

1030. CBN011　机械密封进料时发生泄漏，应（　　）。

　　A. 检查入口过滤网是否完好　　　　　　B. 严重时更换机械密封

　　C. 对机械密封研磨　　　　　　　　　　D. 以上都对

1031. CBN011　下列与机械密封冲洗量无关的是（　　）。

　　A. 端面比压　　　　　　　　　　　　　B. 转速

　　C. 密封面面积　　　　　　　　　　　　D. 流量系数

1032. CBN012　机械密封运转时周期性泄漏的处理方法是（　　）。

　　A. 机械密封磨损严重，进行更换　　　　B. 封油量不足，进行补加

　　C. 冷却水不足，进行补加　　　　　　　D. 以上都对

1033. CBN012　对于所有双端面机械密封，当内侧（介质侧）密封泄漏时，其外部密封应能正常运行不小于（　　）。

　　A. 1h　　　　　　　B. 2h　　　　　　　C. 4h　　　　　　　D. 8h

1034. CBN012　以下不是机械运转时发生泄漏原因的是（　　）。

　　A. 弹簧压缩量太大，石墨动环龟裂　　　B. 密封端面宽度太小

　　C. 镶钻或黏结动、静环的结合缝泄漏　　D. 外界气压过大

1035. CBN013　当往复式压缩机运行过程中出现打气量不足的现象时，正确的处理方法为（　　）。

　　A. 检查活塞环如损坏严重应更换，同时添加润滑油

　　B. 对负荷情况进行检查

　　C. 清洗气缸

　　D. 检查填料函

1036. CBN013　以下可以解决往复式压缩机运行过程中出现打气量不足现象的是(　　)。

A. 更换新的活塞环　　　　　　　　B. 检查活塞环装入汽缸中的开口间隙

C. 增加入口压力　　　　　　　　　D. 以上都对

1037. CBN013　若往复式压缩机吸排气阀漏气可以(　　)。

A. 不拆检目测故障　　　　　　　　B. 更换弹性较小的弹簧

C. 不使用高负荷运转　　　　　　　D. 更换新的阀片或阀座

1038. CBN014　往复式压缩机活塞杆填料函漏气应(　　)。

A. 检查弹簧是否有折断,对弹力小、不合格的弹簧进行更换

B. 更换新活塞环

C. 填料函安装倾斜,重新安装

D. 检查负荷情况,进行调整

1039. CBN014　保证填料函中有适量的润滑油,可以防止因润滑油不足,填料函部分气密性恶化,会导致(　　)。

A. 活塞杆温度过热　　　　　　　　B. 气缸部分异常振动

C. 填料函漏气　　　　　　　　　　D. 电动机声音异常

1040. CBN014　以下可判断活塞杆与填料函漏气的是(　　)。

A. 检查排气阀温度　　　　　　　　B. 观察填料回气管温度

C. 检查一级进气管开度　　　　　　D. 着色探伤

1041. CBN015　为了防止离心泵汽蚀现象的发生,离心泵运转时必须保证泵入口处的压强(　　)。

A. 大于介质所处温度下的饱和蒸气压　　B. 小于介质所处温度下的饱和蒸气压

C. 等于介质所处温度下的饱和蒸气压　　D. 以上都不对

1042. CBN015　当液体输送温度较高或液体沸点较低时,可能会出现允许吸上高度为负值的情况,此时应将离心泵安装在储罐的(　　)。

A. 液面以下　　　B. 液面以上　　　C. 罐底　　　　D. 任意高度

1043. CBN015　以下措施不能有效防止汽蚀的是(　　)。

A. 减小吸入损失

B. 采用双吸泵

C. 增加液体流量

D. 离心泵发生汽蚀时,应把流量调小或降速运行

1044. CBN016　急性中毒的现场抢救中,首先是(　　)。

A. 清除毒物　　　B. 撤离有毒环境　　C. 进行人工呼吸　　D. 以上都不对

1045. CBN016　急性中毒的现场抢救要点是(　　)。

A. 切断毒物来源　　　　　　　　　B. 戴好防毒面具

C. 采取有效措施防止毒物继续进入人体　D. 以上都对

1046. CBN016　下列选项不是急性中毒现场抢救原则的是(　　)。

A. 迅速使中毒者脱离现场　　　　　B. 在中毒现场进行抢救

C. 脱去污染衣物防止再次污染　　　D. 注意瞳孔、呼吸、脉搏及血压变化

1047. CBN017　火灾的初起阶段火势较弱,因此先要迅速(　　)。

A. 控制火情　　　B. 报火警　　　C. 撤离　　　D. 戴好防毒面具

1048. CBN017　初起火灾应(　　)。

A. 先一般后重点　　B. 救人重于救火　　C. 先消灭后控制　　D. 发现后独自处理

1049. CBN017　下列选项不是灭火方法的是(　　)。

A. 隔离法　　　B. 冷却法　　　C. 吸收法　　　D. 窒息灭火法

1050. CBN018　使用推车式干粉灭火器时,将灭火器推到起火地点,松开胶管伸直,一手握住喷粉胶管,对准火源,拉断(　　)进行灭火。

A. 接头　　　B. 喷嘴　　　C. 胶管　　　D. 铅封

1051. CBN018　推车式干粉灭火器应放置在(　　)的地方。

A. 通风干燥　　B. 潮湿　　　C. 密闭　　　D. 低温

1052. CBN018　推车式干粉灭火器一般由(　　)操作。

A. 1 人　　　B. 2 人　　　C. 3 人　　　D. 4 人

1053. CBN019　二氧化碳灭火器应在离火源(　　)处使用。

A. 1m　　　B. 2m　　　C. 3m　　　D. 4m

1054. CBN019　由于二氧化碳灭火器没有黑色软管,应把喇叭筒向上扳(　　)。

A. 20°～30°　　B. 30°～50°　　C. 50°～70°　　D. 70°～90°

1055. CBN019　二氧化碳灭火器应先拔出保险销,再压合压把,将喷嘴对准(　　)喷射。

A. 火焰上部　　B. 火焰中部　　C. 火焰下部　　D. 火焰根部

1056. CBN020　当储罐液位计失灵时,正确的处理方法是(　　)。

A. 切换备用储罐来计量物料

B. 有自控液位测量仪表,要采用自控测量

C. 判断液位计失灵的原因,清堵或关闭液位计阀门处理

D. 以上 3 种都需采用

1057. CBN020　液位计失灵后,下列处理方法错误的是(　　)。

A. 加强现场巡查　　　　　　B. 联系仪表处理

C. 参考流量变化趋势手动控制液位　　D. 失灵仪表自行检修

1058. CBN020　若磁翻板液位计液位保持不动,可能的原因是(　　)。

A. 浮子变形卡住　　B. 无液位　　　C. 液位超上限　　　D. 排污阀未关闭

1059. CBN021　冬季临时停用的设备,必须保证(　　),避免冻凝管线。

A. 回水或蒸汽微量流通　　　　B. 有采暖

C. 密闭严密　　　　　　　　　D. 通风良好

1060. CBN021　对凝结不实的管线,以下操作错误的是(　　)。

A. 使用蒸汽暖化冻结管线　　　　B. 对保温管线可将蒸汽带插入保温层加热

C. 长管线无须分段处理　　　　　D. 对冻凝不实的管线可用蒸汽继续扫线

1061. CBN021　停用的设备或管线可以(　　)。

A. 敞口放置　　　　　　　　　B. 与生产连接处无须处理

C. 停水后无须处理　　　　　　　D. 加盲板与生产隔开,排净积水吹扫干净

1062. CBN022　冬季出现气体管线冻堵造成憋压,可采取( )的措施。

A. 管线外用蒸汽加热化冻冻堵部位　　　B. 打开泄水阀及时排净冷凝液

C. 对易冻部位加伴热保温　　　D. 以上 3 种方法均正确

1063. CBN022　若封闭管线内液体因阳光照射或气温影响会导致( )。

A. pH 值升高　　　B. 憋压　　　C. 冻结　　　D. 腐蚀

1064. CBN022　管线憋压,不会出现的情况是( )。

A. 管线内压力降低　　　B. 安全阀起跳　　　C. 阀门变形　　　D. 密封面渗漏

1065. CBN023　在非易燃易爆介质的控制阀失灵情况下,应采取的应对方法是( )。

A. 直接停车处理

B. 拆卸并修理控制阀,不行就停车

C. 立即开启控制阀的副线阀门并手动调节

D. 在控制室内大幅度调节控制阀,直到能正常运行为止

1066. CBN023　下列选项不是控制阀失灵原因的是( )。

A. 自控阀阀杆螺母掉落　　　B. 电缆接线掉落

C. 阀杆卡涩　　　D. 管道有沙眼

1067. CBN023　若控制阀失灵可通过( )进行调节。

A. 压力　　　B. 温度　　　C. 副线　　　D. 电流

1068. CBN024　运行装置发生设备漏油着火紧急状态,首先应( )。

A. 联系报警　　　B. 停车　　　C. 降负荷　　　D. 切断火源

1069. CBN024　发生设备漏油的紧急状态下,确认事故发生原因后,立即( )。

A. 泄压　　　B. 设法切断泄漏点或火源

C. 撤离　　　D. 进行灭火

1070. CBN024　下列原因不会导致设备管线泄漏引发着火的是( )。

A. 管线质量差　　　B. 施工质量差

C. 超出设备运行负荷　　　D. 设备低负荷运转

1071. CBN025　现场运行离心泵出现泵不吸液,真空表显示高度真空,应( )。

A. 检查底阀或清洗滤网部分　　　B. 停车将泵内灌足液体

C. 清洗排液管　　　D. 清洗叶轮

1072. CBN025　离心泵抽空时,真空表和压力表的指针剧烈跳动,( )。

A. 如开车前泵内灌液不足,应停车灌足液体

B. 如吸液系统管子或仪表漏气,应检查并消除并堵住漏气处

C. 如吸液管浸入深度不够,应降低吸液管使之降到一定深度

D. 以上都对

1073. CBN025　离心泵抽空的原因有( )。

A. 泵入口管窜气　　　B. 电机反转　　　C. 泵入口压力不够　　　D. 以上全都是

1074. CBN026　当物料管线出现泄漏时,正确的处理方法是( )。

A. 直接焊接漏点　　　B. 用木塞堵上漏点

C. 制作卡具堵漏　　　D. 用塑料布缠裹

1075. CBN026 物料管线泄漏时,不正确的处理方式是( )。

  A. 用铁锤将铆钉打入漏点处堵漏　　　　B. 特种胶粘堵

  C. 停送物料,清洗置换动火焊接　　　　D. 制作卡具堵漏

1076. CBN026 发现物料管线泄漏后应( )。

  A. 直接用扳手紧固　　　　B. 通空气

  C. 联系车间负责人员确定泄漏物及压力　　D. 使用电焊补漏

1077. CBN027 运行电动机温度高,则( )。

  A. 润滑油变质,进行更换　　　　B. 检查平衡盘是否磨损,若磨损应更换

  C. 负荷过大,降低流量　　　　D. 以上都对

1078. CBN027 如果运行电压过低,会造成电动机( ),应降低负荷。

  A. 转速过快　　　　B. 转速过慢

  C. 温度过高　　　　D. 停止运行

1079. CBN027 电动机因电压过高超温可以( )。

  A. 继续运转　　　　B. 联系电气车间调节电压

  C. 增大电动机功率　　　　D. 更换轴承

1080. CBN028 化工装置仪表风停送时,装置操作人员应( )。

  A. 找仪表处理调节阀　　　　B. 紧急停车,保证装置安全

  C. 联系仪表风输送部门　　　　D. 耐心等待仪表风重新输送

1081. CBN028 下列选项不是停仪表风现象的是( )。

  A. 调节阀无法运行　　　　B. 岗位仪表风压力报警

  C. 泵停转　　　　D. 联锁失灵

1082. CBN028 下列选项不是停仪表风原因的是( )。

  A. 仪表风管线破裂　　　　B. 系统压力波动

  C. 空压站仪表风系统故障　　　　D. 其他系统大量使用仪表风导致低联锁

1083. CBN029 往复泵运行过程中禁止( ),否则会使管路憋坏,严重会烧毁电动机。

  A. 关入口阀　　　B. 关出口阀　　　C. 关旁通阀　　　D. 关底阀

1084. CBN029 电动机驱动的离心式压缩机在启动过程中,为防止电动机过载烧坏,需( ),同时旁路阀全部打开,使压缩机空负荷启动。

  A. 关入口阀　　　B. 关出口阀　　　C. 关旁通阀　　　D. 关底阀

1085. CBN029 下列选项不会导致烧电动机的是( )。

  A. 电动机带负荷启动　　　　B. 实际使用扬程低于设计扬程过多

  C. 潜水泵无水工作时间过长　　　　D. 电动机在干燥条件下工作

1086. CBQ001 1mmHg 等于( )。

  A. 133. 322Pa　　　B. 1. 33322Pa　　　C. 13. 3322Pa　　　D. 0. 133322Pa

1087. CBQ001 1mmH$_2$O 等于( )。

  A. 98. 0665Pa　　　B. 9. 80665Pa　　　C. 0. 980665Pa　　　D. 980. 665Pa

1088. CBQ001 1bar=( )。

  A. 0. 1kPa　　　B. 1kPa　　　C. 10kPa　　　D. 100kPa

1089. CBQ002　开尔文温度($T$)与摄氏度($t$)之间的换算正确的是(　　)。

　　A. $T=t+273.15$　　　B. $t=T+273.15$　　　C. $T=t-273.15$　　　D. $t=T+27.315$

1090. CBQ002　摄氏温度($t$)与华氏温度($F$)的换算关系为(　　)。

　　A. $F=(t×5/9)+32$　　　　　　　　B. $F=(t×9/5)+32$

　　C. $t=(F-5/9)+32$　　　　　　　　D. $t=(F-9/5)×5/9$

1091. CBQ002　293K 至 313K 的温度差用℃表示为(　　)。

　　A. 20℃　　　　　　B. 36℃　　　　　　C. 80℃　　　　　　D. -20℃

1092. CBQ003　1m$^3$ 等于(　　)。

　　A. 10L　　　　　　B. 100L　　　　　　C. 1000L　　　　　　D. 10000L

1093. CBQ003　1L 等于(　　)。

　　A. 1000mL　　　　B. 100mL　　　　　C. 10mL　　　　　　D. 10000mL

1094. CBQ003　1L 等于(　　)。

　　A. 0.1m$^3$　　　　　B. 0.01m$^3$　　　　　C. 0.001m$^3$　　　　D. 1000m$^3$

1095. CBQ004　质量单位间换算正确的是(　　)。

　　A. 1t=10kg=1×10$^6$g　　　　　　　B. 1t=100kg=1×10$^6$g

　　C. 1t=1000kg=1×10$^6$g　　　　　　D. 1t=10000kg=1×10$^6$g

1096. CBQ004　每袋碳酸钠80斤,那么20袋碳酸钠共(　　),用国际单位制表示。

　　A. 1600斤　　　　B. 800公斤　　　　C. 0.8吨　　　　　D. 800千克

1097. CBQ004　每1000cm$^3$的纯水在4℃时的质量为(　　)。

　　A. 1斤　　　　　　B. 1吨　　　　　　C. 1000千克　　　　D. 1千克

1098. CBO001　机泵轴承过热的原因可能是(　　)。

　　A. 介质温度过高　　　　　　　　　B. 机械密封的密封面损伤

　　C. 泵轴与电机轴不同心　　　　　　D. 介质的流量过大

1099. CBO001　当离心泵运转过程中,输水量减少,可能是(　　)的原因。

　　A. 转速低　　　　　　　　　　　　B. 吸入空气或叶轮堵塞

　　C. 叶轮堵或轴弯曲　　　　　　　　D. 地脚螺栓松动

1100. CBO001　离心泵冷却水堵塞的主要原因是(　　)。

　　A. 水管弯头多　　　B. 冷却管线长　　　C. 水压高　　　　D. 水含污垢

1101. CBO002　泵抽空的现象是(　　)。

　　A. 电动机温度过高,声音异常　　　B. 压力表指针突然下降,声音异常

　　C. 压力表指针突然上升,声音异常　　D. 机械密封泄漏

1102. CBO002　泵抽空可能是(　　)引起的。

　　A. 转速高于额定值　　　　　　　　B. 出口阀没打开

　　C. 泵未灌满液体,泵内有气体　　　　D. 吸入液体温度过低

1103. CBO002　机泵的底阀或过滤网堵塞会引起机泵(　　)。

　　A. 抽空　　　　　B. 憋压　　　　　C. 轴承过热　　　D. 电动机过热

1104. CBO003　冬季输送含水介质,如果室外管线流量降低直至为零,首先要考虑(　　)。

　　A. 管线是否保温　　B. 管线是否防腐　　C. 管线是否堵塞　　D. 管线是否冻凝

1105. CBO003 要根据( )来判断管线冻凝的位置,根据实际情况进行处理。

A. 管线的走向和所输送的介质 B. 管线的材质及管线的公称直径

C. 原料中的组分 D. 机泵的出口压力

1106. CBO003 石油化工行业中,冬季一般使用( )处理冻凝管线及设备。

A. 热水 B. 热油 C. 蒸汽 D. 用喷灯等进行烘烤

1107. CBO004 离心泵出口压力表无示数显示,可能的原因是( )。

A. 压力表损坏 B. 进口流量大 C. 泵出口阀门打开 D. 泵入口阀门打开

1108. CBO004 以下不是压力表指针不归零原因的是( )。

A. 泵体里有压力 B. 单向阀不严 C. 压力表损坏 D. 机泵停运

1109. CBO004 压力表的精度等级为 1.5 级,下列表示该表的允许误差正确的一项是
( )。

A. 1.5 B. ±1.5 C. 1.5% D. ±1.5%

1110. CBO005 机泵抱轴最明显的表现就是( )。

A. 轴承过热 B. 机泵有强烈的振动

C. 机泵发出很大的噪声 D. 机泵盘不动车

1111. CBO005 机泵出现抱轴时应( )。

A. 更换机械密封,并保证冷却水量充足

B. 更换轴承,并保证润滑油油位及油质符合要求

C. 重新灌泵,排出泵内所存气体

D. 更换叶轮

1112. CBO005 可能导致机泵抱轴的现象是( )。

A. 电动机轴与泵轴不同心 B. 轴承箱缺油导致烧坏轴承

C. 泵内有大量气体 D. 填料或密封圈损坏

1113. CBO006 将阀门完全关闭后,管线内仍有介质流动则说明该阀门( )。

A. 卡滞 B. 填料函没有压紧

C. 外漏 D. 内漏

1114. CBO006 阀门内漏一般是( )引起的。

A. 金属密封环没有压紧或损坏 B. 填料函没有压紧

C. 阀门驱动装置力矩不够 D. 阀门执行机构出现故障

1115. CBO006 阀门出现卡滞时应( )。

A. 检查阀门密封填料是否没有压紧 B. 检查阀门内部是否有异物

C. 调节阀门执行机构的力矩 D. 对研阀座、阀芯

1116. CBO007 机泵电动机温度超高的原因可能是( )。

A. 泵吸入管线不严或吸入空气 B. 泵出口压力过大

C. 泵转速降低 D. 泵电动机转速高于额定值

1117. CBO007 电动机温度超高要( )。

A. 检查电机及泵是否有机械损坏 B. 检查底阀及吸入管线是否有堵塞

C. 检查并更换轴承 D. 重新更换机泵滑润油

1118. CBO007　以下会导致机泵电动机温度超高的是(　　)。

　　A. 泵吸入管线不严　　　　　　　　　B. 泵出口压力过大

　　C. 超负荷运转　　　　　　　　　　　D. 泵吸入空气

1119. CBP001　当装置起火时,报火警人应说清楚(　　)。

　　A. 时间、地点、人物

　　B. 时间、地点、人物、报火警人

　　C. 时间、地点、人物、报火警人,着火装置

　　D. 时间、地点、人物、着火装置、着火物质、火势大小等

1120. CBP001　当装置发生配电箱火灾时,当班操作人员应用(　　)。

　　A. 8kg 干粉灭火器进行灭火　　　　　B. 3kg 二氧化碳灭火器进行灭火

　　C. 70kg 干粉灭火器进行灭火　　　　D. 消防水进行灭火

1121. CBP001　二氧化碳灭火器主要用于扑救(　　)的初期火灾。

　　A. 贵重设备、档案资料、仪器仪表　　B. 石油

　　C. 有机溶剂　　　　　　　　　　　D. 可燃气体

1122. CBP002　可加大机泵出口压力的方法是(　　)。

　　A. 降低吸入压头　　　　　　　　　B. 降低机泵流量

　　C. 关小机泵入口阀门　　　　　　　D. 增大吸入压头

1123. CBP002　启动泵,当机泵的出口压力达不到要求并伴有抽空现象时要(　　)。

　　A. 重新灌泵　　　　　　　　　　　B. 检查机泵封水系统

　　C. 检查机泵出口管线是否堵塞　　　D. 检查轴承是否磨损

1124. CBP002　提高机泵的出口压力的手段之一是采取(　　)的方法。

　　A. 机泵串联　　　　　　　　　　　B. 机泵并联

　　C. 降低介质温度　　　　　　　　　D. 开大机泵出口阀

1125. CBP003　磺酸盐装置生产过程中,不会导致液硫流量降低为零的是(　　)。

　　A. 液硫泵偷停　　　　　　　　　　B. 液硫管线伴热堵塞

　　C. 液硫流量计故障　　　　　　　　D. 液硫泵变频增大

1126. CBP003　以下会导致原料油进料流量降为零的是(　　)。

　　A. 原料油泵偷停　　　　　　　　　B. 原料油进料管线伴热温度升高

　　C. 原料油进料管线加保温　　　　　D. 主风流量增加

1127. CBP003　磺酸盐装置生产过程,原料油进料流量降为零时,正确的处理方法是(　　)。

　　A. 若原料油泵偷停,立即重新启动,无法重启则切换到备用泵

　　B. 降低原料油管线伴热温度

　　C. 降低主风流量

　　D. 液硫切循环

1128. CBP004　在用泵发生汽蚀,可对吸入管进行(　　)的改造。

　　A. 增加吸入管线长度、减少吸入管径　　B. 缩短吸入管线长度、增大吸入管径

　　C. 增加吸入管线长度、增大吸入管径　　D. 缩短吸入管线长度、减少吸入管径

1129. CBP004　可以减小泵汽蚀的是（　　）。
　　A. 更换大功率的电动机　　　　　　　B. 调整叶轮口环间隙
　　C. 在叶轮上涂保护层　　　　　　　　D. 改变机械密封的形式

1130. CBP004　离心泵冷却水管的安装时,需符合（　　）的要求。
　　A. 低进高出　　　　B. 高进低出　　　　C. 左进右出　　　　D. 右进左出

1131. CBP005　冬季停室外管线及设备时必须（　　）。
　　A. 将管线及设备内的残存料液放净,用蒸汽吹扫干净
　　B. 将管线及设备内的残存料液放净,用水将管线及设备洗净
　　C. 将管线及设备内的残存料液放净,用风或氮气吹扫干净
　　D. 将管线及设备内的残存料液放净,加上盲板

1132. CBP005　处理较长的冻凝管线时应（　　）。
　　A. 组织人力分段处理,必要时设法断开管线放空
　　B. 用蒸汽缓慢地将其化开
　　C. 断开一处放净点,用喷灯烘烤管壁将其化开
　　D. 更换管线

1133. CBP005　对冻凝不实的管线可用蒸汽直接扫线,也可用泵抽热油顶线,压力（　　）。
　　A. 不准超出设备的使用压力　　　　　B. 允许超出设备使用压力
　　C. 与设备使用压力无关　　　　　　　D. 只与设备的流量、温度有关

1134. CBP006　磺酸盐装置主风机停运会引起气相管路压力（　　）。
　　A. 下降　　　　　　　　　　　　　　B. 上升
　　C. 不变　　　　　　　　　　　　　　D. 以上选项均不正确

1135. CBP006　磺酸盐装置主风机停运,首先做的工作是（　　）。
　　A. 重新启动主风机,如未能启动则将液硫切循环
　　B. 停运原料供料泵
　　C. 停运磺化中和系统
　　D. 停运静电除雾器

1136. CBP006　应急罐属于磺酸盐装置的（　　）。
　　A. 空气干燥单元　　　　　　　　　　B. 三氧化硫制备单元
　　C. 磺化单元　　　　　　　　　　　　D. 尾气吸收单元

1137. CBP007　机泵振动大首先要检查（　　）。
　　A. 电动机是否过载　　　　　　　　　B. 润滑油是否变质
　　C. 机械密封的冷却水是否堵塞　　　　D. 地脚螺栓是否松动

1138. CBP007　轴流泵出现异常振动时要检查（　　）。
　　A. 排液管阀门是否全部打开　　　　　B. 排液管阀门是否全部关闭
　　C. 入口管阀门是否全部打开　　　　　D. 入口管阀门是否全部关闭

1139. CBP007　离心泵整体安装时,应在泵的（　　）上进行水平度测量。
　　A. 泵座　　　　　　　　　　　　　　B. 进出口管线
　　C. 进出口法兰　　　　　　　　　　　D. 泵体

1140. CBP008 聚合物出装置后路不通、憋压,应先( )。

A. 检查聚合物焚烧喷枪是否通畅　　B. 检查聚合物泵入口是否畅通

C. 检查聚合物泵回流线是否畅通　　D. 检查聚合物泵的放空阀是否关闭

1141. CBP008 料浆泵憋压时要( )。

A. 停止下料,用水冲洗离心机

B. 停止上料,用水稀释管线内硫铵的浓度

C. 关闭料浆泵的入口阀门,全开出口阀门

D. 关闭料浆泵的出口阀门,全开入口阀门

1142. CBP008 安全阀的作用在于当管线、设备内的压力超过其( )时,便自动开启,放空、泄压。

A. 允许压力　　　　　　　　　　B. 最高工作压力

C. 最高工作压力的 1.05~1.10 倍　　D. 给定压力值

1143. CBP009 控制阀失灵时,要( )。

A. 停仪表风拆下控制阀维修

B. 停止工艺生产,进行控制阀维修

C. 改用副线阀操作且尽快维修投入正常生产

D. 关闭副线阀操作且尽快维修投入正常生产

1144. CBP009 当调节阀故障表现为响应时间增大,阀杆动作呆滞一般是由( )造成的故障。

A. 调节阀执行机构填料部分　　B. 调节阀执行机构气密性

C. 电动执行机构　　　　　　　D. 阀芯脱落

1145. CBP009 对于气动执行器,有信号压力时调节阀开,无信号压力时调节阀关的为( )。

A. 气开式　　　　B. 气关式　　　　C. 正作用　　　　D. 反作用

1146. CBP010 电动机负荷( )会使电动机温度超过正常值。

A. 过大　　　　B. 过小　　　　C. 恒定　　　　D. 波动

1147. CBP010 电动机在额定负载下长期运行达到热稳定状态时,电动机各部件温升的允许极限,称为( )。

A. 电机温升　　　B. 温升限度　　　C. 耐热等级　　　D. 绝缘结构

1148. CBP010 离心泵填料密封温度过高的原因之一是( )。

A. 流量大　　　　B. 扬程高　　　　C. 填料压盖过紧　　D. 出口开度大

1149. CBP011 减小电动机负荷,会使电动机电流( )。

A. 增大　　　　B. 减小　　　　C. 恒定　　　　D. 波动

1150. CBP011 下列关于电动机额定电流的叙述正确的是( )。

A. 等于额定电流

B. 正常情况下,运行中的电动机电流应不超过额定电流的 95%

C. 不超过额定电流的 120%

D. 不超过额定电流的 50%

1151. CBP011　离心泵电流过大时,要缓慢控制泵的(　　)阀门,直到电流在额定内为止。

　　A. 入口　　　　　　　B. 出口　　　　　　　C. 出入口　　　　　　　D. 导淋

1152. CBP012　对阀门的阀座和阀芯进行对研可消除(　　)的问题。

　　A. 阀门向外渗漏　　　　　　　　B. 阀门内漏关不严

　　C. 阀杆升降不灵活　　　　　　　D. 阀门卡滞

1153. CBP012　检查排除阀门执行机构故障或更换执行机构,可以消除阀门(　　)的问题。

　　A. 密封面泄漏　　　B. 手轮损坏　　　C. 密封片泄漏　　　D. 卡滞

1154. CBP012　阀门填料处向外渗漏时要(　　)。

　　A. 压紧密封填料或增加密封填料的数量　　B. 平衡松动压盖螺母

　　C. 对阀座和阀芯进行对研　　　　　　　　D. 调整执行机构的行程

1155. CBP013　离心式通风机进油温度过低会引起(　　)。

　　A. 电动机超负荷　　　　　　　　B. 轴承温升过高

　　C. 风机风压不足　　　　　　　　D. 风机振动

1156. CBP013　离心式通风机电动机超负荷时要(　　)。

　　A. 检查风管,堵漏　　　　　　　B. 重新校调转子平衡

　　C. 关小风机出口阀门　　　　　　D. 开大风机出口阀门

1157. CBP013　自然磨损是指机器零件在(　　)工作条件下,在相当长的时间内逐渐产生
　　　　　　　的磨损。

　　A. 异常　　　　　　　B. 冲击　　　　　　　C. 高温　　　　　　　D. 正常

1158. CBP014　触电的应急方法是(　　)。

　　A. 人工呼吸　　　B. 心脏挤压法　　　C. 电击法　　　D. A 和 B

1159. CBP014　如遇到人发生触电时,应(　　)。

　　A. 先救人再切断电源　　　　　　B. 先切断电源再救人

　　C. 同时进行　　　　　　　　　　D. 先做人工呼吸

1160. CBP014　救触电者首先应断开近处电源,如触电距电源开关处太远,要用(　　)拉开
　　　　　　　触电者或挑开电线,以防止二次触电事故。

　　A. 绝缘物　　　　　　B. 手　　　　　　　C. 金属物　　　　　　　D. 湿木棒

1161. CBP015　当机泵出口压力表失灵时,要先检查(　　)。

　　A. 机泵出口阀门是否全开　　　　B. 机泵振动是否过大

　　C. 是否压力表本身的故障　　　　D. 机泵介质温度是否超高

1162. CBP015　压力表泄漏时,首先检查(　　)。

　　A. 压力表垫片是否损坏　　　　　B. 压力表阀门是否打开

　　C. 是否安装了正确型号的压力表　D. 压力表的量程是否过大

1163. CBP015　更换压力表时,应(　　)。

　　A. 全开压力表阀门　　　　　　　B. 半开压力表阀门

　　C. 全关压力表阀门　　　　　　　D. 与压力表阀门无关

1164. CBP016　法兰漏气不大时,在决定处理方案之前,可(　　)处理量维持正常生产。

　　A. 提大　　　　　B. 适当提大　　　C. 适当降低　　　D. 维持

1165. CBP016 当急冷水外排线上阀门法兰泄漏量较大时,应立即(　　)。

    A. 正常停工　　　　　　　　　　　B. 紧急停工

    C. 降量生产　　　　　　　　　　　D. 关闭蒸汽及进料装置自身循环

1166. CBP016 拆卸法兰应从法兰的(　　)开始。

    A. 下部　　　　　　B. 上部　　　　　　C. 中部　　　　　　D. 任何部位

**二、判断题**(对的画"√",错的画"×")

(　　)1. CAA001　同一物体在地球上和月球上的质量是相同的。

(　　)2. CAA002　使用摩尔时,基本单元可以是分子、原子、离子、电子及其他粒子,或这些粒子的特定组合。

(　　)3. CAA003　水是由两个氢元素和一个氧元素所组成。

(　　)4. CAA004　物质从结构上说可分为气态、液态和固态。

(　　)5. CAA005　在标准状况下,1mol 理想气体所占的体积都是 22.4mL。

(　　)6. CAA006　理想气体的内能是分子动能之和。

(　　)7. CAA007　在通常状况下,氢气是一种无色、无味的气体。

(　　)8. CAA008　通常情况下,氧气的化学性质非常活泼。

(　　)9. CAA009　氮气分子是在氮原子之间以三键相连接,是以共价键形成的气体分子,所以氮气的化学性质不活泼。

(　　)10. CAA010　混合气体的平均相对分子质量和平均摩尔质量在数值上相同,但相对分子质量没有单位。

(　　)11. CAA011　像单质、酸、碱、盐和氧化物等都属于无机化合物。

(　　)12. CAA012　元素的化合价是原子参加反应时,失去或得到的电子数。

(　　)13. CAA013　临界温度是表示纯物质能保持气、液相平衡的最低温度。

(　　)14. CAA014　在任何温度下,使气体液化所需的最低压力称为临界压力。

(　　)15. CAA015　在化学反应过程中不管是放出还是吸收的热量,都属于反应热。

(　　)16. CAA016　对于吸热反应,温度升高,都有利于化学平衡向正反应方向进行。

(　　)17. CAA017　硬水的软化通常有药剂软化法和离子交换法两种。

(　　)18. CAA018　溶解过程是吸热过程。

(　　)19. CAA019　溶解在溶剂中的溶质微粒由于不断运动,被溶质表面吸引而重新回到溶质表面上来,这个过程称为结晶。

(　　)20. CAA020　气液两相平衡时,液面上方蒸气产生的压力称为液体的饱和蒸气压。

(　　)21. CAA021　溶液可分为气态溶液、液态溶液、固态溶液。

(　　)22. CAA022　固体物质的溶解度随压力变化不大,随温度升高而增大。

(　　)23. CAA023　元素化合价升高的过程称为氧化。

(　　)24. CAA024　在氧化还原反应中,得到电子的物质称为还原剂。

(　　)25. CAA025　有些物质既可作氧化剂,也可作还原剂。

(　　)26. CAA026　工业品氢氧化钠因含微量铁、镍、铜、锰以及其他重金属杂质而带有黄、棕、绿、蓝等颜色。

（　　）27. CAA027　pH 值是表示溶液酸碱度的一种方法。

（　　）28. CAA028　硫化氢在化学反应中不可能体现氧化性。

（　　）29. CAA029　浓硫酸具有强烈的吸水性、脱水性、氧化性和腐蚀性。

（　　）30. CAA030　稀硫酸能和金属活动顺序表中氢之前的所有金属反应，生成氢气。

（　　）31. CAA031　二氧化硫是一种有刺激性气味的有毒气体。

（　　）32. CAA032　过氧化氢是强还原剂，工业上可作漂白剂。

（　　）33. CAA033　氨是无色、有强烈刺激性气味的气体，比空气重，易液化，极易溶于水。

（　　）34. CAA034　含有碳元素的化合物称为有机化合物。

（　　）35. CAA035　烷烃是一类不活泼的有机化合物，与强酸、强碱、强氧化剂都不反应。

（　　）36. CAA036　随着相对分子质量的增加，烯烃的物理性质没有明显的规律性变化。

（　　）37. CAA037　乙炔俗名电石气，纯的乙炔是没有颜色、没有气味的气体。

（　　）38. CAB001　液体的体积受压强的影响较大，所以可将液体看成为可压缩性流体。

（　　）39. CAB002　伯努利方程式只能表达流体流动时的基本规律。

（　　）40. CAB003　流体的黏性越大，其流动性就越强。

（　　）41. CAB004　单位时间流体在流动方向上流过的距离称为流量。

（　　）42. CAB005　在重力不变时，静止流体内部各点压力是相同的。

（　　）43. CAB006　流体的黏度越大，表示流体在相同流动情况下内摩擦阻力越大，流体的流动性能越好。

（　　）44. CAB007　在稳定流动过程中，流体流经各截面处的体积流量不相等。

（　　）45. CAB008　化工生产过程中，开停车过程的流体流动属于非定常流动过程。

（　　）46. CAB009　传热过程中，热量总是自发地由热量多的物体向热量少的物体传递。

（　　）47. CAB010　通常自然对流的传热速率高于强制对流。

（　　）48. CAB011　工业上采用的换热方法是很多的，按其工作原理和设备类型可分为传导式、蓄热式、直接混合式三种。

（　　）49. CAB012　换热器的热负荷就是指换热器的传热速率。

（　　）50. CAB013　结晶过程是溶质由液相趋附于溶质晶体的表面，转为固体，使晶核长大。

（　　）51. CAB014　液体的沸点与压力有关系，压力增大，沸点升高。

（　　）52. CAB015　自由沉降是指粒子在沉降过程中无阻力干扰。

（　　）53. CAB016　固体颗粒在静止的流体中降落时不但受重力作用，还受流体的阻力和浮力作用。

（　　）54. CAB017　过滤是使含固体颗粒的非均相物系通过布、网等多孔性材料，分离出固体颗粒的操作。

（　　）55. CAB018　在蒸发操作中，如果把二次蒸气引到另一个蒸发器内作为加热蒸气，并将多个这样的蒸发器串联起来，这样的操作称为多效蒸发。

（　　）56. CAB019　在平推流反应器内，径向的速度分布是均匀的，因此，物料的浓度和反应速率在径向也是均匀的，仅沿轴向逐渐变化。

（　　）57. CAB020　全混流反应器内物料质点在器内的停留时间有的很长，有的很短，因此，所有空间位置的物系性质都是不均匀的。

(  )58. CAB021　对于吸热反应,温度升高,有利于化学平衡向逆反应方向进行。

(  )59. CAB022　由一种单质和化合物作用生成另一种单质和化合物的反应称为氧化还原反应。

(  )60. CAB023　化学反应中催化剂只加快正反应的速度。

(  )61. CAB024　二元金属氧化物会形成较强的酸性中心,如 $Al_2O_3$—$SiO_2$ 广泛应用在石油炼制中。

(  )62. CAB025　如将具有催化活性的金属与另一类金属制成合金或双金属、多金属催化剂,可以显著改善催化剂的活性、选择性和稳定性。

(  )63. CAB026　国际单位制中的辅助单位是弧度和球面度。

(  )64. CAB027　黏度单位用国际单位制表达是 Pa·s(帕·秒)。

(  )65. CAC001　离心泵的叶轮是泵最重要的部件之一,按结构分为开式叶轮、半闭式叶轮、闭式叶轮。

(  )66. CAC002　开式叶轮两侧都没有盖板,制造简单,清洗方便,适用于所有液体的输送。

(  )67. CAC003　机械密封使用前,应进行静压试验,试验压力为 0.2~1.0MPa。

(  )68. CAC004　机械密封在正常运行中为了将动、静环摩擦热带走,常采用的清洗形式是机械密封冲洗法。

(  )69. CAC005　防爆片又称防爆膜、防爆板,分为爆破式防爆片和折断式防爆片。

(  )70. CAC006　最高工作压力不小于 0.1MPa,公称直径 DN 不大于 50mm,输送介质为气(汽)体、液化气体的管路,按压力管路管理。

(  )71. CAC007　填料塔所用填料可分为实体填料和鞍形填料两大类。

(  )72. CAC008　三通可以改变管路的行进方向。

(  )73. CAC009　螺纹法兰与接管采用螺纹连接,由于造价较高,使用逐渐减少,目前只在高压管道和小直径的接管上采用。

(  )74. CAC010　只允许流体向一个方向流动的阀门是闸阀。

(  )75. CAC011　阀门材料为灰铸铁的代号为 K。

(  )76. CAC012　垫片是密封元件,要具备耐温、耐高压能力以及适宜的变形和回弹能力。

(  )77. CAC013　压力不大的管法兰(PN≤2.45MPa),一般采用半精制螺栓和半精制六角螺母。

(  )78. CAC014　半固体润滑剂也称润滑脂或甘油、黄油,由矿物质或合成油与稠化剂、添加剂在高温下混合而成。

(  )79. CAC015　常用的金属材料有碳钢、合金钢、有色金属及其合金。

(  )80. CAC016　推进式搅拌器通常有两个桨叶,搅拌时能使物料在反应釜内循环流动,上下翻腾效果良好。

(  )81. CAD001　绝对误差是指测量结果与真值之差。

(  )82. CAD002　相对误差是指绝对误差与仪表量程的比值。

(  )83. CAD003　记录仪是安装在仪表盘后的架装仪表。

（　　）84. CAD004　执行器就是调节机构。

（　　）85. CAD005　汽包蒸汽出口调节阀应选风开调节阀。

（　　）86. CAD006　超声波流量计是质量式仪表。

（　　）87. CAD007　玻璃管液位计因结构简单、测量准确，经常用在现场液位测量。

（　　）88. CAE001　烟、雾、粉尘等物质是气体，易进入呼吸系统，危害人体健康。

（　　）89. CAE002　职业中毒是指在生产过程中使用的有毒物质或有毒产品，以及生产中
　　　　　　　　　　产生的有毒废气、废液、废渣引起的中毒。

（　　）90. CAE003　急性中毒患者呼吸困难时应立即吸氧；停止呼吸时，立即做人工呼吸，
　　　　　　　　　　气管内插管给氧，维持呼吸通畅并使用兴奋剂药物。

（　　）91. CAE004　从事高处作业应制定应急预案，现场人员应熟知应急预案的内容。

（　　）92. CAE005　清洁生产不能通过应用专门技术，改进工艺、设备和管理态度来实现。

（　　）93. CAE006　清洁生产体现了污染预防为主的方针，清洁生产的目的是提高资源利
　　　　　　　　　　用效率，减少和避免污染物的产生，保护和改善环境，保障人体健康。

（　　）94. CAE007　燃点是指可燃物质在空气充足条件下，达到某一温度时与火源接触即
　　　　　　　　　　行着火，并在移去火源后继续燃烧的最低温度。

（　　）95. CAE008　$CO_2$ 无毒，所以不会造成污染。

（　　）96. CAE009　盛装易燃易爆物品的容器倒空后，可以动火。

（　　）97. CAE010　一般来说，物体的原子序数越大，其对于射线的吸收能力也越强，对应
　　　　　　　　　　的质量吸收系数也就越大。

（　　）98. CAE011　遇到 6 级以上的风天和雷暴雨天时，不能从事高处作业。

（　　）99. CAE012　所有临时用电作业，必须办理动火作业许可证。

（　　）100. CAE013　为满足施工要求，在采取足够的安全防范措施的情况下，人员可以随
　　　　　　　　　　　同货物或起重机械升降。

（　　）101. CAE014　密闭空间作业时可能发生的危害是缺氧、窒息、中毒、火灾、爆炸。

（　　）102. CBA001　高氯酸、氢碘酸、氢溴酸、盐酸（氢氯酸）、硫酸、硝酸合称为六大无机
　　　　　　　　　　　强酸。

（　　）103. CBA002　弱酸是指在溶液中不完全离解的酸。

（　　）104. CBA003　在酸碱离解理论中，碱指在水溶液中离解出的阴离子全部都是 $OH^-$
　　　　　　　　　　　的物质。

（　　）105. CBA004　仪表联校是在装置开车前对仪表 DCS 系统的联动校验环节。

（　　）106. CBA005　装置送蒸汽时要本着蒸汽管道主干线和分支管线同时送汽的原则，达
　　　　　　　　　　　到节约蒸汽排空的目的。

（　　）107. CBA006　仪表总供风罐下部放空阀主要是用来排除供风中所含的水及杂质，一
　　　　　　　　　　　般要求每月至少排放一次，并根据供风品质的变化情况适当增加排放
　　　　　　　　　　　次数。

（　　）108. CBA007　水蒸气具有压力越高、温度越低的特点，所以加热釜在温度下降时，可
　　　　　　　　　　　通过提高蒸汽压力的方法解决。

（　　）109. CBA008　装置开车前，经过清洗置换分析合格后，即可进行开车。

(　　)110. CBA009　开车前拆除封堵盲板时,必须由车间主任确认。

(　　)111. CBA010　使用低压蒸汽时,首先要进行放空泄水操作。

(　　)112. CBA011　经过循环水预膜处理后,循环水系统管道、设备的耐温、耐压能力得到提高。

(　　)113. CBA012　高压异步电动机开车之前主要检查是否挂有接地线、警告牌和柜内各种控制元器件状态完好情况。

(　　)114. CBA013　对于甲类、乙类火灾危险介质和酸性介质的中压、低压管道系统,在投用前要进行渗漏量试验。

(　　)115. CBA014　设备管线要通过气密性试验,确认系统流程畅通。

(　　)116. CBA015　常压设备管线的气密性试验,要将压力升到工作压力为止。

(　　)117. CBA016　设备、管道的试压可检验设备管道是否具有安全承受设计压力的能力。

(　　)118. CBA017　送水启动水泵时,出口阀要全部打开,便于将水迅速送入管道。

(　　)119. CBA018　化工生产过程是通过化学反应和反应物加工 2 个过程完成的。

(　　)120. CBA019　如流体的输送与压缩、沉降、过滤、传热、蒸发、结晶、干燥、蒸馏、吸收、萃取、冷冻、粉碎等,这些基本的加工过程称为化工单元操作。

(　　)121. CBA020　开车前用空气置换停车装置一样可以达到正常开车要求。

(　　)122. CBB001　在机泵送电时不用检查绝缘、接线、正反转、联锁何处入口阀门是否按照要求开闭状况。

(　　)123. CBB002　设备热紧的目的在于消除法兰的松弛,使密封面有足够的压比以保证静密封效果。

(　　)124. CBB003　设备热紧加热温度不必达到设备使用温度。

(　　)125. CBB004　采样要依据分析特点制定操作规程。

(　　)126. CBB005　加热炉的燃料油系统应选用气关式调节阀。

(　　)127. CBB006　当气动调节阀信号减小,阀芯与阀座之间的流通面积增大的是气关调节阀。

(　　)128. CBB007　疏水罐的使用能减少蒸汽的排放。

(　　)129. CBB008　除电气、仪表外的所有工艺系统都要水联动试车,以便进行运行状况观察。

(　　)130. CBB009　反应床温度升高,可提高催化剂活性,所以温度越高越有利于反应进行。

(　　)131. CBB010　检修后,加热炉不烘炉或烘炉效果不好,将造成砖墙开裂。

(　　)132. CBB011　离心泵开车时,出口压力偏低,原因是泵出口阀门开度大,应及时关小。

(　　)133. CBB012　往复泵活塞行程长度调节大,其流量减小。

(　　)134. CBB013　螺杆泵开车时,应检查泵的运转方向及各部位连接,并打开排出管路上的所有阀门。

(　　)135. CBB014　齿轮泵出口管路可不设安全阀。

（　）136. CBB015　离心泵开车前排气的目的是防止气体被送到储罐区内引起安全事故。

（　）137. CBB016　离心风机开车,要注意检查油温、油压,特别是冬季要用油箱底部的蒸汽盘管进行加热,使油温上升到 24℃ 以上后启动注油泵。

（　）138. CBB017　在机泵送电时,要注意检查联锁、电流、电压和机泵的工艺指标是否符合要求。

（　）139. CBB018　机泵停机后,应首先关闭投用的冷却水。

（　）140. CBB019　手动阀门关闭时,应在关闭到位后回松一两次,以便让流体将可能存在的污物冲走,然后适当关紧。

（　）141. CBB020　分子筛在吸附效率下降情况下需要进行切换。

（　）142. CBB021　向水冷器送水时,应先开上水阀,再开回水阀。

（　）143. CBB022　在向管线内送蒸汽时,先打开进装置的阀门,然后迅速开启蒸汽阀门,向管线及设备送汽。

（　）144. CBB023　换热设备投用送入热物料时,要缓缓通入,以免由于温差大,流体急速通入而产生热冲击。

（　）145. CBB024　不同的气体加入同一反应器时,一般在反应器前要有一个气体混合器,将两种或两种以上的气体混合后再按照工艺条件加入反应器。

（　）146. CBB025　在液体物料加入反应器时,不用控制物料的温度、压力、加料速度、物料配比和加料顺序。

（　）147. CBB026　在加入固体物料时,可以将金属或其他杂质带入到反应釜内。

（　）148. CBB027　岗位员工要牢固树立“搞好本工序、帮助上工序、服务下工序”的质量意识。

（　）149. CBC001　当液-液反应釜内超温或超压时,可以打开反应釜放空阀或停止搅拌器使反应速度下降。

（　）150. CBC002　液-固反应中所用的催化剂床层可分为固定床、流化床和连续床等。

（　）151. CBC003　气-液反应过程是反应物系中存在气相和液相的一种多相反应过程,通常是液相反应物汽化后,再与气相中另外的反应物进行反应。

（　）152. CBC004　在气-固相反应过程中,一般在固定床中传质和传热要经过外扩散过程、内扩散过程、吸附过程、表面反应过程、脱附过程、内扩散过程和外扩散过程。

（　）153. CBC005　巡检过程中要认真对设备运行情况、工艺参数控制、关键部位进行全面检查,关键参数必须记录真实,保证巡检工作的质量。

（　）154. CBC006　催化剂使用初期活性较高,操作温度尽量高些,当活性衰退以后,可逐步降低温度。

（　）155. CBC007　在采用硫酸等酸性液相催化剂时,要注意调节好反应器中的 pH 值。

（　）156. CBC008　工艺指标是按照类似装置制定的本装置基本操作的依据。

（　）157. CBC009　化工生产中温度、压力、流量、液位等重要指标的控制效果不会影响产品的产率和收率。

（　）158. CBC010　旋风分离器是利用重力沉降原理从气流中分离出颗粒的设备。

( )159. CBC011 在氢气压缩机开车时,不用观察压缩机出口的温度情况。

( )160. CBC012 投药中和法是在废水进入中和池前投加碱性或酸性药剂使酸性废水或碱性废水与药剂在池中匀质混合后进行中和反应。

( )161. CBC013 工艺水中硝态氮或氨态氮的含量不会影响 COD。

( )162. CBC014 系统真空的控制只有通过真空设备的入口流量调节阀来保持稳定,实现均衡生产。

( )163. CBC015 高压间歇式反应釜正常操作的压力控制是通过控制入口气体物料量来实现的。

( )164. CBC016 常压放热反应器的热量移走方式根据反应器的生产负荷决定。

( )165. CBC017 在过滤操作调节过程中,通常采取增加过滤的推动力和补加助滤剂等方法,其目的是保证滤液合格的情况下提高过滤速度。

( )166. CBC018 润滑油冷却系统的运行好坏,直接影响轴瓦温度。

( )167. CBC019 压缩机各级出口气体的温度与压缩比成反比,压缩比越大,出口气体温度越低。

( )168. CBC020 离心式压缩机可以像离心泵那样通过出口阀来实现气量调节。

( )169. CBC021 差压变送器显示的液面数据可直接读取液面数据。

( )170. CBC022 压力表的量程单位是 Pc、V 或 at。

( )171. CBC023 在识读现场温度计读数时,待温度计中的液面高度不再变化才能进行。

( )172. CBC024 在处理导淋堵塞前先要搞清楚被堵导淋内的介质、温度、压力,佩戴好防护面罩和相关防护用品,作业人员站在下风口作业。

( )173. CBC025 设备、管道上的水封是为了放空残存气体而设置的。

( )174. CBC026 火炬系统是用来处理炼油厂、化工厂及其他工厂或装置无法回收和再加工的可燃和可燃有毒气体及蒸气的特殊燃烧设施,是保证工厂安全生产、减少环境污染的一项重要措施。

( )175. CBC027 离心风机正常运行时,定期清洗油过滤器,清洗冷却器,润滑油应实行三级过滤,保持油的质量合格。

( )176. CBC028 可以采用减小入口阀门开度的方法来减少流量。

( )177. CBC029 如果叶轮部分流道堵塞,将影响叶轮的做功,导致出口压力上升。

( )178. CBC030 对于盐水载冷剂使用,需要根据制冷装置的最低温度选择盐水浓度。

( )179. CBC031 化工生产过程一般可概括为原料预处理、化学反应和产品分离及精制三大步骤。

( )180. CBC032 岗位操作人员应及时清除围堰内杂物,防止下雨时围堰内下水口堵塞造成雨水漫出。

( )181. CBC033 废热锅炉的紧急放水阀为处理事故满水而设置的,正常操作时可以用此阀来调节水位。

( )182. CBD001 蒸汽停用后要注意供给蒸汽入口阀门的上游管线积水现象,要及时将冷凝水排出或回收再利用。

( )183. CBD002 循环水泵临时中断的原因可能是泵内进气、吸入管堵塞、填料漏气等。

( )184. CBD003 若要打开泵进行检查,则关闭出口阀,打开放气阀和各种排液阀。

( )185. CBD004 如输送有毒介质的离心机机组长时间停车,关闭进口阀、出口阀门后,应使机内泄压,然后停油系统。

( )186. CBD005 液体、低热值的可燃气体、空气、惰性气、酸性气及其他腐蚀性气体,可以排入火炬系统。

( )187. CBD006 停车时排放废水都要实行清污分流,分别排放、分别处理,不许乱排乱放和清污混流。

( )188. CBD007 在厂区内建筑施工和房屋维修熔化沥青,不采用带消烟措施的专用设备熔化,不得用露天设灶敞锅熬沥青。

( )189. CBD008 目前我国对于低浓度的含氯废气的净化,主要采用吸收法,使用水吸收。

( )190. CBD009 临时停用氮气要注意保持系统压力,勿将其他气体窜入氮气系统。

( )191. CBD010 化工管路清洗包括水冲洗、酸洗钝化、油清洗和脱脂等。

( )192. CBD011 如果置换后要进行检修的设备,利用氮气置换合格后,还要用空气置换,待氧含量、有毒有害气体和可燃气体分析合格后方可。

( )193. CBD012 空气呼吸器使用完毕,摘下全面罩;将气瓶开关置于开启位置,释放出呼吸器内残留的气体,然后拔出快速插头;严禁带压快速拔插头。

( )194. CBD013 固体废物通常称为废物,是指人类在生产、加工、流通、消费及生活等过程中所丢弃的固态和泥浆状的物质。

( )195. CBD014 必须按隔离方案完成交检装置与公共系统及其他装置彻底隔离。隔离方案中盲板表与现场一致,加盲板部位必须设有"盲板禁动"标识,指定专人负责盲板管理。

( )196. CBD015 装置停工必须进行降温、降压操作,运行要平稳,前后工序要相互协调。

( )197. CBD016 离心机停车后,打开设备的洗涤水阀门,清洗转鼓和筛网上的物料。

( )198. CBD017 在工艺向检修交出前,操作人员要在车间统一安排下对存有易燃、易爆、有毒有害、腐蚀性的物料设备、容器、管道进行蒸汽吹扫、热水洗煮、中和、氮气置换或空气置换,使其内部不再含有残存物料。

( )199. CBD018 固体废物"资源化"的基本任务是采取工艺措施从固体废物中回收有用的物质和能源。

( )200. CBE001 磺酸盐管线只需保温,无须伴热。

( )201. CBE002 循环水是依靠水吸收工艺介质的热量并通过冷却塔,将热量散发掉,从而实现循环降温的。

( )202. CBE003 再生冷却器内只有冷却循环水单级冷却。

( )203. CBE004 应急压缩空气罐不属于磺化单元中的设备。

( )204. CBF002 熔硫罐的入口必须加格栅,作为安全装置,避免大块杂质落入。

( )205. CBF003 液硫恒位槽内是完全相通的。

( )206. CBF004 转化塔内使用的催化剂是五氧化二钒。

( )207. CBF005 转化塔三段、四段温度控制使用的是冷却风机提供的冷却风。

( )208. CBF006 磺化反应中通过调节原料换热器的热水循环量及热水温度来达到调整原料温度的目的。

( )209. CBF007 当磺化冷却水温度低时,可打开冷却水管线处的蒸汽阀,对冷却水加热。

( )210. CBF008 将进料有机物雾化后,形成巨大的表面积,有利于与 $SO_3$ 进行反应的反应器称为多管降膜式反应器。

( )211. CBF009 工业 pH 计一般由 pH 发送器、记录仪、清洗装置组成。

( )212. CBF010 磺化器在投料生产时应先进 $SO_3$ 气体,再进原料油。

( )213. CBF011 磺酸输出泵是齿轮泵。

( )214. CBF012 仪表风露点不合格对装置没什么影响。

( )215. CBF013 启动静电除雾器前应先启动保护风机。

( )216. CBF014 尾气进入碱洗塔后是自上而下与吸收液同方向流动来瞬时完成吸收反应的。

( )217. CBG001 乙二醇经过制冷机组制冷后为再生冷却器提供冷源。

( )218. CBG002 乙二醇冷却器底部排水阀应保持适当开度且常开状态。

( )219. CBG003 制冷机的制冷剂为氨。

( )220. CBG004 冷却器的冷却水是高进低出,这样冷却效果会好些。

( )221. CBG005 再生空气冷却器冷却水的入口温度应低于 30℃。

( )222. CBG006 燃硫炉点火加热器只能手动按下控制柜上的停止按钮才能停止工作。

( )223. CBG007 $SO_3$ 冷却器可以收集硫酸。

( )224. CBG008 在排酸时打开和关闭阀门时应将脸侧到另一面,避免直接面对阀门进行操作。

( )225. CBG009 磺化过程中主要有两种副反应,一种生成酐,另一种生成砜。

( )226. CBG010 从磺化器出来的磺酸经过气液分离器、中和系统输送至产品配制罐中。

( )227. CBG011 磺化反应中应该以空气稀释 $SO_3$ 的方法来控制反应温度。

( )228. CBG012 中和反应是吸热反应。

( )229. CBG013 硫酸吸收 $SO_3$ 的工艺原理是 $SO_3$ 与浓硫酸中的少量水反应生成硫酸。

( )230. CBG014 酸吸收系统的硫酸管线选用的是内衬聚四氟管线。

( )231. CBG015 气液分离器升高时应降低磺酸输出泵电动机频率。

( )232. CBG016 用于吹扫磺化器的仪表风直接取自仪表风管线。

( )233. CBG017 中和加碱泵采用的是离心泵。

( )234. CBG018 静电除雾器不属于尾气处理单元的设备。

( )235. CBG019 当硫酸储罐中的硫酸液位达到 70% 以上时应将硫酸退出。

( )236. CBH001 为承受较高压力,一般压力容器的封头都做成平板形。

（　）237. CBH002　泡沫灭火器适用于扑救易燃气体、可燃气体和电气火灾。

（　）238. CBH003　磺化系统中，从静电除雾器底部滴下的是由有机酸硫酸和二噁烷组成的黑色黏稠液。

（　）239. CBH004　硫黄粉尘爆炸属于气体爆炸。

（　）240. CBH005　碱液溅入眼内，应立即用水冲洗，就医。

（　）241. CBI001　盘车可以防止轴变形，可使一些转件得到初步运转，使轴承、机封得到初步润滑，还可判断运转是否有阻碍。

（　）242. CBI002　离心泵切换时，如 A 运行泵切换到 B 泵，应先停 A 泵，然后开 B 泵运行。

（　）243. CBI003　在相同操作条件下，填料的比表面积越小，气液分布越均匀，则传质效率越高。

（　）244. CBI004　离心泵在运行过程中，操作人员应经常检查轴承温度、各连接螺栓有无松动现象以及有无异常声响和强烈震动等。

（　）245. CBI005　离心泵"反转"，要从工艺管道和电气操作上查找原因。

（　）246. CBI006　机泵预热应在启动后进行。

（　）247. CBI007　若在启动离心泵之前不向泵内灌满液体，由于空气密度低，叶轮旋转后产生的离心力小，叶轮中心区不足以形成吸入储槽内液体的低压，因而虽启动离心泵也不能输送液体，即发生"气缚"。

（　）248. CBI008　电动调节阀在大型化工厂的应用较多。

（　）249. CBI009　电磁阀也可以进行连续调节。

（　）250. CBI010　散装填料是一粒粒具有一定几何形状和尺寸的颗粒体，一般以散装方式堆入塔内，又称为规整填料。

（　）251. CBI011　现场已运行的安全阀如果泄漏，可用增大载荷的办法（如加大弹簧压缩量、加重锤）来减少泄漏。

（　）252. CBI012　文丘里流量计原理与孔板流量计相同，只是将测速管径先做成逐渐缩小而后又做成逐渐扩大，以减小流体流过时的机械能损失。

（　）253. CBI013　计量泵是根据预先选定时间来供给或抽出一定物料的泵。

（　）254. CBI014　止回阀是利用阀前后介质的压力差而自动启闭，控制介质单向流动，防止物料回流的阀门。

（　）255. CBI015　安全阀与容器之间可以任意安装阀门。

（　）256. CBI016　液柱式温度计和双金属温度计都是膨胀式温度计。

（　）257. CBI017　蒸馏塔底加热器，在使用中应首先启用加热器，再缓慢向塔内加入物料。

（　）258. CBI018　在单台异步电动机直接启动的电路中，熔丝额定电流可取电动机额定电流的 $2\sim5$ 倍。

（　）259. CBI019　凡是功率小于 $3kW$ 的电机，其定子绕组均为星形连接。

（　）260. CBI020　内浮式磁性液位计是通过一个可以发射能量波（一般为脉冲信号）的装置发射能量波，能量波遇到障碍物反射，由一个接收装置接收反射信号。

( ) 261. CBI021 调节阀阀芯和阀座通道制作成非金属或金属衬里,是为了防止阀芯被介质腐蚀。

( ) 262. CBI022 截止阀是一种截断类阀门,它利用阀杆升降带动与之相连的圆形盘,改变阀盘与阀座间的距离达到控制阀门的启闭和开度。

( ) 263. CBI023 隔膜阀是一种特殊形式的球阀,其启闭件是一块用软质材料制成的隔膜,它将阀体内腔与阀盖内腔隔开。

( ) 264. CBI024 旋塞阀结构简单,可用于精确调节流量,输送蒸汽及高温、高压的其他液体管道。

( ) 265. CBI025 球阀阀门在管道中一般应当垂直安装。

( ) 266. CBI026 蝶阀安装时应使介质流向与阀体上所示箭头方向一致,这样介质的压力有助于提高关闭的密封性。

( ) 267. CBI027 节流阀启闭时,流通截面的变化比较缓慢,因此它比截止阀调节性能好,调节精度高。

( ) 268. CBI028 从流体力学的观点看,减压阀是一个局部阻力可以变化的节流元件。

( ) 269. CBI029 疏水阀要能"识别"蒸汽和凝结水,才能起到阻水排汽作用。

( ) 270. CBI030 有下列情形之一,液位计应停止使用:超过检验周期,玻璃板有裂纹、破碎,阀件固死,经常出现假液位。

( ) 271. CBI031 压力容器上使用的压力表应定期校验,合格的压力表应铅封。

( ) 272. CBI032 使用转子流量计时,流量计的正常流量最好选在仪表上限的 2/3 范围内。

( ) 273. CBI033 报警仪是一种为防止或预防某事件发生所造成的后果,以声音、光、气压等形式来提醒或警示应当采取某种行动的电子产品。

( ) 274. CBI034 阀门的型号代号由七部分组成,即阀门类别代号、传动方式代号、连接形式代号、结构形式代号、阀门密封面或衬里材料代号、公称压力数值、阀体材料代号。

( ) 275. CBI035 旁通阀作为一个备用管道的阀门,在关闭副管道时,打开旁通阀可以使设备继续运行。

( ) 276. CBI036 呼吸阀的作用是防止储罐因超压或真空导致破坏,同时可增加储液的蒸发损失。

( ) 277. CBI037 旋转泵和常用离心泵一样,本身没有自吸能力,需要开车前对其进行灌泵操作。

( ) 278. CBI038 离心旋涡泵的汽蚀性能较好,扬程没有一般的旋涡泵高。

( ) 279. CBI039 离心泵的允许吸上真空度的代号是 HS。

( ) 280. CBI040 压缩机实际所承担的职责是提升压力,将排气压力状态提高到吸气压力状态。

( ) 281. CBJ001 润滑油主要起润滑、辅助冷却、防锈、清洁、密封和缓冲等作用。

( ) 282. CBJ002 如果在摩擦面间形成的油膜很薄,金属碎屑停留在摩擦面上会破坏油膜,形成干摩擦,造成磨粒磨损。

（　）283. CBJ003　润滑油的"三过滤"主要是为了将灰尘过滤出，防止产生干摩擦，造成"抱轴""烧瓦"等设备事故。

（　）284. CBJ004　保温材料允许的最高使用温度应低于管道内流体温度。

（　）285. CBJ005　冬季输送物料的机泵可以不必考虑防冻措施。

（　）286. CBJ006　在检修前对送油泵内黏度较大的附着物，必须用氮气清扫置换。

（　）287. CBJ007　润滑油的酸值越大，表明润滑油质量越差。

（　）288. CBJ008　润滑油中的机械杂质可用沉淀或过滤等方法除去。

（　）289. CBJ009　即使不与水接触的压缩机润滑油部位，也必须采用抗乳化性能强的润滑油。

（　）290. CBJ010　润滑油的抗氧化性，不能以氧化后的酸值表示，而应以氧化后沉淀的量表示。

（　）291. CBJ011　对于开关频繁的阀门，填料磨损较大，填料阀杆之间易产生间隙，对于这种情况，须进行密封填料更换。

（　）292. CBJ012　化工装置在冬季，各油线的伴热线，任何时候均要通汽通水，保证畅通，通向大气的冷凝液水管及排水阀，要采取微量排汽、排水法。

（　）293. CBJ013　为保证设备完好润滑，要根据润滑油的色度情况，决定是否滤网过滤。

（　）294. CBJ014　经常以"五字操作法"的方法检查往复式压缩机的轴承、滑道和填料函的温度高低。

（　）295. CBJ015　化工机泵操作"三件宝"是操作工日常操作机泵的3件工具。

（　）296. CBJ016　现场使用的压力表如果没有损坏，可以延期使用，不做校验。

（　）297. CBJ017　现场使用的温度计如出现破损或刻度指示不清，应进行更换。

（　）298. CBK001　螺杆泵是依靠螺杆旋转产生的离心力而输送液体的泵，故属叶片式泵。

（　）299. CBK002　IS50-32-200B型离心油泵为单级单吸清水离心泵，泵入口直径为50mm，泵出口直径为32mm，叶轮名义直径为200mm，叶轮外径经第一次切割。

（　）300. CBK003　液氨、强碱介质，应选用聚四氟乙烯纤维和石棉线编制填料。

（　）301. CBK004　往复压缩机是依靠气缸内工作容积周期性变化来提高气体压力的。

（　）302. CBK005　管式换热设备的传热面由管子构成，即冷热流体之间有管壁作间壁，如管壳式、套管式、蛇管式、翅管式等换热器。

（　）303. CBK006　管式炉的最大特点是炉内设有一定数量的管子，被加热的流体（如原油等）可连续通过，靠着炉管壁吸收燃料在炉内燃烧所产生的热量，以加热到规定的温度。

（　）304. CBK007　安全阀可分为全封闭式和敞开式2种。

（　）305. CBK008　动密封主要用于转动装置的密封中，旋转动密封可分为轴封和非轴封两大类型。

（　）306. CBK009　在滑动轴承中，当轴颈与轴瓦间的间隙之间润滑膜厚度达到最大值时，油膜的压力最大。

( )307. CBK010 接触式机械密封是依靠密封室中液体压力和压紧元件的压力压紧在动环端面上,并在两环形端面上产生适当的压力和保持一层极薄的液体膜,而达到密封的目的。

( )308. CBK011 管壳式换热器是把管子和管板连接,再用壳体固定,它的形式大致分为固定管板式、浮头式、U 形管式、滑动管板式、填料函式及套管式等几种。

( )309. CBK012 输送可燃流体介质、有毒流体介质,设计压力低于 1.0MPa,并且设计温度低于 400℃的 GC2 级工业管道属于 GC2 级工业管道。

( )310. CBK013 压力容器按生产工艺过程的作用原理可分为反应容器、换热容器、分离容器和储运容器。

( )311. CBK014 耐压试验是用水或其他适宜的液体作为加压介质(极少数情况用气体作加压介质),对容器进行强度和密封性的综合检验。

( )312. CBK015 其他渗透检漏试验是利用气体或渗透性低的液体的渗透特性检查焊缝或材料组织是否致密。

( )313. CBL001 设备管理"三懂四会",其中"三懂"是指懂原理、懂性能、懂用途。

( )314. CBL002 对设备现场巡检要遵循"听、摸、看"三细操作法,在巡检过程中要求携带"三件宝"。

( )315. CBL003 机泵的冷却介质通常是风,高温泵也有用蒸汽的。

( )316. CBL004 机泵冷却用的介质是液体就行,能及时将机械密封摩擦产生的热量带走就行。

( )317. CBL005 巡检时发现机泵润滑油变白,不影响机泵使用,可不进行处理。

( )318. CBL006 机泵备用泵定期盘车能防止泵的叶轮不转。

( )319. CBL007 机械密封中封水仅起到润滑作用。

( )320. CBM001 如因机械密封损坏造成离心泵密封泄漏严重,可对其进行更换处理。

( )321. CBM002 为减少电动盘车的困难程度,盘车时应尽量使活塞处在"死点"位置。

( )322. CBM003 离心泵输送的水温过高,容易造成轴承过热。

( )323. CBM004 为了防止离心式风机启动电动机超负荷,要全开旁通阀。

( )324. CBM005 压缩机运行过程中,排气管路阻力大会使排气量降低。

( )325. CBM006 如果离心泵吸水部分浸没深度不够,可造成离心泵振动。

( )326. CBM007 供蒸汽系统蒸汽压力下降的原因是供汽量不足。

( )327. CBM008 总管循环水压力下降可能是用水单位提高循环水压力所致。

( )328. CBM009 如果搅拌桨腐蚀脱落会使运行中的搅拌机发生停转。

( )329. CBM010 如果鼓风机的叶轮与入口间隙过大,或叶片严重磨损,增大了泄漏量,会造成鼓风机压力过低、排气量增加。

( )330. CBM011 对于试着多次开关仍然关不紧的情况,应怀疑磨损、介质中的颗粒划伤等破坏了密封面,造成阀门关闭不严。

( )331. CBM012 高温条件下填料被烧损,老化变硬,失去弹性,孔隙增大,会造成填料泄漏。

（　　）332. CBM013　离心泵的吸入高度过高,会造成泵抽空的现象。

（　　）333. CBM014　电流增加,电动机跳闸、轴承箱温度高、润滑油中含金属碎屑等现象的发生,可能是由于机泵抱轴。

（　　）334. CBM015　离心式压缩机的油压下降,会造成油温降低。

（　　）335. CBN001　蒸发操作主要是蒸发器的操作,当蒸发器的蒸汽中断时,要联系用热水替代,维持生产运行。

（　　）336. CBN002　对于硫化氢中毒休克者,应让其取平卧位,头稍高,进行人工呼吸抢救。

（　　）337. CBN003　供水装置在停供新鲜水事故后,应组织修复损毁设备管线,恢复生产装置开车。

（　　）338. CBN004　循环水中断后,要在保证安全立即停车的原则进行处理。

（　　）339. CBN005　离心泵运行过程中轴承过热,要检查平衡管是否堵塞,检查平衡盘及平衡环,两者应相互平行使其分别与泵轴垂直,若不符合则更换平衡盘或平衡环。

（　　）340. CBN006　进行口对口人工呼吸,吹气时可以同时进行心脏按压。

（　　）341. CBN007　火灾报警内容中,要说出报警人姓名、电话号码等,并说出起火部位及附近有无明显标志,派人到路口迎候消防车。

（　　）342. CBN008　对循环水的水质应加强管理,避免塑料布、石头、木棍、泥沙等杂物进入循环水系统,而使冷却器断水或供水量下降。

（　　）343. CBN009　在确认装置瞬间停电后,反应系统应立即停车处理。

（　　）344. CBN010　水击是蒸汽冲击阀门造成的,为防止送汽管道出现水击现象,应减少阀门数量。

（　　）345. CBN011　机械密封是靠一对或数对垂直于轴作相对滑动的端面在流体压力和补偿机构的弹力（或磁力）作用下保持贴合并配以辅助密封而达到阻漏的轴封装置。

（　　）346. CBN012　为延长机械密封的使用周期,要尽量避免机泵发生抽空现象,以免造成密封面的干摩擦,破坏密封。

（　　）347. CBN013　如果活塞环装入气缸中的开口间隙过小,因受热膨胀卡住,会造成往复式压缩机运行过程中出现打气量不足的现象,需要重新装配。

（　　）348. CBN014　活塞杆填料函泄漏量较大时可以在排气风帽处明显感受到。

（　　）349. CBN015　安装离心泵时,应注意选用较大的出口管径,出口管径不小于泵的吸入管径,以减少阻力。

（　　）350. CBN016　现场发生急性中毒,应尽快制止工业毒物继续进入体内,并设法排除已注入人体内的毒物,消除和中和进入体内的毒物作用。

（　　）351. CBN017　火灾初起阶段,要先进行内攻,然后救外围。

（　　）352. CBN018　推车式干粉灭火器干粉喷出后,要左右摇摆喷管,快速推进,防止复燃。

（　　）353. CBN019　手提式二氧化碳灭火器使用方法:拉下铅封,然后按下压把,即可喷出二氧化碳灭火。

( )354. CBN020 在液位计失灵情况下,操作工应停车处理,保持液位高度。

( )355. CBN021 在冬季各油线的伴热线,任何时候均要通汽通水,并保证畅通,通向大气的冷凝液水管及排水阀,要采取微量排汽、排水法。

( )356. CBN022 气体管线憋压的正确处理方法是打开气体放空阀进行放空处理。

( )357. CBN023 燃油加热炉装置加料控制阀失灵,为保证连续生产,要立即现场检修调节阀,直到调节阀正常。

( )358. CBN024 发生火灾时要避免容器或塔形成负压,避免爆炸事故发生。

( )359. CBN025 如果离心泵的扬程不够,现场运行会出现泵抽空的现象。

( )360. CBN026 物料管线泄漏时,为保证安全必须停车清洗置换管道后动火焊接漏点。

( )361. CBN027 电动机轴承安装不正确会造成电动机运行中温度升高,要切换备用电动机,并进行检修。

( )362. CBN028 仪表风停送后,装置仪表及调节的动力风源停止,应采取措施保证装置运行。

( )363. CBN029 为防止电动机烧毁,在电动机驱动的离心式压缩机在启动过程中,需关入口阀,旁路阀全部打开。

( )364. CBO001 离心泵在运转过程中电流突然增高,可能是因为缺少润滑油。

( )365. CBO002 离心泵启动前没灌泵、进空气、液体不满或介质大量汽化,这时离心泵出口压力大幅度下降并剧烈地波动,这种现象称为抽空。

( )366. CBO003 原料油泵入口过滤器堵塞会引起磺化器进料中断。

( )367. CBO004 离心泵出口单向阀不严会导致压力表指针不归零。

( )368. CBO005 机泵抱轴是指机械密封过热,内圈与机泵轴紧紧咬合在一起,引起机泵无法正常转动。

( )369. CBO006 阀门在正式投入运行前必须进行加压测试,检查阀门有无外漏现象;检查填料压紧程度,原则以不泄漏为宜,压得越紧越好。

( )370. CBO007 电动机过热、过载或机泵空转都会引发机泵电动机停转。

( )371. CBP001 报火警人应说清楚时间、地点、人物、着火装置、着火物质、火势大小等。

( )372. CBP002 离心泵一般是靠调节入口阀的开度控制出口压力。

( )373. CBP003 液硫管线伴热温度过高或过低都会导致液硫流量不稳。

( )374. CBP004 监测泵是否发生汽蚀可采用观察法、次声波法、泵体外噪声法、振动法等。

( )375. CBP005 处理冻凝的放净管线时,为尽快吹通管线,应将放净阀门开到最大。

( )376. CBP006 风机停运后要首先对设备进行盘车,再联系供电检查电动机是否正常,在情况允许下,重新启动风机。

( )377. CBP007 降低液位可以减小轴流泵异常振动。

( )378. CBP008 在生产过程中,造成憋压的最常见原因是泵入口管线不畅通。

( )379. CBP009 控制阀日常维修工作包括清除铁锈、污物,检查控制阀支撑,消除应力等。

（　　）380. CBP010　电动机定子绕组有匝间短路,会造成机身温度高。

（　　）381. CBP011　机泵泵体过热可能是电动机电流过大引起的。

（　　）382. CBP012　久闭的阀门在密封面上积垢,可以将阀门打开一条小缝,让高速流体把污垢冲走。

（　　）383. CBP013　对于离心式通风机,空负荷试运是指叶片角度调到最小。

（　　）384. CBP014　急救触电者应该先救人后断电。

（　　）385. CBP015　给运行泵更换压力表,必须停泵进行更换。

（　　）386. CBP016　浓硫酸管线法兰泄漏,处理时应按要求佩戴安全防护用具,并有监护。

（　　）387. CBQ001　压强单位帕斯卡是国际单位制中 7 个基本单位之一。

（　　）388. CBQ002　摄氏度是热力学温标,是一种理想的温标,在国际单位制中,它是基本物理量,其单位用开尔文(K)表示。

（　　）389. CBQ003　1 立方米 = $10^3$ 立方分米 = $10^6$ 立方厘米 = $10^9$ 立方毫米。

（　　）390. CBQ004　在国际单位制中质量的单位是千克,其他常用单位有吨、克、毫克等。

# 答　案

一、单项选择题

| | | | | | | | | | |
|---|---|---|---|---|---|---|---|---|---|
| 1. C | 2. B | 3. D | 4. A | 5. D | 6. B | 7. D | 8. B | 9. C | 10. C |
| 11. A | 12. A | 13. A | 14. B | 15. D | 16. A | 17. D | 18. A | 19. A | 20. B |
| 21. C | 22. D | 23. A | 24. A | 25. C | 26. B | 27. B | 28. B | 29. A | 30. C |
| 31. B | 32. D | 33. B | 34. A | 35. C | 36. A | 37. C | 38. C | 39. D | 40. C |
| 41. C | 42. A | 43. B | 44. C | 45. B | 46. D | 47. D | 48. C | 49. C | 50. B |
| 51. A | 52. B | 53. C | 54. D | 55. A | 56. C | 57. C | 58. C | 59. A | 60. A |
| 61. A | 62. D | 63. A | 64. C | 65. D | 66. D | 67. B | 68. A | 69. D | 70. A |
| 71. D | 72. B | 73. B | 74. B | 75. A | 76. C | 77. A | 78. D | 79. B | 80. C |
| 81. A | 82. B | 83. A | 84. B | 85. B | 86. A | 87. D | 88. A | 89. C | 90. C |
| 91. B | 92. C | 93. C | 94. A | 95. C | 96. A | 97. C | 98. C | 99. A | 100. D |
| 101. C | 102. A | 103. B | 104. C | 105. B | 106. B | 107. A | 108. C | 109. B | 110. B |
| 111. A | 112. A | 113. C | 114. A | 115. D | 116. C | 117. A | 118. B | 119. C | 120. D |
| 121. A | 122. A | 123. A | 124. A | 125. C | 126. A | 127. C | 128. D | 129. D | 130. D |
| 131. C | 132. B | 133. A | 134. D | 135. C | 136. A | 137. B | 138. B | 139. B | 140. C |
| 141. C | 142. D | 143. D | 144. B | 145. C | 146. D | 147. B | 148. C | 149. A | 150. D |
| 151. A | 152. C | 153. A | 154. B | 155. C | 156. C | 157. C | 158. C | 159. D | 160. B |
| 161. C | 162. D | 163. B | 164. C | 165. B | 166. B | 167. A | 168. A | 169. A | 170. A |
| 171. C | 172. B | 173. A | 174. D | 175. B | 176. C | 177. B | 178. C | 179. B | 180. B |
| 181. C | 182. D | 183. D | 184. B | 185. B | 186. C | 187. A | 188. A | 189. B | 190. D |
| 191. A | 192. C | 193. B | 194. C | 195. D | 196. A | 197. C | 198. D | 199. D | 200. C |
| 201. A | 202. A | 203. B | 204. C | 205. A | 206. C | 207. C | 208. D | 209. B | 210. B |
| 211. B | 212. D | 213. C | 214. D | 215. A | 216. B | 217. A | 218. D | 219. C | 220. D |
| 221. D | 222. C | 223. C | 224. B | 225. A | 226. C | 227. D | 228. C | 229. D | 230. D |
| 231. D | 232. A | 233. D | 234. B | 235. A | 236. C | 237. D | 238. B | 239. C | 240. B |
| 241. B | 242. A | 243. D | 244. A | 245. B | 246. D | 247. C | 248. B | 249. B | 250. A |
| 251. C | 252. A | 253. B | 254. A | 255. A | 256. C | 257. A | 258. C | 259. B | 260. C |
| 261. A | 262. C | 263. D | 264. A | 265. A | 266. C | 267. B | 268. A | 269. A | 270. B |
| 271. A | 272. B | 273. D | 274. C | 275. D | 276. C | 277. D | 278. B | 279. B | 280. D |
| 281. A | 282. D | 283. B | 284. B | 285. D | 286. C | 287. C | 288. B | 289. C | 290. D |
| 291. A | 292. C | 293. D | 294. B | 295. C | 296. D | 297. C | 298. B | 299. B | 300. A |
| 301. A | 302. C | 303. A | 304. D | 305. B | 306. B | 307. A | 308. A | 309. B | 310. A |

311. B 312. B 313. D 314. A 315. C 316. A 317. C 318. C 319. D 320. B
321. C 322. A 323. B 324. A 325. A 326. C 327. B 328. D 329. A 330. C
331. A 332. C 333. D 334. A 335. B 336. A 337. C 338. B 339. B 340. A
341. D 342. B 343. A 344. C 345. D 346. A 347. C 348. A 349. A 350. D
351. B 352. C 353. C 354. A 355. B 356. A 357. A 358. A 359. A 360. C
361. B 362. B 363. A 364. A 365. A 366. C 367. A 368. A 369. D 370. B
371. A 372. B 373. B 374. B 375. A 376. B 377. D 378. A 379. A 380. A
381. A 382. A 383. C 384. B 385. C 386. A 387. B 388. C 389. C 390. D
391. B 392. B 393. B 394. A 395. D 396. B 397. B 398. B 399. A 400. A
401. A 402. D 403. D 404. A 405. C 406. D 407. C 408. A 409. B 410. D
411. B 412. D 413. A 414. A 415. A 416. C 417. B 418. B 419. B 420. C
421. A 422. A 423. B 424. A 425. A 426. B 427. A 428. A 429. C 430. B
431. A 432. C 433. D 434. B 435. B 436. A 437. B 438. A 439. B 440. A
441. D 442. C 443. C 444. B 445. A 446. A 447. B 448. C 449. B 450. D
451. D 452. C 453. D 454. D 455. C 456. D 457. A 458. A 459. C 460. C
461. B 462. D 463. A 464. A 465. D 466. C 467. B 468. A 469. D 470. B
471. A 472. C 473. B 474. A 475. B 476. A 477. B 478. B 479. A 480. C
481. D 482. A 483. D 484. D 485. C 486. C 487. B 488. B 489. C 490. A
491. B 492. D 493. B 494. B 495. C 496. A 497. A 498. B 499. C 500. C
501. A 502. B 503. C 504. D 505. A 506. B 507. C 508. C 509. B 510. D
511. D 512. B 513. C 514. A 515. B 516. A 517. C 518. A 519. A 520. D
521. C 522. B 523. A 524. A 525. D 526. A 527. A 528. C 529. B 530. B
531. C 532. D 533. A 534. B 535. A 536. A 537. D 538. B 539. A 540. C
541. A 542. C 543. C 544. D 545. A 546. D 547. D 548. B 549. C 550. A
551. C 552. A 553. B 554. A 555. B 556. A 557. A 558. A 559. B 560. A
561. C 562. A 563. C 564. B 565. C 566. A 567. C 568. A 569. B 570. D
571. D 572. C 573. D 574. B 575. D 576. C 577. A 578. A 579. D 580. A
581. A 582. B 583. C 584. A 585. A 586. A 587. D 588. B 589. C 590. C
591. C 592. B 593. B 594. C 595. A 596. B 597. C 598. C 599. C 600. D
601. B 602. A 603. A 604. D 605. A 606. B 607. D 608. B 609. C 610. D
611. A 612. D 613. D 614. A 615. C 616. C 617. B 618. B 619. A 620. B
621. C 622. B 623. A 624. A 625. D 626. D 627. C 628. D 629. D 630. D
631. A 632. D 633. C 634. B 635. A 636. C 637. D 638. B 639. D 640. A
641. B 642. A 643. A 644. B 645. C 646. C 647. A 648. D 649. B 650. B
651. A 652. B 653. D 654. D 655. B 656. C 657. D 658. B 659. B 660. A
661. D 662. A 663. C 664. A 665. D 666. B 667. D 668. C 669. C 670. C
671. B 672. A 673. C 674. A 675. C 676. B 677. D 678. D 679. A 680. B
681. A 682. D 683. B 684. A 685. A 686. C 687. A 688. C 689. D 690. C

691. B　692. A　693. A　694. B　695. B　696. A　697. D　698. B　699. D　700. C
701. B　702. B　703. A　704. B　705. C　706. A　707. D　708. B　709. A　710. D
711. A　712. A　713. C　714. C　715. A　716. C　717. D　718. A　719. B　720. A
721. B　722. C　723. B　724. A　725. D　726. C　727. A　728. B　729. D　730. A
731. C　732. A　733. D　734. C　735. A　736. A　737. D　738. A　739. A　740. C
741. B　742. A　743. B　744. D　745. A　746. B　747. C　748. A　749. D　750. A
751. C　752. D　753. A　754. A　755. A　756. C　757. A　758. A　759. D　760. A
761. B　762. D　763. A　764. A　765. B　766. A　767. A　768. A　769. B　770. B
771. B　772. D　773. C　774. C　775. B　776. B　777. A　778. C　779. D　780. B
781. D　782. A　783. D　784. A　785. C　786. A　787. B　788. A　789. D　790. D
791. B　792. D　793. C　794. A　795. D　796. B　797. D　798. B　799. D　800. D
801. B　802. C　803. A　804. C　805. A　806. C　807. B　808. A　809. A　810. B
811. D　812. B　813. A　814. A　815. A　816. C　817. D　818. B　819. B　820. B
821. B　822. A　823. C　824. A　825. A　826. C　827. B　828. C　829. B　830. A
831. C　832. D　833. D　834. B　835. B　836. A　837. C　838. A　839. C　840. B
841. D　842. A　843. B　844. B　845. C　846. A　847. A　848. B　849. D　850. B
851. A　852. D　853. A　854. A　855. C　856. A　857. B　858. B　859. D　860. B
861. B　862. A　863. A　864. D　865. A　866. C　867. D　868. B　869. B　870. D
871. C　872. B　873. C　874. B　875. A　876. A　877. C　878. B　879. A　880. A
881. C　882. A　883. C　884. B　885. A　886. C　887. D　888. A　889. D　890. B
891. B　892. D　893. A　894. A　895. B　896. A　897. D　898. A　899. A　900. D
901. C　902. A　903. A　904. D　905. B　906. B　907. C　908. B　909. D　910. A
911. A　912. B　913. A　914. C　915. B　916. C　917. D　918. A　919. B　920. A
921. A　922. B　923. B　924. A　925. C　926. D　927. C　928. C　929. B　930. C
931. D　932. B　933. C　934. C　935. B　936. D　937. B　938. D　939. C　940. D
941. B　942. D　943. B　944. C　945. B　946. D　947. B　948. D　949. D　950. D
951. A　952. D　953. D　954. D　955. A　956. B　957. B　958. B　959. D　960. A
961. C　962. B　963. B　964. C　965. A　966. B　967. A　968. C　969. D　970. D
971. B　972. A　973. A　974. A　975. D　976. D　977. B　978. A　979. C　980. B
981. D　982. B　983. C　984. A　985. C　986. A　987. D　988. C　989. D　990. D
991. A　992. D　993. A　994. D　995. B　996. A　997. B　998. D　999. D　1000. C
1001. C　1002. A　1003. B　1004. A　1005. A　1006. A　1007. A　1008. A　1009. B　1010. A
1011. D　1012. A　1013. D　1014. A　1015. B　1016. A　1017. A　1018. D　1019. D　1020. A
1021. D　1022. C　1023. C　1024. C　1025. A　1026. C　1027. B　1028. C　1029. A　1030. D
1031. D　1032. D　1033. D　1034. D　1035. A　1036. D　1037. D　1038. A　1039. C　1040. B
1041. A　1042. A　1043. C　1044. B　1045. D　1046. B　1047. A　1048. B　1049. C　1050. D
1051. A　1052. B　1053. B　1054. D　1055. D　1056. D　1057. D　1058. A　1059. A　1060. C
1061. D　1062. D　1063. B　1064. A　1065. C　1066. D　1067. C　1068. A　1069. B　1070. D

1071. A  1072. D  1073. D  1074. C  1075. A  1076. C  1077. D  1078. C  1079. B  1080. B
1081. C  1082. B  1083. B  1084. A  1085. D  1086. A  1087. B  1088. D  1089. A  1090. B
1091. A  1092. C  1093. A  1094. C  1095. C  1096. D  1097. C  1098. C  1099. B  1100. D
1101. B  1102. C  1103. A  1104. C  1105. B  1106. C  1107. A  1108. C  1109. B  1110. C
1111. B  1112. B  1113. D  1114. C  1115. B  1116. D  1117. C  1118. C  1119. D  1120. A
1121. A  1122. D  1123. A  1124. C  1125. D  1126. A  1127. B  1128. B  1129. C  1130. A
1131. C  1132. A  1133. A  1134. A  1135. B  1136. C  1137. B  1138. A  1139. C  1140. B
1141. B  1142. D  1143. C  1144. A  1145. A  1146. B  1147. B  1148. C  1149. B  1150. B
1151. B  1152. B  1153. D  1154. A  1155. B  1156. C  1157. B  1158. B  1159. B  1160. A
1161. C  1162. A  1163. C  1164. C  1165. B  1166. A

## 二、判断题

1. √  2. √  3. ×  正确答案：水是由氢元素和氧元素所组成。  4. ×  正确答案：物质从结构上说可分为游离态或化合态形式存在。  5. ×  正确答案：在标准状况下，1mol 理想气体所占的体积都约为22.4L。  6. √  7. √  8. √  9. √  10. √  11. √  12. √  13. × 正确答案：临界温度是表示纯物质能保持气、液相平衡的最高温度。  14. ×  正确答案：在临界温度下，使气体液化所需的最低压力称为临界压力。  15. √  16. √  17. √  18. × 正确答案：溶解过程可以是吸热过程，也可以是放热过程。  19. √  20. √  21. √  22. × 正确答案：固体物质的溶解度随压力变化不大，绝大多数随温度升高而增大。  23. √
24. ×  正确答案：在氧化还原反应中，得到电子的物质称为氧化剂。  25. √  26. √  27. √
28. ×  正确答案：硫化氢在化学反应中不可能体现还原性。  29. √  30. √  31. √
32. ×  正确答案：过氧化氢是强氧化剂，工业上可作漂白剂。  33. ×  正确答案：氨是无色、有强烈刺激性气味的气体，比空气轻，易液化，极易溶于水。  34. ×  正确答案：有机化合物一般都含有碳、氢元素，像一氧化碳等无机物虽然含有碳元素，但不属于有机物。
35. ×  正确答案：烷烃是一类不活泼的有机化合物，常温下与强酸、强碱、强氧化剂都不反应，但在一定条件下，例如高温、高压、光照或催化剂的影响下也能发生一些化学反应。
36. ×  正确答案：烯烃的物理性质随相对分子质量的增加呈规律性的变化。  37. ×  正确答案：乙炔俗名电石气，纯的乙炔是没有颜色、具有醚味的气体。  38. ×  正确答案：液体的体积受压强的影响较小，所以可将液体看成为不可压缩性流体。  39. ×  正确答案：伯努利方程式可用来表征流体定常流动时能量的变化规律。  40. ×  正确答案：流体的黏性越大，其流动性就越差。  41. ×  正确答案：单位时间内流经管道任意截面流体的量称为流量。  42. ×  正确答案：在重力不变时，静止流体内部各点压力是不相同的。  43. × 正确答案：流体的黏度越大，表示流体在相同流动情况下内摩擦阻力越大，流体的流动性能越差。  44. ×  正确答案：在稳定流动过程中，流体流经各截面处的体积流量相等。
45. √  46. ×  正确答案：传热过程中，热量总是自发地由温度高的物体向温度低的物体传递。  47. ×  正确答案：通常强制对流的传热速率高于自然对流。  48. ×  正确答案：工业上采用的换热方法是很多的，按其工作原理和设备类型可分为间壁式、蓄热式、直接混合式三种。  49. ×  正确答案：热负荷是生产上为完成工艺传热要求，换热器在单位时间里所具有的换热能力。 50. √ 51. √ 52. √ 53. √ 54. √ 55. √ 56. √ 57. × 正确答案:物料进入全混流反应器的瞬间即与反应器内的原有物料完全混合,所有空间位置的物系性质都是均匀的,即反应器内物料的温度、浓度均一。 58. × 正确答案:对于吸热反应,温度升高,有利于化学平衡向正反应方向进行。 59. × 正确答案:由一种单质和化合物作用生成另一种单质和化合物的反应称为置换反应。 60. × 正确答案:化学反应中催化剂可以加快正反应的速度,也可以加快逆反应的速度。 61. √ 62. √ 63. √ 64. √ 65. √ 66. × 正确答案:开式叶轮两侧都没有盖板,制造简单,清洗方便,适用于输送含杂质的悬浮液。 67. × 正确答案:机械密封使用前,应进行静压试验,试验压力为 0.2 ~ 0.3MPa。 68. √ 69. √ 70. × 正确答案:最高工作压力不小于 0.1MPa,公称直径 DN 不小于 50mm,输送介质为气(汽)体、液化气体的管路,按压力管路管理。 71. × 正确答案:填料塔所用填料可分为实体填料和网体填料两大类。 72. × 正确答案:弯头可以改变管路的行进方向。 73. √ 74. × 正确答案:只允许流体向一个方向流动的阀门是止回阀。 75. × 正确答案:阀门材料为灰铸铁的代号为 Z。 76. × 正确答案:垫片是密封元件,要具备耐温、耐腐蚀能力以及适宜的变形和回弹能力。 77. √ 78. √ 79. × 正确答案:常用的金属材料有碳钢、合金钢、铸铁、有色金属及其合金。 80. √ 81. √ 82. × 正确答案:相对误差是指测量的绝对误差与被测变量的真实值之比。 83. × 正确答案:记录仪是安装在仪表盘面上的仪表,便于操作工随时观察各种工艺参数的变化。 84. × 正确答案:执行器由执行机构和调节机构两部分组成,通常简称为调节阀。 85. × 正确答案:汽包蒸汽出口调节阀应选风关调节阀,风关调节阀在气源风发生故障断风时,调节阀处于全开状态,才能保证汽包出口畅通,保证汽包不超压。 86. × 正确答案:超声波流量计是速度式仪表,利用超声波检测流体的流速,当流体的管道面积为 $F$,流速为 $v$ 时,流体的体积流量为 $F=vF$。 87. √ 88. × 正确答案:烟、雾、粉尘等物质是气溶胶,易进入呼吸系统,危害人体健康。 89. √ 90. √ 91. √ 92. × 正确答案:清洁生产通过应用专门技术,改进工艺、设备和管理态度来实现。 93. √ 94. √ 95. × 正确答案:$CO_2$ 无毒,但是温室气体,所以要限量排放。 96. × 正确答案:盛装易燃易爆物品的容器倒空后,严禁动火,若需动火作业,需要对动火部位进行有效隔离,置换清洗后,分析动火部位可燃气合格后,可以进行动火作业。 97. √ 98. √ 99. × 正确答案:所有临时用电作业,必须办理临时用电作业许可证,临时用电作业涉及动火时,应同时办理动火作业许可证。 100. × 正确答案:任何人不得随同吊装重物或吊装机械升降,在特殊情况下,必须随之升降的,应采取可靠的安全措施,并经过现场指挥人员批准。 101. √ 102. √ 103. √ 104. √ 105. × 正确答案:仪表联校是在装置开车前对装置仪表系统、电气系统、DCS 控制系统、防火系统、防爆系统、防毒系统及对设备机组的保护联锁的自动调试过程。 106. × 正确答案:装置送蒸汽时原则先送主干线,后送分支管线,以安全送汽为目的。 107. √ 108. × 正确答案:水蒸气具有压力越高、温度越低的特点,但在相同温度下,水蒸气有不同的压力等级,因此加热釜在温度下降时,可通过提高蒸汽流量的方法解决。 109. × 正确答案:装置开车前,要经过设备管道的气密、试漏、吹扫、拆除盲板、氮气置换、分析、单机试车、联动试车、仪表联校、电气校验等多项开车要求确认合格后,方可进行开车。 110. × 正确答案:开车前拆除封堵盲板时,必须由加装盲板人员,按照盲板拆装图逐一确认。 111. √ 112. ×

正确答案:经过循环水预膜处理后,循环水系统管道、设备的耐腐蚀能力得到提高。 113. √

114. × 正确答案:对于甲类、乙类火灾危险介质和剧毒介质的中压、低压管道系统,在投用前要进行渗漏量试验。 115. × 正确答案:设备管线要通过氮气吹扫试验,确认系统流程畅通。 116. × 正确答案:常压设备管线的气密性试验,要将压力升到工作压力的 1.05倍。 117. √ 118. × 正确答案:送水启动水泵时,出口阀要逐步全打开,防止出现超压或水锤冲击。 119. × 正确答案:化工生产过程是通过原料预处理、化学反应和反应物加工 3 个过程完成的。 120. √ 121. × 正确答案:开车前用空气置换停车装置不能达到正常开车氧含量小于 0.5%的要求。 122. × 正确答案:在机泵送电时必须检查绝缘、接线、正反转、联锁何处入口阀门是否按照要求开闭状况。 123. √ 124. × 正确答案:设备热紧加热温度应至少达到设备使用温度。 125. × 正确答案:采样要依据工艺特点制定操作规程。 126. × 正确答案:加热炉的燃料油系统应选用气开式调节阀。 127. √ 128. √ 129. × 正确答案:水联动试车包括电气、仪表和所有工艺系统,以便进行运行状况观察。 130. × 正确答案:反应床温度升高,可提高催化剂活性,但副反应增加。 131. √ 132. √ 133. × 正确答案:往复泵活塞行程长度调节大,其流量增大。 134. √ 135. × 正确答案:尽管齿轮泵出口压力稳定,但出口管路必须设安全阀,因其输送介质黏度多较大,以免堵塞管路发生事故。 136. × 正确答案:离心泵开车前排气的目的是将泵内的压力释放出去,使物料灌满泵内,防止泵打不上量。 137. √ 138. √ 139. × 正确答案:机泵停机后,应关闭机泵出入口阀及电源停送后,最后停冷却水。 140. √ 141. √ 142. × 正确答案:向水冷器送水时,应先开放空阀,再开上水阀,待放空阀见水后,再开回水阀。 143. × 正确答案:在向管线内送蒸汽时,先打开沿线泄水阀门,排冷凝水,打开进装置的阀门,逐渐开启送汽阀门,预热管线后,再加大阀门开度。 144. √ 145. √ 146. × 正确答案:在液体物料加入反应器时,要严格控制物料的纯度、温度、压力、加料速度、物料配比和加料顺序。 147. × 正确答案:在加入固体物料时,严禁将金属或其他杂质带入到反应釜内,以免损坏反应器。 148. √ 149. √ 150. × 正确答案:气-固反应过程中所用催化剂的床层可分为固定床、流化床和移动床等。 151. × 正确答案:气-液反应过程是反应物系中存在气相和液相的一种多相反应过程,通常是气相反应物溶解于液相后,再与液相中另外的反应物进行反应。 152. √ 153. √ 154. × 正确答案:催化剂使用初期活性较高,操作温度尽量低些,当活性衰退以后,可逐步提高温度。 155. √ 156. × 正确答案:工艺指标是按照装置设计标准制定的本装置基本操作的依据。 157. × 正确答案:化工生产中温度、压力、流量、液位等重要指标的控制效果直接影响产品的产率和收率。 158. × 正确答案:旋风分离器是利用离心沉降原理从气流中分离出颗粒的设备。 159. × 正确答案:在氢气压缩机开车时要严密观察压缩机出口的温度情况。 160. √ 161. × 正确答案:工艺水中硝态氮或氨态氮的含量都会影响 COD 值。 162. × 正确答案:系统真空的控制可以通过真空设备的入口流量调节阀或真空设备的调速来保持稳定,实现均衡生产。 163. √ 164. × 正确答案:常压放热反应器的热量移走方式根据反应器内物料性质、反应器容积、溶剂性质决定。 165. √ 166. √ 167. × 正确答案:压缩机各级出口气体的温度与压缩比成正比,压缩比越大,出口气体温度越高。 168. × 正确答案:离心式压缩机不可以像离心泵那样通过出口阀来实现气量调节,因为这样会造成整个管网系统中的能耗增大。　169.×　正确答案:差压变送器显示的液面数据如果是工程单位的数据可直接读取,如果是百分比刻度数据需要乘以仪表的液面量程才是指示的液面数据。　170.×　正确答案:压力表的量程单位是 Pa、kPa 或 MPa。　171.√　172.×　正确答案:在处理导淋堵塞前先要搞清楚被堵导淋内的介质、温度、压力,佩戴好防护面罩和相关防护用品,作业人员站在上风口作业。　173.×　正确答案:设备、管道上的水封是为了放空管道、设备超压气体而设置的。　174.√　175.√　176.×　正确答案:不可以采用减小入口阀门开度的方法来减少流量,可以通过减小出口阀门开度实现。　177.×　正确答案:如果叶轮部分流道堵塞,将影响叶轮的做功,导致出口压力下降。　178.√　179.√　180.√　181.×　正确答案:废热锅炉的紧急放水阀为处理事故满水而设置的,正常操作时禁止用此阀来调节水位。　182.√　183.√　184.×　正确答案:若要打开泵进行检查,则关闭入口阀,打开放气阀和各种排液阀。　185.×　正确答案:如输送有毒介质的离心机机组长时间停车,关闭进口阀、出口阀门后,应使机内泄压,并用氮气置换,再用空气进一步置换后,才能停止油系统的运行。　186.×　正确答案:液体、低热值的可燃气体、空气、惰性气、酸性气及其他腐蚀性气体,不得排入火炬系统。　187.√　188.×　正确答案:在厂区内建筑施工和房屋维修熔化沥青,必须采用带消烟措施的专用设备熔化,不得用露天设灶敞锅熬沥青。　189.×　正确答案:目前我国对于低浓度的含氯废气的净化,主要采用吸收法,使用氢氧化钠吸收。　190.√　191.√　192.√　193.√　194.√　195.√　196.×　正确答案:装置停工必须进行降温、降压或升温、升压操作,运行要平稳,前后工序要相互协调。　197.√　198.√　199.√　200.×　正确答案:磺酸盐管线既需保温,也需要伴热。　201.√　202.×　正确答案:再生冷却器内分为冷却循环水和乙二醇两级冷却。　203.×　正确答案:应急压缩空气罐属于磺化单元中的设备。　204.√　205.×　正确答案:液硫恒位槽内被分隔为三个区域,其中两个是相通的,与另外一个不通。　206.√　207.×　正确答案:转化塔三段、四段温度控制使用的是罗茨风机提供的干燥工艺空气风。　208.√　209.√　210.×　正确答案:将进料有机物雾化后,形成巨大的表面积,有利于与 $SO_3$ 进行反应的反应器称为喷射式反应器。　211.√　212.×　正确答案:磺化器在投料生产时应先进原料油,再进 $SO_3$ 气体。　213.√　214.×　正确答案:仪表风露点不合格对装置危害很大。　215.√　216.×正确答案:尾气进入碱洗塔后是自下而上与吸收液反方向流动来瞬时完成吸收反应的。　217.√　218.√　219.×　正确答案:制冷机的制冷剂为氟里昂。　220.×　正确答案:冷却器的冷却水是低进高出,这样冷却效果会好些。　221.√　222.×　正确答案:燃硫炉点火加热器可通过手动停止,也可通过设定延时时间自动停止工作。　223.√　224.√　225.√　226.√　227.×　正确答案:磺化反应中应该以空气稀释 $SO_3$ 的方法来控制反应速率。　228.×　正确答案:中和反应是放热反应。　229.√　230.√　231.×　正确答案:气液分离器升高时应提高磺酸输出泵电动机频率。　232.×　正确答案:用于吹扫磺化器的仪表风直接取自应急压缩空气罐。　233.√　234.×　正确答案:静电除雾器属于尾气处理单元的设备。　235.√　236.×　正确答案:为承受较高压力,一般压力容器的封头都做成半圆形。　237.×　正确答案:干粉灭火器适用于扑救易燃气体、可燃气体和电气火灾。　238.√　239.×　正确答案:硫黄粉尘爆炸属于粉尘爆炸。　240.√　241.√　242.×　正确答案:离心泵切换时,如 A 运行泵切换到 B 泵,应先开 B 泵,两泵同时运行,停

A 泵。 243.× 正确答案:在相同操作条件下,填料的比表面积越大,气液分布越均匀,则传质效率越高。 244.√ 245.√ 246.× 正确答案:机泵预热应在启动前进行。 247.√ 248.× 正确答案:电动调节阀在大型化工厂很少应用,(1)因为大型化工厂都有空压站可以解决气动调节阀的能源;(2)气动调节阀的防爆性能比电动调节阀的优越;(3)在保证化工安全生产上气动调节阀可进行气开、气关的选择,比电动调节阀有较大优势。 249.× 正确答案:电磁阀只有开、关两个状态,因此不能连续调节。 250.× 正确答案:散装填料是一粒粒具有一定几何形状和尺寸的颗粒体,一般以散装方式堆在塔内,又称为乱堆填料。 251.× 正确答案:现场已运行的安全阀如果泄漏,不可用增大载荷的办法(如加大弹簧压缩量、加重锤)来减少泄漏,必须进行更换。 252.√ 253.× 正确答案:计量泵是根据预先选定的量或时间间隔来供给或抽出一定物料的泵。 254.√ 255.× 正确答案:安全阀与容器之间原则上不允许安装阀门,如果容器内介质是易燃、剧毒或黏稠性物质,为了便于更换、清洗,可以加装截止阀,但必须确保运行过程中处于全开状态。 256.√ 257.× 正确答案:蒸馏塔底加热器,在使用中应先缓慢向塔内加入物料,再启用加热器。 258.× 正确答案:在单台异步电动机直接启动的电路中,熔丝额定电流可取电动机额定电流的 1.5~2.5 倍。 259.√ 260.× 正确答案:超声波液位计是通过一个可以发射能量波(一般为脉冲信号)的装置发射能量波,能量波遇到障碍物反射,由一个接收装置接收反射信号。 261.√ 262.√ 263.× 正确答案:隔膜阀是一种特殊形式的截断阀,其启闭件是一块用软质材料制成的隔膜,它将阀体内腔与阀盖内腔隔开。 264.× 正确答案:旋塞阀结构简单,不可用于精确调节流量,输送蒸汽及高温、高压的其他液体管道。 265.× 正确答案:球阀阀门在管道中一般应当水平安装。 266.√ 267.× 正确答案:节流阀启闭时,流通截面的变化比较缓慢,因此它比截止阀调节性能好,但调节精度没有截止阀高。 268.√ 269.× 正确答案:疏水阀要能"识别"蒸汽和凝结水,才能起到阻汽排水作用。 270.√ 271.√ 272.× 正确答案:使用转子流量计时,流量计的正常流量最好选在仪表上限的 1/3~1/2 范围内。 273.√ 274.√ 275.× 正确答案:旁通阀作为一个备用管道的阀门,在关闭主管道时,打开旁通阀可以使设备继续运行。 276.× 正确答案:呼吸阀的作用是防止储罐因超压或真空导致破坏,同时可减少储液的蒸发损失。 277.× 正确答案:旋转泵和常用离心泵不一样,本身有自吸力,无须灌泵操作。 278.× 正确答案:离心旋涡泵的汽蚀性能较好,扬程较一般的旋涡泵高。 279.√ 280.× 正确答案:压缩机实际所承担的职责是提升压力,将吸气压力状态提高到排气压力状态。 281.√ 282.√ 283.× 正确答案:润滑油的"三过滤"主要是为了将磨损下来的金属碎屑过滤出,防止产生干摩擦,造成"抱轴""烧瓦"等设备事故。 284.× 正确答案:保温材料允许的最高使用温度应高于管道内流体温度。 285.× 正确答案:冬季输送物料的机泵必须考虑防冻措施。 286.× 正确答案:在检修前对送油泵内黏度较大的附着物,必须先用蒸汽吹扫,再用氮气清扫置换。 287.√ 288.√ 289.× 正确答案:不与水接触的压缩机润滑油部位,没必要采用抗乳化性能强的润滑油。 290.× 正确答案:润滑油的抗氧化性,以氧化后的酸值和沉淀的量来表示。 291.× 正确答案:对于开关频繁的阀门,填料磨损较大,填料阀杆之间易产生间隙,对于这种情况,维修时可将阀门关闭,再紧一紧填料压盖。 292.√ 293.× 正确答案:为保证设备完好润滑,所有设备润滑油必须经过滤网过滤后使用。 294.√ 295.× 正确答案:化工机泵操作"三件宝"是操作工日常操作机泵和维护机泵的3件工具。 296.× 正确答案:现场使用的压力表即使没有损坏,超期必须更换,对换下的表进行校验。 297.√ 298.× 正确答案:螺杆泵是依靠螺杆旋转将封闭容积内液体进行挤压而提高压力的泵,故属容积式泵。 299.× 正确答案:IS50-32-200B型离心油泵为单级单吸清水离心泵,泵入口直径为50mm,泵出口直径为32mm,叶轮名义直径为200mm,叶轮外径经第二次切割。 300.√ 301.√ 302.√ 303.√ 304.× 正确答案:安全阀可分为全封闭式、半封闭式和敞开式3种。 305.× 正确答案:动密封主要用于转动装置的密封中,动密封可分为接触式和非接触式密封两大类型。 306.× 正确答案:在滑动轴承中,当轴颈与轴瓦间的间隙之间润滑膜厚度达到最小值时,油膜的压力最大。 307.× 正确答案:接触式机械密封是依靠密封室中液体压力和压紧元件的压力压紧在静环端面上,并在两环形端面上产生适当的压力和保持一层极薄的液体膜,而达到密封的目的。 308.√ 309.× 正确答案:输送可燃流体介质、无毒流体介质,设计压力低于1.0MPa,并且设计温度低于400℃的GC2级工业管道属于GC3级工业管道。 310.√ 311.√ 312.× 正确答案:其他渗透检漏试验是利用气体或渗透性高的液体的渗透特性检查焊缝或材料组织是否致密。 313.× 正确答案:设备管理"四懂三会",其中"四懂"是指懂结构、懂原理、懂性能、懂用途。 314.× 正确答案:对设备现场巡检要遵循"听、摸、查、比、看"五字操作法,在巡检过程中要求携带"三件宝"。 315.× 正确答案:机泵的冷却介质通常是水,高温泵也有用蒸汽的。 316.× 正确答案:机泵冷却用的介质应是干净且无杂质的冷却水,能及时将机械密封摩擦产生的热量带走,从而改善机械密封的工况。 317.× 正确答案:巡检时发现机泵润滑油变白,必须进行置换。 318.× 正确答案:机泵备用泵定期盘车能防止泵轴弯曲变形。 319.× 正确答案:机械密封中封水的作用是密封、润滑、冷却。 320.√ 321.× 正确答案:为减少电动盘车的困难程度,盘车时应尽量使活塞处在泵缸中间附近位置。 322.× 正确答案:离心泵输送的水温过高,容易造成泵内有异音并且不上水。 323.√ 324.√ 325.× 正确答案:如果离心泵吸水部分浸没深度不够,可造成离心泵打量不足。 326.× 正确答案:供蒸汽系统蒸汽压力下降的原因是供汽量不足或用户用汽量增加。 327.× 正确答案:总管循环水压力下降可能是用水单位提高循环水流量所致。 328.√ 329.× 正确答案:如果鼓风机的叶轮与入口间隙过大,或叶片严重磨损,增大了泄漏量,会造成鼓风机压力过高、排气量降低。 330.√ 331.√ 332.√ 333.√ 334.× 正确答案:离心式压缩机的油压下降,会造成油温升高。 335.× 正确答案:蒸发操作主要是蒸发器的操作,当蒸发器的蒸汽中断时,要果断按紧急停车处理。 336.× 正确答案:对于硫化氢中毒休克者,应让其取平卧位,头稍低,进行人工呼吸抢救。 337.× 正确答案:供水装置在停供新鲜水事故后,应立即启用备用水源,尽快恢复生产装置开车。 338.× 正确答案:循环水中断后,要立即查清停水原因,在保证安全生产的原则下,采取措施进行处理。 339.√ 340.× 正确答案:进行口对口人工呼吸,吹气时不要进行心脏按压,否则会发生肺损伤,同时影响肺通气效果。 341.√ 342.√ 343.× 正确答案:在确认装置瞬间停电后,反应系统应保压并转入循环状态。 344.× 正确答案:水击是蒸汽与冷凝水接触时能量转换时冲击管道造成的,为防止送汽管道出现水击现象,应事先泄除管道冷凝水。 345.√ 346.√ 347.√ 348.√ 349.×

正确答案：安装离心泵时，应注意选用较大的吸入管径，吸入管径不小于泵出口管径，以减少阻力。 350. √ 351. × 正确答案：火灾初起阶段，要先救外围，然后进行内攻，以控制火势蔓延扩大，防止形成大面积火灾。 352. √ 353. × 正确答案：手提式二氧化碳灭火器使用方法：拔出保险销，然后按下压把，即可喷出二氧化碳灭火。 354. × 正确答案：在液位计失灵情况下，操作工应调整设备进出罐物料流量的均衡，保持液位高度。 355. √

356. × 正确答案：气体管线憋压的正确处理方法是做好气体量的平衡及找出堵塞管线、设备的原因并清除堵塞物。 357. × 正确答案：燃油加热炉装置加料控制阀失灵，要立即切断燃油进料阀，保证装置安全。 358. √ 359. √ 360. × 正确答案：可通过带压堵漏方式进行处理漏点。 361. √ 362. × 正确答案：仪表风停送后，装置仪表及调节的动力风源停止，应立即按紧急停车方案进行停车处理。 363. √ 364. × 正确答案：离心泵在运转过程中电流突然增高，可能是因为介质负荷突然增大。 365. √ 366. √ 367. √

368. × 正确答案：机泵抱轴是指轴承过热，内圈与机泵轴紧紧咬合在一起，引起机泵无法正常转动。 369. × 正确答案：阀门在正式投入运行前必须进行加压测试，检查阀门有无外漏现象；检查填料压紧程度，原则以不泄漏为宜，切勿压得过紧。 370. √ 371. √

372. × 正确答案：离心泵一般是靠调节出口阀的开度控制出口压力。 373. √ 374. × 正确答案：监测泵是否发生汽蚀可采用观察法、超声波法、泵体外噪声法、振动法等。

375. × 正确答案：处理冻凝的放净管线时，为避免发生事故，应将放净阀门开得很小，一点一点将管线吹通。 376. √ 377. × 正确答案：升高液位可以减小轴流泵异常振动。

78. × 正确答案：在生产过程中，造成憋压的最常见原因是泵出口管线不畅通。 379. √ 380. √ 381. × 正确答案：电动机电流过大只会引起电动机过热，与泵体温度无关。

382. √ 383. × 正确答案：对于离心式通风机，空负荷试运是指脱开整个生产系统，将风机单独进行运转。 384. × 正确答案：急救触电者应该先断电后救人。 385. × 正确答案：给运行泵更换压力表，无须停泵，只将压力表阀门全关即可。 386. √ 387. × 正确答案：压强单位帕斯卡不是国际单位制中 7 个基本单位之一。 388. × 正确答案：开氏温标是热力学温标，是一种理想的温标，在国际单位制中，它是基本物理量，其单位用开尔文（K）表示。 389. √ 390. √

# 中级工理论知识练习题

**一、单项选择题**(每题有4个选项,只有1个是正确的,将正确的选项号填入括号内)

1. ZAA001 在同一条件下,既能向正反应方向进行,同时又能向逆反应方向进行的反应,称为(  )反应。

A. 化学 　　　　　　B. 动态 　　　　　　C. 可逆 　　　　　　D. 置换

2. ZAA001 当可逆反应达到平衡时,反应物组分浓度(  )。

A. 随着时间变化而变化 　　　　　　B. 不随时间变化而变化

C. 波动 　　　　　　D. 以上选项均不正确

3. ZAA001 下列说法正确的是(  )。

A. 可逆反应的特征是正反应速率和逆反应速率相等

B. 在其他条件不变时,使用催化剂只能改变反应速率,而不能改变化学平衡状态

C. 在其他条件不变时,升高温度可以使平衡向放热反应方向移动

D. 在其他条件不变时,增大压强一定会破坏气体反应的平衡状态

4. ZAA002 用来衡量化学反应进行快慢的物理量称为(  )。

A. 化学变化 　　　　　　B. 物理变化

C. 化学反应 　　　　　　D. 化学反应速率

5. ZAA002 化学反应速率表示为任意反应物和生成物浓度(物质的量)与(  )所需要的时间。

A. 质量 　　　　　　B. 组成 　　　　　　C. 浓度变化 　　　　　　D. 分解

6. ZAA002 化学反应速率可用(  )反应物浓度的减少或生成物浓度的增加来表示。

A. 单位时间内 　　B. 单位体积 　　C. 单位重量 　　D. 单位质量

7. ZAA003 平衡常数是(  )的函数,随温度的变化而变化。

A. 温度 　　　　　　B. 压力 　　　　　　C. 质量 　　　　　　D. 浓度

8. ZAA003 关于平衡常数的概念,下列叙述错误的是(  )。

A. 标准平衡常数仅是温度的函数

B. 催化剂不能改变平衡常数的大小

C. 平衡常数发生变化,化学平衡必定发生移动,达到新的平衡

D. 化学平衡发生新的移动,平衡常数必发生变化

9. ZAA003 关于平衡常数的概念,下列叙述不正确的是(  )。

A. 平衡常数一般是有单位的

B. 只要温度不变,平衡常数就是一个定值

C. 平衡常数数值的大小是反应完全程度的标志

D. 平衡常数值越小,反应可完成的程度越高

10. ZAA004　处于平衡状态下的反应,(　　)反应物的浓度,平衡向减弱反应物浓度的方向移动。

    A. 增大　　　　　　　B. 减少　　　　　　　C. 不改变　　　　　　D. 增大或减少

11. ZAA004　增大反应物的浓度,体系中活化分子的百分数(　　)。

    A. 增加　　　　　　　B. 减少　　　　　　　C. 不变　　　　　　　D. 剧增

12. ZAA004　化学平衡状态是指在一定条件下的可逆反应,正反应和逆反应的速率相等,反应混合物中各组分的(　　)保持不变的状态。

    A. 浓度　　　　　　　B. 组成　　　　　　　C. 结构　　　　　　　D. 状态

13. ZAA005　增加气体反应物的压力,分子碰撞机会增多,所以(　　)。

    A. 反应速率加快　　　　　　　　　　　B. 反应速率不变

    C. 反应速率变小　　　　　　　　　　　D. 微变

14. ZAA005　对气体反应而言,增加压力,平衡向气体分子数(　　)的方向移动。

    A. 增大　　　　　　　　　　　　　　　B. 减少

    C. 增大或减少　　　　　　　　　　　　D. 不变

15. ZAA005　对于(　　)的反应,改变压力不会引起平衡移动。

    A. 有气体参加　　　　　　　　　　　　B. 反应后分子数减少

    C. 生成气体　　　　　　　　　　　　　D. 反应前后气体体积不变

16. ZAA006　当反应系统温度升高时,化学平衡会向(　　)方向移动。

    A. 等温　　　　　　　B. 放热　　　　　　　C. 吸热　　　　　　　D. 绝热

17. ZAA006　当温度升高时,系统化学反应的速率常数(　　)。

    A. 增大　　　　　　　B. 减小　　　　　　　C. 不变　　　　　　　D. 骤降

18. ZAA006　根据化学平衡移动原理,下列叙述正确的是(　　)。

    A. 升高温度可使化学平衡向放热方向移动

    B. 升高温度可使化学平衡向吸热方向移动

    C. 降低温度可使化学平衡向吸热方向移动

    D. 改变温度不会使化学平衡移动

19. ZAA007　气体的溶解度一般随着温度的升高而(　　)。

    A. 增大　　　　　　　B. 减小　　　　　　　C. 不变　　　　　　　D. 以上选项均不正确

20. ZAA007　当温度不变时,随着压强的增大,气体的溶解度(　　)。

    A. 增大　　　　　　　B. 减小　　　　　　　C. 不变　　　　　　　D. 以上选项均不正确

21. ZAA007　关于气体溶解度的影响因素,下列叙述正确的是(　　)。

    A. 气体溶解度随温度的减小而减小　　　B. 气体溶解度随温度的升高而升高

    C. 气体溶解度随压力的增大而增大　　　D. 气体溶解度随压力的增大而减小

22. ZAA008　理想气体状态方程是(　　)。

    A. $pT=nRV$　　　　　　　　　　　　B. $pVT=nR$

    C. $pV=nRT$　　　　　　　　　　　　D. $pVR=nT$

23. ZAA008　一定质量的气体,当压力不变时,体积随温度的升高而(　　)。

    A. 增大　　　　　　　B. 减小　　　　　　　C. 不变　　　　　　　D. 不确定

24. ZAA008 关于理想气体状态,下列叙述正确的是( )。

　　A. 一定质量的气体,当压力不变时,体积随温度的升高而减小

　　B. 一定质量的气体,当压力不变时,体积随温度的降低而增大

　　C. 一定质量的气体,当温度不变时,体积随压力的增加而增大

　　D. 一定质量的气体,当温度不变时,体积随压力的增加而减小

25. ZAA009 凡是在水溶液中或熔化状态下能够导电的( ),称为电解质。

　　A. 单质　　　　　　B. 混合物　　　　　　C. 化合物　　　　　　D. 固体

26. ZAA009 在水溶液中或熔化状态下不能够导电的化合物,称为( )。

　　A. 电解质　　　　　B. 非电解质　　　　　C. 晶体　　　　　　　D. 离解平衡

27. ZAA009 下列物质中不是电解质的是( )。

　　A. 酸　　　　　　　B. 碱　　　　　　　　C. 盐　　　　　　　　D. 蔗糖

28. ZAA010 质量摩尔浓度的单位是( )。

　　A. mol · L　　　　B. %　　　　　　　C. mol · $L^{-1}$　　　　D. mol · $kg^{-1}$

29. ZAA010 由于溶质 B 的质量摩尔浓度与( )无关,所以,在热力学处理中多数选用质量摩尔浓度。

　　A. 温度　　　　　　B. 压力　　　　　　　C. 质量　　　　　　　D. 体积

30. ZAA010 溶液中某溶质的物质的量除以溶剂的质量,称为该溶质的( )浓度。

　　A. 质量摩尔　　　　B. 物质的量　　　　　C. 百分比　　　　　　D. 质量分数

31. ZAA011 用溶液中任一物质的量与该溶液中所有物质的量之和的比来表示溶液组成的方法,称为( )。

　　A. 质量百分数　　　　　　　　　　B. 溶液摩尔分数

　　C. 体积百分数　　　　　　　　　　D. 摩尔质量

32. ZAA011 由 A、B 两种物质组成的混合物中,B 物质的摩尔分数表达式为( )。

　　A. $x_B = n_B/n_s$　　B. $x_B = n_A/n_s$　　C. $x_B = n_A/n_B$　　D. $x_B = n_B/n_A$

33. ZAA011 溶液中各组分摩尔分数之和等于( )。

　　A. 1　　　　　　　B. 10　　　　　　　C. 100　　　　　　　D. 1000

34. ZAA012 下列各组物质中,都是由极性键构成极性分子的一组是( )。

　　A. $CH_4$ 和 $Br_2$　　B. $NH_3$ 和 $H_2O$　　C. $H_2S$ 和 $CCl_4$　　D. $CO_2$ 和 HCl

35. ZAA012 带电的玻璃棒可使线状下流的液体流动方向发生偏转的是( )。

　　A. 二硫化碳　　　　B. 液溴　　　　　　　C. 四氯化碳　　　　　D. 水

36. ZAA012 下列物质中是非极性分子的是( )。

　　A. $HNO_3$　　　　B. $H_2SO_4$　　　　C. $CH_3Cl$　　　　　D. $H_2$

37. ZAB001 在静止流体的任意一点上都受到方向不同、( )的静压强。

　　A. 数值不同　　　　B. 数量变化　　　　　C. 数值相等　　　　　D. 临界压力

38. ZAB001 对于不可压缩的流体,静压强只与垂直位置有关,而与( )无关。

　　A. 水平位置　　　　B. 倾斜位置　　　　　C. 空间角度　　　　　D. 重力

39. ZAB001 下列各项中不是流体静力学方程在生产中应用的是( )。

　　A. 万吨水压机　　　B. 油压千斤顶　　　　C. 虹吸管取水　　　　D. 锅炉温度计

40. ZAB002 流体质点做直线运动,层次分明,彼此不混杂的流动,称为(　　)。

    A. 断流　　　　　　　B. 混流　　　　　　　C. 冲击流　　　　　　D. 层流

41. ZAB002 流体除了沿流动方向上有运动速度外,在垂直于流动方向上,还有脉冲速度存在,使各层的流体质点相互碰撞、混合的流动,称为(　　)。

    A. 层流　　　　　　　B. 湍流　　　　　　　C. 过渡流　　　　　　D. 冲击流

42. ZAB002 层流与湍流的本质区别是(　　)。

    A. 湍流流速>层流流速　　　　　　　　B. 流道截面大的为湍流,截面小的为层流

    C. 层流的雷诺数<湍流的雷诺数　　　　D. 层流无径向脉动,而湍流有径向脉动

43. ZAB003 以下是判断流体流动类型判据的是(　　)。

    A. 黏性　　　　　　　B. 流速　　　　　　　C. 雷诺数　　　　　　D. 伯努利方程

44. ZAB003 某流体雷诺数 $Re=6000$,则该流体的流动类型为(　　)。

    A. 湍流　　　　　　　B. 层流　　　　　　　C. 错流　　　　　　　D. 断流

45. ZAB003 某流体雷诺数 $Re=1000$,则该流体的流动类型为(　　)。

    A. 湍流　　　　　　　B. 断流　　　　　　　C. 错流　　　　　　　D. 层流

46. ZAB004 以下系统与环境之间,既有能量交换,又有物质交换的是(　　)。

    A. 隔离系统　　　　　B. 封闭系统　　　　　C. 半封闭系统　　　　D. 敞开系统

47. ZAB004 热量传递的原因是物体之间(　　)。

    A. 温度不同　　　　　B. 热量不同　　　　　C. 比热容不同　　　　D. 质量不同

48. ZAB004 关于热力学第一定律,下列叙述不正确的是(　　)。

    A. 能量不能凭空产生或消灭,只能由一种形式以严格的当量关系转换为另一种形式

    B. 第一类永动机的创造是可能实现的

    C. 第一类永动机的创造是不可能实现的

    D. 隔离体系的能量为一常数

49. ZAB005 换热器的传热速率不断下降,往往是(　　)的作用。

    A. 化学腐蚀　　　　　B. 液体密度　　　　　C. 垢层热阻　　　　　D. 设备压力

50. ZAB005 工业上常采用翅片的暖气管代替圆管,其目的是(　　)。

    A. 增加热阻　　　　　B. 减少热量损失　　　C. 节省钢材　　　　　D. 增大传热面积

51. ZAB005 提高传热效率的途径不包括(　　)。

    A. 增大传热面积　　　B. 增大传热温差　　　C. 提高传热系数　　　D. 减少传热面积

52. ZAB006 在同一压力下,对饱和蒸汽再加热,则蒸汽温度开始上升,超过饱和温度,这时的蒸汽称为(　　)。

    A. 过热蒸汽　　　　　B. 干饱和蒸汽　　　　C. 湿饱和蒸汽　　　　D. 水蒸气

53. ZAB006 过热蒸汽的温度与饱和蒸汽的温度之差称为蒸汽的过热度,过热度越大,则表示(　　)。

    A. 蒸汽所储存的热能越少　　　　　　　B. 蒸汽所储存的热能越多

    C. 蒸汽所储存的势能越少　　　　　　　D. 蒸汽所储存的势能越多

54. ZAB007 吸收操作是利用气体混合物中(　　)而进行分离。

    A. 相对挥发度不同　　B. 溶解度不同　　　　C. 汽化速度不同　　　D. 比热容不同

55. ZAB007　吸收的传质过程是吸收质从(　　)。

A. 气相转向液相　　B. 液相转向气相　　C. 两者同时存在　　D. 只有气相

56. ZAB007　以下不是气体吸收在化工生产上应用的是(　　)。

A. 获得较纯组分　　　　　　　　　B. 分离混合气体,回收所需组分

C. 净化或精制气体　　　　　　　　D. 制备液相产品

57. ZAB008　单位体积填料层的填料表面积称为(　　)。

A. 比表面积　　　B. 空隙率　　　C. 填料因子　　　D. 填料层压降

58. ZAB008　单位体积填料层的空隙体积称为(　　)。

A. 比表面积　　　B. 空隙率　　　C. 填料因子　　　D. 填料层压降

59. ZAB008　填料因子代表实际操作时湿填料的流体力学特性,该值越小表明(　　),液泛
速度较高。

A. 流动阻力小　　B. 流动阻力大　　C. 流动阻力没变化　　D. 流动阻力不确定

60. ZAB009　吸收操作的作用是分离(　　)混合物。

A. 气体混合物　　　　　　　　　　B. 液体均相混合物

C. 气液混合物　　　　　　　　　　D. 部分互溶的液体混合物

61. ZAB009　吸收进行的是(　　),即一组分通过另一"停滞"组分的扩散。

A. 双向扩散过程　　B. 反向扩散过程　　C. 单向扩散过程　　D. 多向扩散过程

62. ZAB009　气体吸收按过程有无化学反应分类,可分为(　　)和化学吸收。

A. 等温吸收　　　B. 物理吸收　　　C. 等压吸收　　　D. 非等温吸收

63. ZAB010　下列选项中对气体吸收无影响的是(　　)。

A. 温度　　　　　B. 压力　　　　　C. 处理量　　　　D. 吸收剂的量

64. ZAB010　增加液气比 $L/V$,可以使吸收推动力(　　)。

A. 减小　　　　　B. 增大　　　　　C. 无影响　　　　D. 不确定

65. ZAB010　生产中可以通过(　　)和减小吸收过程阻力两方面来强化吸收过程。

A. 增加吸收过程推动力　　　　　　B. 提高温度

C. 减小浓度差　　　　　　　　　　D. 降低压力

66. ZAB011　气体吸收操作所用的溶剂称为(　　)。

A. 吸收质　　　　B. 吸收剂　　　　C. 吸收液　　　　D. 萃取液

67. ZAB011　当吸收剂与溶质组分间有化学反应发生时,若要循环使用吸收剂,则化学反应
必须是(　　)。

A. 可逆的　　　　B. 不可逆的　　　C. 放热的　　　　D. 吸热的

68. ZAB011　关于吸收剂的说法,下列表述正确的是(　　)。

A. 吸收剂对于溶质组分应有较小的溶解度

B. 吸收剂不需要有较好的选择性

C. 吸收剂尽可能无毒性、无腐蚀性

D. 吸收剂的选择对化学稳定性的要求不高

69. ZAB012　物系中没有相界面的,称为(　　)。

A. 均相物系　　　B. 非均相物系　　C. 非均相混合物　　D. 以上都不正确

70. ZAB012　下列操作中,不属于均相物系分离方法的是(　　　)。
    A. 蒸馏　　　　　　　B. 吸收　　　　　　　C. 重力沉降　　　　　　D. 萃取

71. ZAB012　下列选项中,属于均相物系的是(　　　)。
    A. 含尘气体　　　　　　　　　　　　B. 水、乙醇混合溶液
    C. 含雾气体　　　　　　　　　　　　D. 悬浊液

72. ZAB013　下列操作中,属于非均相物系分离方法的是(　　　)。
    A. 蒸馏　　　　　　　B. 离心分离　　　　　C. 吸收　　　　　　　D. 萃取

73. ZAB013　下列选项中,属于非均相物系的是(　　　)。
    A. 酒精溶液　　　　　　　　　　　　B. $CS_2$ 和 $CCl_4$ 混合溶液
    C. 含有悬浮物的烟道气　　　　　　　D. 醇醛混合物

74. ZAB013　关于非均相物系,下列说法不正确的是(　　　)。
    A. 在非均相物系中,处于分散状态的物质称为分散相
    B. 在非均相物系中,处于连续状态的物质称为连续相
    C. 乳浊液属于气态非均相物系
    D. 悬浮液属于液态非均相物系

75. ZAB014　当液体经过填料层向下流动时,有逐渐向塔壁集中的趋势,这种现象称为(　　　)。
    A. 沟流　　　　　　　B. 壁流　　　　　　　C. 短路　　　　　　　D. 溢流

76. ZAB014　当填料层较高时,一般填料需要分段,中间设置(　　　)以避免沟流的现象。
    A. 再分布装置　　　　B. 填料隔板　　　　　C. 填料压板　　　　　D. 分布装置

77. ZAB014　下列选项中,不属于环形填料的是(　　　)。
    A. 拉西环　　　　　　B. 鲍尔环　　　　　　C. 阶梯环　　　　　　D. 鞍形

78. ZAB015　将含有不挥发溶质的溶液加热沸腾,使挥发性溶剂部分汽化从而将溶液浓缩的过程称为(　　　)。
    A. 蒸馏　　　　　　　B. 吸收　　　　　　　C. 蒸发　　　　　　　D. 萃取

79. ZAB015　下列选项中,不属于蒸发操作目的的是(　　　)。
    A. 稀溶液的增浓直接制取液体产品
    B. 纯净溶剂的制取
    C. 制备浓溶液和回收溶剂
    D. 分离相对挥发度接近于1的液体混合物

80. ZAB015　蒸发操作中,从溶液中蒸出的蒸汽称为(　　　)。
    A. 一次蒸汽　　　　　B. 二次蒸汽　　　　　C. 生蒸汽　　　　　　D. 新鲜蒸汽

81. ZAB016　通常所说的(　　　)是指流体从系统的进口至出口所耗费的时间。
    A. 反应时间　　　　　B. 停留时间　　　　　C. 流速　　　　　　　D. 分布

82. ZAB016　关于平均停留时间的描述,下列叙述正确的是(　　　)。
    A. 对于密闭容器,当流体密度不变时其平均停留时间等于 $V_r/Q$ (反应体积/进料体积流量)
    B. 活塞流模型停留时间特征是系统出口流体不具有相同的寿命
    C. 全混流模型停留时间特征是系统出口流体具有相同的寿命
    D. 以上都不对

83. ZAB016　流体在系统中的停留时间有长有短的原因不包括(　　)。

　　A. 速度分布　　　　　　　　　　　　B. 系统中存在沟流

　　C. 系统中存在死角　　　　　　　　　D. 系统运行稳定

84. ZAB017　间歇反应器的操作是(　　)过程。

　　A. 定态的　　　　　B. 非连续的　　　　C. 连续的　　　　D. 不间断的

85. ZAB017　下列有关间歇反应器优缺点的描述有误的是(　　)。

　　A. 多用于某些难以实现连续化的发酵、聚合反应

　　B. 易于适应不同操作条件和产品品种

　　C. 不适于生产小批量、多品种的产品

　　D. 装料、卸料等辅助操作要耗费一定的时间

86. ZAB017　关于间歇反应器特点的说法,下列叙述不正确的是(　　)。

　　A. 反应物料按配比一次加入反应器内

　　B. 通常具有搅拌装置

　　C. 具有返混

　　D. 通常这种反应器配有夹套,可以移走热量,操作具有周期性

87. ZAB018　连续反应的操作是(　　)。

　　A. 不稳定的　　　B. 不定态的　　　　C. 定态的　　　　D. 间断的

88. ZAB018　连续反应过程中反应器各截面的温度是(　　)。

　　A. 不同的　　　　B. 相同的　　　　　C. 绝热的　　　　D. 变化的

89. ZAB018　在正常生产状态下,连续反应器应连续稳定运行,反应器的各个变量均需
　　　　　　　(　　)。

　　A. 保持在某一恒定值上　　　　　　　B. 稳定上升

　　C. 稳定下降　　　　　　　　　　　　D. 以上选项均不正确

90. ZAB019　绝热反应器是一种和环境(　　)的反应器。

　　A. 有热交换　　　B. 没有热交换　　　C. 有热量传递　　D. 有能量传递

91. ZAB019　当放热反应是在绝热固定床反应器中进行时,气流的温度将沿着入口到出口
　　　　　　　的方向(　　)。

　　A. 升高　　　　　B. 降低　　　　　　C. 保持不变　　　D. 以上选项均不正确

92. ZAB019　很多工业上的固定床气固相反应器都设计成绝热反应器,通常反应器周围良
　　　　　　　好的保温能提供完全的隔离和(　　)。

　　A. 吸热　　　　　B. 散热　　　　　　C. 换热　　　　　D. 绝热

93. ZAB020　关于催化剂,下列叙述不正确的是(　　)。

　　A. 催化剂是一种能够改变化学反应速度的物质

　　B. 催化剂不能改变化学反应热力学的平衡位置

　　C. 催化剂本身在化学反应中不被明显的消耗

　　D. 催化剂是不会改变化学反应速度

94. ZAB020　催化剂只能加速特定反应的性能,称为(　　)。

　　A. 催化剂的选择性　　B. 催化剂效应　　C. 催化剂寿命　　D. 催化剂中毒

95. ZAB020　关于催化作用的特征,下列说法中不正确的是(　　)。

A. 催化作用可以改变化学平衡

B. 催化作用不能改变化学平衡

C. 催化作用通过改变反应历程而改变反应速度

D. 催化剂对加速化学反应具有选择性

96. ZAB021　具有工业生产实际意义,可以用于大规模生产过程的催化剂称为(　　)。

A. 金属催化剂　　　　　　　　　　B. 氧化还原型催化剂

C. 酸碱型催化剂　　　　　　　　　D. 工业催化剂

97. ZAB021　催化剂(　　)差,使用时间短,催化剂寿命就短。

A. 选择性　　　　B. 稳定性　　　　C. 活性　　　　D. 以上都不正确

98. ZAB021　以下与催化剂的活性、选择性和寿命无关的是(　　)。

A. 催化剂的组成结构　　　　　　　B. 原料的纯度

C. 催化剂的价格　　　　　　　　　D. 操作温度及压力

99. ZAB022　下列选项中,不属于催化剂宏观结构组成的是(　　)。

A. 催化剂密度　　　B. 几何形状　　　C. 比表面　　　D. 分散度

100. ZAB022　催化剂的活性,又称催化活性,是指催化剂对(　　)影响的程度。

A. 反应速度　　　B. 反应选择性　　　C. 反应稳定性　　　D. 以上都不正确

101. ZAB022　催化剂的反应性能是评价催化剂好坏的主要指标,它不包括催化剂的(　　)。

A. 活性　　　　B. 选择性　　　　C. 稳定性　　　　D. 均匀度

102. ZAB023　检定原则分为首次检定和(　　)检定。

A. 二次　　　　B. 最终　　　　C. 后续　　　　D. 以上都对

103. ZAB023　《中华人民共和国计量法》规定,国家采用(　　)。

A. 米制　　　　B. 公斤制　　　　C. 国际单位制　　　　D. 公制

104. ZAB023　计量数据按级管理不包括(　　)。

A. A 级　　　　B. B 级　　　　C. C 级　　　　D. D 级

105. ZAB024　属于 A 级计量器具的是(　　)。

A. 最高计量标准器具　　　　　　　B. 用于精密测试工作中的计量器具

C. 在线仪表　　　　　　　　　　　D. 仅起指示作用的计量器具

106. ZAB024　用于贸易结算、安全防护、环境监测、医疗卫生、资源保护、法制评价方面的计量器具属于(　　)的计量器具。

A. 一般检定　　　B. 计量检定　　　C. 强制检定　　　D. 内部检定

107. ZAB024　计量器具分级管理的原则是根据计量器具的技术特性、(　　),在生产、科研和经营管理中的作用以及国家对计量器具的管理要求,划分为 A、B、C 三级进行管理。

A. 工作要求　　　B. 环境管理　　　C. 结构组成　　　D. 使用条件

108. ZAB025　用于精密测试工作中的计量器具属于(　　)管理计量器具。

A. A 级　　　　B. B 级　　　　C. C 级　　　　D. D 级

109. ZAB025　属于 B 级管理计量器具的是(　　)。
A. 统一量值的标准物质　　　　　B. 作为工具使用的计量器具
C. 要求计量数据准确度高的在线仪表　　D. 强检仪表

110. ZAB025　计量数据的 B 级管理范围包括(　　)。
A. 按月累计计量的一级能源计量器具计量数据
B. 按日累计计量的一级能源计量器具计量数据
C. 按月累计计量的一级经营管理计量数据
D. 按月累计计量的二级能源计量器具计量数据

111. ZAB026　C 级管理范围的计量器具,其检定周期一般规定不超过(　　)。
A. 1 年　　　　　B. 2 年　　　　　C. 3 年　　　　　D. 4 年

112. ZAB026　属于 C 级管理计量器具的是(　　)。
A. 统一量值的标准物质　　　　　　B. 作为工具使用的计量器具
C. 要求计量数据准确度高的在线仪表　　D. 强检仪表

113. ZAB026　要求计量数据不高,使用频次低且性能稳定的计量器具属于(　　)计量器具。
A. A 级　　　　　B. B 级　　　　　C. C 级　　　　　D. D 级

114. ZAC001　泵在单位时间内所输出的液体量称为(　　)。
A. 扬程　　　　　B. 流量　　　　　C. 总压头　　　　　D. 出口总压头

115. ZAC001　单位时间内所做的功称为(　　)。
A. 功率　　　　　B. 轴功率　　　　　C. 效率　　　　　D. 有效功率

116. ZAC001　单位重量液体通过泵后所获得的能量称为离心泵的(　　)。
A. 流量　　　　　B. 压力　　　　　C. 扬程　　　　　D. 入口总压头

117. ZAC002　造成金属材料的机械剥落和电化学腐蚀的综合现象,统称为(　　)。
A. 汽蚀现象　　　　B. 腐蚀现象　　　　C. 正常磨损　　　　D. 故障造成

118. ZAC002　允许吸上真空高度是为了避免泵在汽蚀情况下工作规定的一个(　　)。
A. 条件　　　　　B. 位置　　　　　C. 参数　　　　　D. 距离

119. ZAC002　泵体受汽蚀的影响和冲击,则不会发生(　　)现象。
A. 振动　　　　　B. 发出噪声　　　　C. 泵的性能下降　　D. 泵的功率下降

120. ZAC003　压缩机应具备完整的性能曲线并在上标注出(　　)。
A. 标记　　　　　B. 喘振线　　　　　C. 范围　　　　　D. 记号

121. ZAC003　在小流量下运转时,可降低压缩机的(　　),使得流量减少时压缩机不致进入喘振状态。
A. 流量　　　　　B. 效率　　　　　C. 冷却水　　　　　D. 转速

122. ZAC003　在压缩机的进口安装(　　)监视仪表,出口安装压力监视仪表,一旦喘振及时报警。
A. 温度、流量　　　B. 扬程　　　　　C. 压力　　　　　D. 阻力

123. ZAC004　以下换热器是在化工生产中应用最广泛的一种热交换设备的是(　　)式换热器。
A. 直接换热　　　　B. 间壁　　　　　C. 蓄热　　　　　D. 套管

124. ZAC004 间壁式换热器根据传热面和传热元件的不同又可分为列管式换热器和（　　）两大类。
A. 板式换热器　　　B. 套管式　　　　　C. 热管式　　　　　D. 蛇管式

125. ZAC004 列管式换热器是以（　　）为传热面和传热元件的换热设备。
A. 低温流体　　　　B. 换热管　　　　　C. 高温流体　　　　D. 封头

126. ZAC005 固定管板式换热器有单管程与（　　）两种结构形式。
A. 多管程　　　　　B. 浮头　　　　　　C. 奇数管程　　　　D. 偶数管程

127. ZAC005 浮头密封部分的结构有多种形式,国内较常用的是（　　）结构。
A. 填料式　　　　　B. 垫片式　　　　　C. 卡紧式钩圈　　　D. 组合式

128. ZAC005 下列不属于管壳式换热器的是（　　）。
A. 螺旋管式　　　　B. 固定管板式　　　C. 浮头式　　　　　D. U 形管式

129. ZAC006 板式塔与其他类型塔相比,特点是气液接触（　　）、操作弹性大,即气液比变化范围较大。
A. 较少　　　　　　B. 充分　　　　　　C. 一般　　　　　　D. 以上选项均不正确

130. ZAC006 板式塔适用于易堵塞、传热面积（　　）的介质。
A. 为零　　　　　　B. 变化　　　　　　C. 较大　　　　　　D. 较小

131. ZAC006 以下板式塔在化工生产中应用不广泛的是（　　）。
A. 垂直筛板塔　　　B. 泡罩塔　　　　　C. 浮阀塔　　　　　D. 筛板塔

132. ZAC007 浮阀在塔板上的布置一般按正三角形排列,也有采用（　　）排列的。
A. 等腰三角形　　　B. 长方形　　　　　C. 正方形　　　　　D. 圆形

133. ZAC007 浮阀塔的浮阀主要有（　　）和 T 形两种。
A. L 形　　　　　　B. V 形　　　　　　C. H 形　　　　　　D. U 形

134. ZAC007 以下操作弹性大,特别是在低负荷时,仍能保持正常操作的是（　　）。
A. 填料塔　　　　　B. 筛板塔　　　　　C. 浮阀塔　　　　　D. 泡罩塔

135. ZAC008 筛板中间部分开有（　　）鼓泡区,塔内上升蒸气在这通过而分散成许多细股气流,从液层中鼓泡而出,起传质传热作用。
A. 几个孔　　　　　B. 筛孔　　　　　　C. 方孔　　　　　　D. 长条孔

136. ZAC008 塔板左右两边的方形面积不开孔,一边用来装设（　　）和降液管。
A. 液流区　　　　　B. 筛板　　　　　　C. 溢流堰　　　　　D. 边缘区

137. ZAC008 以下主要由布满筛孔的筛板、淋水管、梢水板（又称除沫器）、水封排污阀及进出口所组成的是（　　）。
A. 浮阀塔　　　　　B. 筛板塔　　　　　C. 泡罩塔　　　　　D. 填料塔

138. ZAC009 填料塔由圆筒、（　　）组合第一部分。
A. 端盖　　　　　　B. 盲板　　　　　　C. 栅板　　　　　　D. 填料

139. ZAC009 填料塔由内件组合第二部分,包括填料、支撑装置、（　　）。
A. 人孔　　　　　　B. 除沫装置　　　　C. 管线　　　　　　D. 液体分布器

140. ZAC009 填料塔的附件由人孔、手孔、连接法兰、接管、扶梯、（　　）等部分组成。
A. 平台和保温层　　B. 螺栓　　　　　　C. 仪表　　　　　　D. 压力表

141. ZAC010 压力容器经制造或检修后,在交付使用前,必须进行(　　)。

　　A. 检验　　　　　　B. 宏观检查　　　C. 检测　　　　　　D. 试压

142. ZAC010 压力试验的目的是验收超过工作压力条件下密封结构的严密性、焊缝的致密性以及容器的(　　)。

　　A. 耐压程度　　　B. 焊接质量　　　C. 组装是否合格　　D. 宏观强度

143. ZAC010 以下目的是检验压力容器承压部件的强度和严密性的是(　　)。

　　A. 焊接　　　　　　B. 工作压力　　　C. 压力试验　　　　D. 密封装置

144. ZAC011 填料密封的密封性可用(　　)的松紧程度加以控制。

　　A. 填料的数量　　B. 背帽松紧　　　C. 填料压盖　　　　D. 调节填料压盖

145. ZAC011 依靠静环和动环的端面(　　)并作出相对转动而构成的密封装置称为机械密封。

　　A. 配合　　　　　　B. 运动　　　　　C. 相互贴合　　　　D. 相互制约

146. ZAC011 离心式压缩机通常采用(　　)密封。

　　A. 石墨环　　　　　B. 固定套筒液膜　　C. 梳齿式的迷宫　　D. 浮动环

147. ZAC012 为了工艺操作的需要,设备和管道往往采用(　　)。

　　A. 焊接　　　　　　B. 可拆连接　　　C. 螺纹连接　　　　D. 不可拆连接

148. ZAC012 松式法兰与管道连接,承受同样的载荷其厚度比整体式法兰大,法兰刚度小,所以大多用于压力(　　)的场合。

　　A. 大于 0.2MPa　　B. 大于 0.3MPa　　C. 偏高　　　　　　D. 较低

149. ZAC012 以下是管段间的直接连接,构造简单,管路美观整齐,节省了大量的定型管件的是(　　)。

　　A. 焊接连接　　　　B. 螺纹连接　　　C. 管件锁扣　　　　D. 承插捻口

150. ZAC013 滚动轴承与滑动轴承的区别在于用(　　)代替了滑动摩擦。

　　A. 动摩擦　　　　　B. 转动摩擦　　　C. 径向摩擦　　　　D. 滚动摩擦

151. ZAC013 装配轴承要查径向间隙,其值均为原始间隙的(　　)。

　　A. 50%　　　　　　B. 60%　　　　　C. 70%　　　　　　D. 80%

152. ZAC013 下列不是滚动轴承承受载荷形式的是(　　)。

　　A. 滚针轴承　　　B. 径向轴承　　　C. 止推轴承　　　　D. 径向止推轴承

153. ZAC014 腐蚀按腐蚀机理分为(　　)两类。

　　A. 化学腐蚀和电化学腐蚀　　　　　　B. 均匀腐蚀和晶间腐蚀

　　C. 化学腐蚀和选择腐蚀　　　　　　　D. 全面腐蚀和电化学腐蚀

154. ZAC014 金属在完全没有湿气凝结在其表面的情况下所发生的腐蚀称为(　　)。

　　A. 非电解液的腐蚀　　　　　　　　　B. 气体腐蚀

　　C. 电解液的腐蚀　　　　　　　　　　D. 应力腐蚀

155. ZAC014 腐蚀按形态可分为均匀腐蚀和(　　)两种。

　　A. 整体腐蚀　　　B. 局部腐蚀　　　C. 化学腐蚀　　　　D. 电化学腐蚀

156. ZAC015 搅拌器的类型很多,通常是以(　　)命名的。

　　A. 叶数　　　　　　B. 桨式　　　　　C. 形状　　　　　　D. 框式

157. ZAC015　桨式搅拌器分平直叶式和（　　）两种形式。

  A. 折叶式　　　　　　B. 角式　　　　　　　C. 框式　　　　　　　D. 锅式

158. ZAC015　旋桨式搅拌器由（　　）推进式螺旋桨叶构成，工作转速较高，叶片外缘的圆周速度一般为 5~15m/s。

  A. 2~3 片　　　　　B. 2~4 片　　　　　C. 2~5 片　　　　　D. 2~6 片

159. ZAD001　压力表的使用范围一般在它量程的 1/3~2/3 处，如果超过 2/3，则（　　）。

  A. 时间长了精度要下降　　　　　　B. 接头或焊口漏

  C. 压力表的传动机构要变形　　　　D. 降低使用寿命

160. ZAD001　弹性式压力计测压力在大气中的指示为 $p$，如果把它移到真空中，则仪表指示（　　）。

  A. 不变　　　　　　　B. 变大　　　　　　　C. 变小　　　　　　　D. 无指示

161. ZAD001　某容器上安装的压力表示值是指容器的（　　）。

  A. 真空度　　　　　　B. 表压　　　　　　　C. 绝对压力　　　　　D. 负压

162. ZAD002　压力测量仪表按工作原理可分为（　　）。

  A. 模式、波纹管式、弹簧管式等

  B. 液柱式和活塞式压力计、弹性式压力计、电测型压力计等

  C. 液柱式压力计、活塞式压力计

  D. 以上都不对

163. ZAD002　对液柱式压力计读数，为了减少视差，需正确读取液面位置，如用浸润液体（如水）需读其（　　）。

  A. 凸液面的最高点　　　　　　　　B. 凹液面的最高点

  C. 凸液面的最低点　　　　　　　　D. 凹液面的最低点

164. ZAD002　下列压力计中，不属于液柱式压力计的是（　　）。

  A. U 形管式压力计　　　　　　　　B. 浮力式压力计

  C. 斜管差压计　　　　　　　　　　D. 单管压力计

165. ZAD003　转子流量计是利用流体流动的（　　）为基础工作的流量测量仪表。

  A. 动量矩原理　　　B. 动压原理　　　　C. 节流原理　　　　D. 静力平衡原理

166. ZAD003　转子流量计的输出与流量成（　　）关系。

  A. 二次方根　　　　B. 线性刻度　　　　C. 二次方　　　　　D. 三次方

167. ZAD003　转子流量计中转子的上下压差由（　　）决定。

  A. 流体的流速　　　　　　　　　　B. 流体的压力

  C. 转子的重量　　　　　　　　　　D. 转子的转速

168. ZAD004　工艺管道上的孔板在安装时，如果方向装反，则会造成（　　）。

  A. 差压计倒指示　　　　　　　　　B. 差压计指示变小

  C. 差压计指示变大　　　　　　　　D. 差压计指示不变

169. ZAD004　差压流量计的导压管线、阀门组回路中，当正压侧阀门或导压管泄漏时，仪表指示（　　）。

  A. 偏低　　　　　　　B. 偏高　　　　　　　C. 保持不变　　　　D. 以上选项均不正确

170. ZAD004　静压式液位计是根据流体(　　　)的原理工作的,它可分为压力式和差压式两大类。

　　A. 静压平衡　　　　B. 动压平衡　　　　C. 能量守恒　　　　D. 动量平衡

171. ZAD005　加热炉的燃料油系统,应选用(　　　)调节阀。

　　A. 气开式　　　　　B. 气关式　　　　　C. 流开式　　　　　D. 流关式

172. ZAD005　调节阀故障状态下处于全关的位置,此为(　　　)。

　　A. 气关阀　　　　　B. 气开阀　　　　　C. 流闭阀　　　　　D. 流开阀

173. ZAD005　在设备安全运行的工况下,能够满足气开式控制阀的是(　　　)。

　　A. 锅炉的燃烧油(气)调节系统

　　B. 锅炉汽包的给水调节系统

　　C. 锅炉汽包的蒸汽入口压力调节系统

　　D. 锅炉炉膛进口引风压力调节系统

174. ZAD006　加热炉的进料系统,应选用(　　　)调节阀。

　　A. 气开式　　　　　B. 气关式　　　　　C. 流开式　　　　　D. 流闭式

175. ZAD006　压缩机入口调节阀应选用(　　　)调节阀。

　　A. 气开式　　　　　B. 气关式　　　　　C. 流开式　　　　　D. 流闭式

176. ZAD006　改变气动薄膜调节阀的气开、气关形式,可通过改变调节阀的正反装或(　　　)的正反作用来实现。

　　A. 变送器　　　　　B. 调节阀　　　　　C. 阀杆　　　　　　D. 执行机构

177. ZAD007　DDZ-Ⅲ型调节器的测量信号为1~5V DC,内给定信号为(　　　),它们都通过各自的指示电路,由双针指示表进行指示。

　　A. DC　　　　　　　B. 4~20mA DC　　C. 1~5V DC　　　　D. 0~10V DC

178. ZAD007　阀门定位器接受调节器的输出信号为(　　　)。

　　A. 20~25mA DC　　B. 4~20mA DC　　C. 1~5V DC　　　　D. 0~10V DC

179. ZAD007　DCS 是(　　　)控制系统。

　　A. 集散　　　　　　B. 逻辑　　　　　　C. 自动　　　　　　D. 闭环

180. ZAD008　热电偶的输出电压与(　　　)有关。

　　A. 热电偶两端温度　　　　　　　　　　B. 热电偶的粗细

　　C. 热电偶两端温度和电极材料　　　　　D. 热电偶所处的位置

181. ZAD008　用热电偶和动圈仪表组成的温度指示仪在连接导线断路时会(　　　)。

　　A. 指示到0℃　　　B. 指示位置不定　　C. 指示机械零位　　D. 指示最大

182. ZAD008　热电偶是以(　　　)为基础的测量仪表。

　　A. 热效应　　　　　B. 膨胀效应　　　　C. 热电效应　　　　D. 压缩效应

183. ZAD009　热电阻所测温度偏低的原因可能是(　　　)。

　　A. 保护管内有金属屑、灰尘　　　　　　B. 热电阻短路

　　C. 引出线接触不良　　　　　　　　　　D. 热电阻断路

184. ZAD009　热电阻断路,则显示仪表指示(　　　)。

　　A. 无穷大　　　　　B. 负值　　　　　　C. 断路前温度　　　D. 恒定值

185. ZAD009　金属热电阻一般适用于（　　）的温度测量。

　　A. −100~500℃　　　　B. −200~500℃　　　　C. −200~400℃　　　　D. −100~400℃

186. ZAD010　比例调节的特点是（　　）。

　　A. 调节及时、有余差　　　　　　　　B. 调节及时、无余差

　　C. 调节不及时、有余差　　　　　　　D. 调节不及时、无余差

187. ZAD010　调节器的输出变化量与输入偏差信号变化量之间呈线性关系的调节规律称
　　　　　　　为（　　）调节规律。

　　A. 比例积分　　　　B. 比例微分　　　　C. 比例积分微分　　　D. 比例

188. ZAD010　比例度越大，对调节过程的影响是（　　）。

　　A. 调节作用越弱，过渡曲线变化缓慢，振荡周期长，衰减比大

　　B. 调节作用越弱，过渡曲线变化快，振荡周期长，衰减比大

　　C. 调节作用越弱，过渡曲线变化缓慢，振荡周期短，衰减比大

　　D. 调节作用越弱，过渡曲线变化缓慢，振荡周期长，衰减比小

189. ZAD011　积分调节规律中，调节器输出信号的变化量与（　　）的变化量的积分成
　　　　　　　正比。

　　A. 调节器的给定值　　　　　　　　　B. 调节器输入偏差信号

　　C. 被控变量　　　　　　　　　　　　D. 被控对象的干扰

190. ZAD011　在比例积分控制规律中，如果过渡过程振荡比较剧烈，可以适当增加比例度
　　　　　　　和（　　）。

　　A. 减小比例度　　　　B. 增加比例度　　　　C. 增加积分时间　　　D. 减小积分时间

191. ZAD011　在比例积分作用中，积分时间（　　），表示积分速度（　　），积分作用
　　　　　　　（　　）。

　　A. 越大；越小；越小　　　　　　　　B. 越大；不变；越小

　　C. 越小；越大；越大　　　　　　　　D. 越小；不变；越大

192. ZAD012　微分调节规律是指调节器的输出变化量与（　　）成正比。

　　A. 输入偏差　　　　　　　　　　　　B. 输入偏差的变化速度

　　C. 输入偏差的积分　　　　　　　　　D. 输入偏差的变化量

193. ZAD012　微分调节规律中，在输入偏差信号较大且保持不变的情况下，输出信号
　　　　　　　（　　）。

　　A. 变化较大　　　　B. 变化不大　　　　C. 保持不变　　　　D. 等幅振荡

194. ZAD012　由于微分控制作用对恒定不变的偏差没有克服能力，因此不能作为单独的
　　　　　　　（　　）使用。

　　A. 控制器　　　　　　B. 执行器　　　　　　C. 调节器　　　　　　D. 控制机构

195. ZAD013　串级调节系统方框图组成正确的是（　　）。

　　A. 主调节器、副调节器、调节阀、被调对象、测量变送 1、测量变送 2

　　B. 主调节器、副调节器、调节阀、被调对象、测量变送

　　C. 调节器、调节阀、被调对象、测量变送

　　D. 主调节器、副调节器、调节阀

196. ZAD013　单闭环比值调节系统中,当主流量不变而副流量由于受干扰发生变化时,副流量闭环系统相当于(　　)系统。

　　A. 程序调节　　　　B. 定值调节　　　　C. 随动调节　　　　D. 简单调节

197. ZAD013　分程控制系统可应用于(　　)场合。

　　A. 扩大调节阀的可调范围　　　　　　B. 需要控制两种不同的介质

　　C. 还作为生产安全的防护措施　　　　D. 以上全都正确

198. ZAD014　误差按数值表示的方法可分为(　　)。

　　A. 绝对误差、相对误差、引用误差　　B. 系统误差、随机误差、疏忽误差

　　C. 基本误差、附加误差　　　　　　　D. 以上说法都不对

199. ZAD014　仪表某点指示值的相对误差就是该点(　　)与该点测量值之比的百分数。

　　A. 测量值　　　　　B. 修正值　　　　　C. 绝对误差　　　　D. 变差

200. ZAD014　仪表的精度级别指的是仪表的(　　)。

　　A. 误差　　　　　　　　　　　　　　　B. 基本误差

　　C. 最大误码差　　　　　　　　　　　　D. 基本误差的最大允许值

201. ZAD015　用于测量流量的导压管线、阀门组回路中,当正压侧阀门或导压管泄漏时,仪表指示(　　)。

　　A. 偏低　　　　　　B. 偏高　　　　　　C. 跑零下　　　　　D. 不变

202. ZAD015　仪表回差又称为(　　),是当输入量上升和下降时,同一输入的两相应输出值间的最大差值。

　　A. 绝对误差　　　　B. 相对误差　　　　C. 变差　　　　　　D. 示值误差

203. ZAD015　灵敏度表征仪表对被测参数变化的(　　)。

　　A. 精确程度　　　　B. 灵敏程度　　　　C. 准确程度　　　　D. 可靠程度

204. ZAD016　联锁保护系统通常由发信元件、执行元件和(　　)三部分组成。

　　A. 外部元件　　　　B. 内部元件　　　　C. 逻辑元件　　　　D. 开关元件

205. ZAD016　检查、维修信号联锁仪表和联锁系统时,必须(　　)后方可进行。

　　A. 解除联锁　　　　B. 投运联锁　　　　C. 确认联锁在用　　D. 随时可以

206. ZAD016　下列元件是用来实现信号联锁控制电路的是(　　)。

　　A. 接触器　　　　　B. 继电器　　　　　C. 指示灯　　　　　D. 以上都是

207. ZAD017　属于直读式物位仪表的是(　　)。

　　A. 差压式变送器　　B. 玻璃板液位计　　C. 浮筒液位计　　　D. 钢带液位计

208. ZAD017　差压变送器的主要功能是对被测介质进行(　　)。

　　A. 测量转换　　　　B. 测量　　　　　　C. 放大　　　　　　D. 测量放大

209. ZAD017　下列仪表是按照仪表示数方式不同分类的是(　　)。

　　A. 指示型仪表　　　B. 记录型仪表　　　C. 远传型仪表　　　D. 以上全部都是

210. ZAD018　调节器的比例度越大,比例作用就越(　　)。

　　A. 强　　　　　　　B. 弱　　　　　　　C. 稳定　　　　　　D. 以上选项均不正确

211. ZAD018　积分时间越小,积分作用越强,消除余差越(　　)。

　　A. 快　　　　　　　B. 慢　　　　　　　C. 平稳　　　　　　D. 以上选项均不正确

212. ZAD018 微分时间越大,微分作用越( )。

    A. 强              B. 弱              C. 稳定              D. 以上选项均不正确

213. ZAD019 调节器的输出值通常代表( )。

    A. 阀门的百分开度              B. 空气压力

    C. 调节器的百分输出             D. 阀门的线性度

214. ZAD019 在自动控制系统中,将工艺希望保持的被控变量的数值称为( )。

    A. 给定值          B. 测量值          C. 输出值          D. 工艺指标

215. ZAD019 下列选项不是单闭环控制系统构成参数的是( )。

    A. 测量元件      B. 变送器        C. 控制器        D. 控制回路

216. ZAD020 在串级控制系统中,( )为主变量表征其特性的工艺生产设备。

    A. 主回路        B. 主对象        C. 主调节器      D. 执行器

217. ZAD020 串级控制系统应用于( )的场合。

    A. 对象的滞后和时间常数很大      B. 干扰作用弱

    C. 负荷变化小              D. 对控制质量要求一般

218. ZAD020 在串级控制系统中,主回路是个定值控制系统,而副回路是一个随动系统,由于增加了副回路作用,故具有一定的( )能力。

    A. 调控          B. 自适应         C. 自恢复         D. 调节

219. ZAD021 分程控制回路有2个( )。

    A. 变送器        B. 控制阀        C. 控制器        D. 对象

220. ZAD021 设置分程控制回路的主要目的是( )。

    A. 扩大可调范围             B. 扩大流量系数

    C. 减小可调范围             D. 减小流量系数

221. ZAD021 分程控制系统主要适用于( )。

    A. 扩大调节阀的可调范围

    B. 满足工艺要求在一个调节系统中控制两种不同介质场合

    C. 安全生产防护措施

    D. 以上3项

222. ZAE001 毒物的沸点( )。

    A. 越低毒性越小    B. 越高毒性越大    C. 越低毒性越大    D. 与毒性无关

223. ZAE001 脂肪烃化合物同系物中,一般随碳原子数增加,其毒性( )。

    A. 增强          B. 减弱         C. 不变          D. 与碳原子数无关

224. ZAE001 碳氢化合物中,直链化合物的毒性与支链化合物的毒性相比,( )。

    A. 前者小         B. 前者大        C. 二者相同       D. 以上答案均不正确

225. ZAE002 污染物的回收方法包括( )。

    A. 蒸发          B. 干燥         C. 排放          D. 吸收

226. ZAE003 清洁生产涵盖深厚的理论基础,但其实质是( )。

    A. 最优化理论              B. 测量学基本理论

    C. 环境经济学基本理论         D. 资源经济学基本理论

227. ZAE005　液体有机物的燃烧可以采用(　　)灭火。
　　A. 水　　　　　　B. 沙土　　　　　C. 泡沫　　　　　D. 以上三项均可

228. ZAE005　电气火灾可以采用(　　)灭火。
　　A. 水　　　　　　B. 干粉　　　　　C. 泡沫　　　　　D. 以上三项均可

229. ZAE005　着火点较大时,以下不利于灭火的是(　　)。
　　A. 抑制反应量　　　　　　　　　　B. 用衣服、扫帚等扑打着火点
　　C. 减少可燃物浓度　　　　　　　　D. 减少氧气浓度

230. ZAE006　废水治理的方法有物理法、(　　)和生物化学法等。
　　A. 化学法　　　　　B. 过滤法　　　　C. 沉淀法　　　　D. 结晶法

231. ZAE006　工业废水处理中最常用的是(　　)和树脂吸附剂。
　　A. 白土　　　　　　B. 硅藻土　　　　C. 活性炭　　　　D. 硅胶

232. ZAE006　以下不属于工业废水化学处理法的是(　　)。
　　A. 中和　　　　　　B. 化学沉淀　　　C. 氧化还原　　　D. 气提

233. ZAE007　可直接用碱液吸收处理的废气是(　　)。
　　A. 二氧化硫　　　　B. 甲烷　　　　　C. 氨气　　　　　D. 一氧化氮

234. ZAE007　一般粉尘粒径在(　　)以上可选用离心集尘装置。
　　A. $5\mu m$　　　　　B. $10\mu m$　　　　C. $15\mu m$　　　　D. $20\mu m$

235. ZAE007　作为吸收剂不能用于吸收有机气体的是(　　)。
　　A. 苯　　　　　　　B. 甲醇　　　　　C. 水　　　　　　D. 乙醚

236. ZAE008　废渣的处理大致采用(　　)、固化、陆地填筑等方法。
　　A. 溶解　　　　　　B. 吸收　　　　　C. 粉碎　　　　　D. 焚烧

237. ZAE010　工业上噪声的个人防护采用的措施为(　　)。
　　A. 佩戴耳罩　　　　　　　　　　　B. 隔声装置
　　C. 消声装置　　　　　　　　　　　D. 吸声装置

238. ZAE010　吸入微量的硫化氢感到头痛恶心的时候,应立即吸入(　　)。
　　A. $Cl_2$　　　　　　B. $SO_2$　　　　　C. $CO_2$　　　　　D. 大量新鲜空气

239. ZAE010　使用过滤式防毒面具,要求作业现场空气中的氧含量不低于(　　)。
　　A. 16%　　　　　　B. 17%　　　　　C. 18%　　　　　D. 19%

240. ZAE011　可以进入汽油储罐作业的分析数据为(　　)。
　　A. 氧含量 17.5%,可燃气体浓度 0.11%(体积分数)
　　B. 氧含量 19.5%,可燃气体浓度 0.11%(体积分数)
　　C. 氧含量 19.5%,可燃气体浓度 0.51%(体积分数)
　　D. 氧含量 24%,可燃气体浓度 0.11%(体积分数)

241. ZAE012　在坠落防护措施中,最优先的选择是(　　)。
　　A. 设置固定的楼梯、护栏和限制系统　　B. 使用工作平台
　　C. 使用边缘限位安全绳　　　　　　　　D. 使用坠落防护装备

242. ZAE012　在高处作业防坠落的最后措施是(　　)。
　　A. 安全带　　　　　B. 安全网　　　　C. 安全帽　　　　D. 安全绳

243. ZAE013 下列叙述中不符合动火分析规定的是( )。

A. 取样要有代表性,特殊动火的分析样品要保留到动火作业结束

B. 取样时间与动火作业的时间不得超过 60min,如超过此间隔时间或动火停歇超过 60min 以上,必须重新取样分析

C. 若有两种以上的混合可燃气体,应以爆炸下限低者为准

D. 进入设备内动火,同时还需分析测定空气中有毒有害气体和氧含量,有毒有害气体含量不得超过《工业企业设计卫生标准》(GBZ 1—2010)中规定的最高容许浓度,氧含量应为 18% ~ 22%

244. ZAE013 下列关于动火安全作业证制度说法,不正确的是( )。

A. 在禁火区进行动火作业应办理"动火安全作业证",严格履行申请、审核和批准手续

B. 动火作业人员在接到动火证后,要详细核对各项内容,如发现不符合动火安全规定,有权拒绝动火,并向单位防火部门报告

C. 动火地点或内容变更时,应在动火安全作业证上标明,否则也不得动火

D. 高处进行动火作业和设备内动火作业时,除办理"动火安全作业证"外,还必须办理"高处安全作业证"和"设备内安全作业证"

245. ZBA001 以下多用于仪表控制系统和物料输送的是( )。

A. 净化风　　　　B. 非净化风　　　　C. 氮气　　　　D. 氧气

246. ZBA001 仪表施工规范对供风中含尘、含油、含水等指标都有明确规定,要求净化后的气体中含尘粒直径控制不大于( )。

A. $2\mu m$　　　　B. $3\mu m$　　　　C. $4\mu m$　　　　D. $5\mu m$

247. ZBA001 非净化风是指( ),净化风是指( )。

A. 工业风,仪表风　　　　　　　　B. 仪表风,工业风

C. 自然风,工业风　　　　　　　　D. 工业风,工业风

248. ZBA002 存在可燃物料的设备在检修前首先要进行( )及切断各种可燃物料的来源,彻底吹扫、清洗置换。

A. 退料　　　　B. 加料　　　　C. 调节阀门　　　　D. 打开阀门

249. ZBA002 隔离方案中盲板表与现场一致,加盲板部位必须设有"盲板禁动"标识,指定( )负责盲板管理。

A. 专人　　　　B. 班长　　　　C. 技术人员　　　　D. 操作人员

250. ZBA002 装置停工前要提前切断与( )的设备、管线相关联的阀门,停车后还要加堵盲板与其有效隔离。

A. 外界所有　　　　B. 送出物料　　　　C. 公用工程　　　　D. 系统正在运行

251. ZBA003 系统吹扫时,对于大容积、大于 Dg500 的大管径的管线,广泛采用( )吹扫,以减少空气用量和吹扫时间。

A. 爆破法　　　　B. 高压空气　　　　C. 低压空气　　　　D. 连续

252. ZBA003 以下有关空气吹扫的方法错误的是( )。

A. 所有管线直接吹扫　　　　　　　B. 小尺寸管线,高点排放

C. 大容积和大管径的管线采用爆破法　　　　D. 依据系统的容积和管线尺寸

253. ZBA003 装置开车前,要对设备、管线进行吹扫试压,主要目的是( )。

A. 满足文明生产要求

B. 防止污染环境

C. 避免设备管线内杂质与物料发生反应

D. 防止堵塞,损坏仪表、设备及影响产品质量

254. ZBA004 对奥氏不锈钢容器和管道系统进行水压试验时,应严格控制水的( )含量,防止发生晶间腐蚀。

A. 氯离子　　　B. 镁离子　　　C. 钙离子　　　D. 钾离子

255. ZBA004 水压试验前容器和管道上的安全装置、( )、液面计等附件全部内构件均应装配齐全并检查合格。

A. 双金属温度计　　　　B. 压力表

C. 流量计　　　　D. 玻璃管温度计

256. ZBA004 下列不是水压试验目的的一项是( )。

A. 检验压力容器受压元件　　　B. 检查部件的严密性

C. 确认容器的体积　　　D. 检查整台压力容器的严密性

257. ZBA005 在进行气密试验之前,应将控制阀、孔板等( )。

A. 部分拆下　　B. 全部拆下　　C. 安装一部分　　D. 全部安装好

258. ZBA005 在系统中存在可燃或易燃的气体、化学品、催化剂以及能与氧气起反应的物质时,( )采用空气进行气密试验。

A. 不能　　　B. 可以　　　C. 必须　　　D. 以上选项均不正确

259. ZBA005 气密试验时对系统需要充压到规定气密压力,通常( )设计压力。

A. 高于　　　B. 低于　　　C. 等于　　　D. 以上选项均不正确

260. ZBA006 停车时,装置 $N_2$ 置换系统应( )。

A. 先升温再充 $N_2$　　　　B. 先降温再充 $N_2$

C. 先泄压再充 $N_2$　　　　D. 先充 $N_2$ 再泄压

261. ZBA006 设备的置换所用的介质是( )。

A. 氮气　　　B. 氧气　　　C. 空气　　　D. 蒸汽

262. ZBA006 如输送有毒介质的离心机机组长时间停车,关闭进、出口阀门后,应使机内( ),并用氮气置换,再用空气进一步置换后,才能停止油系统的运行。

A. 泄压　　　B. 加压　　　C. 保压　　　D. 以上选项均不正确

263. ZBA007 仪表空气( )的高低,是保证各类气动仪表调节系统正常工作的主要控制指标。

A. 泡点　　　B. 露点　　　C. 闪点　　　D. 燃点

264. ZBA007 仪表空气的露点应比工作环境、历史上年极端最低温度至少低( )。

A. 5℃　　　B. 10℃　　　C. 15℃　　　D. 20℃

265. ZBA007 如果伴热蒸汽长期停止供汽时,可打开所有的泄水阀将积水放净,必要时用( )吹扫伴热管线。

A. 仪表空气　　B. 蒸汽　　C. 氧气　　D. 二氧化碳

266. ZBA008  对有危险性的生产部位,关键设备,影响产品质量、产量等关键环节,通常设置(　　)。

A. 仪表联锁系统　　　B. 扳手　　　　　　C. 开关　　　　　　D. 阀门

267. ZBA008  设置工艺联锁的目的是(　　)。

A. 保护人员、设备,避免事故的进一步扩大

B. 确保产品质量合格

C. 缩短事故处理时间

D. 在事故状态下,避免物料泄漏

268. ZBA008  由于工艺系统某变量超限而引起的联锁动作,简称(　　)。

A. 工艺联锁　　　　　B. 机组联锁　　　　C. 程序联锁　　　　D. 设备联锁

269. ZBA009  引蒸汽前,应确认蒸汽管线上的疏水器(　　)。

A. 已隔离　　　　　　　　　　　　B. 前切断阀已打开

C. 后切断阀已打开　　　　　　　　D. 前、后切断阀和副线均已打开

270. ZBA009  装置引蒸汽时,(　　)联系调度。

A. 不用　　　　　　　B. 引完再　　　　　C. 一定要　　　　　D. 以上选项均不正确

271. ZBA009  关于蒸汽引入装置,下列说法正确的是(　　)。

A. 打开蒸汽管道泄水阀,排净管道冷凝水,再开蒸汽阀门

B. 直接缓慢开启送气阀,送入蒸汽管道

C. 为争取时间,可快速开启送气阀,送入装置

D. 在管道泄水阀打不开时,开启蒸汽连接的设备放空阀送蒸汽

272. ZBA010  孔板差压法检测流量是将(　　)侧通大气,向正压侧送等效气压作为信号源。

A. 负压　　　　　　　B. 正压　　　　　　C. 常压　　　　　　D. 任意

273. ZBA010  为防止影响生产正常运行,调节系统联校通常在(　　)状态下运行。

A. 在线　　　　　　　B. 离线　　　　　　C. 串级　　　　　　D. 手动

274. ZBA010  在装置开车前对装置仪表系统、电气系统、DCS 控制系统、防火、防爆、防毒系统及对设备机组的保护联锁的自动调试过程称为(　　)。

A. 仪表联校　　　　　B. 仪表检查　　　　C. 仪表校验　　　　D. 仪表审核

275. ZBA011  化工装置调节阀的气源为(　　)。

A. 氮气　　　　　　　B. 氧气　　　　　　C. 氢气　　　　　　D. 仪表风

276. ZBA011  下列有关控制阀位确认要点的说法中正确的是(　　)。

A. 调节阀调校时由总控制室输入信号

B. 确认调节阀的总控指示与现场阀位一致

C. 调节阀调校时,至少有 2 人和必要的通信设施

D. 以上 3 项皆是

277. ZBA011  调节阀调校时由总控制室输入信号,确认调节阀状态不包括(　　)。

A. 能关闭　　　　　　　　　　　　B. 总控指示与现场阀位一致

C. 能打开　　　　　　　　　　　　D. 动作自如

278. ZBA012 循环水系统启动时的核心操作是( )和预膜。

A. 降温 B. 提温 C. 加压 D. 清洗

279. ZBA012 化工装置引循环水时,应检查管线及冷换设备( )。

A. 高点放空是否打开 B. 高点放空是否关闭

C. 低点导淋是否打开 D. 高点放空和低点导淋阀是否都打开

280. ZBA012 新装置循环水系统投用前,( )。

A. 对装置的设备管道冲洗干净即可送水投用

B. 对装置的设备管道先预膜,后冲洗干净即可送水投用

C. 对装置管道设备进行碱洗处理后,即可投用

D. 对装置管道设备进行蒸汽吹扫干净后,即可投用

281. ZBA013 循环水( )高会造成设备腐蚀和结垢,因此必须进行监测。

A. 电导率 B. 总磷含量 C. 总铁 D. 浊度

282. ZBA013 循环水浊度高易造成冷换设备和系统管道堵塞等,特别是在( )部位,会因流速改变而沉积在冷换设备和工艺管道表面,影响换热效果。

A. 高流速 B. 低流速 C. 上部 D. 底部

283. ZBA013 循环水浊度分析方法采用( )。

A. 吸光光度法 B. 电化学法 C. 人眼观察 D. 色谱法

284. ZBA014 如果塔器是原始开车,需要用一定量的( )对系统进行吹扫,直至干净、干燥并保证无泄漏。

A. 氧气 B. 空气 C. 氢气 D. 氯气

285. ZBA014 在塔器开车前,要组织开车人员全面检查本系统工艺、设备、( )、阀门是否正常和安装正确,是否已吹扫。

A. 门窗 B. 仪表 C. 厂房 D. 管道

286. ZBA014 塔设备中填料的主要作用是( )。

A. 催化作用 B. 增加塔的容积

C. 提供气液传质界面 D. 进行操作控制

287. ZBA015 开车投料前应打开取样点的( )。

A. 前后切断阀 B. 循环阀 C. 采样阀 D. 副线阀

288. ZBA015 对各种工业炉窑和生产装置排放的烟尘、粉尘、酸雾和各种工艺废气,其排放口必须设置监测分析设施或取样口,进行定期或( )监测分析。

A. 不定期 B. 定时 C. 定点 D. 专人

289. ZBA015 有限空间分析取样点应由作业所在单位的安全人员或当班生产负责人负责提出,并带领( )到现场进行取样是有限空间分析合格的标准之一。

A. 分析人员 B. 技术人员 C. 管理人员 D. 值班长

290. ZBB001 当主油泵发生问题停车时,泵出口油压降到一定值时,( )自动启动。

A. 事故油泵 B. 备用油泵 C. 油冷却器 D. 油蓄压器

291. ZBB001 压缩机油泵启动前,用手转动转子,检查旋转方向是否( )。

A. 来回变动 B. 与泵相反 C. 与泵一致 D. 以上选项均不正确

292. ZBB001　离心风机开车前,首先接通各种外部能源(电、空气、冷却水、蒸汽)等,然后启动(　　)。

A. 润滑油泵和油封的油泵　　　　　　B. 冷却水泵

C. 循环水泵　　　　　　　　　　　　D. 电动机

293. ZBB002　离心式压缩机开车前油箱液位应在正常位置,通入冷却水或(　　)把油温保持在规定值。

A. 变速器　　　　　B. 过滤器　　　　　C. 冷却器　　　　　D. 加热器

294. ZBB002　下列有关离心式压缩机开车操作,错误的是(　　)。

A. 外操只需检查压缩机的运转部件,不需要盘车

B. 外操检查压缩机的出入口阀门和各测量仪表完好状况

C. 外操检查润滑情况,油面保持在油箱的 1/3～2/3

D. 外操开启离心式压缩机系统润滑油泵,确认润滑油油压、油温正常

295. ZBB002　与往复式压缩机相比,离心式压缩机具备的优点为(　　)。

A. 结构紧凑,尺寸小,重量轻

B. 排气连续、均匀,不需要中间罐等装置

C. 振动小,易损件少,不需要庞大而笨重的基础件

D. 以上 3 项皆是

296. ZBB003　往复式压缩机开动气缸润滑系统时,应首先启动(　　),确认检查电动机、注油器和减速器运转情况。

A. 油泵　　　　　B. 注油器　　　　　C. 冷却器　　　　　D. 曲柄机构

297. ZBB003　往复式压缩机开车过程中,启动(　　)系统,确认传动部件无故障后,盘车系统脱开。

A. 冷却　　　　　B. 润滑　　　　　C. 盘车　　　　　D. 进料

298. ZBB003　有关往复式压缩机的开车程序的叙述正确的是(　　)。

A. 先把压缩机的冷却水系统、油系统、密封系统投用

B. 压缩机盘车

C. 打开压缩机进出口阀门,打开出口返回入口的阀门,使压缩机无负荷启动

D. 以上三项皆是

299. ZBB004　蒸汽暖管时要及时把(　　)疏出,防止管道出现水击。

A. 冷凝水　　　　　B. 蒸汽　　　　　C. 仪表空气　　　　　D. 氮气

300. ZBB004　机组启动前,新蒸汽温度要比饱和蒸汽温度高(　　)以上。

A. 10℃　　　　　B. 30℃　　　　　C. 50℃　　　　　D. 70℃

301. ZBB004　蒸汽暖管要遵循(　　)的原则。

A. 先升压后升温　　　　　　　　　　B. 同时升温升压

C. 先升温后升压　　　　　　　　　　D. 快速暖管

302. ZBB005　氨蒸发器液位波动时,可以通过(　　)的开度调整,向蒸发器补加或减少液氨量。

A. 节流阀　　　　　B. 蝶阀　　　　　C. 闸板阀　　　　　D. 翻板阀

303. ZBB005 氨蒸发器液位过高时( )。
 A. 需减小节流阀的开度 B. 需增大节流阀的开度
 C. 需维持节流阀的开度 D. 不必操作

304. ZBB005 液氨蒸发器上部必须留有足够的汽化空间,以保证良好的汽化条件。为了保
 持足够的汽化空间,就要限制氨液位不得( )某一上限值。
 A. 高于 B. 低于 C. 等于 D. 以上选项均不正确

305. ZBB006 分子筛改变相对压力再生的基本方法是使吸附剂温度( ),通过降低压力
 和惰性气体反吹,除去吸附质。
 A. 不变 B. 升高 C. 降低 D. 升高或降低

306. ZBB006 分子筛的再生原理是( )。
 A. 温度转换再生 B. 压力转换再生 C. 冲洗解吸 D. 吸附

307. ZBB006 分子筛再生的基本方法有( )。
 A. 变温、变压 B. 变流量 C. 变体积 D. 变密度

308. ZBB007 变压吸附制氧的基本原理是空气中的氧气和氮气在沸石分子筛上因( )
 不同而吸附性能不同进行分离。
 A. 温度 B. 体积 C. 压力 D. 浓度

309. ZBB007 有关变压吸附(PSA)的优点,下列说法正确的是( )。
 A. 可在室温和不高的压力下工作,床层再生时不用加热,节能经济
 B. 设备简单,操作、维护简便
 C. 连续循环操作,可完全达到自动化
 D. 以上3项皆是

310. ZBB007 具有均匀的晶穴,并具有选择筛分分子作用的物质称为( )。
 A. 分子筛 B. 填料 C. 吸收剂 D. 催化剂

311. ZBB008 在使用化学方程式对原料配比时,首先要将化学方程式配平,然后再对每一
 种原料与产品的( )比例进行计算。
 A. 摩尔 B. 密度 C. 比重 D. 比表面积

312. ZBB008 在原料配比过程中,不正确的操作是( )。
 A. 使用至少精确到克的称量工具称取色母粒
 B. 使用至少精确到公斤的称量工具称取再生料
 C. 对混料机混料时间的设定无明确要求
 D. 对混料机混料时间有明确规定

313. ZBB008 原料配比不当通常会造成反应釜超温,产生剧烈( )反应。
 A. 放热 B. 吸热 C. 副 D. 还原

314. ZBB009 接上气源和电源,不输送成品气,启动( ),把吸附剂的粉尘吹净。
 A. 干燥器 B. 冷凝器 C. 冷却器 D. 蒸发器

315. ZBB009 有关吸附剂干燥操作的叙述正确的是( )。
 A. 关闭干燥器的出气阀门 B. 打开进气阀门
 C. 输送压缩空气 D. 以上3项皆是

316. ZBB009  文丘里干燥器工作原理：气体加热后经主风道进入喷嘴，喷嘴喷出（    ）气流，将湿物料送入文丘里管中。

A. 高速低压　　　　B. 高速高压　　　　C. 低速高压　　　　D. 低速低压

317. ZBB010  蒸汽喷射泵稳定工作必须保证工作蒸汽压力（    ），蒸汽质量符合要求。

A. 逐渐升高　　　　B. 稳定　　　　C. 逐渐下降　　　　D. 以上选项均不正确

318. ZBB010  化工装置中，真空系统压力控制采用（    ）方式。

A. 控制真空设备的出口压力　　　　　　B. 调节真空设备的入口流量

C. 调节真空设备的入口温度　　　　　　D. 调节真空设备的出口温度

319. ZBB010  系统真空的控制可以通过真空设备的（    ）调节阀或真空设备的调速来保持稳定，实现均衡生产。

A. 入口流量　　　　B. 出口流量　　　　C. 入口温度　　　　D. 出口温度

320. ZBB011  管式加热炉点火时，必须先（    ），再（    ）。

A. 点火，开燃料阀　　　　　　　　　　B. 开燃料阀，点火

C. 开放空阀，点火　　　　　　　　　　D. 点火，开放空阀

321. ZBB011  管式加热炉每次点火前必须用（    ）置换燃料管线中的空气。

A. 氢气　　　　B. 氮气　　　　C. 氧气　　　　D. 二氧化碳

322. ZBB011  下列可作为加热炉燃料调节阀的是（    ）。

A. 气关阀　　　　B. 气开阀　　　　C. 旋塞阀　　　　D. 角阀

323. ZBB012  为了简化流程、方便操作，通常将再生压力保持在（    ）大气压力。

A. 略低于　　　　B. 远远低于　　　　C. 略高于　　　　D. 远远高于

324. ZBB012  实际操作采用的吸收压力主要由（    ）、工艺要求的气体净化度和前后工序的压力决定。

A. 原料气组成　　　　B. 吸收剂成分　　　　C. 溶液浓度　　　　D. 分布器选型

325. ZBB012  提高操作压力有利于吸收过程的进行，但吸收塔的压力已由压缩机的出口压力和压缩富气进吸收塔前的压降所决定，所以一般（    ），但操作时要注意维持塔压，不能使之波动较大。

A. 很少调节　　　　B. 经常调节　　　　C. 随时调节　　　　D. 反复调节

326. ZBB013  控制阀正线改副线时，应（    ）。

A. 先关调节阀，后开副线阀门　　　　　B. 先开副线阀门，后关调节阀

C. 先关副线阀门，后关调节阀　　　　　D. 先关调节阀，后关副线阀门

327. ZBB013  控制阀正线改副线时，控制阀现场应先（    ）。

A. 打开后切段阀门　　B. 关闭后切断阀门　　C. 打开前切断阀门　　D. 关闭前切断阀门

328. ZBB013  下列不是调节阀副线作用的是（    ）。

A. 防止故障停车　　　　　　　　　　　B. 必要时进行人工副线调节

C. 便于进行更换或检修　　　　　　　　D. 正常状态下调整流量

329. ZBB014  对于一定的蒸发量，蒸发强度越大，则所需的（    ）越小，蒸发设备投资越小。

A. 生产能力　　　　B. 传热面积　　　　C. 腐蚀性　　　　D. 结垢性

330. ZBB014　传热温差的大小取决于加热(　　)的压力和冷凝器的操作压力。

    A. 物料      B. 溶液      C. 冷却水      D. 蒸汽

331. ZBB014　多段蒸发器开车正常后,要按照操作控制指标,调整好各段(　　)。

    A. 进料的压力          B. 蒸汽的压力和液面

    C. 进料的浓度          D. 凝液流量

332. ZBB015　催化剂的升温还原除了控制温度以外,还应注意(　　)。

    A. 操作压力          B. 环境湿度

    C. 还原气组成及空速          D. 气体黏度

333. ZBB015　要加快催化剂的升温速度,可以通过(　　)来达到。

    A. 提高反应器压力          B. 降低反应器压力

    C. 增大循环流量          D. 提高循环气温度

334. ZBB015　催化剂还原的最高温度应低于正常操作的(　　)。

    A. 最高温度      B. 最低温度      C. 设计温度      D. 最佳温度

335. ZBB016　关于物料接收的注意事项,下列说法错误的是(　　)。

    A. 岗位工器(具)已配备齐全

    B. 对于新建装置管线进行了吹扫、清洗、气密等操作

    C. 对于新增配管线不进行吹扫、清洗、气密就直接投入使用

    D. 管件、阀门状态正常

336. ZBB016　物料接收前应具备的条件是(　　)。

    A. 现场清洁,无杂物,无障碍          B. 联锁调校完毕,准确可靠

    C. 技术方案已交底、学习、讨论          D. 以上3项皆是

337. ZBB016　冬季输送物料的机泵必须考虑(　　)措施。

    A. 防冻      B. 防震      C. 加热      D. 保温

338. ZBB017　下列单元操作中,不属于净化原料的操作是(　　)。

    A. 吸附分离      B. 过滤      C. 溶液吸收      D. 流体输送

339. ZBB017　原料的预处理包括(　　)除去有害杂质,加热原料使达到反应温度,原料预混合以适应反应要求。

    A. 提纯原料      B. 检验原料      C. 分类原料      D. 运输原料

340. ZBB017　关于原料的预混合,下列叙述正确的是(　　)。

    A. 几种原料配料混合属于中间品的预混合

    B. 预混合不利于提高产品产率

    C. 原料的配料混合是为了适应反应要求

    D. 反应前原料的配料混合是为了加快反应速度

341. ZBB018　湿空气在预热过程中没有发生变化的参数是(　　)。

    A. 焓      B. 相对湿度      C. 湿球温度      D. 露点

342. ZBB018　关于湿空气中水分含量的表示方法正确的是(　　)。

    A. 水蒸气分压          B. 湿度

    C. 相对湿度          D. 以上3项皆是

343. ZBB018　空气的(　　)是指湿空气中单位质量的绝干空气所带有的水蒸气质量。

　　　A. 绝对湿度　　　　B. 相对湿度　　　　C. 绝对质量　　　　D. 相对质量

344. ZBB019　单位时间内、单位干燥面积上汽化的水分质量称为(　　)。

　　　A. 干燥时间　　　　B. 干燥速率　　　　C. 干燥速度曲线　　D. 以上选项都不对

345. ZBB019　干燥过程被划分为两个阶段，即(　　)和降速干燥阶段。

　　　A. 恒速干燥阶段　　B. 恒温干燥阶段　　C. 恒压干燥阶段　　D. 恒时干燥阶段

346. ZBB019　影响降速干燥阶段干燥速率的主要因素是(　　)。

　　　A. 空气的状态　　　　　　　　　　　B. 空气的流速与流向

　　　C. 物料的性质与形状　　　　　　　　D. 以上3项皆不是

347. ZBB020　在(　　)条件下，物料从最初含水量干燥到最终含水量所需的时间为干燥时间。

　　　A. 提高温度　　　　B. 降低温度　　　　C. 变动干燥　　　　D. 恒定干燥

348. ZBB020　一定状态的空气温度不变，增大总压，则湿度(　　)，所以干燥过程多半在常压或真空条件下进行。

　　　A. 增大　　　　　　B. 减小　　　　　　C. 不变　　　　　　D. 不确定

349. ZBB020　在干燥过程中，其影响干燥速率的推动力是指(　　)。

　　　A. 温差　　　　　　　　　　　　　　　B. 干燥物与干燥介质的蒸气压差

　　　C. 干燥物的湿度　　　　　　　　　　　D. 干燥介质温度

350. ZBB021　在外力场作用下，利用分散相和连续相之间的(　　)，使之发生相对运动而实现分离的操作称为沉降分离。

　　　A. 压力差　　　　　B. 密度差　　　　　C. 温度差　　　　　D. 黏度差

351. ZBB021　依靠惯性离心力场的作用而实现的沉降过程称为(　　)。

　　　A. 重力沉降　　　　B. 自由沉降　　　　C. 离心沉降　　　　D. 干扰沉降

352. ZBB021　旋风分离器是利用(　　)原理从气流中分离出颗粒的设备。

　　　A. 离心沉降　　　　B. 自由沉降　　　　C. 重力沉降　　　　D. 以上选项均不正确

353. ZBB022　固体流态化是指将大量固体颗粒悬浮于(　　)流体之中，并在流体作用下使颗粒作翻滚运动，类似于液体的沸腾的状态。

　　　A. 静止的　　　　　B. 流动的　　　　　C. 稳态的　　　　　D. 固定的

354. ZBB022　当流体通过床层的空塔速度较低时，若流体实际流速小于颗粒的沉降速度，则颗粒基本上静止不动，颗粒层为(　　)。

　　　A. 流化床阶段　　　B. 固定床阶段　　　C. 颗粒输送阶段　　D. 颗粒聚式流化阶段

355. ZBB022　流态化技术的主要缺点是反应器内难以保持适合某些反应所需的(　　)。

　　　A. 温度梯度　　　　B. 浓度　　　　　　C. 密度　　　　　　D. 压力

356. ZBB023　流态化是一个介乎固定床和颗粒自由沉降之间的操作，床层总压降为一个(　　)是它的特点。

　　　A. 常数　　　　　　B. 无法确定的值　　C. 非固定值　　　　D. 以上选项都不对

357. ZBB023　经典流态化的速度范围在(　　)与自由沉降速度之间。

　　　A. 临界流态化速度　B. 最小沉降速度　　C. 最大沉降速度　　D. 其他选项都不对

358. ZBB023　流态化技术(　　),适于强放热(或吸热)过程。

　　A. 传热效率高　　　B. 传热效率低　　　C. 放热速率快　　　D. 吸热速率快

359. ZBB024　流化床主要特性不包括(　　)。

　　A. 类似液体的温度　　　　　　　　B. 固体颗粒的剧烈运动与迅速混合

　　C. 颗粒比表面小　　　　　　　　　D. 强烈的碰撞与摩擦

360. ZBB024　流化床中气固的运动情况很像沸腾的液体,所以通常也称它为(　　)。

　　A. 燃烧床　　　　　　B. 沸腾床　　　　　　C. 蒸发床　　　　　　D. 汽化床

361. ZBB024　流化床与固定床比较,不属于流化床的优点的是(　　)。

　　A. 床层温度均匀　　　　　　　　　B. 气固间的传热和传质速率高

　　C. 所需的传热面积小　　　　　　　D. 不容易实现自动化

362. ZBB025　流化床的一般操作范围为气速(　　)临界流化速度、低于颗粒的带出速度。

　　A. 高于　　　　　　　B. 低于　　　　　　　C. 等于　　　　　　　D. 以上选项均不正确

363. ZBB025　在液-固反应过程中,要保证固定床或流化床的固态(　　)按照工艺条件加
　　　　　　入或补入,以保证反应处于最佳状态。

　　A. 原料　　　　　　　B. 流体　　　　　　　C. 催化剂　　　　　　D. 燃料

364. ZBB025　流化床反应器的热量通过物料在换热器内与低压蒸汽换热得到,通过控制
　　　　　　(　　)实现反应器温度恒定。

　　A. 改变进料量　　　B. 改变出料量　　　C. 底部出口阀开度　　D. 调节蒸汽通入量

365. ZBC001　关于装置运行的检查要点,下列描述有误的一项是(　　)。

　　A. 严格按照操作规定按时按班巡回检查重要工艺指标

　　B. 对重要机组设备状态进行监测

　　C. 认真观察反应器的操作温度、压力,防止超温超压

　　D. 以上 3 项都不对

366. ZBC001　关于装置运行检查要点的叙述,下列描述错误的是(　　)。

　　A. 对于转动设备,要检查运转状态,是否有异常响声,检查润滑油状况

　　B. 对重要控制点重点监测

　　C. 个别不重要工艺指标可以不用检查

　　D. 检查工艺指标的执行情况

367. ZBC001　日常装置运行的管道导淋,(　　)进行排水操作。

　　A. 当管道阻力增加时　　　　　　　B. 按生产负荷定时

　　C. 当管道堵塞时　　　　　　　　　D. 当管道出现水击震动时

368. ZBC002　聚合反应的速率随温度升高而急剧(　　)。

　　A. 降低　　　　　　　B. 不变　　　　　　　C. 升高　　　　　　　D. 以上都不对

369. ZBC002　关于环管反应器聚合系统飞温的处理方法,下列描述有误的是(　　)。

　　A. 降低聚合温度　　B. 停进催化剂　　C. 加大溶剂加入量　　D. 减小溶剂加入量

370. ZBC002　在正常聚合反应阶段,反应开始稳定放热,通过夹套循环冷却水带走反应放
　　　　　　出的热量,将釜温控制在(　　)。

　　A. 设定温度　　　　　B. 最高温度　　　　　C. 最低温度　　　　　D. 任意温度

371. ZBC003　干燥器温度提高,可使水分从物料内部前移到物料表面的扩散速度(　　)。

    A. 提高　　　　　　B. 降低　　　　　　C. 保持不变　　　　D. 以上都不对

372. ZBC003　在干燥的不同阶段所用介质的温度应(　　)。

    A. 相同　　　　　　B. 不同　　　　　　C. 很高　　　　　　D. 很低

373. ZBC003　在干燥过程中需要同时完成热量和质量(湿分)的传递,保证物料表面湿分蒸汽分压(浓度)高于外部空间中的湿分蒸汽分压,保证热源温度(　　)物料温度。

    A. 高于　　　　　　B. 低于　　　　　　C. 等于　　　　　　D. 以上选项均不正确

374. ZBC004　吸收塔液位要维持在某一高度上,若液位(　　),部分气体可能进入液体出口管,造成事故或污染环境。

    A. 超过工艺规定的上限　　　　　　　B. 在工艺规定的下限

    C. 在工艺规定的上限　　　　　　　　D. 指示为 0

375. ZBC004　影响吸收塔液位的因素是(　　)。

    A. 气体流速　　　　B. 吸收剂流量　　　C. 压力降　　　　　D. 以上各项都对

376. ZBC004　再吸收塔为防止液位失控造成干气带油或瓦斯窜入分馏塔,主要操作要点是控制好(　　)。

    A. 塔顶液位　　　　B. 塔中液位　　　　C. 塔底液位　　　　D. 任何液位

377. ZBC005　关于蒸发器液体真空度的控制,下列说法错误的是(　　)。

    A. 在冷凝器出口到末段喷射器蒸汽出口之间的管线上安装调节阀,用补充蒸汽的方法稳定真空度

    B. 在吸气管的补充管线上安装调节阀,通过吸入部分空气来加以调节

    C. 调节阀安装在吸气管线上调节吸气管的阻力以稳定真空度

    D. 真空度的操作不需要一定的裕量

378. ZBC005　对于间歇真空蒸发操作,放料时应打开(　　)泄掉负压。

    A. 安全阀　　　　　B. 进料阀　　　　　C. 放空阀　　　　　D. 排气阀

379. ZBC005　降膜式蒸发器在(　　)条件下进行低温连续浓缩,具有瞬时高效、节能、连续深缩的特点。

    A. 真空　　　　　　B. 正压　　　　　　C. 常压　　　　　　D. 加压

380. ZBC006　对于真空结晶器操作,温度(　　),真空度越高。

    A. 越高　　　　　　B. 越低　　　　　　C. 波动越大　　　　D. 以上选项均不正确

381. ZBC006　真空式结晶器操作温度一般(　　)。

    A. 高于室温　　　　　　　　　　　　B. 低于或接近室温

    C. 等于室温　　　　　　　　　　　　D. 以上选项均不正确

382. ZBC006　为了降低欲纯化试剂在溶液中的溶解度,以便析出更多的结晶,提高产率,往往对溶液采取(　　)的方法。

    A. 冷冻　　　　　　B. 加热　　　　　　C. 干燥　　　　　　D. 加压

383. ZBC007　一般来说,连续搅拌反应釜停留时间长,进料流量小,反应的转化率(　　)。

    A. 低　　　　　　　B. 高　　　　　　　C. 无法确定　　　　D. 保持不变

384. ZBC007　反应温度过高时,反应压力增大,易发生事故,而反应温度过低,影响(　　),因此,需要控制反应温度在合理范围内。

　　A. 停留时间　　　　B. 采出流量　　　　C. 产品质量　　　　D. 冷却水用量

385. ZBC007　连续搅拌釜式反应器内的流型,最接近(　　)流。

　　A. 单一　　　　　　B. 平推　　　　　　C. 切线　　　　　　D. 全混

386. ZBC008　间歇搅拌反应釜料位应该严格控制,过低时(　　),过高时造成聚合液进入换热器、风机等,导致设备事故。

　　A. 聚合温度高　　B. 聚合温度低　　C. 聚合产率高　　D. 聚合产率低

387. ZBC008　发生聚合温度失控时,应立即停进催化剂、聚合单体,(　　),紧急放火炬泄压。

　　A. 增加溶剂进料量　B. 加入阻聚剂　　C. 加大循环量　　D. 以上各项都正确

388. ZBC008　下列不属于搅拌釜式反应器搅拌要求的一项是(　　)。

　　A. 混合　　　　　　B. 搅动　　　　　　C. 抽吸　　　　　　D. 分散

389. ZBC009　催化剂的性能不仅取决于其(　　),而且是各种成分的性质及其相互影响的总和,此外还必须考虑其对反应装置、反应工艺的适应性。

　　A. 添加剂　　　　　B. 助剂　　　　　　C. 活性组分　　　　D. 活化能

390. ZBC009　活性组分是使催化剂具备活性所必需的成分,例如催化加氢用的镍-硅藻土催化剂中的镍、氨合成用的 $Fe-K_2O-Al_2O_3$ 催化剂中的(　　)。

　　A. 铁　　　　　　　B. 钾　　　　　　　C. 铝　　　　　　　D. 氧

391. ZBC009　催化剂的活化方式不包括(　　)。

　　A. 氧化活化　　　　B. 还原活化　　　　C. 硫化活化　　　　D. 煅烧活化

392. ZBC010　必须有(　　)做保证,是生产出合格产品的保证。

　　A. 合格原料　　　B. 不合格物料　　　C. 废品　　　　　　D. 次品

393. ZBC010　生产合格产品的重要因素是(　　)。

　　A. 只对重要工艺参数严格控制,忽略其他工艺参数

　　B. 每道工序严格控制和把关

　　C. 只对重要设备运转情况加强检查和维护,忽略其他设备

　　D. 只对核心工序严格控制,忽略辅助工序

394. ZBC010　装置工艺参数变化是影响产品质量的重要因素,严重时可以造成产品质量(　　)。

　　A. 合格　　　　　　B. 不合格　　　　　C. 无法检测　　　D. 以上选项均不正确

395. ZBC011　在对流干燥中,空气流速越大,热量传递速率和水汽扩散速率加快,对干燥(　　)。

　　A. 有利　　　　　　B. 有害　　　　　　C. 没有影响　　　D. 以上选项均不正确

396. ZBC011　在恒速干燥阶段,物料表面非结合水分汽化的非影响因素是(　　)。

　　A. 被燥物料的性质　B. 空气流速　　　　C. 空气温度　　　D. 空气湿度

397. ZBC011　作为干燥介质的热空气,一般应是(　　)的空气。

　　A. 饱和　　　　　　B. 不饱和　　　　　C. 过饱和　　　　D. 以上都不对

398. ZBC012 适当控制炉水的 pH 值,可以减少硅酸在(      )中的携带量,以提高蒸汽的质量。

    A. 水           B. 蒸汽           C. 空气           D. 氧气

399. ZBC012 废热锅炉水质量标准包括(      )、pH 值及总碱度。

    A. $SiO_2$ 浓度           B. 比重           C. 密度           D. Br 浓度

400. ZBC012 小型废热锅炉的(      )通常采用单冲量汽包水位控制方式。

    A. 液位控制           B. 压力控制           C. 温度控制           D. 流量控制

401. ZBC013 吸收系统通常在保持足够吸收推动力的前提下,尽量将吸收温度提高到与(      )接近,能够节省再生耗热量。

    A. 泡点温度           B. 露点温度           C. 解吸温度           D. 自燃温度

402. ZBC013 影响吸收塔吸收效果的操作因素主要有操作(      )、压力、液气比等。

    A. 温度           B. 相对湿度           C. 密度           D. 液位

403. ZBC013 提高吸收塔温度对吸收(      )。

    A. 有利           B. 不利           C. 无影响           D. 以上选项均不正确

404. ZBC014 吸收操作通常以不发生严重液沫夹带为原则,给出气体流量的(      ),再根据实际操作情况决定具体的气体操作流量。

    A. 临界值           B. 边界值           C. 下限           D. 上限

405. ZBC014 下列叙述中正确的是(      )。

    A. 液体流量过低,吸收剂不能将气体组分完全吸收,难以平稳操作

    B. 液体流量过低,吸收剂能将气体组分完全吸收,可以平稳操作

    C. 液体流量可以无限加大

    D. 液体流量过高时不易发生液泛现象

406. ZBC014 从吸收塔底进入的气体溶质浓度在沿塔高向上上升的过程中(      )。

    A. 不断减小                 B. 不断升高

    C. 有时升高有时减小         D. 不能确定

407. ZBC015 蒸汽压力随蒸发过程不稳定因素而波动,在生产中必须把(      )作为控制值,然后调节(      )。

    A. 蒸汽压力,蒸汽流量         B. 蒸汽流量,蒸汽压力

    C. 蒸汽温度,蒸汽压力         D. 蒸汽压力,蒸汽温度

408. ZBC015 蒸汽压力过低,蒸发器内不能保持良好的沸腾状态,而且会出现(      )的现象,使整个装置生产能力降低。

    A. 溶液浓度高               B. 传热温差低

    C. 蒸发量波动               D. 蒸发器内液面稳定

409. ZBC015 采用负压蒸发的优点是可以使用(      )蒸汽作为加热蒸汽。

    A. 低压           B. 高压           C. 超高压           D. 二次

410. ZBC016 若蒸发溶液浓度太低,则需要蒸发出的水量(      ),不仅增加蒸汽用量,而且影响装置生产能力。

    A. 极少           B. 没有           C. 越多           D. 越小

411. ZBC016 蒸发物料浓度过高,容易发生(    )现象。

    A. 熔化             B. 沉淀             C. 汽化             D. 结块

412. ZBC016 蒸发器的浓度可以通过控制物料的(    )来调节。

    A. 温度             B. 压力             C. 流量             D. 液位

413. ZBC017 保持蒸发器液面(    ),对控制蒸发操作并达到各项技术指标十分重要。

    A. 上限控制      B. 正常和稳定      C. 低限控制      D. 上、下波动

414. ZBC017 蒸发器液面过高会使蒸发室气液(    )空间缩小,导致雾沫夹带严重。

    A. 吸收             B. 蒸发             C. 分离             D. 蒸馏

415. ZBC017 蒸发器液位控制的过高或过低对生产的影响是(    )。

    A. 液面过高,液柱静压增加,只是影响蒸发效率而不会跑碱

    B. 液面过低,溶液沸腾猛烈又易造成雾沫夹带碱严重

    C. 液面过低,溶液是比较沸腾但不会造成雾沫夹带碱严重

    D. 液面过高,液柱静压增加,不会影响蒸发效率但是容易跑碱

416. ZBC018 循环水加酸过量时要迅速处理,首先应立即(    ),同时打开离加酸点最近的排放口进行排放。

    A. 加碱             B. 切断酸源          C. 补水           D. 加入水处理剂

417. ZBC018 加氯会使循环水 pH 值(    ),因此一般在加氯前注意使 pH 值靠近指标上限。

    A. 大大上升      B. 保持不变      C. 上升           D. 下降

418. ZBC018 循环水系统 pH 值过低的常用处理方法是(    )。

    A. 加氢氧化钠      B. 加碳酸氢钠      C. 加碳酸钠      D. 加大排污和补水量

419. ZBC019 DCS 监盘人员必须认真对各操作参数进行检查,若发现问题,(    ),同时做出正确的判断和调整。

    A. 等到交班时,留给接班人员处理        B. 不需要报告班长、值班长

    C. 及时通知关联岗位                  D. 在不影响本岗位的前提下,可以不管

420. ZBC019 有报警信息必须(    ),同时在规定时间内确认并解除声光报警。

    A. 直接消除报警

    B. 马上离开岗位

    C. 先确认消除报警,再调看报警详细内容

    D. 先调看报警详细内容,再确认消除报警

421. ZBC019 除本岗位操作工和仪表维护人员外,非本岗位人员(    )操作 DCS 各操作站。

    A. 可以                        B. 紧急情况下可以

    C. 在领导要求下可以                  D. 不得随意

422. ZBC020 湿物料本身温度越高,则干燥速率(    )。

    A. 越高             B. 越低             C. 保持不变      D. 以上选项均不正确

423. ZBC020 影响干燥速率的主要因素不包括(    )。

    A. 干燥介质状态      B. 干燥设备结构      C. 物料流程      D. 干球温度

424. ZBC020　对于对流干燥,热量的利用通常用(　　)来衡量。

　　A. 热效率　　　　　B. 热负荷　　　　　C. 传热系数　　　　　D. 温度差

425. ZBC021　在蒸发时,蒸发压强应(　　)大气压强,以免空气渗入到蒸发器等低压部分而降低冷冻能力。

　　A. 远高于　　　　　B. 低于　　　　　C. 相近或稍高于　　　　　D. 相近或稍低于

426. ZBC021　在给定的条件下,(　　)越大,则冷冻循环的经济性越好。

　　A. 压缩因子　　　　　B. 阻力系数　　　　　C. 传热系数　　　　　D. 冷冻系数

427. ZBC021　液氨蒸发为气氨,从环境吸热,使环境达到(　　)的目的。

　　A. 冷冻　　　　　B. 干燥　　　　　C. 蒸发　　　　　D. 吸收

428. ZBC022　水封液位(　　)时,气体溢出,起不到安全水封的作用,应及时补水。

　　A. 达到上限　　　　　B. 过高　　　　　C. 过低　　　　　D. 在工艺范围内

429. ZBC022　水封罐水位不能过高,不然容易引起放散管道内(　　)。

　　A. 憋压　　　　　B. 爆炸　　　　　C. 变形　　　　　D. 堵塞

430. ZBC022　水封罐是通过(　　)来实现防回火功能的。

　　A. 水的压力　　　　　B. 水能灭火　　　　　C. 水的温度　　　　　D. 水的蒸发

431. ZBC023　火炬系统间断运行时,造成时燃时灭,(　　)不稳,易发生回火或爆炸。

　　A. 温度　　　　　B. 压力　　　　　C. 流速　　　　　D. 蒸汽

432. ZBC023　火炬焚烧是一个高温氧化过程,用于(　　)工业生产所排放废气中的可燃组分。

　　A. 排放　　　　　B. 回收　　　　　C. 燃烧　　　　　D. 利用

433. ZBC023　火炬包括(　　)火炬和地面火炬。

　　A. 高架　　　　　B. 高空　　　　　C. 低空　　　　　D. 低架

434. ZBC024　为了防止分离器出口气液夹带现象,操作中要严格控制分离器的(　　)。

　　A. 直径　　　　　B. 高度　　　　　C. 液位　　　　　D. 大小

435. ZBC024　如果分离器液位(　　),会使气相中夹带液体。

　　A. 高　　　　　B. 低　　　　　C. 不准　　　　　D. 偏差

436. ZBC024　以下可处理含有少量凝液的气体,实现凝液回收或者气相净化的是(　　)。

　　A. 气液分离器　　　　　B. 离心分离机　　　　　C. 沉降过滤器　　　　　D. 离心过滤器

437. ZBC025　磁悬浮式液位计测量易燃物料液位时,(　　)判断液位。

　　A. 打开液面计吹洗阀门　　　　　　　　　B. 用磁石吸附液位计后侧

　　C. 用磁石吸附液位计前侧　　　　　　　　D. 目测

438. ZBC025　以下连接钢丝打结、打卷或损伤易导致卡死从而造成假液面的是(　　)。

　　A. 浮标液位计　　　　B. 压差式液位计　　　C. 磁翻板液位计　　　D. 浮球液位计

439. ZBC025　寒冷地区室外使用的液位计应选用(　　)液位计。

　　A. 旋塞玻璃板式　　　　　　　　　　　　B. 带衬里的板式

　　C. 夹套型或保温型　　　　　　　　　　　D. 不锈钢

440. ZBC026　离心式压缩机应定期检查、清洗(　　),保证油压的稳定。

　　A. 油过滤器　　　　　B. 油冷却器　　　　　C. 油箱　　　　　D. 冷凝器

441. ZBC026　下列选项中,不属于离心式压缩机的主要性能参数是(　　)。

A. 进口压力　　　　B. 进口温度　　　　C. 重量　　　　D. 功率

442. ZBC026　下列选项属于离心式压缩机定子的是(　　)。

A. 主轴　　　　B. 叶轮　　　　C. 联轴器　　　　D. 轴端密封

443. ZBC027　往复式压缩机日常应勤(　　),可用听棍经常听一听各运动部位的声音是否正常。

A. 看仪表　　　　　　　　　B. 听机器运转声音

C. 检查设备工作情况　　　　D. 检查冷却后排水温度

444. ZBC027　岗位操作人员应勤检查整个机器设备的工作情况,发现问题(　　)。

A. 不用报告　　　　　　　　B. 等待年度检修时再处理

C. 不用处理　　　　　　　　D. 应及时处理

445. ZBC027　往复式压缩机按工作原理属于(　　)压缩机。

A. 回转容积式　　　　　　　B. 回转式连续气流

C. 容积式　　　　　　　　　D. 速度型

446. ZBC028　离心式压缩机转速一定时,流量减少,(　　)。

A. 进口压力一定,则出口压力增大　　　B. 进口压力一定,则出口压力减小

C. 进口压力一定,出口压力不变　　　　D. 压力比减小

447. ZBC028　离心式压缩机转速一定,流量(　　),压缩机出现不稳定,气流出现脉动,机器振动加剧并伴随着吼声。

A. 进一步增加　　　B. 进一步减少　　　C. 维持原流量　　　D. 大大增加

448. ZBC028　离心式压缩机由于吸气温度过高而造成的排气量下降时,可选择的处理方法是(　　)。

A. 减少吸气量　　　　　　　B. 升高吸气温度

C. 降低吸气温度　　　　　　D. 增加吸气量

449. ZBC029　当往复式压缩机气缸工作容积增大时,气缸中压强(　　),低压气体从缸外经吸气阀被吸进气缸。

A. 保持不变　　　B. 升高　　　C. 先升后降　　　D. 降低

450. ZBC029　往复式压缩机当气缸工作容积减少时,气缸中压强逐渐升高,(　　)。

A. 低压气体从缸外经吸气阀排出气缸　　B. 低压气体从缸外经吸气阀被吸进气缸

C. 高压气体从缸内经排气阀排出气缸　　D. 高压气体从缸外经吸气阀排出气缸

451. ZBC029　往复式压缩机运行过程中出现打气量不足的现象,应(　　)。

A. 检查活塞环,如损坏严重应更换,同时添加润滑油

B. 对负荷情况进行检查

C. 清洗气缸

D. 检查填料函

452. ZBC030　当旋涡泵中的液体被压出后,叶片间通道内形成局部真空,液体就不断从(　　)进入叶轮。

A. 排出口　　　B. 级间　　　C. 吸入口　　　D. 涡轮

453. ZBC030　旋涡泵（　　）运转,边吸入液体边排出液体,从而不断地输送液体。

  A. 间歇性    B. 连续性    C. 间隔性    D. 定时性

454. ZBC030　旋涡泵的流量减小,扬程（　　）,所以这是一种高扬程、小流量的泵。

  A. 增大    B. 减小    C. 保持不变    D. 无法确定

455. ZBC031　往复泵流量调节可以用（　　）的方法进行。

  A. 改变往复次数  B. 关闭排出阀  C. 打开安全阀  D. 关闭底阀

456. ZBC031　蒸汽往复泵流量调节通过改变（　　）的开度,从而改变进入气缸的蒸汽压力,改变泵的往复次数。

  A. 出口阀门  B. 进汽管道阀门  C. 放水阀门  D. 安全阀

457. ZBC031　往复泵开泵前,须进行（　　）操作。

  A. 出口阀打开、入口阀关闭    B. 出口阀关闭、入口阀打开

  C. 入口、出口阀全打开    D. 入口、出口阀全关闭

458. ZBC032　在压缩机排气管中装一阀门,利用阀门开度大小来调节（　　）。

  A. 流量    B. 压力    C. 温度    D. 体积

459. ZBC032　离心式压缩机不可以像离心泵那样通过（　　）来实现气量调节,因为这样会造成整个管网系统中的能耗增大。

  A. 出口阀    B. 入口阀    C. 回流阀    D. 放空阀

460. ZBC032　离心式压缩机出口风量降低时的处理方法是（　　）。

  A. 按规定调整间隙或更换密封  B. 开大出口阀

  C. 减少油压    D. 增加旁路

461. ZBC033　在压缩机进气管前安装调节阀,改变阀门开度,即可改变压缩机（　　）,达到调节目的。

  A. 润滑油压力  B. 冷却水温  C. 性能曲线  D. 油箱液位

462. ZBC033　进口节流后的（　　）向小流量方向移动,因此压缩机可能在更小的流量下工作。

  A. 油温    B. 水温    C. 油压    D. 喘振流量

463. ZBC033　电动机驱动的离心式压缩机,在启动加速过程中（　　）,会造成电动机超负荷。

  A. 关闭吸入阀  B. 开启吸入阀  C. 开启出口阀  D. 关闭出口阀

464. ZBC034　改变活塞式压缩机转速的方法一般分为（　　）和间断停转调节。

  A. 间断转速调节  B. 连续转速调节  C. 变速机构调节  D. 以上都不对

465. ZBC034　关于活塞式压缩机连续转速的调节,下列说法正确的是（　　）。

  A. 气量调节连续    B. 调节工况的功率消耗较大

  C. 压缩机各级压力比发生变化  D. 需要设置专门的调节机构

466. ZBC034　活塞压缩机转速不能（　　）,因为受往复运动惯性力的限制。

  A. 过高    B. 过低    C. 调节    D. 以上选项均不正确

467. ZBC035　停止进气调节是隔断进气管路,使压缩机进入空转而排气量为（　　）。

  A. 最大值    B. 最小值    C. 0    D. 以上都不对

468. ZBC035　以下不属于往复式压缩机主要性能参数的是(　　)。

　　A. 轴功率　　　　　　　　　　　　B. 气体体积

　　C. 余隙系数　　　　　　　　　　　D. 多变指数

469. ZBC035　关于往复式压缩机,下列说法错误的是(　　)。

　　A. 往复压缩机实际所需的轴功率比理论功率要大

　　B. 往复式压缩机实际生产能力比理论要低

　　C. 当生产过程中压缩比较高时,采用单级压缩

　　D. 多级压缩的优点是提高气缸容积利用率

470. ZBD001　关于离心式压缩机停车的要点,下列叙述有误的是(　　)。

　　A. 联系上下工序,做好准备　　　　B. 打开放空阀或回流阀

　　C. 开大防喘振阀　　　　　　　　　D. 关闭工艺管路闸阀,与工艺系统脱开

471. ZBD001　由电动机驱动的离心式压缩机在电动机停车后,应(　　)停密封油和润滑油系统。

　　A. 立即　　　　　　　　　　　　　B. 运行几小时后

　　C. 一直不　　　　　　　　　　　　D. 以上选项都不对

472. ZBD001　下列选项中,属于离心式压缩机的主要性能参数是(　　)。

　　A. 机体　　　　　B. 功率　　　　　C. 振动频率　　　　D. 壳体强度

473. ZBD002　关于往复式压缩机组正常停车操作的要点,下列叙述有误的是(　　)。

　　A. 切断与工艺系统的联系,打循环　　B. 按电气规程停电机

　　C. 关闭冷却水进出口阀　　　　　　D. 主轴完全停转后立即停油润滑系统

474. ZBD002　关于往复式压缩机组紧急停车的条件,下列叙述有误的是(　　)。

　　A. 油循环系统发生故障,润滑油中断　　B. 冷却水供应中断

　　C. 工艺参数有小幅波动后正常　　　D. 填料过热烧坏

475. ZBD002　关于往复式压缩机组紧急停车的要点,下列叙述错误的是(　　)。

　　A. 首先切断电源　　　　　　　　　B. 停止电动机运转

　　C. 打开放空阀,泄掉压力　　　　　D. 稳定各段压力

476. ZBD003　关于活塞式压缩机正常停车的注意事项,下列叙述有误的是(　　)。

　　A. 与有关工序和岗位取得联系　　　B. 停止进气和供气

　　C. 阀门关闭顺序可以颠倒　　　　　D. 放空泄去压力

477. ZBD003　关于活塞式压缩机正常停车的注意事项,正确的是(　　)。

　　A. 与有关工序和岗位取得联系　　　B. 停止进气和供气

　　C. 放空泄去压力　　　　　　　　　D. 以上三项皆是

478. ZBD003　活塞式压缩机冷却水太少或中断会导致气缸(　　)。

　　A. 温度高　　　　　　　　　　　　B. 温度低

　　C. 温度不变　　　　　　　　　　　D. 压力高

479. ZBD004　固定床反应器的停车过程中一般(　　)。

　　A. 先停原料气,后停燃料气　　　　B. 先停燃料气,后停原料气

　　C. 原料气、燃料气一起停　　　　　D. 以上选项都不对

480. ZBD004　固定床反应器停车时的注意事项不包括(　　)。

　　A. 火焰调节要均匀,温度不可以突升或突降

　　B. 停车时要打开报警系统的仪表

　　C. 停车过程中,要加强巡回检查,发现故障应尽快处理

　　D. 停车过程中,各温度、压力、流量、液位的记录要完整

481. ZBD004　流化床反应器停车的步骤不包括(　　)。

　　A. 降反应器料位　　B. 关闭主原料进料　　C. 关闭辅原料进料　　D. 氢气吹扫

482. ZBD005　关于吸收塔临时停车的注意事项,下列说法有误的是(　　)。

　　A. 通告系统前后工序或岗位

　　B. 停止向系统送气,同时关闭系统的出口阀

　　C. 停止向系统送循环液,关闭泵的出口阀,停泵后不关出口阀

　　D. 关闭其他设备的进、出口阀门

483. ZBD005　关于长期停车的要点,下列说法有误的是(　　)。

　　A. 按短期停车操作停车,然后打开系统放空阀,泄掉压力

　　B. 将系统中的溶液排放到溶液储槽

　　C. 若原料气中含有易燃易爆气体,可以不用置换

　　D. 若原料气中含有易燃易爆气体,必须用惰性气体进行置换,置换气中易燃物含量低
　　　 于 5%、含氧量低于 0.5% 时为合格

484. ZBD005　影响吸收塔操作的主要因素不包括(　　)。

　　A. 温度　　　　　　B. 压力　　　　　　C. 液气比　　　　　　D. 相对湿度

485. ZBD006　冷却器投用时,应打开冷却线上(　　)排气,见水后关闭,防止气阻影响冷却
　　　 效果。

　　A. 放空阀　　　　　B. 排凝阀　　　　　C. 进料阀　　　　　　D. 出料阀

486. ZBD006　冷却器停车过程中应(　　)。

　　A. 先停热流体后停冷流体　　　　　　B. 先停冷流体后停热流体

　　C. 同时停冷、热流体　　　　　　　　D. 以上选项都不对

487. ZBD006　压缩机停车过程中,(　　)段间冷却器停止运行。

　　A. 首先关闭　　　　B. 最后关闭　　　　C. 油系统停车前　　D. 油系统停车后

488. ZBD007　关于蒸发系统短期停车的注意事项,下列说法错误的是(　　)。

　　A. 首先关闭蒸汽阀,然后关闭手动截止阀,切断向装置内的能量供给

　　B. 当真空停止后,停真空泵并关闭所有阀门,以防止空气通过阀门进入装置内

　　C. 停冷凝液泵和所有生产用泵

　　D. 停密封和冲洗液

489. ZBD007　关于蒸发系统紧急停车的注意事项,下列说法错误的是(　　)。

　　A. 当事故发生时,首先立即用最快的方式切断蒸汽,以避免料液温度继续升高

　　B. 考虑停止料液供给是否安全,如果安全,就要用最快方式继续进料

　　C. 考虑破坏真空会发生什么情况,如果没有不利情况,应打开靠近末效真空器的开关
　　　 打破真空状态,停止蒸发操作

　　D. 处理热碱液时必须十分小心,避免造成伤亡事故

490. ZBD007　如果蒸发系统的蒸汽中断,下列操作违背正确处理原则的是(　　)。
    A. 关闭蒸汽阀,切断进装置的供给　　　　B. 卸除真空,切断冷凝系统供水
    C. 紧急向蒸发器内加入热物料　　　　　D. 向下工序排除蒸发器内物料

491. ZBD008　关于冷冻系统正常停车的注意事项,下列说法有误的是(　　)。
    A. 联系上下岗位,接到停车指示后,停制冷机组
    B. 待低温载体循环到工艺指标后停泵
    C. 低温载体留存在系统内
    D. 将低温载体从系统中放至储槽中

492. ZBD008　冷冻系统的停车不包括(　　)。
    A. 制冷压缩机的停车　　　　　　　B. 制冷压缩机附属设备的停车
    C. 低温载体输送设备的停车　　　　D. 蒸汽的中断

493. ZBD008　氨冷器中要求保证冷却器(　　),防止冷却器中液氨液位过高,使气氨中不夹带液氨进入冷冻机,确保冷冻机安全。
    A. 出口温度恒定　　　　　　　　　B. 出口温度变化
    C. 出入口温度变化　　　　　　　　D. 出口温度缓慢升高

494. ZBD009　关于离心机停车的注意事项,下列说法错误的是(　　)。
    A. 离心机内物料放净　　　　　　　B. 离心机内仍存有部分物料
    C. 离心机加料管内无料　　　　　　D. 离心机加料管吹扫蒸汽好用

495. ZBD009　关于离心机停工操作的注意事项,下列叙述有误的是(　　)。
    A. 不用关闭离心机的放料阀门
    B. 将加料管线处理干净,再关闭离心机加料阀门
    C. 关闭离心机后腔加水阀门,停止加水
    D. 按下主机停车按钮,停止主电动机运转

496. ZBD009　离心机停车后,打开设备的(　　)阀门,清洗转鼓和筛网上的物料。
    A. 洗涤水　　　　B. 蒸汽　　　　C. 氮气　　　　D. 压缩空气

497. ZBD010　停车降量过程中,应(　　)。
    A. 根据具体情况逐渐减量　　　　　B. 快速减量
    C. 先降压力再降量　　　　　　　　D. 以上选项都不对

498. ZBD010　高压间歇式反应釜停车操作中,首先进行(　　)操作。
    A. 降温　　　　　B. 降压　　　　C. 吸料　　　　D. 松盖排气

499. ZBD010　装置停工必须进行降温、降压或升温、升压操作,运行要(　　),前后工序要相互协调。
    A. 平稳　　　　　B. 快速　　　　C. 先升后降　　　D. 先降后升

500. ZBD011　紧急停车一旦发生,加料阀门应(　　)。
    A. 迅速全开　　　　　　　　　　　B. 迅速关闭
    C. 保持不变　　　　　　　　　　　D. 以上选项都不对

501. ZBD011　生产中因一些意想不到的特殊情况而发生停车,称为(　　)。
    A. 正常停车　　　B. 短期停车　　　C. 紧急停车　　　D. 计划停车

502. ZBD011　对于一套化工装置,在停供新鲜水事故发生后,应按(　　)的原则进行处理。

A. 紧急停车,保证设备及生产安全　　　B. 降低负荷,维持装置生产运行

C. 切断蒸汽热源,继续生产　　　D. 等待领导决定后,再行处理

503. ZBD012　吹扫合格后,应(　　),以防止系统介质倒回,同时及时加盲板与运行或有物料系统隔离。

A. 先关闭物料阀,再停气　　　B. 先停气,再关物料阀

C. 只关闭物料阀　　　D. 只关闭蒸汽阀

504. ZBD012　冬季停用的设备和管线,必须首先用蒸汽吹扫干净,不能用风扫的设备和管线,必须把(　　),把存水放掉。

A. 所有阀门关闭　　　B. 所有放空阀打开

C. 所有阀门打开　　　D. 低处排凝阀打开

505. ZBD012　在检修前对送油泵内黏度较大的附着物,必须先用(　　)吹扫,再用氮气清扫置换。

A. 蒸汽　　　B. 氧气　　　C. 氢气　　　D. 二氧化碳

506. ZBD013　"三废"的排放应严格执行环保管理规定,(　　)排放可燃、易爆、有毒有害、有腐蚀性的介质。

A. 经领导同意可以　　　B. 可以向地沟

C. 可以向工业下水　　　D. 不允许任意

507. ZBD013　塑料废渣处理不造成二次污染的方法是(　　)。

A. 再生处理法　　　B. 热分解法　　　C. 焚燃法　　　D. 化学处理法

508. ZBD013　火炬能处理装置产生的废气,在生产过程中要尽量将废气(　　),减少排放入火炬燃烧。

A. 回收利用　　　B. 排放掉　　　C. 燃烧掉　　　D. 储存起来

509. ZBD014　在装置引入易燃易爆物料前,必须使用符合要求的(　　)对系统设备、管道中的空气予以置换。

A. 氧气　　　B. 氮气　　　C. 氢气　　　D. 蒸汽

510. ZBD014　氮气对系统置换后要求氧含量(　　)为合格。

A. 0.4%~0.7%　　　B. 0.8%~1.1%

C. 0.6%~0.9%　　　D. 0.2%~0.5%

511. ZBD014　输送易燃、易爆介质机泵在检修前要用(　　)吹扫置换。

A. 氮气　　　B. 仪表风　　　C. 空气　　　D. 蒸汽

512. ZBE001　正常生产时,旁路调节阀应(　　)。

A. 全关　　　B. 半开　　　C. 全开　　　D. 以上选项均不正确

513. ZBE001　有信号压力时调节阀关、无信号压力时调节阀开的气动执行器属于(　　)。

A. 气关式　　　B. 气开式　　　C. 正作用　　　D. 反作用

514. ZBE001　对于气动执行器,有信号压力时调节阀开、无信号压力时调节阀关的为(　　)。

A. 气开式　　　B. 气关式　　　C. 正作用　　　D. 反作用

515. ZBE002　$SO_3$ 冷却器的结构类似于(　　　)。

A. 浮头式换热器　　B. U 形管式换热器　　C. 列管式换热器　　D. 蛇管式换热器

516. ZBE002　换热器投用前,打开管、壳程(　　　),将存液排干净后关闭。

A. 入口阀　　　　　B. 导淋阀　　　　　C. 出口阀　　　　　D. 安全阀

517. ZBE002　换热器的主要腐蚀部位是(　　　)、管子与管板连接处及壳体。

A. 管子　　　　　　B. 上封头　　　　　C. 下封头　　　　　D. 入口阀

518. ZBE003　再生空气加热器投用前,使用(　　　)蒸汽加热。

A. 1. 6MPa　　　　B. 2. 5MPa　　　　C. 0. 8MPa　　　　D. 0. 4MPa

519. ZBE003　液硫管线的伴热形式为(　　　)。

A. 夹套管蒸汽伴热　　　　　　　　B. 夹套管热水伴热

C. 外盘管蒸汽伴热　　　　　　　　D. 外盘管热水伴热

520. ZBE003　磺酸盐装置(　　　)系统可利用余热产蒸汽。

A. 余热回收　　　　B. 磺化　　　　　C. 中和　　　　　D. 空气干燥

521. ZBE004　磺化反应中循环水的作用是(　　　)。

A. 取走反应热　　　　　　　　　　B. 稀释反应产物

C. 使磺酸的质量更加稳定　　　　　D. 减少硫酸的产量

522. ZBE004　磺化器循环水回到循环水池的方式是(　　　)。

A. 加压回水　　　　B. 无压回水　　　C. 两级输送　　　D. 二次倒运

523. ZBE004　夏季循环水要经过(　　　)冷却后进入凉水池。

A. 冷却风机　　　　B. 循环水泵　　　C. 热水池　　　　D. 凉水塔

524. ZBE005　在干燥器视镜处填充的是(　　　),以观察硅胶吸湿情况。

A. 粗硅胶　　　　　B. 细硅胶　　　　C. 白色硅胶　　　D. 蓝色硅胶

525. ZBE005　干燥器最上层填充的是(　　　)。

A. 硅胶　　　　　　B. 鲍尔环　　　　C. $Al_2O_3$　　　　D. 分子筛

526. ZBE005　干燥器内填充量最大的是(　　　)。

A. 分子筛　　　　　B. $Al_2O_3$　　　　C. 蓝色硅胶　　　D. 白色硅胶

527. ZBF001　两个并联干燥器(　　　)。

A. 可以手动、自动切换控制　　　　B. 仅能手动控制

C. 仅能自动控制　　　　　　　　　D. 不能切换

528. ZBF001　两个并联的干燥器之间有(　　　),以保证干燥器切换时无脉冲。

A. 连通器　　　　　B. 阀门　　　　　C. 风机　　　　　D. 露点仪

529. ZBF001　硅胶在连续使用半年后应进行(　　　),以保证空气干燥质量。

A. 挑选　　　　　　B. 更换　　　　　C. 筛分　　　　　D. 以上选项均不正确

530. ZBF002　磺化反应器内 $SO_3$ 气体与原料的流动方向(　　　)。

A. 一致　　　　　　B. 相反　　　　　C. 交叉　　　　　D. 垂直

531. ZBF002　避免磺化器结焦的有效措施为(　　　)。

A. 经常清洗磺化器　　　　　　　　B. 提高 $SO_3$ 反应温度

C. 严格控制工艺参数,防止过磺化　　D. 提高磺化反应温度

532. ZBF002  磺化器壳程流经的介质是(    )。
    A. 循环冷却水、蒸汽　　　　　　　B. 循环水
    C. 蒸汽　　　　　　　　　　　　　D. 热水

533. ZBF003  冷却风是由(    )提供的。
    A. 冷却风机　　　B. 罗茨风机　　　C. 保护风机　　　D. 再生风机

534. ZBF003  冷却风用来给转化塔层间冷却器和(    )进行冷却。
    A. 干燥塔　　　　B. $SO_3$ 冷却器　　　C. 静电除雾器　　　D. $SO_3$ 过滤器

535. ZBF003  在磺酸盐装置中,冷却风能提供给(    ),作为燃烧风用。
    A. 燃硫炉　　　　B. 燃硫炉点火器　　　C. 预热炉　　　D. 锅炉

536. ZBF004  熔硫槽外带夹套,通入(    )使槽内的硫黄升温熔化。
    A. 循环水　　　　B. 热水　　　　C. 电　　　　D. 蒸汽

537. ZBF004  熔硫槽的硫黄添加口有一块算子板,用来(    ),以保证袋子等杂物不落入槽内。
    A. 站人　　　　B. 放置硫黄袋子　　　C. 遮挡硫黄加入口　　　D. 放空

538. ZBF004  熔硫槽上口有一圈蒸汽盘管,一旦熔硫槽发生火灾可以通入(    )进行灭火。
    A. 蒸汽　　　　B. 冷水　　　　C. 循环水　　　　D. 泡沫

539. ZBF005  燃硫炉点火器采用(    )加热。
    A. 蒸汽　　　　B. 电　　　　C. 柴油　　　　D. 汽油

540. ZBF005  液硫通过液硫计量泵输送到燃硫炉点火器上,接触到(    )后硫黄被点燃。
    A. 耐火球　　　　B. 工艺空气　　　C. 电热管　　　　D. 燃硫炉壁

541. ZBF005  燃硫炉点火器采用(    )电源。
    A. 直流 26V　　　B. 交流 220V　　　C. 交流 380V　　　D. 直流 36V

542. ZBF006  气液分离器的作用是(    )。
    A. 使磺酸与未反应的气体最大限度地分离
    B. 使水与磺酸分离
    C. 使磺酸酐进行水解
    D. 以上 3 项都对

543. ZBF006  气液分离器属于(    )。
    A. 动设备　　　　B. 静设备　　　　C. 反应器　　　　D. 换热器

544. ZBF006  气液分离器上部分离出的气体进入(    )进行处理。
    A. 酸吸收系统　　　B. 尾气处理系统　　　C. 干燥系统　　　D. 老化系统

545. ZBF007  气体在旋风分离器内经过(    )路线流出。
    A. 直线　　　　B. 螺旋形　　　　C. 发散　　　　D. 会集

546. ZBF007  经过旋风分离器后气体内的(    )物质在离心力的作用下自然分开。
    A. 轻重　　　　B. 分子　　　　C. 固体　　　　D. 液体

547. ZBF007  气流从切线方向进入分离器后做回转运动,由于气体和液滴的质量不同,所产生的(    )也不同。
    A. 向心力　　　　B. 加速度　　　　C. 离心力　　　　D. 力矩

548. ZBF008　磺酸出口温度过高的原因不包括(　　)。
　　A. 磺化反应温度过高　　　　　　　　B. 磺化反应热没有及时取走
　　C. 循环水温度可能过高　　　　　　　D. 原料量过大

549. ZBF008　控制磺酸出口温度的主要方法是调节循环水量和(　　)。
　　A. 调节循环水出口温度　　　　　　　B. 增大老化器容积
　　C. 增加水解量　　　　　　　　　　　D. 增加磺化器管数

550. ZBF008　如果磺酸出口温度过高应(　　)。
　　A. 减小循环水量　　　　　　　　　　B. 加大循环水量
　　C. 减小原料换热器面积　　　　　　　D. 增加水解量

551. ZBF009　$SO_3$ 气体浓度对磺化反应过程和(　　)质量都有很大影响。
　　A. 磺酸　　　　　B. 焦磺酸　　　　　C. 磺酸酐　　　　　D. 硫酸

552. ZBF009　$SO_3$ 气体浓度的两个影响因素分别是(　　)和工艺风量。
　　A. 原料量　　　　B. 硫黄量　　　　　C. 冷却风量　　　　D. 熔硫槽内硫黄液位

553. ZBF009　当 $SO_3$ 气体浓度偏高时可以通过(　　)来调整。
　　A. 提高原料量　　B. 提高硫黄量　　　C. 降低原料量　　　D. 降低硫黄量

554. ZBF010　原料温度、(　　)、磺酸出口温度、水解量等工艺参数对磺化反应过程有重要意义。
　　A. 气体浓度　　　B. 原料换热器面积　C. 原料泵流量　　　D. 磺酸泵流量

555. ZBF010　气体浓度过高会在磺化反应过程中造成(　　)。
　　A. 酸碱中和　　　B. 过磺化　　　　　C. 中和值偏低　　　D. 磺酸温度偏低

556. ZBF010　水解量不足会使(　　)。
　　A. 磺酸产量减小　　　　　　　　　　B. 磺酸质量发生波动
　　C. 磺酸产量增加　　　　　　　　　　D. 磺酸质量更加稳定

557. ZBF011　吸收 $SO_3$ 气体最适宜的浓硫酸浓度是 98.3%,因为此时浓硫酸液面上的 $SO_3$ 饱和蒸气压(　　)。
　　A. 最低　　　　　B. 最高　　　　　　C. 处于中间水平　　D. 与吸收 $SO_3$ 无关

558. ZBF011　为保证硫酸的吸收效果,应(　　)。
　　A. 将硫酸浓度提高到 100%　　　　　B. 对硫酸进行加热
　　C. 根据工况进行补水　　　　　　　　D. 定期更换新硫酸

559. ZBF011　浓硫酸浓度过高,$SO_3$ 会与浓硫酸反应生成(　　)。
　　A. 焦磺酸　　　　B. 焦硫酸　　　　　C. $SO_2$　　　　　D. 硫酸盐

560. ZBF012　当浓硫酸吸收自动补水失灵时,可以(　　)。
　　A. 手动补水　　　　　　　　　　　　B. 人工把水倒入硫酸罐内
　　C. 手动补酸　　　　　　　　　　　　D. 人工把酸倒入水内

561. ZBF012　酸吸收手动补水时应调整补水流量在(　　)。
　　A. 1~10kg/h　　B. 5~20kg/h　　　C. 10~40kg/h　　　D. 20~80kg/h

562. ZBF012　酸吸收补水时的酸浓度应控制在(　　),以保证最佳的吸收效率。
　　A. 98%~99%　　B. 70%~80%　　　C. 50%~60%　　　D. 110%~120%

563. ZBF013　进装置的蒸汽来汽压力为(　　),要经过减压达到熔硫蒸汽压力。

　　A. 0.5MPa　　　　　B. 0.6MPa　　　　　C. 0.7MPa　　　　　D. 0.8MPa

564. ZBF013　熔硫蒸汽压力通过(　　)来进行调节。

　　A. 电动调节阀　　　B. 气动调节阀　　　C. 机械减压阀　　　D. 截止阀

565. ZBF013　恒位槽的蒸汽通入槽内的(　　)以加热硫黄。

　　A. 蒸汽盘管　　　　B. 蒸汽夹套　　　　C. 蒸汽伴热管　　　D. 冷却水循环线

566. ZBF014　静电除雾器由保护风系统、筒体、(　　)三部分组成。

　　A. 变压器　　　　　B. 支架　　　　　　C. 伴热　　　　　　D. 管线

567. ZBF014　保护风吹向绝缘瓷瓶,使(　　)不能聚集在瓷瓶上,从而避免了短路。

　　A. $SO_3$　　　　　B. $SO_2$　　　　　C. 酸滴　　　　　　D. 尾气

568. ZBF014　保护风的保护对象是(　　)。

　　A. 静电除雾器　　　B. 变压器　　　　　C. 保护风机　　　　D. 绝缘瓷瓶

569. ZBF015　静电除雾器下部排酸管线侧面支线上安装有快速接头,可以(　　)。

　　A. 排酸　　　　　　　　　　　　　　　B. 外接蒸汽、仪表风管线等

　　C. 清洗静电除雾器　　　　　　　　　　D. 检查静电除雾器内部

570. ZBF015　静电除雾器底部锥底外侧伴热管的作用是(　　)。

　　A. 加热废酸,防止结晶　　　　　　　　B. 加热保护风

　　C. 加热循环水　　　　　　　　　　　　D. 加热热水

571. ZBF015　排废酸时如果不顺畅可能是发生了(　　),堵塞排酸管线。

　　A. 废酸升温　　　　B. 废酸结晶　　　　C. 废酸聚合　　　　D. 废酸稀释

572. ZBF016　洗涤液循环泵的材质是(　　)。

　　A. 碳钢　　　　　　B. 不锈钢　　　　　C. 氟塑料　　　　　D. 哈氏合金

573. ZBF016　洗涤液循环泵的出口压力要保持在(　　),以保持流量,否则溢流口会流出大量碱液。

　　A. 0.1MPa　　　　　B. 0.2MPa　　　　　C. 0.3MPa　　　　　D. 0.5MPa

574. ZBF016　洗涤液循环泵的形式是(　　)。

　　A. 齿轮泵　　　　　B. 离心泵　　　　　C. 计量泵　　　　　D. 液下泵

575. ZBF017　空气呼吸器使用前首先应(　　)。

　　A. 检验氧气瓶压力　　　　　　　　　　B. 排出气囊内积气

　　C. 检验呼吸器　　　　　　　　　　　　D. 检验呼吸器附件

576. ZBF017　当氧气浓度低于(　　)时,必须使用空气呼吸器。

　　A. 10%　　　　　　B. 15%　　　　　　C. 17%　　　　　　D. 18%

577. ZBF017　空气呼吸器由(　　)组成。

　　A. 面罩　　　　　　B. 导气管　　　　　C. 气瓶　　　　　　D. 以上都有

578. ZBF018　调节阀改副线时,应先打开(　　),后关闭(　　),防止管线憋压。

　　A. 前手阀,后手阀　　B. 调节阀,副线阀　　C. 副线阀,调节阀　　D. 后手阀,前手阀

579. ZBF018　调节阀工作时,旁路阀应(　　)。

　　A. 全开　　　　　　B. 半开　　　　　　C. 全关　　　　　　D. 以上选项均不正确

580. ZBF018 调节阀投用时,前后的切断阀应(　　)。

　　A. 全开　　　　　　B. 半开　　　　　　C. 全关　　　　　　D. 以上选项均不正确

581. ZBF019 减少磺酸盐产品中无机盐含量的方法是(　　)。

　　A. 提高磺酸中和值　　　　　　　　B. 降低磺酸中和值

　　C. 降低工艺风中水分含量　　　　　　D. 提高工艺风露点

582. ZBF019 磺酸盐产品主要指标有(　　)。

　　A. 活性物　　　　　B. pH 值　　　　　C. 界面张力　　　　D. 以上全选

583. ZBF019 磺酸盐产品活性物指标应大于(　　)。

　　A. 35%　　　　　　B. 38%　　　　　　C. 30%　　　　　　D. 37%

584. ZBF020 表面活性分子在界面上吸附越多,表面张力值(　　)。

　　A. 升高越多　　　　B. 降低越多　　　　C. 先升高再降低　　D. 先降低再升高

585. ZBF020 当表面活性剂的浓度达到某一数值后,溶液的表面吸附量不再增加,此时极值称为(　　)。

　　A. 吸附量　　　　　B. 终值吸附量　　　C. 饱和吸附量　　　D. 最大吸附量

586. ZBF020 表面活性剂在界面被吸附的量用 $\Gamma$ 表示,单位是(　　)。

　　A. $g/cm^2$　　　　B. $g/cm$　　　　　C. $mol \cdot cm^2$　　D. $mol/cm^2$

587. ZBG001 氟里昂的特点是(　　),缺点是对大气臭氧层有破坏。

　　A. 换热效率高　　　B. 沸点高　　　　　C. 体积大　　　　　D. 噪声小

588. ZBG001 根据制冷剂的组成,可以分为单一制冷剂、(　　)。

　　A. 高温制冷剂　　　B. 中温制冷剂　　　C. 低温制冷剂　　　D. 混合制冷剂

589. ZBG001 氟里昂(R22)是(　　)制冷剂。

　　A. 高温　　　　　　B. 中温　　　　　　C. 低温　　　　　　D. 超低温

590. ZBG002 单位体积湿空气中所含水蒸气的质量,称为空气的(　　)。

　　A. 相对湿度　　　　B. 绝对湿度　　　　C. 比较湿度　　　　D. 湿度

591. ZBG002 相对湿度是指在一定总压下,湿空气中的水气分压与同温度下水的(　　)之比的百分数。

　　A. 饱和蒸气压　　　B. 不饱和蒸气压　　C. 质量　　　　　　D. 重量

592. ZBG002 湿空气被水气饱和后称为(　　),不能用作干燥介质。

　　A. 不饱和空气　　　B. 饱和湿空气　　　C. 不饱和湿空气　　D. 饱和空气

593. ZBG003 工艺空气的露点要保证在-60℃以下,否则会造成产品中(　　)含量过大。

　　A. 原料　　　　　　B. $SO_3$　　　　　C. 硫酸　　　　　　D. $SO_2$

594. ZBG003 工艺空气露点超标的原因不包括(　　)。

　　A. 硅胶再生效果差　　　　　　　　B. 硅胶失效

　　C. 冷吹过程中混入环境空气　　　　　D. 风量降低

595. ZBG003 工艺空气制备单元的负荷在雨季会(　　)。

　　A. 变大　　　　　　B. 减小　　　　　　C. 保持不变　　　　D. 波动

596. ZBG004 再生风机是(　　)风机。

　　A. 离心式　　　　　B. 罗茨式　　　　　C. 螺杆式　　　　　D. 轴流式

597. ZBG004　空气要经过压缩、一级冷却、二级冷却、(　　)等阶段制成干燥的工艺空气。

　　　A. 吸附　　　　　　　B. 热吹　　　　　　　C. 冷吹　　　　　　　D. 吸附去湿

598. ZBG004　干燥器的热吹和冷吹是通过(　　)和循环水冷却器对再生空气进行处理实现的。

　　　A. 乙二醇冷却器　　　B. 蒸汽加热器　　　　C. 燃硫炉　　　　　　D. 静电除雾器

599. ZBG005　催化剂的制备方法有(　　)、浸渍法、混合法、离子交换法、熔融法等。

　　　A. 沉淀法　　　　　　B. 冷却法　　　　　　C. 高温法　　　　　　D. 煅烧法

600. ZBG005　沉淀法制备催化剂的影响因素有(　　)、温度、溶液 pH 值、加料顺序等。

　　　A. 容器　　　　　　　B. 材料　　　　　　　C. 浓度　　　　　　　D. 搅拌

601. ZBG005　催化剂在运输过程中会产生细粉状碎末,因此在装填之前应进行(　　)。

　　　A. 挑选　　　　　　　B. 筛分　　　　　　　C. 粉碎　　　　　　　D. 洗涤

602. ZBG006　催化剂失活的原因有 5 种:中毒、积炭、(　　)、挥发与剥落。

　　　A. 烧结　　　　　　　B. 粉碎　　　　　　　C. 浸泡　　　　　　　D. 损失

603. ZBG006　催化剂的(　　)由于外来微量物质的存在而下降,称为中毒。

　　　A. 活性和选择性　　　B. 体积　　　　　　　C. 长度　　　　　　　D. 重量

604. ZBG006　催化剂在使用过程中逐渐在表面沉积上一层(　　),减少了可利用的表面积,引起催化剂活性衰退,称为积炭。

　　　A. 粉末　　　　　　　B. 反应物　　　　　　C. 炭质化合物　　　　D. 隔栅

605. ZBG007　多管磺化器属于(　　)反应器。

　　　A. 釜式　　　　　　　B. 罐式　　　　　　　C. 降膜式　　　　　　D. 塔式

606. ZBG007　降膜式磺化器属于(　　)反应器。

　　　A. 釜式　　　　　　　B. 平推流　　　　　　C. 完全混合式　　　　D. 罐组式

607. ZBG007　在降膜式磺化器的反应管内,气体(　　)与原料进行磺化反应,生成磺酸。

　　　A. $H_2S$　　　　　　　B. $CO_2$　　　　　　　C. $SO_2$　　　　　　　D. $SO_3$

608. ZBG008　磺化器用稀碱液清洗之后应用(　　)冲洗。

　　　A. 热水　　　　　　　B. 烷基苯　　　　　　C. 硫酸　　　　　　　D. 磺酸

609. ZBG008　磺化器用热水清洗之后应用(　　)吹干。

　　　A. 冷却风　　　　　　B. 工艺空气　　　　　C. 仪表风　　　　　　D. 电吹风

610. ZBG008　如果磺化器用水清洗后不吹干,会对(　　)造成腐蚀。

　　　A. 应急罐　　　　　　B. 旋风分离器　　　　C. 老化器　　　　　　D. 反应管

611. ZBG009　调整原料油进料温度是为了调整原料(　　)。

　　　A. 反应活化能　　　　B. 用量　　　　　　　C. 密度　　　　　　　D. 流速

612. ZBG009　原料温度的调整是通过(　　)实现的。

　　　A. 原料罐伴热　　　　B. 原料管线伴热　　　C. 原料换热器　　　　D. 原料泵做功

613. ZBG009　原料温度上升,原料(　　)下降,有利于反应管内原料成膜。

　　　A. 流量　　　　　　　B. 黏度　　　　　　　C. 密度　　　　　　　D. 活性物

614. ZBG010　磺化器结焦时会在气液分离器下视镜中看到(　　)中含有深色颗粒状物质。

　　　A. 原料　　　　　　　B. $SO_3$ 气体　　　　　C. 循环水　　　　　　D. 磺酸

615. ZBG010 磺化器结焦的主要原因是反应过于剧烈,放出的大量反应热没有被及时取走,使( )在反应管壁上部分碳化。

    A. 原料           B. 磺酸          C. $SO_3$         D. 循环水

616. ZBG010 如果结焦现象严重,必须用( )清洗磺化器。

    A. 浓硫酸         B. 发烟硫酸        C. 稀碱液        D. 浓碱液

617. ZBG011 应通过加入( )调节碱洗塔的 pH 值。

    A. 35%氢氧化钠液体                 B. 35%碳酸钠液体

    C. 粒碱                              D. 碳酸氢钠液体

618. ZBG011 碱洗塔 pH 值由( )检测。

    A. 质检部门       B. 在线 pH 计       C. pH 试纸       D. 电导仪

619. ZBG011 碱洗塔 pH 值呈酸性,是由于液碱与尾气中的( )反应生成亚硫酸盐。

    A. $SO_2$         B. $SO_3$         C. $H_2S$         D. 烟酸

620. ZBG012 制冷机组投自动后( )。

    A. 供液阀 2 旋钮应关闭            B. 可手动调节能量

    C. 可手动调节内压比              D. 吸气止回阀应全关

621. ZBG012 为防止空气中的水分在换热器管路上结冰,必须控制制冷机组出水温度( )。

    A. 不低于-3℃     B. 在-5℃以下     C. 为-10℃     D. 为0℃

622. ZBG012 螺杆制冷机的油位应在( )之间。

    A. 上视镜的顶部、下视镜的底部         B. 上视镜的 1/2、下视镜的 1/2

    C. 上视镜的 2/3、下视镜的 3/5         D. 上视镜的 2/3、下视镜的 3/4

623. ZBG013 尾气的主要化学成分包括 $SO_2$、( )、磺酸和无机酸的细小液滴等。

    A. $SO_3$         B. $H_2S$         C. NaOH         D. $CS_2$

624. ZBG013 尾气呈现淡蓝色,并且很快下沉,悬浮在地表面,说明尾气的主要成分是( )。

    A. 空气中凝结的水汽            B. $CS_2$

    C. $SO_3$ 接触湿空气后形成的硫酸液滴     D. 冰晶

625. ZBG013 尾气中 $SO_2$、$SO_3$ 含量超标,说明( )工作不正常。

    A. 干燥系统       B. 水解系统       C. 磺化系统       D. 老化系统

626. ZBG014 压力表的精度等级为 1.5 级,即该表的允许误差是( )。

    A. 1.5         B. ±1.5         C. 1.5%         D. ±1.5%

627. ZBG014 按压力-指示转换原理的不同,压力表可分为液柱式、电气式、活塞式、( )四种。

    A. 弹簧式       B. 膜片式       C. 弹性式       D. 膜盒式

628. ZBG014 弹性式压力表的标尺是( )的。

    A. 线性         B. 非线性         C. 反比式         D. 等百分比

629. ZBG015 下列选项属于液位测量仪表的 5 种种类之一的是( )。

    A. 目测式         B. 探查式         C. 静压式         D. 估算式

630. ZBG015　玻璃板式液位计属于（　　）液位计。
　　A. 直读式　　　　　　B. 静压式　　　　　C. 浮球式　　　　　D. 电感式

631. ZBG015　静压式液位计可分为（　　）和差压式两大类。
　　A. 浮力式　　　　　　B. 玻璃管式　　　　C. 压力式　　　　　D. 电气式

632. ZBG016　磺酸盐装置气相管线堵塞,将导致（　　）出口压力升高、跳停。
　　A. 再生风机　　　　　B. 冷却风机　　　　C. 主风机　　　　　D. 保护风机

633. ZBG016　下列选项属于磺酸盐装置压力容器的是（　　）。
　　A. 磺化器　　　　　　B. 应急罐　　　　　C. 产品调制罐　　　D. 硫酸罐

634. ZBG016　磺酸盐管线的压力等级为（　　）。
　　A. 1.6MPa　　　　　　B. 10MPa　　　　　C. 100MPa　　　　　D. 超高压

635. ZBG017　最常用的热电阻温度计是（　　）。
　　A. 铂热电阻　　　　　B. 铝热电阻　　　　C. 金属片电阻　　　D. K 型热电偶电阻

636. ZBG017　热电阻温度计输出信号为（　　）。
　　A. 电阻　　　　　　　B. 电压　　　　　　C. 脉冲　　　　　　D. 气源

637. ZBG017　热电阻温度计应用最多的金属材料是铜和（　　）。
　　A. 镍　　　　　　　　B. 铁　　　　　　　C. 铂　　　　　　　D. 银

638. ZBG018　属于各风机日常巡检应注意内容的是（　　）。
　　A. 轴承温度和润滑油油位　　　　　　　B. 电动机及蜗壳地脚螺栓是否松动
　　C. 风机叶轮是否刮壳　　　　　　　　　D. 以上选项均正确

639. ZBG018　班长岗、副操岗巡检牌频次为（　　）。
　　A. 单点 2h　　　　　B. 双点 2h　　　　　C. 1h 巡检一次　　D. 双点 4h

640. ZBG018　如发现漏检及时向工艺人员说明原因并填写（　　）。
　　A. 漏检记录　　　　　B. 交接班记录　　　C. 定期工作台历　　D. 运行记录

641. ZBG019　气液分离器液位计为（　　）。
　　A. 磁翻板液位计　　　B. 浮头式液位计　　C. 双法兰液位计　　D. 超声波液位计

642. ZBG019　磺酸盐产品罐液位计为（　　）。
　　A. 超声波液位计　　　B. 双法兰液位计　　C. 磁翻板液位计　　D. 雷达液位计

643. ZBG019　差压式液位计的检测结果只与（　　）有关。
　　A. 介质温度　　　　　B. 介质密度　　　　C. 介质压力　　　　D. 介质质量

644. ZBH001　硫黄粉尘具有（　　）的危险,因此硫黄间属于防爆间。
　　A. 挥发　　　　　　　B. 燃烧　　　　　　C. 爆炸　　　　　　D. 自燃

645. ZBH001　熔硫间内的消防设施有灭火器、（　　）等。
　　A. 蒸汽灭火管道　　　B. 消防水　　　　　C. 风力灭火机　　　D. 消防砂

646. ZBH001　蒸汽灭火管道的（　　）要做好明显标志,在正常生产时严禁开启。
　　A. 保温　　　　　　　B. 开关阀　　　　　C. 防腐　　　　　　D. 走向

647. ZBH002　硫酸具有强腐蚀性,因此在进行排酸、清洗酸蛋等操作时要佩戴（　　）,穿戴
　　　　　　防酸服、防酸手套等。
　　A. 全面式防毒面罩　　B. 防护眼镜　　　　C. 安全帽　　　　　D. 氧气呼吸器

648. ZBH002 发生酸碱灼伤的事故时,要马上(      ),涂抹专用药品,尽快送往医院救治。

A. 解开衣服使呼吸顺畅      B. 用大量清水冲洗

C. 平躺,不能随意移动      D. 送医院,不做任何处理

649. ZBH002 硫黄粉尘浓度达到临界浓度后,会发生(      ),因此硫黄间要注意通风。

A. 爆炸      B. 燃烧      C. 闪燃      D. 窒息

650. ZBH003 $SO_2$ 气体吸入人体后会对(   )产生损害。

A. 消化系统      B. 呼吸系统      C. 循环系统      D. 内分泌系统

651. ZBH003 空气中的 $SO_2$ 主要来自(   )的燃烧。

A. 柴草      B. 木柴      C. 树木      D. 含硫的煤炭

652. ZBH003 吸入 $SO_2$ 会使人产生(   )的感觉。

A. 窒息      B. 咳嗽      C. 流泪      D. 头晕

653. ZBH004 $SO_3$ 对皮肤、黏膜等组织有强烈的刺激和(      )。

A. 瘙痒      B. 腐蚀作用      C. 造成红肿      D. 充血

654. ZBH004 $SO_3$ 具有强吸水性,接触湿空气后生成白雾,其主要成分是(      )。

A. 盐酸      B. 磺酸      C. 硫酸      D. 醋酸

655. ZBH004 磺化装置中 $SO_3$ 作为磺化剂存在,一旦泄漏应首先(      ),然后按应急预案进行后续处理。

A. 穿戴防护用具      B. 进入装置处理泄漏点

C. 停磺化装置      D. 向生产调度机构报告

656. ZBH005 磺化装置尾气主要由 $SO_2$、$SO_3$、(      )等组成。

A. 支链磺酸      B. 乙二醇

C. 磺酸和无机酸液滴      D. 硫酸

657. ZBH005 尾气中 $SO_2$ 的处理主要由(   )进行。

A. 尾气处理单元      B. 燃硫及转化单元

C. 空气干燥单元      D. 公用工程系统

658. ZBH005 尾气中 $SO_3$ 的处理主要由(   )进行。

A. 酸吸收单元      B. 燃硫及转化单元

C. 空气干燥单元      D. 磺化单元

659. ZBH006 以下关于吹扫置换的说法中错误的是(      )。

A. 压力容器停运后,必须按规定的程序和时间执行吹扫置换

B. 压力容器停运后进行吹扫时,应根据其生产工艺和条件选择不同的吹扫介质

C. 压力容器停运后的吹扫工作没有完成不能进入后续程序

D. 冬季对某些无法将水排净的露天设备,管线死角不予处理

660. ZBH006 装置停工的说法中错误的是(      )。

A. 停工前应备好消防器材

B. 停工前应备好防毒面具

C. 停工吹扫完毕应将包括地面、阴沟内油污清扫干净

D. 停工前加好盲板

661. ZBH006　设备和管线内没有排净的可燃、有毒液体,一般采用(　　)或蒸汽进行吹扫。

　　A. 空气　　　　　　　B. 氢气　　　　　　　C. 惰性气体　　　　　D. 氧气

662. ZBH007　根据检修计划,预先制定(　　),注明抽堵盲板的部位和规格,并统一编号, 指定专人负责。

　　A. 工艺流程图　　　　　　　　　　　　B. 化工设备图

　　C. 抽堵盲板流程图　　　　　　　　　　D. 盲板规格型号

663. ZBH007　盲板应加在有物料来源的阀门(　　)处,盲板两侧均应有垫片(靠物料侧须 用新垫片),并用螺栓把紧,以保持其严密性。

　　A. 后部法兰　　　B. 前部法兰　　　C. 阀杆　　　D. 压盖

664. ZBH007　对抽堵的盲板应分别逐一登记,并对照抽堵盲板流程图进行检查确认无误后 挂上(　　),以防止错堵、漏堵或漏抽。

　　A. 禁止合闸牌　　　　　　　　　　　B. 正在运行牌

　　C. 盲板标识牌　　　　　　　　　　　D. 序号牌

665. ZBI001　按物料相态,反应器可分为(　　)反应器和非均相反应器。

　　A. 固定式　　　B. 间歇式　　　C. 均相　　　D. 塔式

666. ZBI001　按操作方法不同,反应器可以分为间歇式、(　　)和连续式反应器三种。

　　A. 半连续式　　　B. 均相　　　C. 非均相　　　D. 塔式

667. ZBI001　管式反应器多用于(　　)反应。

　　A. 气相　　　B. 气-液相　　　C. 液相　　　D. 液-固相

668. ZBI002　搅拌反应釜主要由釜体、(　　)和夹套换热设备组成。

　　A. 法兰　　　B. 搅拌器　　　C. 夹套　　　D. 回流冷凝器

669. ZBI002　搅拌反应釜釜体为(　　),其高与直径之比一般为1~3。

　　A. 长方形　　　B. 方形　　　C. 圆筒形　　　D. 三角形

670. ZBI002　反应釜按搅拌形式分为(　　)、锚式、框式、推进式和单(双)螺旋式。

　　A. 夹套式　　　B. 斜桨式　　　C. 电加热式　　　D. 内盘管式

671. ZBI003　测轴与被测轴接触时,动作(　　),同时应使两轴保持在一条水平线上。

　　A. 应快　　　B. 应停止　　　C. 应缓慢　　　D. 以上选项均不正确

672. ZBI003　测量时,测轴和被测轴不应顶得(　　),以两轴接触不相对滑动为原则。

　　A. 过松　　　B. 过紧　　　C. 过快　　　D. 过慢

673. ZBI003　光电传感器与转子之间的距离,与转子大小有关,一般以(　　)为宜。

　　A. 5~10cm　　　B. 5~20cm　　　C. 5~50cm　　　D. 5~100cm

674. ZBI004　测振仪在现场测各类风机叶轮振动时,测点应接近于叶轮的(　　)。

　　A. 两侧　　　B. 外侧　　　C. 中心　　　D. 两侧面中心部位

675. ZBI004　测量轴承振动时,应测(　　)位置。

　　A. 轴承箱中心　　　　　　　　　　　B. 轴承上部

　　C. 轴承压盖两侧面中心　　　　　　　D. 轴承下面

676. ZBI004　设备正常运行时应(　　)测一次。

　　A. 一周　　　B. 二周　　　C. 三周　　　D. 一个月

677. ZBI005　如果把测温仪从冷处快速移动到热处,聚焦镜会出现(　　)现象,应等待该现象散尽开始测量。

    A. 结霜　　　　　　B. 结露　　　　　　C. 积水　　　　　　D. 挂霜

678. ZBI005　不要向测温仪施加突然的温度变化,应等待测温仪返回(　　)后再开始测量。

    A. 稳定温度　　　　B. 正常温度　　　　C. 零刻度　　　　　D. 以上选项均不正确

679. ZBI005　由于温度不同而产生电动势的现象被称为"热电效应"或"塞贝克效应",这两种不同导体的组合称为(　　)。

    A. 热电偶　　　　　B. 热敏电阻　　　　C. 热电阻　　　　　D. 光纤温度传感器

680. ZBI006　连续管式反应器的反应(　　)较难控制,因此在反应器内多设有换热管。

    A. 分子　　　　　　B. 离子　　　　　　C. 温度　　　　　　D. 流量

681. ZBI006　以下是进行气相或均液相反应常用的一种管式反应器,由无缝管与U形管连接而成的是(　　)。

    A. 立管式反应器　　B. 盘管式反应器　　C. U形管式反应器　　D. 水平管式反应器

682. ZBI006　以下管内设有挡板或搅拌装置,以强化传热与传质过程的是(　　)。

    A. 立管式反应器　　　　　　　　　　B. U形管式反应器

    C. 盘管式反应器　　　　　　　　　　D. 水平管式反应器

683. ZBI007　螺旋板式换热器一种结构的两个螺旋通道的两端采用(　　)密封结构。

    A. 半焊式　　　　　B. 全焊式　　　　　C. 法兰连接　　　　D. 交错焊

684. ZBI007　螺旋板式换热器一种结构的两个螺旋通道的两端(　　),敞开处采用垫片密封。

    A. 交错焊死　　　　B. 为半焊式　　　　C. 为全焊式　　　　D. 为可拆式

685. ZBI007　以下可拆式螺旋板换热器结构原理与不可拆式换热器基本相同,但其两个通道可拆开清洗,适用范围较广的是(　　)换热器。

    A. I 型　　　　　　B. II 型　　　　　　C. III 型　　　　　　D. IV 型

686. ZBI008　夹套式换热器结构是在反应器或搅拌设备的壁外设置(　　),形成的空间供载热体流动以进行加热或冷却。

    A. 喷头　　　　　　B. 夹套　　　　　　C. U形管　　　　　D. 膨胀节

687. ZBI008　螺旋板式换热器的优点是(　　)。

    A. 可承受较高的压力　　　　　　　　B. 密封容易,便于清洗

    C. 制造简单　　　　　　　　　　　　D. 换热效率高

688. ZBI008　以下换热器是由许多冲压有波纹薄板按一定间隔,四周通过垫片密封,并用框架和压紧螺旋重叠压紧而成的是(　　)。

    A. 固定板式换热器　B. 浮头式换热器　　C. U形管式换热器　　D. 可拆卸板式换热器

689. ZBI009　规整填料塔的塔件包括圆筒和(　　)。

    A. 上盖　　　　　　B. 封头　　　　　　C. 中间法兰　　　　D. 端盖

690. ZBI009　规整填料塔的内件不包括(　　)。

    A. 填料　　　　　　B. 支撑装置　　　　C. 栅板　　　　　　D. 液体分布器

691. ZBI009　规整填料塔的壁流效应造成气液两相在填料层中分布不均,从而使传质效率（　　　）。

    A. 上升　　　　　　B. 下降　　　　　　C. 保持不变　　　　D. 以上选项均不正确

692. ZBI010　气-固相固定床反应器按流动方向的不同分为（　　　）和径向流动反应器。

    A. 流化床反应器　　B. 轴向流动反应器　C. 釜式反应器　　　D. 管式反应器

693. ZBI010　气-固相固定床反应器按换热方式的不同分为绝热反应器和（　　　）反应器。

    A. 等温　　　　　　B. 放热　　　　　　C. 连续换热　　　　D. 吸热

694. ZBI010　气-固相接触催化反应是使反应原料的气态混合物在一定的温度、压力下通过（　　　）催化剂而完成的。

    A. 气体　　　　　　B. 液体　　　　　　C. 固体　　　　　　D. 半导体

695. ZBI011　大多数固定床反应器选择（　　　）流动。

    A. 径向　　　　　　B. 轴向　　　　　　C. 垂直　　　　　　D. 横向

696. ZBI011　当反应的热效应较大或对温度控制严格时,通常选用（　　　）反应器。

    A. 轴向　　　　　　B. 径向　　　　　　C. 连续换热　　　　D. 绝热

697. ZBI011　流化床反应器的主要构件是壳体、气体分布板、热交换器、（　　　）回收装置。

    A. 硫黄　　　　　　B. 溶液　　　　　　C. 催化剂　　　　　D. 余热

698. ZBI012　多段绝热式固定床反应器（　　　）的使用是实现气流均匀分布的重要手段和必要措施。

    A. 入口调节阀　　　B. 预热器　　　　　C. 入口分布器　　　D. 换热器

699. ZBI012　多段绝热式固定床反应器取热方式可分为（　　　）换热式、原料气冷激式、非原料气冷激式。

    A. 直接　　　　　　B. 列管　　　　　　C. 对流　　　　　　D. 间接

700. ZBI012　以下绝热固定床反应器又分为中间间接换热式和冷激式的是（　　　）。

    A. 单段　　　　　　B. 双段　　　　　　C. 三段　　　　　　D. 多段

701. ZBI013　列管式换热式反应器通常是在管内（　　　）,管间（　　　）。

    A. 放催化剂,走热载体　　　　　　　　　　B. 走热载体,放催化剂

    C. 放催化剂,走冷载体　　　　　　　　　　D. 走冷载体,放催化剂

702. ZBI013　用高压水或用高压蒸汽作热载体时,列管式换热式反应器通常把催化剂（　　　）。

    A. 放在管内　　　　B. 放在管间　　　　C. 与热载体混合　　D. 放在换热器外

703. ZBI013　列管式固定床反应器结构与（　　　）换热器相似,由管束、壳体、两端封头等组成。

    A. 管壳式　　　　　B. 浮头式　　　　　C. 板式　　　　　　D. 间壁式

704. ZBI014　搅拌式反应釜是（　　　）或液-固相反应最常用的一种反应器。

    A. 液-液相　　　　B. 气-液相　　　　C. 气-气相　　　　D. 气-固相

705. ZBI014　搅拌式反应釜可以在（　　　）范围内使用。

    A. 较低压力、较高温度　　　　　　　　　　B. 较低压力和温度

    C. 较大压力、较低温度　　　　　　　　　　D. 较大压力和温度

706. ZBI014 下列不是搅拌式反应釜的突出优点的是(　　)。

A. 投资少　　　　B. 投资快　　　　C. 操作灵活性大　　D. 产量大

707. ZBI015 间歇式搅拌反应釜通常用于(　　)的生产。

A. 一种产品　　　B. 十种产品　　　C. 几种不同产品　　D. 两种产品

708. ZBI015 间歇式搅拌反应釜的特点是(　　)。

A. 设备利用率低、劳动强度大　　　　B. 设备利用率高、劳动强度大

C. 设备利用率低、劳动强度小　　　　D. 设备利用率高、劳动强度小

709. ZBI015 以下反应釜的密封装置可采用机械密封、填料密封等的是(　　)反应釜。

A. 高压　　　　　B. 低压　　　　　C. 间歇式搅拌　　D. 碳钢

710. ZBI016 多釜串联连续搅拌反应器能够强化反应器内物料的传质和传热效果,促进(　　)反应,改善操作情况。

A. 中和　　　　　B. 电解　　　　　C. 化学　　　　　D. 物理

711. ZBI016 多釜串联连续搅拌反应器可以使参加反应的物料混合均匀,使固体在液相中很好地分散,使固体粒子在液相中(　　)。

A. 均匀悬浮　　　B. 过滤　　　　　C. 分离　　　　　D. 沉降

712. ZBI016 多釜串联反应器是化学反应工程中的(　　)反应器类型,广泛地运用于化学工业。

A. 基本　　　　　B. 一般　　　　　C. 唯一　　　　　D. 以上选项均不正确

713. ZBI017 设置搅拌器导流筒不仅可以严格控制流体的流动方向,而且可以消除釜内(　　)。

A. 旋涡现象　　　　　　　　　　　　B. 液面凹陷现象

C. 死区、短路现象　　　　　　　　　D. 液面流动现象

714. ZBI017 设置搅拌器导流筒除了适应更大的流速外,还能减少搅拌死角,防止进口段流体(　　)。

A. 诱发振动　　　B. 阻力增大　　　C. 负荷增大　　　D. 搅拌不匀

715. ZBI017 应用导流筒可使流型得以严格控制,还可得到(　　)涡流和(　　)循环。

A. 低速,低倍　　B. 中速,低倍　　C. 低速,高倍　　D. 高速,高倍

716. ZBI018 卧式活塞卸料离心机结构主要由回转体、复合油罐、机壳机座和(　　)等部分组成。

A. 油泵　　　　　B. 推杆　　　　　C. 液压推料系统　D. 溢流阀

717. ZBI018 下列不是卧式活塞卸料离心机特点的是(　　)。

A. 连续运转　　　　　　　　　　　　B. 自动操作

C. 液压脉动卸料　　　　　　　　　　D. 物料能过滤甩干

718. ZBI018 离心机是利用(　　)使得需要分离的不同物料得到加速分离的机器。

A. 重力　　　　　B. 浮力　　　　　C. 离心力　　　　D. 向心力

719. ZBI019 活塞式压缩机润滑系统的主要作用是在所有做(　　)的表面注入润滑油,形成油膜,以减少摩擦,冷却运动部位的摩擦热,减少功能消耗。

A. 活塞运动　　　B. 往复运动　　　C. 旋转运动　　　D. 相对运动

720. ZBI019　活塞式压缩机润滑系统可防止温度过高和运动件卡住,提高(　　)的密封能力及防止零件生锈等。

　　A. 密封圈　　　　　B. 活塞环填料　　　C. 活塞环　　　　　D. 活塞杆填料

721. ZBI019　大中型带十字头的活塞式压缩机的润滑方式均采用(　　)的润滑方式。

　　A. 飞溅　　　　　　B. 喷淋　　　　　　C. 压力　　　　　　D. 自供

722. ZBI020　密封油来自润滑总管,由增压泵增压,经过密封油过滤器过滤进入密封油总管,给轴的两端(　　)供油。

　　A. 轴瓦　　　　　　B. 轴承　　　　　　C. 浮环油膜密封　　D. 机封

723. ZBI020　机组运行所需润滑油由(　　)供给。

　　A. 主油泵　　　　　B. 副油泵　　　　　C. 辅助油泵　　　　D. 高位槽

724. ZBI020　离心式压缩机所配高位油箱储油量,供油时间一般不小于(　　)。

　　A. 3min　　　　　　B. 5min　　　　　　C. 8min　　　　　　D. 10min

725. ZBI021　大型机组在油系统中一般都设置了(　　)。

　　A. 阀门　　　　　　B. 报警器　　　　　C. 开关　　　　　　D. 低油压跳闸机构

726. ZBI021　切换油泵必须要低油压报警开关动作,向操作人员发出(　　),同时启动辅助油泵。

　　A. 报警信号　　　　B. 指令　　　　　　C. 信号　　　　　　D. 命令

727. ZBI021　大型机组润滑油泵切换时,为了防止润滑油压力波动引起意外停机,一般(　　)工艺联锁。

　　A. 投用　　　　　　B. 解除　　　　　　C. 调高联锁值　　　D. 调低联锁值

728. ZBI022　压缩机带负荷紧急停车后压缩机的(　　)和密封部件都存在带负荷状态,随时都有设备部件损坏的发生。

　　A. 零件　　　　　　B. 活塞组件　　　　C. 十字头组件　　　D. 运动部件

729. ZBI022　压缩机带负荷紧急停车后,会造成正在生产的工艺系统(　　)。

　　A. 生产波动　　　　B. 工艺指标混乱　　C. 成品不合格　　　D. 生产无法维持

730. ZBI022　压缩机带负荷紧急停车后,出口管网中的物料有可能倒回缸体中,引起(　　)。

　　A. 超压　　　　　　B. 喘振　　　　　　C. 反转　　　　　　D. 气缚

731. ZBI023　叶轮与主轴的配合一般都采用(　　)配合,然后采用螺钉加以固定。

　　A. 动　　　　　　　B. 过渡　　　　　　C. 过盈　　　　　　D. 热装

732. ZBI023　以下对气体做功使气体的压力和速度升高,完成气体的运输,气体沿径向流过叶轮的压缩机的是(　　)。

　　A. 气缸　　　　　　B. 电动机　　　　　C. 叶轮　　　　　　D. 轴承

733. ZBI023　离心式压缩机用于压缩气体的主要部件是高速旋转的(　　)和通流面积逐渐增加的扩压器。

　　A. 轴承　　　　　　B. 叶轮　　　　　　C. 电动机　　　　　D. 定子

734. ZBI024　将搅拌反应釜设备应用于结晶生产中的设备称为(　　)。

　　A. 搅拌结晶器　　　B. 析出结晶器　　　C. 釜式结晶器　　　D. 盐析结晶器

735. ZBI024　按生产用途,结晶器又可为非增长型结晶器和(　　)。

　　A. 冷析结晶器　　　　　　　　　　　B. 盐析结晶器

　　C. 外循环式结晶器　　　　　　　　　D. 增长型结晶器

736. ZBI024　按拉坯方向上断面内壁的线型分,结晶器的型式有弧形和(　　)两种。

　　A. 圆柱形　　　　B. 扇形　　　　C. 直形　　　　D. 椭圆形

737. ZBI025　处理大量物料干燥的干燥器称为(　　)。

　　A. 气流干燥器　　　　　　　　　　　B. 喷雾干燥器

　　C. 转筒干燥器　　　　　　　　　　　D. 沸腾干铵炉

738. ZBI025　气流干燥器是将湿物料在热气流中分散成(　　),一边随热气流并流输送, 一边进行干燥。

　　A. 颗粒状　　　　B. 粉粒状　　　　C. 粉末状　　　　D. 圆粒状

739. ZBI025　干燥机根据操作方法可分为(　　)式和连续式干燥机。

　　A. 并流　　　　B. 错流　　　　C. 间歇　　　　D. 负压

740. ZBI026　冷凝器的结构形式较多,直立列管式和喷淋式冷凝器的冷凝(　　),尤以直 立列管式冷凝器最为常用。

　　A. 温度低　　　　B. 效率一般　　　　C. 效率低　　　　D. 效率高

741. ZBI026　冷凝器工作过程是个(　　)的过程,所以冷凝器温度都是较高的。

　　A. 吸热　　　　B. 放热　　　　C. 冷凝　　　　D. 加热

742. ZBI026　在制冷系统中,(　　)是输送冷量的设备。

　　A. 冷凝器　　　　B. 集热器　　　　C. 蒸发器　　　　D. 干燥器

743. ZBI027　泵的特性曲线是以20℃水为介质测定的,当输送高于20℃水时,则泵的安装 高度应(　　)。

　　A. 升高　　　　B. 降低　　　　C. 保持不变　　　　D. 以上选项均不正确

744. ZBI027　离心泵流量曲线中流量用(　　)表示。

　　A. $H$　　　　B. $C$　　　　C. $O$　　　　D. $Q$

745. ZBI027　离心泵扬程曲线中扬程用(　　)表示。

　　A. $I$　　　　B. $N$　　　　C. $H$　　　　D. $Q$

746. ZBI028　空气冷却器一般采用(　　)结构,管子除少数白钢管外,大多采用铜管,而且 是翅片管。

　　A. 固定管板式　　　　B. U 形管式　　　　C. 浮头式　　　　D. 填料函式

747. ZBI028　翅片管装于管外的翅片有轴向螺旋形、径向螺旋形,采用翅片管束来提高 (　　)是比较经济有效的。

　　A. 换热速度　　　　B. 换热效率　　　　C. 换热效果　　　　D. 换热指标

748. ZBI028　空气冷却器以(　　)作为冷却介质。

　　A. 仪表空气　　　　B. 循环水　　　　C. 江水　　　　D. 环境空气

749. ZBI029　压力容器的使用条件必须要符合(　　)。

　　A. 生产要求　　　　　　　　　　　B. 生产需要

　　C. 生产工艺条件　　　　　　　　　D. 技术条件

750. ZBI029　质量证明书、(　　　)以及制造厂相应的图纸、安装验收合格证以及容器使用前的各项检验必须合格。

　　A. 产品合格证　　　B. 证明书　　　　　C. 检验书　　　　　D. 联合验收卡

751. ZBI029　下列不是压力容器定期校验内容的是(　　　)。

　　A. 外部检验　　　　B. 内部检验　　　　C. 耐温实验　　　　D. 内压实验

752. ZBI030　为了提高壳程内流体的流速、(　　　)、传热效率,在壳程内设置了折流板。

　　A. 工作程度　　　　B. 湍流程度　　　　C. 传热程度　　　　D. 流体加快程度

753. ZBI030　折流板是用来改变流体流向的板,常用于(　　　)换热器设计壳程介质流道。

　　A. 间壁式　　　　　B. 管壳式　　　　　C. 板式　　　　　　D. 螺旋板式

754. ZBI030　折流板被设置在(　　　),可以起到提高传热效果、支撑管束的作用。

　　A. 壳层　　　　　　B. 管层　　　　　　C. 管内　　　　　　D. 管外

755. ZBI031　换热器在壳体进口处设置防冲板起(　　　)的作用。

　　A. 降低阻力　　　　B. 阻液　　　　　　C. 缓冲　　　　　　D. 降低流速

756. ZBI031　防冲板是在换热器中为了防止流体(　　　)冲刷管子而引起管子振动失稳和腐蚀而设置的。

　　A. 间接　　　　　　B. 直接　　　　　　C. 局部　　　　　　D. 腐蚀

757. ZBI031　防冲板外表面到圆筒内壁的距离,应不小于接管外径的(　　　)。

　　A. 1/2　　　　　　B. 1/3　　　　　　C. 1/4　　　　　　D. 1/5

758. ZBI032　管束的正三角形和转角三角形排列,适用于壳程介质(　　　)及不需要进行机械清洗的场合。

　　A. 清洁　　　　　　B. 浑浊　　　　　　C. 黏度大　　　　　D. 黏度小

759. ZBI032　管束的正方形和转角正方形排列,适用于壳程流体(　　　)管外需要进行机械清洗的场合。

　　A. 清洗　　　　　　B. 有腐蚀性　　　　C. 有毒性　　　　　D. 浑浊

760. ZBI032　管壳式换热器中最简单的是(　　　)的换热器。

　　A. 单管程　　　　　B. 双管程　　　　　C. 三管程　　　　　D. 多管程

761. ZBI033　固定板式换热器的管子、管板、壳体(　　　)连在一起。

　　A. 固定连接　　　　B. 不固定连接　　　C. 刚性地　　　　　D. 可折式

762. ZBI033　由于固定板式换热器的两个管板由管子相互支撑,故在各种管壳式换热器中它的管板(　　　)。

　　A. 最厚　　　　　　B. 略薄　　　　　　C. 中等厚度　　　　D. 最薄

763. ZBI033　固定板式换热器的锻件使用较(　　　),造价(　　　)。

　　A. 少,高　　　　　B. 少,低　　　　　C. 多,高　　　　　D. 多,低

764. ZBI034　浮头式换热器的一端管板与壳体固定连接,另一端则不与壳体连接,而是用一较小端盖(或管箱)(　　　),称为"浮头",所以这种换热器称为浮头式换热器。

　　A. 相互密封　　　　B. 法兰密封　　　　C. 单独密封　　　　D. 填料密封

765. ZBI034 浮头在壳体内自由( ),不会产生温差应力,因此浮头式换热器能在较高温差和压差条件下工作。

    A. 上下活动　　　　B. 伸缩　　　　　　C. 旋转　　　　　　D. 以上选项均不正确

766. ZBI034 以下换热器壳体和管束的热膨胀是自由的,管束可以抽出,便于清洗管间和管内的是( )换热器。

    A. 固定板式　　　　B. 浮头式　　　　　C. 间壁式　　　　　D. 板式

767. ZBI035 U 形管式换热器的管束弯曲成 U 形,U 形管一端固定在同一管板上,一端不固定,可以自由伸缩,所以没有( )应力。

    A. 热　　　　　　　B. 冷凝　　　　　　C. 温差　　　　　　D. 湿度

768. ZBI035 常在 U 形管式换热器壳程加一纵向挡板使两流体呈完全逆流,从而提高了壳程一侧流体的( )。

    A. 压力　　　　　　B. 效率　　　　　　C. 温度　　　　　　D. 流速

769. ZBI035 U 形管式换热器结构简单,只有一个管板,密封面( ),运行可靠,造价( )。

    A. 多,高　　　　　B. 多,低　　　　　C. 少,高　　　　　D. 少,低

770. ZBI036 由于膨胀节比壳体挠性大、易于变形,可使壳体具有一定的伸缩量,因此在一定的温差范围内能很好地达到消除或减少( )的作用。

    A. 内应力　　　　　B. 温差应力　　　　C. 壳程应力　　　　D. 管线应力

771. ZBI036 在壳壁与管壁温差较大时,膨胀节有可能在温差应力与( )产生的应力共同作用下,使圆筒或换热器中的轴向应力超过许用值设置的。

    A. 温差　　　　　　B. 外压　　　　　　C. 总压　　　　　　D. 内压

772. ZBI036 膨胀节用来补偿管道内的介质因( )变化而产生的位移量。

    A. 压力　　　　　　B. 体积　　　　　　C. 流速　　　　　　D. 温度

773. ZBI037 输送可燃流体介质、有毒流体介质、设计压力不小于( )且设计温度不小于 400℃的管道属 GC1 级管道的一种。

    A. 2.5MPa　　　　B. 3.0MPa　　　　C. 4.0MPa　　　　D. 4.5MPa

774. ZBI037 输送流体介质、设计压力小于( )且设计温度小于 400℃的管道属 GC2 级管道的一种。

    A. 10.0MPa　　　　B. 20.0MPa　　　　C. 4.0MPa　　　　D. 8.0MPa

775. ZBI037 工业管道压力等级分为( )。

    A. 负压、低压、中压　　　　　　　　　　B. 低压、中压、高压
    C. 负压、低压、高压　　　　　　　　　　D. 负压、中压、高压

776. ZBI038 三相异步电动机按绝缘等级分为( )等几种。

    A. A 级、B 级、C 级　　　　　　　　　　B. A 级、B 级、D 级
    C. A 级、B 级、E 级、F 级、H 级　　　　D. A 级、B 级、G 级

777. ZBI038 以下可能是停用时间较长的电动机绝缘水平低的主要原因的是( )。

    A. 电动机受潮　　　　　　　　　　　　　B. 电源未接通
    C. 电动机接线错误　　　　　　　　　　　D. 轴承缺油

778. ZBI038　根据不同绝缘材料耐受高温的能力对其规定了(　　)允许的最高温度。
　　　A. 5个　　　　　　　　B. 6个　　　　　　　　C. 7个　　　　　　　　D. 8个

779. ZBJ001　飞溅润滑指润滑油依靠压缩机连杆大头瓦上装设的(　　),在曲轴旋转时打击曲轴箱中的润滑油,使油溅起并飞至需要润滑的部位。
　　　A. 扳手　　　　　　　B. 铁条　　　　　　　C. 勺或棒　　　　　　D. 螺丝刀

780. ZBJ001　压力润滑通过(　　)加压后,强制地将润滑油注入各润滑点进行润滑。
　　　A. 油泵　　　　　　　B. 注油器　　　　　　C. 柱塞　　　　　　　D. 节流阀

781. ZBJ001　以下润滑主要用于有大量润滑点的机械设备的是(　　)润滑。
　　　A. 飞溅　　　　　　　B. 油滴　　　　　　　C. 手工　　　　　　　D. 集中

782. ZBJ002　更换垫片时,拆开法兰后要清理法兰(　　)。
　　　A. 垫片　　　　　　　B. 法兰孔　　　　　　C. 结合面　　　　　　D. 法兰端面

783. ZBJ002　安装垫片前要检查法兰及螺栓孔(　　)情况。
　　　A. 对中　　　　　　　B. 偏移　　　　　　　C. 腐蚀　　　　　　　D. 润滑

784. ZBJ002　取出旧垫片,将准备好的新垫片两侧涂抹(　　)后放入法兰内,对正中心把紧即可。
　　　A. 502胶　　　　　　B. 黄油　　　　　　　C. 滑石粉　　　　　　D. 颜色

785. ZBJ003　备好抽加盲板用的(　　)和盲板螺栓工具等,办理好任务书,抽加盲板证,现场设监护人,联系岗位操作工确认切断阀门来源后开始检修。
　　　A. 撬杆　　　　　　　B. 专用扳手　　　　　C. 手电　　　　　　　D. 垫片

786. ZBJ003　抽加盲板的关键要求是(　　)的清理检查,要平整光滑无缺陷,安装盲板后,对角螺栓锁紧力量要均匀适度,严禁泄漏。
　　　A. 法兰垫　　　　　　B. 法兰口　　　　　　C. 法兰螺栓　　　　　D. 盲板尺寸

787. ZBJ003　装置年度检修,(　　)盲板加设要靠近本装置一侧。
　　　A. 水线　　　　　　　　　　　　　　　B. 可燃气体管道
　　　C. 界区　　　　　　　　　　　　　　　D. 腐蚀性液体

788. ZBJ004　要不间断地检查阀门转动部位(　　),发现问题及时处理。
　　　A. 有无杂音　　　　　B. 是否松动　　　　　C. 有无卡住　　　　　D. 润滑是否良好

789. ZBJ004　要经常检查阀门(　　)部位是否有泄漏现象。
　　　A. 法兰　　　　　　　B. 阀上盖　　　　　　C. 填料　　　　　　　D. 阀体

790. ZBJ004　温度在(　　)以下的季节,要注意停用阀门的防冻,及时打开阀底丝堵,排除里面的凝积水。
　　　A. 0℃　　　　　　　B. 3℃　　　　　　　C. 5℃　　　　　　　D. -10℃

791. ZBJ005　当往复式压缩机转速在 400r/min 以上时,它的振动振幅应小于(　　)。
　　　A. 0.15mm　　　　　B. 0.5mm　　　　　　C. 1.5mm　　　　　　D. 15mm

792. ZBJ005　往复式压缩机曲轴箱内油温一般不高于(　　)。
　　　A. 48℃　　　　　　B. 50℃　　　　　　　C. 55℃　　　　　　　D. 60℃

793. ZBJ005　冷却系统应充满冷却水、不允许有气堵或泄漏是(　　)维护保养内容。
　　　A. 每班　　　　　　　B. 每旬　　　　　　　C. 半年　　　　　　　D. 预防性

794. ZBJ006 应维护检查机组各设备,动、静密封点( )情况,轴承温度以及设备管道振动、保温及疏排点的排放情况。

A. 管理 B. 润滑 C. 泄漏 D. 腐蚀

795. ZBJ006 离心式压缩机应( )检查主、辅机进出口压力、温度、油压和各轴承温度。

A. 定点、定人 B. 定点、定时 C. 定时、定人 D. 定时、定路线

796. ZBJ006 离心式压缩机要合理使用和管理润滑油,认真做到"( )""三级过滤"。

A. 三定 B. 四定 C. 五定 D. 六定

797. ZBJ007 奥氏体不锈钢是化工最常用的铬镍不锈钢,铬含量达( )以上,镍含量达8%,不但耐蚀性、抗高温氧化性能好,而且冷加工性能及焊接性能较好。

A. 10% B. 18% C. 22% D. 30%

798. ZBJ007 在铅中加入( )左右的锑,能显著提高铅的硬度,用来制造管件、泵壳、叶轮等。

A. 7% B. 9% C. 10% D. 15%

799. ZBJ007 化工生产中,高温金属设备必须具有( )能力。

A. 抗高温 B. 抗氧化 C. 抗腐蚀 D. 抗老化

800. ZBJ008 用于制作储槽、塔,耐腐蚀性高,使用温度为150℃的材料是( )。

A. 防锈铝 B. 超硬铝 C. 工业纯铝 D. 硬铝

801. ZBJ008 聚四氟乙烯可以用于制作-180~250℃的各种腐蚀性介质中工作的衬垫、( )和减磨零件。

A. 视镜 B. 衬里 C. 隔膜 D. 密封

802. ZBJ008 聚异丁烯橡胶使用最高温度一般为50~60℃,它在低温下仍有良好的弹性及足够的强度,在( )时由于聚异丁烯板开始软化,因而不能经受机械作用。

A. 40℃ B. 50℃ C. 60℃ D. 70℃

803. ZBJ009 需检查螺栓与螺母( ),涂固体润滑剂。

A. 配合情况 B. 啮合情况 C. 松紧情况 D. 旋合情况

804. ZBJ009 一般当连接法兰或部件的温度降到( )以下时,可以松螺栓进行拆卸。

A. 80℃ B. 90℃ C. 100℃ D. 110℃

805. ZBJ009 对于高温部位的螺栓,拆卸前( )左右在拆卸的螺母的螺纹处浇上煤油或松动剂,润滑螺纹间的氧化物,以便于拆卸。

A. 2h B. 4h C. 6h D. 8h

806. ZBJ010 工业管道外部检查要点应放在管道( )和泄漏上。

A. 防腐 B. 保温 C. 振动 D. 测厚

807. ZBJ010 工业管道要对可疑部位进行( )监测。

A. 安全 B. 动态 C. 测厚 D. 磁粉着色

808. ZBJ010 工业管道外部检查主要包括管道表面、管道组件、管道支架、( )。

A. 管道内部 B. 管道焊缝 C. 绝热层 D. 法兰口

809. ZBJ011 依据阀门的压力、( )可确定填料的种类和尺寸。

A. 介质 B. 温度 C. 腐蚀类型 D. 液体流速

810. ZBJ011 　更换阀门密封填料(　　)，应切断阀门介质来源，并放净阀门进出口压力。

　　　A. 前　　　　　　　　B. 后　　　　　　　　C. 时　　　　　　　　D. 以上选项均不正确

811. ZBJ011 　阀门密封填料添加完，最后一圈应保留(　　)间隙，上好压盖并均匀压紧，然后适当放松，压盖压入深度不小于5mm。

　　　A. 2mm　　　　　　　B. 3mm　　　　　　　C. 4mm　　　　　　　D. 5mm

812. ZBK001 　球阀按结构形式可分为(　　)、固定球阀、弹性球阀和油封球阀。

　　　A. 浮动球阀　　　　　B. 滑动球阀　　　　　C. 滚动球阀　　　　　D. 直通球阀

813. ZBK001 　球阀的主要优点是适用于(　　)的管路中，它启闭迅速、轻便。

　　　A. 90°　　　　　　　B. 180°　　　　　　　C. 270°　　　　　　　D. 360°

814. ZBK001 　下列介质管路上，适用于安装球阀的是(　　)。

　　　A. 高温介质　　　　　B. 结晶介质　　　　　C. 悬浮物液体　　　　　D. 蒸汽

815. ZBK002 　装在压力容器上压力表，其(　　)应与设备的工作压力相适应。

　　　A. 最小量程　　　　　B. $\frac{1}{3}$量程　　　　　C. $\frac{1}{2}$量程　　　　　D. 最大量程

816. ZBK002 　同样精度的压力表，量程(　　)，允许误差的绝对值和肉眼观察的偏差就越大。

　　　A. 越精确　　　　　　B. 越不精确　　　　　C. 越大　　　　　　　D. 越小

817. ZBK002 　压力表的量程一般为设备工作压力的1.5~3倍，最好取(　　)。

　　　A. 5倍　　　　　　　B. 4倍　　　　　　　C. 3倍　　　　　　　D. 2倍

818. ZBK003 　填料塔应用广泛，一般多为(　　)制成。

　　　A. 塑料　　　　　　　B. 玻璃　　　　　　　C. 橡胶　　　　　　　D. 金属

819. ZBK003 　以下属于磺酸盐装置填料塔主要组成部分的是(　　)。

　　　A. 封头　　　　　　　B. 塔板　　　　　　　C. 塔体　　　　　　　D. 管线

820. ZBK003 　以下属于磺酸盐装置填料塔主要组成部分的是(　　)。

　　　A. 填料分布装置　　　B. 液体喷淋装置　　　C. 填料支撑装置　　　D. 塔板

821. ZBK004 　填料的种类很多，大致可分为颗粒型填料及(　　)两大类。

　　　A. 组合型填料　　　　B. 混合型填料　　　　C. 方形填料　　　　　D. 金属填料

822. ZBK004 　颗粒型填料有拉西环、鲍尔环、鞍形填料环等，它们由陶瓷、塑料、(　　)等制成。

　　　A. 橡胶　　　　　　　B. 玻璃　　　　　　　C. 石墨　　　　　　　D. 金属

823. ZBK004 　组合型填料由金属丝网和塑料制成，主要有网体填料、(　　)等。

　　　A. 拉西环填料　　　　B. 波纹板填料　　　　C. 鲍尔环填料　　　　D. 鞍形环填料

824. ZBK005 　填料的主要作用是为蒸馏过程的传热、传质提供(　　)的场所。

　　　A. 气相冷凝　　　　　B. 热量交换　　　　　C. 液相冷凝　　　　　D. 气、液接触

825. ZBK005 　填料选择合理，塔中气、液两相接触良好，可以(　　)传质和传热过程。

　　　A. 改变　　　　　　　B. 减缓　　　　　　　C. 促进　　　　　　　D. 以上选项均不正确

826. ZBK005 　传质效率及气、液通过能力大，流体阻力及液体在填料层中的滞留量较小，是因为填料具有较大的比表面积。

　　　A. 体积　　　　　　　B. 空隙率　　　　　　C. 数量　　　　　　　D. 重量

827. ZBK006 屏蔽泵把泵和电动机连在一起,泵与电动机( )。
    A. 同轴有轴封    B. 同轴无轴封    C. 密封性好    D. 适用范围广

828. ZBK006 屏蔽泵实质上是一种( ),只是结构不同,没有转轴密封,可以做到绝对无泄漏。
    A. 齿轮泵    B. 往复泵    C. 离心泵    D. 计量泵

829. ZBK006 屏蔽泵采用输送介质润滑的( )滑动轴承,使运行噪声更低且无须人工加油,降低了维护成本。
    A. 金属    B. 陶瓷    C. 塑料    D. 石墨

830. ZBK007 计量泵的结构包括有泵缸、传动装置、驱动机和( )。
    A. 轴承    B. 轴封    C. 行程调节机构    D. 叶轮

831. ZBK007 柱塞式计量泵主要由泵缸、( )和柱塞行程调节机构组成。
    A. 密封机构    B. 连接机构    C. 传动机构    D. 活塞

832. ZBK007 以下属于 N 型曲轴柱塞式计量泵主要组成部分的是( )。
    A. 密封机构    B. 传动调节机构    C. 连接机构    D. 活塞

833. ZBK008 计量泵一般采用( )的方法调节流量。
    A. 关小进口阀    B. 关小出口阀
    C. 关小回流阀    D. 改变活塞或柱塞的行程

834. ZBK008 减少活塞或柱塞的行程,计量泵的流量( )。
    A. 增大    B. 减小    C. 保持不变    D. 波动

835. ZBK008 下列选项不是计量泵流量调节方法的是( )。
    A. 调节冲程长度,改变空行程    B. 改变柱塞材质
    C. 改变柱塞有效行程容积    D. 变速调节

836. ZBK009 机械密封的主要作用是防止设备内( )从泵内向外泄漏。
    A. 润滑油    B. 输送介质    C. 叶轮    D. 水

837. ZBK009 机械密封不但能防止泵内液体流出,同时也能防止( )。
    A. 机泵抱轴    B. 机泵反转
    C. 料液沉积    D. 空气进入泵内

838. ZBK009 机械密封可防止设备内输送介质从泵内向外( )泄漏。
    A. 切向    B. 轴向    C. 垂直    D. 渗透

839. ZBK010 将机器中的轴与原动机轴连接起来的一种常用部件是( )。
    A. 轴承    B. 联轴器    C. 转子    D. 泵轴

840. ZBK010 十字滑块式联轴器是一种( ),它可以补偿安装及运转时两轴的偏移。
    A. 弹性联轴器    B. 夹套式联轴器
    C. 固定式刚性联轴器    D. 可移式刚性联轴器

841. ZBK010 联轴器可把电动机的( )传给泵轴,使泵获得能量。
    A. 化学能    B. 静能    C. 机械能    D. 热能

842. ZBK011 离心泵的主要性能参数有流量、( )、转速、轴功率、效率等。
    A. 体积    B. 黏度    C. 扬程    D. 压力

843. ZBK011 在单位时间内泵能输送的液体量称为离心泵的（　　），它的大小取决于泵的结构、尺寸和转速。

    A. 扬程　　　　　　　B. 流量　　　　　　　C. 体积　　　　　　　D. 效率

844. ZBK011 泵加给每公斤液体的能量称为离心泵的（　　），又称泵的压头，它的大小取决于泵的结构、转速及流量。

    A. 功率　　　　　　　B. 压力　　　　　　　C. 效率　　　　　　　D. 扬程

845. ZBK012 多级离心泵按泵轴位置分为（　　）两大类。

    A. 清水泵和耐酸泵　　　　　　　　　　B. 低压泵和高压泵

    C. 开式叶轮泵和闭式叶轮泵　　　　　　D. 立式泵和卧式泵

846. ZBK012 以下属于多级离心泵主要组成部分的是（　　）。

    A. 出口阀　　　　　　B. 入口阀　　　　　　C. 进水段　　　　　　D. 联轴器

847. ZBK012 安装在泵轴上（　　）的个数代表了离心泵的级数。

    A. 出口阀　　　　　　B. 入口阀　　　　　　C. 联轴器　　　　　　D. 叶轮

848. ZBK013 离心泵工作时流量不足的原因是（　　）。

    A. 出口管道阻力小　　　　　　　　　　B. 平衡管不畅通

    C. 吸入管或泵进出口堵塞　　　　　　　D. 轴承安装不正确

849. ZBK013 离心泵叶轮中有异物是造成离心泵（　　）的原因之一。

    A. 振动　　　　　　　B. 发生水击　　　　　C. 轴承高温　　　　　D. 流量不足

850. ZBK013 离心泵轴承间隙过小或安装不正确，容易造成（　　）。

    A. 填料发热　　　　　B. 填料磨损　　　　　C. 机泵振动　　　　　D. 轴承温度高

851. ZBK014 以下属于离心泵试车前检查要点的是（　　）。

    A. 电动机转向是否合格　　　　　　　　B. 轴承温度是否过高

    C. 电流不超过额定值　　　　　　　　　D. 各连接螺栓及地脚螺栓有无松动

852. ZBK014 以下属于离心泵试车前检查要点的是（　　）。

    A. 确认盘车正常无摩擦，泵内无杂音　　B. 检查电动机转向是否合格

    C. 轴承温度是否过高　　　　　　　　　D. 电流不超过额定值

853. ZBK014 以下属于离心泵试车前检查要点的是（　　）。

    A. 确认电流不超过额定值　　　　　　　B. 检查轴承温度是否过高

    C. 确认润滑、冷却系统畅通，不滴不漏　D. 检查电动机转向是否合格

854. ZBK015 为保证管线内的物料能不间断地连续流动，离心泵切换时应（　　）。

    A. 先开备用泵出、入口阀

    B. 先停原运行泵，再启备用泵

    C. 先关原运行泵出、入口阀

    D. 先启备用泵，再开备用泵出口阀，最后停原运行泵

855. ZBK015 离心泵切换操作中，启动备用泵前应适当关小运行泵的（　　）。

    A. 封水阀　　　　　　B. 入口阀　　　　　　C. 出口阀　　　　　　D. 压力表阀

856. ZBK015 离心泵切换操作前，应对备用泵进行（　　）。

    A. 试运　　　　　　　B. 盘车　　　　　　　C. 吹扫　　　　　　　D. 试压

857. ZBK016　按国家规定,阀门型号中的第一个单元符号代表(　　)。

　　A. 连接方式　　　　B. 结构　　　　　C. 阀门种类　　　　D. 驱动形式

858. ZBK016　按我国规定,闸阀的类型代号为字母(　　)。

　　A. J　　　　　　　B. Z　　　　　　　C. L　　　　　　　D. Q

859. ZBK016　按我国规定,球阀的类型代号为字母(　　)。

　　A. J　　　　　　　B. Z　　　　　　　C. L　　　　　　　D. Q

860. ZBK017　S41H-16C 疏水阀型号中"4"表示的是连接方式为(　　)。

　　A. 螺纹连接　　　　B. 法兰连接　　　C. 焊接　　　　　　D. 卡套连接

861. ZBK017　S41H-16P 疏水阀型号中"1"表示的是结构为(　　)。

　　A. 脉冲式　　　　　B. 波纹管式　　　C. 双金属片式　　　D. 自由浮球式

862. ZBK017　S41H-16C 疏水阀型号中"H"表示的是密封面材料为(　　)。

　　A. 铜合金　　　　　B. 含氟塑料　　　C. 合金钢　　　　　D. 渗硼钢

863. ZBL001　新购入的润滑油品必须做到有合格证明,有油品名称、牌号标记和(　　)。

　　A. 有使用单位名称　B. 油桶密封完好　C. 有运输人签名　D. 用废弃旧油桶盛装

864. ZBL001　润滑油的使用必须执行"三级过滤",其目的是(　　)。

　　A. 防止油乳化　　　　　　　　　　　B. 滤出多余的水分

　　C. 除去油中的灰分　　　　　　　　　D. 杜绝杂质进入润滑部位

865. ZBL001　润滑油常规分析项目包括(　　)、酸值、闪点、水分、杂质 5 项。

　　A. 黏度　　　　　　B. 过滤因子　　　C. 密度　　　　　　D. 比热容

866. ZBL002　离心泵的润滑油油位应控制在视镜的(　　)。

　　A. 1/2～2/3　　　　B. 0～1/2　　　　C. 2/3～3/4　　　　D. 满油位

867. ZBL002　离心泵反转的原因可能是(　　)。

　　A. 叶轮磨损过大　　B. 风扇损坏　　　C. 电源线接错　　　D. 机封泄漏

868. ZBL002　磺酸盐装置机泵的维护中要求经常监测的机泵参数为(　　)、振动值和润滑油液位。

　　A. 叶轮磨损度　　　B. 泵轴的变形程度　C. 温度　　　　　D. 气密性

869. ZBL003　机泵出现故障需检修,检修前必须先(　　)。

　　A. 将泵冲洗干净　　B. 关闭出入口阀　C. 打开放净阀　　　D. 切断电动机电源

870. ZBL003　输送介质是脱盐水的离心泵,检修前可不进行的操作是(　　)。

　　A. 切断电源　　　　B. 冲洗　　　　　C. 泄压　　　　　　D. 关闭进出口阀

871. ZBL003　机泵检修前应先切断电动机电源,然后进行冲洗、关闭进出口阀、(　　)等工艺处置后方可检修。

　　A. 泄压　　　　　　B. 盘车　　　　　C. 拆电动机　　　　D. 测温

872. ZBL004　润滑油变质时,油呈现乳白色,(　　)下降,用手可以感觉出来。

　　A. 密度　　　　　　B. 比热容　　　　C. 黏度　　　　　　D. 凝点

873. ZBL004　下列关于运行机泵润滑油状态的描述中,不可以判断润滑油已变质的是(　　)。

　　A. 产生少量乳化　　B. 有水泡　　　　C. 油温偏高　　　　D. 有气泡

874. ZBL004　对于运行中的机泵,一般可通过(　　)来判断润滑油是否已变质。

　　A. 油位高低　　　　　　　　　　　B. 润滑油颜色

　　C. 轴承箱温度　　　　　　　　　　D. 是否含杂质

875. ZBL005　下列各项中,属于离心泵的巡检范围的是(　　)。

　　A. 压力、机封　　　　　　　　　　B. 电流、泵轴

　　C. 润滑油、电流　　　　　　　　　D. 轴承温度

876. ZBL005　正常情况下,运行中的电动机电流应(　　)。

　　A. 等于额定电流　　　　　　　　　B. 不超过额定电流的95%

　　C. 不超过额定电流的120%　　　　　D. 不超过额定电流的50%

877. ZBL005　在对磺酸盐装置中机泵进行例行监测后,需对机泵(　　)进行评价。

　　A. 腐蚀程度　　　　B. 运行状态　　　　C. 使用寿命　　　　D. 完好率

878. ZBL006　润滑油的三级过滤:大油桶到储油桶再至(　　)再到加油点。

　　A. 中油桶　　　　　B. 小油桶　　　　　C. 油壶　　　　　　D. 油杯

879. ZBL006　润滑油三级过滤中二级过滤网的目数为(　　)。

　　A. 40 目　　　　　　B. 60 目　　　　　　C. 80 目　　　　　　D. 100 目

880. ZBL006　润滑油须(　　)过滤。

　　A. 一级　　　　　　B. 二级　　　　　　C. 三级　　　　　　D. 五级

881. ZBL007　一般情况下,设备、管线及其附件外表温度高于(　　),则应进行保温处理。

　　A. 25℃　　　　　　B. 30℃　　　　　　C. 50℃　　　　　　D. 80℃

882. ZBL007　保温结构一般由保温层和(　　)组成。

　　A. 保护层　　　　　B. 铁皮　　　　　　C. 密封层　　　　　D. 衬里

883. ZBL007　在保温材料的物理、化学性能满足工艺要求的前提下,一般应选用(　　)的保温材料。

　　A. 密度大　　　　　B. 导热系数高　　　C. 导热系数低　　　D. 不易拆装

884. ZBL008　吸入高度与吸送液体、大气压、泵等因素有关,通常由实验测定,一般为(　　)。

　　A. 1~3m　　　　　　B. 2~4m　　　　　　C. 3~5m　　　　　　D. 4~6m

885. ZBL008　离心泵安装的技术关键在于确定机泵的(　　)。

　　A. 安装高度　　　　B. 输送介质　　　　C. 入口管径　　　　D. 地脚螺栓位置

886. ZBL008　吸入高度与吸送液体的密度、饱和蒸气压、(　　)以及泵的转速、流量等因素有关,通常由实验测定。

　　A. 效率　　　　　　B. 当地大气压　　　C. 温度　　　　　　D. 湿度

887. ZBM001　列管换热器应定期(　　)确定有无漏管,以便及时堵管或换管。

　　A. 打开放空阀　　　　　　　　　　B. 打开冷凝水排放阀门

　　C. 分析介质成分变化　　　　　　　D. 检查液位计

888. ZBM001　关于换热器两种介质互串的原因,下列分析正确的是(　　)。

　　A. 换热管腐蚀穿孔、开裂　　　　　B. 隔板短路

　　C. 过滤器失效　　　　　　　　　　D. 水质不好

889. ZBM001　若介质压力低于冷却水,外操检查打开介质侧导淋排出介质浓度变小,换热器出口流量(　　),说明换热器发生泄漏.

　　A. 变大　　　　　　B. 变小　　　　　　C. 波动　　　　　　D. 保持不变

890. ZBM002　发生炉管结焦事故时,(　　),表明炉管局部过热。

　　A. 火焰不均匀　　　B. 列管振动　　　　C. 管口腐蚀　　　　D. 过滤器堵塞

891. ZBM002　下列选项中属于引起加热炉管结焦的原因的是(　　)。

　　A. 进料量稳定均匀　　B. 火焰燃烧正常　　　C. 火焰触及炉管　　　D. 烧嘴燃烧过弱

892. ZBM002　下列不属于炉管结焦现象的是(　　)。

　　A. 炉管压降增大　　　　　　　　　　B. 炉管壁温度上升

　　C. 炉出口温度升不上去　　　　　　　D. 燃料消耗量降低

893. ZBM003　系统蒸汽压力下降时,用蒸汽提供热源的反应器反应速度(　　)。

　　A. 减慢　　　　　　B. 加快　　　　　　C. 不变　　　　　　D. 波动

894. ZBM003　当系统蒸汽压力大幅下降时(装置有自产蒸汽系统),应立即(　　)。

　　A. 停车处理　　　　B. 关闭蒸汽外输　　C. 提高处理量　　　D. 加热炉熄火

895. ZBM003　正常生产中,如系统蒸汽中断(装置无自产蒸汽),应(　　)。

　　A. 立即停车　　　　B. 降量生产　　　　C. 提量生产　　　　D. 维持原生产状态

896. ZBM004　发生仪表风中断时,DCS 仪表风压力(　　)。

　　A. 缓慢上升　　　　B. 报警　　　　　　C. 急速上升　　　　D. 保持不变

897. ZBM004　当发生仪表风中断时,控制阀(　　)关闭。

　　A. 缓慢　　　　　　B. 必须　　　　　　C. 不一定　　　　　D. 快速

898. ZBM004　正常生产中,仪表风中断,以下处理措施错误的是(　　)。

　　A. 参照现场一次表指示,将风开阀改副线调节,风关阀用上游阀调节

　　B. 引风机入口烟道挡板用手动控制开度,防止过荷跳闸

　　C. 参照浮球位置或玻璃板或液面计一次表,调节进料或抽出量

　　D. 原油增量,塔顶瓦斯放火炬,关去加热炉手阀

899. ZBM005　关于循环水压力下降的现象,下列叙述正确的是(　　)。

　　A. 使用循环水各换热器温度不变

　　B. 循环水瞬时流量归零,并有声光报警

　　C. 使用循环水冷却的压缩机油系统温度上升

　　D. 各机泵轴承温度下降

900. ZBM005　关于循环水压力下降的现象,下列叙述正确的是(　　)。

　　A. 循环水压力表指示不变　　　　　　B. 真空度上升

　　C. 各带水冷却器后温度上升　　　　　D. 各机泵轴承温度不变

901. ZBM005　循环水压力(　　),会使得各带水冷却器后温度上升。

　　A. 下降　　　　　　B. 上升　　　　　　C. 先上升后下降　　D. 先下降后上升

902. ZBM006　气缸部件的工作正常,而(　　),说明冷却水流量小,压力下降。

　　A. 进口气体温度下降,出口气体温度上升　B. 进、排气口的气体温度升高

　　C. 进口气体温度下降　　　　　　　　　　D. 排气口温度下降

903. ZBM006 机泵冷却水压力下降,会使轴承温度( )。

    A. 下降         B. 上升         C. 先下降后上升     D. 先上升后下降

904. ZBM006 若系统内严重结垢,虽然水路无渗漏处,开足进出口水阀门,冷却水压力会( )。

    A. 上升         B. 下降         C. 保持不变     D. 波动

905. ZBM007 关于管线设备的冻凝现象,下列叙述正确的是( )。

    A. 气温低,疏水阀内存水,冻裂阀体

    B. 冬季气温低,水蒸气凝结,不影响阀座动作

    C. 冬季暂停用汽,不需排净冷凝水

    D. 冬季停车,各循环水换热器上水、回水应关闭

906. ZBM007 管线发生冻凝事故时,( )。

    A. 有物料从冻裂处泄漏         B. 系统不会受到任何影响

    C. 该管线运行正常         D. 该管线保温一定破损

907. ZBM007 以下管线冻凝处理措施错误的是( )。

    A. 用蒸汽带将冻凝的管线暖化     B. 长距离的管线要组织人力分段处理

    C. 必要时设法断开管线放空     D. 对冻凝不实的管线,不能用蒸汽直接顶线

908. ZBM008 若发生停循环水事故,下列叙述正确的是( )。

    A. 使用循环水各换热器温度不变

    B. 循环水流量回零,并有声光报警

    C. 使用循环水冷却的压缩机油系统温度上升

    D. 各机泵轴承温度下降

909. ZBM008 发生循环水中断事故时,各循环水换热器冷却后温度( )。

    A. 突然升高     B. 缓慢升高     C. 降低     D. 不变

910. ZBM008 下列不属于循环水在循环过程中水量损失的是( )。

    A. 蒸发损失     B. 排污损失     C. 渗漏损失     D. 换热损失

911. ZBM009 当生产系统蒸汽中断时,( )停止运转。

    A. 离心式鼓风机     B. 蒸汽透平压缩机     C. 螺杆压缩机     D. 离心泵

912. ZBM009 当生产系统蒸汽中断时,下列叙述正确的是( )。

    A. 压力不变,流量增加         B. 压力上升,流量降低

    C. 压力下降,流量增加         D. 压力归零,流量为零

913. ZBM009 锅炉爆管事故的一个原因是锅炉运行中各种超温引起的急剧( )爆管。

    A. 超压     B. 过冷     C. 膨胀     D. 过热

914. ZBM010 在管道上安装孔板时,如果将方向安反了,会造成( )。

    A. 差压计指示变小         B. 差压计无指示

    C. 差压计指示变大         D. 以上选项均不正确

915. ZBM010 如果被测流体的温度、( )、湿度以及相应的参数数值,与设计计算时有所变动,会造成测量误差。

    A. 压力     B. 露点     C. 黏度     D. 溶解度

916. ZBM010 以下不属于孔板流量计组成部分的是( )。

    A. 节流装置        B. 导压管        C. 变送器        D. 表头

917. ZBM011 工艺管线应检查管道、管件,阀门和紧固件有无严重( )、移位和破裂,以判断是否超压。

    A. 变形        B. 腐蚀        C. 泄漏        D. 防腐漆脱落

918. ZBM011 发现工艺管线指示仪表( ),应妥善处理,必要时停机处理。

    A. 超期未检测                B. 出现异常

    C. 归零                     D. 比正常工艺指标略高

919. ZBM011 如果停用管线内存满水,在( )情况下会造成管线超压。

    A. 气温降低        B. 结冰        C. 湿度降低        D. 气压降低

920. ZBM012 离心泵振动大的原因是( )。

    A. 填料过松                B. 操作压力波动

    C. 叶轮流道不对中           D. 轴承磨损严重,间隙过大

921. ZBM012 下列各项中,( )是离心泵振动大的原因。

    A. 阀的升程过高             B. 电动机反转

    C. 泵轴与原动机轴对中不良     D. 介质黏度过大

922. ZBM012 离心泵在额定转速下运行时,为了避免启动电流过大,通常在( )。

    A. 阀门稍稍开启的情况下启动     B. 阀门半开的情况下启动

    C. 阀门全关的情况下启动       D. 阀门全开的情况下启动

923. ZBM013 关于机泵电动机跳闸的原因,下列分析正确的是( )。

    A. 液体黏度过大     B. 吸入高度不够     C. 填料质量差     D. 平衡管不通畅

924. ZBM013 关于机泵电机跳闸的原因,下列分析正确的是( )。

    A. 轴承磨损        B. 轴弯曲        C. 轴承松动        D. 轴承间隙大

925. ZBM013 机泵运行过程中跳闸是由于( )。

    A. 电动机电流过大            B. 电动机电流过小

    C. 电动机电压过大            D. 电动机电压过低

926. ZBM014 下列各项中,( )是离心泵轴承超温的原因。

    A. 轴承安装不正确          B. 地脚螺栓松动

    C. 填料磨损严重            D. 缸套松动

927. ZBM014 以下不属于离心泵轴承过热原因的是( )。

    A. 润滑油油压过高          B. 润滑油变质

    C. 轴承中有污物            D. 油路中断

928. ZBM014 以下不属于引起离心泵轴承过热原因的是( )。

    A. 润滑油压力太低          B. 润滑油变质

    C. 轴承过紧             D. 油路中断

929. ZBM015 对压缩机烧瓦事故的原因,下列分析正确的是( )。

    A. 润滑油压力表不准       B. 轴封处漏油

    C. 压缩机运行中缺油或断油    D. 油管路中有空气

930. ZBM015　压缩机烧瓦的原因包括( 　　 )等。
　　A. 吸气阀折断　　　　　　　　　　　B. 阀座装入阀室没放正
　　C. 联轴器配合不正确　　　　　　　　D. 润滑油油质差

931. ZBM015　压缩机烧瓦的原因不包括( 　　 )。
　　A. 油底壳(或曲轴箱)机油量不足
　　B. 机油油路畅通,润滑良好
　　C. 曲轴轴颈的椭圆度超过要求,使机油在润滑过程无法形成一定的油膜而造成润滑不良
　　D. 轴瓦合金质量不合,合金与底瓦不能完全紧密贴合一起

932. ZBM016　气缸磨损,间隙超差( 　　 ),压缩机气缸内会发生敲击声。
　　A. 太大　　　　　　B. 太小　　　　　　C. 变化　　　　　　D. 以上选项均不正确

933. ZBM016　气缸内掉入( 　　 )或其他坚硬物体,会发出敲击声。
　　A. 气体　　　　　　B. 水滴　　　　　　C. 润滑油　　　　　　D. 金属碎片

934. ZBM016　关于往复式压缩机盘车时气缸内出现金属撞击声的原因,下列分析错误的是( 　　 )。
　　A. 气缸内有异物　　　　　　　　　　B. 气缸内积聚液体
　　C. 气缸余隙容积过大　　　　　　　　D. 活塞和活塞环严重磨损

935. ZBM017　无纸记录仪无显示的主要原因是( 　　 )。
　　A. 电源不通　　　　B. 熔断丝断　　　　C. 电气部分有问题　　D. 机械部分有问题

936. ZBM017　LCD 显示不亮的主要原因是( 　　 )。
　　A. 硬件故障　　　　　　　　　　　　B. LCD 老化
　　C. 测量回路导线短路　　　　　　　　D. 连杆安装位置不合适

937. ZBM017　不属于对无纸记录仪使用过程中,部分通道的测量值和实际的不符合的操作是( 　　 )。
　　A. 检查通道参数设置中,传感器的规格和仪表内部的参数是否对应
　　B. 该通道模块开关设定是否与该通话信号类型相一致
　　C. 检查传感器是否正常,接线是否正确
　　D. 检查仪表的熔断丝是否断

938. ZBN001　炉管在破裂之前,一般出现( 　　 )或变形,如情况恶化,按正常停工处理。
　　A. 鼓泡　　　　　　B. 仪表失灵　　　　C. 瓦斯带油　　　　　D. 结垢

939. ZBN001　以下不属于加热炉炉管破裂处理方法的是( 　　 )。
　　A. 加热炉熄火
　　B. 切断氯气、原料油,烟道挡板全开,炉膛给蒸汽
　　C. 按紧急停工处理
　　D. 开风机

940. ZBN001　关于加热炉炉管破裂着火事故的处理,下列选项错误的是( 　　 )。
　　A. 炉管长期局部过热易发生炉管破裂
　　B. 炉管长期偏流易使炉管破裂
　　C. 发生炉管破裂时,炉膛和炉出口温度下降
　　D. 炉管破裂时按紧急停工处理

941. ZBN002 能够有效预防压缩机电动机着火的措施是( )。

    A. 冷却水中断                 B. 防止易燃物落入电动机

    C. 正确进行安装                D. 更换配件

942. ZBN002 不属于压缩机电动机着火原因的是( )。

    A. 电动机本身质量不好          B. 电动机受潮或损坏

    C. 雷电所致                    D. 正常载荷

943. ZBN002 根据化工实地场所有易燃易爆介质存在的特点,应选择( )电动机,预防电动机着火。

    A. 封闭式防爆                 B. 异步

    C. 同步                       D. 正反

944. ZBN003 正确选择压缩机辅助油泵( ),及时清理油箱,能够避免磨碎的金属颗粒随油进入轴颈引起的烧瓦。

    A. 冷却水类型                 B. 螺母类型

    C. 油过滤网目数              D. 阀门类型

945. ZBN003 要使压缩机辅助油泵轴承不烧坏,应严格执行操作规程,保证( )。

    A. 厂房内通风                 B. 电动机绝缘合格

    C. 安全阀合格               D. 轴承冷却水畅通

946. ZBN003 不属于压缩机辅助油泵轴承温度过高处理方法的是( )。

    A. 增加泵的负载             B. 补充或更换润滑油

    C. 检查、调整轴承径向轴距     D. 以上都不对

947. ZBN004 电动机有不正常振动时,( )是较为有效的处理方法。

    A. 加固基础                   B. 将外壳可靠接地

    C. 检查线圈短路、接地处      D. 更换轴承

948. ZBN004 电动机有不正常振动时,( )是处理此现象的正确方法。

    A. 重新包扎引出线接线头      B. 校正转子

    C. 更换轴承                  D. 检修调节阀

949. ZBN004 不属于电动机声音不正常或振动的原因及处理方法的是( )。

    A. 底座或其他部分固定螺栓松动,应检查、坚固

    B. 传动系统不平衡,转子不平衡,应检查确定原因并予以消除

    C. 安装不妥,与负荷不同心或地基不符合规定,应予纠正

    D. 电动机改极后,槽配合适当,可改变线圈跨距

950. ZBN005 电动机发出烧焦气味或出现火星时,( )。

    A. 应维持压缩机运行         B. 不用报告班长

    C. 应紧急停机               D. 应交给下班处理

951. ZBN005 当电动机容量大、负载太大以至于发生失步事故时,应( ),以避免因通过定子电流很大而使电动机过热,以致烧坏。

    A. 严格执行防雷电措施        B. 正确安装

    C. 保证冷却水畅通           D. 尽快切断电源

952. ZBN005　不属于电动机全部或局部过热可能原因的是(　　)。

　　A. 电动机过载

　　B. 电源电压比电动机的额定电压低

　　C. 定子铁芯部分硅钢片之间绝缘漆不良或铁芯鹅毛刺

　　D. 以上都不对

953. ZBN006　下列各项中,属于记录仪记录不良处理方法的是(　　)。

　　A. 连杆安装位置不合适　　　　　　B. 平衡单元不足

　　C. 清洗笔尖　　　　　　　　　　　D. 硬件故障

954. ZBN006　能够处理记录仪记录不良的方法是(　　)。

　　A. 检查电源熔断丝　　　　　　　　B. 检查测量回路

　　C. 更换电源卡　　　　　　　　　　D. 更换墨水盒

955. ZBN007　阀门内漏通常是由于阀盘处密封面损坏,防止发生的方法有(　　)。

　　A. 选用耐擦伤材料　　　　　　　　B. 合理选用密封面材料

　　C. 使用润滑剂　　　　　　　　　　D. 限制阀的压力降

956. ZBN007　以下属于闸阀内漏的正确处理方法的是(　　)。

　　A. 检查填料函压盖是否松动,上紧压盖螺栓

　　B. 拆开法兰螺栓,检查法兰面是否有损伤,进行修磨或更换法兰

　　C. 解体处理,对闸板进行修磨

　　D. 调大管道介质工作压力

957. ZBN007　阀门内漏的处理方法是(　　)。

　　A. 大力关死　　　　　　　　　　　B. 反复开关

　　C. 反复冲刷　　　　　　　　　　　D. 研修阀芯等密封件

958. ZBN008　堵死漏管或(　　)是处理换热管腐蚀穿孔、开裂造成的换热器内漏的方法。

　　A. 换热管结垢　　　　　　　　　　B. 更换漏管

　　C. 加固管道　　　　　　　　　　　D. 更换垫片

959. ZBN008　关于换热器内漏的处理方法,下列操作正确的是(　　)。

　　A. 紧固螺栓或密封垫片　　　　　　B. 清洗过滤器

　　C. 更换法兰　　　　　　　　　　　D. 减少振动

960. ZBN008　下列不属于判断换热器内漏的方法是(　　)。

　　A. 检查对比油品颜色　　　　　　　B. 取样化验分析

　　C. 物料平衡分析　　　　　　　　　D. 检查对比油品成分

961. ZBN009　当发生仪表风中断事故时,可用(　　)代替仪表风来控制调节阀的动作。

　　A. 氧气　　　　　　　　　　　　　B. 氢气

　　C. 工厂风　　　　　　　　　　　　D. 空气

962. ZBN009　当发生仪表风中断事故时,下列处理方法正确的是(　　)。

　　A. 各关键控制阀打自动控制　　　　B. 各关键控制阀打分程控制

　　C. 各关键控制阀打串级控制　　　　D. 各关键控制阀打手动控制

963. ZBN010　在正常生产过程中,发生停循环水事故时,(　　)。

A. 应立即联系调度,询问停循环水的原因,如果不能马上恢复,通知各单元开始降量并做好停车准备

B. 不用报告,直接停车

C. 不用联系保运人员现场就位

D. 若在夜间生产,不需要报告值班人员

964. ZBN010　在正常生产过程中,发生停循环水事故时,应(　　)。

A. 保证正常生产负荷

B. 降低加工负荷,根据供水能够恢复的程度做进一步处理

C. 提高生产负荷

D. 立即停车

965. ZBN010　循环水装置发生停电事故时,错误的处理方法是(　　)。

A. 向有关部门汇报　　　　　　　B. 关闭各机泵入口阀

C. 保持各水池水位正常　　　　　D. 检查各机泵

966. ZBN011　发生蒸汽中断事故时,生产系统应(　　)处理。

A. 降温加量　　　　B. 降温降量　　　　C. 升温降量　　　　D. 升温加量

967. ZBN011　蒸汽系统恢复正常后,在引入蒸汽时,一定要做好(　　)工作,避免发生水击。

A. 保温　　　　　　B. 检查　　　　　　C. 暖管　　　　　　D. 防腐

968. ZBN011　不属于装置停蒸汽系统处理方法的是(　　)。

A. 蒸汽调节阀由自动改手动,并关闭调节阀

B. 切断进料、停止产品出装置

C. 短停蒸汽

D. 紧急停车处理

969. ZBN012　工艺管线超压泄漏后,现场主操应立即(　　)。

A. 提高系统负荷

B. 降低系统负荷

C. 关闭泄漏点两端阀门,将泄漏管线从系统中隔绝出来

D. 关闭泄漏点入口侧阀门

970. ZBN012　工艺管线超压造成法兰漏油时,处理方法错误的是(　　)。

A. 进行泄压　　　　B. 处理地面油污　　　C. 停车处理　　　　D. 进行掩护、防止着火

971. ZBN012　工艺管线超压时的错误操作是(　　)。

A. 立即通知工艺运行、设备治理部门查明原因,消除隐患

B. 超压和超温情况有可能会影响相关设备安全使用的,应立即继续降压直至停车

C. 具体记录超压情况及处理情况

D. 检查超压、超温所涉及的管道系统是否正常

972. ZBN013　能够正确处理离心泵振动大的方法是(　　)。

A. 转子重新平衡　　B. 重新装配　　　　C. 换油　　　　　　D. 加大供水量

973. ZBN013　离心泵振动大的处理方法包括(　　)等。

    A. 改变旋转方向　　　B. 进行工艺调整　　　C. 将介质升温　　　D. 更换密封

974. ZBN013　离心泵运转中振动大、有杂音时,以下处理方法错误的是(　　)。

    A. 校正电动机轴与泵轴的同轴度　　　　　　B. 校直泵轴

    C. 更换叶轮,校正静平衡　　　　　　　　　D. 检查调整,消除摩擦

975. ZBN014　关于机泵电动机跳闸的处理方法,下列操作正确的是(　　)。

    A. 适当松动填料压盖

    B. 将离心泵出口阀门关闭,泵启动后慢慢开启出口

    C. 泵启动前打开出口阀门

    D. 加固基础

976. ZBN014　能够正确处理机泵跳闸事故的是(　　)。

    A. 重新接好三项电源　　　　　　　　B. 重新选用填料

    C. 紧固地脚螺栓　　　　　　　　　　D. 更换垫片

977. ZBN014　关于机泵电动机跳闸的原因,下列表述错误的是(　　)。

    A. 电动机过负荷　　　　　　　　　　B. 电动机内绕组短路

    C. 转子卡住　　　　　　　　　　　　D. 泵入口介质密度变轻

978. ZBN015　关于离心泵轴承超温的处理方法,下列操作正确的是(　　)。

    A. 更换垫片　　　　B. 调校安全阀　　　C. 更换润滑油　　　D. 清洗阀门

979. ZBN015　离心泵轴承超温的处理方法包括(　　)等。

    A. 更换填料　　　　B. 紧固地脚螺栓　　C. 排除管线泄漏　　D. 紧固轴承

980. ZBN015　离心泵轴承温度高的原因及处理方法错误的是(　　)。

    A. 轴承瓦刮研不符合要求　　　　　　B. 轴承间隙过小

    C. 轴承间隙过大　　　　　　　　　　D. 轴承安装不正确

981. ZBN016　压缩机烧瓦事故的处理方法是(　　)。

    A. 选择质量合格的润滑油　　　　　　B. 增大冷却水量

    C. 清洗油过滤器　　　　　　　　　　D. 更换压力表

982. ZBN016　下列各项中可以避免压缩机烧瓦事故的是(　　)。

    A. 清洗油过滤器

    B. 安装、检修后对瓦量进行认真检查和调整

    C. 调校安全阀

    D. 更新连接件

983. ZBN016　不属于压缩机烧瓦原因的是(　　)。

    A. 油底壳(或曲轴箱)机油量不足,或机油油路不畅通,使润滑不良

    B. 机油压力过高

    C. 曲轴轴颈的椭圆度超过要求,使机油在润滑过程无法形成一定的油膜而造成润滑不良

    D. 轴瓦合金质量不合格,合金与底瓦不能完全紧密地贴合在一起

984. ZBN017　保持炉膛温度(　　),可避免加热炉炉管结焦。

    A. 逐步升高　　　B. 逐步降低　　　　C. 均匀　　　　D. 以上选项均不正确

985. ZBN017　保持进料稳定,如果发生进料中断应(　　),可解决加热炉炉管结焦。

　　A. 加大蒸汽量　　　B. 增加给焦时间　　　C. 立即点火　　　D. 及时熄火

986. ZBN017　下列选项中不属于引起加热炉管结焦原因的是(　　)。

　　A. 进料量不足或各路不均　　　　　B. 炉内结焦

　　C. 火焰触及炉管　　　　　　　　　D. 烧嘴燃烧过弱

987. ZBN018　报警时要沉着镇静,拨通火警电话后,要讲清起火(　　)、什么物质起火、火势如何、报警人姓名、报警用的电话号码等,并要到主要路口接应消防车。

　　A. 时间

　　C. 具体地点和单位

　　B. 性质

　　D. 单位责任人

988. ZBN018　发生火灾单位必须立即组织力量扑救火灾,(　　)。

　　A. 消防队接到火警后,不用立即赶到火场　　B. 邻近单位应当给予支援

　　C. 邻近单位不与理会　　　　　　　　　　D. 单位有偿提供报警条件

989. ZBN018　装置发生一般性着火事故时,以下操作员处理步骤中最准确的是(　　)。

　　A. 第一时间向公司消防支队火警台报警

　　B. 第一时间向厂部及车间领导汇报情况

　　C. 第一时间操作人员对着火点进行扑救和控制

　　D. 通过现场呼叫器和火警报警系统把第一信息反馈至中央控制室

990. ZBN019　现场可测量血压时,如果血压过低,应使中毒者(　　),吸入氧气、输液。

　　A. 侧卧　　　　　B. 直立　　　　　C. 平卧,头高脚低　　　D. 平卧,头低脚高

991. ZBN019　发生毒物泄漏事故时,应将中毒者(　　),松开颈、胸部纽扣和腰带,让其头部侧偏以保持呼吸道通畅。

　　A. 迅速移至毒区内空地　　　　　B. 迅速移至毒区内操作间

　　C. 迅速移至毒区下风向　　　　　D. 迅速移至空气新鲜处

992. ZBN019　常见的化学性质窒息的气体是(　　)。

　　A. 二氧化碳　　　B. 甲烷　　　　C. 氮气　　　　D. 一氧化碳

993. ZBO001　循环水中断时,装置循环水管线内压力(　　)。

　　A. 增大　　　　　B. 减小　　　　C. 保持不变　　　D. 以上都不对

994. ZBO001　磺酸盐装置循环水中断时,制冷机组(　　)。

　　A. 正常运行　　　B. 因故障跳停　　　C. 制冷效果更好　　　D. 以上都不对

995. ZBO001　磺酸盐装置循环水中断时,磺化冷却水温度(　　)。

　　A. 升高　　　　　B. 不变　　　　C. 降低　　　　D. 以上都不对

996. ZBO002　压缩风中断时,装置压缩风管线内压力(　　)。

　　A. 增大　　　　　B. 减小　　　　C. 不变　　　　D. 以上都不对

997. ZBO002　仪表风中断在短时间内无法恢复,要(　　)。

　　A. 关闭风线总阀门,将所有自动调节阀走副线进行人工调节

　　B. 停聚合物溶液泵,停止聚合物外排

　　C. 关闭循环水总阀,切断循环水

　　D. 停止收原料

998. ZBO002　以下属于仪表风中断现象的是(　　)。

A. 气开式调节阀自动关闭　　　　　　B. 气开式调节阀自动打开

C. 气关式调节阀自动打开　　　　　　D. A 和 C

999. ZBO003　新鲜水中断时,装置新鲜水管线内压力(　　)。

A. 增大　　　　　　B. 减小　　　　　　C. 不变　　　　　　D. 以上都不对

1000. ZBO003　磺酸盐装置新鲜水中断会导致(　　)。

A. 酸吸收系统无法补水　　　　　　B. 酸吸收系统正常补水

C. 洗眼器正常使用　　　　　　　　D. 洗手池处新鲜水正常使用

1001. ZBO003　磺酸盐装置新鲜水主要用于(　　)。

A. 酸吸收系统补水　　　　　　　　B. 生活用水

C. 洗眼器用水　　　　　　　　　　D. 以上都是

1002. ZBO004　磺酸盐装置蒸汽中断会导致(　　)。

A. 干燥剂再生效果更好　　　　　　B. 管线伴热正常

C. 保护风温度升高　　　　　　　　D. 磺化冷却水温度无法平稳控制

1003. ZBO004　磺酸盐装置蒸汽中断时,液硫恒位槽内液硫温度(　　)。

A. 升高　　　　　　B. 不变　　　　　　C. 降低　　　　　　D. 正常

1004. ZBO004　熔硫罐采用(　　)加热。

A. 蒸汽　　　　　　B. 热水　　　　　　C. 循环水　　　　　　D. 压缩空气

1005. ZBO005　无压力时压力表指针不归零的原因是(　　)。

A. 压力表游丝损坏　　　　　　　　B. 压力表的中心轴两端不同心

C. 压力表齿轮磨损松动　　　　　　D. 压力表弹簧弯管产生永久变形失去弹性

1006. ZBO005　通常工业现场压力表取压管与管道设备连接应(　　)。

A. 插入其内并与介质流向垂直　　　B. 插入其内并与介质来流方向相反

C. 与内壁平齐　　　　　　　　　　D. 插入其内并顺向介质来流方向

1007. ZBO005　压力表本身常见的故障有(　　)。

A. 指针不动　　　　　　　　　　　B. 指针指示不正确

C. 指针在无压时不归零　　　　　　D. 以上都有

1008. ZBP001　磺酸盐装置检修前,对沟、下水井、地漏进行的处置是(　　)。

A. 用沙石进行封堵隔离　　　　　　B. 用水封堵隔离

C. 拆除处理　　　　　　　　　　　D. 直接打开与大气相通

1009. ZBP001　磺酸盐装置地沟发生火灾时应首先(　　)。

A. 拨打 119 等待处理

B. 打开地沟盖板清除着火物质

C. 打开大门通风处理

D. 打开消防水或就近选择灭火器进行灭火工作

1010. ZBP001　装置沟井发生火灾或爆炸可能的原因是(　　)。

A. 装置外爆炸气体窜入装置沟井　　B. 动火 15m 范围内未将沟井进行封堵

C. 装置机泵润滑油流入沟井　　　　D. 以上都有

1011. ZBP002　管线中流体脉动会引起(　　　)。

　　A. 管弯曲　　　　　　B. 管泄漏　　　　　　C. 管振动　　　　　　D. 管堵塞

1012. ZBP002　配管常见的故障有(　　　)。

　　A. 管泄漏　　　　　　B. 管堵塞　　　　　　C. 管振动　　　　　　D. 以上都有

1013. ZBP002　工艺管线泄漏最常用的处理方法是(　　　)。

　　A. 换管　　　　　　　　　　　　　　B. 焊接或打夹具

　　C. 注胶堵漏　　　　　　　　　　　　D. 缠带

1014. ZBP003　在用工业管道定期检验分为(　　　)和全面检验。

　　A. 理化检验　　　　B. 材质检验　　　　C. 理化检验　　　　D. 在线检验

1015. ZBP003　安全状况等级为3级的在用工业管道的检验周期一般不超过(　　　)。

　　A. 6年　　　　　　　B. 3年　　　　　　　C. 5年　　　　　　　D. 2年

1016. ZBP003　以下不属于管道在线检验内容的是(　　　)。

　　A. 无损检测　　　　B. 材质检查　　　　C. 压力试验　　　　D. A、B和C

1017. ZBP004　固定管板式换热器对壳程打压可以判断出(　　　)是否渗漏。

　　A. 换热管和折流板　　　　　　　　　B. 折流板和封头

　　C. 折流板和进出口阀门　　　　　　　D. 换热管束

1018. ZBP004　固定管板式换热器换热管损坏渗漏时,可用管堵将换热管两端堵死,管堵材
　　　　　　料的硬度应(　　　)。

　　A. 高于或等于换热管的硬度　　　　　B. 等于换热管的硬度

　　C. 低于或等于换热管的硬度　　　　　D. 必须高于换热管的硬度

1019. ZBP004　板式换热器的换热效果差,可能是(　　　)造成的。

　　A. 设备内空气未放净　　　　　　　　B. 介质入口管堵塞

　　C. 换热板片腐蚀穿透　　　　　　　　D. 换热板片变形太大

1020. ZBP005　换热器试压最常用的介质是(　　　)。

　　A. 水　　　　　　　　B. 系统中的料液　　　C. 氮气　　　　　　　D. 蒸汽

1021. ZBP005　换热器试压前必须要弄清(　　　)。

　　A. 换热器管程及壳程内所走的介质

　　B. 换热器是否清洗干净

　　C. 打压泵是否好用,试压用的压力表是否经过检验

　　D. 试压介质、压力、保压时间

1022. ZBP005　换热器水压试验时,使用的压力表必须是(　　　)。

　　A. 隔膜式压力表,安装在换热器顶端

　　B. 氨用压力表,安装在换热器下端

　　C. 经校验合格的压力表,安装在换热器易观察的地方

　　D. 真空压力表,安装在换热器易观察的地方

1023. ZBP006　当换热器热效率降低时应(　　　)。

　　A. 尽量减少连接法兰　　　　　　　　B. 清洗换热器管束及壳程

　　C. 减少折流板间距　　　　　　　　　D. 重新胀管

1024. ZBP006　硫铵装置换热器的清洗方法主要有(　　)3种。

A. 高压水清洗、化学清洗、机械清洗　　B. 高压水清洗、化学清洗、物理清洗

C. 化学清洗、机械清洗、次声波清洗　　D. 高压水清洗、红外线清洗、机械清洗

1025. ZBP006　影响换热器换热效果的常见故障是(　　)。

A. 换热器振动　　　　　　　　　　　B. 换热器热效率降低

C. 换热器疏水器堵　　　　　　　　　D. 换热器压力表失灵

1026. ZBP007　磺化装置中(　　)使用仪表风。

A. $SO_3$ 冷却器　　　　　　　　　　B. 再生空气加热器

C. 燃硫炉　　　　　　　　　　　　　D. 应急压缩空气罐

1027. ZBP007　仪表风的压力过低会影响(　　)的操作。

A. 自动调节阀　　　B. 球阀　　　　　C. 闸阀　　　　　D. 气动调节阀

1028. ZBP007　应急罐属于磺化装置的(　　)单元。

A. 空气干燥　　　　　　　　　　　　B. 三氧化硫制备

C. 磺化反应　　　　　　　　　　　　D. 尾气吸收

1029. ZBP008　磺酸盐装置不使用新鲜水的单元是(　　)。

A. 酸吸收系统　　B. 尾气洗涤塔　　C. 洗眼器　　　D. 中和冷却器

1030. ZBP008　磺酸盐装置新鲜水中断会导致碱洗塔(　　)。

A. 洗涤效果变差　　　　　　　　　　B. 洗涤效果变好

C. 洗涤液温度升高　　　　　　　　　D. 洗涤液温度降低

1031. ZBP008　磺酸盐装置使用新鲜水会使系统内硫酸浓度(　　)。

A. 降低　　　　　B. 升高　　　　　C. 保持不变　　　D. 以上都不对

1032. ZBP009　循环水场投加水稳定剂的目的是(　　)。

A. 降低水温　　　　　　　　　　　　B. 减少设备腐蚀,阻止设备结垢

C. 调整泵压　　　　　　　　　　　　D. 杀灭细菌

1033. ZBP009　敞开式循环水系统(　　)。

A. 蒸发速度慢　　B. 冷却速度慢　　C. 水量损失大　　D. 不需要风机冷却

1034. ZBP009　为防止循环水结垢,对循环水补充水要进行(　　)处理。

A. 软化　　　　　B. 中和　　　　　C. 过滤　　　　　D. 消毒

1035. ZBP010　当滚动轴承温度过高时应(　　)。

A. 检查润滑油的油质、油位　　　　　B. 停设备检查其负荷是否过小

C. 检查设备是否反转　　　　　　　　D. 采用测声器对轴承的滚动声进行检查

1036. ZBP010　滚动轴承的故障一般表现为两种,分别是(　　)。

A. 轴承安装部位温度过高、轴承卡滞

B. 轴承运转中有噪声、轴承装配过紧

C. 轴承安装部位温度过高、轴承运转中有噪声

D. 轴承装配过紧、轴承卡滞

1037. ZBP010　轴承在运转过程中应对(　　)方面进行检查。

A. 轴承的滚动声　　B. 轴承的振动　　C. 轴承的温度　　D. 以上都有

1038. ZBP011　应急罐的作用是当原料泵突然发生故障时,自动切断 $SO_3$ 气体,用(　　)将磺化器内的原料吹扫至磺酸管线,从而避免反应器结焦。

A. 氮气　　　　　　　B. 压缩空气　　　　　C. 氧气　　　　　　　D. 蒸汽

1039. ZBP011　应急罐在(　　)工作。

A. 中和值偏高时　　　　　　　　　　B. 燃硫炉出口温度高于850℃时

C. 原料油流量低于 DCS 设定值时　　D. 静电除雾器电压低于 $1×10^4$ V 时

1040. ZBP011　应急罐的作用是(　　)。

A. 吹净磺化器内的三氧化硫与原料油,防止磺化器结焦

B. 防止磺酸中和值过高

C. 防止发生火灾

D. 防止燃硫炉出口温度过高

1041. ZBP012　液位测量仪表的种类共有 5 种,分别是直读式、(　　)、浮力式、电气式、辐射式。

A. 目测式　　　　　　B. 静压式　　　　　　C. 探查式　　　　　　D. 估算式

1042. ZBP012　直读式液位计包括(　　)。

A. 玻璃板式　　　　　　　　　　　　B. 差压式液位变送器

C. 浮球式　　　　　　　　　　　　　D. 电感式

1043. ZBP012　静压式液位计可分为压力式和(　　)两大类。

A. 浮力式　　　　　　B. 玻璃管式　　　　　C. 差压式　　　　　　D. 电气式

1044. ZBQ001　物料平衡的表达式是(　　),其中 $W_投$ 表示投入物料量,$W_产$ 表示所得的产品量,$W_损$ 表示损失的物料量。

A. $W_损 = W_投 + W_产$　　　　　　　B. $W_投 = W_产 + W_损$

C. $W_投 = W_产 - W_损$　　　　　　　D. 以上选项均不正确

1045. ZBQ001　含有 60%(重量)乙醇的溶液,以每小时 1000kg 的加料量进入精馏塔,要求塔顶产出 90% 乙醇,塔釜出来的残液中含乙醇小于 10%,则每小时产量是(　　)。

A. 625kg　　　　　　B. 375kg　　　　　　C. 450kg　　　　　　D. 550kg

1046. ZBQ001　进行物料衡算的目的是根据原料与产品之间的(　　)关系,计算原料的消耗量,各种中间产品、产品和副产品的产量,生产过程中各阶段的消耗量以及组成。

A. 定量转化　　　　　B. 能量转化　　　　　C. 热量转化　　　　　D. 组成变化

1047. ZBQ002　产品成本是工业企业在一定时期内生产和销售一定种类和数量的产品所支付的(　　)的总和。

A. 原材料费用　　　　B. 企业管理费用　　　C. 各种生产费用　　　D. 动力费用和工资

1048. ZBQ002　班组经济核算是按照(　　)的要求,以班组为基础,用核算的方法,对班组经济活动的各个环节采用货币、实物、劳动工时三种量度进行预测、记录、计算、比较、分析和控制,并作出经济评价的组织管理工作。

A. 全面经济核算　　　B. 经济责任制　　　　C. 科学化管理　　　　D. 民主管理

1049. ZBQ002　班组经济核算的目标是(　　　)。

　　A. 最高的收入-最高的成本=最大的效益

　　B. 最低的收入-最高的成本=最大的效益

　　C. 最高的收入-最低的成本=最大的效益

　　D. 最低的收入-最低的成本=最大的效益

二、判断题(对的画"√",错的画"×")

(　　)1. ZAA001　可逆反应一定是同一条件下能互相转换的反应,可逆反应无论进行多长时间,反应物都不可能全部转化为生成物。

(　　)2. ZAA002　一个化学反应的反应速率与反应条件密切相关,同一个反应在不同条件下进行,其反应速率可以有很大的不同。

(　　)3. ZAA003　化学平衡常数 $K$ 只对达到平衡状态的可逆反应适用,非平衡状态不适用。

(　　)4. ZAA004　对于一个确定的可逆反应,不管是从反应物开始反应,还是从生成物开始反应,或是从反应物和生成物同时开始,只要各组分物质浓度相当,都能够达到相同的平衡状态。

(　　)5. ZAA005　对于反应物和生成物没有气体的反应,改变压力不会引起平衡移动。

(　　)6. ZAA006　升高温度可使化学平衡向放热方向移动。

(　　)7. ZAA007　气体的溶解度一般随着温度的升高而升高。

(　　)8. ZAA008　理想气体在微观上具有分子之间无互相作用力和分子本身不占有体积的特征。

(　　)9. ZAA009　电解质是溶于水溶液中或在熔融状态下就能够导电的化合物。

(　　)10. ZAA010　以 1000g 溶剂中所溶解的溶质的物质的量表示的浓度,称为质量摩尔浓度。

(　　)11. ZAA011　摩尔分数影响因素只能是某物质的物质的量以及总的混合物的物质的量,温度、压力、状态等因素均不影响摩尔分数的大小。

(　　)12. ZAA012　键在空间排布均匀,对称的或正、负电荷中心重合的即为含极性键的极性分子。

(　　)13. ZAB001　若 U 管一端与设备或管道某一截面连接,另一端与大气相通,这时读数所反映的是管道中某截面处流体的绝对压强与大气压强之差,即为表压强。

(　　)14. ZAB002　流体的流动形态分为层流和湍流两种基本形态,以及这两种形态的过渡形态(过渡流)。

(　　)15. ZAB003　在流体流动时,当雷诺数小于 1800 时属于层流区,雷诺数大于 1800 而小于 4000 时属于过渡区,雷诺数大于 4000 时,一般称为湍流区。

(　　)16. ZAB004　在化学中,如物体在同一时间内吸收和放出的热量恰好相抵消,也称该物体处于热平衡。

(　　)17. ZAB005　平均温度差的大小主要取决于两流体的温度条件和两流体在换热器中的流动形式。

( 　 )18. ZAB006　过热蒸汽干燥的优势是可利用蒸汽的潜热,热效率高,节能效果显著。

( 　 )19. ZAB007　吸收操作是利用气体混合物中相对挥发度的不同而进行分离。

( 　 )20. ZAB008　选择填料时,一般要求比表面积及空隙率值大,填料的润湿性能好,并有足够的力学强度。

( 　 )21. ZAB009　气体吸收和蒸馏的传质机理是相同的。

( 　 )22. ZAB010　提高吸收温度有利于气体吸收。

( 　 )23. ZAB011　吸收剂对于溶质组分应具有较大的溶解度,这样可以提高吸收速率并减少吸收剂的耗用量。

( 　 )24. ZAB012　均相物系内部各处均匀且无相界面,如溶液和混合气体都是均相物系。

( 　 )25. ZAB013　非均相物系内部有隔开不同相的界面存在,且界面两侧物料性质有显著差异,如悬浮液、泡沫液属于液态非均相物系。

( 　 )26. ZAB014　填料是填料塔的核心构件,是气液两相进行热和质交换的场所,它为气液两相间热、质传递提供了有效的相界面。

( 　 )27. ZAB015　二次蒸汽直接冷凝而排走的系统称为多效蒸发。

( 　 )28. ZAB016　根据实测的停留时间分布,选用适当的流动模型,便可定量地表达出流体在装置中的流动和混合情况。

( 　 )29. ZAB017　间歇反应器的操作是非连续的,物料的组成和温度不随反应过程而变化。

( 　 )30. ZAB018　连续反应过程是定态的,反应器中各截面的浓度和温度不随反应时间而变化。

( 　 )31. ZAB019　绝热反应器与周围环境可以有热交换。

( 　 )32. ZAB020　催化作用可以改变化学平衡。

( 　 )33. ZAB021　催化剂从其开始使用起,直到经再生后也难以恢复活性为止的时间,称为寿命。

( 　 )34. ZAB022　衡量催化剂质量的最实用的三大指标,是由动力学方法测定的活性、选择性和稳定性。

( 　 )35. ZAB023　法定计量单位压力(压强)的计量单位的名称是工程大气压。

( 　 )36. ZAB024　关键工艺控制和质量控制的计量器具及仪器仪表属于 A 级管理范围。

( 　 )37. ZAB025　B 级管理范围计量器具的检定周期为 2 年。

( 　 )38. ZAB026　非生产关键部位起指示作用、使用频率低、性能稳定而耐用以及连续运转设备上固定安装的计量器具,可以实行有效期管理。

( 　 )39. ZAC001　离心泵的转速是指泵轴每分钟的转数。

( 　 )40. ZAC002　若输送介质温度过低,离心泵易出现汽蚀现象。

( 　 )41. ZAC003　在前级或各级中设置叶片传动机构以调节叶片角度,使流量减小时冲角系数过大,从而使叶道中不出现太大的分离区,以避免喘振的出现。

( 　 )42. ZAC004　间壁式换热器中参加换热的流体会混合在一起,传热过程连续而稳定地进行。

( 　 )43. ZAC005　管束式换热器中固定管板式不带膨胀节。

（　）44. ZAC006　在工业生产中,当处理量大时多采用填料塔,而当处理量较小时多采用
　　　　　　　　　 板式塔。

（　）45. ZAC007　在正常条件下,浮阀开度随塔内的气相负荷大小而自动调节。

（　）46. ZAC008　筛板塔塔盘上分为筛孔区、无孔区、溢流堰及降液管等几部分。

（　）47. ZAC009　填料塔的塔体是由钢、陶瓷或塑料等材料制成的圆筒。

（　）48. ZAC010　液压试验时压力表的量程为试验压力 2 倍,但是不低于 1.2 倍、不高于
　　　　　　　　　 3 倍的试验压力。

（　）49. ZAC011　在压缩机应用领域,干气密封正逐渐替代浮环密封、填料密封和涨圈
　　　　　　　　　 密封。

（　）50. ZAC012　泄漏是法兰连接的主要失效形式。

（　）51. ZAC013　滚动轴承的工作原理是以滑动摩擦代替滚动摩擦。

（　）52. ZAC014　局部腐蚀的类型很多,主要有斑点腐蚀、缝隙腐蚀、晶间腐蚀和应力腐
　　　　　　　　　 蚀开裂、氢侵蚀。

（　）53. ZAC015　涡轮式搅拌器常用的有开启式和带圆盘式两种,桨叶又分为平直叶、弯
　　　　　　　　　 叶、折叶式。

（　）54. ZAD001　弹簧管的截面积呈圆形。

（　）55. ZAD002　在对液柱式压力计读数时,应读其凹面的最低点。

（　）56. ZAD003　转子流量计的流体流动方向是自上而下。

（　）57. ZAD004　差压式液位计低于取压点且导压管内有隔离液或冷凝液时,零点需进
　　　　　　　　　 行正迁移。

（　）58. ZAD005　调节阀的气开、气关与调节阀的正反作用是不一样的概念。

（　）59. ZAD006　风关调节阀在气源风发生故障断风时,调节阀处于全开状态。

（　）60. ZAD007　自动控制系统主要由控制器、被控对象、执行机构和变送器四个环节
　　　　　　　　　 组成。

（　）61. ZAD008　在热电偶中,焊接的一端插入被测介质中来感受被测温度,俗称冷端。

（　）62. ZAD009　热电阻温度计是把温度的变化通过测温元件–热电阻转换为电阻值的
　　　　　　　　　 变化来测量温度的。

（　）63. ZAD010　比例度越大,对调节过程的影响是调节作用越弱。

（　）64. ZAD011　在比例积分控制规律中,如果过渡过程振荡比较剧烈,可以适当增加比
　　　　　　　　　 例度和增加积分时间。

（　）65. ZAD012　微分控制规律的输出与输入偏差的大小和偏差变化的速度有关。

（　）66. ZAD013　串级控制回路是主、副调节器串接工作,主调节器的输出作为副调节器
　　　　　　　　　 的给定值,副调节器的输出直接操纵调节阀,实现对主变量的定值
　　　　　　　　　 控制。

（　）67. ZAD014　测量仪表按精度等级的不同可分为压力测量仪表、物位测量仪表和流
　　　　　　　　　 量测量仪表。

（　）68. ZAD015　回差在数值上等于不灵敏区。

（　）69. ZAD016　检查、维修信号联锁仪表和联锁系统时,可以不用解除联锁。

（　　）70. ZAD017　电动仪表、气动仪表和自力式仪表是按照所测参数的不同划分的。

（　　）71. ZAD018　积分时间越小，积分作用越强，消除余差越快。

（　　）72. ZAD019　一般调节系统均为正反馈调节系统。

（　　）73. ZAD020　串级控制系统的串级控制回路是主、副调节器串接工作。

（　　）74. ZAD021　分程调节系统调节器输出只控制一个调节阀。

（　　）75. ZBA001　装置停风一般是指停非净化风。

（　　）76. ZBA002　设备在检修前除了进行置换、吹扫、加盲板和隔离等措施外，还必须进行采样分析。

（　　）77. ZBA003　管道用空气吹扫是最有效的清理系统杂质的方法，特别是在必须干燥的系统。

（　　）78. ZBA004　水压试验前，容器和管道上的安全装置、压力表、液面计等附件全部内构件均应装配齐全并检查合格。

（　　）79. ZBA005　装置置换 $N_2$，系统压力可以超过系统设计压力。

（　　）80. ZBA006　系统泄压速度要迅速，应由高压降至低压。

（　　）81. ZBA007　氮气是化工装置仪表调节控制系统的工作风源。

（　　）82. ZBA008　对有危险性的生产部位，关键设备，影响产品质量、产量等关键环节，通常设置仪表联锁系统。

（　　）83. ZBA009　蒸汽管网引蒸汽时，要先建立管网压力，再确认蒸汽用户已切断，然后逐渐投用换热器及其他用户。

（　　）84. ZBA010　孔板差压法检测流量是将负压侧通大气，向正压侧送等效气压作为信号源。

（　　）85. ZBA011　仪表回路测试指对所有的变送器、电磁阀、气动阀门等进行一次电气综合性的最终测试。

（　　）86. ZBA012　装置引循环水前，应保证管线低点导淋阀打开。

（　　）87. ZBA013　循环水浊度高易造成冷换设备和系统管道堵塞等，特别是在高流速部位。

（　　）88. ZBA014　在塔器开车以前，不需要吹扫、置换、干燥和查漏。

（　　）89. ZBA015　开车前不需要对取样点进行确认。

（　　）90. ZBB001　当主油泵发生问题停车时，泵出口油压降到一定值时，备用油泵启动。

（　　）91. ZBB002　离心式压缩机开车前油箱液位应在正常位置，通入冷却水或加热器把油温保持在规定值。

（　　）92. ZBB003　往复式压缩机启动盘车系统，检查传动部件无故障后，盘车系统脱开。

（　　）93. ZBB004　采用高压力、小流量蒸汽暖管比低压力、大流量蒸汽使金属受热更为均匀，对管道较为安全。

（　　）94. ZBB005　氨蒸发器液位波动时，可以通过节流阀的开度调整，向蒸发器补加或减少液氨量。

（　　）95. ZBB006　再生后的分子筛与新鲜的不一样，其吸附性能和机械性能的衰减和老化是非常高的。

（    ）96. ZBB007　变压吸附制氧的基本原理是空气中的氧气和氮气在沸石分子筛上因压力不同而吸附性能不同进行分离。

（    ）97. ZBB008　在原料配比期间为了提高反应收率，通常不用使某一种原料过量加入。

（    ）98. ZBB009　当干燥器停止使用时间较长时，不需要对吸附剂进行干燥。

（    ）99. ZBB010　真空装置的特点是提高浓缩设备压力，使物料在低温下沸腾。

（    ）100. ZBB011　关闭气源与燃料油阀进行点火，易造成回火或炉膛爆炸，引起火灾。

（    ）101. ZBB012　降低压力对吸收是有利的，可以增加吸收推动力，提高气体净化度。

（    ）102. ZBB013　关闭控制阀顺序是先关闭现场前后切断阀门，再关闭 DCS 控制阀门。

（    ）103. ZBB014　蒸发操作中，为了减少污垢热阻，必须定期清洗更换加热管。

（    ）104. ZBB015　每一种催化剂都有特定的还原温度，对于吸热反应，升高温度有利于催化剂还原。

（    ）105. ZBB016　物料接收前装置、罐区的消防泡沫站，喷淋及可燃气体和有毒气体监测器应已投用。

（    ）106. ZBB017　原料在进入反应器之前必须具备一定的纯度以保证反应的正常进行并能得到一定的产率。

（    ）107. ZBB018　干球温度是指温度计的感温部分露在空气中直接测得的湿空气真实温度。

（    ）108. ZBB019　单位时间内、单位干燥面积上汽化的水分质量称为干燥速率。

（    ）109. ZBB020　在恒定干燥条件下，物料从最初含水量干燥到最终含水量所需的时间为干燥时间。

（    ）110. ZBB021　实现沉降分离的条件是分散相和连续相之间存在密度差，并且有外力场的作用。

（    ）111. ZBB022　将大量固体颗粒悬浮于流动的流体之中，并在流体作用下使颗粒做翻滚运动，类似于液体的沸腾，这种状态称为固体流态化。

（    ）112. ZBB023　颗粒流化性能好，需要的床层高度比较低时，采用较高的气速比较合适。

（    ）113. ZBB024　流化床"固体颗粒的剧烈运动与迅速混合"这一特征的有利一面是可以使床层保持均一的温度，便于温度的调节控制。

（    ）114. ZBB025　流化床的操作范围可以用带出速度与临界流化速度的差值的大小表示。

（    ）115. ZBC001　装置的稳定运行与合理的管理制度、平时认真巡检及早发现问题的端倪并妥善处理有很大的关系。

（    ）116. ZBC002　聚合反应的速率随温度升高而急剧降低。

（    ）117. ZBC003　干燥器温度提高，可使水分从物料内部前移到物料表面的扩散速度提高。

（    ）118. ZBC004　对高压下吸收，塔底液位的维持更加重要，否则高压气体进入液体出口管造成事故。

（    ）119. ZBC005　对于热敏性物料，为了保证产品质量，在较低温度下蒸发浓缩，则需要真空操作以降低溶液的沸点。

( )120. ZBC006 固体物质的溶解度随温度的下降而降低,因此,降低温度可以使过饱和溶液中溶质以晶体的形式析出。

( )121. ZBC007 为了使出口混合液中产物的浓度提高,应增加进料和出料流量。

( )122. ZBC008 控制聚合浆液浓度非常重要,浆液浓度过高会造成搅拌器电动机电流过高,引起超负荷跳闸,停转。

( )123. ZBC009 催化剂的性能不仅取决于其活性组分,而且是各种成分的性质及其相互影响的总和,此外还必须考虑其对反应装置、反应工艺的适应性。

( )124. ZBC010 有中间储存设施的装置,一般若检验结果没出来,该过程产品不得转入下一工序。

( )125. ZBC011 物料最初、最终以及最小含水量决定着干燥各阶段所需时间的长短,影响干燥速率的快慢。

( )126. ZBC012 炉水 pH 值过高时会使炉管发生腐蚀。

( )127. ZBC013 对吸收系统而言,降低温度可以加大吸收系数。

( )128. ZBC014 对于已设计定型的吸收系统,操作过程中气体流量的选择以杜绝液泛发生为原则。

( )129. ZBC015 蒸汽压力过低,蒸发器内不能保持良好的沸腾状态,而且会出现传热温差低,使整个装置生产能力降低。

( )130. ZBC016 离心式压缩机在停机的过程中,应多开防喘振阀。

( )131. ZBC017 蒸发器液面过高会使蒸发室气液分离空间缩小,导致雾沫夹带严重。

( )132. ZBC018 加碱处理循环水 pH 值过低问题时,排放速度要慢,防止污垢沉积。

( )133. ZBC019 正常生产中,各 DCS 画面不需要定时循环翻看。

( )134. ZBC020 对既不能悬浮又不能搅拌的大块物料,可将其悬挂而使其全部表面充分暴露在气流之中。

( )135. ZBC021 在蒸发时,冷冻剂的汽化潜热要尽可能小。

( )136. ZBC022 冬季生产水封的伴热系统不需要投用。

( )137. ZBC023 火炬系统检修后,在重新使用之前应用水蒸气扫线,防止发生回火。

( )138. ZBC024 分离器液位的高度控制是在设计分离器时根据分离介质的特性给定工艺参数。

( )139. ZBC025 磁悬浮式液位计测量易燃物料液位时,用磁石吸附液位计后侧判断液位。

( )140. ZBC026 离心式压缩机应定期检查、清洗油冷却器,保证油压的稳定。

( )141. ZBC027 岗位人员不需要搞好机房安全卫生工作,但应保持压缩机的清洁。

( )142. ZBC028 离心式压缩机可以无限制地增加流量。

( )143. ZBC029 往复式压缩机当气缸工作容积增大时,气缸中压强降低,低压气体从缸外经吸气阀被吸进气缸。

( )144. ZBC030 旋涡泵适用于低扬程、大流量的工艺条件。

( )145. ZBC031 实际生产中,往复泵主要采用旁路调节阀进行调节。

（　　）146. ZBC032　当需要减少流量时,可关小出口阀门,但压力比增大,功率消耗增加,很不经济。

（　　）147. ZBC033　出口节流调节比进口节流调节的经济性好。

（　　）148. ZBC034　转速调节一般不是直接改变驱动机的转速,而是借助于变速机构。

（　　）149. ZBC035　在压缩机进气管路上装有节流阀,调节时逐渐关闭,压力降低,排气量增加。

（　　）150. ZBD001　由电动机驱动的离心式压缩机在电动机停车后,应继续运行几小时后停密封油和润滑油系统。

（　　）151. ZBD002　往复式压缩机在正常停车操作中,当主轴全停后可立即停掉油润滑系统。

（　　）152. ZBD003　紧急停车应首先切断电源,停止电动机运转,并通知有关工序,然后打开放空阀泄压,随后按正常停车步骤进行操作。

（　　）153. ZBD004　若反应器中有腐蚀性的气体参与反应,在停车后应立即通入氮气进行降温置换,以防腐蚀性气体冷凝后毁坏催化剂。

（　　）154. ZBD005　吸收塔紧急停车时,应迅速关闭原料混合气阀门,可以不关闭系统的出口阀。

（　　）155. ZBD006　冷却器投用后,操作人员应定期对换热器进行巡回检查,判断其是否运行正常。

（　　）156. ZBD006　冷却器一般应用于放热反应。

（　　）157. ZBD007　中央循环管式蒸发器适用于蒸发结垢不严重、有少量结晶析出和腐蚀性较小的溶液。

（　　）158. ZBD008　冷冻系统制冷机停车后,如果设备需要进行检修,要将系统中的制冷剂退出并置换合格。

（　　）159. ZBD009　离心机停车前可以不用放净里面物料。

（　　）160. ZBD010　固定床反应器停车减量过程中,应注意温度、压力的控制,避免波动。

（　　）161. ZBD011　生产过程中突然停电、停水、停汽或发生重大事故时要全面紧急停车。

（　　）162. ZBD012　吹扫时要根据检修方案制定的吹扫流程图、方法、步骤和所选吹扫介质按管线号和设备位号逐一进行,并填写登记表,以确保所有设备、管线都吹扫干净不遗漏或留死角。

（　　）163. ZBD013　改革生产工艺,尽可能在生产中消除污染源,杜绝有毒有害废水的产生,是有效治理废水的原则之一。

（　　）164. ZBD014　化工装置在系统引入易燃易爆原料、燃料、生产过程中的半成品及成品等类物质前,都必须将系统内空气用氮气置换,以避免物料与空气混合生成爆炸性混合物。

（　　）165. ZBD015　塔、槽等密闭空间使用氮气置换可燃气体合格后,当人体需要进入塔槽等工作时,可直接进入。

（　　）166. ZBE001　执行器按其能源形式分为气动、电动和液动三大类,它们各有特点,适用于不同的场合。

( )167. ZBE002　换热器是实现质量在热流体和冷流体之间交换的设备。

( )168. ZBE003　疏水器能够排放出冷凝水而不会排放出蒸汽。

( )169. ZBE004　磺化器循环水的回水是压力回水。

( )170. ZBE005　干燥器最上层装填的是蓝色硅胶。

( )171. ZBF001　硅胶筛分可以使用任何型号的筛子。

( )172. ZBF002　硫黄质量对磺化工艺过程和磺酸质量都有影响。

( )173. ZBF003　冷却风用于干燥器冷吹。

( )174. ZBF004　熔硫槽加硫黄时应将熔硫槽筛板取下。

( )175. ZBF005　燃硫炉点火器使用前不需要预热。

( )176. ZBF006　磺酸在磺化后要经过气液分离器进行 $SO_3$ 气体分离。

( )177. ZBF007　从切线进风使气体进入旋风分离器后自然旋转产生离心力。

( )178. ZBF008　磺酸出口温度可以通过老化器进行调节。

( )179. ZBF009　$SO_3$ 气体浓度的调整通过调整原料量来实现。

( )180. ZBF010　水解量可以任意调整。

( )181. ZBF011　发烟硫酸因表面 $SO_3$ 饱和蒸气压过高所以吸收 $SO_3$ 效果不好。

( )182. ZBF012　当酸吸收自动补水失灵时可以手动补水。

( )183. ZBF013　熔硫蒸汽压力需要手动调节。

( )184. ZBF014　静电除雾器的瓷瓶用工艺风保护。

( )185. ZBF015　静电除雾器需定时手动排酸。

( )186. ZBF016　碱洗液循环泵的材质是氟塑料泵。

( )187. ZBF017　正压式空气呼吸器气瓶的瓶阀上必须配有压力保护膜片(防爆膜片),防止气瓶在高压下受损。

( )188. ZBF018　气动执行器有气开和气关两种。

( )189. ZBF019　表面活性剂中无机盐含量过多将严重影响产品质量。

( )190. ZBF020　当表面活性剂溶于水中时,则其亲油基有进入溶液中的倾向。

( )191. ZBG001　氟里昂是中温制冷剂。

( )192. ZBG002　湿度为湿空气中的水气的质量与湿空气的质量之比。

( )193. ZBG003　工艺空气露点超标会造成硫酸产量过多,磺酸质量下降。

( )194. ZBG004　环境空气要经过降温、硅胶干燥等工序,制成露点合格的工艺空气。

( )195. ZBG005　五氧化二矾催化剂在储存过程中不能接触空气,否则很容易受潮变质。

( )196. ZBG006　五氧化二矾催化剂与任何物质接触均可中毒。

( )197. ZBG007　磺化器只有釜式一种。

( )198. ZBG008　磺化器在用热水清洗后不能用仪表风吹扫。

( )199. ZBG009　原料进料温度对磺化器内成膜有很大影响。

( )200. ZBG010　如磺化反应温度过高,磺化器会出现结焦现象。

( )201. ZBG011　pH 计使用前应进行标定。

( )202. ZBG012　制冷机组的出水温度越低越好。

（　　）203. ZBG013　尾气中的 $SO_2$ 主要是通过酸吸收系统去除。

（　　）204. ZBG014　弹簧管压力表的测压元件是一根弹簧管。

（　　）205. ZBG015　单法兰液位计适用于密闭容器内的液位测量。

（　　）206. ZBG016　压力容器只要好用，就不必检验。

（　　）207. ZBG017　热电阻只是利用导体的电阻随温度变化的特性而制成的温度传感器。

（　　）208. ZBG018　磺化中和区域巡检要点是检查各机泵是否存在泄漏。

（　　）209. ZBG019　磁翻板液位计根据浮力原理和磁性耦合作用研制而成。

（　　）210. ZBH001　熔硫间的消防蒸汽管道用来扑灭室内地面火灾。

（　　）211. ZBH002　磺酸生产中的危险因素有酸碱烧伤、高空坠落、高温烫伤、机械损伤等。

（　　）212. ZBH003　空气中的 $SO_2$ 主要来自硫黄的燃烧。

（　　）213. ZBH004　$SO_3$ 对人体的呼吸道有强烈的刺激作用。

（　　）214. ZBH005　磺化装置的废气由 $SO_2$、$SO_3$、酸滴等组成。

（　　）215. ZBH006　为确保检修顺利进行，装置设备管线可不要求吹扫排空。

（　　）216. ZBH007　原则上盲板厚度不得低于管壁的厚度。

（　　）217. ZBI001　水泥制造通常选用塔式反应器。

（　　）218. ZBI002　反应釜按照加热/冷却方式可分为电加热、热水加热、导热油循环加热、远红外加热、外（内）盘管加热等。

（　　）219. ZBI003　测轴与被测轴接触时，动作应迅速，同时应使两轴保持在一条水平线上。

（　　）220. ZBI004　利用测振表对主要设备的轴承及轴向端点进行测试，并配有现场检测记录表，每次的测点不用相互对应。

（　　）221. ZBI005　不同材料的电偶丝可组成不同分度号的热电偶，它们的测温范围和适用场合也各不相同。

（　　）222. ZBI006　在气相反应中，多采用连续搅拌式釜式反应器。

（　　）223. ZBI007　螺旋板式换热器的第三种结构是由 2 张平行薄金属板卷焊而成。

（　　）224. ZBI008　板式换热器的类型很多，在化工生产中常用的有夹套式换热器、螺旋板式换热器、平板式换热器。

（　　）225. ZBI009　规整填料塔支座包括裙座和液体出口。

（　　）226. ZBI010　连续换热反应器的反应在不与外界交换热量的情况下进行。

（　　）227. ZBI011　单层绝热固定床反应器的结构非常简单，它是一个没有传热装置，只装有固体催化剂的容器。

（　　）228. ZBI012　多段绝热式固定床反应器多用于吸热反应。

（　　）229. ZBI013　列管式固定床反应器只用于吸热反应。

（　　）230. ZBI014　搅拌式反应釜由釜体、夹套、搅拌系统三部分组成。

（　　）231. ZBI015　间歇式搅拌反应釜生产过程包括加料、反应、清洗三个阶段。

（　　）232. ZBI016　连续釜式反应器的特点是反应物料在反应器中的返混程度达到最大化，即反应器中每一个点的物料的性质完全不相同。

(     )233. ZBI017    设置搅拌器导流筒抑制了圆周运动的扩展,对增大湍动程度、提高混合效果很有好处。

(     )234. BBA018    卧式活塞卸料离心机推杆是做往复运动,不做角速度回转。

(     )235. ZBI019    活塞式压缩机润滑系统的作用是防止零件表面锈蚀、提高零件的工作寿命。

(     )236. ZBI020    辅助油泵平时也为各机组润滑点提供润滑油。

(     )237. ZBI021    大型机组润滑油泵一般都有严格的联锁,主辅泵电气联锁只要投用正常,一台泵停,另一台就会自启。

(     )238. ZBI022    压缩机带负荷紧急停车后,由于负荷和转速迅速下降,转子及其部件将承受很大的应变力,易造成金属疲劳,缩短主机寿命。

(     )239. ZBI023    叶轮与轴的固定可采用动配合,然后用背帽锁紧。

(     )240. ZBI024    奥斯陆外冷式结晶器按其所析出氯化铵的原理,可分为冷析结晶器和盐析结晶器。

(     )241. ZBI025    干燥机是指一种利用热能降低物料水分的机械设备,用于对物体进行干燥操作。

(     )242. ZBI026    冷凝器为制冷系统的机件,属于冷却器的一种。

(     )243. ZBI027    离心泵的特性曲线包括流量、扬程、功率、效率。

(     )244. ZBI028    空气冷却器一般是由管束、管箱、风机、百叶窗和构架等主要部分组成。

(     )245. ZBI029    压力容器、管道的监督检查属于非强制性检验。

(     )246. ZBI030    折流板可分为横向折流板、纵向折流板等。

(     )247. ZBI031    为保证防冲板与壳体间的距离,往往在管壳式换热器壳程进口部位多排一些换热管。

(     )248. ZBI032    浮头式和填料函式换热器中用得较好的是正方形和转角正方形排列。

(     )249. ZBI033    固定板式换热器壳体和管壁的温差较小,一般要求壳体和管壁的温差不大于 50℃。

(     )250. ZBI034    虽然浮头式换热器管束可以从壳体一端抽出,但管内和管间及壳程的清洗与维修也不方便。

(     )251. ZBI035    U 形管式换热器结构简单,只有一个管板和一个管箱,且无浮头,节省了材料。

(     )252. ZBI036    为了克服温差应力,当固定管板换热器的管壁与壳壁的温差大于 60℃时,应在换热器上设置温度补偿装置——膨胀节。

(     )253. ZBI037    工业管道常用压力等级分为 GC1 级、GC2 级、GC3 级。

(     )254. ZBI038    电动机的绝缘等级与使用的绝缘材料密切相关,绝缘材料越好,绝缘等级越低。

(     )255. ZBJ001    飞溅润滑的压缩机,运行一个时期后油面降低,溅起的油便减少,油面过低会造成润滑不足,故应保证润滑油的最低油面,低于此面要加油。

(     )256. ZBJ002    更换垫片时,垫片要准确地放在两密封面中间,然后装入螺栓,对称均匀紧固。

（　）257. ZBJ003　可燃气体管道抽加盲板不需要使用防爆工具。

（　）258. ZBJ004　阀门在关闭过程中一定要关到底为止。

（　）259. ZBJ005　日常维护重点放在检查压缩机有无漏气、漏油、漏水、漏电等现象。

（　）260. ZBJ006　维护检查不包括仪表指示情况、联锁保安系统部件工作情况及动作情况、电气系统及各信号装置运行情况。

（　）261. ZBJ007　在化工生产中常用的耐蚀材料为不锈钢、玻璃钢。

（　）262. ZBJ008　防腐材料是抑制被防腐对象发生化学腐蚀和电化学腐蚀的一种材料。

（　）263. ZBJ009　更换螺栓时不用清理螺栓孔和检查对中情况，直接装上螺栓把紧即可。

（　）264. ZBJ010　冬季工业管道外部检查只要检查疏水器是否好用，别的不用检查。

（　）265. ZBJ011　填料密封的严密性可以不用松紧填料压盖的方法来调节。

（　）266. ZBK001　球阀不得用于输送含结晶和悬浮物的液体管道。

（　）267. ZBK002　压力表的测量精度是以允许误差占表盘刻度极限值的百分数来表示的，额定蒸汽压力大于 2.45MPa 的锅炉和中、高压容器的压力表，精度不应低于 1.5 级。

（　）268. ZBK003　磺酸盐装置填料塔的塔体全部用金属材料制作而成。

（　）269. ZBK004　环形填料常用陶瓷制作，因为它具有较大的抗腐蚀性能，优点是重量大、不易堵塞。

（　）270. ZBK005　降低磺酸盐装置用填料的比表面积，对提高气、液间的传热、传质有利。

（　）271. ZBK006　屏蔽泵的优点是全封闭，结构上没有动密封，只有在泵的外壳处有静密封，因此可以做到完全无泄漏。

（　）272. ZBK007　计量泵主要由动力驱动、流体输送和调节控制三部分组成。

（　）273. ZBK008　柱塞式计量泵的流量调节是通过改变出口阀开度来实现的。

（　）274. ZBK009　机械密封是一种只能用于机泵、压缩机等旋转式流体机械的密封装置。

（　）275. ZBK010　在弹性联轴器中，由于弹性元件的存在，故可缓冲减振，也可在不同程度上补偿两轴间的偏移。

（　）276. ZBK011　离心泵的转速改变时，泵的流量、扬程、功率相应是固定的。

（　）277. ZBK012　多级离心泵的进水段、中段、出水段、轴承体等泵壳体部分通过拉紧螺栓连成一体，并根据泵的扬程选择泵的级数。

（　）278. ZBK013　离心泵的轴承磨损、地脚螺栓松动、轴弯曲、转子零件松动、叶轮中有异物等情况会造成电动机过负荷。

（　）279. ZBK014　为了保证离心泵的安全运行，试车前应该检查润滑油的油位是否符合要求，油质是否合格。

（　）280. ZBK015　切换离心泵操作中，停运原运转泵时应先停泵再关闭出口阀。

（　）281. BBC016　阀门型号通常应表示阀门类型、驱动方式、连接形式、结构特点、公称压力、密封面材料及阀体材料等要素。

（　）282. ZBK017　疏水阀用于蒸汽管网及设备中,起到阻汽排水的作用,疏水阀 S41H-16P 型号中"P"表示阀体材料为不锈钢。

（　）283. ZBL001　新购入的润滑油,如有合格证可直接使用。

（　）284. ZBL002　机泵的震动可能是泵内部摩擦大引起的。

（　）285. ZBL003　磺酸盐装置离心泵密封损坏,切断电源后可直接检修。

（　）286. ZBL004　润滑油呈乳白色时并不一定变质,可以继续使用。

（　）287. ZBL005　巡检时发现机泵有杂音并过热时,必须切换泵进行检查。

（　）288. ZBL006　机泵加油时如不执行"三级过滤",则只执行"五定"即可。

（　）289. ZBL007　一般情况下,介质凝点温度高于环境温度时,设备、管道应进行保温处理。

（　）290. ZBL008　离心泵吸入管路要尽量减少弯头、阀门等局部阻力,直径不应小于泵进口直径。

（　）291. ZBM001　正常生产中,应定期检查换热器有无渗漏、外壳有无变形及有无振动,若有应及时排除。

（　）292. ZBM002　进料量变化太大或突然中断时,炉管易发生结焦。

（　）293. ZBM003　系统蒸汽压力下降时,蒸汽压力归零。

（　）294. ZBM004　当发生仪表风中断时,各控制阀应全部关闭。

（　）295. ZBM005　当循环水压力下降时,各机泵温度下降。

（　）296. ZBM006　若系统内严重结垢,虽然水路无渗漏处,开足进出口水阀门,冷却水压力会不变。

（　）297. ZBM007　冬季临时停用的设备,必须保证回水或蒸汽微量流通,避免冻凝管线。

（　）298. ZBM008　发生循环水中断事故时,循环水压力指示稍微降低。

（　）299. BCA009　发生系统蒸汽中断时,应立即报告班长,并联系生产调度。

（　）300. ZBM010　孔板入口边缘磨损会造成仪表指示值偏高。

（　）301. ZBM011　工艺管线应检查管道、管件,阀门和紧固件有无严重腐蚀、移位和破裂,以判断是否超压。

（　）302. ZBM012　离心泵振动大的一个原因是轴承磨损严重、间隙过大。

（　）303. ZBM013　地脚螺栓松动和泵抽空是离心泵振动大的主要原因。

（　）304. ZBM014　泵装配不好,动静部分卡住不会造成机泵电机跳闸。

（　）305. ZBM015　瓦量大时,轴与瓦之间会产生振动,使瓦变形,会发生压缩机烧瓦事故。

（　）306. ZBM016　气缸内掉入金属碎片或其他坚硬物体,压缩机气缸内会发生敲击声。

（　）307. ZBM017　有干扰信号是无纸记录仪无显示的主要原因。

（　）308. ZBN001　炉管破裂如果不大,按紧急停工处理。

（　）309. ZBN002　根据化工实地场所有易燃易爆介质存在的特点,选择封闭式防爆、正压通风结构电动机,可预防电动机着火。

（　）310. ZBN003　正确选择压缩机辅助油泵油过滤网目数,及时清理油箱,能够避免磨碎的金属颗粒随油进入轴颈引起的烧瓦。

（　　）311. ZBN004　检修调速器能够处理电动机异常振动。

（　　）312. ZBN005　电动机有不正常振动时,加固基础是较为有效的处理方法。

（　　）313. ZBN006　严格执行防火、防雷击、防雨措施,能够避免电动机发生短路击穿。

（　　）314. ZBN007　关闭阀门时,扭矩不能过大,可以防止阀门内漏的发生。

（　　）315. ZBN008　堵死漏管或更换漏管可处理换热管腐蚀穿孔、开裂造成的换热器内漏。

（　　）316. ZBN009　仪表风中断时,气动调节阀不能动作,风开阀全开,风关阀全关。

（　　）317. ZBN010　在正常生产过程中,发生停循环水事故时,应立即联系调度,询问停循环水的原因,如果不能马上恢复,通知各单元开始降量并做好停车准备。

（　　）318. ZBN011　发生蒸汽中断事故时,应保持适当的物料存量,以减少再次开车时间。

（　　）319. ZBN012　工艺管线超压泄漏后,现场主操应立即关闭泄漏点两端阀门,将泄漏管线从系统隔绝出来。

（　　）320. ZBN013　轴弯曲的机泵在运行中会引起叶轮等传动产生不平衡,致使叶轮与壳体发生摩擦,导致机泵产生震动现象。

（　　）321. ZBN014　检查过滤器、清理杂物能够处理电动机超负荷运行问题。

（　　）322. BCB015　消除转动部分被破坏的平衡不能解决离心泵轴承温度过高问题。

（　　）323. ZBN016　定期检查润滑油系统,保证润滑油正常供应,与压缩机烧瓦事故无关。

（　　）324. ZBN017　调节火焰,使火焰成形,不舔炉管,可处理炉管破裂事故。

（　　）325. ZBN018　任何人发现火灾时,都应当立即报警。

（　　）326. ZBN019　发生急性中毒事故时,救护者不需要做好个人防护,必须马上进入毒区,以争取抢救时间。

（　　）327. ZBO001　磺酸盐装置停循环水会导致中和冷却循环水温度无法控制。

（　　）328. ZBO002　磺酸盐装置停压缩空气时,管线内压缩空气压力减小。

（　　）329. ZBO003　磺酸盐装置新鲜水中断时,酸吸收系统无法正常补水。

（　　）330. ZBO004　疏水器没有安装方向。

（　　）331. ZBO005　压力表指针卡住会引起压力升高后指针不动、无压力时指针不归零、压力指示不正确等故障。

（　　）332. ZBP001　磺酸盐装置在检修前,需用沙石对沟、下水井、地漏等进行封堵隔离。

（　　）333. ZBP002　用来支撑管线的管支撑必须有一定的强度,这种强度包括管支撑物和管架固定所发生的热应力等。

（　　）334. ZBP003　工业管道在线检验一般以宏观检查和安全保护装置检验为主,必要时进行测厚检查和电阻值测量。

（　　）335. ZBP004　为了查明换热管的泄漏情况,一般采用在管子外侧加压力的外压试验:把水通入壳体,保持一定时间,目测两端管板处管子的泄漏情况,对漏管做出标记。

（　　）336. ZBP005　气压试验使用的高压气包必须事先经过安全检测并合格,试压气体一般选用氧气。

（　　）337. ZBP006　增大折流板间距,使换热管的振幅变小,可减轻换热器换热管的振动。

（　　）338. ZBP007　风动泵使用压缩空气作为动力来源。

（　　）339. ZBP008　若长时间停新鲜水导致酸吸收系统酸浓度增加及碱洗塔结晶,则采取停工处理措施。

（　　）340. ZBP009　循环水在运行过程中不断有水量的损失,因此要进行补水以保证循环量。

（　　）341. ZBP010　通过检查轴承的温度、振动、滚动声,能判断轴承在运转过程中的状态。

（　　）342. ZBP011　仪表风中断时,有副线的调节阀开启副线进行手动调节。

（　　）343. ZBP012　检查双法兰液位计时,切勿使用硬物碰触膜片,否则会导致隔离膜片损坏。

（　　）344. ZBQ001　物料平衡率=(实际产量+抽样量+损耗量)/理论产量×100%,其中理论产量是按照所用的原料量在生产中无任何损失或差错的情况下得出的最大量,实际产量为生产过程实际产出量。

（　　）345. ZBQ002　技术消耗定额是指实际消耗的各种原材料的数量与实际合格品产量的比值。

# 答　案

一、单项选择题

| | | | | | | | | | |
|---|---|---|---|---|---|---|---|---|---|
| 1. C | 2. B | 3. B | 4. D | 5. C | 6. A | 7. A | 8. D | 9. D | 10. A |
| 11. C | 12. A | 13. A | 14. B | 15. D | 16. C | 17. A | 18. B | 19. B | 20. A |
| 21. C | 22. C | 23. A | 24. D | 25. C | 26. B | 27. D | 28. D | 29. A | 30. A |
| 31. B | 32. A | 33. A | 34. B | 35. D | 36. D | 37. C | 38. A | 39. D | 40. D |
| 41. B | 42. D | 43. C | 44. A | 45. D | 46. D | 47. A | 48. B | 49. C | 50. D |
| 51. D | 52. A | 53. B | 54. B | 55. A | 56. A | 57. A | 58. B | 59. A | 60. A |
| 61. C | 62. B | 63. C | 64. B | 65. A | 66. B | 67. A | 68. C | 69. A | 70. C |
| 71. B | 72. B | 73. C | 74. C | 75. B | 76. A | 77. D | 78. C | 79. D | 80. B |
| 81. B | 82. B | 83. D | 84. B | 85. C | 86. C | 87. C | 88. B | 89. A | 90. B |
| 91. A | 92. D | 93. D | 94. A | 95. A | 96. D | 97. B | 98. C | 99. D | 100. A |
| 101. D | 102. C | 103. C | 104. D | 105. A | 106. C | 107. D | 108. B | 109. C | 110. B |
| 111. B | 112. B | 113. C | 114. B | 115. A | 116. C | 117. B | 118. D | 119. D | 120. B |
| 121. D | 122. A | 123. B | 124. A | 125. B | 126. A | 127. C | 128. A | 129. B | 130. C |
| 131. A | 132. A | 133. B | 134. C | 135. B | 136. C | 137. B | 138. A | 139. D | 140. A |
| 141. A | 142. D | 143. C | 144. D | 145. C | 146. C | 147. B | 148. D | 149. A | 150. D |
| 151. C | 152. A | 153. A | 154. B | 155. B | 156. C | 157. A | 158. A | 159. A | 160. B |
| 161. B | 162. B | 163. D | 164. B | 165. C | 166. B | 167. C | 168. B | 169. A | 170. A |
| 171. A | 172. B | 173. A | 174. B | 175. B | 176. D | 177. C | 178. B | 179. A | 180. C |
| 181. C | 182. A | 183. C | 184. A | 185. B | 186. A | 187. D | 188. A | 189. B | 190. C |
| 191. C | 192. B | 193. C | 194. C | 195. A | 196. B | 197. D | 198. A | 199. C | 200. B |
| 201. A | 202. C | 203. B | 204. C | 205. A | 206. D | 207. B | 208. A | 209. D | 210. B |
| 211. A | 212. A | 213. C | 214. A | 215. D | 216. B | 217. A | 218. B | 219. B | 220. A |
| 221. D | 222. C | 223. A | 224. B | 225. D | 226. B | 227. C | 228. B | 229. B | 230. A |
| 231. C | 232. D | 233. A | 234. D | 235. C | 236. D | 237. A | 238. D | 239. C | 240. B |
| 241. A | 242. B | 243. B | 244. C | 245. A | 246. B | 247. A | 248. A | 249. A | 250. D |
| 251. A | 252. A | 253. D | 254. A | 255. B | 256. C | 257. D | 258. A | 259. A | 260. C |
| 261. A | 262. A | 263. B | 264. B | 265. A | 266. A | 267. A | 268. A | 269. D | 270. C |
| 271. A | 272. A | 273. B | 274. A | 275. D | 276. D | 277. A | 278. D | 279. A | 280. B |
| 281. D | 282. B | 283. A | 284. B | 285. B | 286. C | 287. A | 288. A | 289. A | 290. B |
| 291. C | 292. A | 293. D | 294. A | 295. D | 296. B | 297. C | 298. D | 299. A | 300. C |
| 301. C | 302. A | 303. A | 304. A | 305. B | 306. A | 307. A | 308. C | 309. D | 310. A |

| | | | | | | | | | |
|---|---|---|---|---|---|---|---|---|---|
| 311. A | 312. C | 313. A | 314. A | 315. D | 316. A | 317. B | 318. B | 319. A | 320. A |
| 321. B | 322. B | 323. C | 324. A | 325. A | 326. B | 327. D | 328. D | 329. B | 330. D |
| 331. B | 332. C | 333. A | 334. A | 335. C | 336. D | 337. A | 338. D | 339. A | 340. C |
| 341. D | 342. D | 343. A | 344. B | 345. A | 346. C | 347. D | 348. A | 349. B | 350. B |
| 351. C | 352. A | 353. B | 354. B | 355. A | 356. A | 357. A | 358. A | 359. C | 360. B |
| 361. D | 362. A | 363. C | 364. D | 365. D | 366. C | 367. B | 368. C | 369. D | 370. A |
| 371. A | 372. B | 373. A | 374. B | 375. D | 376. C | 377. D | 378. C | 379. A | 380. B |
| 381. B | 382. A | 383. B | 384. B | 385. D | 386. D | 387. D | 388. C | 389. C | 390. A |
| 391. D | 392. A | 393. B | 394. B | 395. A | 396. A | 397. B | 398. B | 399. A | 400. A |
| 401. C | 402. A | 403. B | 404. D | 405. A | 406. A | 407. A | 408. B | 409. A | 410. C |
| 411. B | 412. A | 413. B | 414. C | 415. B | 416. B | 417. D | 418. B | 419. C | 420. D |
| 421. D | 422. A | 423. D | 424. A | 425. C | 426. D | 427. A | 428. C | 429. A | 430. A |
| 431. C | 432. C | 433. A | 434. C | 435. A | 436. A | 437. B | 438. A | 439. C | 440. A |
| 441. C | 442. D | 443. B | 444. D | 445. C | 446. A | 447. B | 448. C | 449. D | 450. C |
| 451. A | 452. C | 453. B | 454. A | 455. C | 456. B | 457. C | 458. A | 459. A | 460. C |
| 461. C | 462. D | 463. B | 464. B | 465. A | 466. A | 467. C | 468. B | 469. C | 470. C |
| 471. B | 472. B | 473. D | 474. C | 475. D | 476. C | 477. D | 478. A | 479. B | 480. B |
| 481. D | 482. C | 483. C | 484. D | 485. A | 486. A | 487. B | 488. D | 489. B | 490. C |
| 491. C | 492. D | 493. A | 494. B | 495. A | 496. A | 497. A | 498. A | 499. A | 500. B |
| 501. C | 502. A | 503. A | 504. D | 505. A | 506. D | 507. A | 508. A | 509. B | 510. D |
| 511. A | 512. A | 513. A | 514. A | 515. C | 516. B | 517. A | 518. C | 519. A | 520. A |
| 521. A | 522. B | 523. D | 524. D | 525. D | 526. D | 527. A | 528. A | 529. C | 530. A |
| 531. C | 532. A | 533. A | 534. C | 535. A | 536. D | 537. C | 538. A | 539. B | 540. C |
| 541. C | 542. A | 543. B | 544. B | 545. B | 546. A | 547. C | 548. D | 549. A | 550. B |
| 551. A | 552. B | 553. D | 554. A | 555. B | 556. B | 557. A | 558. C | 559. B | 560. A |
| 561. C | 562. A | 563. D | 564. A | 565. A | 566. A | 567. C | 568. D | 569. B | 570. A |
| 571. B | 572. A | 573. B | 574. B | 575. A | 576. D | 577. D | 578. C | 579. C | 580. A |
| 581. C | 582. D | 583. B | 584. B | 585. C | 586. D | 587. A | 588. D | 589. B | 590. B |
| 591. A | 592. D | 593. C | 594. D | 595. A | 596. A | 597. D | 598. B | 599. A | 600. C |
| 601. B | 602. A | 603. A | 604. C | 605. C | 606. B | 607. D | 608. A | 609. C | 610. D |
| 611. A | 612. C | 613. B | 614. D | 615. B | 616. C | 617. A | 618. B | 619. A | 620. A |
| 621. A | 622. B | 623. A | 624. C | 625. C | 626. D | 627. C | 628. A | 629. C | 630. A |
| 631. C | 632. C | 633. B | 634. A | 635. A | 636. A | 637. C | 638. D | 639. A | 640. A |
| 641. C | 642. A | 643. B | 644. C | 645. A | 646. B | 647. A | 648. B | 649. A | 650. B |
| 651. D | 652. A | 653. B | 654. C | 655. D | 656. C | 657. A | 658. A | 659. D | 660. D |
| 661. C | 662. C | 663. A | 664. C | 665. C | 666. A | 667. A | 668. B | 669. C | 670. B |
| 671. C | 672. B | 673. D | 674. D | 675. C | 676. D | 677. B | 678. A | 679. A | 680. C |
| 681. D | 682. B | 683. B | 684. A | 685. C | 686. B | 687. D | 688. D | 689. D | 690. C |

691. B　692. B　693. C　694. C　695. B　696. C　697. C　698. C　699. D　700. D
701. A　702. B　703. A　704. A　705. D　706. D　707. C　708. A　709. C　710. C
711. A　712. A　713. C　714. A　715. D　716. C　717. D　718. C　719. D　720. B
721. C　722. C　723. A　724. B　725. D　726. A　727. B　728. D　729. A　730. B
731. C　732. C　733. B　734. C　735. D　736. C　737. C　738. B　739. C　740. D
741. B　742. C　743. B　744. D　745. C　746. A　747. B　748. D　749. C　750. A
751. C　752. B　753. B　754. A　755. C　756. B　757. C　758. A　759. D　760. A
761. C　762. D　763. B　764. C　765. B　766. B　767. C　768. D　769. D　770. B
771. D　772. D　773. C　774. A　775. B　776. C　777. A　778. C　779. C　780. B
781. D　782. C　783. A　784. B　785. D　786. B　787. C　788. D　789. C　790. A
791. A　792. D　793. D　794. C　795. D　796. C　797. B　798. C　799. B　800. C
801. D　802. B　803. D　804. A　805. B　806. C　807. D　808. C　809. B　810. A
811. B　812. A　813. A　814. D　815. D　816. C　817. D　818. D　819. C　820. C
821. A　822. D　823. B　824. C　825. C　826. B　827. B　828. C　829. D　830. C
831. C　832. B　833. D　834. A　835. B　836. B　837. D　838. B　839. B　840. D
841. C　842. C　843. B　844. D　845. D　846. C　847. D　848. C　849. A　850. D
851. D　852. A　853. C　854. D　855. C　856. B　857. C　858. B　859. D　860. B
861. D　862. C　863. B　864. D　865. A　866. A　867. C　868. C　869. D　870. B
871. A　872. C　873. C　874. B　875. C　876. B　877. B　878. C　879. C　880. C
881. C　882. B　883. C　884. D　885. A　886. B　887. C　888. A　889. B　890. A
891. C　892. D　893. A　894. B　895. A　896. B　897. C　898. D　899. C　900. C
901. A　902. B　903. B　904. D　905. A　906. A　907. D　908. B　909. A　910. D
911. B　912. D　913. D　914. A　915. A　916. D　917. A　918. B　919. B　920. D
921. C　922. C　923. A　924. B　925. A　926. A　927. A　928. C　929. C　930. D
931. B　932. A　933. D　934. B　935. A　936. B　937. D　938. A　939. D　940. B
941. B　942. C　943. A　944. C　945. D　946. A　947. A　948. B　949. D　950. C
951. D　952. B　953. C　954. D　955. B　956. C　957. D　958. B　959. A　960. D
961. C　962. D　963. A　964. B　965. B　966. B　967. C　968. D　969. C　970. C
971. D　972. A　973. B　974. D　975. B　976. A　977. D　978. C　979. D　980. C
981. A　982. B　983. B　984. C　985. D　986. D　987. C　988. B　989. D　990. D
991. D　992. D　993. B　994. B　995. A　996. B　997. A　998. D　999. B　1000. A
1001. D　1002. D　1003. C　1004. A　1005. D　1006. C　1007. D　1008. A　1009. D　1010. D
1011. C　1012. D　1013. B　1014. D　1015. B　1016. D　1017. D　1018. C　1019. C　1020. A
1021. D　1022. C　1023. B　1024. A　1025. B　1026. D　1027. C　1028. C　1029. D　1030. A
1031. A　1032. B　1033. C　1034. A　1035. A　1036. C　1037. D　1038. B　1039. C　1040. A
1041. B　1042. A　1043. C　1044. B　1045. A　1046. A　1047. C　1048. A　1049. C

二、判断题

1. √　2. √　3. √　4. √　5. √　6. ×　正确答案:升高温度可使化学平衡向吸热方向移动。　7. ×　正确答案:气体的溶解度一般随着温度的升高而减小。　8. √　9. √　10. √　11. √　12. ×　正确答案:键在空间排布均匀,对称的或正、负电荷中心重合的即为含极性键的非极性分子。　13. √　14. √　15. ×　正确答案:在流体流动时,当雷诺数小于2000时属于层流区,雷诺数大于2000而小于4000时属于过渡区,雷诺数大于4000时,一般称为湍流区。　16. √　17. √　18. √　19. ×　正确答案:吸收操作是利用气体混合物中溶解度的不同而进行分离。　20. √　21. ×　正确答案:气体吸收和蒸馏的传质机理是不同的,蒸馏的传质机理为等分子反向扩散;吸收的传质机理为一组分通过另一"停滞"组分的扩散。22. ×　正确答案:降低吸收温度,或增加操作压力有利于气体吸收,反之利于解吸。　23. √　24. √　25. √　26. √　27. ×　正确答案:二次蒸汽直接冷凝而排走的系统称为单效蒸发。28. √　29. ×　正确答案:间歇反应器的操作是非连续的,间歇反应过程中物料的组成和温度随反应过程而变化。　30. √　31. ×　正确答案:绝热反应器与周围环境不可以有热交换。　32. ×　正确答案:催化作用不可以改变化学平衡,只能加速一个热力学上允许的化学反应达到化学平衡状态。　33. √　34. √　35. ×　正确答案:法定计量单位压力(压强)的计量单位的名称是帕斯卡。　36. √　37. ×　正确答案:B级管理范围计量器具的检定周期执行国家计量检定规程,对使用频次高和需要确保使用精度的计量器具,应缩短检定周期。　38. √　39. √　40. ×　正确答案:若输送介质温度过高,离心泵易出现汽蚀现象。41. √　42. ×　正确答案:间壁式换热器中参加换热的流体不会混合在一起。　43. ×　正确答案:管束式换热器中固定管板式带膨胀节。　44. ×　正确答案:在工业生产中,当处理量大时多采用板式塔,而当处理量较小时多采用填料塔。　45. √　46. √　47. √　48. ×　正确答案:液压试验时压力表的量程为试验压力2倍,但是不低于1.5倍、不高于4倍的试验压力。　49. ×　正确答案:在压缩机应用领域,干气密封正逐渐替代浮环密封、迷宫密封和机械密封。　50. √　51. ×　正确答案:滚动轴承的工作原理是以滚动摩擦代替滑动摩擦。　52. √　53. √　54. ×　正确答案:弹簧管的截面积呈扁圆形或椭圆形。　55. √　56. ×　正确答案:转子流量计的流体流动方向是自下而上。　57. ×　正确答案:差压式液位计低于取压点且导压管内有隔离液或冷凝液时,零点需进行负迁移。　58. √　59. √　60. √　61. ×　正确答案:在热电偶中,焊接的一端插入被测介质中来感受被测温度,俗称热端。　62. √　63. √　64. √　65. ×　正确答案:微分控制规律只与输入偏差的变化速度有关,与输入偏差的大小无关。　66. √　67. ×　正确答案:测量仪表按精度等级的不同可分为工业用仪表和标准仪表。　68. ×　正确答案:回差是在正反行程上,同一输入的两相应输出值之间的最大差值,而不灵敏区是指不能引起输出变化的最大输入量,所以回差在数值上不等于不灵敏区。　69. ×　正确答案:检查、维修信号联锁仪表和联锁系统时,必须解除联锁。　70. ×　正确答案:按仪表能源的不同,可分为电动仪表、气动仪表、自力式仪表等。　71. √　72. ×　正确答案:一般调节系统均为负反馈调节系统。　73. √　74. ×　正确答案:分程调节系统调节器输出控制两个或两个以上调节阀。　75. ×　正确答案:装置停风一般是指停净化风。　76. √　77. √　78. √　79. ×　正确答案:装置置换$N_2$,系统压力不能超过系统设计压力。　80.× 　正确答案:系统泄压速度要缓慢,应由高压降至低压。
81.× 　正确答案:仪表空气是化工装置仪表调节控制系统的工作风源。 　82.√ 　83.×
正确答案:蒸汽管网引蒸汽时,要确认蒸汽用户已切断,再建立管网压力,然后逐渐投用换热
器及其他用户。 　84.√ 　85.× 　正确答案:仪表回路测试指对所有的变送器、传感器、继
电器、电磁阀、气动阀门等进行一次电气综合性的最终测试。 　86.× 　正确答案:引循环水
前,应保证管线低点导淋阀关闭。 　87.× 　正确答案:循环水浊度高易造成冷换设备和系
统管道堵塞等,特别是在低流速部位。 　88.× 　正确答案:在塔器开车以前,必须进行吹
扫、置换、干燥和查漏。 　89.× 　正确答案:开车前需要对取样点进行全面确认。 　90.√
91.√ 　92.√ 　93.× 　正确答案:采用低压力、大流量蒸汽暖管比高压力、小流量蒸汽使金
属受热更为均匀,对管道较为安全。 　94.√ 　95.× 　正确答案:再生后的分子筛同新鲜的
几乎一样,其吸附性能和机械性能的衰减和老化是非常低的。 　96.√ 　97.× 　正确答案:
在原料配比期间为了提高反应收率,通常使某一种原料过量加入。 　98.× 　正确答案:当
干燥器停止使用时间较长时,需要对吸附剂进行干燥。 　99.× 　正确答案:真空装置的特
点是降低浓缩设备压力,使物料在低温下沸腾。 　100.× 　正确答案:未关闭气源与燃料油
阀进行点火,易造成回火或炉膛爆炸,引起火灾。 　101.× 　正确答案:提高压力对吸收是
有利的,可以增加吸收推动力,提高气体净化度。 　102.× 　正确答案:关闭控制阀顺序是
先关闭 DCS 控制阀门,再关闭现场前后切断阀门。 　103.√ 　104.√ 　105.√ 　106.√
107.√ 　108.√ 　109.√ 　110.√ 　111.√ 　112.× 　正确答案:颗粒流化性能好,需要的
床层高度比较低时,采用较低的气速比较合适。 　113.√ 　114.× 　正确答案:流化床的操
作范围可以用带出速度与临界流化速度的比值的大小表示。 　115.√ 　116.× 　正确答
案:聚合反应的速率随温度升高而急剧升高。 　117.√ 　118.√ 　119.√ 　120.√ 　121.×
正确答案:为了使出口混合液中产物的浓度提高,应减少进料和出料流量。 　122.√ 　123.√
124.√ 　125.× 　正确答案:物料最初、最终以及临界含水量决定着干燥各阶段所需时间的
长短,影响干燥速率的快慢。 　126.× 　正确答案:炉水 pH 值过高或过低都会使炉管发生
腐蚀。 　127.× 　正确答案:对吸收系统而言,提高温度可以加大吸收系数。 　128.√
129.√ 　130.× 　正确答案:离心式压缩机在停机的过程中,应少开防喘振阀。 　131.√
132.× 　正确答案:加碱处理循环水 pH 值过低问题时,排放速度要快,防止污垢沉积。
133.× 　正确答案:正常生产中,各 DCS 画面必须按规定时间循环翻看。 　134.√ 　135.×
正确答案:在蒸发时,冷冻剂的汽化潜热要尽可能大。 　136.× 　正确答案:冬季生产水封
的伴热系统需要投用。 　137.× 　正确答案:火炬系统检修后,在重新使用之前应用氮气或
瓦斯进行点火扫线,防止发生回火。 　138.√ 　139.√ 　140.× 　正确答案:离心式压缩机
应定期检查、清洗油过滤器,保证油压的稳定。 　141.× 　正确答案:岗位人员要搞好机房
安全卫生工作,同时保持压缩机的清洁。 　142.× 　正确答案:离心式压缩机增加流量是有
限制的。 　143.√ 　144.× 　正确答案:旋涡泵适用于高扬程、小流量的工艺条件。 　145.√
146.√ 　147.× 　正确答案:进口节流调节比出口节流调节的经济性好。 　148.× 　正确答
案:转速调节一般是直接改变驱动机的转速,而不是借助于变速机构。 　149.× 　正确答
案:在压缩机进气管路上装有节流阀,调节时逐渐关闭,压力降低,排气量减少。 　150.√
151.× 　正确答案:往复式压缩机在正常停车操作中,当主轴完全停止 5min 后,方可停油润

滑系统。 152. √ 153. √ 154. × 正确答案:吸收塔紧急停车时,应迅速关闭原料混合气阀门和系统的出口阀。 155. √ 156. √ 157. √ 158. √ 159. × 正确答案:离心机停车前应放净里面物料,以免下次开车管线堵塞。 160. √ 161. √ 162. √ 163. √ 164. √ 165. × 正确答案:塔、槽等密闭空间使用氮气置换可燃气体合格后,当人体需要进入塔槽等工作时,要进行空气再置换,分析其间氧含量,以防发生人员窒息致死。 166. √ 167. × 正确答案:换热器是实现热量在热流体和冷流体之间交换的设备。 168. √ 169. × 正确答案:磺化器循环水的回水是无压回水,以使磺化器内部胶圈密封不超压。 170. × 正确答案:干燥器最上层装填的是吸附剂。 171. × 正确答案:硅胶筛分必须使用适合型号的筛子,以保证筛分质量。 172. √ 173. × 正确答案:冷却风用于转化塔层间冷却器和 $SO_3$ 冷却器冷却。 174. × 正确答案:熔硫槽加硫黄时不能将熔硫槽筛板取下,避免人员受伤或包装物掉落入熔硫槽内。 175. × 正确答案:燃硫炉点火器使用前需要进行预热,达到硫黄燃烧温度以上后才可启动硫泵。 176. √ 177. √ 178. × 正确答案:磺酸出口温度通过磺化器循环水进行调节。 179. × 正确答案:$SO_3$ 气体浓度的调整通过调整工艺风量和硫黄量来实现。 180. × 正确答案:水解量必须与磺酸量按一定比例设定,否则会影响磺酸质量。 181. √ 182. √ 183. × 正确答案:熔硫蒸汽压力的控制可以在 DCS 上设定给定值,自动进行控制。 184. × 正确答案:静电除雾器的瓷瓶用加热的保护风保护。 185. √ 186. × 正确答案:碱洗液循环泵的材质是普通碳钢。 187. √ 188. √ 189. √ 190. × 正确答案:当表面活性剂溶于水中时,则其亲水基有进入溶液中的倾向。 191. √ 192. × 正确答案:湿度为湿空气中的水气与绝干空气的质量之比。 193. √ 194. √ 195. √ 196. × 正确答案:导致五氧化二矾催化剂中毒的主要是砷化物。 197. × 正确答案:磺化器有膜式、釜式、罐组式、泵式等许多种类。 198. × 正确答案:磺化器在热水清洗后必须用仪表风吹扫,防止磺化器内残留的水分影响磺酸质量。 199. √ 200. √ 201. √ 202. × 正确答案:制冷机组的出水温度应控制在 −3℃,以防止乙二醇换热器的换热管外结冰。 203. × 正确答案:尾气中的 $SO_2$ 主要是通过碱洗塔去除。 204. √ 205. × 正确答案:单法兰液位计只适用于液面上部与大气相通的容器内的液位测量。 206. × 正确答案:压力容器应定期进行检验。 207. × 正确答案:热电阻是利用导体或半导体的电阻随温度变化的特性而制成的温度传感器。 208. √ 209. √ 210. × 正确答案:熔硫间消防蒸汽管道用来扑灭熔硫槽和恒位槽内的火灾。 211. √ 212. × 正确答案:空气中的 $SO_2$ 主要来自燃烧含硫燃料,如煤炭等。 213. √ 214. √ 215. × 正确答案:装置设备管线的吹扫排空是确保检修顺利进行的重要条件。 216. √ 217. × 正确答案:水泥制造通常选用回转筒式反应器。 218. √ 219. × 正确答案:测轴与被测轴接触时,动作应缓慢,同时应使两轴保持在一条水平线上。 220. × 正确答案:利用测振表对主要设备的轴承及轴向端点进行测试,并配有现场检测记录表,每次的测点必须相互对应。 221. √ 222. × 正确答案:在气相反应中多采用管式反应器。 223. × 正确答案:螺旋板式换热器的第三种结构是由 4 张平行薄金属板卷焊而成。 224. √ 225. × 正确答案:规整填料塔支座不包括液体出口。 226. × 正确答案:绝热反应器的反应在不与外界交换热量的情况下进行。 227. √ 228. × 正确答案:多段绝热式固定床反应器多用于放热反应。 229. × 正确答案:列管式固定床反应器可用于吸热反应,也可用于放热反应。 230.√ 231.× 正确答案:间歇式搅拌反应釜生产过程包括加料、反应、放料、清洗四个阶段。 232.× 正确答案:连续釜式反应器的特点则是反应物料在反应器中的返混程度达到最大化,即反应器中每一个点的物料的性质完全相同。

233.√ 234.× 正确答案:卧式活塞卸料离心机推杆是做往复运动,又做旋转运动。

235.√ 236.× 正确答案:在主油泵发生故障、油系统出现故障时,辅助油泵自动投入运行。 237.√ 238.√ 239.× 正确答案:叶轮与轴的固定只能采用过盈配合。 240.√

241.√ 242.× 正确答案:冷凝器为制冷系统的机件,属于换热器的一种。 243.√

244.√ 245.× 正确答案:压力容器、管道的监督检查属于强制性检验。 246.√

247.× 正确答案:为保证防冲板与壳体间的距离,往往在管壳式换热器壳程进口部位少排一些换热管。 248.√ 249.√ 250.× 正确答案:因为浮头式换热器管束可以从壳体一端抽出,所以管内和管间及壳程的清洗与维修较方便。 251.√ 252.× 正确答案:为了克服温差应力,当固定管板换热器的管壁与壳壁的温差大于50℃时,应在换热器上设置温度补偿装置——膨胀节。 253.√ 254.× 正确答案:电动机的绝缘等级与使用的绝缘材料密切相关,绝缘材料越好,绝缘等级越高。 255.√ 256.√ 257.× 正确答案:可燃气体管道抽加盲板必须使用防爆工具。 258.× 正确答案:阀门在关闭过程中,关到底后要往回倒一圈以防卡死。 259.√ 260.× 正确答案:维护检查包括仪表指示情况、联锁保安系统部件工作情况及动作情况、电气系统及各信号装置运行情况。 261.× 正确答案:在化工生产中常用的耐蚀材料为金属材料、非金属材料。 262.√ 263.× 正确答案:更换螺栓时要清理螺栓孔和检查对中情况,按顺序装配、预紧、紧固。 264.× 正确答案:冬季工业管道外部检查不只要疏水器好用,其他项目必须检查。 265.× 正确答案:填料密封的严密性用松紧填料压盖的方法来调节。 266.√ 267.√ 268.× 正确答案:填料塔的塔体除用金属材料制作外,还可用陶瓷、塑料等非金属材料制作。 269.× 正确答案:环形填料常用陶瓷制作,因为它具有较大的抗腐蚀性能,缺点是重量大、易破碎及易于堵塞。 270.× 正确答案:增大填料的比表面积,对提高气、液间的传热、传质有利。

271.√ 272.√ 273.× 正确答案:柱塞式计量泵的流量调节是通过改变柱塞的冲程来实现的。 274.× 正确答案:机械密封是一种能用于齿轮箱、阀门等机械的密封装置。

275.√ 276.× 正确答案:离心泵的转速改变时,泵的流量、扬程、功率都随之变化。

277.√ 278.× 正确答案:离心泵的轴承磨损、地脚螺栓松动、轴弯曲、转子零件松动、叶轮中有异物等情况会造成离心泵振动。 279.√ 280.× 正确答案:切换离心泵操作中,停运原运转泵时应先关闭出口阀再停泵。 281.√ 282.√ 283.× 正确答案:新购入的润滑油,必须有合格证,并经检验部门化验合格后才可使用。 284.√ 285.× 正确答案:离心泵密封损坏,切断电源后进行放料、关阀、泄压等操作后方可检修。 286.× 正确答案:润滑油呈乳白色时可判断其已变质,不可以继续使用,应立即置换。 287.√

288.× 正确答案:机泵加油时也必须执行"三级过滤"和"五定"的操作。 289.√

290.√ 291.√ 292.√ 293.× 正确答案:系统蒸汽压力下降时,蒸汽压力不归零。

294.× 正确答案:当发生仪表风中断时,各控制阀应处于安全位置。 295.× 正确答案:当循环水压力下降时,各机泵温度上升。 296.× 正确答案:若系统内严重结垢,虽然水路无渗漏处,开足进出口水阀门,冷却水压力仍然会很低。 297.√ 298.× 正确答案:

发生循环水中断事故时,循环水压力指示归零。　299.√　300.×　正确答案:孔板入口边缘磨损会造成仪表指示值偏低。　301.×　正确答案:工艺管线应检查管道、管件,阀门和紧固件有无严重变形、移位和破裂,以判断是否超压。　302.√　303.√　304.×　正确答案:泵装配不好,动静部分卡住会造成机泵电机跳闸。　305.√　306.√　307.×　正确答案:电源不通是无纸记录仪无显示的主要原因。　308.×　正确答案:炉管破裂如果不大,按正常停工处理。　309.√　310.√　311.×　正确答案:检修调速器不能处理电动机异常振动。　312.√　313.√　314.×　正确答案:关闭阀门时,扭矩不能过大,不能避免阀门内漏的发生。　315.√　316.×　正确答案:仪表风中断时,气动调节阀不能动作,风开阀全关,风关阀全开。　317.√　318.√　319.√　320.√　321.√　322.×　正确答案:消除转动部分被破坏的平衡是解决离心泵轴承温度过高的方法之一。　323.×　正确答案:定期检查润滑油系统,保证润滑油正常供应,能够避免压缩机烧瓦事故。　324.×　正确答案:调节火焰,使火焰成形,不舔炉管,可处理炉管结焦事故。　325.√　326.×　正确答案:发生急性中毒事故时,救护者做好个人防护后进入毒区,以争取抢救时间。　327.√　328.√　329.√　330.×　正确答案:安装疏水器时,阀体上的箭头方向与介质流动方向保持一致。　331.√　332.√　333.√　334.√　335.√　336.×　正确答案:气压试验使用的高压气包必须事先经过安全检测并合格,试压气体一般选用空气。　337.×　正确答案:减小折流板间距,使换热管的振幅变小,可减轻换热器换热管的振动。　338.√　339.√　340.√　341.√　342.√　343.√　344.√　345.×　正确答案:技术消耗定额是指将原材料和产品产量均折算成标准量时计算得到的单耗。

# 附 录

# 附录1　职业技能等级标准

## 1. 工种概述

### 1.1　工种名称

无机反应工。

### 1.2　工种代码

611021011。

### 1.3　工种定义

操作无机反应器等设备,进行化合、分解、复分解、氧化还原等无机化学反应,生产无机物中间产品或产品的人员。

### 1.4　适用范围

磺酸盐、合成气等小规模无机产品生产装置各岗位。

### 1.5　工种等级

本工种共设五个等级,分别为:初级(五级)、中级(四级)、高级(三级)、技师(二级)、高级技师(一级)。

### 1.6　工作环境

室内、室外作业,工作场所接触有毒、临氢、易燃、易爆物质、粉尘、有害气体和噪声。

### 1.7　工种能力特征

身体健康,具有一定的学习理解和表达能力,四肢灵活,动作协调,听、嗅觉较灵敏,视力良好,具有分辨颜色的能力。

### 1.8　基本文化程度

高中毕业(或同等学力)。

### 1.9　培训要求

初级技能不少于120标准学时;中级技能不少于180标准学时;高级技能不少于210标准学时;技师不少于180标准学时;高级技师不少于180标准学时。

### 1.10　鉴定要求

1.10.1　适用对象

(1)新入职的操作技能人员;

（2）在操作技能岗位工作的人员；

（3）其他需要鉴定的人员。

### 1.10.2　申报条件

参照《中国石油天然气集团有限公司职业技能等级认定管理办法》。

### 1.10.3　鉴定方式

分理论知识考试和操作技能考核。理论知识考试采用闭卷笔试方式为主，推广无纸化考试形式；操作技能考核采用现场操作、模拟操作、实际操作笔试等方式。理论知识考试和操作技能考核均实行百分制，成绩皆达 60 分以上（含 60 分）者为合格。技师还需进行综合评审，综合评审包括技术答辩和业绩考核。综合评审成绩是技术答辩和业绩考核两部分的平均分。

### 1.10.4　鉴定时间

理论知识考试 90 分钟；操作技能考核不少于 60 分钟；综合评审的技术答辩时间 40 分钟（论文宣读 20 分钟，答辩 20 分钟）。

# 2. 基本要求

## 2.1　职业道德

（1）遵规守纪，按章操作；

（2）爱岗敬业，忠于职守；

（3）认真负责，确保安全；

（4）刻苦学习，不断进取；

（5）团结协作，尊师爱徒；

（6）谦虚谨慎，文明生产；

（7）勤奋踏实，诚实守信；

（8）厉行节约，降本增效。

## 2.2　基础知识

### 2.2.1　化学基础知识

（1）化学基本量的概念。

（2）化学反应。

（3）溶液。

（4）常见无机物的性质。

（5）有机化学基础知识。

### 2.2.2　化工基础知识

（1）流体流动。

（2）传热与传质。

（3）蒸发与制冷。

（4）吸收。

(5)沉降与过滤。

(6)干燥与吸附。

(7)无机化工反应过程。

### 2.2.3　化工机械与设备基础知识

(1)流体输送机械。

(2)化工压力容器与压力管道。

(3)塔设备。

(4)搅拌设备与反应器。

(5)换热器与加热炉。

(6)阀门与管件。

(7)化工设备选材及防腐。

### 2.2.4　仪表基础知识

(1)计量基础知识。

(2)仪表测量相关知识。

(3)常用测量仪表。

(4)仪表自动化控制。

### 2.2.5　安全及环保基础知识

(1)清洁文明生产的相关知识。

(2)化工企业的火灾预防及扑救方法。

(3)各种检修作业的安全知识。

(4)化工企业尘毒噪声危害的防治。

# 3. 工作要求

## 3.1　初级

| 职业功能 | 工作内容 | 技能要求 | 相关知识 |
|---|---|---|---|
| 一、工艺操作 | (一)开车准备 | 1.能根据指令检查并确认简单开车流程；<br>2.能使用开车所需工具、器具；<br>3.能使用蒸汽、氮气、水和风等介质；<br>4.能完成导淋、排污等操作,能配合分析工采样；<br>5.能协助完成装置气密、吹扫、置换等操作；<br>6.能投用蒸汽伴热线 | 1.公用工程介质、无机化工原料的物理、化学性质；<br>2.岗位操作法；<br>3.开车吹扫、置换目的和要点,气密方案；<br>4.化工生产过程特点,开工准备内容确认；<br>5.开车前机泵及管线阀门的检查确认；<br>6.各压力表、温度计、流量计完好的要求；<br>7.开车前机泵试车要点 |
| | (二)开车操作 | 1.能启动简单机泵和协助进行复杂机泵的开车操作；<br>2.能启动空冷风机；<br>3.能投用循环冷却水；<br>4.能协助投用各种反应器、分离器和换热器等设备 | 1机泵的开车程序；<br>2泵的工作原理；<br>3.空冷风机的基本结构；<br>4.换热器的基本结构；<br>5.反应器预热的目的；<br>6.物料的进料方法 |

| 职业功能 | 工作内容 | 技能要求 | 相关知识 |
|---|---|---|---|
| 一、<br>工艺<br>操作 | （三）正常操作 | 1. 能完成日常的巡回检查；<br>2. 能规范填写相关记录；<br>3. 能切换机泵操作；<br>4. 能发现异常工况并汇报处理；<br>5. 能检查核对现场压力、温度、液（界）位、阀位等；<br>6. 能改控制阀副线 | 1. 巡检内容及制度；<br>2. 相关记录填写的规范；<br>3. 机泵切换操作的基本要求；<br>4. 现场压力、温度、液（界）位、阀位核对的方法；<br>5. 控制阀改副线的注意事项 |
| | （四）停车操作 | 1. 能进行停车前的相关检查；<br>2. 能按指令吹扫、置换简单的工艺系统；<br>3. 能停运简单动、静设备；<br>4. 能使用装置配备的各类安全防护器材 | 1. 安全、环保、消防器材使用方法；<br>2. 吹扫方案；<br>3. "三废"排放标准 |
| 二、<br>设备使用<br>与维护 | （一）使用设备 | 1. 能根据工艺要求调节阀门开度；<br>2. 能开、停离心泵等简单动设备；<br>3. 能投用液位计、安全阀、压力表、温度计等；<br>4. 能看懂设备铭牌；<br>5. 能使用硫化氢、可燃气体报警仪；<br>6. 能指出设备、仪表控制点、重要阀门及管线的走向；<br>7. 能协助完成设备、管线检修后的试漏、试压工作；<br>8. 能对设备进行物料倒空、吹扫及检修时监护工作；<br>9. 能使用简单仪表、电气设备 | 1. 不同型号阀门结构、性能、特点；<br>2. 泵的基本结构、作用、性能；<br>3. 液位计、安全阀、压力表等的工作原理；<br>4. 硫化氢、可燃气体报警仪操作的使用说明；<br>5. 检修时监火、监护工作的要求；<br>6. 设备、管线试漏、试压的基本规范 |
| | （二）维护设备 | 1. 能完成机、泵的盘车操作；<br>2. 能添加和更换机、泵的润滑油、润滑脂；<br>3. 能完成设备、管线日常检修的监护工作；<br>4. 能做好机泵、管线的防冻防凝工作；<br>5. 能更换阀门密封填料；<br>6. 能确认机泵检修的隔离和动火条件；<br>7. 能更换压力表、温度计和液位计等 | 1. 设备常用润滑油（脂）的规格、品种和使用规定；<br>2. 机泵的润滑要点；<br>3. 机泵盘车规定；<br>4. 机泵密封要点；<br>5. 防冻、防凝方案 |
| 三、<br>事故判断<br>与处理 | （一）判断事故 | 1. 能判断现场机泵、管线、法兰泄漏等一般事故；<br>2. 能发现主要运行设备超温、超压、超电流等异常现象；<br>3. 能判断现场着火的位置和原因 | 1. 设备运行参数；<br>2. 装置生产特点及危害性 |
| | （二）处理事故 | 1. 能使用消防器材扑灭初起火灾；<br>2. 能使用气防器材进行急救和自救；<br>3. 能处理简单跑、冒、滴、漏事故；<br>4. 能报火警，打急救电话；<br>5. 能协助处理装置停原料、水、蒸汽、电、风、燃料等各类突发事故；<br>6. 能处理普通离心泵的抽空、泄漏事故；<br>7. 能处理界位、液位等仪表指示失灵事故 | 1. 跑、冒、滴、漏事故处理方法；<br>2. 消防、气防报警程序；<br>3. 现场急救方法；<br>4. 液位计、界位计测量原理；<br>5. 事故处理"四不放过"原则；<br>6. 灭火的各种方法；<br>7. 各种灭火剂的灭火原理 |

续表

| 职业功能 | 工作内容 | 技能要求 | 相关知识 |
|---|---|---|---|
| 四、<br>绘图与<br>计算 | (一)绘图 | 1. 能绘制物料走向图;<br>2. 能绘制单元操作图 | 绘图基本方法 |
| | (二)计算 | 能完成常用单位的换算 | 常用单位换算关系 |

## 3.2 中级

| 职业功能 | 工作内容 | 技能要求 | 相关知识 |
|---|---|---|---|
| 一、<br>工艺操作 | (一)开车准备 | 1. 能引水、汽、风等介质进装置;<br>2. 能检查确认开车流程;<br>3. 能做好系统隔离操作;<br>4. 能完成各类反应器的开车准备操作;<br>5. 能配合仪表工对联锁、控制阀阀位等进行确认;<br>6. 能看懂化验单内容;<br>7. 能完成催化剂、助剂的装填;<br>8. 能完成装置气密、吹扫、置换等操作 | 1. 开车方案;<br>2. 系统隔离注意事项;<br>3. 一般工艺、设备联锁使用方法;<br>4. 催化剂及填料特性 |
| | (二)开车操作 | 1. 能打通开车流程;<br>2. 能投用蒸汽发生器;<br>3. 能进行大型机泵的开车操作;<br>4. 能投用机泵封油系统;<br>5. 能完成原料的开路、闭路循环操作;<br>6. 能投用各类分离设备 | 1. 蒸汽发生器投用方法;<br>2. 封油系统流程;<br>3. 大型机泵的开车程序;<br>4. 各类分离设备的基本结构、工作原理及操作方法 |
| | (三)正常操作 | 1. 能监控流体输送、传热、分离塔、反应器等核心设备的运行;<br>2. 能完成产品质量的常规调节;<br>3. 能运用常规仪表、DCS 操作站对工艺参数进行常规调节 | 1. 常规仪表使用注意事项;<br>2. 流体输送、传热、分离塔、反应器等核心设备的正常操作要点;<br>3. 催化剂的使用注意事项;<br>4. DCS 操作要点 |
| | (四)停车操作 | 1. 能完成降温降量操作;<br>2. 能停用大型机泵;<br>3. 能停用换热设备;<br>4. 能停用分离设备;<br>5. 能置换、退净设备和管道内的物料并完成吹扫工作;<br>6. 能进行催化剂的降温及钝化 | 1. 各类设备停车的基本要求;<br>2. 系统停车方案;<br>3. 催化剂降温的注意事项;<br>4. 催化剂钝化的原理 |
| 二、<br>设备使用<br>与维护 | (一)使用设备 | 1. 能开、停、切换常用机泵等设备;<br>2. 能使用测速、测振、测温等仪器;<br>3. 能完成原料的预热及相关操作;<br>4. 能操作塔、罐、反应器、分离器等设备;<br>5. 能操作往复式压缩机;<br>6. 能完成大型机组润滑油泵的切换操作;<br>7. 能操作大型机组的润滑系统;<br>8. 能使用仪表、电气设备;<br>9. 能使用安全阀、三通阀、液位计、压力表等 | 1. 机泵的操作方法;<br>2. 机泵预热要点;<br>3. 测速、测振、测温等仪器使用方法;<br>4. 大型机组润滑油泵切换注意事项;<br>5. 往复式压缩机的开停步骤 |

续表

| 职业功能 | 工作内容 | 技能要求 | 相关知识 |
|---|---|---|---|
| 二、设备使用与维护 | （二）维护设备 | 1. 能完成一般的更换垫片、堵漏、拆装盲板等操作；<br>2. 能完成机组检修前后的氮气置换操作；<br>3. 能判断机泵运行故障并做相应的处理；<br>4. 能做好设备的润滑工作；<br>5. 能对机泵、反应器、阀门等进行常规的维护保养 | 1. 设备完好标准；<br>2. 设备密封原理；<br>3. 润滑油管理制度 |
| 三、事故判断与处理 | （一）判断事故 | 1. 能现场判断阀门、机泵、反应器、分离器等运行中的常见故障；<br>2. 能现场判断反应器、罐、冷换设备等压力容器的泄漏事故；<br>3. 能判断一般性着火事故；<br>4. 能判断冲塔、串料等常见事故；<br>5. 能判断停电、水、汽、风等突发事故；<br>6. 能判断高压管线振动；<br>7. 能判断一般产品质量事故 | 1. 阀门、机泵、反应器、分离器等运行中常见故障的种类；<br>2. 电、水、汽、风等突发事故产生的原因；<br>3. 高压系统产生振动的原因；<br>4. 冲塔、串料等常见事故的现象 |
| | （二）处理事故 | 1. 能按指令处理装置停原料、水、电、气、风、蒸汽、燃料等突发事故；<br>2. 能处理机泵、反应器、分离器等常见设备故障；<br>3. 能协助完成紧急停车操作；<br>4. 能协助处理冲塔、串料等事故；<br>5. 能处理装置一般性着火事故；<br>6. 能处理 CO、$H_2S$ 等中毒事故；<br>7. 能协助处理仪表、电气事故；<br>8. 能处理一般产品质量事故；<br>9. 能协助处理高压、热油系统泄漏 | 1. CO、$H_2S$ 中毒机理及救护方法；<br>2. 仪表、电气使用注意事项；<br>3. 紧急停车方案；<br>4. 事故应急预案 |
| 四、绘图与计算 | （一）绘图 | 能绘制装置带控制点工艺流程图 | 化工制图基础 |
| | （二）计算 | 1. 能计算转化率、收率、空速等；<br>2. 能完成班组经济核算；<br>3. 能完成简单物料平衡计算 | 1. 转化率、收率、空速等的基本概念、计算方法；<br>2. 班组经济核算方法；<br>3. 物料平衡计算方法 |

## 3.3 高级

| 职业功能 | 工作内容 | 技能要求 | 相关知识 |
|---|---|---|---|
| 一、工艺操作 | （一）开车准备 | 1. 能引入燃料、原料等开车介质；<br>2. 能安排开车流程的更改；<br>3. 能组织完成装置开车吹扫、气密等操作；<br>4. 能投用和切除工艺联锁；<br>5. 能完成化工原材料的准备工作；<br>6. 能组织确认开车前催化剂的装填工作 | 1. 工艺联锁操作法；<br>2. 清洁生产要点；<br>3. 联锁切除管理规定 |

| 职业功能 | 工作内容 | 技能要求 | 相关知识 |
|---|---|---|---|
| 一、工艺操作 | (二)开车操作 | 1.能完成单元的循环、升温工作；<br>2.能投用复杂的控制系统；<br>3.能完成机组的开车操作；<br>4.能投用各类反应器；<br>5.能进行副产物回收设备的投运及停运操作 | 1.各种反应器的基本结构、工作原理及操作要求；<br>2.复杂控制回路及投用注意事项；<br>3.产品收率的计算方法；<br>4.副产品回收单元工艺流程及开车操作法 |
| | (三)正常操作 | 1.能操作常规仪表、DCS操作站；<br>2.能根据原料性质的变化调节工艺参数；<br>3.能根据分析结果控制产品质量；<br>4.能处理各种扰动引起的工艺波动；<br>5.能投用联锁系统；<br>6.能协调各岗位的操作 | 1.DCS&ESD的操作要点；<br>2.产品质量标准；<br>3.联锁投用要求及注意事项 |
| | (四)停车操作 | 1.能完成停车装置的吹扫工作；<br>2.能进行各类反应器的停车操作；<br>3.能按标准验收已吹扫完毕的设备、管道；<br>4.能完成防止产品自燃的钝化操作；<br>5.能通过常规仪表、DCS操作站控制停车程序 | 1.停车的注意事项；<br>2.硫化物自燃原理；<br>3.磷产品自燃原理；<br>4.其他无机化工产品自燃原理 |
| 二、设备使用与维护 | (一)使用设备 | 1.能完成反应器辅助系统的开、停运操作；<br>2.能完成反应器的切换操作 | 1.反应器辅助系统的开、停运步骤；<br>2.反应器切换程序 |
| | (二)维护设备 | 1.能根据设备运行情况,提出维护措施；<br>2.能配合验收检修后动、静设备；<br>3.能做好一般设备、管线交出检修前的安全确认工作 | 1.设备维护保养制度；<br>2.关键设备特级维护制度要点；<br>3.设备验收规定；<br>4."三查四定"相关内容 |
| 三、事故判断与处理 | (一)判断事故 | 1.能根据操作参数、分析数据判断质量事故；<br>2.能判断机组运行故障；<br>3.能判断各类仪表故障；<br>4.能判断冷换设备故障 | 1.机组结构及故障产生原因；<br>2.反应器故障产生的原因；<br>3.检修向化工交出的确认内容 |
| | (二)处理事故 | 1.能处理仪表(包括DCS)、联锁故障引起的事故；<br>2.能针对装置异常程度提出开、停建议；<br>3.能处理产品质量不合格的事故；<br>4.能提出消除事故隐患的建议；<br>5.能处理冷换设备内漏引起的事故 | 1.事故处理预案；<br>2.报警联锁值；<br>3.事故等级分类标准 |
| 四、绘图与计算 | (一)绘图 | 1.能识读仪表联锁图；<br>2.能绘制工艺配管单线图 | 1.工艺配管单线图绘制方法；<br>2.仪表联锁图识读方法 |
| | (二)计算 | 1.能完成简单热量平衡计算；<br>2.能完成经济核算分析 | 热量平衡的计算方法 |

## 3.4 技师

| 职业功能 | 工作内容 | 技能要求 | 相关知识 |
|---|---|---|---|
| 一、工艺操作 | （一）开车准备 | 1. 能进行开车前机、电、化、仪检查；<br>2. 能进行冬季装置伴热投用 | 1. 流程确认要求；<br>2. 安全环保有关规定；<br>3. 生产准备相关内容 |
| | （二）开车操作 | 1. 能编制装置开车方案；<br>2. 能编制催化剂更换方案；<br>3. 能组织开车方案的实施 | 1. 装置开车管理规定；<br>2. 催化剂使用说明；<br>3. 催化剂的再生、活化方法 |
| | （三）正常操作 | 1. 能组织协调装置生产；<br>2. 能进行生产优化 | 工艺指标、产品质量指标的制定依据 |
| | （四）停车操作 | 1. 能编制停车方案；<br>2. 能组织停车方案实施；<br>3. 能组织进行置换清洗方案的实施；<br>4. 能进行检修前工艺处理 | 1. 自修项目验收标准；<br>2. 装置检修管理规定 |
| 二、设备使用与维护 | （一）使用设备 | 1. 能指导设备操作；<br>2. 能指导设备故障处理；<br>3. 能进行大修后设备调试验收 | 1. 设备验收标准；<br>2. 设备检修内容、技术要求；<br>3. 无机防腐技术；<br>4. 压力容器监测技术 |
| | （二）维护设备 | 1. 会压力容器的维护；<br>2. 能进行防爆膜更换 | 1. 设备大、中修规范；<br>2. 设备防腐要点；<br>3. 催化剂升温、钝化技术；<br>4. 紧急停车系统程序及操作法 |
| 三、事故判断与处理 | （一）判断事故 | 1. 能判断离心式压缩机喘振原因；<br>2. 能判断现场着火原因；<br>3. 能判断质量事故原因 | 1. 反事故演习方案；<br>2. 应急反应系统；<br>3. 事故应急预案 |
| | （二）处理事故 | 1. 能进行隔离和动火条件确认；<br>2. 能进行现场火灾处理；<br>3. 能进行透平停车后紧急开车处理；<br>4. 能进行离心式压缩机喘振处理 | 1. 反应系统应急预案；<br>2. 各类反应器泄漏事故处理技术 |
| 四、绘图与计算 | （一）绘图 | 能绘制装置技术改进图 | 1. 装置设计资料；<br>2. 零件图绘制方法 |
| | （二）计算 | 能完成换热器相关计算 | 1. 传热计算方法；<br>2. 传质计算方法 |

## 3.5 高级技师

| 职业功能 | 工作内容 | 技能要求 | 相关知识 |
|---|---|---|---|
| 一、工艺操作 | （一）开车准备 | 1. 能进行全系统大检修后验收；<br>2. 能确认装置开车条件；<br>3. 能组织透平压缩机单体试车 | 1. 流程确认要求；<br>2. 安全环保有关规定；<br>3. 生产准备相关内容 |
| | （二）开车操作 | 1. 能组织透平压缩机联运试车；<br>2. 能审定开车方案 | 1. 装置开车管理规定；<br>2. 催化剂使用说明；<br>3. 催化剂的再生、活化方法 |
| | （三）正常操作 | 1. 能编制优化开车操作方案；<br>2. 能解决装置生产技术难题；<br>3. 能进行反应器压力、温度调整 | 工艺指标、产品质量指标的制定依据 |

续表

| 职业功能 | 工作内容 | 技能要求 | 相关知识 |
|---|---|---|---|
| 一、<br>工艺操作 | (四)停车操作 | 1. 能审定装置置换清洗方案;<br>2. 能审定装置停车方案;<br>3. 能制定装置紧急停车方案;<br>4. 能懂得装置"三废"处理 | 1. 自修项目验收标准;<br>2. 装置检修管理规定 |
| 二、<br>设备使用<br>与维护 | (一)使用设备 | 1. 能完成大检修后透平机组调试;<br>2. 能完成设备大检修后验收调试 | 1. 设备验收标准;<br>2. 设备检修内容、技术要求;<br>3. 无机防腐技术;<br>4. 压力容器监测技术 |
| | (二)维护设备 | 1. 能编制装置检修计划;<br>2. 能编制设备检修方案 | 1. 设备大、中修规范;<br>2. 设备防腐要点;<br>3. 催化剂升温、钝化技术;<br>4. 紧急停车系统程序及操作法 |
| 三、<br>事故判断<br>与处理 | (一)判断事故 | 1. 能分析物耗高的原因;<br>2. 能分析催化剂活性下降原因;<br>3. 能分析产品产率低的原因;<br>4. 能分析透平转子腐蚀的原因;<br>5. 能分析装置着火的原因 | 1. 反事故演习方案;<br>2. 应急反应系统;<br>3. 事故应急预案 |
| | (二)处理事故 | 1. 能实施原料消耗高处理措施;<br>2. 能处理厂际间管线泄漏;<br>3. 能处理反应器超温着火;<br>4. 能编制装置事故预案;<br>5. 能制定延长催化剂使用寿命措施 | 1. 反应系统应急预案;<br>2. 各类反应器泄漏事故处理技术 |
| 四、<br>绘图与<br>计算 | (一)绘图 | 1. 能审定装置技术改造图;<br>2. 能识读设备结构简图 | 1. 装置设计资料;<br>2. 零件图绘制方法 |
| | (二)计算 | 能完成吸收过程计算 | 1. 传热计算方法;<br>2. 传质计算方法 |

# 4. 比重表

## 4.1 理论知识

| 项目 | | 初级 | 中级 | 高级 | 技师、高级技师 |
|---|---|---|---|---|---|
| 基本要求 | 基础知识 | 25% | 20% | 15% | 10% |
| 相关知识 | 开车准备 | 5% | 4% | 5% | 6% |
| | 开车操作 | 7% | 8% | 8% | 6% |
| | 正常操作 | 9% | 10% | 15% | 8% |
| | 停车操作 | 4% | 5% | 2% | 5% |
| | 磺酸盐开车准备 | 1% | 1% | 1% | 2% |
| | 磺酸盐开车操作 | 3% | 5% | 2% | 2% |
| | 磺酸盐正常操作 | 5% | 5% | 3% | 2% |

| 项目 | | 初级 | 中级 | 高级 | 技师、高级技师 |
|---|---|---|---|---|---|
| 相关知识 | 磺酸盐停车操作 | 1% | 1% | 2% | 2% |
| | 设备使用 | 8% | 10% | 8% | 6% |
| | 设备维护 | 3% | 3% | 2% | 5% |
| | 磺酸盐设备使用 | 3% | 3% | 3% | 3% |
| | 磺酸盐设备维护 | 1% | 1% | 2% | 3% |
| | 事故判断 | 4% | 5% | 6% | 5% |
| | 事故处理 | 7% | 6% | 9% | 9% |
| | 磺酸盐事故判断 | 1% | 1% | 3% | 3% |
| | 磺酸盐事故处理 | 3% | 2% | 4% | 3% |
| | 计算 | 10% | 10% | 10% | 20% |
| 合计 | | 100% | 100% | 100% | 100% |

## 4.2 操作技能

| 项目 | | | 初级 | 中级 | 高级 | 技师 | 高级技师 |
|---|---|---|---|---|---|---|---|
| 技能要求 | 工艺操作 | 开车准备 | 10% | 11% | 8% | 6% | 10% |
| | | 开车操作 | 12% | 12% | 8% | 9% | 10% |
| | | 正常操作 | 15% | 15% | 20% | 6% | 15% |
| | | 停车操作 | 10% | 8% | 14% | 14% | 10% |
| | | 磺酸盐开车准备 | 1% | 1% | 2% | 3% | |
| | | 磺酸盐开车操作 | 4% | 5% | 6% | 6% | |
| | | 磺酸盐正常操作 | 9% | 7% | 8% | 6% | |
| | | 磺酸盐停车操作 | 3% | 5% | 4% | 6% | |
| | 设备使用与维护 | 设备使用 | 12% | 8% | 6% | 8% | 10% |
| | | 设备维护 | 7% | 8% | 4% | 8% | 10% |
| | 事故判断与处理 | 事故判断 | 6% | 8% | 8% | 8% | 10% |
| | | 事故处理 | 8% | 8% | 10% | 12% | 15% |
| | 绘图与计算 | 绘图与计算 | 3% | 4% | 2% | 8% | 10% |
| 合计 | | | 100% | 100% | 100% | 100% | 100% |

# 附录2　初级工理论知识鉴定要素细目表

行业:石油天然气　　　　工种:无机反应工　　　　等级:初级工　　　　鉴定方式:理论知识

| 行为领域 | 代码 | 鉴定范围<br>(重要程度比例) | 鉴定比重 | 代码 | 鉴定点 | 重要程度 | 备注 |
|---|---|---|---|---|---|---|---|
| 基础知识<br>A<br>(25%) | A | 化学基础知识<br>(25 : 7 : 5) | 8% | 001 | 质量的概念 | X | |
| | | | | 002 | 物质的量的概念 | X | |
| | | | | 003 | 物质组成的概念 | X | |
| | | | | 004 | 物质的三态 | X | |
| | | | | 005 | 气体标准摩尔体积的概念 | X | |
| | | | | 006 | 理想气体的概念 | X | |
| | | | | 007 | 氢气的性质 | X | |
| | | | | 008 | 氧气的性质 | X | |
| | | | | 009 | 氮气的性质 | Y | |
| | | | | 010 | 平均分子量的概念 | X | |
| | | | | 011 | 化合物的概念 | X | |
| | | | | 012 | 化合价的概念 | X | |
| | | | | 013 | 临界温度的概念 | Y | |
| | | | | 014 | 临界点的概念 | Y | |
| | | | | 015 | 放热反应的概念 | X | |
| | | | | 016 | 吸热反应的概念 | X | |
| | | | | 017 | 硬水的概念 | Y | |
| | | | | 018 | 溶解的概念 | Y | |
| | | | | 019 | 结晶的概念 | X | |
| | | | | 020 | 饱和蒸气压的概念 | X | |
| | | | | 021 | 饱和溶液的概念 | Y | |
| | | | | 022 | 溶解度的概念 | X | |
| | | | | 023 | 氧化还原反应的概念 | X | |
| | | | | 024 | 氧化剂的概念 | Z | |
| | | | | 025 | 还原剂的概念 | Z | |
| | | | | 026 | 氢氧化钠的性质 | X | |
| | | | | 027 | pH 值的概念 | X | |
| | | | | 028 | 硫化氢的性质 | X | |
| | | | | 029 | 浓硫酸的性质 | X | |
| | | | | 030 | 稀硫酸的性质 | X | |
| | | | | 031 | 二氧化硫的性质 | X | |

续表

| 行为领域 | 代码 | 鉴定范围（重要程度比例） | 鉴定比重 | 代码 | 鉴定点 | 重要程度 | 备注 |
|---|---|---|---|---|---|---|---|
| 基础知识 A（25%） | A | 化学基础知识（25：7：5） | 8% | 032 | 过氧化氢的性质 | X | |
| | | | | 033 | 氨的性质 | Y | |
| | | | | 034 | 有机化合物的分类 | X | |
| | | | | 035 | 常见饱和烃的物化性质 | Z | |
| | | | | 036 | 常见烯烃的物化性质 | Z | |
| | | | | 037 | 常见炔烃的物化性质 | Z | |
| | B | 化工基础知识（21：4：2） | 8% | 001 | 流体的定义 | X | |
| | | | | 002 | 理想流体的假定 | X | |
| | | | | 003 | 流体流动的物理性质 | X | |
| | | | | 004 | 流体的运动参数 | X | |
| | | | | 005 | 流体的静力学特性 | X | |
| | | | | 006 | 流体流动阻力的起因 | X | |
| | | | | 007 | 稳定流动的概念 | X | |
| | | | | 008 | 非稳定流动的概念 | X | |
| | | | | 009 | 传热过程的推动力 | X | 上岗要求 |
| | | | | 010 | 传热过程的基本方式 | X | |
| | | | | 011 | 换热方式的种类 | X | |
| | | | | 012 | 热负荷的基本概念 | X | |
| | | | | 013 | 传质过程的种类 | Y | |
| | | | | 014 | 沸点的概念 | X | |
| | | | | 015 | 沉降的分类 | X | |
| | | | | 016 | 沉降的受力原理 | Z | |
| | | | | 017 | 过滤的基本概念 | X | |
| | | | | 018 | 蒸发的基本概念 | X | |
| | | | | 019 | 平推流的概念 | Y | |
| | | | | 020 | 全混流的概念 | Z | |
| | | | | 021 | 化学反应的热效应 | X | |
| | | | | 022 | 无机化学反应的基本类型 | X | |
| | | | | 023 | 催化剂的作用 | X | |
| | | | | 024 | 催化剂的基本组成 | X | |
| | | | | 025 | 工业催化剂的种类 | Y | |
| | | | | 026 | 国际单位制中的基本单位 | X | |
| | | | | 027 | 国际单位制的基本导出单位 | Y | |
| | C | 化工机械与设备知识（14：2：0） | 4% | 001 | 离心泵的基本结构 | Y | 上岗要求 |
| | | | | 002 | 离心泵主要零部件及其作用 | X | |

| 行为领域 | 代码 | 鉴定范围（重要程度比例） | 鉴定比重 | 代码 | 鉴定点 | 重要程度 | 备注 |
|---|---|---|---|---|---|---|---|
| 基础知识 A（25%） | C | 化工机械与设备知识（14∶2∶0） | 4% | 003 | 机械密封的结构 | X | |
| | | | | 004 | 机泵机械密封的冲洗形式 | X | |
| | | | | 005 | 安全附件的种类 | X | 上岗要求 |
| | | | | 006 | 压力容器管路的分类 | X | |
| | | | | 007 | 塔设备的分类 | Y | |
| | | | | 008 | 管件的种类 | X | |
| | | | | 009 | 常用法兰的分类 | X | |
| | | | | 010 | 常用阀门的种类 | X | 上岗要求 |
| | | | | 011 | 常用阀门型号含义 | X | |
| | | | | 012 | 垫片的种类 | X | 上岗要求 |
| | | | | 013 | 螺栓的种类 | X | |
| | | | | 014 | 常用润滑剂的种类 | X | |
| | | | | 015 | 常见金属材料的种类 | X | |
| | | | | 016 | 搅拌器的分类 | X | |
| | D | 仪表基础知识（4∶3∶0） | 2% | 001 | 自动控制系统的分类 | Y | |
| | | | | 002 | 仪表误差的概念 | Y | |
| | | | | 003 | 调节仪表的种类 | X | |
| | | | | 004 | 常用控制阀的分类 | X | |
| | | | | 005 | 控制阀的风开、风关原则 | Y | |
| | | | | 006 | 流量计的种类 | X | 上岗要求 |
| | | | | 007 | 常用液位计的读取方式 | X | |
| | E | 安全环保基础知识（8∶5∶1） | 3% | 001 | 尘毒物质的分类 | Y | |
| | | | | 002 | 职业中毒的种类 | Z | |
| | | | | 003 | 急性中毒的现场抢救方法 | X | |
| | | | | 004 | 高处作业的防护措施 | X | |
| | | | | 005 | 清洁生产的定义 | X | |
| | | | | 006 | 清洁生产的内容 | Y | |
| | | | | 007 | 燃烧的三要素 | X | |
| | | | | 008 | 尘毒噪声对人体的危害 | X | |
| | | | | 009 | 用火作业安全知识 | Y | |
| | | | | 010 | 放射作业安全知识 | Y | |
| | | | | 011 | 高处作业安全知识 | Y | |
| | | | | 012 | 临时用电安全知识 | X | |
| | | | | 013 | 起重作业安全知识 | X | |
| | | | | 014 | 进入受限空间作业安全知识 | X | |

| 行为领域 | 代码 | 鉴定范围（重要程度比例） | 鉴定比重 | 代码 | 鉴定点 | 重要程度 | 备注 |
|---|---|---|---|---|---|---|---|
| 专业知识 B（75%） | A | 开车准备（18：2：0） | 5% | 001 | 强酸的特点 | X | 上岗要求 |
| | | | | 002 | 弱酸的特点 | X | |
| | | | | 003 | 碱的特点 | X | |
| | | | | 004 | 开车前仪表联校的目的 | X | |
| | | | | 005 | 蒸汽的引入 | X | 上岗要求 |
| | | | | 006 | 仪表风的作用 | X | |
| | | | | 007 | 水蒸气的物理化学性质 | X | |
| | | | | 008 | 开车准备的内容 | X | |
| | | | | 009 | 开车前装置流程的确认要点 | X | |
| | | | | 010 | 低压蒸汽使用的注意事项 | X | |
| | | | | 011 | 循环水预膜的作用 | X | |
| | | | | 012 | 开车前机泵电机的试验要点 | X | |
| | | | | 013 | 设备管线检查的目的 | X | |
| | | | | 014 | 设备管线检查的内容 | X | |
| | | | | 015 | 设备管线试压吹扫的安全要点 | X | |
| | | | | 016 | 设备管线试压吹扫的目的 | X | |
| | | | | 017 | 公用工程投用的要点 | X | |
| | | | | 018 | 化工生产过程的特点 | Y | |
| | | | | 019 | 单元操作的概念 | Y | |
| | | | | 020 | 系统置换的目的 | X | 上岗要求 |
| | B | 开车操作（27：0：0） | 7% | 001 | 开路循环的目的 | X | |
| | | | | 002 | 设备热紧的目的 | X | |
| | | | | 003 | 设备热紧的要点 | X | |
| | | | | 004 | 采样的要点 | X | |
| | | | | 005 | 气开调节阀的调节方法 | X | |
| | | | | 006 | 气关调节阀的调节方法 | X | |
| | | | | 007 | 疏水罐投用的目的 | X | |
| | | | | 008 | 水联运的目的 | X | |
| | | | | 009 | 反应床层升温的目的 | X | |
| | | | | 010 | 加热炉烘炉的目的 | X | |
| | | | | 011 | 离心泵的开车程序 | X | |
| | | | | 012 | 往复泵的开车程序 | X | |
| | | | | 013 | 螺杆泵的开车程序 | X | |
| | | | | 014 | 齿轮泵的开车程序 | X | |
| | | | | 015 | 离心泵排气的目的 | X | 上岗要求 |

| 行为领域 | 代码 | 鉴定范围<br>（重要程度比例） | 鉴定比重 | 代码 | 鉴定点 | 重要程度 | 备注 |
|---|---|---|---|---|---|---|---|
| 专业<br>知识<br>B<br>（75%） | B | 开车操作<br>（27：0：0） | 7% | 016 | 离心风机启动的注意事项 | X | |
| | | | | 017 | 机泵送电的注意事项 | X | |
| | | | | 018 | 机泵冷却水投用的注意事项 | X | |
| | | | | 019 | 手动阀门开关过程中的要点 | X | |
| | | | | 020 | 分子筛切换的意义 | X | |
| | | | | 021 | 水冷器投用的注意事项 | X | 上岗要求 |
| | | | | 022 | 消除管线"水击"的方法 | X | |
| | | | | 023 | 换热设备的投用程序 | X | |
| | | | | 024 | 气体物料的进料方法 | X | |
| | | | | 025 | 液体物料的进料方式 | X | |
| | | | | 026 | 固体物料的进料方法 | X | |
| | | | | 027 | 上下工序间衔接的基本要求 | X | |
| | C | 正常操作<br>（33：0：0） | 9% | 001 | 液液反应过程中物料的投入方法 | X | |
| | | | | 002 | 液固反应过程中物料的投入方法 | X | |
| | | | | 003 | 气液反应过程中物料的投入方法 | X | |
| | | | | 004 | 气固反应过程中物料的投入方法 | X | |
| | | | | 005 | 巡回检查的主要内容 | X | |
| | | | | 006 | 固体催化剂使用的注意事项 | X | |
| | | | | 007 | 液相催化剂使用的注意事项 | X | |
| | | | | 008 | 工艺指标的作用 | X | |
| | | | | 009 | 工艺参数对产品质量的影响 | X | |
| | | | | 010 | 沉降操作的注意事项 | X | |
| | | | | 011 | 临氢操作的注意事项 | X | |
| | | | | 012 | 中和池的中和原则 | X | |
| | | | | 013 | 工艺水 COD 的控制要求 | X | |
| | | | | 014 | 真空系统压力的控制方法 | X | |
| | | | | 015 | 高压反应器压力控制基本要素 | X | |
| | | | | 016 | 常压放热反应器热量移走的方式 | X | |
| | | | | 017 | 过滤单元常规的调节方法 | X | |
| | | | | 018 | 风机轴瓦温度控制方法 | X | |
| | | | | 019 | 压缩机段间冷却器的操作注意事项 | X | |
| | | | | 020 | 提高气体压缩机输气量的方法 | X | |
| | | | | 021 | 现场液位计识读的注意事项 | X | |
| | | | | 022 | 现场压力表识读的注意事项 | X | |
| | | | | 023 | 温度计识读的注意事项 | X | |

| 行为领域 | 代码 | 鉴定范围<br>（重要程度比例） | 鉴定比重 | 代码 | 鉴定点 | 重要程度 | 备注 |
|---|---|---|---|---|---|---|---|
| 专业知识 B（75%） | C | 正常操作<br>（33：0：0） | 9% | 024 | 导淋排放的注意事项 | X | |
| | | | | 025 | 水封的作用 | X | 上岗要求 |
| | | | | 026 | 火炬的作用 | X | |
| | | | | 027 | 离心风机正常操作的要点 | X | |
| | | | | 028 | 离心泵流量的控制方法 | X | |
| | | | | 029 | 离心泵压力控制的方法 | X | |
| | | | | 030 | 冷冻盐水温度的调节方法 | X | |
| | | | | 031 | 混合料比例的调节方法 | X | |
| | | | | 032 | 三级防控雨季操作的方法 | X | |
| | | | | 033 | 废热锅炉液位的控制方法 | X | |
| | D | 停车操作<br>（18：0：0） | 4% | 001 | 蒸汽停用的要点 | X | 上岗要求 |
| | | | | 002 | 循环水停用的要点 | X | |
| | | | | 003 | 离心泵的停车程序 | X | |
| | | | | 004 | 离心风机停车注意事项 | X | |
| | | | | 005 | 放空的注意事项 | X | |
| | | | | 006 | 停车时废水的排放要求 | X | |
| | | | | 007 | 工业废气的排放标准 | X | |
| | | | | 008 | 化工生产中常见的毒性物质 | X | |
| | | | | 009 | 氮气停用的要点 | X | |
| | | | | 010 | 管路清洗的注意事项 | X | |
| | | | | 011 | 系统置换的注意事项 | X | |
| | | | | 012 | 空气呼吸器的使用方法 | X | 上岗要求 |
| | | | | 013 | "三废"的含义 | X | |
| | | | | 014 | 停工设备管线处理的一般要求 | X | |
| | | | | 015 | 装置停工前应具备的条件 | X | |
| | | | | 016 | 离心机停车后的清洗方法 | X | |
| | | | | 017 | 工艺向检修交出的原则 | X | |
| | | | | 018 | 停车后固废的处理原则 | X | |
| | E | 磺酸盐开车准备<br>（4：0：0） | 1% | 001 | 磺酸盐装置的工艺流程 | X | 上岗要求 |
| | | | | 002 | 磺酸盐装置循环水指标 | X | |
| | | | | 003 | 磺化中和系统的开工准备 | X | 上岗要求 |
| | | | | 004 | 磺化系统的设备组成 | X | |
| | F | 磺酸盐开车操作<br>（14：0：0） | 3% | 001 | 熔硫投用蒸汽操作要点 | X | |
| | | | | 002 | 熔硫操作要点 | X | |
| | | | | 003 | 投用液硫操作要点 | X | 上岗要求 |

续表

| 行为领域 | 代码 | 鉴定范围<br>(重要程度比例) | 鉴定比重 | 代码 | 鉴定点 | 重要程度 | 备注 |
|---|---|---|---|---|---|---|---|
| 专业知识 B (75%) | F | 磺酸盐开车操作<br>(14:0:0) | 3% | 004 | 二氧化硫转化过程的操作要点 | X | |
| | | | | 005 | 转化塔的温度控制 | X | |
| | | | | 006 | 反应器液相进料温度的控制要点 | X | 上岗要求 |
| | | | | 007 | 磺化冷却水循环泵的操作要点 | X | |
| | | | | 008 | 磺化器的操作要点 | X | |
| | | | | 009 | pH 值的测定 | X | |
| | | | | 010 | 使用磺化器的注意事项 | X | |
| | | | | 011 | 磺酸输出泵的操作要点 | X | |
| | | | | 012 | 仪表风的操作要点 | X | |
| | | | | 013 | 静电除雾器的操作要点 | X | |
| | | | | 014 | 碱洗塔的操作要点 | X | |
| | G | 磺酸盐正常操作<br>(18:1:0) | 5% | 001 | 干燥剂的再生操作 | X | |
| | | | | 002 | 乙二醇冷却器的操作 | X | |
| | | | | 003 | 装置制冷机的性能 | X | |
| | | | | 004 | 乙二醇冷却器的性能 | X | |
| | | | | 005 | 再生空气冷却器的性能 | Y | |
| | | | | 006 | 液硫流量的调节 | X | 上岗要求 |
| | | | | 007 | $SO_3$ 冷却器的操作 | X | |
| | | | | 008 | 三氧化硫冷却器排酸的操作要点 | X | |
| | | | | 009 | 磺化反应温度的控制方法 | X | |
| | | | | 010 | 磺化过程的控制要点 | X | |
| | | | | 011 | 磺化反应的原理 | X | |
| | | | | 012 | 中和系统的操作要点 | X | |
| | | | | 013 | 酸吸收系统的操作要点 | X | |
| | | | | 014 | 酸吸收系统设备的材质 | X | |
| | | | | 015 | 气液分离器的操作要点 | X | |
| | | | | 016 | 磺化器清洗的操作要点 | X | 上岗要求 |
| | | | | 017 | 中和系统设备的组成 | X | |
| | | | | 018 | 尾气处理单元的组成 | X | |
| | | | | 019 | 尾气处理单元的操作要点 | X | |
| | H | 磺酸盐停车操作<br>(5:0:0) | 1% | 001 | 压力容器的操作要点 | X | |
| | | | | 002 | 灭火器的使用方法 | X | 上岗要求 |
| | | | | 003 | 装置废气、废液的排放要求 | X | |
| | | | | 004 | 硫黄粉尘防爆的注意事项 | X | 上岗要求 |
| | | | | 005 | 酸、碱的安全防护 | X | |

| 行为领域 | 代码 | 鉴定范围（重要程度比例） | 鉴定比重 | 代码 | 鉴定点 | 重要程度 | 备注 |
|---|---|---|---|---|---|---|---|
| 专业知识 B（75%） | I | 设备使用（26∶11∶3） | 8% | 001 | 离心泵的盘车要求 | X | 上岗要求 |
| | | | | 002 | 离心泵的切换要求 | X | |
| | | | | 003 | 填料的作用 | X | |
| | | | | 004 | 设备管理"三懂四会"的内容 | X | 上岗要求 |
| | | | | 005 | 离心泵反转的原因 | X | |
| | | | | 006 | 机泵预热的要点 | X | |
| | | | | 007 | 离心泵灌泵的原因 | X | |
| | | | | 008 | 电动阀的调节方法 | X | |
| | | | | 009 | 电磁阀的特点 | X | |
| | | | | 010 | 填料的填装方式 | X | |
| | | | | 011 | 现场安全阀的投用 | X | |
| | | | | 012 | 文式管的运行要点 | X | |
| | | | | 013 | 计量泵的用途 | X | |
| | | | | 014 | 止回阀的用途 | X | 上岗要求 |
| | | | | 015 | 安全阀使用的注意事项 | X | |
| | | | | 016 | 温度计的分类 | X | 上岗要求 |
| | | | | 017 | 加热设备的使用方法 | X | |
| | | | | 018 | 电动机电流的影响因素 | X | 上岗要求 |
| | | | | 019 | 电动机铭牌标识 | X | |
| | | | | 020 | 液位计的性能 | X | |
| | | | | 021 | 调节阀的结构 | Z | |
| | | | | 022 | 截止阀的结构 | Y | |
| | | | | 023 | 隔膜阀的结构 | Y | |
| | | | | 024 | 旋塞阀的结构 | Y | |
| | | | | 025 | 球阀的结构 | Y | |
| | | | | 026 | 蝶阀的结构 | Y | |
| | | | | 027 | 节流阀的结构 | Y | |
| | | | | 028 | 减压阀的结构 | Y | |
| | | | | 029 | 疏水阀的类型 | X | |
| | | | | 030 | 液位计的操作要点 | X | |
| | | | | 031 | 压力表的使用方法 | X | |
| | | | | 032 | 流量计的使用方法 | Y | |
| | | | | 033 | 报警仪的使用方法 | Y | |
| | | | | 034 | 阀门型号的代号含义 | Z | |
| | | | | 035 | 阀门安装旁通阀的作用 | X | |

| 行为领域 | 代码 | 鉴定范围<br>(重要程度比例) | 鉴定比重 | 代码 | 鉴定点 | 重要程度 | 备注 |
|---|---|---|---|---|---|---|---|
| 专业知识<br>B<br>(75%) | I | 设备使用<br>(26:11:3) | 8% | 036 | 现场呼吸阀的检查 | X | |
| | | | | 037 | 旋转泵的主要性能 | X | |
| | | | | 038 | 旋涡泵的主要性能 | Z | |
| | | | | 039 | 泵的铭牌标识 | Y | 上岗要求 |
| | | | | 040 | 压缩机的铭牌标识 | Y | |
| | J | 设备维护<br>(15:2:0) | 3% | 001 | 润滑油的用途 | X | |
| | | | | 002 | 润滑油的作用 | X | |
| | | | | 003 | 润滑油"三过滤"的注意要点 | X | 上岗要求 |
| | | | | 004 | 保温的常识 | X | |
| | | | | 005 | 机泵的冬季防冻要求 | X | 上岗要求 |
| | | | | 006 | 机泵检修前的处理要求 | X | |
| | | | | 007 | 润滑油的酸值 | Y | |
| | | | | 008 | 润滑油的机械杂质 | Y | |
| | | | | 009 | 润滑油的抗乳化性能 | X | |
| | | | | 010 | 润滑油的抗氧化性 | X | |
| | | | | 011 | 阀门密封填料的更换 | X | |
| | | | | 012 | 管线的防冻凝要求 | X | 上岗要求 |
| | | | | 013 | 润滑油滤网的要求 | X | |
| | | | | 014 | 机泵"五字操作法"的概念 | X | |
| | | | | 015 | 机泵操作"三件宝"的概念 | X | |
| | | | | 016 | 压力表的更换要求 | X | |
| | | | | 017 | 温度计的更换要求 | X | |
| | K | 磺酸盐设备使用<br>(14:1:0) | 3% | 001 | 常见泵的种类 | X | |
| | | | | 002 | 常见泵型号的含义 | X | |
| | | | | 003 | 密封填料的规格 | X | |
| | | | | 004 | 常见压缩机的种类 | Y | |
| | | | | 005 | 换热器的种类 | X | |
| | | | | 006 | 安全附件的作用 | X | 上岗要求 |
| | | | | 007 | 常见管路的连接方法 | X | |
| | | | | 008 | 密封的概念 | X | |
| | | | | 009 | 润滑的概念 | X | |
| | | | | 010 | 机械密封的工作原理 | X | |
| | | | | 011 | 管壳式换热器的结构形式 | X | |
| | | | | 012 | 压力管道的概念 | X | |
| | | | | 013 | 压力容器的概念 | X | |

| 行为领域 | 代码 | 鉴定范围<br>（重要程度比例） | 鉴定比重 | 代码 | 鉴定点 | 重要程度 | 备注 |
|---|---|---|---|---|---|---|---|
| 专业知识<br>B<br>（75%） | K | 磺酸盐设备使用<br>（14：1：0） | 3% | 014 | 压力试验的作用 | X | |
| | | | | 015 | 密封试验的作用 | X | |
| | L | 磺酸盐设备维护<br>（6：1：0） | 1% | 001 | 设备管理"三懂四会"的内容 | X | 上岗要求 |
| | | | | 002 | 机泵"五字"操作法的内容 | X | |
| | | | | 003 | 机泵的冷却方法 | X | |
| | | | | 004 | 机泵冷却的注意事项 | X | |
| | | | | 005 | 设备防护的基本措施 | Y | |
| | | | | 006 | 机泵盘车的目的 | X | 上岗要求 |
| | | | | 007 | 泵密封水的作用 | X | |
| | M | 事故判断<br>（12：3：0） | 4% | 001 | 离心泵密封泄漏严重的原因 | Y | 上岗要求 |
| | | | | 002 | 电动往复泵盘车困难的原因 | X | |
| | | | | 003 | 泵内有异音的原因 | X | |
| | | | | 004 | 离心式风机电动机超负荷的原因 | Y | |
| | | | | 005 | 压缩机排气量降低的原因 | X | |
| | | | | 006 | 离心泵打量不足的原因 | X | 上岗要求 |
| | | | | 007 | 系统蒸汽压力下降的原因 | X | |
| | | | | 008 | 循环水压力下降的原因 | Y | |
| | | | | 009 | 搅拌机停止运转的原因 | X | |
| | | | | 010 | 鼓风机打气量下降的原因 | X | |
| | | | | 011 | 阀门启闭失效的原因 | X | |
| | | | | 012 | 填料泄漏的原因 | X | |
| | | | | 013 | 机泵抽空的现象 | X | |
| | | | | 014 | 机泵抱轴的现象 | X | |
| | | | | 015 | 离心式压缩机温度高的原因 | X | |
| | N | 事故处理<br>（23：4：2） | 7% | 001 | 蒸发系统蒸汽中断处理原则 | X | |
| | | | | 002 | 硫化氢中毒的处理方法 | X | |
| | | | | 003 | 停新鲜水事故的处理原则 | X | |
| | | | | 004 | 循环水中断的处理原则 | X | |
| | | | | 005 | 轴承温度高的处理方法 | Z | |
| | | | | 006 | 人工呼吸的方法 | X | |
| | | | | 007 | 报火警的程序 | X | 上岗要求 |
| | | | | 008 | 停循环水的处理原则 | Y | |
| | | | | 009 | 瞬间停电的处理原则 | X | |
| | | | | 010 | 管道水击的处理方法 | X | |
| | | | | 011 | 机械密封进料时发生泄漏的处理原则 | Y | |

续表

| 行为领域 | 代码 | 鉴定范围<br>（重要程度比例） | 鉴定<br>比重 | 代码 | 鉴定点 | 重要<br>程度 | 备注 |
|---|---|---|---|---|---|---|---|
| 专业<br>知识<br>B<br>（75%） | N | 事故处理<br>（23：4：2） | 7% | 012 | 机械密封运转时周期性泄漏的处理方法 | Y | |
| | | | | 013 | 往复式压缩机打气量不足的处理方法 | X | |
| | | | | 014 | 往复式压缩机活塞杆填料函漏气的处理方法 | X | |
| | | | | 015 | 防止离心泵汽蚀的措施 | X | |
| | | | | 016 | 急性中毒现场抢救原则 | X | 上岗要求 |
| | | | | 017 | 初起火灾的扑救 | X | |
| | | | | 018 | 推车式干粉灭火器的使用 | X | 上岗要求 |
| | | | | 019 | 二氧化碳灭火器的使用 | X | |
| | | | | 020 | 液位计失灵的处理要点 | X | |
| | | | | 021 | 防止管线设备冻凝的要点 | X | |
| | | | | 022 | 气体管线憋压的处理要点 | X | |
| | | | | 023 | 控制阀失灵的处理方法 | Y | |
| | | | | 024 | 设备漏油着火的处理原则 | X | |
| | | | | 025 | 离心泵抽空的处理 | X | |
| | | | | 026 | 物料管线泄漏的处理 | X | 上岗要求 |
| | | | | 027 | 电动机超温事故的处理 | X | |
| | | | | 028 | 停仪表风的处理原则 | X | |
| | | | | 029 | 机泵烧电动机的处理方法 | Z | |
| | O | 磺酸盐事故判断<br>（6：1：0） | 1% | 001 | 泵异常运行参数的分析 | X | |
| | | | | 002 | 泵抽空的判断 | X | 上岗要求 |
| | | | | 003 | 原料中断的判断 | X | |
| | | | | 004 | 机泵出口压力表失灵的现象 | X | |
| | | | | 005 | 机泵抱轴事故的判断 | X | |
| | | | | 006 | 阀门故障的判断 | X | |
| | | | | 007 | 泵电动机温度超高的原因分析 | Y | |
| | P | 磺酸盐事故处理<br>（24：14：2） | 3% | 001 | 报火警的程序 | X | 上岗要求 |
| | | | | 002 | 机泵出口压力不足的处理 | Y | |
| | | | | 003 | 原料中断的处理 | X | |
| | | | | 004 | 泵汽蚀的处理方法 | X | |
| | | | | 005 | 管线冻凝的处理方法 | X | 上岗要求 |
| | | | | 006 | 风机停运的处理方法 | X | |
| | | | | 007 | 机泵震动大的处理方法 | X | |
| | | | | 008 | 设备憋压的处理方法 | X | |
| | | | | 009 | 控制阀失灵的处理方法 | X | |
| | | | | 010 | 电动机温度超高的处理方法 | X | |

续表

| 行为领域 | 代码 | 鉴定范围<br>（重要程度比例） | 鉴定比重 | 代码 | 鉴定点 | 重要程度 | 备注 |
|---|---|---|---|---|---|---|---|
| 专业知识<br>B<br>（75%） | P | 磺酸盐事故处理<br>（24：14：2） | 3% | 011 | 电动机电流过大的处理方法 | Y | |
| | | | | 012 | 阀门故障的处理 | X | |
| | | | | 013 | 离心式通风机一般故障的处理 | X | |
| | | | | 014 | 触电急救的知识 | X | |
| | | | | 015 | 机泵出口压力表失灵的处理 | X | |
| | | | | 016 | 法兰泄漏的处理要点 | X | |
| | Q | 计算<br>（0：1：3） | 10% | 001 | 压力单位的换算 | Z | |
| | | | | 002 | 温度单位的换算 | Z | |
| | | | | 003 | 体积单位的换算 | Z | |
| | | | | 004 | 质量单位的换算 | Y | |

注：X—核心要素；Y——一般要素；Z—辅助要素。

# 附录3　初级工操作技能鉴定要素细目表

行业:石油天然气　　　　工种:无机反应工　　　等级:初级工　　　　　　鉴定方式:操作技能

| 行为领域 | 代码 | 鉴定范围<br>(重要程度比例) | 鉴定比重 | 代码 | 鉴定点 | 重要程度 | 备注 |
|---|---|---|---|---|---|---|---|
| 操作技能<br>A<br>(100%) | A | 工艺操作<br>(39:14:1) | 64% | 001 | 循环水引入操作 | X | 上岗要求 |
| | | | | 002 | 氮气引入操作 | X | |
| | | | | 003 | 蒸汽引入操作 | X | 上岗要求 |
| | | | | 004 | 仪表空气引入操作 | X | |
| | | | | 005 | 试压过程中系统查漏 | X | 上岗要求 |
| | | | | 006 | 配合分析工分析采样 | Y | |
| | | | | 007 | 伴热管线投用 | X | 上岗要求 |
| | | | | 008 | 导淋排放 | Y | |
| | | | | 009 | 离心泵开车操作 | X | 上岗要求 |
| | | | | 010 | 离心风机开车操作 | X | 上岗要求 |
| | | | | 011 | 往复泵开车操作 | X | |
| | | | | 012 | 过滤机开车操作 | X | |
| | | | | 013 | 离心机开车操作 | X | 上岗要求 |
| | | | | 014 | 搅拌器投用 | Y | |
| | | | | 015 | 疏水器投用 | Y | |
| | | | | 016 | 水冷器投用 | X | 上岗要求 |
| | | | | 017 | 柱塞泵开车操作 | X | |
| | | | | 018 | 离心泵切换操作 | X | |
| | | | | 019 | 离心风机切换操作 | X | |
| | | | | 020 | 调节阀改旁路操作 | Y | 上岗要求 |
| | | | | 021 | 机泵巡检操作 | Y | 上岗要求 |
| | | | | 022 | 岗位记录填写 | Z | |
| | | | | 023 | 现场液位计检查核对 | Y | |
| | | | | 024 | 现场压力表检查核对 | Y | |
| | | | | 025 | 离心泵出口流量调节 | Y | 上岗要求 |
| | | | | 026 | 离心泵出口压力调节 | Y | |
| | | | | 027 | 过滤机进料调节 | X | |
| | | | | 028 | 结晶器温度调节 | X | |
| | | | | 029 | 真空系统真空度调节 | X | 上岗要求 |
| | | | | 030 | 离心泵停车操作 | X | |

| 行为领域 | 代码 | 鉴定范围（重要程度比例） | 鉴定比重 | 代码 | 鉴定点 | 重要程度 | 备注 |
|---|---|---|---|---|---|---|---|
| 操作技能 A（100%） | A | 工艺操作（39：14：1） | 64% | 031 | 水冷器停用操作 | X | |
| | | | | 032 | 离心风机停车操作 | X | |
| | | | | 033 | 往复泵停车操作 | X | |
| | | | | 034 | 过滤机停车操作 | X | |
| | | | | 035 | 离心机停车操作 | X | 上岗要求 |
| | | | | 036 | 搅拌器停用操作 | X | |
| | | | | 037 | 气体物料放空操作 | X | |
| | | | | 038 | 空气呼吸器使用 | X | 上岗要求 |
| | | | | 039 | 配合仪表工调校控制阀的操作 | Y | |
| | | | | 040 | 投用再生空气加热器 | X | 上岗要求 |
| | | | | 041 | 投用熔硫间 | X | |
| | | | | 042 | 启动制冷机 | Y | |
| | | | | 043 | 引蒸汽进装置的操作 | X | |
| | | | | 044 | 调节转化塔一、二段温度 | X | 上岗要求 |
| | | | | 045 | 原料罐内循环的操作 | X | |
| | | | | 046 | 离心泵流量的调节 | X | 上岗要求 |
| | | | | 047 | 控制阀改副线操作 | X | 上岗要求 |
| | | | | 048 | 磺酸输出泵的启动 | X | |
| | | | | 049 | 硫酸循环泵的启动 | X | |
| | | | | 050 | 液硫供料泵的启动 | X | |
| | | | | 051 | 制冷机油泵的启动 | Y | |
| | | | | 052 | 烟酸罐排酸操作 | X | |
| | | | | 053 | 清理液硫框式过滤器 | Y | |
| | | | | 054 | 空气冷却器排水 | X | |
| | B | 设备使用与维护（13：0：2） | 19% | 001 | 干粉灭火器使用 | X | 上岗要求 |
| | | | | 002 | 阀门开关操作 | X | 上岗要求 |
| | | | | 003 | 液位计的投用 | X | |
| | | | | 004 | 安全阀的投用 | X | |
| | | | | 005 | 压力表的投用 | X | |
| | | | | 006 | 过滤器的投用 | X | |
| | | | | 007 | 过滤器的切换 | X | 上岗要求 |
| | | | | 008 | 换热器的投用 | X | |
| | | | | 009 | 现场压力表的更换 | X | |
| | | | | 010 | 现场液位计的更换 | X | |
| | | | | 011 | 备用机泵维护 | Z | |

续表

| 行为领域 | 代码 | 鉴定范围<br>(重要程度比例) | 鉴定比重 | 代码 | 鉴定点 | 重要程度 | 备注 |
|---|---|---|---|---|---|---|---|
| 操作技能<br>A<br>(100%) | B | 设备使用与维护<br>(13:0:2) | 19% | 012 | 机泵防冻、防凝操作 | X | 上岗要求 |
| | | | | 013 | 离心泵加油操作 | Z | |
| | | | | 014 | 备用泵盘车操作 | X | |
| | | | | 015 | 机泵检修监护操作 | X | 上岗要求 |
| | C | 事故判断与处理<br>(9:0:0) | 14% | 001 | 离心泵汽蚀判断 | X | |
| | | | | 002 | 离心泵打量不足原因分析 | X | 上岗考试 |
| | | | | 003 | 调节阀卡堵故障判断 | X | |
| | | | | 004 | 过滤器堵塞判断 | X | 上岗考试 |
| | | | | 005 | 离心泵汽蚀处理 | X | |
| | | | | 006 | 离心泵打量不足处理 | X | 上岗考试 |
| | | | | 007 | 调节阀卡堵故障处理 | X | |
| | | | | 008 | 初期火灾紧急扑救 | X | 上岗考试 |
| | | | | 009 | 隔离和动火条件确认 | X | |
| | D | 绘图与计算<br>(1:0:0) | 3% | 001 | 单一物料工艺流程图的绘制 | X | |

注:X—核心要素;Y——一般要素;Z—辅助要素。

# 附录4 中级工理论知识鉴定要素细目表

行业：石油天然气　　　　工种：无机反应工　　　　等级：中级工　　　　鉴定方式：理论知识

| 行为领域 | 代码 | 鉴定范围（重要程度比例） | 鉴定比重 | 代码 | 鉴定点 | 重要程度 |
|---|---|---|---|---|---|---|
| 基础知识 A（20%） | A | 化学基础知识（7：4：1） | 3% | 001 | 可逆反应的基本概念 | X |
| | | | | 002 | 化学反应速率的表示方法 | Z |
| | | | | 003 | 化学平衡常数的意义 | X |
| | | | | 004 | 浓度对化学平衡的影响 | X |
| | | | | 005 | 压力对化学平衡的影响 | X |
| | | | | 006 | 温度对化学平衡的影响 | Y |
| | | | | 007 | 溶解度的影响因素 | Y |
| | | | | 008 | 理想气体状态 $p\text{-}V\text{-}T$ 的关系 | Y |
| | | | | 009 | 电解质的基本性质 | X |
| | | | | 010 | 溶液质量摩尔浓度的概念 | X |
| | | | | 011 | 溶液摩尔分数的概念 | Y |
| | | | | 012 | 极性物质与非极性物质的判断方法 | X |
| | B | 化工基础知识（18：3：5） | 6% | 001 | 流体静力学方程的应用 | Z |
| | | | | 002 | 流体流动的基本形态 | X |
| | | | | 003 | 雷诺数的物理意义 | X |
| | | | | 004 | 热平衡的基本概念 | X |
| | | | | 005 | 提高换热器传热速率的途径 | X |
| | | | | 006 | 过热蒸汽的概念 | X |
| | | | | 007 | 气体吸收的概念和目的 | Y |
| | | | | 008 | 填料的主要性能参数 | X |
| | | | | 009 | 气体吸收分离气体混合物的基本依据 | X |
| | | | | 010 | 影响气体吸收的主要因素 | X |
| | | | | 011 | 气体吸收溶剂的选择 | X |
| | | | | 012 | 均相物系的概念 | X |
| | | | | 013 | 非均相物系的概念 | Z |
| | | | | 014 | 填料塔沟流的危害 | X |
| | | | | 015 | 蒸发操作的特点和目的 | X |
| | | | | 016 | 平均停留时间的概念 | X |
| | | | | 017 | 间歇反应过程的特点 | X |
| | | | | 018 | 连续反应过程的特点 | X |

| 行为领域 | 代码 | 鉴定范围（重要程度比例） | 鉴定比重 | 代码 | 鉴定点 | 重要程度 |
|---|---|---|---|---|---|---|
| 基础知识 A（20%） | B | 化工基础知识（18：3：5） | 6% | 019 | 放热反应过程的绝热温升 | X |
| | | | | 020 | 催化作用的主要特征 | X |
| | | | | 021 | 对工业催化剂的要求 | Y |
| | | | | 022 | 催化剂宏观结构的性能 | Y |
| | | | | 023 | 石化企业计量方式的种类 | X |
| | | | | 024 | A 级计量设备的种类 | Z |
| | | | | 025 | B 级计量设备的种类 | Z |
| | | | | 026 | C 级计量设备的种类 | Z |
| | C | 化工机械与设备知识（11：4：0） | 3% | 001 | 离心泵的主要性能参数 | Y |
| | | | | 002 | 离心泵汽蚀的概念 | X |
| | | | | 003 | 防止离心式压缩机喘振的方法 | X |
| | | | | 004 | 间壁式换热器的类型 | X |
| | | | | 005 | 管壳式换热器的结构形式 | X |
| | | | | 006 | 板式塔的特点 | X |
| | | | | 007 | 浮阀塔的主要结构 | X |
| | | | | 008 | 筛板塔的主要结构 | Y |
| | | | | 009 | 填料塔的结构 | Y |
| | | | | 010 | 压力试验的作用 | Y |
| | | | | 011 | 离心式压缩机常用密封的形式 | X |
| | | | | 012 | 管路连接方法 | X |
| | | | | 013 | 滚动轴承的原理 | X |
| | | | | 014 | 腐蚀的特征 | X |
| | | | | 015 | 搅拌器的特点 | X |
| | D | 仪表基础知识（12：7：2） | 5% | 001 | 弹簧管式压力表测量原理 | X |
| | | | | 002 | 液柱式压力计的测量原理 | Y |
| | | | | 003 | 转子流量计的测量原理 | Z |
| | | | | 004 | 静压式液位计的测量原理 | Y |
| | | | | 005 | 调节阀气开的作用方式 | Y |
| | | | | 006 | 调节阀气关的作用方式 | Y |
| | | | | 007 | 自动控制系统的组成 | Y |
| | | | | 008 | 热电偶的概念 | Y |
| | | | | 009 | 热电阻的概念 | Y |
| | | | | 010 | 比例调节的概念 | X |
| | | | | 011 | 积分调节的概念 | X |
| | | | | 012 | 微分调节的概念 | X |

| 行为领域 | 代码 | 鉴定范围<br>（重要程度比例） | 鉴定比重 | 代码 | 鉴定点 | 重要程度 |
|---|---|---|---|---|---|---|
| 基础<br>知识<br>A<br>（20%） | D | 仪表基础知识<br>（12：7：2） | 5% | 013 | 复杂调节系统的分类 | X |
| | | | | 014 | 测量仪表的精度指标 | X |
| | | | | 015 | 测量仪表的灵敏度 | X |
| | | | | 016 | 联锁的概念 | X |
| | | | | 017 | 在线仪表的种类 | X |
| | | | | 018 | PID 参数的概念 | X |
| | | | | 019 | 简单控制回路的组成 | X |
| | | | | 020 | 串级控制的概念 | X |
| | | | | 021 | 分程控制的概念 | Z |
| | E | 安全环保<br>基础知识<br>（15：0：0） | 3% | 001 | 尘毒物质危害人体的主要因素 | X |
| | | | | 002 | 化工污染的控制方法 | X |
| | | | | 003 | 清洁生产的理论基础 | X |
| | | | | 004 | 清洁生产审（计）核的目的 | X |
| | | | | 005 | 灭火的机理 | X |
| | | | | 006 | 废水治理的常识 | X |
| | | | | 007 | 废气治理的常识 | X |
| | | | | 008 | 废渣处理的常识 | X |
| | | | | 009 | 高毒物品的防护方法 | X |
| | | | | 010 | 尘毒噪声的防护方法 | X |
| | | | | 011 | 高处作业的安全程序 | X |
| | | | | 012 | 施工作业的安全程序 | X |
| | | | | 013 | 用火作业的安全程序 | X |
| | | | | 014 | 临时用电的安全程序 | X |
| | | | | 015 | 起重作业的安全程序 | X |
| 专业<br>知识<br>B<br>（80%） | A | 开车准备<br>（13：2：0） | 4% | 001 | 净化风、非净化风在装置的作用 | X |
| | | | | 002 | 设备隔离的注意事项 | X |
| | | | | 003 | 吹扫的目的 | X |
| | | | | 004 | 水压试验的目的 | X |
| | | | | 005 | 系统充压的注意事项 | X |
| | | | | 006 | 系统卸压的注意事项 | X |
| | | | | 007 | 仪表空气的使用要求 | X |
| | | | | 008 | 工艺联锁的目的 | X |
| | | | | 009 | 引入蒸汽的检查内容 | X |
| | | | | 010 | 开车前仪表联校的要点 | X |
| | | | | 011 | 控制阀位的确认要点 | Y |

续表

| 行为领域 | 代码 | 鉴定范围<br>(重要程度比例) | 鉴定比重 | 代码 | 鉴定点 | 重要程度 |
|---|---|---|---|---|---|---|
| 专业<br>知识<br>B<br>(80%) | A | 开车准备<br>(13:2:0) | 4% | 012 | 引入循环水的检查内容 | X |
| | | | | 013 | 循环水系统的浊度检查 | X |
| | | | | 014 | 开工前塔器检查的要点 | X |
| | | | | 015 | 取样点确认的原则 | Y |
| | B | 开车操作<br>(19:6:0) | 8% | 001 | 压缩机组油泵的开车方法 | X |
| | | | | 002 | 离心式压缩机的开车程序 | X |
| | | | | 003 | 往复式压缩机的开车程序 | X |
| | | | | 004 | 蒸汽暖管的注意事项 | X |
| | | | | 005 | 氨蒸发器建立液位的要点 | X |
| | | | | 006 | 分子筛的再生原理 | Y |
| | | | | 007 | 分子筛的吸附原理 | Y |
| | | | | 008 | 原料配比的操作要点 | X |
| | | | | 009 | 仪表风干燥器的投用要点 | X |
| | | | | 010 | 真空装置的投用要点 | X |
| | | | | 011 | 加热炉点火的条件 | Y |
| | | | | 012 | 吸收过程的开车方法 | X |
| | | | | 013 | 控制阀正线改副线的注意事项 | X |
| | | | | 014 | 影响蒸发器生产强度的因素 | X |
| | | | | 015 | 催化剂的升温要求 | X |
| | | | | 016 | 物料接收的注意事项 | Y |
| | | | | 017 | 原料净化的操作方法 | X |
| | | | | 018 | 湿空气的性质 | X |
| | | | | 019 | 干燥速率的概念 | X |
| | | | | 020 | 干燥时间的概念 | X |
| | | | | 021 | 颗粒沉降分离的概念 | Y |
| | | | | 022 | 固体流态化的基本概念 | X |
| | | | | 023 | 实际流态化的现象 | X |
| | | | | 024 | 流化床的主要特征 | Y |
| | | | | 025 | 流化床的操作范围 | X |
| | C | 正常操作<br>(28:7:0) | 10% | 001 | 装置运行的检查要点 | X |
| | | | | 002 | 无机聚合反应温度的控制要点 | Y |
| | | | | 003 | 干燥器温度的控制要点 | Y |
| | | | | 004 | 吸收塔液位的控制要点 | X |
| | | | | 005 | 蒸发真空度的控制要点 | X |
| | | | | 006 | 结晶器温度的控制要点 | X |

续表

| 行为领域 | 代码 | 鉴定范围<br>（重要程度比例） | 鉴定<br>比重 | 代码 | 鉴定点 | 重要<br>程度 |
|---|---|---|---|---|---|---|
| 专业<br>知识<br>B<br>（80%） | C | 正常操作<br>（28∶7∶0） | 10% | 007 | 连续搅拌反应釜的控制参数 | X |
| | | | | 008 | 间歇搅拌反应釜的控制参数 | Y |
| | | | | 009 | 催化剂的活性组分 | Y |
| | | | | 010 | 产品质量控制的主要因素 | X |
| | | | | 011 | 干燥过程水分的控制要点 | X |
| | | | | 012 | 废热锅炉水质的控制要点 | X |
| | | | | 013 | 吸收塔操作温度的控制要点 | X |
| | | | | 014 | 吸收塔气体、液体流量的控制要点 | Y |
| | | | | 015 | 蒸发系统低压蒸汽压力的控制方法 | X |
| | | | | 016 | 蒸发系统物料浓度的控制方法 | X |
| | | | | 017 | 蒸发系统液面的控制方法 | X |
| | | | | 018 | 循环水 pH 值的控制方法 | X |
| | | | | 019 | DCS 画面的浏览 | X |
| | | | | 020 | 影响干燥速率的因素 | Y |
| | | | | 021 | 影响冷冻效果的因素 | X |
| | | | | 022 | 水封操作注意事项 | X |
| | | | | 023 | 火炬操作注意事项 | X |
| | | | | 024 | 控制分离器液位的作用 | X |
| | | | | 025 | 真假液位的判断方法 | X |
| | | | | 026 | 离心式压缩机的常规巡检内容 | X |
| | | | | 027 | 往复式压缩机的常规巡检内容 | X |
| | | | | 028 | 离心式压缩机输气量的调节方法 | X |
| | | | | 029 | 往复式压缩机排气量的调节方法 | X |
| | | | | 030 | 旋涡泵流量的调节方法 | X |
| | | | | 031 | 往复泵流量的调节方法 | X |
| | | | | 032 | 离心式压缩机出口的节流调节方法 | X |
| | | | | 033 | 离心式压缩机进口节流调节方法 | X |
| | | | | 034 | 活塞式压缩机转速的调节方法 | X |
| | | | | 035 | 活塞式压缩机管路的调节方法 | Y |
| | D | 停车操作<br>（14∶0∶0） | 5% | 001 | 离心式压缩机的停车要点 | X |
| | | | | 002 | 往复式压缩机的停车要点 | X |
| | | | | 003 | 活塞式压缩机停车的注意事项 | X |
| | | | | 004 | 反应器停车的注意事项 | X |
| | | | | 005 | 吸收塔停车的注意事项 | X |
| | | | | 006 | 冷却器停车的注意事项 | X |

| 行为领域 | 代码 | 鉴定范围<br>（重要程度比例） | 鉴定比重 | 代码 | 鉴定点 | 重要程度 |
|---|---|---|---|---|---|---|
| 专业<br>知识<br>B<br>（80%） | D | 停车操作<br>（14：0：0） | 5% | 007 | 蒸发系统停车的注意事项 | X |
| | | | | 008 | 冷冻系统停车的注意事项 | X |
| | | | | 009 | 离心机停车的注意事项 | X |
| | | | | 010 | 停车降温降量的操作要求 | X |
| | | | | 011 | 紧急停车的操作原则 | X |
| | | | | 012 | 停工吹扫的方案 | X |
| | | | | 013 | 废料的处理原则 | X |
| | | | | 014 | 氮气置换的要求 | X |
| | E | 磺酸盐开车准备<br>（5：0：0） | 1% | 001 | 开工前仪表调节阀的确认 | X |
| | | | | 002 | 换热器的投用方法 | X |
| | | | | 003 | 蒸汽的质量要求 | X |
| | | | | 004 | 磺化系统循环水的特点 | X |
| | | | | 005 | 硅胶干燥剂的填充方式 | X |
| | F | 磺酸盐开车操作<br>（20：0：0） | 5% | 001 | 硅胶再生的注意事项 | X |
| | | | | 002 | 磺化反应的操作要点 | X |
| | | | | 003 | 冷却风的作用 | X |
| | | | | 004 | 熔硫槽内添加硫黄的注意事项 | X |
| | | | | 005 | 燃硫炉点火加热器的使用 | X |
| | | | | 006 | 气液分离器的作用 | X |
| | | | | 007 | 旋风分离器的工作原理 | X |
| | | | | 008 | 磺酸出口温度的控制方法 | X |
| | | | | 009 | 三氧化硫气体浓度的控制要点 | X |
| | | | | 010 | 磺化反应过程中工艺参数的调整 | X |
| | | | | 011 | 硫酸浓度对 $SO_3$ 吸收效果的影响 | X |
| | | | | 012 | 酸吸收手动补水的操作 | X |
| | | | | 013 | 熔硫蒸汽压力的控制方法 | X |
| | | | | 014 | 静电除雾器的基本构造 | X |
| | | | | 015 | 静电除雾器的排酸操作 | X |
| | | | | 016 | 洗涤液循环泵的操作 | X |
| | | | | 017 | 使用空气呼吸器的注意事项 | X |
| | | | | 018 | 控制阀正线改副线的注意事项 | X |
| | | | | 019 | 磺酸盐产品质量控制指标 | X |
| | | | | 020 | 表面活性剂在溶液中的作用 | X |
| | G | 磺酸盐正常操作<br>（19：0：0） | 5% | 001 | 制冷剂的使用 | X |
| | | | | 002 | 工艺空气湿度的调整 | X |

续表

| 行为领域 | 代码 | 鉴定范围<br>（重要程度比例） | 鉴定比重 | 代码 | 鉴定点 | 重要程度 |
|---|---|---|---|---|---|---|
| 专业知识<br>B<br>（80%） | G | 磺酸盐正常操作<br>（19：0：0） | 5% | 003 | 工艺空气露点超标的原因 | X |
| | | | | 004 | 工艺空气干燥的过程 | X |
| | | | | 005 | 催化剂使用的注意事项 | X |
| | | | | 006 | 催化剂的失活 | X |
| | | | | 007 | 磺化器的结构特点 | X |
| | | | | 008 | 磺化器的吹扫流程 | X |
| | | | | 009 | 原料进料温度的控制方法 | X |
| | | | | 010 | 磺化器结焦的处理方法 | X |
| | | | | 011 | 碱洗液 pH 值的控制方法 | X |
| | | | | 012 | 制冷机组运行操作 | X |
| | | | | 013 | 尾气烟雾形成的原因 | X |
| | | | | 014 | 压力表的结构类型 | X |
| | | | | 015 | 液位计的种类 | X |
| | | | | 016 | 压力控制的一般方法 | X |
| | | | | 017 | 热电阻温度计的使用 | X |
| | | | | 018 | 装置运行的巡检要点 | X |
| | | | | 019 | 真假液位的判断 | X |
| | H | 磺酸盐停车操作<br>（7：0：0） | 1% | 001 | 熔硫间消防设施的使用方法 | X |
| | | | | 002 | 磺化生产中的危险因素 | X |
| | | | | 003 | $SO_2$ 危害的预防措施 | X |
| | | | | 004 | $SO_3$ 危害的预防措施 | X |
| | | | | 005 | 装置尾气的处理 | X |
| | | | | 006 | 装置吹扫的注意事项 | X |
| | | | | 007 | 检修中加盲板的注意事项 | X |
| | I | 设备使用<br>（22：15：1） | 10% | 001 | 反应器的类型 | Y |
| | | | | 002 | 搅拌反应釜的结构 | X |
| | | | | 003 | 测速仪器的使用方法 | X |
| | | | | 004 | 测振仪器的使用方法 | X |
| | | | | 005 | 测温仪器的使用方法 | X |
| | | | | 006 | 连续管式反应器的基本特征 | X |
| | | | | 007 | 螺旋板式换热器的结构 | X |
| | | | | 008 | 板式换热器的结构 | Y |
| | | | | 009 | 规整填料塔的结构 | Y |
| | | | | 010 | 气-固相固定床反应器的类型 | Y |
| | | | | 011 | 气-固相固定床反应器的基本特征 | Y |

续表

| 行为领域 | 代码 | 鉴定范围（重要程度比例） | 鉴定比重 | 代码 | 鉴定点 | 重要程度 |
|---|---|---|---|---|---|---|
| 专业知识B（80%） | I | 设备使用（22∶15∶1） | 10% | 012 | 多段绝热固定床反应器的结构 | Y |
| | | | | 013 | 列管式固定床反应器的结构 | Y |
| | | | | 014 | 搅拌反应釜的基本特征 | Y |
| | | | | 015 | 间歇式搅拌反应釜的特点 | Y |
| | | | | 016 | 多釜串联连续搅拌反应器的作用 | Y |
| | | | | 017 | 搅拌器导流筒的作用 | Y |
| | | | | 018 | 离心机的结构 | Z |
| | | | | 019 | 活塞式压缩机润滑系统的主要内容 | Y |
| | | | | 020 | 离心式压缩机润滑系统的主要内容 | Y |
| | | | | 021 | 大型机组润滑油泵切换的注意事项 | X |
| | | | | 022 | 压缩机带负荷紧急停车的危害 | X |
| | | | | 023 | 离心式压缩机叶轮固定的要点 | X |
| | | | | 024 | 结晶机的分类 | X |
| | | | | 025 | 干燥机的分类 | Y |
| | | | | 026 | 冷凝器的分类 | X |
| | | | | 027 | 离心泵特性曲线的含义 | X |
| | | | | 028 | 空冷器的结构 | X |
| | | | | 029 | 压力容器的使用条件 | X |
| | | | | 030 | 换热器折流板的作用 | X |
| | | | | 031 | 换热器防冲板的作用 | X |
| | | | | 032 | 换热器管束的排列方式 | X |
| | | | | 033 | 固定板式换热器的特点 | X |
| | | | | 034 | 浮头式换热器的特点 | X |
| | | | | 035 | U形管式换热器的特点 | X |
| | | | | 036 | 膨胀节的作用 | X |
| | | | | 037 | 工业管道常用压力等级分类 | Y |
| | | | | 038 | 电动机绝缘的概念 | X |
| | J | 设备维护（9∶1∶1） | 3% | 001 | 常见的润滑方式 | X |
| | | | | 002 | 更换垫片的方法 | X |
| | | | | 003 | 拆装盲板的操作要求 | X |
| | | | | 004 | 阀门的维护要点 | X |
| | | | | 005 | 往复式压缩机的维护要点 | X |
| | | | | 006 | 离心式压缩机的维护要点 | X |
| | | | | 007 | 化工常用金属材料的性能 | Y |
| | | | | 008 | 防腐材料的物理化学性能 | Z |

| 行为领域 | 代码 | 鉴定范围<br>（重要程度比例） | 鉴定比重 | 代码 | 鉴定点 | 重要程度 |
|---|---|---|---|---|---|---|
| 专业<br>知识<br>B<br>（80%） | J | 设备维护<br>（9：1：1） | 3% | 009 | 更换螺栓的方法 | X |
| | | | | 010 | 工业管道外部的检查要点 | X |
| | | | | 011 | 更换阀门密封填料的注意事项 | X |
| | K | 磺酸盐设备使用<br>（16：1：0） | 3% | 001 | 球阀的结构特点 | X |
| | | | | 002 | 压力表的使用方法 | X |
| | | | | 003 | 磺酸盐装置填料塔的基本结构 | Y |
| | | | | 004 | 磺酸盐装置填料塔常用填料的种类 | X |
| | | | | 005 | 磺酸盐装置填料塔内填料的作用 | X |
| | | | | 006 | 屏蔽泵的特点 | X |
| | | | | 007 | 计量泵的结构 | X |
| | | | | 008 | 计量泵流量调节的方法 | X |
| | | | | 009 | 机械密封的作用 | X |
| | | | | 010 | 联轴器的作用 | X |
| | | | | 011 | 离心泵的主要性能指标 | X |
| | | | | 012 | 多级离心泵的结构特点 | X |
| | | | | 013 | 离心泵故障的分析方法 | X |
| | | | | 014 | 离心泵试车前的检查要点 | X |
| | | | | 015 | 离心泵切换的注意要点 | X |
| | | | | 016 | 阀门符号的表示方法 | X |
| | | | | 017 | 疏水阀型号代码的含义 | X |
| | L | 磺酸盐设备维护<br>（7：1：0） | 1% | 001 | 润滑油的使用规定 | X |
| | | | | 002 | 机泵的维护要点 | X |
| | | | | 003 | 机泵停工检修前的准备工作要点 | X |
| | | | | 004 | 判断润滑油变质的方法 | X |
| | | | | 005 | 电动机正常运转时的检查要点 | X |
| | | | | 006 | 润滑油"三级过滤"的注意要点 | Y |
| | | | | 007 | 保温的基本常识 | X |
| | | | | 008 | 离心泵安装吸入高度的要求 | X |
| | M | 事故判断<br>（16：1：0） | 5% | 001 | 换热器内漏的判断方法 | X |
| | | | | 002 | 炉管结焦的现象 | X |
| | | | | 003 | 系统蒸汽压力下降的现象 | X |
| | | | | 004 | 仪表风中断的现象 | Y |
| | | | | 005 | 循环水压力下降的现象 | X |
| | | | | 006 | 机泵冷却水压力下降的现象 | X |
| | | | | 007 | 管线设备的冻凝现象 | X |

续表

| 行为领域 | 代码 | 鉴定范围<br>（重要程度比例） | 鉴定<br>比重 | 代码 | 鉴定点 | 重要<br>程度 |
|---|---|---|---|---|---|---|
| 专业<br>知识<br>B<br>（80%） | M | 事故判断<br>（16：1：0） | 5% | 008 | 停循环水的事故现象 | X |
| | | | | 009 | 停蒸汽的事故现象 | X |
| | | | | 010 | 孔板流量计失真的判断 | X |
| | | | | 011 | 工艺管线超压的判断 | X |
| | | | | 012 | 离心泵振动大的原因 | X |
| | | | | 013 | 机泵电动机跳闸的原因 | X |
| | | | | 014 | 离心泵轴承超温的原因 | X |
| | | | | 015 | 压缩机烧瓦的原因分析 | X |
| | | | | 016 | 压缩机气缸内发生敲击声的原因分析 | X |
| | | | | 017 | 无纸记录仪无显示的原因分析 | X |
| | N | 事故处理<br>（19：0：0） | 6% | 001 | 加热炉炉管破裂的处理方法 | X |
| | | | | 002 | 压缩机电动机着火的处理方法 | X |
| | | | | 003 | 压缩机辅助油泵轴承烧坏的处理方法 | X |
| | | | | 004 | 电动机有不正常振动的处理方法 | X |
| | | | | 005 | 电动机内部冒火的处理方法 | X |
| | | | | 006 | 记录仪记录不良的处理方法 | X |
| | | | | 007 | 阀门内漏的处理方法 | X |
| | | | | 008 | 换热器内漏的处理方法 | X |
| | | | | 009 | 仪表风中断的处理方法 | X |
| | | | | 010 | 停循环水的事故处理方法 | X |
| | | | | 011 | 停蒸汽的事故处理方法 | X |
| | | | | 012 | 工艺管线超压的处理方法 | X |
| | | | | 013 | 离心泵振动大的处理方法 | X |
| | | | | 014 | 机泵电动机跳闸的处理方法 | X |
| | | | | 015 | 离心泵轴承超温的处理方法 | X |
| | | | | 016 | 压缩机烧瓦的处理方法 | X |
| | | | | 017 | 加热炉炉管结焦的处理方法 | X |
| | | | | 018 | 界区内一般性着火事故的处理原则 | X |
| | | | | 019 | 常见有毒有害物质中毒事故的处理原则 | X |
| | O | 磺酸盐事故判断<br>（4：1：0） | 1% | 001 | 停循环水的事故现象 | X |
| | | | | 002 | 压缩风中断的判断 | X |
| | | | | 003 | 新鲜水中断的判断 | X |
| | | | | 004 | 停蒸汽的事故现象 | X |
| | | | | 005 | 压力表常见故障的分析 | Y |

| 行为领域 | 代码 | 鉴定范围<br>（重要程度比例） | 鉴定比重 | 代码 | 鉴定点 | 重要程度 |
|---|---|---|---|---|---|---|
| 专业知识<br>B<br>（80%） | P | 磺酸盐事故处理<br>（10：2：0） | 2% | 001 | 装置沟井爆炸事故的处理 | X |
| | | | | 002 | 工艺管线常见的故障处理 | X |
| | | | | 003 | 工业管道检测的原则 | Y |
| | | | | 004 | 换热器管束漏的处理原则 | X |
| | | | | 005 | 换热器维修后试压的操作 | X |
| | | | | 006 | 换热器常见故障的处理 | X |
| | | | | 007 | 停压缩风的处理原则 | X |
| | | | | 008 | 停新鲜水事故的处理原则 | X |
| | | | | 009 | 循环水中断的处理原则 | X |
| | | | | 010 | 轴承温度高的处理方法 | Y |
| | | | | 011 | 停仪表风的处理原则 | X |
| | | | | 012 | 液位计失灵的处理要点 | X |
| | Q | 计算<br>（1：0：1） | 10% | 001 | 物料平衡的计算 | X |
| | | | | 002 | 班组经济核算的计算 | Z |

注：X—核心要素；Y—一般要素；Z—辅助要素。

# 附录 5　中级工操作技能鉴定要素细目表

行业:石油天然气　　　　工种:无机反应工　　　　等级:中级工　　　　鉴定方式:操作技能

| 行为领域 | 代码 | 鉴定范围<br>(重要程度比例) | 鉴定<br>比重 | 代码 | 鉴定点 | 重要<br>程度 |
|---|---|---|---|---|---|---|
| 操作<br>技能<br>A<br>(100%) | A | 工艺操作<br>(34:7:9) | 64% | 001 | 氧气引入操作 | X |
| | | | | 002 | 循环水回路建立 | X |
| | | | | 003 | 控制阀位确认 | Z |
| | | | | 004 | 系统置换充压操作 | X |
| | | | | 005 | 系统置换泄压操作 | Z |
| | | | | 006 | 分析取样点确认 | X |
| | | | | 007 | 工艺联锁位置确认 | X |
| | | | | 008 | 催化剂装填前质量检查 | X |
| | | | | 009 | 填料装填前质量检查 | X |
| | | | | 010 | 压缩机油泵开车操作 | Y |
| | | | | 011 | 蒸汽暖管操作 | X |
| | | | | 012 | 换热器投用操作 | Z |
| | | | | 013 | 离心式压缩机开车操作 | Y |
| | | | | 014 | 往复式压缩机开车操作 | X |
| | | | | 015 | 氨蒸发器液位建立操作 | Y |
| | | | | 016 | 吸收塔液位建立 | X |
| | | | | 017 | 结晶器开车操作 | X |
| | | | | 018 | 搅拌式反应器开车操作 | Z |
| | | | | 019 | 冷凝器开车操作 | X |
| | | | | 020 | 压缩机出口气量调节 | X |
| | | | | 021 | 往复泵出口流量调节 | X |
| | | | | 022 | 压缩机巡检操作 | Z |
| | | | | 023 | 反应器压力调节 | X |
| | | | | 024 | 反应器温度调节 | Z |
| | | | | 025 | 反应器负荷调节 | X |
| | | | | 026 | 填料吸收塔正常操作 | X |
| | | | | 027 | 换热器温度调节 | Y |
| | | | | 028 | 过滤机压力调节 | Y |
| | | | | 029 | 结晶器正常操作 | X |
| | | | | 030 | 干燥器正常操作 | X |

续表

| 行为领域 | 代码 | 鉴定范围<br>（重要程度比例） | 鉴定比重 | 代码 | 鉴定点 | 重要程度 |
|---|---|---|---|---|---|---|
| 操作技能<br>A<br>（100%） | A | 工艺操作<br>（34∶7∶9） | 64% | 031 | 蒸发器正常操作 | Z |
| | | | | 032 | DCS 系统基本操作 | X |
| | | | | 033 | 离心式压缩机停车操作 | Z |
| | | | | 034 | 往复式压缩机停车操作 | X |
| | | | | 035 | 交给设备检修时吹扫操作 | X |
| | | | | 036 | 交出检修时置换操作 | Z |
| | | | | 037 | 储罐置换操作 | X |
| | | | | 038 | 碱洗塔内洗涤液的循环操作 | Y |
| | | | | 039 | 投用燃硫炉点火加热器 | X |
| | | | | 040 | 引循环水进装置操作 | X |
| | | | | 041 | 投用热水循环系统 | X |
| | | | | 042 | 转化塔三、四段温度较高情况下的调整操作 | X |
| | | | | 043 | 切换磺酸输出泵 | X |
| | | | | 044 | 向恒位槽输送硫黄 | X |
| | | | | 045 | $SO_3$ 过滤器排酸 | X |
| | | | | 046 | $SO_3$ 冷却器排酸 | X |
| | | | | 047 | 罗茨风机的启动 | X |
| | | | | 048 | 原料泵的启动 | X |
| | | | | 049 | 清洗筐式过滤器滤芯 | Y |
| | | | | 050 | 放空罗茨风机循环水 | X |
| | B | 设备使用与维护<br>（7∶2∶2） | 16% | 001 | 离心式压缩机操作 | X |
| | | | | 002 | 往复式压缩机操作 | Y |
| | | | | 003 | 测温仪使用 | X |
| | | | | 004 | 测振仪使用 | X |
| | | | | 005 | 大型机组油泵操作 | Z |
| | | | | 006 | 冷换设备操作 | X |
| | | | | 007 | 阀门填料更换 | X |
| | | | | 008 | 机泵日常检查 | Y |
| | | | | 009 | 呼吸阀维护 | X |
| | | | | 010 | 润滑油更换 | Z |
| | | | | 011 | 阀门正常维护 | X |
| | C | 事故判断与处理<br>（5∶3∶2） | 16% | 001 | 往复泵打量不足原因分析 | Z |
| | | | | 002 | 阀门内漏判断 | Y |
| | | | | 003 | 液位测量失真判断 | X |
| | | | | 004 | 换热器内漏判断 | Y |

| 行为领域 | 代码 | 鉴定范围<br>（重要程度比例） | 鉴定<br>比重 | 代码 | 鉴定点 | 重要<br>程度 |
|---|---|---|---|---|---|---|
| 操作<br>技能<br>A<br>（100%） | C | 事故判断与处理<br>（5：3：2） | 16% | 005 | 储罐冒料事故处理 | X |
| | | | | 006 | 机泵运行故障处理 | Y |
| | | | | 007 | 锅炉超压处理 | Z |
| | | | | 008 | 物料管线着火事故处理 | X |
| | | | | 009 | 反应器超温现象处理 | X |
| | | | | 010 | 有毒气体泄漏局部隔离操作 | X |
| | D | 绘图与计算<br>（2：0：0） | 4% | 001 | 单元工艺流程图绘制 | X |
| | | | | 002 | 单元主要物料 PFD 图的绘制 | X |

注：X—核心要素；Y—一般要素；Z—辅助要素。

# 附录6  高级工理论知识鉴定要素细目表

行业:石油天然气          工种:无机反应工          等级:高级工          鉴定方式:理论知识

| 行为领域 | 代码 | 鉴定范围（重要程度比例） | 鉴定比重 | 代码 | 鉴定点 | 重要程度 | 备注 |
|---|---|---|---|---|---|---|---|
| 基础知识 A（15%） | A | 化学基础知识（6:1:0） | 2% | 001 | 溶解度的计算 | X | JS |
| | | | | 002 | 化学平衡常数的简单计算 | X | JS |
| | | | | 003 | 混合气体的分压定律 | Y | JS |
| | | | | 004 | 化学反应速率的温度效应 | X | |
| | | | | 005 | 化学反应速率的浓度效应 | X | |
| | | | | 006 | 化学平衡的影响因素 | X | |
| | | | | 007 | 影响化学反应速度的因素 | X | |
| | B | 化工基础知识（13:4:1） | 5% | 001 | 稳定流动管路阻力的计算 | X | |
| | | | | 002 | 离心泵功率的计算 | X | JS |
| | | | | 003 | 离心泵扬程的计算 | X | |
| | | | | 004 | 热负荷的计算 | X | |
| | | | | 005 | 传热面积的计算 | Y | JS |
| | | | | 006 | 管壳式换热器管程和壳程的选择原则 | X | |
| | | | | 007 | 除沫器的工作原理 | X | |
| | | | | 008 | 气体吸收过程吸收剂用量的计算 | X | JS |
| | | | | 009 | 干燥器的物料衡算 | Y | |
| | | | | 010 | 分子筛在干燥系统的应用 | Y | |
| | | | | 011 | 物理吸附的机理 | X | |
| | | | | 012 | 节流膨胀的原理 | Z | |
| | | | | 013 | 空速与停留时间分布的关系 | X | |
| | | | | 014 | 化学反应过程原料的预混合概念 | X | |
| | | | | 015 | 化学反应过程的热稳定性 | Y | |
| | | | | 016 | 催化剂的活化 | X | |
| | | | | 017 | 催化剂的装填 | X | |
| | | | | 018 | 混合效果的度量 | X | |
| | C | 化工机械与设备知识（4:1:1） | 3% | 001 | 化工机械的常用密封种类 | X | JD |
| | | | | 002 | 压力容器定期检验常识 | X | |
| | | | | 003 | 压力管道定期检验常识 | X | JD |
| | | | | 004 | 金属材料的腐蚀种类 | Y | |
| | | | | 005 | 管线的防腐措施 | X | JD |
| | | | | 006 | 搅拌式反应器结构 | Z | JD |

| 行为领域 | 代码 | 鉴定范围（重要程度比例） | 鉴定比重 | 代码 | 鉴定点 | 重要程度 | 备注 |
|---|---|---|---|---|---|---|---|
| 基础知识A（15%） | D | 仪表基础知识（7：2：1） | 3% | 001 | 压力变送器的组成 | X | |
| | | | | 002 | 椭圆齿轮流量计的测量原理 | X | JD |
| | | | | 003 | 差压式流量计的测量原理 | X | |
| | | | | 004 | 涡街流量计测量原理 | X | JD |
| | | | | 005 | 浮筒式液位计的测量原理 | X | |
| | | | | 006 | 电磁流量计的测量原理 | Y | JD |
| | | | | 007 | 质量流量计的测量原理 | Y | |
| | | | | 008 | 超声波物位计的测量原理 | Z | JD |
| | | | | 009 | PID 参数整定的基本原则 | X | |
| | | | | 010 | PLC 系统的基本概念 | X | JD |
| | E | 安全环保基础知识（5：3：0） | 2% | 001 | 清洁生产审（计）核的程序 | X | JD |
| | | | | 002 | 防尘防毒的技术措施 | Y | JD |
| | | | | 003 | 防尘防毒的管理措施 | Y | JD |
| | | | | 004 | 噪声的控制技术 | Y | |
| | | | | 005 | 清洁生产的重点 | X | |
| | | | | 006 | 清洁生产的措施 | X | |
| | | | | 007 | 防火防爆的技术措施 | X | |
| | | | | 008 | 常见危险化学品的火灾扑救方法 | X | |
| 专业知识B（85%） | A | 开车准备（11：1：0） | 5% | 001 | 清洁生产的基本内容 | Y | JD |
| | | | | 002 | 气密试验的目的 | X | |
| | | | | 003 | 系统吹扫的要求 | X | |
| | | | | 004 | 容器的贯通试压要点 | X | JD |
| | | | | 005 | 水压试验的压力要求 | X | |
| | | | | 006 | 填料充装的注意事项 | X | |
| | | | | 007 | 催化剂装填的注意事项 | X | |
| | | | | 008 | 仪表的联锁校验 | X | |
| | | | | 009 | 投用联锁的注意事项 | X | |
| | | | | 010 | 工艺联锁摘除的注意事项 | X | JD |
| | | | | 011 | 界区引入燃料的注意事项 | X | JD |
| | | | | 012 | 管道酸洗的目的 | X | |
| | B | 开车操作（16：4：0） | 8% | 001 | 往复式压缩机的主要性能参数 | X | JS |
| | | | | 002 | 喷射泵的原理 | X | |
| | | | | 003 | 热管式换热器的投用要点 | X | JD/JS |
| | | | | 004 | 加热炉点火操作要点 | X | |
| | | | | 005 | 催化剂的作用机理 | Y | JD |

| 行为领域 | 代码 | 鉴定范围（重要程度比例） | 鉴定比重 | 代码 | 鉴定点 | 重要程度 | 备注 |
|---|---|---|---|---|---|---|---|
| 专业知识 B（85%） | B | 开车操作（16：4：0） | 8% | 006 | 搅拌釜式反应器的投用 | X | JD |
| | | | | 007 | 管式反应器的投用 | X | |
| | | | | 008 | 固定床反应器的投用 | X | |
| | | | | 009 | 流化床反应器的投用 | X | |
| | | | | 010 | 电化池的开车操作 | X | |
| | | | | 011 | 透平机蒸汽暖管的要求 | X | |
| | | | | 012 | 透平暖机操作的注意事项 | X | |
| | | | | 013 | 膨胀机开车的注意事项 | X | JD |
| | | | | 014 | 多段蒸发器开车的要求 | X | JS |
| | | | | 015 | 盘式造粒器的开车操作 | Y | JD |
| | | | | 016 | 喷淋式造粒器的开车操作 | Y | JD |
| | | | | 017 | 双轴式造粒机的开车操作 | Y | JD |
| | | | | 018 | 透平压缩机组的开车操作 | X | JD |
| | | | | 019 | 副产物回收设备的投运 | X | |
| | | | | 020 | 复杂控制回路的投用操作 | X | |
| | C | 正常操作（27：3：1） | 15% | 001 | 影响离心压缩机输气量的主要因素 | X | |
| | | | | 002 | 影响往复式压缩机排气量的主要因素 | X | |
| | | | | 003 | 闪蒸的概念 | X | |
| | | | | 004 | 板式塔的操作注意事项 | X | |
| | | | | 005 | 填料塔的操作注意事项 | X | JD |
| | | | | 006 | 固定床反应器的操作注意事项 | X | |
| | | | | 007 | 流化床反应器的操作注意事项 | X | |
| | | | | 008 | 干燥操作的控制要点 | X | JS |
| | | | | 009 | 填料吸收塔的正常操作要点 | X | JS |
| | | | | 010 | 吸收操作的主要影响因素 | X | JS |
| | | | | 011 | 结晶操作的主要影响因素 | X | JD |
| | | | | 012 | 结晶操作的控制要点 | X | JS |
| | | | | 013 | 氨冷器效率下降的影响因素 | X | JD |
| | | | | 014 | 热管换热器效率下降的影响因素 | X | JS |
| | | | | 015 | 固定床反应器温度的调节 | X | |
| | | | | 016 | 固定床反应器压力的调节 | X | |
| | | | | 017 | 流化床反应器反应温度的控制 | X | |
| | | | | 018 | 流化床反应器反应压力的控制 | X | |
| | | | | 019 | 聚合釜压力的控制要点 | X | JD |
| | | | | 020 | 聚合釜温度的控制要点 | X | JS |

| 行为领域 | 代码 | 鉴定范围（重要程度比例） | 鉴定比重 | 代码 | 鉴定点 | 重要程度 | 备注 |
|---|---|---|---|---|---|---|---|
| 专业知识B（85%） | C | 正常操作（27：3：1） | 15% | 021 | 往复泵压力与流量的调节 | X | JD |
| | | | | 022 | DCS主要硬件的组成 | Y | |
| | | | | 023 | 调节阀所用仪表风的露点 | X | JD |
| | | | | 024 | DCS操作键盘各功能的作用 | Y | |
| | | | | 025 | 设备运行的检查 | X | |
| | | | | 026 | 靶式流量计的操作 | X | |
| | | | | 027 | 固体废物的"三化"操作 | Z | |
| | | | | 028 | 夏季操作的要点 | X | |
| | | | | 029 | 操作条件的优化控制 | X | |
| | | | | 030 | 催化剂的保护措施 | Y | JD |
| | | | | 031 | 循环流态化系统的分类 | X | JD |
| | D | 停车操作（10：0：0） | 2% | 001 | 塔器蒸煮的方法 | X | |
| | | | | 002 | 紧急停车的程序 | X | |
| | | | | 003 | 离心泵流量降低的处理方法 | X | |
| | | | | 004 | 界区内环境污染的控制 | X | JD |
| | | | | 005 | 白磷自燃的防护 | X | |
| | | | | 006 | 有限空间分析合格的标准 | X | |
| | | | | 007 | 进入有限空间监护的原则 | X | JD |
| | | | | 008 | 催化剂钝化的操作要点 | X | JS |
| | | | | 009 | 固定床反应器的停车操作 | X | |
| | | | | 010 | 流化床反应器的停车操作 | X | |
| | E | 磺酸盐开车准备（3：1：1） | 1% | 001 | 压力容器的试压 | X | |
| | | | | 002 | 液碱储存过程中的注意事项 | X | |
| | | | | 003 | 硫黄质量对磺化生产的影响 | X | |
| | | | | 004 | 露点的测量原理 | Z | |
| | | | | 005 | $V_2O_5$催化剂的特性 | Y | |
| | F | 磺酸盐开车操作（11：3：0） | 2% | 001 | 工艺风量的控制 | X | |
| | | | | 002 | 再生风机的结构 | Y | |
| | | | | 003 | 中和反应的温度控制 | X | |
| | | | | 004 | 磺酸输出泵的操作 | Y | |
| | | | | 005 | 磺化反应过程头尾酸的处理 | X | |
| | | | | 006 | 气动阀的使用 | X | |
| | | | | 007 | 工艺空气露点的控制 | X | |
| | | | | 008 | 燃硫炉的点火操作 | X | |
| | | | | 009 | 转化塔的预热 | X | |

续表

| 行为领域 | 代码 | 鉴定范围（重要程度比例） | 鉴定比重 | 代码 | 鉴定点 | 重要程度 | 备注 |
|---|---|---|---|---|---|---|---|
| 专业知识 B（85%） | F | 磺酸盐开车操作（11:3:0） | 2% | 010 | $SO_3$ 冷却器的结构 | Y | |
| | | | | 011 | 露点仪的使用 | X | |
| | | | | 012 | 转化塔各层温度的控制 | X | |
| | | | | 013 | 转化塔一、二段温度的调整 | X | |
| | | | | 014 | 转化塔三、四段温度的调整 | X | |
| | G | 磺酸盐正常操作（11:4:1） | 3% | 001 | 静态混合器的使用 | X | |
| | | | | 002 | 管道轴流风机的特性 | Y | |
| | | | | 003 | 压力计的维护 | Y | |
| | | | | 004 | DCS 主要硬件的组成 | Y | |
| | | | | 005 | 换热器的操作要点 | X | JD |
| | | | | 006 | 质量流量计的使用要点 | X | |
| | | | | 007 | $SO_3$ 磺化剂的特点 | X | JD |
| | | | | 008 | 磺酸盐装置夏季操作的要点 | X | |
| | | | | 009 | 热管换热器效率下降的影响因素 | X | |
| | | | | 010 | 物质的闪点 | X | JD |
| | | | | 011 | 循环水系统工艺流程 | X | |
| | | | | 012 | $SO_3$ 过滤器的结构 | Y | |
| | | | | 013 | 液位计的工作原理 | Z | |
| | | | | 014 | 保持 $V_2O_5$ 催化剂活性的措施 | X | |
| | | | | 015 | 压缩空气应急系统的作用 | X | |
| | | | | 016 | 磺酸盐 pH 值的测定 | X | JD |
| | H | 磺酸盐停车操作（8:1:0） | 2% | 001 | 冬季防冻凝操作 | X | |
| | | | | 002 | 消防工作 | Y | |
| | | | | 003 | 装置现场动火的安全防范措施 | X | |
| | | | | 004 | 扑救火灾的基本方法 | X | |
| | | | | 005 | $SO_3$ 切换到酸吸收及尾气处理系统的操作 | X | |
| | | | | 006 | 酸碱灼伤的处理 | X | JD |
| | | | | 007 | 装置检修过程注意事项 | X | |
| | | | | 008 | 检修的安全工作内容 | X | |
| | | | | 009 | 化工生产安全事故的预防措施 | X | |
| | I | 设备使用（22:3:0） | 8% | 001 | 流化床反应器的结构 | Y | |
| | | | | 002 | 流化床反应器内部构件的作用 | X | |
| | | | | 003 | 固定床反应器的结构 | X | |
| | | | | 004 | 气液相反应器的型式 | X | JD |
| | | | | 005 | 气液相鼓泡反应器的结构 | X | JD |

| 行为领域 | 代码 | 鉴定范围<br>（重要程度比例） | 鉴定比重 | 代码 | 鉴定点 | 重要程度 | 备注 |
|---|---|---|---|---|---|---|---|
| 专业知识<br>B<br>（85%） | I | 设备使用<br>（22∶3∶0） | 8% | 006 | 气液相鼓泡反应器的特点 | X | |
| | | | | 007 | 压力容器的划分标准 | X | |
| | | | | 008 | 蒸发器的种类 | X | |
| | | | | 009 | 蝶阀的结构特点 | X | JD |
| | | | | 010 | 常见的密封结构 | Y | |
| | | | | 011 | 管道的连接形式 | Y | |
| | | | | 012 | 离心式压缩机的结构 | X | JD |
| | | | | 013 | 往复式压缩机的结构 | X | JS |
| | | | | 014 | 喷射泵的结构 | X | |
| | | | | 015 | 离心式压缩机的工作原理 | X | JD |
| | | | | 016 | 往复式压缩机的工作原理 | X | |
| | | | | 017 | 喷射泵的工作原理 | X | |
| | | | | 018 | 调节阀的种类 | X | JD |
| | | | | 019 | 降膜式蒸发器的特点 | X | JS |
| | | | | 020 | 立式反应器的结构特点 | X | |
| | | | | 021 | 文丘里分离器的特点 | X | JS |
| | | | | 022 | 压力容器的检测标准 | X | JS |
| | | | | 023 | 特种作业的要求 | X | |
| | | | | 024 | 板式塔的溢流类型 | X | JD/JS |
| | | | | 025 | 加热炉炉管选材的依据 | X | |
| | J | 设备维护<br>（11∶0∶0） | 2% | 001 | 特护漏点的检查要点 | X | |
| | | | | 002 | 设备管线防腐的基本要求 | X | |
| | | | | 003 | 管线的防冻保温 | X | JS |
| | | | | 004 | 轴承润滑正常的判断方法 | X | |
| | | | | 005 | 机泵绝缘合格的标准 | X | |
| | | | | 006 | 离心式压缩机喘振的防止 | X | |
| | | | | 007 | 机组的润滑系统 | X | JD |
| | | | | 008 | 消除离心泵轴向力的方法 | X | JS |
| | | | | 009 | 汽轮机的汽封 | X | |
| | | | | 010 | 设备和管线交付检修前的安全确认 | X | |
| | | | | 011 | 反应器切换的注意事项 | X | |
| | K | 磺酸盐设备使用<br>（14∶1∶1） | 3% | 001 | 阀门密封填料的选用 | X | |
| | | | | 002 | 阀门密封填料的加装方法 | X | |
| | | | | 003 | 爆破片的作用 | X | |
| | | | | 004 | 止回阀的作用 | X | |

续表

| 行为领域 | 代码 | 鉴定范围（重要程度比例） | 鉴定比重 | 代码 | 鉴定点 | 重要程度 | 备注 |
|---|---|---|---|---|---|---|---|
| 专业知识 B（85%） | K | 磺酸盐设备使用（14∶1∶1） | 3% | 005 | 截止阀的特点 | X | |
| | | | | 006 | 高压容器的特点 | X | |
| | | | | 007 | 机泵的盘车方法 | Z | |
| | | | | 008 | 气动阀的调节方法 | X | |
| | | | | 009 | 换热器的投用方法 | X | |
| | | | | 010 | 仪表调节阀的结构形式 | X | |
| | | | | 011 | 闸阀的结构特点 | X | |
| | | | | 012 | 蝶阀的结构特点 | X | |
| | | | | 013 | 视镜的作用 | X | |
| | | | | 014 | 滚动轴承的结构特点 | Y | |
| | | | | 015 | 疏水器的特性 | X | |
| | | | | 016 | 搅拌器的结构 | X | |
| | L | 磺酸盐设备维护（6∶1∶0） | 2% | 001 | 润滑油"五定""三过滤"的内容 | X | |
| | | | | 002 | 润滑油的实质与机理 | X | |
| | | | | 003 | 机泵润滑油的分类 | X | |
| | | | | 004 | 影响润滑油性能的因素 | X | |
| | | | | 005 | 换热器的清洗方法 | X | |
| | | | | 006 | 设备接地失灵的测量方法 | X | |
| | | | | 007 | 垫片的选择方法 | Y | |
| | M | 事故判断（13∶4∶0） | 6% | 001 | 压缩机轴承发热的原因判断 | X | JD |
| | | | | 002 | 压缩机气缸发热的判断 | X | JD |
| | | | | 003 | 离心泵密封泄漏的原因判断 | X | |
| | | | | 004 | 蒸汽往复泵不上量的原因判断 | X | JD |
| | | | | 005 | 蒸汽往复泵填料密封漏的原因 | X | |
| | | | | 006 | 电动往复泵压力波动的原因 | X | |
| | | | | 007 | 离心式压缩机出口风量降低的原因判断 | X | |
| | | | | 008 | 冷冻压缩机机组振动大的原因判断 | Y | |
| | | | | 009 | 螺杆式压缩机机组振动大的原因判断 | Y | JD |
| | | | | 010 | 活塞式压缩机气缸温度高的原因判断 | X | |
| | | | | 011 | 凉水塔轴流式风机减速箱声音异常的原因 | Y | |
| | | | | 012 | 空冷器轴流式风机振动及异常声响的原因 | Y | |
| | | | | 013 | 罗茨鼓风机过热的判断 | X | JD |
| | | | | 014 | 可燃气体报警仪失灵的判断 | X | |
| | | | | 015 | 固定床反应器飞温的判断 | X | |
| | | | | 016 | 流化床反应器藏层波动的现象 | X | JD |

| 行为领域 | 代码 | 鉴定范围（重要程度比例） | 鉴定比重 | 代码 | 鉴定点 | 重要程度 | 备注 |
|---|---|---|---|---|---|---|---|
| 专业知识B（85%） | M | 事故判断（13：4：0） | 6% | 017 | 反应器系统超温超压的现象 | X | |
| | N | 事故处理（19：2：2） | 9% | 001 | 压缩机轴承发热的处理 | Y | |
| | | | | 002 | 压缩机气缸发热的处理 | Y | |
| | | | | 003 | 离心泵密封泄漏的处理 | X | JD |
| | | | | 004 | 蒸汽往复泵填料密封漏的处理 | X | |
| | | | | 005 | 电动往复泵压力波动的处理 | X | |
| | | | | 006 | 离心式压缩机出口风量降低的处理 | X | |
| | | | | 007 | 冷冻压缩机机组振动大的处理 | X | |
| | | | | 008 | 螺杆式压缩机机组振动大的处理 | X | |
| | | | | 009 | 活塞式压缩机气缸温度高的处理 | X | |
| | | | | 010 | 固定床反应器飞温的处理 | X | |
| | | | | 011 | 空冷器轴流式风机振动及异常声响的处理 | X | |
| | | | | 012 | 罗茨鼓风机过热的处理 | X | |
| | | | | 013 | 流化床反应器藏层波动的处理 | X | |
| | | | | 014 | 可燃气体报警仪失灵的处理 | X | |
| | | | | 015 | 法兰泄漏的处理 | X | |
| | | | | 016 | 固定床反应器密封泄漏的处理 | X | |
| | | | | 017 | 管壳式换热器内漏的处理 | X | JS |
| | | | | 018 | 离心式干燥机异常噪声的处理 | X | JD |
| | | | | 019 | 挤压式造粒机切粒机主电动机轴承温度高的处理 | X | |
| | | | | 020 | 反应器系统超温超压的处理 | Z | |
| | | | | 021 | 冷冻压缩机油温过高的处理 | X | JS |
| | | | | 022 | 冷冻压缩机排气温度高的处理 | X | |
| | | | | 023 | 电动机达不到额定参数的处理 | Z | |
| | O | 磺酸盐事故判断（12：0：1） | 3% | 001 | 工艺管线超压的判断 | X | |
| | | | | 002 | 压力容器破裂的原因分析 | X | |
| | | | | 003 | 泵盘不动车的原因分析 | X | |
| | | | | 004 | 设备管线水击的原因 | X | |
| | | | | 005 | 机械密封常见故障分析 | X | |
| | | | | 006 | 真空泵真空度下降原因分析 | X | |
| | | | | 007 | 计量泵的故障分析 | X | |
| | | | | 008 | 电动机电流过大的原因分析 | X | |
| | | | | 009 | 屏蔽泵轴承监测器分析 | Z | |
| | | | | 010 | 离心泵故障的主要种类 | X | |

| 行为领域 | 代码 | 鉴定范围<br>（重要程度比例） | 鉴定比重 | 代码 | 鉴定点 | 重要程度 | 备注 |
|---|---|---|---|---|---|---|---|
| 专业知识<br>B<br>（85%） | O | 磺酸盐事故判断<br>（12：0：1） | 3% | 011 | 润滑油变质的判断 | X | |
| | | | | 012 | 安全阀故障分析 | X | |
| | | | | 013 | 搅拌机停止运转的原因 | X | |
| | P | 磺酸盐事故处理<br>（18：0：1） | 4% | 001 | 装置停蒸汽的处理原则 | X | |
| | | | | 002 | 装置停电的处理原则 | X | |
| | | | | 003 | 机械密封失效的处理 | Z | |
| | | | | 004 | 机泵振动大的处理 | X | |
| | | | | 005 | 机泵轴承的故障处理 | X | |
| | | | | 006 | 疏水器的故障分析 | X | |
| | | | | 007 | 工业静电危害的消除措施 | X | |
| | | | | 008 | 有毒物质泄漏事故处理 | X | |
| | | | | 009 | 管道水击的处理方法 | X | |
| | | | | 010 | 防止离心泵汽蚀的措施 | X | |
| | | | | 011 | 急性中毒现场抢救原则 | X | |
| | | | | 012 | 初起火灾的扑救 | X | |
| | | | | 013 | 推车式干粉灭火器的使用 | X | |
| | | | | 014 | 二氧化碳灭火器的使用 | X | |
| | | | | 015 | 防止管线设备冻凝的要点 | X | |
| | | | | 016 | 气体管线憋压的处理要点 | X | |
| | | | | 017 | 控制阀失灵的处理方法 | X | |
| | | | | 018 | 离心泵抽空的处理 | X | |
| | | | | 019 | 电动机超温事故的处理 | X | |
| | Q | 计算<br>（3：0：0） | 10% | 001 | 离心泵安装高度的计算 | X | JS |
| | | | | 002 | 理想气体状态方程式的计算 | X | JS |
| | | | | 003 | 班组经济核算 | X | JD |

注：X—核心要素；Y—一般要素；Z—辅助要素。

# 附录7　高级工操作技能鉴定要素细目表

行业:石油天然气　　　　工种:无机反应工　　　　等级:高级工　　　　鉴定方式:操作技能

| 行为领域 | 代码 | 鉴定范围<br>(重要程度比例) | 鉴定<br>比重 | 代码 | 鉴定点 | 重要<br>程度 |
|---|---|---|---|---|---|---|
| 操作<br>技能<br>A<br>(100%) | A | 工艺操作<br>(25：10：0) | 70% | 001 | 设备管线吹扫操作 | X |
| | | | | 002 | 填料充装的检查 | X |
| | | | | 003 | 催化剂装填的检查 | X |
| | | | | 004 | 燃料引入操作 | X |
| | | | | 005 | 干燥器开车操作 | X |
| | | | | 006 | 吸收系统开车操作 | Y |
| | | | | 007 | 透平机组开车操作 | X |
| | | | | 008 | 加热炉点火操作 | Y |
| | | | | 009 | 空压机切换操作 | X |
| | | | | 010 | 冰机切换操作 | X |
| | | | | 011 | 反应器参数优化调节 | X |
| | | | | 012 | 吸收塔参数优化调节 | X |
| | | | | 013 | 结晶器参数优化调节 | X |
| | | | | 014 | 干燥器参数优化调节 | Y |
| | | | | 015 | 蒸发器参数优化调节 | Y |
| | | | | 016 | 过滤机参数优化调节 | Y |
| | | | | 017 | 离心机参数优化调节 | Y |
| | | | | 018 | 联锁投入操作 | X |
| | | | | 019 | 透平系统停车操作 | X |
| | | | | 020 | 吸收系统停车操作 | X |
| | | | | 021 | 结晶系统停车操作 | X |
| | | | | 022 | 催化剂降温(钝化)操作 | Y |
| | | | | 023 | 水系统停车操作 | Y |
| | | | | 024 | 仪表风压缩机停车操作 | Y |
| | | | | 025 | 装置停车"三废"排放处理 | X |
| | | | | 026 | 引原料入装置的操作 | X |
| | | | | 027 | 投用冷却风系统 | X |
| | | | | 028 | 投用工艺风制备系统 | X |
| | | | | 029 | 投用三氧化硫制备系统 | X |
| | | | | 030 | 手动切换干燥器再生 | X |

续表

| 行为领域 | 代码 | 鉴定范围（重要程度比例） | 鉴定比重 | 代码 | 鉴定点 | 重要程度 |
|---|---|---|---|---|---|---|
| 操作技能 A（100%） | A | 工艺操作（24：10：0） | 70% | 031 | 磺化反应器冷却水建循环操作 | X |
| | | | | 032 | 硫酸循环槽引酸操作 | X |
| | | | | 033 | 测磺化器单管流量 | Y |
| | | | | 034 | 清洗磺化器 | X |
| | B | 设备使用与维护（2：3：0） | 10% | 001 | 透平压缩机组操作 | X |
| | | | | 002 | 加热炉操作 | Y |
| | | | | 003 | 液氯钢瓶储存操作 | Y |
| | | | | 004 | 设备验收 | X |
| | | | | 005 | 机泵检修隔离确认 | Y |
| | C | 事故判断与处理（7：2：0） | 18% | 001 | 机械密封泄漏判断 | X |
| | | | | 002 | 过滤器堵塞判断 | X |
| | | | | 003 | 液体物料漏料判断 | Y |
| | | | | 004 | 冬季管线冻堵判断 | X |
| | | | | 005 | 物料自燃事故处理 | X |
| | | | | 006 | 出现液泛事故处理 | X |
| | | | | 007 | 液体跑料处理 | X |
| | | | | 008 | 仪表风露点高处理 | X |
| | | | | 009 | 泵抽空事故处理 | Y |
| | D | 绘图与计算（1：0：0） | 2% | 001 | 工艺配管单线图的绘制 | X |

注:X—核心要素;Y—一般要素;Z—辅助要素。

# 附录8 技师、高级技师理论知识鉴定要素细目表

行业:石油天然气　　　　工种:无机反应工　　　　等级:技师、高级技师　　　　鉴定方式:理论知识

| 行为领域 | 代码 | 鉴定范围（重要程度比例） | 鉴定比重 | 代码 | 鉴定点 | 重要程度 | 备注 |
|---|---|---|---|---|---|---|---|
| 基础知识 A (10%) | A | 化学基础知识 (4:0:1) | 2% | 001 | 化学平衡的概念 | Z | JD |
| | | | | 002 | 反应速率常数的含义 | X | |
| | | | | 003 | 反应级数与反应分子数的关系 | X | |
| | | | | 004 | 温度对反应速度的影响 | X | |
| | | | | 005 | 活化能的概念 | X | |
| | B | 化工基础知识 (4:1:1) | 2% | 001 | 换热器总传热系数的影响因素 | Z | JS |
| | | | | 002 | 气体吸收塔分离高度的计算 | X | JD/JS |
| | | | | 003 | 影响搅拌的物理因素 | X | JD |
| | | | | 004 | 搅拌功率的分配 | X | JD |
| | | | | 005 | 催化剂的中毒 | Y | |
| | | | | 006 | 失活催化剂的再生 | X | |
| | C | 化工机械与设备知识 (5:3:1) | 3% | 001 | 化工设备的选材原则 | Z | JD |
| | | | | 002 | 延长离心式压缩机使用寿命的主要措施 | X | JD |
| | | | | 003 | 延长加热炉使用寿命的措施 | X | JD |
| | | | | 004 | 离心泵的选型 | X | JD/JS |
| | | | | 005 | 塔检修的验收标准 | X | |
| | | | | 006 | 反应器检修的验收标准 | Y | JD |
| | | | | 007 | 设备可靠性的概念 | X | JD/JS |
| | | | | 008 | 压力容器的种类 | Y | JD |
| | | | | 009 | 搅拌釜内强化混合的措施 | Y | JD |
| | D | 仪表基础知识 (0:2:1) | 2% | 001 | 先进控制的概念 | Y | JD |
| | | | | 002 | ESD系统的基本概念 | Y | |
| | | | | 003 | 复杂控制回路PID参数的整定 | Z | |
| | E | 安全环保基础知识 (3:0:0) | 1% | 001 | 清洁生产审核的实施方法 | X | JD |
| | | | | 002 | 防噪声的技术措施 | X | |
| | | | | 003 | 防噪声的管理措施 | X | |
| 专业知识 B (90%) | A | 开车准备 (13:1:0) | 6% | 001 | 氧气管线脱脂的注意事项 | X | JD |
| | | | | 002 | 管道酸洗的原则 | X | |
| | | | | 003 | 填料充装验收要点 | X | JD |

续表

| 行为领域 | 代码 | 鉴定范围（重要程度比例） | 鉴定比重 | 代码 | 鉴定点 | 重要程度 | 备注 |
|---|---|---|---|---|---|---|---|
| 专业知识B（90%） | A | 开车准备（13：1：0） | 6% | 004 | 催化剂装填验收要点 | X | JD |
| | | | | 005 | 拆加盲板的注意事项 | X | JD |
| | | | | 006 | 盲板图的主要内容 | X | |
| | | | | 007 | 联动试车的要点 | X | JD |
| | | | | 008 | 装置开工方案的编制 | X | |
| | | | | 009 | 设备管线试压的标准 | X | JD |
| | | | | 010 | 气密试验的标准 | X | JD |
| | | | | 011 | 设备中交的内容 | Y | JD |
| | | | | 012 | 装置开工条件的确认内容 | X | |
| | | | | 013 | 装置开工的环保措施 | X | |
| | | | | 014 | 开车网络计划的制定方法 | X | JD |
| | B | 开车操作（14：0：0） | 6% | 001 | 投料的基本原则 | X | JD |
| | | | | 002 | 催化剂还原操作原则 | X | JD |
| | | | | 003 | 影响产品质量的主要因素 | X | JD |
| | | | | 004 | 影响产品收率的主要因素 | X | |
| | | | | 005 | 降低开车过程能耗的方法 | X | JD |
| | | | | 006 | 优化离心式压缩机操作的方法 | X | JD |
| | | | | 007 | 优化往复式压缩机操作的方法 | X | JD |
| | | | | 008 | 烘炉操作要点 | X | JD |
| | | | | 009 | 规整填料的操作注意事项 | X | JD/JS |
| | | | | 010 | 移动床反应器的投用 | X | JD |
| | | | | 011 | 界区内系统优化操作的内容 | X | JD |
| | | | | 012 | 在线配制补加催化剂的注意事项 | X | JD |
| | | | | 013 | 开车网络图的实施 | X | JD |
| | | | | 014 | 浆态床反应器的投用 | X | JD |
| | C | 正常操作（20：0：0） | 8% | 001 | 单元运行工况的分析 | X | JD/JS |
| | | | | 002 | 原料消耗高的瓶颈分析 | X | JD |
| | | | | 003 | 提高固定床反应器转化率的措施 | X | JD/JS |
| | | | | 004 | 提高流化床反应器转化率的措施 | X | |
| | | | | 005 | 提高产品质量的方法 | X | JD |
| | | | | 006 | 提高产品收率的方法 | X | JD |
| | | | | 007 | 抑制催化剂失活的主要手段 | X | JD |
| | | | | 008 | 填料性能下降的判断方法 | X | JD |
| | | | | 009 | 工艺指标更改的依据 | X | JD |
| | | | | 010 | 移动床的特征 | X | JD |

| 行为领域 | 代码 | 鉴定范围<br>（重要程度比例） | 鉴定<br>比重 | 代码 | 鉴定点 | 重要<br>程度 | 备注 |
|---|---|---|---|---|---|---|---|
| 专业<br>知识<br>B<br>（90%） | C | 正常操作<br>（20：0：0） | 8% | 011 | 浆态床的定义 | X | JD |
| | | | | 012 | 浆态床的特征 | X | JD |
| | | | | 013 | 反应器工艺参数的调优途径 | X | JD |
| | | | | 014 | 延长生产周期的措施 | X | JD |
| | | | | 015 | 吸收过程的相平衡关系 | X | |
| | | | | 016 | 减少能耗的途径 | X | JD |
| | | | | 017 | 降低物耗的措施 | X | JD |
| | | | | 018 | 上下游工况变化对反应器操作的影响 | X | |
| | | | | 019 | 装置冬季运行时注意事项 | X | JD |
| | | | | 020 | 装置夏季运行时注意事项 | X | JD |
| | D | 停车操作<br>（6：1：0） | 5% | 001 | 正常停车的注意事项 | X | |
| | | | | 002 | 紧急停车的注意事项 | X | |
| | | | | 003 | 开停车抽加盲板的程序 | X | JD |
| | | | | 004 | 停车方案编制的要求 | X | JD |
| | | | | 005 | 含氰废水的处理 | X | |
| | | | | 006 | 清洁生产中无低费的概念 | Y | JD |
| | | | | 007 | 停车置换后交付检修前的条件 | X | |
| | E | 磺酸盐开车准备<br>（16：0：1） | 2% | 001 | 催化剂装填验收要点 | X | |
| | | | | 002 | 拆加盲板的注意事项 | X | |
| | | | | 003 | 盲板图的主要内容 | X | |
| | | | | 004 | 装置开工方案的编制 | X | |
| | | | | 005 | 气密试验的标准 | X | |
| | | | | 006 | 设备中交的内容 | X | |
| | | | | 007 | 装置开工条件的确认内容 | X | |
| | | | | 008 | 装置开工的环保措施 | X | |
| | | | | 009 | 反应器油密试验的标准 | X | |
| | | | | 010 | 公用工程的使用 | X | |
| | | | | 011 | 表面活性剂的界面性质 | X | |
| | | | | 012 | 磺酸盐类表活剂的性质 | X | |
| | | | | 013 | 催化剂性能要求 | X | JD |
| | | | | 014 | 三元复合驱机理 | X | |
| | | | | 015 | 表面活性剂的溶解度 | X | |
| | | | | 016 | 表面活性剂在溶液中的状态 | X | |
| | | | | 017 | 界面张力的测定方法 | Z | |

| 行为领域 | 代码 | 鉴定范围<br>（重要程度比例） | 鉴定比重 | 代码 | 鉴定点 | 重要程度 | 备注 |
|---|---|---|---|---|---|---|---|
| 专业<br>知识<br>B<br>（90%） | F | 磺酸盐开车操作<br>（12：1：1） | 2% | 001 | 压力计的选用 | X | JD |
| | | | | 002 | 催化剂失活的主要原因 | X | |
| | | | | 003 | 影响产品质量的主要因素 | X | |
| | | | | 004 | 影响产品收率的主要因素 | X | |
| | | | | 005 | 磺化中和系统建立循环操作 | Y | |
| | | | | 006 | 压力的测量 | X | JD |
| | | | | 007 | 磺酸输出泵的结构 | X | |
| | | | | 008 | 酸吸收尾气系统工艺参数控制 | X | |
| | | | | 009 | 中和反应系统工艺参数控制 | X | |
| | | | | 010 | 润滑剂的选用 | X | JD |
| | | | | 011 | 磺化反应系统工艺参数控制 | X | |
| | | | | 012 | 酸吸收尾气系统建立循环操作 | X | |
| | | | | 013 | ESD 系统投用操作 | X | |
| | | | | 014 | 生产安、稳、长、满、优运行的条件 | Z | |
| | G | 磺酸盐正常操作<br>（16：0：0） | 2% | 001 | 提高产品质量的操作方法 | X | |
| | | | | 002 | 提高产品收率的操作方法 | X | |
| | | | | 003 | 抑制催化剂失活的主要方法 | X | |
| | | | | 004 | 催化剂活性下降的判断 | X | |
| | | | | 005 | 填料性能下降的判断 | X | |
| | | | | 006 | 工艺指标更改的依据 | X | |
| | | | | 007 | 反应器工艺参数的调优途径 | X | |
| | | | | 008 | 减少能耗的措施 | X | |
| | | | | 009 | 降低物耗的措施 | X | |
| | | | | 010 | 上下游工况变化对反应器操作的影响 | X | |
| | | | | 011 | 装置冬季期间运行操作 | X | |
| | | | | 012 | 装置夏季期间运行操作 | X | |
| | | | | 013 | 用电的安全常识 | X | JD |
| | | | | 014 | 管路的公称压力 | X | JD |
| | | | | 015 | 磺化器结焦的原因 | X | |
| | | | | 016 | 磺酸盐装置延长生产周期的措施 | X | |
| | H | 磺酸盐停车操作<br>（8：0：0） | 2% | 001 | 安全警示标志 | X | |
| | | | | 002 | 安全色标知识 | X | |
| | | | | 003 | 装置吹扫注意事项 | X | |
| | | | | 004 | 管线吹扫的要求 | X | |
| | | | | 005 | 装置停车检修的注意事项 | X | |

| 行为领域 | 代码 | 鉴定范围<br>(重要程度比例) | 鉴定比重 | 代码 | 鉴定点 | 重要程度 | 备注 |
|---|---|---|---|---|---|---|---|
| 专业知识<br>B<br>(90%) | H | 磺酸盐停车操作<br>(8:0:0) | 2% | 006 | 紧急停车注意事项 | X | |
| | | | | 007 | 开停车拆装盲板的程序 | X | |
| | | | | 008 | 停车方案的编制 | X | |
| | I | 设备使用<br>(8:1:0) | 6% | 001 | 压力表的选择依据 | X | JD/JS |
| | | | | 002 | 流量表的选择依据 | X | JD |
| | | | | 003 | 气动调节阀的安装方法 | X | |
| | | | | 004 | 电动调节阀的安装方法 | X | |
| | | | | 005 | 设备防冻凝方案编制的要求 | X | JD |
| | | | | 006 | 移动床反应器的基本结构 | X | JD |
| | | | | 007 | 压缩机组的验收内容 | X | JD |
| | | | | 008 | 奥氏体不锈钢的特性 | Y | JD |
| | | | | 009 | 浆态床反应器的基本结构 | X | JD |
| | J | 设备维护<br>(5:1:0) | 5% | 001 | 设备大修计划的编制 | X | JD |
| | | | | 002 | 设备维护保养制度的编制 | X | JD |
| | | | | 003 | 电化学防腐的内容 | Y | JD |
| | | | | 004 | 设备的防腐措施 | X | |
| | | | | 005 | 备用设备的维护保养 | X | JD |
| | | | | 006 | 设备完好对维护的要求 | X | JD |
| | K | 磺酸盐设备使用<br>(16:1:1) | 3% | 001 | 机泵性能曲线的意义 | X | |
| | | | | 002 | 搅拌器的性能 | X | JD |
| | | | | 003 | 干燥设备的种类 | Y | |
| | | | | 004 | 换热器型号的表示方法 | X | JS |
| | | | | 005 | 管路支架的类型 | X | |
| | | | | 006 | 屏蔽泵的使用 | X | JD |
| | | | | 007 | 填料塔的特点 | X | |
| | | | | 008 | 法兰规格型号的表示方法 | X | |
| | | | | 009 | 安全阀的安装 | X | |
| | | | | 010 | 阀门的安装保养 | X | |
| | | | | 011 | 法兰密封面的结构形式 | X | |
| | | | | 012 | 离心泵串并联知识 | X | JD/JS |
| | | | | 013 | 轴承的分类 | X | JD |
| | | | | 014 | 金属材料的表示方法 | X | |
| | | | | 015 | 调节阀的结构 | X | |
| | | | | 016 | 液位计使用分类 | Z | |
| | | | | 017 | 离心泵的操作原理 | X | JD |

| 行为领域 | 代码 | 鉴定范围<br>（重要程度比例） | 鉴定<br>比重 | 代码 | 鉴定点 | 重要<br>程度 | 备注 |
|---|---|---|---|---|---|---|---|
| 专业<br>知识<br>B<br>（90%） | K | 磺酸盐设备使用<br>（16：1：1） | 3% | 018 | 密封填料材质的选用 | X | |
| | L | 磺酸盐设备维护<br>（15：1：1） | 3% | 001 | 润滑的原理 | X | |
| | | | | 002 | 塔器检修要点 | Z | |
| | | | | 003 | 常用腐蚀消除方法 | X | |
| | | | | 004 | 机泵轴封分类 | Y | JD |
| | | | | 005 | 干燥器的结构 | X | |
| | | | | 006 | 腐蚀环境分类 | X | |
| | | | | 007 | 设备大修计划的编制 | X | |
| | | | | 008 | 设备维护保养制度的编制 | X | |
| | | | | 009 | 设备的防腐措施 | X | |
| | | | | 010 | 备用设备的维护保养 | X | |
| | | | | 011 | 设备完好对维护的要求 | X | |
| | | | | 012 | 制冷机的日常维护和保养 | X | JD |
| | | | | 013 | 沉降分离器日常检查和维护 | X | |
| | | | | 014 | 转化塔日常检查和维护 | X | |
| | | | | 015 | 主风机日常检查和维护 | X | |
| | | | | 016 | 主风机操作注意事项 | X | JD |
| | | | | 017 | 酸吸收塔日常检查和维护 | X | |
| | M | 事故判断<br>（14：1：0） | 5% | 001 | 生产事故应急预案的编制方法 | X | JD |
| | | | | 002 | 压缩机喘振的判断 | X | |
| | | | | 003 | 循环水消耗高的原因分析 | X | |
| | | | | 004 | 反应原料产品对环境污染的影响 | X | |
| | | | | 005 | 离心式压缩机机身振动的原因分析 | X | JD |
| | | | | 006 | 界区内火灾的原因分析 | X | JD |
| | | | | 007 | 产品浓度低的原因分析 | X | JS |
| | | | | 008 | 阀门内漏的原因分析 | X | |
| | | | | 009 | 应急救援预案的编制 | X | JD |
| | | | | 010 | 风险性的识别 | X | |
| | | | | 011 | 反应器泄漏的判断 | X | |
| | | | | 012 | 汞中毒的判断分析 | Y | JD |
| | | | | 013 | 现场的隐患排查要求 | X | JD |
| | | | | 014 | 氧化氮中毒的预防 | X | |
| | | | | 015 | 氰化物中毒的预防 | X | JD |

续表

| 行为领域 | 代码 | 鉴定范围<br>（重要程度比例） | 鉴定比重 | 代码 | 鉴定点 | 重要程度 | 备注 |
|---|---|---|---|---|---|---|---|
| 专业<br>知识<br>B<br>（90%） | N | 事故处理<br>（13：2：3） | 9% | 001 | 原煤自燃的处理 | Y | JD |
| | | | | 002 | 硫化氢中毒的处理 | X | JD |
| | | | | 003 | 反应器的超温处理 | X | |
| | | | | 004 | 发生事故后的善后处理 | X | |
| | | | | 005 | 氧化氮中毒的处理 | X | JD |
| | | | | 006 | 氯气中毒的处理 | X | |
| | | | | 007 | 一氧化碳的中毒处理 | X | JD |
| | | | | 008 | 流化床反应器超温的处理 | X | JD |
| | | | | 009 | 固定床反应器超温的处理 | X | JD |
| | | | | 010 | 往复式压缩机打量不足的处理 | X | JD |
| | | | | 011 | 催化剂失活的处理 | Y | JD |
| | | | | 012 | 厂际间燃料气管线泄漏的处理程序 | Z | JD |
| | | | | 013 | 氰化物中毒的处理 | Z | JD |
| | | | | 014 | 循环水消耗高的处理办法 | X | |
| | | | | 015 | 循环水浊度高的处理办法 | X | JD |
| | | | | 016 | DCS 黑屏或死机的事故处理 | Z | JD |
| | | | | 017 | ESD 的处理 | X | JD |
| | | | | 018 | 压缩机喘振的处理 | X | JD |
| | O | 磺酸盐事故判断<br>（13：4：1） | 3% | 001 | 生产事故应急预案的编制方法 | Y | |
| | | | | 002 | 循环水消耗高的原因分析 | X | |
| | | | | 003 | 界区内火灾的原因分析 | X | |
| | | | | 004 | 应急救援预案的编制 | Y | |
| | | | | 005 | 现场着火事故的分析 | Z | |
| | | | | 006 | 现场的隐患排查要求 | X | |
| | | | | 007 | 催化剂失活的判断 | X | |
| | | | | 008 | 压缩机轴承发热的原因判断 | Y | |
| | | | | 009 | 压缩机气缸发热的判断 | X | |
| | | | | 010 | 离心泵密封泄漏的原因判断 | X | |
| | | | | 011 | 离心式压缩机出口风量降低的原因判断 | X | |
| | | | | 012 | 螺杆式压缩机机组振动大的原因判断 | Y | |
| | | | | 013 | 罗茨鼓风机过热的判断 | X | |
| | | | | 014 | 可燃气体报警仪失灵的判断 | X | |
| | | | | 015 | 反应器系统超温、超压的现象 | X | |
| | | | | 016 | 系统蒸汽压力下降的现象 | X | |
| | | | | 017 | 仪表风中断的现象 | X | |

续表

| 行为领域 | 代码 | 鉴定范围<br>（重要程度比例） | 鉴定比重 | 代码 | 鉴定点 | 重要程度 | 备注 |
|---|---|---|---|---|---|---|---|
| 专业知识 B（90%） | O | 磺酸盐事故判断<br>（13：4：1） | 3% | 018 | 循环水压力下降的现象 | X | |
| | P | 磺酸盐事故处理<br>（13：1：1） | 3% | 001 | 产品活性物含量低的处理 | X | |
| | | | | 002 | 产品界面张力不合格的处理 | X | |
| | | | | 003 | 产品硫酸盐含量高的处理 | Y | |
| | | | | 004 | 产品 pH 值不合格的处理 | X | |
| | | | | 005 | 产品活性物含量低的处理 | X | |
| | | | | 006 | 二氧化硫泄漏事故处理 | X | |
| | | | | 007 | 三氧化硫泄漏事故处理 | X | |
| | | | | 008 | 硫黄粉尘中毒的处理 | X | |
| | | | | 009 | 乙二醇泄漏事故处理 | X | |
| | | | | 010 | 硫酸泄漏事故处理 | X | |
| | | | | 011 | 氢氧化钠泄漏事故处理 | X | |
| | | | | 012 | 硫黄着火事故处理 | X | |
| | | | | 013 | 停热水事故处理 | X | |
| | | | | 014 | 停蒸汽事故处理 | X | |
| | | | | 015 | 催化剂失活的处理 | Z | |
| | Q | 计算<br>（4：0：0） | 20% | 001 | 换热器对流传热系数的计算 | X | JS |
| | | | | 002 | 离心泵叶轮切削后参数变化的计算 | X | JD/JS |
| | | | | 003 | 过剩空气系数的计算 | X | JD/JS |
| | | | | 004 | 吸收过程溶剂量的计算 | X | JS |

注：X—核心要素；Y—一般要素；Z—辅助要素。

# 附录9　技师操作技能鉴定要素细目表

行业:石油天然气　　　工种:无机反应工　　　等级:技师　　　鉴定方式:操作技能

| 行为领域 | 代码 | 鉴定范围<br>(重要程度比例) | 鉴定比重 | 代码 | 鉴定点 | 重要程度 |
|---|---|---|---|---|---|---|
| 操作<br>技能<br>A<br>(100%) | A | 工艺操作<br>(16:2:0) | 56% | 001 | 开车前机、电、化、仪综合检查 | X |
| | | | | 002 | 冬季装置伴热投用 | X |
| | | | | 003 | 装置开车方案编制 | X |
| | | | | 004 | 催化剂更换方案编制 | X |
| | | | | 005 | 开车方案组织实施 | X |
| | | | | 006 | 装置生产组织协调 | X |
| | | | | 007 | 生产优化操作 | X |
| | | | | 008 | 装置停车方案编制 | X |
| | | | | 009 | 停车方案组织实施 | X |
| | | | | 010 | 置换清洗方案实施 | X |
| | | | | 011 | 停车交付检修前工艺处理 | X |
| | | | | 012 | 冷冻液的配制 | Y |
| | | | | 013 | 投用磺化器 | X |
| | | | | 014 | 启动静电除雾器 | X |
| | | | | 015 | 原料泵切换 | X |
| | | | | 016 | 调整磺化器单管流量 | Y |
| | | | | 017 | 吹扫磺化器 | X |
| | | | | 018 | 清洗静电除雾器 | X |
| | B | 设备使用与维护<br>(4:0:0) | 16% | 001 | 设备运行故障指导处理 | X |
| | | | | 002 | 大修后设备调试验收 | X |
| | | | | 003 | 压力容器维护 | X |
| | | | | 004 | 防爆膜更换 | X |
| | C | 事故判断与处理<br>(6:0:0) | 20% | 001 | 离心式压缩机喘振判断 | X |
| | | | | 002 | 产品质量事故判断 | X |
| | | | | 003 | 隔离和动火条件确认 | X |
| | | | | 004 | 现场火灾处理 | X |
| | | | | 005 | 透平停车后紧急开车处理 | X |
| | | | | 006 | 离心式压缩机喘振处理 | X |
| | D | 绘图与计算<br>(1:0:0) | 8% | 001 | 技术改进简图绘制 | X |

注:X—核心要素;Y——般要素;Z—辅助要素。

# 附录 10　高级技师操作技能鉴定要素细目表

行业:石油天然气　　　工种:无机反应工　　　等级:高级技师　　　鉴定方式:操作技能

| 行为领域 | 代码 | 鉴定范围（重要程度比例） | 鉴定比重 | 代码 | 鉴定点 | 重要程度 |
|---|---|---|---|---|---|---|
| 操作技能 A（100%） | A | 工艺操作（9:3:0） | 45% | 001 | 全系统大检修后验收 | X |
| | | | | 002 | 装置开车前各项条件确认 | X |
| | | | | 003 | 透平压缩机组单体试车 | X |
| | | | | 004 | 透平压缩机组的联动试车 | X |
| | | | | 005 | 开车操作方案审定 | Y |
| | | | | 006 | 优化操作方案编制 | X |
| | | | | 007 | 装置生产技术难题解决 | X |
| | | | | 008 | 反应器压力调整 | X |
| | | | | 009 | 反应器温度调整 | X |
| | | | | 010 | 装置换清洗方案审定 | X |
| | | | | 011 | 装置停车方案审定 | Y |
| | | | | 012 | 装置紧急停车方案制定 | Y |
| | B | 设备使用与维护（4:0:0） | 20% | 001 | 大检修后透平机组调试 | X |
| | | | | 002 | 设备大修后验收调试 | X |
| | | | | 003 | 装置检修计划编制 | X |
| | | | | 004 | 设备检修方案编制 | X |
| | C | 事故判断与处理（7:2:0） | 25% | 001 | 物耗高原因分析 | X |
| | | | | 002 | 催化剂活性下降原因分析 | X |
| | | | | 003 | 产品收率低原因分析 | X |
| | | | | 004 | 透平转子腐蚀原因分析 | X |
| | | | | 005 | 原料消耗高措施实施 | X |
| | | | | 006 | 厂际间管线泄漏处理 | Y |
| | | | | 007 | 反应器超温着火处理 | X |
| | | | | 008 | 装置事故预案编制 | Y |
| | | | | 009 | 延长催化剂使用寿命措施 | X |
| | D | 绘图与计算（1:0:1） | 10% | 001 | 装置技术改造图审定 | Z |
| | | | | 002 | 装置设备结构简图识读 | X |

注:X—核心要素;Y——般要素;Z—辅助要素。

# 附录11 操作技能考核内容结构层次表

| 内容 ＼ 项目 ＼ 级别 | 操作技能 | | | | 合计 |
|---|---|---|---|---|---|
| | 工艺操作 | 设备使用与维护 | 事故判断与处理 | 绘图与计算 | |
| 初级 | 20分<br>3~5min | 30分<br>5~8min | 30分<br>5~12min | 20分<br>10~20min | 100分<br>23~45min |
| 中级 | 20分<br>3~10min | 30分<br>5~10min | 30分<br>5~15min | 20分<br>10~15min | 100分<br>23~50min |
| 高级 | 20分<br>10~15min | 30分<br>10~15min | 30分<br>10~15min | 20分<br>10~15min | 100分<br>40~60min |
| 技师 | 20分<br>15~20min | 30分<br>15~20min | 30分<br>15~20min | 20分<br>15~30min | 100分<br>60~90min |
| 高级技师 | 20分<br>15~20min | 30分<br>15~20min | 30分<br>15~20min | 20分<br>15~30min | 100分<br>60~90min |

# 参 考 文 献

［1］ 中国石油化工集团公司职业技能鉴定指导中心. 无机反应工. 北京：中国石化出版社，2008.

［2］ 夏清，贾绍义. 化工原理. 天津：天津大学出版社，2012.

［3］ 中国石油化工集团公司人事部，中国石油天然气集团公司人事服务中心. 合成氨装置操作工. 北京：中国石化出版社，2008.